当代西方学术经典译丛

Umwelt und Entwicklung
Eine sozialethische Orientierung

环境与发展
——一种社会伦理学的考量

[瑞士] 克里斯托弗·司徒博 著

邓安庆 译

人民出版社

责任编辑:洪 琼

图书在版编目(CIP)数据

环境与发展——一种社会伦理学的考量/[瑞士]克里斯托弗·司徒博 著,邓安庆 译.
-北京:人民出版社,2008.11
当代西方学术经典译丛
ISBN 978－7－01－007381－1

Ⅰ.环… Ⅱ.①司…②邓… Ⅲ.环境保护-可持续发展-研究
Ⅳ.X22

中国版本图书馆 CIP 数据核字(2008)第 153781 号

环境与发展

HUANJING YU FAZHAN

——一种社会伦理学的考量

[瑞士]克里斯托弗·司徒博 著,邓安庆 译

人 み 出 版 社 出版发行
(100706 北京朝阳门内大街166号)

北京龙之冉印务有限公司印刷 新华书店经销

2008 年 11 月第 1 版 2008 年 11 月北京第 1 次印刷
开本:710 毫米×1000 毫米 1/16 印张:28.75
字数:480 千字 印数:0,001－3,000 册

ISBN 978－7－01－007381－1 定价:68.00 元

邮购地址 100706 北京朝阳门内大街 166 号
人民东方图书销售中心 电话 (010)65250042 65289539

中译本导读

一种返本开新的环境伦理学

邓安庆

2008年对于每个中国人而言简直像是经历了一场"大灾难":年初的南方雪灾让我们亲身体验了气候的异常带来的生活之瘫痪,5月12日的汶川大地震则让我们亲眼目睹了"天崩地裂"的"灾难景象",而8月初的北京奥运会却又让世人领略了一个(体育)"大国"崛起的惊奇。虽然"金牌第一"确实给我们带来了短暂的喜悦,但说实话它却无法抹去人们心中因飘然而至的瘫痪、废墟和死亡造成的悲苦的阴影!实际上,当奥运的"雄风"归于平静之后,许许多多的人还是要回到现实中来。这一切触目惊心地把经济发展与环境灾难的关系推到了反思者的面前,成为我们不得不面对的重大时代问题。

改革开放的30年也正是中国环境伦理学从起步到发展的30年。在这30年中,中国创造的经济奇迹足以让"中国经验"成为时下诸多知识分子亟待言说的话题,而同样,创建中国的环境伦理学学派也成为一些教授正在努力的目标。[①] 在目前,这当然至少是一个令人鼓舞的号召,但问题是,中国古代深厚的天人合一的生态智慧早已被市场资本主义的经济逻辑所淹没,我们在清一色别人的概念和思维框架下,何来"中国"环境伦理学的"商标权"和话语权?而且,一个学派的形成往往不是一相情愿的事情,而是水到渠成的结果。所谓"水到渠成"应该至少具备现实的和思想的双重条件,即在现实生活中,中国应该有能力和实力参与到国际生态环境政策和规约的制定过程中,而不只是像从前那样只能适应和顺从发展中国家制定的东西;而另一方面在思想中,在经历了这30年对西方

[①] 2004年10月在南京大学召开了中国第一届国际环境伦理学大会,在此会上,余谋昌教授就提出了建立中国环境伦理学学派的构想。

各种环境哲学伦理学的介绍和引进后,我们要能够以当代的中国经验和远古深厚的中国传统与自然和谐相处的智慧,对各种环境伦理思想进行一种创造性的综合,所谓中国的环境伦理学学派才有可能。

当历史的车轮驶进了21世纪之后,实际上,不仅是中国,而且整个国际环境伦理学学界,都在试图对原有的各家各派的思想进行综合创新,以便为人类在新世纪的共同生存开辟出一条可行之道。正是在这种愿望和语境中,有一本我们认为是返本开新的杰作进入了我们的视野,这就是我们翻译的这本司徒博(Christoph Stückelberg,司徒博是他的中文名)教授的《环境与发展——一种社会伦理学的考量》。

1. 翻译此书的必要性

从本书的副标题,我们就可以看出它的综合性构架。因为"社会伦理学"本身就是一种综合性的概念,它一方面指的是与个人伦理、个体伦理学相对的东西,但另一方面我们也不能望文生义地把它限于一种研究"社会的伦理学"。毋宁说,它不是社会性伦理学中的任何一门,而是以社会、制度、共同体、普世为框架,包含经济伦理学、政治伦理学、发展伦理学、神学伦理学等的一个综合性概念,强调的是它的跨学科性和在最广泛的公共生存空间中审核伦理规范的可普适性和可操作性。

当然,在经历了对黑格尔辩证综合的简化和庸俗化理解之后,人们一般对综合性的思想成果并不抱有多高的期望。西塞罗的名言"我宁愿和柏拉图一起犯错,也不愿和这帮人(毕达哥拉斯信徒)一起正确",在黑格尔之后的语境中则变成了"我宁可与尼采片面的深刻一起犯错,也不愿与黑格尔的综合的辩证法一起正确"。但这里无疑存在着对辩证综合的深刻误解。尽管如此,说实话,当译者拿到这本洋洋50万言的巨著时,很长时间都在犹豫,是否值得花费很长时间和巨大精力来翻译一本很可能并非名著之作。因此,我阅读、翻译此书的过程,伴随着我对它是否能成为"名著"的考量。在这种考量过程中,我首先得出了一个结论,就是不管这本书最终是否能够成为"名著",但它至少是一本能够满足我国环境伦理学研究之所需的著作。

原因在于,第一,目前我国环境伦理学方面的译著,甚至一般关于应用伦理学的译著,绝大部分都是来自美国,如吴国盛教授主编的《绿色经典文库》(吉林人民出版社出版),共出版了16本,其中除了三本中国人的著作外,全部是美国学者的著作。欧洲国家的大量环境伦理学著作至今都引进得非常少,即便是美国教授但出身于德国的汉斯·约纳斯的堪称经典的《责任原理》至今也未翻译出版。这说明,我国目前对于环境伦理学的知识和了解是非常片面的。这样很容易让一些人产生错觉,以为应用伦理学(包括环境伦理学)只有一种风格、一种模型,从而不承认它的多样性,把某一种风格和类型绝对化为正宗和正统。在一种片面的知识背景上,在一种不能包容和借鉴其他伦理原则和"道德异乡人"的学者那里,所有应用伦理学的综合创新自然就是一种奢望了。而司徒博教授的这本书,则是典型的欧陆风格,它可以让我们看到,与美国环境伦理学不同的风貌,他是为喜欢多样性、能够善待道德异乡人的人而写的。

第二,我们平时了解的环境伦理学主要是哲学的环境伦理学,但哲学的环境伦理学家,很少没有谁不带有浓厚的宗教背景,而且环境伦理学本身就是一个综合性的学科,既有哲学家,也有环境社会科学家和自然科学家,还有大量的神学家都在探讨环境伦理问题,因此,除了哲学的环境伦理学著作之外,还有大量科学的、神学的环境伦理学著作。如果我们仅仅从哲学的理性出发,无疑就很难理解当代环境伦理学深厚的宗教情怀和他们解决环境问题的独特思路。司徒博教授由于其基督教神学的立足点,在书中不仅专门介绍了科学的环境伦理思想,而且花了大量篇幅,甚至可以说主要篇幅,讨论神学(不仅是基督教,而且也涉及了佛教、伊斯兰教、印度教)的环境伦理思想,这不仅对于丰富我们的学识提供了文本,而且对于我们如何开发我们文化传统中丰富的环境伦理学思想提供了参照。

第三,该书对环境伦理问题史的梳理堪称精到,每一个问题,从1970年开始以来,有哪些人,有哪些著作,有哪些提法,都作了详细介绍。我们可以简单比照一下国内翻译的纳什(Roderick Frazier Nash)的《大自然的权利》一书(它的副标题就是"环境伦理学史"),就可以清楚地看出,纳什主要是围绕论证"大自然的权利"介绍了美国环境主义意识形态的起源(第二章),介绍了美国的"绿色宗教"(第三章)和"绿色哲学"(第四章)以及"解放大自然"(第五章)运动的思想,所以,他首先没有司徒博的这部书全面(因为对美国之外的环境伦理学完全没有涉及);其次,没有司徒博那样详细地梳理问题史,在司徒博的书中不仅列举了绝大部分环境伦理学著作,而且引文基本上是直接从原著引用,因此整部书的注释将近有2000个!

因此,在某种程度上我们可以把司徒博的这本书看做是到1997年为止的环境伦理学的一部"百科全书",一本词典。就此而言,对于试图创建中国环境伦理学学派的中国学界,这样一本既有知识性又有历史性的著作,无疑是不得不参考的精神养料。

2. 返本开新的表现

当然,该书最终能否成为一本名著,还是要看它是否真正具有了综合创新的思想力度,能在这些杂多的思想素材之上,凝炼出环境伦理学的核心问题,能为解决全球面临的环境危机找到一个应对的典范。否则,它提供给我们的越丰富,就越是一堆无思想的"杂多"。我们有理由相信,这种"否则"并不存在。

全书共分6章。

第1章名为"导论"。作为"导论"总是要交代作者自己的出发点,要探索和解决的问题,解决问题的方法以及对基本概念的界定等。司徒博实际上就是按照这个步骤来给我们写这个"导论"的。他的出发点明显地是基督教神学的:"伦理学的出发点不是对生活作正面的塑造,而是对受恩典的生活秘密的惊羡"(德文页码13)。理性主义伦理学恰恰认为"好生活"是由人的理性的正当行为方式(德性、规范)塑造的,而基督教启示我们的却是,我们的生活(包括生命)都是上帝的"恩典",我们只有首先对生命的秘密感到惊羡和敬畏,对之进行赞美、感恩,然后我们才能珍惜生命和生活,对之进行积极塑造才是有意义的。这种差异,完全属于"信仰"层面的,因此是无法以理性来论证谁是谁非,谁优谁劣的。我们只能尽力去理解它,理解不了的,尽力包容它,包容不了,尽量求同存异,这是包括环境伦理学在内的应用伦理学综合创新的一个基本态度。当然,在这里,司徒博还并不是要以他的基督教神学的出发点区别于理性主义,而是区别于同样有深厚基督教背景的犹太哲学家和伦理学家汉斯·约纳斯,因为后者从其老师海德格尔的"畏"的情绪中借鉴了对生活的"惊恐与颤栗",所以司徒博认为,我们要以"惊异"开始,但这种"惊异"不是对生存威胁的"惊恐",不是对生态危机的抱怨,不是对生活感到"颤栗",而是对受恩典的生活的喜乐和惊羡,它作为人的一种基本能力,出于康德式的对头顶的星空和内心的道德律的那种时新和日增的赞叹与敬畏。

在对上帝所造的这一切的惊叹、赞美和敬畏中，回到生态危机的现实，问题出在哪里？出在现代经济发展的"无度"。"无度"不是指没有尺度或规范，而是指规范和尺度的改变跟不上急剧变化的经济发展的速度：昨天还是被视为越轨的行为，明天就是符合规范的了，好像我们在家睡了一觉，界碑就全部错位了。因此，"无度"指的是现有"尺度"的不断失效，导致无度可循，无法可依，即"失度"状态。这一问题的诊断，导致作者把环境伦理学的核心问题看做是为人类的共同行动寻找尺度。在此问题意识中的环境伦理学也就是追求"适度的伦理"。但是这一问题意识，不是对康德式问题"我该做什么"的回答，因为这是立足于个体的，同时它也不是作为以追求个人幸福为目标的市民德性论，而是立足于人类、自然和上帝之灵共同生存的一种"社会伦理学"的考量方式。

到哪里去寻找尺度？意味着哪种尺度是"适度"的，是"有效的"，是有助于人类与自然共同生存的。麻烦就在这里，实际生活不是没有尺度，而是有太多的尺度，各人有各人的"尺度"，不同的阶层、不同的党派、不同的利益群体都有自己的尺度，但谁的尺度是"适度的"？作者举了三个实例来说明这个问题。对于一个中产阶层的人而言，一年坐5次飞机出国旅游是适度的，那么这个标准对于穷人而言就过度了；对于一个瑞士人适度的石油消耗额，对于中国人就太多了，因为它是世界平均值的4倍。所以，如何认识到适度的尺度，要有一种方法论。

在方法论的部分，作者给我们指出了认识尺度的4个源泉：（《圣经》）启示、理性、经验和共同体。对所有基督徒而言，《圣经》的启示，是一切真理的源泉。在司徒博的解释中，对《圣经》启示的领悟，是基督教参与现实生活的一条基本途径，对于环境伦理问题的解决，启示也是一个基本前提。他特别看重的一个基本启示是，《圣经·创世记》中上帝对人类始祖说的"你们要耕种和看管这个园子"。他把这句话看做是上帝对人类的一个委托，地球、大地、自然，我们赖以生存的家园，是上帝创造的，我们无权去占用它，无权是破坏它，但有"使用权"，有干预自然、改造自然的权利，因为上帝托付人类来"耕种"它。在对这句经文的阐释中，作者想要从人类与上帝对自然生态的不同关系中，确立人的一个正当的地位：人类和自然都是上帝所造，因此是平等的；人有人的权利，自然有自然的权利。但人是上帝托管来"耕种和看管这个园子"的人，因此他对自然又有优先地位。所以，人只有把自己定位于世上的"客人"、"保管员"，才有可能找到自己适度的尺度，而要是还想自现代以来那样成为像上帝一样的造物主,就会导致毁灭性的失度。这一启示是作者解决环境问题的一个基础。

理性也是认识尺度的一个源泉,但理性也是有限度的,现代以来不断地想克服理性的限度,使理性绝对化为唯一的认识方式,这就是失度的根源。所以,理性要保持对启示的开放,启示要有能力面对理性的批判潜能。理性批判的对象也不能只对准启示,自康德以来,启蒙理性就已经从与启示的斗争转向同自身绝对化的斗争中来了。

经验是理性的基础,当然也是认识尺度的源泉,作者列举了经验对于道德判断的形成具有的6种意义。其中特别引人注目的是,他把经验和经历区别开来,前者是间接的,后者是直接的。这种区别尽管作者没有明说,但实际上就是现代德国哲学中科学经验和生活经验、人文经验之区分的基础。现代哲学把经验仅仅局限于科学经验,而看不到生活直接经历在伦理学上的意义。在这方面,作者合理地看到,道德律的遵循不单是理性自律的事,而且也是经验的事,即与直接经历的怕和爱相关,这是非常重要的。科学导致人类"怕"感的丧失,经济理性导致爱的错位,这都是现代失度的根源和重建适度的基础。

共同体是有共同道德信念的人们的集体生活形式,因此是公共经验和公共行动原则形成的基础。这一基础尤其在教会这一宗教生活形式中确立起来了。经过宗教改革运动的教会,失去了政治上的权威合法性,但获得了作为基督徒相互倾听和自由对话的共同生活形式的意义。在这里,口述的决疑论(narrative Kasuistik)作为一种商谈实践,从具体处境中的决断出发,使达成伦理共识成为可能。商谈伦理学孜孜以求的理想的商谈共同体也许在教会这一形式中看到了某种模型,但是,这里依然有着不可通约性,因为教会中人是通过商谈期盼着上帝的拯救和上帝之国的来临,而商谈伦理学的实践理性则寄希望于人类理性共同体的完善。

因此神学伦理和理性伦理依然有不同的提问方式:对现代理性伦理学而言,是在俗世的各种现实利益的尖锐冲突面前问:"我该做什么"?而对神学伦理则是要问:我是谁?如果得到的答复是,我是一个人,一个为上帝所爱的人,一个生活在同样为上帝所爱的他人与共同世界中的人,那么,我的天职是什么?只有这个问题得到了解答,我该做什么,才能得到合理的解答。所以,神学伦理和理性伦理还是有共契之处,关键就是,一个俗世中的灵性生命和灵性生活是否能得到承认和重视。因此,司徒博在分析了上述4个认识尺度的源泉后,提出了历史中的圣灵问题,它不是第5个单独的认识源泉,而是贯穿于4个认识源泉之中并使它们最终得以可能的根据和前提。

这正如费希特所说,你有什么样的哲学(伦理学),最终取决于你是什么样的人,因为你是什么样的人,你就有什么样的好生活的理想。但是,费希特的哲学和伦理学完全局限于先验人学的构架,其中没有自然的地位,而作为环境伦理学,如何与自然环境相处,是构建伦理家园的一个核心视域,而自然又是同样为上帝所造、为上帝所爱的一个独立自主的领域,所以,任何单纯人类中心论的道德法则,都不可能适用于自然。这样,从神学视域看,必然就要重视自然科学对于环境伦理学的作用。因为自然科学作为对自然规则的发现和认识,就是对自然之尺度的认识。非常有意思的是,作者分析了生态学(Ökologie)是由 oiko——原意为"家"、房屋②——加 logos 组成,他直接引用一个定义:"作为自然的家政学(Haushaltslehre)"③,所以,凡是以 oiko 开头的概念,几乎都有"家"的含义,如 Ökonomie 这个现代经济学概念,在亚里士多德那里我们一般就是把它翻译为"家政学"。现在自然之家、人类之家、上帝之国三者"各自为政",是导致整个地球家园生态危机的关键,因此司徒博强调,综合创新是解决问题的根本出路。

因为对于一门试图确立适度之尺度的伦理学而言,并非认识尺度的源泉越多越好,"多"意味着冲突,意味着我们必须取舍和决断,意味着必须有更好的方法将它们无冲突地统合起来。为了综合创新,作者提出"学科交叉性是通向整体的步骤"(1.4.4),提出要坚持"方法论的多元主义"(1.4.5)。这正是我们看看此书的理由。最终,作者把他的综合创新的方法归纳为如下6个步骤:(1)确定问题(问题及其问题的冲突在哪里);(2)处境分析(相对于何种处境问题可得到解决);(3)举止抉择(哪些方法是可行的);(4)规范审查(我们应该做什么);(5)作出决断(我们必须做什么,能够做什么);(6)回溯审核(决断确实合适吗?怎样会让人做得更好)。通过这样的步骤,环境伦理学最终是为了解决实践中的问题的,是以实践为旨归的"应用"伦理学。

---

② 这种词源学的分析在其他著作中也可见到,参阅赫费,O.:《作为现代化之代价的道德——应用伦理学前沿问题研究》,邓安庆、朱根生译,上海世纪出版集团2005年版,第二部分:Oikopoese。

③ Remmert, H.: Ökologie. Ein Lehrbuch, Berlin1989(第4版),S.1.

经过这样的长篇"导论",接下来的第 2 章就是讨论"自然中'自然的'尺度"。虽然其中许多科学观念我们平时也见到过或听说过,如科学中的"整体主义"、"进化伦理学"、"开放系统"、"熵"、"反熵"、"自组织"等,但是如此就相应的科学家及其核心观念与环境的"尺度伦理"联系起来,如此系统地加以探讨,译者还是第一次见到(也许是本人的阅读面所限),这无疑是该书的一个非常重要的亮点。

当然这一亮点还是属于面上的东西,这一章最值得品味的实际上是解决这样一个问题:一种无"自然主义谬误"的"自然的尺度"是如何可能的? 自从康德把伦理学与物理学(也即自然科学)对立起来,认为后者是探究自然的因果律,前者则是探究自由的因果律,"自然"(包括"本性")即便不是伦理学要克服的东西,也是在伦理学之外的东西。从休谟的所谓从"是什么"(is,Ist)推导不出"应该"被摩尔夸大渲染为所谓的对"自然主义谬误"的完全拒斥之后,自然的尺度在伦理学中就没有的立足之地。但对于像环境、生态伦理学、生命伦理学、科学伦理学(包括基因问题、克隆人问题、人工流产问题等),"自然的尺度"是解决和试图解决问题的一个重要的判据,所以,司徒博教授提出,既然自然科学是对自然的内在尺度的认识,自然的法则就应该得到伦理学的认真对待,对自然主义谬误的批判并不能把每一种从存在(是什么)推导出应该的可能性都排除掉。但如何能够既坚持"自然的尺度"同时又能防止"自然主义谬误",构成一种无"自然主义谬误"的"自然的尺度",相信对于有心的读者会在书中找到答案。

第 3 章是讨论伦理学史上的适度德性,对于这一章包括上一章和下一章,德国著名哲学家君特·阿尔特纳说它"尤其让人受益"[4],我对此的理解是,伦理学既是一门寻根之学、寻家之学,也是一门文化传承之学,因为我们总是立足于"现代"而又面对着"未来"建立自己的伦理家园,这样一个新的家园,如果"无根"或者根基不牢,都必然要倒塌。我们当今的种种规范要具有"有效性",必须有"历史"的文化根基,才是真正能解决当下问题的。因此,伦理学(包括应用伦理学)只有通过"返本"才有可能"开新"。这也许是中德(包括瑞士在内的德语哲学)哲学与英美哲学(伦理学)最大的不同。当我在这样一本作为应用伦理学的著作中,看到作者如此重视伦理学史的研究,确实非常兴奋,它可以改变许多人心目中以

---

[4] 参见该书"序言"。

为伦理学史在伦理学(特别是应用伦理学)研究中毫无用处的偏见!这一章之所以"尤其让人受益",不仅是由于作者系统地梳理了从前苏格拉底一直到20世纪西方德性论(当然是以"适度的德性"为主)的演变史(尽管在英美有一批著名伦理学家致力于回归亚里士多德的德性论传统,但我们非常遗憾地看不到他们有多少对德性论传承演变史的梳理),而且在阐述中有意地纠正一些通常的误解。如普罗泰哥拉的"人是万物的尺度",一般人认为这是从人类中心论的立场把人确立为所有存在者的标尺,但作者认为,这是错误的,这句话所要表达的是人的局限性,即人只能把显现给他的存在者确证为存在着的,除此之外是他的认识所不及的,因此从"这里听得见一种谦虚,它源自人的知识的相对性"(第119页)。对于亚里士多德的德性论,实际上也存在着许多误解,比如把它沦落为小市民的德性,把它作为个体主义的个人品德学说,如果是这样,它对解决环境问题就无所于用。作者的返本开新,就是返回到亚里士多德这里,把作为四主德之一的"节制"(sophrosyne)德性,重新从词源学上阐释为"尺度"(metrion, Maβ)和保持适度(Maβhalten),把个人品德伦理放在政治伦理的维度上展开,因为人要有德性地生活,离不开共同体,而可见的共同体就是城邦,由明智(实践智慧)引导的伦理上的好生活必须在城邦的完善上达到,所以"个体伦理学需要有对'政治'的社会伦理的构想力"⑤。只有通过这样的社会伦理的构想力,把城邦政治伦理扩大为自然、人、神共在的共同体的政治伦理学,全球一致地采取行动,环境问题才有可能得到解决。

第3章对于仅仅熟悉哲学伦理学史的人,还有一个值得关注的方面,就是对神学和基督教伦理学关于适度德性的论述。我们从马克斯·韦伯那里知道了"新教伦理"这个概念,但对于新教伦理的代表人物路德、加尔文和茨温利他们各自的伦理思想并不熟悉,对于新教伦理如何从天主教伦理,如何从《使徒书信》和保罗那里发展出来也不清楚,对于它们如何从清教主义发展到当代的生态神学伦理学也不很了解,而这些在该书中都有纲要式的阐述。

第4章是讨论适度德性在当代神学、神学的环境伦理学、经济伦理

---

⑤ 当然,把德性论从个体伦理学的狭隘框架中解放出来,是西方许多伦理学家的一种共同努力的结果,可参阅罗尔斯的《伦理学史》,Tübingen1991(中文版为上海三联书店)和 Braun, H.-J. (Hg.): Ethische Perspektiven: Wandel der Tugend, Zürich1989。

学、女性主义的和解放神学的生态伦理学、生态灵性运动、普世基督教运动中的发展，当然还会有哲学的环境伦理学代表人物的思想：比恩巴赫的功利主义，约纳斯的责任伦理，泰勒的敬重一切生命，罗尔斯顿的自然本身的价值，皮希特的尺度之为世界秩序的思想，另外还有生态经济学的思想。这一章最大的看点在于对所有这些思想（其中有各种"中心论"）之初衷、原则、方法和限度的讨论。限于篇幅，在这里就不做一一介绍。

到了第5章，该是阐明作者返本开新之结论的地方了，它以"基督教环境伦理学的尺度纲要"为题，依然分作"如何寻找尺度"和"存在哪些尺度"两部分，各有12条原则或纲要，而每条原则或纲要又分别以神学的口吻和哲学的口吻两种方式来言说。因此，在这一章最大的看点就是作者如何综合统一人类中心论（Anthropozentrismus）、神中心论（Theozentrik）和自然中心论（Naturozentrismus）⑥各自的立场，经过诸善权衡，即充分考虑各种不同的处境（境遇）确立价值的优先规则，达到一个如同"共识"般的所谓普遍有效的"适度的尺度"（共同的行动规则）。

要理解他在这一章的思想，我们先要回顾一下他对基本概念的界定。"环境"在这里不是我们一般说的"周围世界"（Umwelt），而是指"共同世界"（Mitwelt）。共同世界在他一般的使用中包含人、自然和神（以精神或灵的方式临在），是最大的共同体，他所谓的环境伦理学，指的就是探究这个共同体共同生存的尺度规则。只有在他的狭义使用中，即作为"非人的共同世界"，才是我们平时所说的自然环境。但即使这种狭义的自然环境，他也是指是由上帝所造的，与人"平等"的受造物。所以，他所谓的"环境伦理学"最贴切的德语表述是Schöpfungethik，因为Schöpfung既包含了人与自然两大部分，同时又指明了其中人与自然的关系，以及人、

---

⑥ 在作者看来，环境伦理学的核心问题是要确立适度的尺度，而不是与什么"中心论"斗争，但这种中心论的原则立场需要得到最终的价值平衡，才能形成适度的尺度。因此，综合创新实质上就是在各种中心论的原则立场之间进行权衡。因此，弄清各种中心论的含义是非常重要的。一般地我们把人类中心论同非人类中心论对立起来，人类中心论又有"强的"和"弱的"之分，而非人类中心论总的包含"神中心论"和"自然中心论"。在以神为中心的学说中，也有人认为它和人类中心论有相通之处，或者说实质上还是人类中心论。而自然中心论包含了Ökozentrismus（生态中心论，译者在此书中把它作为Physiozentrik的同义词），Biozentrik（生物中心论）和Pathozentrik（以同情有感受能力的动物的疾苦为中心，最具代表性的就是彼得·辛格的动物权利学说）。

自然和上帝的关系。

在这种基督教神学的背景框架中,形成了司徒博最有创新意义的伦理形式:客人伦理。"我是谁"这一基督教伦理学的首要问题,得到了我是"世上的一个客人"这一定位。以这种定位来协调人与人、人与自然(包括动植物、有机物和无机物等所有上帝的造物)以及人与上帝的关系,联系到种种处境进行价值权衡形成优先规则,最终就确立了充满内容的尺度规范,即"客人守则"(Gästeordnung)。

之所以说这种"客人伦理"最有创新意义,是因为我们在迄今为止的各种应用伦理学还从未见到过这样一种能够超越人类中心论、自然中心论和神中心论各自诉求而又能把它们涵摄其中的伦理形式。一方面,人作为由上帝创造生命并受上帝托付来"耕种和看管"地球家园的"客人",被剥夺了对自然的占用权和支配权,"强人类中心论"思想在这里就完全行不通;另一方面人作为"客人"受托于上帝,作为上帝在地球家园的"管家",又具有了他在自然存在物面前的优先地位,上帝选择人作为他的"肖像",以人的完善和拯救作为其创世计划的完成,使得各种非人类中心论或反人类中心论的观念必须优先考虑人在其他受造物面前的优势地位。一方面,神作为万能的创世主能主宰人和自然;但另一方面,上帝又必须靠人作为其共同的创世者和管家来完成其创世计划,因此单纯的神中心论在这里也是无力的。一方面,尽管人在自然受造物面前有各种优势地位,但另一方面,人的生活离不开自然受造物,人的完善,人所追求的好生活必须依赖于自然受造物的保存和持续实存。可持续的发展,关键是自然资源、自然环境的可持续性,否则人类无法幸存,上帝的创世计划也要失败。总之,人作为客人这一定位,使人敬畏上帝和敬重自然有了基础,使他在世上的责任和义务得到明确,特别是使他对自身的限度在与自然和神的关系有清楚的认识,这样"适度"的德性就得以建立起来。共同世界的幸存,完全取决于"适度","适度"才能使人与自然和好,"适度"才能造就俗世中的和谐美好的客人秩序。

当然,这些客人伦理的基本理念,需要在各种相互冲突的价值权衡中,依赖于各种具体处境的决断和决策,最终通过具体的"优先规则"的确定形成尺度规范。价值哲学在环境伦理学中就是这种权衡各种价值以形成优先规则的实践智慧。

第6章的篇幅最短,属于其伦理学6步法的最后的"回溯审查"这一步,即回头想一想上述解决问题的方案是否确实合适,是否有可行的正当性,是否可以做得更好一些？作者主要从环境意识和环境行为之间的关系,得出了10点思考。在这里对这10点内容无须重复,但非常有意思的是,与一般人总会说自己的伦理学方案如何如何重要,如何能够不可或缺地解决当下的危机与困惑相反,作者坦诚地说:"伦理学对于世界的保存、驾驭全球化发展和世界经济的作用是有限的",寄希望于伦理学成为技术—经济这架高速飞机的着陆制动器是不现实的!

所以,这一章尽管在篇幅上与上述各章相比小得不成比例,但它恰恰留给了我们无限思想的空间,其中两个问题最值得我们思考:其一,禁止和引诱的关系;其二,世俗伦理学的限度及其不可克服的困境问题。

规范伦理学的"规范"尽管在理论上、甚至在政策上都有有效性和可操作性,但为什么常常还是起不到规范的效果呢？作者从心理学上认为人类有一种偷吃"禁果"的欲望和必然越界的乐趣。上帝说,园子中央那棵树上的果子,你们不能吃,也不许碰!但狡猾的蛇却以它的问题"上帝真的说过你们吃不得吗？"来引诱,上帝说,你们要是吃了那果子就一定会死掉!蛇却说,不会吧,你们怎么会死呢？这种蛇的"引诱"实际上就是人心深处具有的偷吃禁果的欲望,越禁止的东西,人们越想尝试,禁令本身从来都是引起超越它的诱惑!理性主义总以为靠理性制定出种种规范就能规训人的欲望,但一再地遭受着失败,原因就在于人类的这种心理。

这种心理造成了世俗伦理学的自反性。每一种道德主张,不论其规范的有效性如何,最终都在现实中造成了规范的失效。现代伦理学还抱着理性的希望,像康德那样,尽管他知道,有效的道德法则不可能是充满质料内容的,但依赖实践理性的自律,毕竟能够形成一种普遍有效的形式化法则。但是随着对康德形式主义的批判,各种充满质料内容的世俗道德学说,却最终显现出,道德多元主义只能以一种特殊的道德承诺对抗同样特殊的道德诉求,最终谁也无法提供一个充满内容的世俗道德观。现代性的道德事业的确如麦金泰尔等人分析的那样陷入了失败。应用伦理学实际上正是现代道德事业失败之后,以一种更加工具化,更加务实的理性来解决工具理性泛滥导致的整个人类的生存危机的尝试。但各种后现代的应用伦理学方案实际上使得规范的道德内涵越来越少,它们可行和可操作的有效性和正当性,更多地需要依赖法律、政治的手段来作保障,否则,就道德本身的有效性而言,还远不如传统的和现代的道德。这似乎就证明了"哲学没有能力为标准的、充满内容的道德提供一个一般的、俗世的理性辩护"⑦。这样的结论,对于神学伦理学家是最爱听的,因为路德的名言:"在没有基督为我们引路的地方,伦理学毫无用处"(第342页)使得基督教伦理学在现代和后现代的道德事业失败中找到了它们在世俗社会中发生作用的契机和力量。确实,我们有理由相信,在世俗伦理学无法为道德确立最终有效基础的地方,神学伦理学以其信仰、灵性的生命力弥补了理性的不足,超越了理性伦理的局限。但是在这个越来越工具化、务实化、多元化和精神虚无化的后现代,神学伦理学究竟是"心灵的鸡汤"还是拯救的工具?我们不得而知。对于我们面前的这本充满基督教神恩话语的著作而言,我相信,许多人是没有译者这种忍耐力能够心平气和地认真对待的,尽管译者充分表达了它的魅力和创造性,充分承认了它对世俗理性伦理学的合理意义。但愿它如作者所期望的,最终经受得起任何理性的批判潜力。

---

⑦ [美]H.T.恩格尔哈特:《生命伦理学基础》(第二版),北京大学出版社2006年版,第4页。

中文版前言

　　中国的发展是独一无二和叹为观止的：经济的发展速度超过了其他大多数国家，它为自己的人民和整个世界提供了商品和劳务，教育制度备受关注，学术成果几乎涵盖了所有领域。中国的全球政治重要性对所有国家产生了与日俱增的影响。文化传统以及对日常生活、伦理学和社会和谐发展所作出的贡献将被重新发现。

　　这一快速的发展也付出了代价：贫富差距加大，环境承受着巨大的压力，污水和不洁的空气对人的健康和动物产生了威胁，土壤退化带来了未来农业生产减产的风险，气候变化引发了洪水和风暴。人的生命、财产和基础结构为此付出的代价更是加倍的。

　　在今天所有的社会中，环境破坏是其中最大的挑战之一。在中国也是如此，环境保护变得更加重要。给我留下深刻印象的是，胡锦涛主席在2007年10月的十七大报告中强调了对环境保护要给予特别的关注。这包含几个维度：环境技术可以（为能源效能诸如太阳能之类的代用能源、农业技术、住宅设施以及新的公共运输系统）作出重大贡献。对保护环境行为的经济奖励、治理环境污染的财政支出和对忽视环境（保护）法的法律惩罚具有同样的重要性。

　　但是只有当我们的世界观和我们的意识发生变化时，技术的、经济的、科学的和政治的措施才是成功的：什么是作为地球上人类的我们？我们是否可以像独裁者宣称的那样有权剥削和压迫他人以及自然？或者我们是否把自己看做是宇宙万物的一部分，如同地球上卑微的客人那样？这不仅是家庭教育的任务，而且是从教育角度考虑的新的环境课程的任务，更是政治和媒体的重要任务。本书从基督教和哲学的视角发展出了一种有关成为世上客人的人类学。作为中国人、亚洲人和欧洲人，作为美国人和非洲人，作为富人和穷人，作为社会主义者和资本主义者，作为儒家信徒、基督徒和佛教徒——我们都是世上的客人。令人惊奇的自然资源不是我们个人的所有物。它们并不属于我们,它们是造物主所赠予的、从子孙后代那里借来的人类的公益。我们可以从有着几千年历史的东西方传统中获悉这种有关谦卑以及与自然相统一的美德。本书应该有助于我们在基督教信仰和世界观中重新发现这些根源,同样我们也可以在哲学和其他宗教传统中发现它们。因此,我们能够找到人类进步与自然破坏之间以及变化与可持续之间的适当的平衡与和谐。

我要感谢张庆熊教授为本书中文版的出版所作出的努力。感谢译者邓安庆教授的辛勤劳动,感谢人民出版社使本书得以问世。我希望它能够对保卫我们共同地球的中国的以及全球的努力、为子孙后代保护自然资源以及增强我们共同的意识(即我们都是世上的客人)尽到绵薄之力。对所有人和非人类的存在者而言,地球是我们共同的客栈。

司徒博
苏黎世/北京　2007年10月

目 录

中译本导读:一种返本开新的环境伦理学 …………… 邓安庆 1
中文版前言 ………………………………………………… 司徒博 1
序言 …………………………………………… 君特·阿尔特纳 1
德文版前言 ………………………………………………… 司徒博 1
缩写标记 …………………………………………………………… 1
1. 导论 ……………………………………………………………… 1
　1.1　以惊异开始 ………………………………………………… 1
　1.2　问题:如何在一个失度的时代寻找尺度 ………………… 3
　1.3　三个实例 …………………………………………………… 11
　　1.3.1　实例1:适度的航空交通 ……………………………… 11
　　1.3.2　实例2:生物多样性的保存 …………………………… 15
　　1.3.3　实例3:全球气候协定 ………………………………… 19
　1.4　方法学 ……………………………………………………… 26
　　1.4.1　认识尺度的四个源泉 ………………………………… 27
　　　1.4.1.1　启示 ………………………………………………… 28
　　　1.4.1.2　理性 ………………………………………………… 32
　　　1.4.1.3　经验 ………………………………………………… 40
　　　1.4.1.4　共同体 ……………………………………………… 44
　　1.4.2　……历史中的圣灵 …………………………………… 46
　　1.4.3　自然科学对环境伦理学的作用 ……………………… 49
　　1.4.4　学科交叉性作为通往整体的步骤 …………………… 53
　　1.4.5　方法多元主义中的约束力 …………………………… 56
　　1.4.6　以6步法通达主题 …………………………………… 58

1.5　概念 · 60
　1.5.1　自然—环境—共同世界—受造界 · · · · · · · · · · · · · · 60
　1.5.2　生态学—生态伦理学—受造界伦理学 · · · · · · · · · · 64
　1.5.3　尺度——保持适度 · 66
　1.5.4　德性—伦理—普世伦理 · 67

2. 自然中"自然的"尺度 · 70
　2.1　整体主义:从整体出发 · 73
　　2.1.1　大卫·玻姆 · 74
　　2.1.2　詹姆斯·依·洛夫洛克 · 76
　　2.1.3　克劳斯·米歇尔·迈尔-阿比希 · · · · · · · · · · · · · · 78
　　2.1.4　互补性 · 79
　　2.1.5　结论 · 80
　2.2　进化:动力学的尺度 · 81
　　2.2.1　必然和自由 · 81
　　2.2.2　开放的系统 · 83
　　2.2.3　无可知目标的进化 · 85
　　2.2.4　不可逆性 · 86
　　2.2.5　进化伦理学 · 87
　　2.2.6　结论 · 88
　2.3　生态系统:尺度的网络化 · 89
　　2.3.1　生物控制论 · 91
　　2.3.2　自组织 · 92
　　2.3.3　平衡 · 94
　　2.3.4　生物多样性 · 96
　　2.3.5　人的身体 · 99
　　2.3.6　结论 · 102
　2.4　量和质:尺度大于量度 · 103
　　2.4.1　极限值 · 103
　　2.4.2　环境标准 · 106
　　2.4.3　能量和熵 · 111
　　2.4.4　人口增长 · 114
　　2.4.5　几点推论 · 116
　2.5　综合的结论 · 117

3. 伦理学史中的适度德性 ……………………………………… *123*
3.1 希腊哲学 ………………………………………………… *125*
3.1.1 前苏格拉底哲学家 ………………………………… *126*
3.1.2 亚里士多德 …………………………………………… *129*
3.2 《旧约》和《新约》 ……………………………………… *134*
3.2.1 神的律法作为尺度 …………………………………… *135*
3.2.2 耶稣身上充满热情的爱 ……………………………… *136*
3.2.3 智慧传统中的德性 …………………………………… *139*
3.2.4 《使徒书信》中和保罗身上的适度品行 ………… *140*
3.3 经院哲学和宗教改革 ……………………………………… *143*
3.3.1 托马斯·封·阿奎那 ……………………………… *143*
3.3.2 宗教改革家们 ………………………………………… *146*
3.3.2.1 马丁·路德 ……………………………………… *147*
3.3.2.2 胡尔德利希·茨温利 …………………………… *151*
3.3.2.3 约翰内斯·加尔文 ……………………………… *153*
3.4 17—18世纪 ………………………………………………… *158*
3.4.1 从清教主义到自然神学 ……………………………… *158*
3.4.2 亚当·斯密 …………………………………………… *160*
3.4.3 伊曼努尔·康德 ……………………………………… *165*
3.5 19—20世纪 ………………………………………………… *169*
3.5.1 弗里德里希·施莱尔马赫 …………………………… *169*
3.5.2 弗里德里希·尼采 …………………………………… *172*
3.5.3 卡尔·巴特 …………………………………………… *175*
3.5.4 莱昂哈特·拉加茨 …………………………………… *178*

4. 当代伦理学中保持适度的伦理 ………………………………… *183*
4.1 创世神学 …………………………………………………… *183*
4.1.1 于尔根·莫尔特曼:上帝作为三位一体 ………… *184*
4.1.2 克里斯蒂安·林克:世界作为受造界 …………… *185*
4.1.3 陶各特·柯赫:肯定生命 …………………………… *187*
4.1.4 约翰·B.柯布:过程神学 …………………………… *189*
4.2 俗界伦理学 ………………………………………………… *191*
4.2.1 君特·阿尔特纳:广义的生物伦理学 …………… *191*
4.2.2 汉斯·鲁:论证伦理学 ……………………………… *194*

  4.2.3 沃尔夫冈·胡伯尔:自制 ……………………… 197
  4.2.4 迪特玛尔·米特:新的德性 …………………… 199
  4.2.5 奥尔、伊尔刚、施利特:人类中心论 ………… 202
 4.3 经济伦理学 …………………………………………… 205
  4.3.1 阿尔图尔·里希:相关性 ……………………… 207
  4.3.2 约里克·施皮格尔:人的尺度 ………………… 209
 4.4 女性主义的生态伦理学和生态的解放神学 ………… 211
  4.4.1 卡塔丽娜·哈尔克斯:妇女和自然 …………… 212
  4.4.2 多萝缇·泽勒:爱与劳动 ……………………… 214
  4.4.3 莱昂那多·波夫:穷人作为尺度 ……………… 216
 4.5 万物有灵论:马修·福克斯 ………………………… 219
 4.6 普世基督教 …………………………………………… 224
  4.6.1 普世基督教教会委员会:
     GFS(正义、和平、生态保护) ……………… 225
  4.6.2 宗教改革世界联盟:大自然的权利 …………… 227
  4.6.3 东正教的环境伦理学:灵的生态学 …………… 229
 4.7 世界宗教的普世伦理:尺度代替贪欲 ……………… 233
 4.8 哲学的环境伦理学 …………………………………… 237
  4.8.1 迪特·比恩巴赫:功利的最大化 ……………… 240
  4.8.2 汉斯·约纳斯:责任 …………………………… 242
  4.8.3 保罗·泰勒:敬重所有的生命 ………………… 244
  4.8.4 霍尔姆斯·罗尔斯顿:自然自身的价值 ……… 246
  4.8.5 格奥尔格·皮希特:尺度之为世界秩序 ……… 247
 4.9 生态经济学:可持续的经济 ………………………… 248
  4.9.1 联合国环境与发展大会的企业家咨议会 ……… 250
  4.9.2 戴利和科布的福利指数 ………………………… 254
 4.10 中间总结:一种适度的普世伦理展望 …………… 257

5. 基督教环境伦理学的适度伦理纲要 ……………………… 261
 5.1 太初造物主的过度 …………………………………… 262
 5.2 上帝的提议:欢迎你来到世上作客 ………………… 266
 5.3 如何寻找尺度?
   前12条客人守则纲要 ……………………………… 278
  5.3.1 与造物主上帝的关系 …………………………… 282

目录

- 5.3.2 与宇宙基督的关系 …………………………… 290
- 5.3.3 与圣灵的关系 …………………………………… 296
- 5.3.4 与众人的关系 …………………………………… 303
- 5.3.5 与环境的关系:它们的尊严和权利 …………… 307
- 5.3.6 在上帝之国中和好的世界 ……………………… 319
- 5.3.7 游戏 ……………………………………………… 324
- 5.3.8 赞美和节庆 ……………………………………… 326
- 5.3.9 忧虑和颤栗 ……………………………………… 330
- 5.3.10 神话和童话 …………………………………… 334
- 5.3.11 生态的价格形态 ……………………………… 338
- 5.3.12 相关性和互补性 ……………………………… 341
- 5.4 存在哪些尺度?
  后12条客人守则纲要 ………………………………… 345
  - 5.4.1 持续发展 ………………………………………… 345
  - 5.4.2 生态公正 ………………………………………… 350
  - 5.4.3 通过自制而自由 ………………………………… 357
  - 5.4.4 为了人与环境的和平 …………………………… 363
  - 5.4.5 造物主和受造物的美 …………………………… 365
  - 5.4.6 多样化的生物多样性 …………………………… 370
  - 5.4.7 苦难和死亡 ……………………………………… 375
  - 5.4.8 新的时间—尺度 ………………………………… 378
  - 5.4.9 本地的和全球的生活空间 ……………………… 383
  - 5.4.10 世界人口尺度 ………………………………… 386
  - 5.4.11 整体中的个体 ………………………………… 388
  - 5.4.12 权力和责任 …………………………………… 391

6. 展望:禁止的乐趣与伦理学的限度 …………………… 396

人名索引 …………………………………………………… 403
主题索引 …………………………………………………… 415
译后记 ……………………………………………………… 430

序　言

我带着日益增长的紧张和诸多的赞同阅读了这部书稿。它涉及对进步的动力与环境责任之紧张关系的一种社会伦理学的考量。对尺度和适度品行的探究构成该书的中心。全球的环境破坏，贫富之间日益加深的鸿沟反映出现实的失度状态。在此处境中对尺度的探寻成为最紧迫的事情。

当今如此具有现实意义的可持续性概念（等于造就未来的能力），也"呼唤着"尺度。这个概念的意思是：只有对于一个把未来后代的福祉视作义务的人，才能看管好人类生存的自然基础，以至永葆人类再生的潜力。但它反过来说也适用：只有从更深层的原因出发，能够爱惜地保管好世上自然的人，才能够同时为后人、后代考虑。所以，这涉及对人的维度和自然之维度上的尺度的探寻。只有理解这两个维度，才使我们描绘为生态学的这个词汇的完全意义成为可能。司徒博就是在这样一种生态学概念的意义上，保护生态免受任何自然主义的伤害，同时也免受人类中心论的伤害。他的研究，鉴于他所使用的认识方法，是跨学科的和多元论的。问题史的那几章尤其让人受益，因为这几章是探究自然科学、伦理学史和当代伦理学中的尺度和适度品行。

司徒博所选择和蕴涵的研究风格，保护了他免受任何独断的更好知识欲的影响，使他得在他的分析中同时驾驭着丰富的成果。在以上所说的那几章，他广泛地证明了一系列值得审核的尺度，从当代的自组织概念，经过《新约·圣经》的节制品德直到当代生物伦理学的标准。由不同的专业和世界观维度所代表的，不是封闭的世界伦理，而是既相互联系、也彼此渗透的广泛的尺度领域，是丰富多彩的经验和丰富的宝藏。在此意义上，司徒博确实撰写了一部跨学科的大作。

在此，我们也带着特别的紧张期待其结论部分，作者在这一部分，以

"基督教环境伦理学的尺度纲要"为标题,阐发了他自己的思想:两大系列 12 条在世生活的基督教客人守则! 客人守则(**从正在到来的上帝之国到生物多样性**)这个词条表明,司徒博在这里依然保持了他的统合性的跨学科风格。值得注意的是,它有恩典—神学的特征,着重强调每一条纲要都许诺了人在世上具有客人之权利这一形式。但除此之外,每一条纲要也总有一条与之平行的世俗化表述。

该书对于通常的环境责任的社会讨论,也有广泛的指导意义和丰富的帮助,因为司徒博不是要提供一种神学上封闭的价值秩序,而是试图在相关的伦理前提之间引导出"价值平衡"。否则,我们又该如何商讨我们在幸存危机中的生态责任?

君特·阿尔特纳
海德堡 1996 年 5 月

德文版前言

发展和环境保护如何被联结为一种适度的、可持续的发展？与此相连的利益与价值冲突如何被克服？与共同世界交往的正当尺度何在？干预太多和塑造太少之间的尺度、一种摧毁生活的进步乐观主义和一种敌视生活的生态基础主义之间的尺度又何在？

20年以来，寻求环境与发展相解的这一目标一直折磨着我，例如，在我1979年出版的《启动一种合乎人道的增长》一书中（就是追求这一目标）。自从20世纪60年代以来，环境伦理学的问题意识从根本上被拓宽和深化了。许多环境政策和环境经济也取得了发展。1992年的联合国世界环境与发展大会，表现出了对21世纪的必要关注。不过同时，环境与发展之间的张力进一步尖锐化。例如，在东亚新兴工业化国家以它们的快速增长给全球带来巨大的环境负担时，非洲、拉丁美洲和亚洲的大多数国家依然没有可能或者部分地很少有可能参与到地球上已经测量到的丰富资源的争夺中来。

目前的这项研究是要在这些亟待抉择的事情上进行一种社会伦理学的考量。主导这种考量的核心价值是尺度，要把它放在自然科学、历史和当代伦理学思想中加以研究；我们还为全球的适度发展及其与环境之间的爱护性交往，阐发了两个系列的12条守则纲要。基督教能够为这种全球伦理尺度作出贡献，神学环境伦理学的特殊性乐于为此结出丰硕成果，同时超越世界观的差异寻求共同的价值基础。就像1992年里约热内卢的世界大会已经讨论过的那样，"环境与发展"之间的目标冲突与价值冲突，我们的讨论能够为克服它们作出某种贡献，但完全克服这些冲突却是不可解决和不可能实现的。

这项成果1995年夏季在巴塞尔大学神学系作为教授资格论文被接受。下列人员和研究所对它的支持是我在此要特别感谢的：本研究是由于我当时的工作单位、作为苏黎世州教会正典编辑者的牧师协会,给了我为期6个月的学术假期才得以完成的。假如没有这个假期的话,我当时的全职是作为编辑部主任,而现在是作为"给每个人以面包"这个瑞士福音教会联盟发展组织的秘书长,这项成果是不可能存在的。我的太太苏珊娜积极地共同承担这项工作。苏黎世大学的汉斯·鲁教授长期以来尤其在环境伦理学问题上是对我非常重要而又有许多帮助的谈话伙伴。君特·阿尔特纳教授给了我非常有价值的反馈。巴塞尔大学的约翰内斯·菲舍尔教授在扫尾阶段帮助我明晰了一些表述。同许多自然科学家、企业家乃至教会里从事环境与发展的实际工作者的讨论也是不可不提的。"给所有人以面包"和埃米尔·布鲁纳基金会赞助了出版费用。

司徒博

苏黎世　1996年3月

缩写标记

CGG:《现代社会中的基督教信仰》,由 F. Böckle 等主编,30 卷,第 2 版,弗莱堡 1981/82 年。

Evang. Thoel.:《福音神学》,双月刊,由 A. Hertz 等主编,慕尼黑。

EvKomm:《福音评论》,斯图加特。

HCE:《基督教伦理学手册》,由 A. Hertz 等主编,3 卷,弗莱堡 1978—1982 年。

RGG:《历史与当代中的宗教》,由 K. Galling 主编,6 卷,第 3 版,图宾根 1957—1965 年。

ThWNT:《新约神学词典》,H. Kittel 已故后由 G. Friedrich 主编,斯图加特 1933 年及之后几年。

TRE:《神学实科百科全书》,由 G. Mueller 主编,柏林 1977 年及之后几年。

ZEE:《福音伦理学杂志》,由 R. Galliess 等主编,居特斯洛。

1

导　论

1.1　以惊异开始

以诧异开始。被把握到的东西(Ergriffensein)而非把握活动(Ergreifen)*是环境伦理学的出发点和一种适度伦理(Ethos des Maßes)的基础。向第三个千年的过渡对于行星地球和人类而言都是关键的。本书并不涉及一种生态千禧年主义(Millenarismus)，而要涉及生命的基础以及与此相关的地球上许多生物圈所受到的现实威胁。我们要探究的问题是，如何真正找到正当的尺度并适度地(maßvoll)生活，以便使生活尽可能多地获得尊严。我们依然生活在"界碑错位的时代"①：昨天被看做是越轨的人类行为，明天就已经处在作为规范出现的界限之内了。好像某人在家过了一夜，界碑就移位了。基因工程，计算机工艺，移动通信技术都是这方面的标志性话语，充满了魅力。这样说来，我们就是生活在一个"没有尺度和目标的世界"吗②？我们时代的特征就是这样无度和错位，不过，在第二个千年行将结束时，一个新的共识在世界范围内显露出来：在与自然的交往中，现代的无度既然如此具有毁灭性，一种新的保持适度的行为就是必须的，对于人类的幸存是必须的。不过，什么样的生态尺度是正当的？它又如何与发展联系起来？在这10年能实现一个决定性的转折吗？

[S.13]

---

*　这句话在此意思不明，但在下一段中有一句话对此作了一点引申，使之意思明确起来："不是把握世界的意愿，而是从伟大而美丽的世界中所把握到的东西……才是这种尺度的开端。"以下凡是译者所加的注释，一律用 * 号表示，由于作者的原注相当多，总共近2000个，为了便于读者查阅，我们完全保留了原著中的注释序列。

①　H. H. Brunner 这样说。《我的父亲和他的长子，Emil Brunner 在他的时代和我的时代》，苏黎世1986年，第333页。

②　同上书，第325页。

对这些问题形成了许多不同意见。

我们早就在寻找这些问题的恰如其分的答案,不过,我们不是以描绘当今世界的特别危险开始,不是以问题的澄清和呼吁开始,而是以惊异开始③。伦理学的出发点,不是对生活作正面的塑造,而是对受恩典的生活④秘密的惊羡;不是人的行为,而是"上帝在有灵性的人这里的行为"⑤;不是把握世界的意愿,而是从伟大而美丽的世界中所能把握到的东西;不是有限的伦理戒命,而是神的无限丰富的建议;不是抱怨,而是赞美;不是禁欲主义的放弃,而是多样的快乐,才是这种尺度的开端。

[S.14]
宇宙在其范围内没有尺度是不可设想的:假如我们设想将地球的直径缩小到1毫米($1:10^{10}$,这就是缩小100亿倍),那么,太阳的直径是14厘米,地球与太阳的距离是15米,与最近的星星的距离是4000公里。假如我们把1光年,即光在一年内的行程,设定为1毫米(缩小了$1:10^{19}$),那么与最近的星星的距离是4毫米,银河系——大概包含1000亿个太阳——的直径是100米,可观察到的宇宙半径大概是15000公里⑥!

微观宇宙令人惊异之处也并不更少:在一个10亿分之一厘米里发生的东西,超出了我们的想象能力。全世界有9040种不同的鸟类,我们几乎已经作为理所当然的(事情)接受了,而总共1392485种不同的昆虫,迄今只有989761种是已知的,还有三千万种不同的生物是未知的和未经研究评定的⑦。微观宇宙与宏观宇宙在某些方面形成了非常神奇的统一和相互适应。时间尺度也唤醒了(人类的)惊异和谦虚:只要我们接受地球的年龄在45亿年,并把这个时间投射到唯一的有24小时的一天,那么尼

---

③ 这一要求符合堪培拉(Canberra)普世基督教的生态神学:在1991年堪培拉的普世基督教教会委员会第7次全会上成为主题:"来吧,圣灵,请你革新整个世界"出现在第一分会场报告的第一方案中,这个分会场讨论的是生态问题,以描述环境问题开始。在确定的文本中于是有意地以承认世界的美和伟大开始(《圣灵在显现——来自1991年堪培拉的官方报道》,法兰克福1991年,第58页)。

④ Trutz Rendtorff 也是在"生活所与的东西"上建构他的伦理学(《伦理学》,卷1,1980,32ff)。

⑤ H. G. 乌尔利希这样说,见《末世论和伦理学》,1988年,第47页。

⑥ 根据 J. O. Stenflo 的《宇宙的进化——天文学中的平衡观》,载于 F. Stolz 主编的《科学中的平衡观和非平衡观》,1986,第5—19(9f)页。

⑦ 威尔逊,E. O./彼得,F. M. 主编的:《生物多样性》,华盛顿1988年,第4页之后。

安德特人*就是在不到 2 秒钟之前移居在冰川山麓的无冰地带。古代长毛象就是在前 0.1 秒灭绝的。

"所有的一切以巨大的快乐开始运动……令人着迷的想法就是保存生命",弗朗科·费鲁齐这样描绘上帝的生活之乐⑧。这位"挚爱生命者"⑨本身必定对他的创造感到惊异。在每一个创世日之后,他都惊异地确认,所创造的都是"非常好的"⑩。《圣经》中的创世诗篇不是偶然地汇集了所有歌唱创造之美的赞美诗⑪。在宗教改革的创世学说和现今特别如在环境教育的生态神学中,学习赞美和惊异也起着有意义的作用⑫。惊异是所有人的一种基本能力,它根植于作为恩典生活的基本经验和对星空的仰望。康德对道德法则的探究并无明显的宗教基础,他也写下了如此著名的文字:"有两件事情以其时新和日增的赞叹与敬畏充满了心灵……它就是头顶的星空和内心的道德法律"⑬。

1.2　问题:如何在一个失度的时代寻找尺度

人的发展目标是人作为尺度⑭?或者人遵守尺度⑮?或者人掌握尺度?

人是万物的尺度这个说法,鉴于由人引起了沉重的生态负担,几乎无人再敢这样断言了。人类中心主义的环境伦理学也绝不是指这个意思。或者,人们相处仅仅应该按照一种被外在规定的尺度,还是按照一些人对

---

*　尼安德特人(Neanderthaler)是在德国杜塞尔多夫附近的尼安德特发现的更新世晚期,旧石器时代中期的"古人",分布在欧洲、北非、西亚一带。

⑧　弗朗科·费鲁齐:《上帝的生活,由他自己讲述》,慕尼黑 1988 年,第 27、38 页。

⑨　《旧约·智慧书》11.26。

⑩　这个格言在《创世记》中出现了 7 次。

⑪　特别是《诗篇》8,19,104,136,139,147,148,以《诗篇》104 为例,O. H. 施特克:《世界和环境》,斯图加特 1978 年,第 36 页之后几页。

⑫　不过在环境教育中学习惊异不是如此不言而喻的事,这表现在,在一本 740 页的环境教育标准教材的包罗万象的词条索引中,既没有出现惊异、也没有出现赞美或感谢这些词条:J. Calliess/R. E. Lob 主编的:《环境和和平教育实践手册》,卷 2,环境教育,杜塞尔多夫 1987 年。

⑬　康德,I.《实践理性批判》,Vorländer 编,汉堡 1990 年第 10 版,186(A288)。

⑭　普罗泰哥拉的这句格言请参阅下文第 3.1.1 节。

⑮　这个表达式反映了与基因工程相关的担忧。参阅 W. Van den Daele:《人遵守尺度? 基因控制和基因治疗的伦理问题》,慕尼黑 1985 年。

另一些人规定的某种规范尺度,或者按照自然的尺度?基于自然中心论的环境伦理学也不是代表这个,反而承认人有决断的自由。那么剩下的就是把掌握尺度的人作为伦理学的目的?这样的人以对自由的知觉和对自己幸福的责任能适度地对待他人(Mitmenschen)和共同世界(Mitwelt)吗?从宗教角度看,这是说,这个掌握尺度的人能在上帝面前承担责任,并对一切尺度的创造者作出赞美吗?在本项研究中,这些问题要同环境伦理学联系起来作出展开和阐明。本书要指明的是,一个掌握尺度的人如何能够处世,特别是如何能同自然相处。

"生态学是关于自然内在尺度的认识……认识尺度的我们,总是发现我们自己处在自然的活动领域之内……陶醉于从这些尺度中解脱出来,自18世纪以来是对现代文明之进化最大的推动力之一。现今我们必须要明白,从一个特定的有尺度关系的秩序中解放出来,不是让我们废除法规,因为生活只有在尺度中才是可能的……我们必须寻找新的尺度"⑯。哲学家格奥尔格·皮希特以此为自然科学和人文科学描绘出了一项现今必须共同面对的中心任务。

探究自然的内在尺度是所有环境科学的任务。但由于从事实不能(也只是有条件的)推导出应该⑰,环境伦理学的任务是,为人类干预自然制定出一些可欲的和可负责的尺度标准。围绕这个核心问题,形成了环境伦理学一直以来数目丰富的出版物⑱。"这是在自然之允许的和不允

---

⑯ G. 皮希特:《论尺度的概念》,载于 C. Eisenbart 主编的《人的生态学与和平》,海德堡1979年,第418—426(418、421)页。对此进一步的论述在下文第3.2节。

⑰ 对这个自然主义谬误问题,也请参阅下文第1.4.2和2.5节。

⑱ 环境伦理学的文献尤其是自从20世纪80年代开始就不知不觉地在增长,在英语范围内已经评注过的文献目录就有,例如 Anglemyer, M./Seagraves, E. R.: The Natural Environment. An Annotated Bibliography on Attitudes and Values, Washington 1984; Davis, D. E.: Ecophilosophy. A Field Guide to the Literature, San Pedro/California 1989; Nash, R. F.: The Rights of Nature, A History of Environmental Ethics, Midison, Wisconsin 1989; Simmons, D. A.: Environmental Ethics,: A Selected Bibliography for the Environmental Professional, CLP Bibliography Chicago 1988; Sheldon, J. (ed.): Rediscovery of Creation. A Bibliographical Study of the Churches Respons to the Environmental Crisis, Scarcrow Press/New York/London 1992(在美国和基督教世界特别引起了争论)。——在德语范围内缺少与之相应的广泛的、评注过的文献目录。但有一些简短的概观。Ch. 弗莱提供了一个好的概述,带有进一步的分析:《神学和生态伦理学。一个概述》,ZEE32(1988),47—62;H. 哈尔特的概述同样不逊色:《神学、教会和环境困境。神学对生态伦理学的

许的功用之间的普遍界限问题"⑲。生物学家格尔诺特·斯特赖合理地确定,寻找尺度在边界错位的意义上是环境伦理学的一个共同问题,无论是人类中心论的还是自然中心论的出发点都如此。人不能不干预自然。由于他要生存,他总是已经影响了非人的共同世界并因此影响了自然的尺度。但他也不能完全干预并规定自然本身的活动规则。尽管人类万能的幻想把这留给了自然的造物主。探究干预自然和不干预自然的正当尺度因而就是人类实存的一个基本问题。

在《旧约·创世记》的第二部,寻找尺度就已经是(上帝)托付给人的任务了:人应该"耕种和看管"这个园子⑳。因此,一方面,干预的一个决定性的标准就已经有了:人应该干预,但必须在他有人格尊严的生存这个限度内,但这也因此就是在自然的生活基础不被毁坏的限度内。但另一方面,寻找尺度的问题因此也只是清楚地被提出来,但还未被解决,因为尺度对于人的认识经常是隐蔽的。于是,《诗篇》的作者为渴求认识尺度而唱赞歌:

"求你张开我的眼睛,让我看见你律法的神奇。
我是世上的一个旅客,别向我隐匿你的戒命。
渴慕你的秩序,时时刻刻憔悴我的魂灵"㉑

在文化和自然、干预和不干预之间存在着紧张,必须通过不断更新对尺度的认识,通过对诸善进行伦理权衡,为这种张力重新作出决断。

应该按照可对生态负责的尺度而行动,这一洞见在世界上不断增加

贡献》,载于:《新型关系中的天主教社会学》,苏黎世 1985 年,第 165—211 页;Bartolomei, S. : Etica e ambiente, Milano 1989;关于动物伦理学尤其要参阅由 Karlsruhe 高等教育专科学校大学学习指导(hodegetische)研究所歌特哈特·托伊奇按常规评论的文献报道;H. 许伯纳主编的跨学科对话:《神学和自然科学之间的对话——文献报道》,慕尼黑 1987 年;由 H. 舒伯特汇编的生物伦理学和人类遗传学:《福音伦理学和生物工程》,法兰克福 1991 年;由 J. 许伯纳和 H. 舒伯特主编的《生物工程和福音伦理学——国际性的讨论》,法兰克福 1992 年;由 G. 胡诺尔德和 C. 卡佩斯主编的《担当起一种新的责任——为人的遗传学和胚胎研究登记的文献目录(天主教的讨论)》,弗莱堡 1992 年。

⑲ G. 斯特赖:《环境伦理学与进化》,哥廷根 1989 年,第 79 页。

⑳ 《摩西一经》2,15. 作者的引文是和马丁·路德翻译的《圣经》一致的:"bebauen(路德用的是 bauen und bewahren",而现代德语版的《圣经》把"bebauen"或"bauen"(建设)改为 pflegen(照料),这种改译蕴含着人对地球的不同的态度。——译者补注

㉑ 《诗篇》,119,18—20.

其共通感。可持续性的目标,长期的幸存能力,例如在联合国及其环境保护纲要的框架内,这是不用争论的[22]。"这个可对生态负责的尺度"在于它内化为企业家[23]和科学家[24]自身的道德义务,在于它融入新的德目[25],如同融入经济伦理的主题[26]中一样。生态学日益敏感于保持适度,这种可喜的发展只有一种困难:掌握这种尺度就如同掌握着和平。所有人都希望和平,只是每个人理解的和平有些不同。所有人都愿意有尺度,只是每个人所掌握的尺度有些不一样。借助于本项研究应该得到澄清的问题,能够明确地阐述如下:

——何种尺度可对生态负责和有益于生活?现今不太有人把恰当的伦理学任务置于为此奠基上,因为从生态的原因出发保持适度是必然的——这简直就是自明的。伦理学的艰难任务毋宁在于清楚地阐明:尺度存在于哪里。适度地与共同的世界相处在内容上是有充分的标准的。这就应该是本书描述的重点。(第3—5章)

——与此相连的是认识论的问题:人能够从哪些认识源泉出发认识生态的尺度?从自然出发?从理性出发?从天启出发?从历史经验出发?(第1.4节)

——谁决定正当尺度的确立?是伦理学家还是自然科学家?是通过人民和政治家的民主决定?还是实际上的规范性,例如实际可支配的财政和技术上的手段?如何能在世界范围内找到关于生态上正当尺度的伦理共识?这里只能以有助于寻找尺度的环境伦理学为主题,关于民主和环境的重要讨论必须保留在边缘。

——失度的原因在哪里?当今人们无度地干预非人的共同世界的原

---

[22] 参阅下文第1.3.3、4.9.1和5.4.1节。

[23] 国际行动议院在1991年的第二次国际工业大会上为环境管理制定了一个有16条原则的"长期可持续发展的经济宪章"。第一条原则就是:"要承认与环境相关的管理是企业政策要优先考虑的目标之一,是环境和谐发展的关键因素"。

[24] 瑞士工程院1991年颁布了一个"工程技术科学家的伦理守则"的10点规定。其中第4条原则规定:"工程技术科学家开发产品和技术工艺,要以一种可负责的尺度为宗旨消耗紧缺的原材料,减轻环境负担"。

[25] "现在,德性概念将在与自然交往时要保持适度的问题这里重新接受",M.荷纳克这样说,《神学伦理学导论》,柏林1990年,第165页。

[26] 在施皮格尔的新经济伦理学中,有10条"经济伦理的主题",其中的第10条就叫做"人的尺度":《经济伦理学和经济实践——一种日益增长的矛盾?》,斯图加特1992年,第207—219页。对此更进一步的论述,请参阅下文第4.3.2节。

因在哪里？是在人的原罪（在于人因其傲慢而跨越他的界限）中㉗？还是在原始人的禁忌快乐中㉘？在万能和无能的摇摆（人本身因此而想装作上帝的样子）中㉙？在人的无拘无束的认识冲动中㉚？在借由希腊—亚里士多德关于自然的知识和12—13世纪犹太基督教塑造世界的意志与基督教劳动伦理碰撞时所触发的动力中㉛？在自然科学和技术前400年的发展中？㉜是通过新教释放出来的变化基质㉝还是通过宗教改革所促成的宗教个体主义（它从塑造世界中抽身退出，因此将自身的动力转向技术和经济的发展）？在近代早期自然目的论和历史乐观主义（自然保护因此在救世神学的意义上获得辩护）中？㉞是在市场经济的动力（它总想超越已有的市场，通过19世纪以来的自由主义使置身于其他市场成为

[S.18]

㉗ 例如卡尔·巴特：《教会的教义》，Ⅳ/1，Zollikon/苏黎世1953年，第395—573页：原罪之为傲慢。

㉘ 魏德默，P.：《禁忌的快乐和必然越界》，苏黎世1991年。

㉙ 里希特，H. E. 就这样认为：《上帝情结》，汉堡1979年；司徒博，Ch.：《人在万能与无能之间》，Ex Libris Nr. 3/1983（苏黎世），9—14；M. Faber/R. Manstetten：《你们将像上帝一样——浮士德式的追求作为环境危机的根源》，《新苏黎世报》，30/31，1991年3月9日。

㉚ 知识追求中的失度在古典德性论中就已经是个主题。参阅皮帕，J.：《规训与尺度》，慕尼黑1939年（1964年第9版），第104—112页。在第5.4.3节科研自由的例子中对此有更多的论述。

㉛ 科洛齐克，U. 这样认为：《环境危机——基督教的后果？》，斯图加特1979年，尤其是第77页之后的诸页。他以所指明的控制大地（Dominium terrae）的影响史也反对Carl Amery的过于简单的论述（《天意的终结——失去神恩的基督教的后果》，汉堡1972年），据此他把"你们要控制大地"作为失度地剥削自然的原因。也请参阅科洛齐克，U.：《〈创世记〉1，28的影响史》，载于阿尔特纳，G. 主编的《生态神学》，斯图加特1989年，第149—163页。也要参阅司徒博，Ch.：《启动一种合乎人道的增长》，苏黎世1982年第3版，第6—26页；明克，H. J.：《环境危机，基督教的后果和遗产？——对生态伦理学前沿领域中有争议论题的历史的和系统的思考》，载于：《基督教社会科学年鉴》28/1987，第133—206页。

㉜ 与此相关的科学史研究在前20年是非常丰富的，它开辟了一些在此要考察的框架。

㉝ 斯特罗姆，Th. 这样认为：《新教伦理学和世上的不和——福音教派环境伦理学的缺失和任务》，载于劳，G. 等主编的《世上的和睦——新教神学的自然理解》，居特斯洛1987年，第194—228（198ff）页。

㉞ 格罗，R./格罗，D. 这样认为：《世界图景和自然同化——论自然的文化史》，法兰克福1991年，第11—91页（《生态危机的宗教根源》）。

可能)中?㉟ 在共产主义(它同资本主义一样建立在科学—技术的世界图景之上,明显地拒绝生态学的东西)中?或者更简单地说,失度的主要原因在于寻求古生能源带来的利益,尤其是自从数十年前石油赢利以来?

本项研究不在这些地方去深化精神史和科学史的诸多假设,也不在这些地方深化与自然交往中失度原因的这些重要认识。本书只想确定两个想法。第一,这些结论只在前10年才能显示出本质的差异,而现在,单一的原因说明模式被多元的原因说明模式取代,生态学的跨学科性就表现于此。所以,简单的、单方面的分摊过错已不再可能,不是因为大家因此而逃脱责任,而是因为大家因此都在他们的特殊领域内认识他们的共同责任。第二,对前400年自然统治之发展的分析,尽管毋庸置疑是重要的,但人口统计学的、能源的、工业的和政治的诸特殊因素在前50年之重要性,自二战以来就常常被过分忽视了。例如,勒奈·笛卡尔和弗兰西斯·培根,假如没有石油,就绝不可能有如此大的历史影响(在这里,石油的历史可以理解为是笛卡尔主义和培根思想的结果)。

——尺度伦理学的另一个重要问题是:被认可的生态尺度将如何被遵守,对这种尺度的遵守如何被贯彻下去?对此问题,要把关于生态灵性(Ökospiritualität)的问题透过环境教育和经济政策而延伸到环境政策中来。尽管伦理规范的可实施性是伦理学的一个中心问题㊱并且在环境伦理学中恰恰又是特别基本的,但在下文它只能附带地被采用。

——生态尺度的一般标准如何表述?或者说这个尺度不就是某种很主观的东西吗?众所周知,每个人为他的幸福不需要同样多的食物、运动

㉟ 吕伯,H.这样认为:《自由主义和文明的动力》,《新苏黎世报》1988年9月7日(在连载中:《作为爆破力和意志塑造力的自由主义》)。

㊱ 当代许多伦理学想要区分出理想的规范和实践的规范。因此格尔哈特·斯兹克泽斯尼对"理想主义的伦理学只满足于假设一些应该的规定,而不关心从这些规定出发是否以及以何种方式能够变成一种行为方式"(《论所谓的善》,汉堡1971年)的责备,当今被看做是最少的伦理。尽管如此,他还总是提出"善太多了"(例如,在《新苏黎世报》1992.3.21/22,S.21)。被承认为善的东西也要被置换,诚然这是一种持续的挑战。

或能量㊲。尺度伦理学不是必须与语境和境遇相连吗㊳？因为在一个富足的社会中与在一个匮乏的社会中，相比而言，尺度伦理学必定会面临不同的问题并取得问题的不同答案。在我们福利社会要处理的问题，人们认为家庭的舒适设备和福利这方面是必不可少的，而在世界三分之二的国家中提出的，是赤裸裸的生存问题，是生存对于哪些人、对于谁能够得到保障的问题。究竟哪些尺度在生态学上是正当的，按照历史的发展会作出很不相同的评价，在下一节(1.3.1)关于航空交通的例子中就将指明这一点。

——一门尺度伦理学能消除一个时代的无度吗？不能过高地估计伦理学的塑造力。我们将在本研究的结尾回答这个问题(第6章)。

恰恰是在当代，适度品行重要起来，并且我们恰好在当代以环境伦理学的研究来反思适度的问题，这不是偶然的。在历史研究篇中，我们将看到，在西方历史中保持适度的诉求何时在伦理学中起着特别的作用：这首先是在极端的（无度的）政治、经济或教会政治扩张时代中的情况！扩张的顶点同时就是强权垮台的开始。因而，适度的德性经常就是呼吁强权者，在扩张时要保持适度。它也同时告诫弱者要适度，不要进行革命，而要保持他们的身份㊴。

玛特(Maat)，这位埃及的正义和尺度女神，在古埃及的第5和第6代　　[S.20]

㊲ 对此，有一个有趣的圣徒传说，亚西西的圣方济各(Franz von Assisi——音译应为：弗兰茨·封·阿西西——译者)，他被描述为生态尺度的当代象征：一天夜晚，兄弟们都已经睡了，在午夜前后突然有一个人喊叫起来："我要死了！我要死了！"大家都被惊醒了，感到特别惊讶。圣方济各站起身来说："起来，兄弟们，把灯点亮！"之后，他说"谁在这里喊，我要死了"？有人说"是我喊的"。"你有什么事情，兄弟，你居然想死？"那人说："我要饿死了。"于是，圣方济各马上让人摆好筵席，他聪明、可爱，如同从前，他自己坐下来与那人同吃。按照他的愿望，他也要与所有其他人一起吃。他们俩吃完之后，圣方济各对其他人说："弟兄们，我跟你们说，每个人都应该重视他的本性。假如你们中的某个人与他人相比食物不够多，那么，你不应该粗暴地按照别人的尺度，觉得自己需要更多的食物，而应该观察自己的本性，给自己的肉体以必不可少的东西，这样才有能力服务于精神。因为上帝愿意仁慈，不愿外在的牺牲。"(弗兰茨·封·阿西西选集：《被爱戴的贫困》，弗莱堡，1977年，第55页)。

㊳ 当代神学伦理学大部分的初衷，是要与境遇相关来寻找规范。我自己在另一方面表达了伦理学对语境关系的依赖：《调解与旗帜鲜明——教会在社会冲突中的调解使命》，苏黎世1988年，第11—21页。

㊴ 对此更清晰的论述在第3章，例如第3.1.2节(亚里士多德)和第3.3.1节(托马斯·封·阿奎那)。

（大约公元前2500至前2200年）起着特别重大的作用。这是一个因金钱和畜产而向巴勒斯坦和努比恩（Nubien）武力扩张的时代，一个自我克制和财富蔓延的时代。

亚里士多德（公元前384—前322）当然是尺度伦理学的关键性哲学家，他有一个时期生活在亚历山大大帝（公元前336—前323年的国王）统治下，这时他亲身感受到了这个帝国——力求成为"世界帝国"——的最大扩张。亚里士多德看出这个帝国是无度的，而在可一览无余的城邦国家中，他看到了一个国家建制的正当尺度。

《新约·圣经》的使徒书信（适度的德性最早被《圣经》的所有各章采纳），用了大约100年写成，当时在国王图拉真（98—117）统治下，罗马帝国得到了最大的扩张。

托马斯·封·阿奎那（1225—1274）这位赋予亚里士多德主要德性，也包括那个保持适度的德性以新的生命并赋予其新义的人，生活在两种体制交汇、最终教皇制战胜王制的时代。

托马斯·阿·肯皮斯（1380—1471），只在哥伦布发现并占领美洲之前21年去世，他的《基督的形象》(imitatio Christi)被看做是中世纪读者最多的书，其中贯穿着谦恭的适度。

在我们这个世纪，对（亚里士多德）和（托马斯主义）尺度德性的哲学研究，特别是在第一次世界大战之前和期间以及第二次世界大战希特勒的扩张之前撰写的著作中引人注目⑩。

目前的情况如何呢？重新呼唤一种尺度伦理不是再一次指明，我们处在粗暴的世界扩张的末期吗？这一征兆清楚地表明，这一次崩溃与其说是强权政治的结果，不如说是生态的、经济的和人口政策的后果。

前20年生态争论的发展进一步使我们的主题从属于时代的历史处境。有两个简短的报告把1972年同1992年作比较：1972年罗马俱乐部在强烈关注下出版了《增长的极限》，同一年，联合国环境会议在瑞典首都斯德哥尔摩（Stockholm）举行。与1973年石油危机相联系，环境意识

---

⑩ 奥特曼，H.：作为伦理学概念的尺度词条，《哲学的历史词典》，第5卷，巴塞尔1980年，第807—814页，参考文献是，例如：由H. Kalchreuter1911年、W. Hermans1913年、R. klingeis1920年、J.皮帕1930年、H. Schilling1937—1940年在苏黎世主编的一本《自由德国文化批评双月刊》，"尺度和价值"这个栏目是非常著名的。

也像落实其他选择一样,使自制和小范围的分散迅速落实下来㊶。大概自20世纪70年代中期以来,环境问题在政治上随同环境法的建设一起被大多数国家所接受,也被纳入到环境教育、环境培训、环境伦理学、环境经济学等之中。环境话题开辟了一条"从技术回归伦理学"的道路㊷。因此,在工业化国家中,人口意识很长时间以来就列入了当代最急迫的问题表中。至1992年,环境问题成为包括政治、经济决策在内的所有问题中最核心、最无可争辩的问题。气候问题的全球化维度及其与发展问题相联系,特别是通过1992年在里约(Rio)召开的联合国环境与发展大会得到普遍的认同。尽管采取了多方面的措施,但环境状况在1972—1992年间实质上是在持续恶化㊸,但在空气和水方面部分地改善了。

[S.21]

1.3 三个实例

为了使所求得的生态尺度的伦理标准尽可能对实践具有重大意义,下面我们将借助于交通、物种保护和气候变暖方面的三个实例,阐述我们在寻求尺度时必须说明的价值冲突和道德困境。在这里我不将第5章的伦理主题最终运用到这些案例上。我有意给读者留下这些任务,因为我只想提供决断的帮助,而不想开药方。

1.3.1 实例1:适度的航空交通

究竟应该在多大程度上增加或减少交通流量?这个问题在全球范围内都具有实际意义。它在欧洲尤其尖锐地提了出来,因为有了新的4项自由,欧盟自1993年以来预测,交通流量将有一个巨大的增长㊹。我们

㊶ 具有象征意义的著作,例如伊利希,I.:《自制》,汉堡1975年;舒马赫,E.F.:《返回到人的尺度》,Reinbek1977年。

㊷ 司徒博,Ch.论述了这个问题:《启动一种合乎人道的增长》,苏黎世1982年第3版,第1—6页。

㊸ 1972—1992的环境状况:《拯救我们的星球》,联合国环境署UNEP的报告,内罗毕1992年;梅多斯,D.等:《增长的新限度——人类的状况:威胁和未来的机会》,斯图加特1992年。

㊹ 国际道路交通联盟IRU:公路货物交通及今后欧洲的交通环境,日内瓦1992年。公路货物交通将从1989年的86亿吨增长到2010年的165亿吨,再一次几乎翻一倍。

示范性地关注适度的航空问题,并以瑞士最大的机场、苏黎世的克洛滕(Kloten)机场为例。

前30年的发展表明,从瑞士登机出发的旅客数量(绝大部分是从苏黎世的克洛滕机场出发的)从1960年的180万到1989年的1630万,提高了901%左右㊺!在自己区间内飞行的人次公里总数从21.43亿上升到173.2亿,上升了8倍。瑞士航空业的飞行线路网从1950年到1989年从30083公里延伸到331779公里,也就是上升了11倍。瑞士联邦铁路在自己的区间内则从5131公里略微下降到5021公里。

苏黎世机场管理部门在对苏黎世克洛滕机场1991年的马斯特计划(Masterplan)中预测㊻:从1989年到大约2005/2010通行的人数将从1989年的1200万翻一倍达到(最多)2300万。货物运输将从335000吨翻倍(最多)达到750000吨。飞机在线内交通和租用交通中的飞行(起降)次数从163000上升到250000次。在此,这个马斯特计划的出发点是如下的假设:飞机跑道不能拓宽,但依赖技术、结构和组织等措施效率能提高。飞机晚点问题直到今天都在上升。像禁止夜间飞行这样一些交通限制依然保留在迄今的框架中。因此这涉及某些在2005—2010年间是否真能达到的一种技术上的最大变数。在陆地交通方面,预计个人交通将以30%、公务交通以140%增长。

基于马斯特计划,要以环境决算研究未来最大的环境负担。即使在有工艺革新保障的前提下(例如从1994年开始在空中客车的飞机动力装置上运用了低—氧化氮—技术),下列数据也是"worst case scenario"(最糟的)了㊼:在空气有害物质方面,区域内的氧化氮排放将增长35%左右;在对气候影响较大的二氧化碳方面,将期望只增长46%左右;碳氢化合物相反将降低大约50%左右,一氧化碳的排放在区域内下降14%左右。污水负担通过技术措施应当明显减轻。飞机噪音方面的负担将持平,垃圾方面将有大幅降低的可能。航油的消耗1989年每位旅客每100公里达到5.1公升。每公里的航油消耗将会降低,但总量明显地增多。

㊺ 这个及下面的数据均来自瑞士1991年的统计年鉴,苏黎世1992年,第218页及后几页。

㊻ 苏黎世的机场:《环境决算——对Envico环境咨询股份公司的合并和改造》,苏黎世1991年,第3、6页。

㊼ 出处同前,第2—34页。

1. 导　论

　　所以，对于所预测的这种发展究竟是不是适度的，自然会得到很不相同的评价。

　　对于瑞士航空协会(Swissair)——相对而言，它在国际上可以说还是很有环境意识的——这就好像是说"要为每个机场设立一个(环境)委员会"才算是适度的一样㊽。而且，数量上的增长对于处在"恶性(ruinösen)竞争中"的生存也是必要的，即使不扩建飞机跑道，但会有进一步的货运设施以及其他基础设施的扩建，例如扩建过境货运交通的设施，以增加飞机运行的数量而扩建停机场，使之最大限度地符合马斯特计划。还有，推进高速火车作为短途航运的另一种可能的选择，没有了禁止夜间行驶的进一步限制，尤其是技术性环保的进一步努力。

　　而反对进一步扩建航空的人对于适度(则)有一种不同的理解。各党派、环境协会和机场邻居保护协会的超党派动议委员会于1991年在苏黎世州提了一份"关于适度的航空交通的国民议案"，有下列动议条文："苏黎世州维护在州领域内对航空的限制，赞成减少航空交通的有害物质排放和噪音乃至增加夜间飞行的种种限制。苏黎世州放弃有利于提高飞机场营业能力的扩建项目。"该委员会这样描绘它的目的："动议委员会不是从根本上同航空交通作斗争，而只是同航空运动的无度发展以及与此相关的噪音负担作斗争。"㊾对于提出这些动议的人来说，适度就是：减少600公里以下的短途飞行，尤其是减少过境交通(在苏黎世的克洛滕机场，41%是过境和换机旅客，65%是过境货运)，扩大夜间飞行的限制，不再为提高运营能力而搞新的建设。对于这些人，适度也就是："接受国民动议，瑞士人保持迄今为止的飞行能力……克洛滕飞机场满足自己的需要就已经足够了。"㊿尺度在这里不是通过同国际航空协会的比较而定的，而是与居民的负担相比较而定的："当我们搭乘飞机的次数比生活在高度工业化国家的北方邻居多3.5倍时，这是适度吗？"㉛这些

[S.23]

　　㊽　例如，A. Baltensweiler，瑞士航空协会直到1992年的行政总裁，在《我们必须与欧洲衔接，以便同样获得坚强后盾》(中的看法)，苏黎世机场的电视访谈，1992年3月，9—10。M. Wehrli，各机场委员会的主席，在《什么叫做适度？》中(的看法)，在苏黎世机场的电视访谈，1991年3月，18—20。

　　㊾　为了一种适度的航空交通的动议委员会：瑞士航空交通的实际情况，1990，1。

　　㊿　动议委员会的证明目录。

　　㉛　J. Gunsch，动议委员会成员，载于：《什么叫做适度？》，在苏黎世机场的电视访谈，1991年3月，18。

提动议的议员责备瑞士航空协会的生态决算和已提及的苏黎世机场领导层的环境决算,说他们不顾及一些本质的因素,如"气候学所担忧的氮氧化物和废气的水蒸气在高空的相互作用对气候的影响"㊼。

"关于一种适度的航空交通的国民动议"在苏黎世州的公民表决中最终明确地被否决。

在这个适度的航空交通的失败案例㊽中表明了不同的价值冲突㊾,这要求以交通上可对生态负责的尺度标准进行诸善权衡:

——真实性的冲突:每一种环境决算必定要在所研究的诸因素中进行选择。哪些因素被排除,是一种价值决断,它如何能够做得更透明一些?

——自由的冲突:在不同的自由之冲突中的尺度,诸如有较好的市场渠道的自由和尽可能少地被限制的交通自由和免于噪音和空气负担乃至免于对未来气候灾难担惊受怕的自由。

——人与自然的冲突:短期保存劳动岗位和长期保存自然的生活基础之冲突中的尺度,在具体企业的存活和非人的共同世界,也即一个生态系统的存活之冲突中的尺度㊿。

[S.24] ——正义冲突:平等原则(所有人对于他们的交通都有利用同样多的不可再生资源的权利)和效率原则(人们具有考虑他们的效率的权利)之冲突中的尺度㊶。

——代际冲突:在未来后代的生活权利和当代人的福利之冲突中的尺度㊷。

㊼ Egli,R.:《尽管有被动的环境负担,但依然促进国家的航空交通——论瑞士航空协会的环境决算》,载于《自然与人》,6/1991,227—8。

㊽ 这种争论在不同的国家表现得非常类似。对来自德语教会领域的声音,参阅例如黑尔德,M.主编的《航空交通的生态后果——12 份研究报告》,Tutzing 福音研究院的材料第 50 号,1988;Dannemann,Ch./Dannemann,U.:《西方到处都是飞机起飞跑道——在围绕法兰克福飞机场的争论中体验当今基督教的实存》,慕尼黑 1982 年;Oeser,K./Beckers,J. H.主编的《飞机噪音——相关事项纪要》,Karlsruhe1987 年。

㊾ 汉斯·鲁表达了对作为"西方(和东方的)生活世界基本趋向"的"交通范式"的"一些伦理责难";《车轮———种原罪?》,载于汉斯·鲁:《论证伦理学》,苏黎世 1991 年,第 11—16 页,尤其是第 13—14 页。

㊿ 参阅第 5.4.11 节。

㊶ 参阅第 5.4.2 节。

㊷ 参阅第 5.3.4 节。

——历史冲突:以自己的一些要求考量当代和在比较中考量前几代的尺度观念之冲突中的尺度[58]。

——和平的冲突:在促进和平(人类将是一个国际的交往共同体,以交通为前提)和威胁和平(因极大的迁徙和逃亡潮流)之冲突中的尺度[59]。

——安全性冲突:因限制交通而有最大可能的安全性和因交通的增长要忍受一些风险(空难)之冲突中的尺度。

——意义冲突:因多样的交通而有更多的官能满足和因过度的交通无意义感在增长(也即享受能力的消失,因为即使像旅游这样很有意义的事情,如果太多了,也将失去价值)之冲突中的尺度。

——文化冲突:因交通而增多的文化融合和因交通导致的认同性与传统文化差异性的消失之冲突中的尺度。

——宗教冲突:在基督徒中间和诸宗教之间因全球交通而增强的统一性和因交通并不改变外部(生活)空间,以及廉价的享乐主义和价值相对主义而使宗教的中庸之道不断丧失之间的冲突中的尺度。

1.3.2 实例2:生物多样性的保存

生物多样性对于一个完好无损的生态系统而言,在生态学上被看作是重要的尺度,物种的消亡被视为这个系统紊乱的警报。这个说法迄今也显得是不言而喻的,但更为准确的考察也会发现有些问题。部分的回答将在第2.3.4节从生态学和在第5.4.6节从伦理学上试图作出。这里首先涉及的是,对这个问题和与之相关的伦理学问题作出准确的介绍。

[S. 25]

---

[58] 交通的尺度是多么地相对,表现了一种亲身感觉得到的同时也是严肃的历史:直到1925年在当今的旅游州格劳宾登(Graubünden)州的整个公路上完全禁止小轿车。还是在1925年元月以禁止小轿车为主题的第9次公民表决中这项禁令获得通过,而在1925年6月这项禁令开始实施时的第10次公民表决则以微弱的多数被否决。土生土长在格劳宾登州的神学家和宗教社会运动的首领莱昂哈特·拉加茨为维持完全禁止小轿车展开了激烈的斗争(《新的道路》,1925年,第69页及后几页。参阅Paul Schmid-Ammann:《莱昂哈特·拉加茨宗教思想中的自然》,苏黎世1974年,第14—15页;也请参阅下文第3.5.4节)。现今,小轿车12个星期天的自由行驶或者放宽夜间飞行禁令,在某些地方被看做是极端无度的表现。

[59] 参阅第5.4.4节。

生命有机物可以按照不同的层面加以区分:个体、物种、族类、等级、宗系、王国,等等。一个物种是个体或群体的一个族类,它们在自然的条件下能够相互产生众多的后代[60]。有生命的有机物的多样性(也被称为生物多样性,根据英语称为 biological diversity,简称 biodiversity)可以按照 3 个部分来描写:基因的多样性、物种的多样性和在一个特定领域内的生态系统的多样性[61]。我们在下文从联合国对生物多样性的定义出发:"生物多样性指在最不相同的生态系统中生命有机体所具有的变异多样性,包括陆地上、海洋里和其他水域中的乃至生态复合体,都是这种多样性的一个部分。生物多样性包含物种内部的多样性,物种之间的多样性和生态系统的多样性。"[62]物种概念和物种保护,对于"变化或破坏的何种尺度是合理的"这个问题,不断发展成为"一个基本的评价和保护范畴"[63]。

已知的生命有机体的物种数量,上面已经提到过,大约共有 140 万(1392485)[64]。其中分布最广最多的,昆虫类有 751000 种,鸟类有 9040 种,维管类植物 248428 种,藻类 26900 种,等等。还有大量没有研究过的物种。根据对热带雨林的观察,推测总共将有 1 千万—3 千万个物种,并且这还只是快景扫描,因为进化研究者的出发点是,现存的物种大概只是进化进程中曾在我们星球上存在过的多细胞物种的 1%。其余的可能消失了[65]。

上一次全球海洋有机物的消亡发生在 1400 万年前,最近的诸如古代大象的这一消亡波,发生在人类文明发轫之前的几千年[66]。当今世界又处在一个消亡波之前的非常切近的时空距离中,这一次却是由人类引起的。《全球 2000》报道,1980 年评估,如果对热带雨林的摧毁像迄今(的

---

[60] 根据 Junker,R./Scherer,S.:《生物的形成和历史》,Gießen1988 年第 2 版,第 62 页。

[61] WWF 国际的:The Importance of Biological Diversity,Gland/Genf,1989,5—6。

[62] 联合国关于生物多样性的公约,1992 年 6 月 5 日在巴西里约关于环境与发展的联合国大会上制定,§2。

[63] 阿尔特纳,G.:《自然被遗忘》,达姆施达特 1991 年,第 219—210 页。

[64] 威尔逊,E.O./彼特,F.:《生物多样性》,华盛顿 1988 年,第 4—5 页。

[65] 拉兹洛,E.:《进化:新的综合》,Club of Rome Informationsserie Nr. 3 维也纳/苏黎世 1987 年,第 106 页。

[66] 沃尔夫,E.:《物种的消失》,载于《世界的状况 88/89》,Worldwatch Institute Report,法兰克福 1988 年,第 171 页及之后几页。

速度）一样继续进行的话（就是说热带雨林的消失，到2000年，拉丁美洲50%，非洲20%，南亚—东南亚60%），那么到2000年我们这个星球上大约15%—20%的物种将毁灭(67)。1000种鸟类和哺乳动物在此期间可被认为受到了威胁。当前的消亡比率比受到人类影响之前的自然消亡的比率大约高出10000倍,已知的地质灾难的比率高出1000倍(68)。 [S.26]
在此区分出物种遭受危害的4种类型:0:已经消亡;1:受到消亡的威胁;2:受到强大的危害;3:已经受到危害;4:很少并因此是潜在地受到威胁(69)。

例如在瑞士,575种蜜蜂中的48种已经消亡,1856种在瑞士已记载的昆虫中的864种(47%)已经受到危害,113种鸟类被算做是受到威胁和受到危害的(70)。在德国"所有物种大约一半——横贯所有物种的宗系——被看做是受到危害的"(71)。在德国境内仅只剩下千分之几比率的生物仍有很高的多样性,这在生态上具有很高的价值。

物种戏剧性消逝的原因在于，人口增多，热带雨林（最大部分的生物多样性储存在这里）的破坏，因世界贸易损害了单独的文化体系："大约有3000种植物在人类（发展的）历史进程中被作为营养食用，其中大约150种可被种植，这样做的准则就是因为这些东西有投入到世界贸易中去的渠道。随着时间的推移出现了一种趋向，人类需要的植物越来越少并只集中在那些单位面积或劳动生产有最大收成的植物。其结果是，人类现今只从15个植物种类中的大部分汲取营养。"(72)

已经灭绝的物种不可能再由人类创造出来。人只能——但无论如何

---

(67) *Global2000* 对美国总统的报道,法兰克福,1980年,第49页(1983年版,第697页)。

(68) 参阅按程序出版的多卷本:Red List of Threatend Animals der World Conservation Union IUCN,Gland/Genf。

(69) 按照欧洲标准的红色清单。国际自然保护组织(IUCN)的标准是0=Ex(exstinct),1=E(endangered),2/3=V(vulnerable),4=R(rare)。

(70) 瑞士的WWF:瑞士的红色清单。熊猫杂志的副刊1/91。根据瑞士联邦环境、森林、风景部(伯尔尼)和联邦森林、雪和风景研究所(WSL)(在Birmensdorf)的红色清单。

(71) 考勒,G.:《物种和生物群落保护》,斯图加特1991年第2版,第14页。

(72) Marschall,D.R.:The Advantages und Hazards of Genetic Homogeneity,Annuals New York Academy of Sciences,1977,1:类似的文献Kaule,G,出处同前,第14—15页。

要——为现存的物种创造新的生存可能性,这也是人类一直在做的事情。在2 691种本地产的有花植物和蕨类植物中只有700种在瑞士生长良好,因为我们的祖先为它们创造了生存的可能(73)。现今拯救生物多样性的措施特别包含了热带雨林和湿地的保护、风景区保护、物种和基因库的重新移植,例如保护很少结果的苹果和小麦地,等等。生物多样性最持久地是由人类引起的气候变暖所改变(参阅实例3)。这表明,当地的或局部的措施,只有同全球性的(措施)相联系才是有效的。

在"生物多样性保存"这个案例中,表现出在探究生态尺度上的不同的价值冲突。有一些冲突与在交通的案例上表现出来的是相同的。可以补充如下的冲突:

——知识冲突:道德独断论和道德相对主义之冲突中的尺度。道德独断论把当前的知识状态绝对化。当前已知的物种状态成为绝对的标

[S.27] 尺。相对主义并不迫切地寻求保护措施,因为物种消亡总是从属于进化,我们对生物多样性的感知是非常有限的(74)。

——相关性冲突:过高要求和冷漠之冲突中的尺度。人能够保护他不知晓的东西并必须为之承担责任吗?(75) 如果在艾路易斯·卡里吉特著名的小人书《福露丽纳》(*Flurina*)中20年前毫无疑问地还存在并在自然中也还可以看得到的野山鸡,如今只有等待死亡的话,那么我要为此承担相关的和现实的责任吗?而预测在1988年灭绝的太平洋上飞蛾Poko Noctuid呢?

——资金分配的冲突:为保护人类和非人的物种投入经济的、技术的、精神的、个人的资金之冲突中的尺度。

——责任分配的冲突:物种保存措施的责任分配之冲突中的尺度。如何可能把牺牲农业发展或者牺牲热带雨林(对保持生物多样性是必需的)在生态上还可承受的利益合理地分配给农民、企业家、消费者,等等?(76)

——技术冲突:迷信技术和敌视技术之冲突中的尺度:例如植物诸物

(73) Heußer, H.:《物种的死亡——一个不可逆转的过程》,《新苏黎世报》,1991年8月31/9月1日,第23—24页。

(74) 一个物种在一个领域内的消逝是可以从时间上规定的,它与生物系统的某种循环相适应。雷默特,H.:《生态学》,1989年第4版,第216页及之后几页。

(75) 参阅第5.4.12节。

(76) 参阅第5.4.2节。

种能够通过基因库得到拯救吗？微生物、植物和动物只有在物种内的培植才在伦理上是允许的？或者——通过基因过程才得以可能——在伦理上也允许转物种的(artübergreifende)培植吗？

——权力冲突：对物种不断增加的强大支配力和不断增加的自然本身的权力要求之冲突中的尺度。如何从保存多样性这一目标评价生物的专利权倾向？自然的权力也就意味着保存一个物种的完整权力并因此否认基因工程转物种的培植？[77]

1.3.3 实例3：全球气候协定

气候问题——地球气候变暖和臭氧层的破坏——诚然是最紧迫的环境问题，因为它：影响到所有其他的气候因素；涉及地球的整个部分，尽管是以不同的方式；只能全球性地来解决；已经发展到这一步：许多科学家不再认为变暖是可阻止的，而只认为它是可缓慢化的。

自从20世纪70年代末以来，尤其是在80年代后半叶，大量学术的和政治的国际会议都在探究这个问题。早在1969年(!)美国的一次专业会议上就注意到，氟氯碳氢化物(FCKW——俗称"弗里昂"——译者)对于臭氧层表现出危险，例如担心因飞机推动剂的燃烧改变当地和全球的气候[78]。1974年9月5日，弗雷德·艾克勒这位美国当时的裁军部部长，在一个讲话中就注意到原子弹实验对于大气中的臭氧层的破坏[79]。特别有意义的是下面的行动：1979年第一届世界气候会议；1985年维也纳保护臭氧层公约，尤其是1987年关于消耗臭氧层物质的《蒙特利尔议定书》；1988多伦多关于气候改变的国际会议；1988年在华盛顿(召开的)全球温室效应之原因的(国际会议)[80]；1990年日内瓦的第二届世界气候会议和1992年6月在里约热内卢(召开的)关于环境与发展的联合国大会。

[S.28]

---

[77] 参阅第5.3.5节。
[78] 美国专业会议纪要，华盛顿，DC，S. H. 10439，1969年10月31日。
[79] 转引自斯特罗姆，H.：《环境保护教育》，哥廷根1977年，第77页。
[80] 1988年10月在Foundation on Economic Trends上环境科学家Jeremy Rifkin首次确立全球温室网络。其目的在于增强对气候威胁的意识。作者作为欧洲教会的会议代表参加了这次探讨温室效应之原因的国际会议。

基于大量的科学研究[81],科学家的评价目前在世界范围内令人惊讶地一致,这在1990年11月日内瓦的第二届世界气候会议科学部分的总结报告中表达出来了[82]。(我们在此)只凭回忆引用一些重要的结论:

大气层是环绕地球外部的稀薄的、精细调节的保护罩,它使地球上的生命成为可能,其意义可同皮肤之于身体的关系相比较。自然的温室效应——由地球释放出的热量的回放,平均能使气温提高摄氏15度——特别是因古生能源的燃烧而提高的二氧化碳的排放量急剧增加。减少二氧化碳排放量的尺度必须视此而定:在地球生命系统的一个特定时间单位内,全球平均气温上升多大的幅度是在可接受的范围内的。测量过去(自冰河时代以来气温上升了4摄氏度)的气候变化,气候专家"预先规定的目标是,将温室效应限制在最高2摄氏度。气温上升的速度应该控制在每百年最高上升2摄氏度"[83]。但延续目前的二氧化碳排放量,在之后50年全球气温将上升大约2—5摄氏度。

[S.29] 这种变暖对世界上具体哪个区域有影响[84],部分地还是有争议的,但无论如何,大部分世界居民所遇到的还是如同非人的共同世界所遭遇的一样。对后40年的前景大概可以这样预测:由于海平面的升高,被迫从沿海地区撤离的人数将达到10亿,他们可能成为环境逃亡者[85];阿尔卑斯山的冬季旅游将停顿,成为可怕的区域,例如,美国将可能成为干枯之地,因此许多人将移民加拿大,其人口将由2 000万上升到2亿;世界营

---

[81] 只能少列举一些:德国联邦议会(主编):《大气层保护——一种国际性的挑战》,德国联邦议会调研委员会的中期报告。《回到事实》,5/88,波恩1989年第2版;同样的主题,总结报告,1990;凯塞尔,K./魏茨泽克,E.U.v:《保护大气层的国际公约——德国联邦议会调研委员会的研究总汇E》,1990年6月19日的结束报告;Grutzen,P./米勒·M.(主编):《蓝色星球的终结?气候崩溃、危险和出路》,慕尼黑1989年;施耐德,St.:《地球变暖——我们进入到了这个温室中吗》,旧金山1989;Keppler,E.:《我们生活在其中的空气——大气物理学》,慕尼黑1988年;Gaber,H./Natsch,B.:《好的证据:气候》,慕尼黑1989年;《气候—天气—人》,《地理知识》第2号/1987。

[82] 第二届世界气候会议。科学—技术会议的总结说明,日内瓦1990年11月7日,第I.C.1节。

[83] 德国联邦议会调研委员会的中期报告,出处同前,第441页。

[84] 同上文,第417—454页。对可能影响到一个具体国家的个案研究,参阅Glogger,B.:《温室中的瑞士》,苏黎世1992年。

[85] Leatherman,St.:Impact of Climate-Induced Sea Level Rise on Coastal Areas,在第一届全球温室网络国际会议上的报告,华盛顿1988年10月。

1. 导 论

养状况很难预料,因为在其中一个地区由于干旱,种粮的基础被破坏,而在另一地区由于成倍增加降雨,既有可能使种粮的基础得到改善,也有可能由于洪灾的淹没根本无法种粮,不过,总的说来,"气候的变化对农业和营养状态的影响可能是灾难性的"[86];许多动物和植物将受到强大的威胁,气温每升高1摄氏度左右,气候带偏移大约100—150公里,但树种在100年内可能只"漫游"10—20公里。通过对生态系统的这样一些扰乱,也可以预料有一些可以预见的恶性疾病,以及政治变革和军事上爆发战争的危险。

"燃烧古生能源,就像火柴放亮一样,是永恒的。"[87]自从20世纪50年代以来——这个"20世纪50年代的综合征"——古生能源的消耗量剧烈增加了[88]。石油储量以目前的消耗量继续的话,可在数十年内消耗完(叶岩油除外,这种油在万不得已的情况下还是可以被开采的,只不过开采成本要高出许多)。大概从2020—2030年开始,世界范围内的开采量可能迅速下降[89]。煤炭的储量,按照80年代末的消耗量计算的话,大概还可消耗300年[90]。由于所列举的气候变暖,这些资源根本不能以迄今的尺度来消耗。

针对臭氧空洞和气候变暖采取的必要措施,主要是减少氟氯碳氧化物(FCKW)和古生能源的(排放)。直到20世纪90年代中期,减少氟氯碳氧化物排放的禁令显然并没有起什么作用,有害物质还在继续排放,臭氧空洞也还在继续扩大。解决二氧化碳排放问题相反显得几乎没有出路。多伦多国际会议建议,全球二氧化碳的排放量到2005年相对于1988年减少大约20%,至本世纪中叶至少减少50%左右[91]。如果是从1990年开始计算的话,这相当于年减少率在1.5%左右。被联合国委任为NGO

[S.30]

---

[86] 德国联邦议会调研委员会的中期报告,出处同前,第439页。

[87] Kesserling, P. (Paul Scherrer Institut Villigen),引文载于《能源2000》,波恩大学的Unipress 70,1991年10月,第4页。

[88] Pfister, Ch. (主编):《50年代的综合征》,伯尔尼1994年。这位气候历史学家代表性的观点证明了,一直到50年代欧洲运行在一个与环境相对协调的发展小道上。

[89] Runge, H. C.:《石油供给和使用的长期透视》,能源透视研究小组的文献41,巴登1989年,第8—9页。

[90] 瑞士物理学会:《能源和环境》,苏黎世1990年,第59页。

[91] Conference Statement: The Changing Atmosphere: Implications for Global Security, Toronto Juni 1988.

的环境机构,在1989年要求,到2000年相对于1986年减少20%—30%左右,这相当于全球年减少率在2.2%—3.5%,如果也是从1990年开始计算的话(92)。德国于利希(Jülich)核能源分析研究中心(Kernforschungsanlage)在1988年发现,到2030年减少70%左右,即年减少3%是必要的。基督教劳动协会瑞士教会与环境学会,全体基督徒和医生,在他们“拯救地球的皮肤”的措施中,宣称根据瑞士的环境保护,年减少2%左右是必要的(93)。如果我们不是应用世界平均值,而是应用肇事者原则的话,在工业化国家中减少率必定还要高出许多:1950—1984年全球平均每人每年排放3吨二氧化碳,但由美国排放的平均为18吨,西欧17吨,东欧9吨,由第三世界排放的平均1吨(94)。只要东欧和第三世界在此期间还将增加二氧化碳的排放量,相应地在工业化国家中必定还要高出很多。

但这些出于科学根据而提出的预定目标显示出——只要更大的气候灾难还未明显出现?——它们暂时在政治上是不能实现的。国际能源代理机构IEA在一份1990年的预测中预计,世界能源消耗在1987和2005年之间还将继续增加50%左右!

在1990年日内瓦第二届全球气候会议上,部长们就不同意上面提及的一些科学要求。他们闭口不谈二氧化碳的减少,而只“欢迎”欧洲共同体和其他一些工业化国家如加拿大、日本、瑞士、奥地利等的决定:至2000年将二氧化碳排放量稳定在1990年的状态上(95)(这已经是很困难的事情,例如,在第一个实例所列举的预测涉及增加航空交通,可以引起关注)。发展中国家承认:“他们的主要目标是减少贫困,达到社会和经济的发展,所以他们的排放量必须提高。”(96)财经上的支持和有利于环境的技术转型将作为推荐的措施,以防止排放量提高得太猛。

在1992年6月的里约热内卢联合国环境与发展会议(UNCED)上准

---

(92) NGO Statement of Policy Options to Curb Climatic Change. Prepared for the UNEP Governing Council Meeting May 1989, Nairobi.

(93) 基督教劳动协会瑞士教会与环境学会:拯救地球的皮肤,大气保护措施,伯尔尼1990年,情报部分,3。

(94) Gaber, H./Natsch, B.:《好的证据:气候》,版本同前,第96—97页。

(95) Ministerial Declaration of the Second World Climate Conference, 7. Nov. 1990, Pkt. 12.

(96) Ibid., Pkt. 15.

备了一个事先制定的气候公约(97)供各国签署。这次联合国环境与发展会议是自1972年斯德哥尔摩会议(98)以来最重要的联合国会议。它特别把目前两个主要问题:发展和环境联系起来了。许多国家对这些问题编撰了会议的国别报告作为存档(99)。除了气候公约外,还制定了一个森林公约,一个生物多样性公约,一个里约宣言(代替首先预定的地球——宪章)和21世纪议程(作为21世纪总的行动纲要)(100)。 [S. 31]

里约宣言称"作为最终的目标……根据本公约的各项有关规定,将大气中温室气体的浓度稳定在防止气候系统受到危险的人为干扰的水平上。这一水平应当在这样一个时代框架内达到:足以使生态系统能够自然地适应气候变化,确保粮食生产免受威胁并使经济发展能够可持续地进行"(101)。

在所确立的这个目标中,可以列举3个可负责任的二氧化碳排放量的重要标准:1. 对自然生态系统的适应能力,也即人必须适应自然的时间尺度;2. 粮食生产,即为人类保存最重要的生活基础;3. 经济基础的保障(在其中听得出对经济的生物学框架条件的担忧,但这也是经济可行性的标准)。这3个标准同时也是说,气候的变化从进化的角度考虑也是不能从根本上排除的,但适应的过程只能是缓慢的。现今人为的二氧化碳排放的措施,使对自然的适应过程变得不可能,(而)基于所提及的那些科学观察(则)是很有可能的。

气候公约在准备阶段就已经是很有争议的。特别是美国和阿拉伯等出口石油的国家阻碍(达成)有约束力的协定,而欧洲国家至少愿意接受达到2000年稳定二氧化碳的排放目标并为之承担义务。

---

(97) Report of the Intergovermental Negotiating Committee for a Framework Convention on Climate Change(联合国气候变化框架公约),New York,9 May 1992(在下文作为气候公约引用)。

(98) 在20年内两次国际会议之间的发展,请参阅 Radtke,Ch. 的分析:《从斯德哥尔摩到里约——对1992年联合国环境与发展会议之前国际上关于生态争论的概观》,载于:《矛盾》11(1992),第22号,第63—76页。

(99) 对于瑞士,请参阅:瑞士对于联合国环境与发展会议的报告,由联邦环境、森林和风景部(BUWAL)主编,伯尔尼1992年4月。

(100) 7大总纲包括的主题是:繁荣的世界,公正的世界,可居住的世界,富饶的世界,(资源)平分的世界,清洁的世界,人民(参与)的世界。也请参阅 The Global Partnership for Environment and Development,A Guide to Agenda 21,UNCED,日内瓦1992年。

(101) 《气候公约》,第2条。出处同前。

基于气候公约的 5 项"原则"[102]，从发展与环境伦理学的角度看是富于启发性的：1. 作为气候保护的基础，完全是人类中心论的，宣称"为了人类当代和后代的功利"，各缔约国"应当在公平的基础上，并根据它们共同但有区别的责任和能力，协调一致地行动"；2. 因气候改变特别受到损害的国家应该受到特别重视[103]；3. 缺乏科学的确定性不是推迟采取措施的理由；4. 气候保护纲要应该被整合到每个国家的发展纲要之中；5. 公约的签署国应该促进(建立)一个开放的国际性的经济体系，这种体系将促成持续的经济增长和相应的发展。

有些教会和国际性的教会会议自 1989 年以来同样在大力探究气候问题：1989 年巴塞尔正义的和平欧洲基督教全会[104]；1990 年在汉城召开的改革了的世界基督教联盟全会；1990 年同样是在汉城召开的正义、和平和环境保护世界全会[105]；1991 年元月瑞士格瓦特(Gwatt)的协商会议[106]；教会世俗事务参议会(ÖRK)第 7 届全会 1991 年在堪培拉举行[107]；ÖRK 联合国环境与发展问题联合工作组，为联合国环境与发展会议处理提案，评估会议成果[108]；ÖRK 中央委员会 1994 年制定了"加速了的气候改

---

[102] 《气候公约》，第 3 条。出处同前。

[103] 对此请参阅 Bleischwitz, R./Etzbach, M.：《南—北关系紧张域中的温室效应》，ZEE36(1992)，第一号，19—31。

[104] 《正义的和平》，巴塞尔/苏黎世 1989 年，第 80 页。

[105] 《是时候了——关于正义、和平和保存受造物的世界会议的文件汇编和其他的文本》，汉城 1990 年，日内瓦 1990 年，第 35—40 页。

[106] 教会在大气层保护中的作用。来自家乡北部工业区的教会世俗事务协商会议的报道，由瑞士邀请，福音教会联盟，瑞士，神父会议，天主教基督徒。瑞士的教会，伯尔尼 1991 年。

[107] 《圣灵在显现——来自堪培拉的官方报道》，法兰克福 1991 年，第 74—75、232 页。

[108] One earth Community. A declaration and statement of principles for an Earth Charter, presented to the Third Preparatory Meeting of UNCED, Prepared by representatives of religious traditions and organisations from around the world, Bossey/Switzerland 14 August 1991; Climate Change Negotiations, Report of the Observers to the Fourth Session of the International Negotiating Committee for a Framework Convention on Climate Change in Geneva, Dec 1991; in: Churches on Climate Change, 版本同前, 94—108; Searching for the New Heavens and the New Earth. An Ecumenical Response to Unced, WCC, Genf, Sept. 1992; Granberg—Michaelson, W.: Redeeming the Creation. The Rio Earth Summit: Challenges for the Churches, Genf, 1992.

变"草案[109],也像一些国家教会一样[110];ÖRK 1996 年散发了一份国际气候提案(Klimapetition),受到大量国际研究所、国家教会和救济机构的支持。

教会完全赞同所有这些看法以进一步形成联合国环境与发展会议的决议。在大多数看法中不只是要求稳定、而且是减少二氧化碳的排放量,每年全球达到减少 2 个百分点,对于工业化国家至少每年减少 3 个百分点。教会世俗事务参议会标志着与联合国环境与发展气候变化框架公约相适应的"第一步",但迈出这一步必定"导致工业化国家中生活风格的一种戏剧性的改变"[111]。

在这个实例中由于是探究对于人与自然相适合的行动(这里特别就是燃烧古生能源的)尺度,其道德冲突在哪里?前两个实例中所列举的那些冲突在这里还是同样重要的。可以补充的是: [S.33]

——科学—政治—冲突:科学知识与其在政治上的可实现性之冲突中的尺度。道德上负责任的尺度安置在哪里才合适呢?

——功利分配的冲突:由于消耗古生能源的利益在世界范围内和在各代人之间都是很不公平地分配的,能源消耗的尺度在哪里是出于公平的标准的?[112]

——负担分配的冲突:当今没有别的问题像温室效应这样明显地造成气候变暖负担的不公平分配。不是作为气候变暖的主要肇事者的工业化国家,而是贫穷的国家承担着首要的负担。

——时间冲突[113]:准备在世界范围内采取强硬的减少二氧化碳的措施,政治上完全的迟疑不决导致这个问题:我们是否必须为某种

---

[109] 加速了的气候改变。危险的信号,信仰的保存,教会世俗事务参议会的研究草案,日内瓦 1994 年。

[110] 作了一个综述:Churches on Climate Change. A Collection of Statements and Resolutions on Global Warming and Clemate Change, on behalf of the World Council of Churches Unit on Justice, Peace and Creation, ed. by L. Vischer. 瑞士基督教福音派研究基地的文本 18,伯尔尼 1992 年;对于瑞士也有:教会—经济对话团体:温室效应的威胁,对于生态经济的一种新的行动定向的必然性,伯尔尼 1992 年;对于加拿大:Hallmann, D.: Caring for Creation. The Enviromental Crisis: A Canadian Christian Call to Action, Winfield 1989, 115—128。

[111] 教会世俗事务参议会:给教会的信,Pfingsten1992,载于:Searching for the New Heavens,版本同前,第 13—14 页。

[112] 参阅第 5.4.2 节。

[113] 参阅第 5.4.8 节。

诸如一门“为时太晚的伦理学”(Es-ist-zu-spät-Ethik)预先做好准备。根据涉及气候变暖的当代科学标准,根据世界能源消耗实际上的增多并且根据迄今为止的政治决定,我们的出发点将不得不是:人类消耗古生能源只是表面上比从前更加缓慢,因此气候变暖将产生某种程度的威胁,因为从自然科学出发我们依然不知道控制它的机制,而且自然在其开放的系统中也不能避免突变。我们必须从伦理学的角度不仅探究回避这种威胁的策略,而且要探究修补策略,并且涉及修补支付问题,首先是支付给相关的国家,如太平洋的岛国,以及后代。特别是在确定一个合理的能源价格时,这些都要被包括在内。

——空间冲突⑭:从环境伦理学的角度看,自足观念值得审查——根据这个观念,物质—财富的循环必定是发生在一个尽可能自给自足的单位内——必须把它纳入到能源消耗的全球气候相互影响的范围内。

——(世界)强权冲突⑮:由于事实上主要是石油输出国和世界强权美国阻止了一个气候公约所规定的一些时间目标,这就提出了一个伦理问题:如何能够追究这些脱离世界共同体的国家的责任,如果这涉及已提及的因气候变化而出现的损害赔偿的话。同时,这也提出了这个伦理问题:何种尺度能衡量一个具体国家的强权对于世界共同体是有益的,是不是不在联合国的框架内限制别的国家的权
[S. 34] 利肯定就更加强硬一些?

1.4 方法学

以什么方法能认识到正当的尺度?在这方面基督教的环境伦理学提出了哪些有效要求?基于启示的认识与基于哲学的理性伦理学的认识处于什么关系?自然科学的认识对环境伦理学具有什么意义?反过来又有什么意义?这些方法学的问题可在下面得到说明。因为我们研究的重点是立足于从内容上(materialen)阐发这一尺度伦理学,在此当然必定是停留在一些暗示上。

---

⑭ 参阅第5.4.9节。

⑮ 参阅第5.4.12节。

1.4.1 认识尺度的四个源泉

"特别是要达到这一目标：人认识造物主的计划并试图成为上帝的共同创造者，共同计划者——但不是成为一个将自身置于上帝位置的人。"[116]因此，西古尔·M.德克提出了基督教环境伦理学的认识论问题：人如何能够认识世界中的秩序、计划、发展，并因此认识世界中的尺度？人如何能够做到，不毁坏在这些方面所认识到的东西，而是将其投入到人和自然的福祉上？哲学家格奥尔格·皮希特在批评近代自然科学方法论的局限性时这样说："人类现今处在危险中，因其关于自然的科学摧毁了自然领域，这是他们自身生活在其中并能将他们的猎获物遗弃在其中的领域。以一种因毁灭而被认识到的东西来证明自身的认识，不可能是真的。"[117]君特·阿尔特纳合理地提出：在"认识方法的改变上……必须为行动上与自然交往开始一种新的定向"[118]。这涉及对世界的一种新的知觉方式[119]。我们的研究从寻找伦理规范的四种认识源泉出发，因此也就是从环境伦理学出发。（这四种认识源泉是）：启示、理性、经验和共同体。它们是通过圣灵而相互联系的，圣灵才能给予这种认识源泉以正当的质感、类别和准则。也可以这样来描述神学伦理学的这四种源泉：上帝启示自身在"圣经之书"中，在"自然之书"[120]中，在"历史之书"中。

在这四种源泉中，尤其是《圣经》启示对于与理性认识相关的伦理学所具有的意义是有争议的和需要说明的。对环境伦理学来说，自然科学的认识与神学的认识之关系是要特别加以处理的主题，至少是以暗示的方式。 [S.35]

---

[116] 德克，S.M.：《理性的上帝，自然的上帝和位格的上帝——在自然哲学和圣言神学(Worttheologie)对话中的自然的神学》，载于由 K.布雷施/S.M.德克/H.里德铃格主编的《人能出于本性地认识上帝吗？——作为启示的进化》，弗莱堡1990年，第135—155(174)页。

[117] 皮希特，G.：《自然的概念及其历史》，斯图加特1989年，第80页。

[118] 阿尔特纳，G.：《自然的遗忘》，达姆施达特1991年，第153页。

[119] 米勒，A.M.K.：《知觉的转向》，慕尼黑1978年。论信仰对在伦理学框架中的一种新的知觉的贡献，请参阅菲舍尔，F:主编的《作为认识的信仰——论基督教信仰的知觉特征》，慕尼黑1989年，特别是第91—118页：《真正的知觉和基督教伦理学的任务》。

[120] 上帝不仅送来了一本书，而是并列的两本书，即"自然之书"和《圣经》之书"，这种观点早就存在于亚历山大里亚的斐洛(公元前25年—公元50年)和亚历山大里亚的克列门斯(大约公元215年已死)那里，从这时开始就贯穿在整个神学史中。

启示、理性、经验和共同体,也如同自然科学的认识一样,现今在这里也被作为历史的风向标来感知[121]。所有这一切都流淌在历史的河流里。

1.4.1.1 启示

《圣经》启示对于基督教伦理学具有何种意义?

神学首先是探究上帝的行动。与此相应,神学的环境伦理学首先是探究上帝在创世中的行动。世上的一切都归功于上帝的生命,与上帝的信义相关。人的行动是对上帝行动的应答,所以总是以上帝为指针并对上帝创造的世界负责[122]。

F. 吕克特在诗歌的形式中把基督教环境伦理学的认识问题以如下形式加以把握:

> 自然是上帝的书籍,
> 但无上帝的启示,
> 读者以人类的经验靠近,
> 必将圣书误解。[123]

上帝优先地把他的临在和行动启示在"文字之书"即《圣经》中,因此,显现出《圣经》对基督教(环境)伦理学问题的意义[124]。《圣经》是使上帝历史的和当下的行动得以认识的不变的和必然的源泉。《圣经》以其独一无二的形式,对基督教神学并因此也对基督教伦理学具有先于所有其他认识源泉的优势地位。但它也不是充足的,因为在某种限度内,上帝的救赎行动也要表现在传统和经验中[125]。确实,《圣经》本身也不是一个整体,而是——这是历史—批判认识的成果——带着《圣经》流传物本身的多样性,对神与人的行为及其交互作用的传统和经验的一种非常多面的汇

---

[121] 参阅第 1.4.2 节:自然和历史,参阅第 1.4.3 节和第 2.2 节。

[122] 在尼布尔的责任定义中也有这样的看法:"Responsibly affirms: God is acting in all actions upon you, so respond to all actions upon you as to respond to his action."(R. Niebuhr: The Responsible Self, New York, 1978, 126.).

[123] Rüchert, F.:《全集6卷本》,卷4,第1部分,莱比锡1900年,第212页。这个文本起源于1836年。

[124] 对此大有帮助的新书是 B. C. Birch/L. L. Rasmussen 的《〈圣经〉和基督教生活中的伦理学》,居特斯洛1993年,特别是第178—232页。

[125] J. Gustafson 也有类似的看法:"《圣经》绝不是基督教伦理学唯一的最终有效的引证源泉……不过,它对上帝和上帝意图的理解……为特定的判断提供了基本的定向。"J. Gustafson:《圣经在基督教伦理学中的地位》,载于 H. G. 乌尔利希主编的《福音伦理学——对其基础和任务的讨论文集》,慕尼黑1990年,第246—279(279)页。

集。(因此可以排除一种启示的实证主义)。所以在将《圣经》、传统和经验严格分开的地方出现了造物主上帝救赎力量的连续体[126]。在此,耶稣基督(以蒂利希的话)身上的启示作为"最终原本的启示"与作为"依附于其启示"的传统和经验是可分离的[127]。以此保留必要的审查框架、标准法规,而不会使之遭受从经验、传统来任意解释基督教伦理学的危险。在《圣经》的证据内部,对于伦理学而言不只是一种形式,例如劝告(Paränese),相反整个流传物形式的文本都重要:历史事件,隐喻,布道,劝告,神学反思,礼拜仪式部分,预言,安慰性的建议(Paraklese),智慧格言,等等[128]。经常不仅是内容,而且一种圣经证据的形式,在伦理学上都是有意义的。

[S.36]

《圣经》启示对道德判断的调解过程当然绝不是明晰的和单纯的。它在神学伦理学中,过去和现在都是非常不同的和有争议的。在这里必须满足两点提示。

原教旨主义的伦理学[129]以启示实证主义的立场直接从作为文字之灵领悟的圣言(Wort Gottes——也可译成"圣道")中推导出行为规范。它想严肃而诚实地对待圣言,但是通过他们常常是还原主义的演绎,源自具体的《圣经》陈述的实质价值,既没有合理地对待神性真理的丰富多彩,也没有正当地对待当时的以及当今的人类现实生活的多元性。它也不能胜任基督教所托付的塑造负责任的自由(也作为律法的自由)之任务并在某些地方片面地与某种特别保守的政治秩序勾结在一起。不过,正是原教旨主义对神学伦理学提出挑战,一再地对《圣经》的原旨重新作出辩护。所以,在我们这个原教旨主义不断增强的时代,同启示伦理学进行讨论,就不是偶然地具有意义。

同原教旨主义从《圣经》流传物中狭隘地推演伦理规范相反,另一些基于两个国度学说(Zwei-Reiche-Lehre)的伦理学家,例如格尔哈特·艾柏林和现在的马丁·荷纳克,则要求把信仰作为行动的动机,不过,实质的伦理规范不可能从信仰、而只能从理性得到奠基[130]。信仰为人指出了

---

[126] 出处同前,第 195 页。

[127] 蒂利希,P.:《系统神学》I,第 3 版,1956 年,第 159 页。

[128] 在 H.-D. Wendland,S. Schulz,W. Schrage 的新约伦理学中包含了这些。

[129] 例如参阅 J. Barr:《原教旨主义》,慕尼黑 1981 年,第 145—158 页。福音伦理学与原教旨主义伦理学是有区别的。

[130] 艾柏林,G.:《论教义学和伦理学的关系》,ZEE 1982,10—18;M. 荷纳克:《一种社会伦理的理论构架》,图宾根 1971 年,第 54—55、68 页。

[S.37] 他的原罪(律法),也就如同拯救要通过圣言(福音)一样。独自面对上帝诉说信仰,独自面对世界实践道德生活。教义和伦理学在这个模型中是可分立的。但两个"国度"在个别的良知中倒塌(不过最近马丁·荷纳克对理性的可能性表达出一种批判姿态,更多地与《圣经》—神学视野联系起来[131])。在这一本意这里如此重要的是,强调信仰是行动的动机以及信仰和行动的区别,不过它将无法合理地对待这一事实:《圣经》的证据在所有的方面都认识到了实质的伦理规范的一根红线,正如它在耶稣第一次公开露面(《路加福音》4,18f)中得到的表达和在爱的双重戒命(《马太福音》22,37—39)中使自身得到诗化。

新教伦理的另一支脉包含了从教义学到伦理学[132]之道上的《圣经》基础,而不是启示实证主义的或纯粹演绎的立场[133],没有将教义学和伦理学或分离或融合[134]。在这里他们试图从教义学所阐明的启示出发,顾及到当下的处境,从中引出伦理结论。这一定位的伦理学在此宁可说是创世神学的(例如 E. 布伦纳),另一定位则是基督学的(例如 K. 巴特,W. 克里克),末世论—普纽玛学的(例如 H. G. 乌尔里希),末世论—历史神学的(例如 J. 莫尔特曼,L. 拉伽茨,解放神学),或者生存论—末世论的(例如 A. 里希)。对他们而言共同的东西是,不把信仰仅仅作为行动的动机,但信仰同时提供不了单纯的、永恒有效的伦理答案。他们将伦理学理解为对圣言的义务和"一个人格基督徒(Christenmenschen)的自由"的统一。

---

[131] M. 荷纳克:《神学伦理学导论》,柏林 1990 年,第 357—358 页。以及论文:《伦理学危机——危机伦理学。在道德判断中反问理性》认为:"理性伦理学和基于启示的伦理学更多地不意味二难选择,而是不同的描述伦理学的通道。……借助于理性,既不能解决神义论问题或恶之谜,也不能解决原罪。"

[132] 对于教义学和伦理学的关系,请参阅比尔克纳,H. -J. 在 HCE 第一卷中的概述,第 281—296 页。

[133] 一再地表达出对卡尔·巴特的责备,他通过他的类比关系演绎出相对任意的伦理规范,这并不符合他的整个著作的实际,尽管例如在《基督徒团体和市民团体》中也能造成一种假象。

[134] 这种融合发生在特鲁茨·伦托夫那里。他的出发点是,基督教出现在他的伦理时代,所有神学真正说来就应该是"伦理学神学"(特鲁茨·伦托夫:《伦理学》卷1,斯图加特 1980 年,第 14 页之后几页)。于是重要的就是他以此所推崇的诉求,把神学理解为"现实性科学",与此相关的就是他要推动当今对伦理学进行世俗化的使用,他采用的方法就是例如把生态神学和生态伦理学统一起来(同上书,第 16 页)。关于教义和伦理学的这种统一能够以及必须保证,它不同于将神学归结为伦理学,也即将伦理学扩展为原教旨神学的做法。

1. 导　　论

《圣经》的基础在此成为"对规范系统的一种实质的透视"[133]。在这里,理性伦理学有它的地位,但不能同启示伦理学分离,而是在 ratio fide illuminata(理性照耀信仰)的意义上被涵摄到启示伦理学之内。这对于目前的阐述有什么意义,将在随后的段落中来讨论。

对于首先在天主教伦理学中出现的、但也是由宗教改革家部分改变了的形式推动的自然法学说而言,圣言的启示本质上证明了对自然秩序的理性认识。所以,自然法要求对基督徒和非基督徒形成一个共同的基础。"自然法学说的基本诉求始终是相同的,即(形成)一种社会秩序的客观基础。"[134]这个作为永恒的而非在处境中合理的自然法,虽然遭到多方猛烈批判,现今在这里试图通过引入处境而合理地对待复杂的多元主义的现实[135]。伦理理性依赖于信仰,现今将更清楚地阐明是合乎自然法本意的[136]。相反,探究普遍有效的规范也在基于《圣经》的(新教)伦理学中获得了意义,以至于到处都可看到一种接近的过程[137]。恰恰是对于一种俗物伦理学而言(在这里涉及——至少是突出地——受造物的保存),显示出对自然法本意的靠近。但在已提到的"透视"不够深入的情况下,自然法的本意也不会被发现。在俗物伦理学中,现在在迅速改变,与其说探究表面上放弃了的、从自然法的角度所把握到的秩序,不如去探究在不断变化的条件下负责任的形象。这种形象必定要在对创世目的的透视中产生,要向包括了所有受造物的上帝的天国看齐。可以从启示伦理学的

[S.38]

---

[133] 弗赖,Ch. 这样认为:《伦理学中的理性基础——一种新教的视野》,ZEE37/1993,22—32(29)。透视这个概念源自托特,H. E.:《神学伦理学的透视》慕尼黑1988年,第38、68页之后几页。在托特看来,伦理学的任务就是审查规范、诸善和透视。

[134] 伯克勒,F.:《自然法的再次回归还是终结?》,载于《处在批评中的自然法》,美因茨1973年,第304—311(304)页。辩证神学对自然法的批评是通过基督法(特别是由卡尔·巴特提出的),对此恰如其分的阐述在 E. 沃尔夫的《社会伦理学》中,哥廷根1975年,第89—114页:伦理的理性法则和启示。自然法还是基督法?在福音神学中同自然法思想的一次新的争论。

[135] 伯克勒,F. 出处同前,第306页之后几页。

[136] 例如克劳斯·德默尔这样认为:《伦理学中的理性基础和〈圣经〉基础》ZEE37/1993,10—21。也请参阅布伯曼,P. 的《自然法和基督教伦理学》,ZEE37/1993,267—280(274ff)。

[137] 对于 M. 荷纳克从路德的视野出发将自然法实用主义地理解为理性道德的一种相关的考量而言,现今也能使福音伦理学与天主教的道德神学一致起来(M. 荷纳克:《神学伦理学导论》,柏林1990年,第124页)。

立场获得这种末世论的向度⑭。人不能凭借其本性(anlalogia entis)认识它(因此只能提及一个对自然法的批评点。对自然法的本意从神学角度的批评,例如普纽玛神学的、历史的、方法学的和法学的批评以及古代的、基督教的和启蒙运动的自然法之间的区别,在此不能展开)。尽管有这些批评,但是同自然法的伦理学基础的对话仍在继续进行,之所以如此,特别是因为这种对话在天主教的道德神学中依旧是有意义的,甚至有官方的约束力,而且以共同行动为旨趣的俗物伦理学,对于俗物的保存也必定是尽其可能地以尘世为指向。这种争论性的对话之所以还在继续,也

[S.39] 特别是因为,自然法是理性法则(仅照自然法的解释,理性是使对上帝及其秩序的恰如其分的认识得以可能的东西),理性在伦理学中有其地位。现在我们就来阐明启示伦理学与理性伦理学的关系。

1.4.1.2 理性

何者对基督教伦理学具有理性意义?理性伦理学基于什么⑭?

a)理性概念的诸向度及其不定性

保存受造物是人类的一项艰巨任务。它要求人类合作,机制既是地方性的也是全球性的。环境伦理学要探究按照(何种)价值和规范同环境交往,这些价值和规范是可以渗透人类不同的世界观的,因为共同行动——例如基于国际性的环境公约——是必须的。基督教环境伦理学也提出过这一任务。现在的问题是,一种奠基于理性的伦理学是否能够最有效地合理解决这一任务。基督教伦理学在这方面总是处在要求普遍有效性和要求无条件地追随耶稣基督之间的张力中。

理性有许多面相。对它的理解从属于历史的变化。从古代的哲学思想经过经院哲学、后经院哲学和路德直到17世纪,理性(希腊语的dianoia,拉丁语的ratio)标志着思考、商谈的精神能力。它把感官经验到的认识变成概念,并通过来来回回的商谈使概念变成判断的能力(并且变成行动⑭)。这种理性重又以不同的方式细分为不同的功能。理性

---

⑭ 对此请参阅第5.3.6节。

⑭ 参阅 L. 霍纳菲尔德的综述:《近代伦理学意义上的合理性》,HCE 卷1,第19—45页。

⑭ 在亚里士多德那里的知和行就是这样(理智德性和伦理德性相互之间紧密联系)。参阅下文第3.1.2节。

与理智＊相区别。理智标志着（获得）直接的、直觉的、不依赖于感官知觉之洞识的精神能力，因而也是认识理念的和直观上帝的精神能力。正是启蒙运动（带着对宗教的尖锐批判）把理性看做是审核神性真理的官能并在这种意义上谈论理性之光（illuminativen Vernunft）。

康德，当他把基于感官印象的经验的连续化指派给理智，把最高的认识能力指派给理性时，改变了理性和理智的意义："我们的所有认识都从感官开始，从感官达到理智，终结于理性，在理性之上就再也没有任何更高的东西能在我们内心遇到了。"[143]对他来说，理智是"规则的能力"，理性是"原则的能力"[144]。在此康德把理论理性（在理念的范导下把所有的理智认识整理成一个整体）同实践理性（由道德意志规定，以普遍的道德法则使意愿和行动的统一成为可能）区别开来。对理性的这种理解对康德的绝对命令的伦理学意旨而言是基础性的，对于近代西方伦理学而言是影响深远的："实践上是善的东西，就是借助于理性的表象完全不从主观的原因、而从客观的原因，即从对每一个有理性存在者都是如此有效的原因出发来规定意志的东西。一个客观原则的表象，只要它对于一个意志是必须的，就叫做一个（理性的）戒律，这个戒律的形式叫做命令。所有的命令都通过一种应该来表达。"[145]

[S.40]

这些不多的提示就已经表明在当代明显显露出来的东西：对理性存在着许多不同的理解和不同的观念。"从理性要求的普遍主义出发，多元主义成为互不相融的理性纲领"，马丁·荷纳克作了如此合理的规定[146]。

除了在理论理性及其实证的功能和实践理性及其范导行为的功能之

＊ 理智，德语 Verstand，希腊语 nous，拉丁语 intellectus，在近代认识论、尤其是康德认识论中，一般翻译为"知性"。但作者这里说的"理智"是指"理智直观"的能力，这种能力在康德哲学中被看做是只有在神身上才可设想的，在人身上，"理智"（知性）不具有"直观"的能力。

[143] 康德，I.：《纯粹理性批判》，由 R. 施密特编辑，汉堡 1990 年，B355。

[144] 出处同前，B356。

[145] 康德，I.：《伦理形而上学的基础》，由 W. Weischedel 编辑的 6 卷本著作集，达姆施达特 1963 年，卷 4，第 35、41 页。关于他的本意对于尺度伦理学的更多意义，请参阅下文第 3.4.3 节。

[146] M. 荷纳克：《伦理学危机—危机伦理学——在道德判断中反问理性》，载于 H. U. Germann, et al: Das Ethos der Liberalität, Festschrift für Hermann Ringeling, 弗莱堡 1993 年，第 81—94（88）页。

间的区别之外,在批判理性(对人道负有义务)和工具理性(对效率负有义务)之间的争论是特别有意义的。

这种商讨不可能结束。从马克斯·霍克海默[147]的区别返回到马克斯·韦伯在(为理性设置目的的)价值合理性和(以追求最大效果的手段达到特定目的:目的—手段—合理性)目的合理性之间的区分。一时间对作为一种统治工具的工具理性的尖锐批判现今被一种辩证的观点所软化,这种观点使规范的诉求同目的合理性相联系,就像维多力奥·赫斯勒所做的那样:"策略行为绝非是因定义而有害……危险只在于目的合理性的独立化,它遗忘了规范的问题[148],并因此将人类和共同世界唯一地误用为手段。随之,目的合理性便与价值合理性和交往合理性对立起来,如果它单纯地被设置为'以贯彻自己意图为目的的狡计'的话[149]。"

现今商谈伦理学的交往合理性也在神学伦理学中找到了明显的保留和宽泛的应用。一种伦理共识将在这种意旨中通过人们之间在公平的、尽可能无宰制的条件下的合乎理性的交往而求得。于是,在于尔根·哈贝马斯的商谈伦理学中就涉及一种以达到相互理解和对规范的共识为目的的交往[150]。K.-O.阿佩尔谈到一门"交往伦理学……作为一门通过协商('习俗')民主的意志养成的伦理学基础"[151]。J.S.戴泽克则呼吁这样一门环境伦理学:在理性交往伦理学的意义上作为既向着工具理性也向着生态精神的二难选择[152]。

[S.41]

---

[147] 马克斯·霍克海默:《传统理论和批判理论》,法兰克福1970年。

[148] 赫斯勒,V.:《论策略合理性和交往合理性的辩证法》,载于:《通过伦理学来定向?——一种居间联系》,Paderborn 等等,1993,pp.11—35(19)。

[149] 同上文,p.21。

[150] 哈贝马斯,J.:《交往行动理论》卷1,法兰克福1981年,第525页(卷2,1988);以及:《商谈伦理学解说》,法兰克福1991年。对此的批判讨论,由 G. Bolte 主编的《无批判的理论——针对哈贝马斯》,纽伦堡1989年;凯塞尔,H.:《经济合理性的伦理学整合——"现代的"经济伦理学的基本要素和具体性》,伯尔尼1992年,第185页之后几页。从交往合理性的立场出发对在生态交往中环境伦理学作用的批评,请参阅 N. 卢曼的《生态交往》,Opladen 1986年,第259—265页。

[151] K.-O.阿佩尔:《哲学的改造》Ⅱ:交往共同体的先天性,法兰克福1985年,第426页。

[152] J. S. Dryzek: Green Reason: Communicative Ethics for the Biosphere, Enviromental Ethics 12(1990),195—210(195):"I Argue against both instrumental rationalists and ecological spiritualists in favour of a communicative rationlity which encompasses the natural world."

这种首先根植于哲学伦理学的意旨也被新教和天主教的神学环境伦理学所接受。例如,汉斯·鲁:"宗教改革的伦理学必须重新把伦理理性的真理内容……讨论清楚。"[153]他从一个公平的理性共同体的建构出发,以此为据:"假如我从基督教—神学的立场出发,那我落入这一危险:有人对我说:一切都是美善的,但我们没有共同构成这些前提。因而只给我留了第二条路:我由之出发的立场,是人们已经(采纳的立场),以公平的方式,也就是说在排除了利益的情况下,同我一起为人和社会的价值探究规则和规定的因素。"[154]阿尔封特·奥尔把他的环境伦理学建立在"自律的道德"上,建立在"成年人的自我规定"上。对他而言,规范的约束力起源于它的内在合理性,而不是它所促成的权威。在这方面,他从神学的立场驳回了一种所谓的绝对自律并强调"在人与自然的范围内的自律的合理性","人的这种自律根源于整个现实的合理性"而整个现实立足于可从自然法的立场加以解释的世界秩序[155]。

现今,理性伦理学深入地把自身理解为"非形而上学的、人文主义的伦理学",这种伦理学把人"严肃地当作对他自己的行动自我负责的、实践上有理性的主体",它在"所有形上学的此岸","还只是作为方法上有自我限制意义的实践哲学(而且其基础缺乏自我批判),这种实践哲学只对于人的实践理性才是可能的"[156]。在此所显露出来的对合理性的不同理解——例如在伦理的和经济的合理性之间——我们不能进一步展开[157] [S.42]这些不多的提示表明了理性概念的宽泛性和不定性。在我们的环境伦理

---

[153] 汉斯·鲁:《基督教德性观的转变》,载于布劳恩,H. J.《伦理学的透视:德性的转变》,苏黎世1989年,第71—81(80)页。

[154] 汉斯·鲁:《论证伦理学》,苏黎世1991年,第29—30页。

[155] A. 奥尔:《环境伦理学》,杜塞尔多夫1984年,第228页。

[156] P. 乌尔利希这样说,《经济理性的转型——现代工业社会的进步透视》,伯尔尼/斯图加特1986年,第274—275页。同样,D. 比恩巴赫从他的实践理性出发,在他的以功利主义为基础的环境伦理学中"对未来作出合理评价"(D. 比恩巴赫:《对后代们的责任》,斯图加特1988年,第35页之后和101页之后几页)。

[157] 对于伦理的和经济的合理性之关系,(神学的)经济伦理学家H. 凯塞尔作出了最有概括性的规定,参见:《经济合理性的伦理学整合——一门"现代的"经济伦理学的基本要素和具体性》,伯尔尼1992年。他的初衷是"有意地深入到经济的过程本身中去,使伦理理性……化为现实的经济合理性"(46)。遗憾的是,他在其中很少表达出神学对经济伦理学的特殊贡献,却在他的书中历史地、详细地纳入了作为该书基础的他的教授资格论文的内容。

学研究中,我们要从下面对(实践)理性的理解出发。

理性是论证的原则。它是相互理解的一个(但可能不是唯一的!)基础。它与其说是一种内容,不如说是一种程序。在共同探究正当的行动时,它是深入到自身的利益和经验之中的能力,通过认真对待他人的利益和经验同时与之保持距离。经验把自身诗化为作为理性基础的智慧的认识。理性是这种能力,从整体的利益和经验出发使行动纲领以原则的形式形成,这些原则对于所有人或人类中的特定部分是明了的和可审查的。"理性必须基于经验和传统去审查,什么东西是从伦理上可同意的。"[158]方法学上的系统分类、同二难的对立立场的争论、特殊要求的满足、可提供最终根据和(部分地)普遍化都属于这种合理性的论证。对于普世伦理规范的理性对话确实重要,它既是为了本土的行动,也是为了全球同一地达到一种生态学的尺度和对尺度的遵守。

作为理性伦理学的环境伦理学必须同片面强调的工具理性划清界限,如同当今的许多理性伦理学,如批判理论所做的那样[159]。工具理性作为目的—手段—合理性强调手段(技术上的)合理化,并因此造成了一种改变世界的动力学,进一步推进它,并常常被用作对自然的统治工具[160]。与之相反,工具理性,例如尽可能合理地(寻找)替代性能源,在环境伦理学上也是有重大意义的。对工具理性的伦理评价等,取决于它遵循什么样的目的。

作为理性伦理学的环境伦理学必须进一步——在这一点上接受了批判理性主义的诉求[161]——同那种将理性绝对化的(例如忽视理性陈述的历史哲学前提的)理性主义划清界限并反对它[162]。

b)理性的限度

W.柯尔夫从他的自然法本意出发把"理性作为伦理在历史中得以可

---

[158] M.荷纳克:《神学伦理学导论》,柏林1990年,第202页。

[159] 例如在马克斯·霍克海默、特奥多尔·阿多诺、赫尔伯特·马尔库塞、于尔根·哈贝马斯那里。后者在多大程度上能够被算作此列,尚是有争论的话题。

[160] 康德的理性也被误用为统治工具,说他把自然作为对象而不作为主体看待,并且强迫自然,是指他的这段话:"理性只会看出它自己根据其策划所产生出来的东西,它必须带着自己按照不变的法则进行判断的原理抢在前面,强迫自然回答它的问题"(康德:《纯粹理性批判》,汉堡1990年第3版,第18页;序言,BXIII)。

[161] 例如卡尔·波普尔、汉斯·阿尔伯特、保罗·费耶阿本德。

[162] 阿图尔·里希合理地确定,在批判理论中遇到了把"无可怀疑的历史神学的内涵当作合理化的基础信念"(《经济伦理学》,居特斯洛1984年,第89页)。

1. 导　论

能的根据"[163]。这种乐观主义尽管对理性的成效有高度的评价,(但)考虑到它的明显局限,当今依然破灭了。现在,理性的局限如同理性的机会一样,经常成为主题[164],它的局限究竟在哪里呢？ [S.43]

①理性不可能是绝对的,而只能依赖于历史和处境的判断,因为按照我们的规定,理性一再地也是基于经验的。社会伦理学家也像 M. 荷纳克一样(对他来说,理性伦理学在他的打下两个—国度—学说烙印的初衷中起着非常重要的作用),现在(对理性的)判断有着非常大的保留:"一种理性的理念是失败了……假定一种永恒的理性简直就是神话。"[165]他只承认理性是一种有限的价值:"理性伦理学只明了暂时的答案,相对的见识。相对是在这种意义上:只相关于当时的事态和情景……一种理性伦理学即使在最有利的情况下也只能找到相对最好的解决办法。它所力求的,不过只是一种无强制的一致。"[166]

②合乎理性达成的规范最终也是基于一种生存论的经验确定性或者信仰确定性,这些对于具体个人而言是自明的,无须进一步奠基,例如,基于经验,无须我的理性我就被出生了,基于基本的信任去生活,或者基于生命的造物主和基于决定,我愿意生活[167]。一种最终的奠基,理性并不能做到,既不能通过阿佩尔的理想的交往共同体做到,也不能通过亚当·斯密的中立的观看者或者通过康德的绝对命令做到。

③在伦理学也即理性伦理学的开端存在着偶然性(Betroffenheit):据称这是惊异(上文 1.1.1)或者惊恐(汉斯·约纳斯),对一种救治的感恩(茨温利[168])或者梦中的眼泪(魏茨泽克[169])。这些经常被标识为非理性的

---

[163]　M. 柯尔夫:《人类规范之自然的和历史的非随意性》,《基督教伦理学手册》,卷 1,弗莱堡 1978 年,第 147—167(147)页。

[164]　就像下面的书名,对此是有代表性的:柯尔默,P./柯尔顿,H.(主编):《理性之局限性的规定——合理性争论的哲学文集》,弗莱堡 1993 年。

[165]　M. 荷纳克:《伦理学危机——危机伦理学:在道德判断中反问理性》,版本同前,第 92 页及后一页。

[166]　出处同前,第 92 页。

[167]　同 A. 里希合著的《经济伦理学》,卷 1,居特斯洛 1994 年,第 105 页之后几页和第 170 页。

[168]　对瘟疫的救治对于茨温利的神学和伦理学所具有的意义,类似于尖塔体验对于路德的意义。参阅 A. 里希的《茨温利神学的开端》,苏黎世 1949 年,第 104—119 页。

[169]　C. F. F. von. 魏茨泽克通过提到他在第二次世界大战结束时做的三个梦,作为他的行动指路牌结束了他的控诉书:《时间紧迫》(慕尼黑 1986 年,第 116—117 页)。

体验和情感为此从属于整个伦理学。在理性批判中,人们不必像尼采走得那样远,他把整个世界看做是非理性的,无理性的和偶然的。但理性只有通过整合非理性的东西才是合理的⑩。

④当代人发展出了技术的各种可能性,它们提高了人类的责任可能性。但理性依然保留着人的存在的局限。由此形成了导致现代社会风险的张力。阿尔伯特·史怀泽在1952年接受诺贝尔和平奖时表达了这一观点:"已经出现的局面是,人正在变成超人……而超人却并不提倡应该有与超人的超强力量相应的超人的理性。"⑪

⑤理性伦理学及其理性的交往共同体不是最终保持人类中心论的立场,仅仅在它与人无关时,才根植于自然的工具化吗?⑫它不就是因为太观念主义了才不大有效吗?因为它高估了有理性的人,低估了他的——也是被毁坏了的——深不可测的内心。马丁·路德说得对,在不谈论原罪时,最好也不要谈论理性,因为理性也分有了人的原罪本性。于是我们可以同路德一起把通过信仰净化了的理性与敌视上帝的理性区别开来⑬。所以,理性的绝对化在启蒙运动中碰到了这个问题:"谁来澄清启蒙运动所谓的启蒙?"⑭被启蒙运动所净化的宗教改革家的《圣经》中的人类形象是一条澄清启蒙的道路。

⑥参照作为普遍承认的人类形成判断力之基础的理性的限度,也可以在当今关于人权的争论中看出来。在1948年联合国《人权一般宣言》中,所有人的平等和拥有平等权利等,因为所有人都是"天赋地拥有理性

---

⑩ H.普里马斯也这样说:"非理性是一种事实:我们必须接受理性的和非理性的层面的限制……否认非理性的实际存在,是不合理的……为此人们绝不能把深刻的问题仅仅同思想功能相关"(《科学的统一性:一个中断了的神话》,载于托马斯,CH.主编的《追踪整体性的瞬间——科学中的整体性方面》,苏黎世1992年,第267—271(270)页。

⑪ A.史怀泽:《和平或者核战》,慕尼黑1981年,第20页。

⑫ 例如在D.比恩巴赫的综合的功利主义那里:《对未来的后代的责任》,版本同前,第101页之后。

⑬ 马丁·路德:WA40 I,418,7f。

⑭ 弗赖,Ch.:《从宗教改革直到当代的新教伦理学》,居特斯洛1989年,第123页(同康德伦理学的辩论)。

和良知"[175]而获得基础。在1981年《伊斯兰一般人权宣言》中，对神的信仰变成了人权的普遍基础，理性的作用受到质疑。它包含着强调："没有天启的光芒，理性单独地既不可能是人类事务的一个有保障的女统领，也不可能给人类的灵魂提供精神的食粮……"[176]在1990年的《开罗伊斯兰人权宣言》中也看到了"对神的恭顺"和把"真正的信仰"作为人类统一的基础[177]。

⑦理性对于神学伦理学是富有助益和必要的，只要它没有提出绝对化的要求，即基督拯救学（soteriologischen）的救赎要求。在它践履这些之处，都跨越了它的界限，与启示出现抗争。但在理性和启示之间绝不构成一种抗争。

c) 理性与启示

只要理性对启示开放，它就会认识到其局限，变成合理的理性。当今理性处在危险中，无目标地导向一种"无理性的合理性"，这就"与反理性和非理性无区别"。格奥尔格·皮希特曾经表达过这一点[178]。启蒙运动对起着凯旋作用的理性的评价以及理性和启示之间的争论，在18世纪就已经作出了有利于理性的判决，很少有像宣布理性终结那样的情绪。两者都各持己见，宣称自身有价值："曾在启示信仰面前逊位的理性，就像曾经受到理性限制的启示一样是无意义的。"[179]启蒙理性不再与启示作斗争，而是与它自身的绝对化作斗争，它要使自身不断接受批判的审查，重视自身的局限性。只有这样被理解的理性才可能是合理性的，在伦理的

[S.45]

---

[175] 1948年10月12日联合国人权一般宣言，第一条款："所有人都是自由的，天生地同样具有尊严和权利。所有人都是天赋地具有理性和良知，相互之间应该以兄弟般的精神相对待。"

[176] 1981年《伊斯兰一般人权宣言》，载于CIBEDO—文库15/16,1982,第4条款。这份宣言特别重视伊斯兰对欧洲之劝告的典型特色，这份人权宣言就是源自这种劝告，但同时是有争议的。参阅对不同的伊斯兰人权观念的信息通报：斯塔曼，Ch.：《伊斯兰的人权观念》，ZEE38/1994,142—152。

[177] 开罗的伊斯兰人权宣言，载于《良知和自由》36/1991,93—98。1a条款："所有人组成家庭，家庭成员通过对神的恭顺联为一体，所有人的种族、肤色、语言、性别、宗教、政治态度、社会地位或者其他的一些理由都要受到尊重。真正的信仰为在通往人类完善的小径上达到这种尊严提供保证。"

[178] 皮希特，G.：《启蒙和理性》，载于他的：《真理、理性、责任》，斯图加特1969年，第183—202(199)页。

[179] 塞克勒，M.：《启蒙和启示》，载于：CGG第21卷，第5—78(63)页。

也即环境伦理学的判断中遵循被启示渗透的判断！因此,在这合乎理性的对话中,讲述上帝救世的历史(作为人在世界整体中生活和经验的一种实践)被纳入进来。相反,对启示的信仰要有能力面对理性的批判潜能,避免被相对的东西、被世俗——人性的东西绝对化。[180]

对理性和信仰关系的进一步规定,随后将在对圣灵作用的讨论中继续进行[181]。

1.4.1.3 经验

经验能是规范认识的一个源泉吗？

经验是理性的一个基础,就像我们在上文对理性的概述中已经表达的那样。经验通过一种内在于它的明证性让人信服。经验作为经历的而非商谈的确实性证明了一种直觉的明证性。这里也存在一种实验的验证。不过在这里,科学实验被生活的实验所取代[182]。但经验是一种规范认识的源泉吗？能从经验推导出,与共同世界交往如何是适度的呢？或者说,伦理学因此就屈服于实际的规范性,通过把实际的经验,例如自然状态,提升为规范,如其在刚过去的 20 世纪所表明的那样？

经验对于形成道德判断的意义,例如解放神学和女性神学所强调的,是通过把实践[183]对于理论[184]、因而也是对于从启示神学或理性伦理学的立场提供伦理学的最终基础所具有的优先地位,提升为方法论的基础。它的认识方法叫做通过经验(获得)伦理的自明性:"探究道德判断的最终基础……对于女权主义的伦理学理路而言,迄今为止还是刚沾点

---

[180] 朗格,D. 在这种意义上描绘了理性对于信仰的作用:"信仰……将……把自身变成对每一种值得疑问的宗教超升的理性批判原则,因为一切世俗的东西和辩护的责任都逃脱争辩,成为伦理的呼吁和策略(批判理性)。"(朗格,D.:《以福音主义透视伦理学》,哥廷根 1992 年,第 252 页)

[181] 参阅第 1.4.2 节。

[182] 参阅第 1.4.2 节。

[183] 关于伦理学方法论中的实践概念,也请参阅本书作者的《调解和旗帜鲜明》,苏黎世 1988 年,第 15—21 页。

[184] 解放神学对实践的多层面的不同理解,在此不能展开。参阅,例如卡斯提洛,F.:《解放的实践和神学的反思》,载于由他主编的《出于民族实践的神学》,慕尼黑 1978 年,第 13—60 页;G. 卡萨雷斯:《正确的理念不会从天上掉下来——感应神学的基本原理》,斯图加特 1980 年。

1. 导　　论

边……不过,受压迫的经验以某种明证性隐含着改变自身行为的呼唤。"⑱⑤实践到处都变成"启示事件"。《圣经》启示依然服务于经验明证性的证实:"带着她们所意识到的对受压迫的党派以及在冲突情况下的弱者地位,女权主义伦理学从《圣经》伦理证实了自身。"⑱⑥除此之外的实践,还有祈祷、赞美和聆听上帝话语的精神实践也为伦理学提供了经验基础⑱⑦。

经验是一复杂的过程。它包含着知觉的(根据试错法的经验认识和直接把握的)元素,偶然相遇意义上的直接经历的元素⑱⑧,但也包含预兆(Verheißung)以及与此相连的希望的元素⑱⑨。经历具有直接性的特征,而经验是间接的,经过了整合,具有说明和定向的特征:对现实性的相同经历,在说明(也带有宗教性的)和加工为经验的过程中,完全能够被区分开来⑲⓪。

在拒绝把经验作为认识的源泉之后,特别是在当代的辩证神学中,可以看出一种广泛的"经验在神学和伦理学中的复兴"⑲①。但它对于伦理的认识究竟有何价值呢?

经验为道德判断的形成构成了一个不可或缺的重要基础,它能获得六种意义:其一,实证化:生活是在一切反思之前被给予的。生活的经验以其整体的多样性和矛盾性为规范的形成构成了前科学的基础⑲②。(个体的、社会的和制度化的)生活实践完全具有认识特征。其二,交往:普　[S.47]

---

⑱⑤　I. 普里托里乌斯/B. 希勒:道德/伦理学词条,载于:《女权主义神学词典》,由 E. 格斯曼等人主编,居特斯洛 1991 年,第 289—296(293f.)页。

⑱⑥　出处同前。与此相连的是这种危险:启示——在此服务于意识形态批判[出处同前(290f)——被工具化]。这样一种危险自然也存在于许多其他的伦理学初衷那里。

⑱⑦　正如卡尔·巴特一再强调的。

⑱⑧　这种三分是在 D. 米特那里作出的:《规范和经验》,出处同前,第 34—39 页。

⑱⑨　末世论倾向的生存导向"关于信仰、希望、爱的普遍层面的经验视野"(里希,A. 这样认为:《经济伦理学》,居特斯洛 1984 年,第 105—108 页)。H.G. 乌尔里希也指出了"希望的现实性":《作为自由实践的伦理学辩解——对伦理学中"规范和经验"的评论》,ZEE37/1993,pp.46—58(53f)。

⑲⓪　对此参阅本书作者的《调解和旗帜鲜明》,苏黎世 1988 年,第 17—19 页。

⑲①　M. 荷纳克也这样认为:《神学伦理学导论》,柏林 1990 年,第 198—199 页。

⑲②　依据里希,A.。他区分了社会伦理学论证的三个层面:1. 基本的经验确实性;2. 标准;3. 准则。里希,A.:《经济伦理学》,卷 1,第 105—122、169—170 页。

遍化的经验为成功的交往和伦理学的商谈构成共同的基础。但它同时阻止（例如在恶的经验形式中）达成相互一致。其三，说明动机：个体或集体所遭遇到的经历为一个特定的伦理问题的提出提供完全强大的动机说明，而让其他的问题退后。这种遭遇共同规定了伦理反思中设定的优先权。其四，实事求是：在所提到的经验知觉意义上，经验对于处境分析[193]是有意义的，相应地对于道德判断的事实认定和实事求是[194]也是有意义的。其五，可实现性：经验洞见出什么事可做，什么事不可做。一个伦理规范的可实现性问题经常影响到它的表述，对于责任伦理学探究一个道德判断究竟是根据实践、根据行为的后果还是根据实践的适宜性（适当性[195]）的问题是有意义的[196]。其六，参与性：包含遭遇的经验是有参与性意义的，重视人的人格尊严是形成道德判断的一个标准。

经验对于形成道德判断的这六种意义，对于我们目前的这项研究也是有效的：通常在实际生活中对诸善的缺乏或泛滥的不同经验，对于我们的一种尺度伦理学的探索也是先决条件。保持适度这一主题在这里具有了优先性，恰好适应了当今富裕社会的经验。对把什么标识为自然或自然的危险这一经验，深深影响了伦理学的问题提法并影响到它的实事求是[197]。对现实的或尚未出现的适度品行具有历史的和当下的经验，深刻影响着尺度伦理学[198]。当前所经验到的问题的全球性，现代的时间结构，世界人口政策都影响到了自身对于适度品行的伦理学思路[199]，等等。

让经验参与道德判断的形成，不意味着同演绎的规范伦理学相反，要纯粹从经验中把规范归纳出来。前面我们已经提到，实际的规范性危险太大，经验能够（显明）它所包含的一切明证性，不过许多价值冲突不能解决，甚至不能满足从末世论立场对信仰的透视。经验的多样性、复杂

---

[193] 关于伦理学处境分析的功能，参阅第1.4.6节。

[194] A. 里希的原理："不是事实上真的合符人道的东西，就不是实事求是的。"（《经济伦理学》，卷1，出处同前，81）也为本项研究的初衷提供了基础。

[195] 关于适当性审查作为形成道德判断的最后一步，请参阅第1.4.6节。

[196] 笛特玛尔·米特区分了经验对于伦理学事实上重要、意义上重要和实践上重要（这里的3—5点可以感觉到这种区别）。D. 米特：《规范和经验》，出处同前，第40—41页。

[197] 参阅实例1.3和关于"自然科学的"第2章。

[198] 参阅第3、4章。

[199] 请特别参阅第5.4节。

性、经常的模糊性或者矛盾性,使得对道德判断的研究要把经验(朴素的智慧)的描述同理性的论证和《圣经》启示的定向联系起来。而在启示、理性、经验和共同体的共同作用中,经验在寻找道德规范的过程中、尤其是在道德规范的确立过程中获得了一个重要的但同时也是有限的功能,就像笛特玛尔·米特说的这样:"只要我们说经验是道德正当的源泉,那么经验就不应被提升为道德正当的主管机关,但应该承认它是道德判断、道德举止和制度的道德保护的不可或缺的准备。"[200] [S.48]

经验在神学和伦理学中的部分复兴尤其产生自这种见识:普遍有效的伦理规范和感性的伦理原则还没有为这个世界塑造完整的形象。人确实不会让自己单纯受概念和先天要求所触动和改变。捷克哲学家米兰·马霍维奇对他的问题:"有一种凭借科学的拯救吗?"的回答是:"科学显得是软弱的,因为爱和怕的压力太软弱了。"[201]所以,只要概念能被经验和形象所充满,伦理的准则就能起到改变的作用。反之,经验和形象能够以及必须通过伦理学的对话和概念性的论证来阐明。伦理学需要口述的希望与绝望的形象,需要怕和爱的形象。如果这些形象在行动主体中变成"模范形象"[202],它们将为行动提供范导。耶稣追随者的伦理学首先以历史、比喻和形象传递给我们,这不是偶然的,它的效率恰恰就在其中。

经验和伦理学之间的这种中介特别大量地发生在口述的(narrativen)伦理中。这种伦理或者产生于与诗歌的对峙[203],或者产生于反抗神学中的反省式讲述,反映出生活的处境和社会的状况,特别是在第三世界的伦理意图中出现这种伦理[204]。口述的伦理,就像美国的"story"(叙事)伦 [S.49]

---

[200] D. 米特.:《规范和经验》,出处同前,第 41 页。

[201] 马霍维奇,M.:《回到智慧:面对深渊的哲学》,斯图加特 1988 年,第 117—118 页。

[202] 这个概念处在 D. 米特对德性重新解释的中心。参阅第 4.2.4 节。

[203] 同诗歌的对峙,例如米特的:《诗歌、信仰和道德———种朴素的伦理学基础研究》,美因茨 1976 年,特别是第 98—115 页;同时参阅他的《道德和经验》,出处同前,第 60—90 页。关于口述神学的一般文献,也请参阅威恩里希,H. 的《口述神学》,concilium 9/1973,329,329—334;梅茨,J. B.:《口述的简短申辩》,concilium 9/1973,第 329、334—341 页。

[204] 可以列举一些例子。台湾的宋,Ch. -S:《蒙太太(Lady Meng)的眼泪——一个民族的政治神学譬喻》,巴塞尔 1982 年。秘鲁的 Equipo Pastoral de Bambamarca:Vamos Caminando(让我们上路!秘鲁土著人的信仰、监禁和解放),弗莱堡 1983 年。

理一样,可以一直发展成为"口述的决疑论",我们将马上回到这里[205]。

1.4.1.4 共同体

教会共同体的实践对于寻找伦理规范具有何种意义？

神学伦理学——即使它也有普遍性的要求——不是在真空中产生的,而总是处在一种特定的历史和教会的语境中。神学伦理学对教会的宣谕、实践、共同生活和结构的关系总是可以重新获得规定的[206]。

莱恩哈特·许特尔以其博士论文的提纲挈领的标题确立了与理性伦理学的某个冲突点："福音伦理学作为教会的证明。"[207]他为神学伦理学奠基,既不是以自然法的立场,也不是以创世神学的立场或者在第一或第二信仰条款中的基督学的立场,而是以第三个信仰条款中的教会学的立场[208]。试图为伦理学提供一种普遍合理性的最终基础,同一种外在的不依赖于特定历史的阿基米德点相关,对他而言（他首先依据的是美国伦理学家阿拉斯代尔·麦金泰尔[209]和斯丹利·豪尔瓦斯）这些尝试"失败了"[210]。在他看来,伦理学总是同历史相关,而神学伦理学总是同上帝的救赎史相关。神学伦理学是"口述的决疑论"："口述的决疑论叫作,为了基督徒的生活而使上帝规定的历史的意义（通过使这种历史既在教会伦

---

[205] 参阅下一节,从 S. 豪尔瓦斯到 R. 许特尔这一段。

[206] 将福音伦理学添加到教会学（Ekklesiologie）中,在较近的时期内,例如自从卡尔·巴特和笛特里希·朋霍费尔著名的思想启动以来,就总是有人这样做。例如在 H. D. 文德兰特那里:《论教会概念在社会伦理学中的地位和意义》,ThLZ87/1962,175—182;荷纳克,M.:《教会作为完形和事件》,慕尼黑 1963 年;伦托夫,F.:《教会和神学——教会概念在近期神学中的系统功能》,居特斯洛 1966 年;汉斯·鲁:《社会伦理学的托付和教会的形态》,苏黎世 1971 年;胡伯尔,W.:《教会和公共领域》,斯图加特 1973 年;莫尔特曼,J.:《灵力中的教会——对弥赛亚主义教会学的一种贡献》,慕尼黑 1975 年;潘能伯格,W.:《伦理学和教会学论文集》,哥廷根 1977 年;胡伯尔,W.:《追随基督的自由——Barmer 神学宣言视野中的伦理学和教会理论》,新教会—Vluyn 1983;乌尔里希,H. G.:《末世论和伦理学》,慕尼黑 1988 年。

[207] R. 许特尔:《福音伦理学作为教会的证明——对当代神学伦理学关键问题的阐释》,新教会—Vluyn 1993。

[208] 出处同前,第 267 页及随后几页。他尤其是同卡尔·巴特和斯丹利·豪尔瓦斯的教会学与伦理学的关系辩论。

[209] A. 麦金泰尔:《德性的丧失——论当代的道德危机》,法兰克福 1987 年,第 75—109 页。

[210] R. 许特尔,出处同前,第 239、329 页的注释。

理学的奠基关系中也在发现关系中变得有效)回忆起来。"[211]这样就推动了神学伦理学去讲述经过、反思的上帝救赎史和教会行动的实践。它从上帝的行动中获得它的合理说明,通过合理的和普遍的最终奠基从它的自我辩护中解放出来[212]。当教会证明了这种救赎史时,它对于世界具有一种启迪的功能:世界能够明了,上帝多么爱这个世界[213]。口述的决疑论在此明显地同传统的决疑论区别开来。它的出发点不是对已有的库存问题的决疑,而是从具体处境中的决断出发[214]。 [S.50]

但是,许特尔的这种伦理学原则也不意味着要放弃论证性的交往。在有哲学对话传统的地方,许特尔又是同豪尔瓦斯一起,把"教会"确立"为对话共同体"[215]。"只在有对话共同体中,在求得基督徒行动中的信仰的合理证据,以及教会实践形式中相互论证的信仰合理性之后,教会才能在其中被认识。"[216]在此,口述的决疑论就叫作一种商谈实践,在此实践中,通过源自救赎史的借助于范例的类比[217]获得道德的判断。因此,这里展开的实践理性的思想,是从历史上的基督徒寻求"智慧"的经验中形成的,在《圣经》的试金石上净化的,它在对话中采纳他者的判断,在共识中保存自己[218]。这种实践理性如同商谈伦理学的实践理性一样,依赖于共同体[219]。这种伦理学的真理要求不在于通过合理性来证明,而是通过教会的实践使上帝的真理得到证明。理性在这里就是人们在力求共识的实践中证明的东西,以论证的方式才可理解的东西。

许特尔以其在悠久的神学传统中存在的思想萌芽合理地指出,神学伦理学反映了历史中的上帝的行动。这种只有从末世论才可获得适当把握的救赎史,是同作为基督之肉身的教会连在一起并同时又远远指向了教会之外。因而,所有的教会都是作为感知上帝救赎行动的处所,作为伦

---

[211] 同上书,第242页。
[212] 同上书,第240页。
[213] 同上书,第233页及后几页。
[214] 这种区别已经发生在卡尔·巴特对决疑论的批判那里。KD III/4,6—9。
[215] R.许特尔,出处同前,第254—257页。
[216] 同上书,第255页。
[217] 以类比方法他又与卡尔·巴特(相关性类比)联系起来。
[218] 出处同前,第258页。
[219] 共同体对于伦理学的意义——在立约神学的语境中——是显而易见的,由莱曼展现了其持久的效力。P.莱曼:《伦理学作为应答——共同体的伦理学方法论》,慕尼黑1963年。

理实践的处所和伦理学商谈在其中进行的共同体,这对于神学伦理学是不可放弃的连接纽带。但同时,神学伦理学也大大超出了可见的教会形态及其实践所指的范围,因为基督教的实践也同样发生在教会之外;因为"教会到处都是……人们……通过教会的共同生活证明上帝之国有希望来临的地方"[20]。神学伦理学必然由教会巩固起来,这不会导致教会对神学伦理学的狭隘化处理和将教会的利益纳入神学伦理学。

1.4.2 ……历史中的圣灵

对神学的道德判断所列举的四个认识源泉:启示、理性、经验和(教会)共同体,只要它们是由圣灵所推动,就包含其作为道德判断的质性。而圣灵作为上帝造物主的精神,并不简单地就是上述四个之外的第五个认识源泉,而是所有四个和所有其他排除在外的(认识源泉)得以可能的根据和前提[21]。

[S.51]

相对于伦理学问题:"我该做什么?"从神学角度提出的问题是:"我是谁?"和"我的天职是为了什么?"上帝给予的直接回答是从上帝戒律的命令式出发的。

我是谁? 我是一个人,一个为上帝所爱的人,存在于世上同样为上帝所爱的所有他人和共同世界中的人。作为这样的人,我是所有居住在地球这个客栈中的旅客中的一位[22]。

我的天职是为了什么? 我的天职是追随耶稣基督。在《圣经》的证据之内,耶稣对追随者的呼唤是基督教伦理学的出发点[23]。在这里,追随不是对耶稣(imitatio)生活的模仿,而是让生活出于基督的灵。所以,它

---

[20] 苏黎世坎同的福音——改革派乡村教会的教会规章(1976),条款1:基础。
[21] 参阅菲舍尔,J.:《出自灵的生活——基督教伦理学的基础》,苏黎世1994年。
[22] 这一初步提法将在5.2中阐述。
[23] 参阅由E.沃尔夫所作的对追随者的伦理学史的概观:《社会伦理学——神学的基本问题》,哥廷根1975年,第148—168页。同新约伦理学(这种伦理学提出了对追随者呼唤的中心地位:施拉格,W.:《新约圣经的伦理学》,哥廷根1982年,第49—54页;舒尔茨,S.:《新约伦理学》,苏黎世1987年,第61页及后几页)的注经学检验结果和这个概念经常在教会实践中的误用相反,追随者这个主题在目前的新教伦理学中不大被采用,经常由于对它的合法性提出责备。构成例外的有,例如D.朋霍费尔(《追随者》,1937年),卡尔·巴特(KD IV/2,603—628);沃尔夫,E.(书名同前);克里克,W.:《基督教伦理学的基本问题》,慕尼黑1975年,第125—129页);荷纳克,M.:《神学伦理学导论》,柏林1990年,第145—151页,主要是批判性的。

是一种创造性的追随。它是对上帝邀请参与创造一个负责任的世界的应答[24]。

我该做什么？为了对这个问题作出一种回答，那些人力争说出请求，甚至大声呼喊："求你来吧，我主的灵！"在这个请求背后是第一批基督徒的呼喊："马拉那塔"（Maranatha），"求你来吧，我们的主（耶稣）"（《哥林多前书》16,22;《启示录》22,20）。这不只是那些期望得到基督最近信息之人的呼喊，而且也是那些面对全球环境的迅速毁坏而技穷智竭之人的呼喊。迄今为止的种种方案都解决不了问题，需要一种真正创造性的重新定向，一种全新的造化。上帝创造性的灵将变成理解启示的标准和符合启示的行动得以可能的根据。以《圣经》的话语（几乎）让一切众所周知地获得基础。工业化的欣快症（Euphorie）在世纪之初以《创世记》2,18这句话："你们要控制地球（大地）"获得基础，就如同当今的环境保护以《创世记》2,15的这句话："你们要建设和保护地球"获得基础一样。造物主上帝和耶稣基督的灵只使启示的话语有生气[25]并创造新的生命，这个新生命继续创造（creatio continua）并完成造化（creatio nova）。

这个呼唤的原初文本"来吧，造物主的灵"是显明的。赫拉巴奴斯·毛鲁斯（Hrabanus Maurus,776—856）的圣灵降临歌是这样开始的："Veni, creator spiritus. Mentes tuorum visita"（"求你来吧，造物主的灵。我们追随你的理智"）（符合理智的力量）[26]。在上帝这位造物主的灵主导理智和理性的地方，形成了伦理上负责任的行动。上帝创造性的灵将变成理性的标准和有理性的行动得以可能的根据。以此圣灵来洗礼，使末世论意义上的整个人的革新成为可能，因此也是"心意的革新"，也就是说理性的革新（《罗马书》12,2）[27]。同时上帝的灵也释放为一种行动，包含理智和理性。保罗就一再地指出这一点，当他反对狂热分子时。对他而言，发自内心的话语比口头上的话语更高一些。"我要用灵祷告，但我也用理智祷告（《哥林多前书》14,15）。"我们上面正是把他人中的理性定义为与

[S.52]

---

[24] 在本书作者的《调解与旗帜鲜明》的第370—374页对此有论述。

[25] 卡尔·巴特一再地坚持反对启示的可支配性。耶稣基督是上帝本身的话语，圣经启示只能使上帝的话语日益变新——通过圣灵。参阅卡尔·巴特：KD I/1，第114—128页。

[26] 对这一呼唤的解释，也请参阅 G. 米勒—法伦霍尔茨的《唤醒这个世界——在这个危险的时代我们信仰圣灵》，居特斯洛1993年，第15—23页。

[27] E. 克泽曼也是这样解释：《罗马书》，图宾根1974年第3版，第318页。

自己的利益、冲动和害怕保持距离以及把共同福利放在首位的能力。上帝的灵释放为符合理性的行动,它与自私无关。上帝的灵使理性得以可能投入到对爱的侍奉上。它包含着爱上帝、爱人类和爱共同的世界。

受灵影响的理智对于保罗而言是对交往和共同体的侍奉。"我宁愿以我的理智说五句话以使别人获得教导,而不愿说上万句口头上的话(《哥林多前书》14,19)。"上帝的灵因此变成共同生活的标准并使共同生活得以可能。上帝的灵意向于共同生活,也即交往共同体意义上的共同生活。

所提及的第四个认识源泉,即经验,也只有通过上帝的灵才能获得所必需的明晰性。经验对于规范的形成是如此重要,也显得如此明证,不过只有上帝的灵才能给予经验一种认识源泉的质性。造物主的灵是这样一种标准,以它度量自己的经验并使体验变成侍奉爱的经验。

造物主的灵是救赎史的精神,它与此历史地相关。它并不漂浮于时间之上,而是作用于历史之中,并在其中道成肉身——同造物主上帝和耶稣基督同一化。所提到的这些认识源泉——启示、理性、经验和共同体——都是历史的尺度。造物主的灵主导着它们的历史变化。同时它作为贯穿于宇宙的灵也主导着整个宇宙空间的自然变化[228]。受造物的现实性,不是一种恒久的、一劳永逸地被认识的现实性,而是不断地通过上帝的灵从他的现实创造行动中重新产生出来的现实性[229]。这种神性的行动同时也能反映出上帝迄今在世界中的救赎史行动的信义和连续性。

神性伦理学因此总是事关语境和历史地被包含在上帝现实的行动中。同时它自身本来的要求就是,它们的规范逐步地都是可普遍化的,通过受灵影响的过程听到启示的圣言,听到由圣灵主导的合理性的、也是跨宗教的和跨文化的对话。这种对话是与教会和国际社团全球性的交往共同体相对的公共经验和公开性的组成部分。在此,神学伦理学不能也不应否定它们不可放弃的神学前提,但能够和应该通过论证搞清楚,神学的环境伦理学对于人类关于受造物保存的普世伦理究竟作出了哪些贡献。

---

[228] 对宇宙的圣灵的进一步阐释,参阅第5.3.3页。

[229] 类似于约翰内斯·菲舍尔。对他而言,是否能从上帝的启示或者能从理性推导出对现实的认识,这个问题提错了,因为"神学认识的对象绝不是现实,而是基督教会以其实存所要证实的灵"(J.菲舍尔:《神学的真理要求》,1994年1月14日在巴塞尔大学的就职讲演,手稿14)。就我们迄今的阐释,启示和理性都是认识的源泉,仅就它们都能从圣灵推导出来而言。

1.4.3 自然科学对环境伦理学的作用

在我们描述自然科学的第 2 章,我们将探究,自然科学是否能够认识自然的内在规律,如果能,又能够认识哪些内在规律。因此从方法学的角度提出的问题是,这些自然科学—生态学的认识对于神学的环境伦理学具有什么价值。

自然科学对于控制自然具有很强的作用,既是在使自然可利用意义上,也是在破坏的意义上。它同时也大大有助于对生态关系的理解。是否能从这些认识中推导出行动前景,如果能,又能推导出哪些行动前景,是自然科学和伦理学之间讨论的话题,这也就如同政治和经济的决策之间的讨论。无论如何,所有的环境伦理学本质上都受自然科学—生态学认识的影响。假如日常的经验和对环境破坏的自然科学的分析真的不能为环境伦理学提供动议的话,那么环境伦理学简直就无法发展了。

自然科学对自然的认识建立在对自然中发生的事件及其发展的一种深刻的理性描述和分析基础之上,这种描述和分析在主体间是可检验的,通常也是可量化的,在第 1.3 节 3 个实例中的数据提供了这方面的例证。这种分析不是价值中立的——研究什么和不研究什么,就已经是一种价值决断,人作为自然的部分本身就是研究的对象——但却是可以合理地证成和可检验的。

自然科学实际上在多大程度上把握了自然是什么,这诚然是越来越有争议的。一方面,因为对自然的概念本身就有非常不同的理解[230],另一方面,因为自然科学通常只是通过观察自然的最小的一个片断获得其特殊性,对自然的感知都是依附于当时的理论的[231]。所以,越来越多的自然科学家都在推动出现一个新的自然科学的范式[232]。例如,苏黎世的化学家汉斯·普里马斯这样说:"当今的自然科学只包含现实的一个非常小的片断,以便能够在此意义上被看做是合理的。"[233] 上文提到的理性的限度[234] 也指出了建立在理性基础上的自然科学的自然认识有这种局限。对

[S.54]

---

[230] 对这种说法请参阅第 1.5.1 节。

[231] L. 霍纳菲尔德也是这样从哲学伦理学的立场出发:《我们应该保护何种自然?》,《该亚》2/1993,253—264(255)。

[232] 对此更详细的论述在第 2.1 节的论整体主义。

[233] 普里马斯,H.:《自然科学中的思想转变》,《该亚》1/1992,5—15(11)。

[234] 参阅第 1.4.1.2 节。

于自然科学的认识方法[235],只能以此提示一下重要的科学理论的讨论,却不能(将此讨论)展开。

自然科学的发展特别是通过量子物理学的进展,消除了自然和历史的分离。历史被重新"纳入到"自然中来,自然被看做是历史中、因而也是"时间中"[236]的一个事件,对自然的这种认识是通过作为历史存在者的人进行的。反之被认识到:"我们的思想本身就是一种在自然中的过程。"[237]

与自然科学中的这种发展相类似并几乎同时,在神学中,关于自然和历史、创世事件和救赎史的关系也被重新理解。自从20世纪30年代以来,这种理解达到了这一点:必须从上帝与人的救赎事件这里来理解创世的历史[238](特别是要把创世的历史理解为对德国基督徒的创世秩序思想的必然防御)。自从60年代末以来,自然被作为受造物特别是在不依赖于救赎史的智慧传统中重新被感知,并因此在其独立的本己意义上重新被发现[239]。自然通过人类的救赎史从被它吸收进去的东西中"释放出来"。因此,仿佛有两个相对的运动发生在自然科学和神学中,有助于弥合把自然科学和神学长期相互分离开来的鸿沟。"自然之书"和"历史之书"越来越多地表现为一本认识之书。自然科学对自然的内在规律的认识,我们在第2章将寻找这种规律对于伦理学具有的经验价值:自然和历

---

[235] 参阅例如普里高津,I./Stenger,T.:《同自然对话——自然科学思想的新方法》,慕尼黑1981年;阿尔特纳,G.:《自然被遗忘》,达姆施达特1991年,第19—31页;Mittelstrass,J.(主编):《哲学和科学理论百科全书》,3卷本,曼海姆1984年;通俗性的:Capra,F.:《转折时代》,伯尔尼1983年,第77—107页。

[236] 第一次是由魏茨泽克,C. F. v. 在1948年的一个讲演中提出的:《自然的历史》,哥廷根1954年第2版,也请参阅普里高津,I./Stenger,T.:《同自然对话——自然科学思想的新方法》,慕尼黑1981年;魏茨泽克,C. F. v.的《开放的系统I——关于信息、熵和进化的时间结构论文集》,斯图加特1974年。

[237] 皮希特,G.:《自然的概念及其历史》,斯图加特1989年,第137—144(XI)页。

[238] 第一次出现在G..Rad:《旧约前6章(Hexateuch)中的形式历史问题》,载于:Gesammelte Studien,慕尼黑1958年,第9页之后。;M. Noth:《摩西五经(Pentateuch)流传的历史》,斯图加特1958年。

[239] 这也出现在Rad,G.:《以色列的智慧》,新教会1970年;进一步的讨论在韦斯特曼,C.:《创世记1—11》,1976年第2版。斯德克,O. K.:《世界和环境》,斯图加特1978年,例如第95页及之后几页;黎德克:《在鱼腹中——生态神学》,斯图加特1979年,第71—153页;哈尔恩斯,C.:《革新地球的面目》,居特斯洛1990年,第99页及之后几页;林克,Ch.:《创世》,2卷,居特斯洛1991年,第334—357页。

史通过直接的经历、经验的感知和在科学交往共同体中的科学解释变成可中介的经验。我们把经验——承认它的所有局限——描绘为神学伦理学的合法的和必然的认识源泉[240]。自然科学的认识促进了我们所提及的经验对于伦理学的益处:实证化,一种共同的理解基础(诚然同时也包括自然科学家中的专家争论所表现出的意见分歧)通过所遭遇的事情而趋向行动的动机(正如自然科学的认识对气候变暖的认识所表现出来的),实事求是和对伦理公设可现实化的评价。

[S.55]

为此之故,神学的环境伦理学和自然科学的合作——保留在方法学和认识旨趣方面的所有差异——尤其必然地作为"生态危机中的救急联盟"[241]。

尽管承认自然科学的认识对于神学环境伦理学有意义,还是可以引出两点局限,在此当然只能作一些提示:

①一切认识,也包括自然科学对现实的阐述和说明,仅在它们是受圣灵驱动的限度内,从神学的立场看才是有意义的。这个标尺,如同我们在上一章所述,对于所有的认识源泉都是同样有效的。所以,自然科学的理性仿佛不能自动地认识上帝的启示和上帝在自然中的救赎行动[242]。对上帝在行动中的自由的敬畏意味着,他自身和他在自然中的行动既是显明的[243],又是隐讳的。自然科学所能认识到的那些自然的内在规律[244],因而就是通过上帝的灵指向上帝的行动的,但也不是必然地指向的,因为自然同人的行动一样是已经堕落的和要继续发展和完善的受造物的部分。不是每一块石头和每一个自然规律都是神,这种泛神论(Pantheismus)在神学上是站不住脚的。但上帝作用在他的造物中并化身在他的造物中(万有在神论 Panentheismus——这就是歌罗西颂歌——《歌罗西书》15—

---

[240] 参阅第 1.4.1.3 节。

[241] 莫尔特曼,J.:《受造界的上帝——生态创世学》,慕尼黑 1985 年,第 48 页。

[242] 例如著名的基因伦理学家布雷施,C. 代表的就是这种观点:自然科学提供了一条比宗教更稳妥的通往上帝的道路。布雷施,C. 等:《人能从自然中认识上帝吗?》,弗莱堡 1990 年,第 169 页。类似的观点,参见戴维斯,P.:《上帝和现代物理学》,慕尼黑 1986 年,第 146 页。这里不是详细讨论自然神学部分所提供的辩护理由及其答案的地方。

[243] 保罗在《罗马书》1,20 这样说,上帝这个不可见的存在者,"自从创世以来,只要人们在他所造的万物中观察他,就能清楚地看见他的特性"。

[244] 这些内在尺度是否存在,在第 2 章才能更切近地考察。

20)[245]。

②自然科学的认识对于神学伦理学的意义的第二点局限在于：以自然科学试图认识自然的存在，以伦理学试图认识人的应该。最近环境伦理学的讨论在此方面深入地认识到，这种"自然主义的谬误"[246]（从自然的存在中强制性地推导出应该），也就是从对自然的描述中强制性地推导出伦理的价值，也就像"规范主义的谬误"（仅仅从对规范的一些思考中推导出具体的约束性）一样[247]，必须避免。自然主义的谬误放弃了把伦理学表达为人的自由决定和行为的活动空间。规范主义的谬误则相反地要求伦理学对于自然具有一个普遍的自由空间。两者都可被基督教的人的形象所否定。这种形象的基础在于，人是在创造性的追随和自由中应答上帝的呼唤，同时，人和非人的共同世界作为造物主的造物，都是同一个联盟的部分，因此能够相互交融。

自然的存在和人的应该是"未融合"的和"未分离"的，那么相互之间是既可区别同时又是相互关联的[248]——一个神秘的组合活动，对于伦理学而言，经常是一块难啃的骨头。为了再次弄清它们的联系，对自然主义谬误的批判并不把每一种从存在推导出应该的可能性都排除掉。自然的法则应该得到伦理学的认真对待[249]。于是，从这种认识出发：二氧化碳的大量排放以对人和生态系统构成威胁的方式使大气层迅速变暖，减少二氧化碳排放的要求被推导出来——当然只是在尽可能多的生物的持续生存是值得追求的这种价值决断中（被推导出来）。从这个认识中不能被

---

[245] 对此在第5.3.2节作出了更多的论述。

[246] 自从大卫·休谟（1711—1776）以来认为伦理学的原理，不能从事实推导出应该。也请参阅赫费，O.《没有自然主义谬误的自然法———种法哲学纲要》，维也纳1980年，特别是第18页及之后几页。从属于一种自然主义的谬误，例如18世纪下半叶的物理神学家，仅仅从经验上观察到的自然中推论出一种上帝的证明和他的建设计划。源头，例如在格罗，R./格罗，D.：《世界图景和自然同化——论自然的文化史》，法兰克福1991年，第50—60页。对于规范性的自然概念，参阅下文第1.5.1节。

[247] 赫费，O.就这样认为：《伦理—政治的商谈》，法兰克福1981年，第16页。

[248] 关于存在和应该、事态和价值判断之间的这种联系，A.里希在他的经济伦理学中也以这个原理加以强调，"不合实情的东西，也不可能真的就是符合人类公道的，不符合人类公道的东西，不可能真的就符合实情"〔A.里希：《经济伦理学》，卷1，居特斯洛1984年，第81页。类似的思想已经（表达）在他1973年的书《工业中的共同规定》中，苏黎世1973年，第59页〕。

[249] 对此也请参阅第2.5节。

推导出来的是,谁应该减少,何时应该减少,应该减少多少。

只要人们把上帝的存在和他的行动理解为这种存在,就像神学所做的那样,那就简直令人信服地能从上帝的这种存在中推导出人的应该,因为上帝的存在是所有人的生存尺度。但上述对自然主义谬误的批判明显地不是同对上帝存在的这种神学理解相关,而是批判这种自然主义,说它像所有的什么什么主义一样,通过绝对化歪曲了某种本来正确的东西并因此使之在伦理学上变得不可用:物种的多样性、平衡、自组织或者持续性都是生物学首要的描述性概念。自然主义把经验和描述提升为规范。而许许多多的物种在自然的历史中消失或者像诸如艾滋病这样的疾病的出现如果真的具有规范性特征的话,那么它将必定不仅取消神学伦理学而且也必定要取消哲学的伦理学了[29]。

[S.57]

1.4.4 学科交叉性作为通往整体的步骤

对现实因此也是对自然这个共同世界的整体感知,在生态学上总是被看做是对生态上负责任的行动的前提条件和组成部分。不过,这个整体[250]究竟指什么?指的是自然的统一性[252]? 整体的感知克服了唯物主义(一切现实性的东西都是物质)的一元论,如同克服了唯灵主义〔一切现实性的东西都是精神(灵)〕一元论一样,因为它的出发点是物质和精神的统一性[253]。我诚然不能像核物理学家聚斯曼那样深入到那么宽广的领域,他接受了相对论、语义场论、量子理论和信息论来谈物质和精神的相

---

[249] 例如哲学的伦理学家 L. 霍纳菲尔德:《我们应该保护何种自然?》,《该亚》2/1993,253—264(257)这样说:"谈论'自然的智慧'或者把格言'Nature knows its best'表征为规范意义上的一种'生态学的原理',这是一种在哲学上成问题却又与生物学家的自然描述相一致的自然主义。"

[250] 整体对于从自然科学和自然哲学的立场寻找尺度意味着什么,将在第 2.1 节阐述它在神学—伦理学上意味着什么,同时也在第 5.3.3—5.3.12 和 5.4.11 节对之进行阐述。对于环境实践,请参阅 Faulstich, M./Lober, K. E.(主编):《整体性的环境保护》,斯图加特 1990 年;Abt, T.:《没有失去灵魂的进步——以乡村的变化为例对社会问题的整体观察尝试》,伯尔尼 1984 年。

[252] 魏茨泽克,C. F. v.:《自然的统一性》,慕尼黑 1971 年。

[253] 从这种统一性出发:魏茨泽克,C. F. v.:出处同前,第 365—366 页;莫尔特曼,J.:《受造界的上帝》,出处同前,第 219 页;霍伦维格,W.:《精神和物质——跨文化的神学 III》,慕尼黑 1988 年,第 271—301 页;约纳斯,H.:《物质、精神和受造物》,法兰克福 1988 年,第 46 页之后。

互交融性(Konvertibilität)。相反,他的普纽玛学的奠基是可理解的:"关于精神和物质内在统一性的不明究竟的根据,从《圣经》的视野看来就是普纽玛的逻各斯……正是这个摆脱了世俗手段的圣灵的自由,才是使受造物的肉体、灵魂和精神统一起来的东西。"[253]

对目前热衷于批评整体性的人表达出的严肃的担心是,"整体的(ganzheitliches)思想总是不知不觉地被转换到总体的(totalitäres)思想中"[255]。这肯定必须更加引起关注,但并不是不从方法论和实践上去研究整体的理由。恰恰是与上帝的灵相关,在此才可能有批评的正当性,并因此弄清了,人的认识,即使热衷于整体,也总是局部的"一块",总体性是为上帝保留的。所以,现实的整体也不意味着是对造物主和受造物之间的二元分离的克服,例如杨奇,E.[256]所代表的观点,而"只是"意味着受造物的统一性。

再用另一种说法说一遍,一种认识方法是否是整体性的(以及在此是否意识到了它的局限),对此的标准是爱。有一些完全不同的认识自然和人的尺度的方法,但最终它们都以此来衡量:它们是否出于对所有受造物的爱的精神以及是否有助于这种爱。于是魏茨泽克也得出结论说:"难道最终不是只取决于只要人们不爱自然,人们也就不会认识自然吗?"[257]

[S.58] 哪些科学的方法论使整体的认识得以可能呢?达到这一步的就是学科交叉性。学科相互交叉简直就是生态学因此也是环境伦理学的建设性的特征。我们的出发点是下列定义:"学科交叉性是科学协作的一种形式,同这些学科所针对的要共同处理的内容和方法相关,通过不同专业背

---

[253] 聚斯曼,G.:《精神和物质》,载于:《上帝—精神—物质——对话中的神学和自然科学》,汉堡1980年;类似的神学家德克,S. M.:《世俗的世界—神圣的造物—精神的物质——对基于三位一体的实践和自然的系统神学的预备性思考》,《福音神学》1985年,第261—276(275)页:"圣灵是上帝在世界的现实性中在场的方式,因此,他的灵是在物质的精神中。"

[255] 哈斯勒,U.:对一本畅销书 Fritjof Capra 的注释,转折的时代,宗教改革1984年,第5—8(7)页。

[256] 杨奇,E.:《宇宙的自组织性》,慕尼黑1992年,第411页之后几页;也请参阅本书第2.3.2节。

[257] 皮希特,G.:《自然的概念及其历史》,魏茨泽克的前言 XV,版本同前。也请参阅施泰纳,D.:《以爱的科学作为跨科学的整体性》,载于托马斯,Ch.(主编):《追寻整体性的瞬间——科学中的整体观》,苏黎世1992年,第273—279页。

景的内行科学家们的合作,为共同确定的目标准备最合适的解决问题的潜力。许多不同的因素及其相互关系,一步步地规定了这样一种合作。"[258]

三种因素规定了学科交叉性:共同的目标,相联系的功能和自然科学与人文科学的联合。在此方面,学科交叉性不只是在单一学科的成果这里开始,而是在问题提法本身这里开始。

学科交叉性可以按照不同的应用面来划分[259]。边界域的学科交叉性(Grenzfeld-Interdisziplinarität)出现在两个如此接近的学科分支能够划清自己边界的地方;问题—学科交叉性所处理的问题是单一学科不能规整的问题;方法的学科交叉性是从不同的学科发展一些方法;垂直的学科交叉性履行的是从理念到理念在实践中的实现这一任务;视域的学科交叉性保持在同样的平面上,例如研究的同样水平。

学科交叉性是个总概念,它涵盖相互合作的不同学科的同一性形式[260]。在一个学科内部能够被区分开来的各部分之间的合作这种内学科交叉性(Intradisziplinarität),还不是真正的学科交叉性。多样的或多元的学科交叉性是"不同的、而不是或多或少有亲缘关系的学科之间的交叉"[261]。"跨学科性(Transdisziplinarität)是把其他学科理解问题的不同向度补充为本学科的能力,并把这些理解的不同向度整合到自己的工作中来。"[262]对于学科互通性(Kondisziplinarität),施密特把它描绘为"实际的合作,不同学科、问题提法和方法的共同作用",它超越对立的知识立场, [S.59]

---

[258] 巴尔西格,Ph.:《生态学和学科交叉性的概念规定——瑞士生态/环境科学协会报道手册,高校学术会议》,伯尔尼 1991 年,第 74 页。对这两个概念的详细文献索引在第 78—86 页。关于欧洲对环境研究中的学科交叉性的理解,请参阅联邦教育和科学部主编的:《社团中的环境教育——国际专业学术会议和研究成果的文献》,Bad Honnef 1989 年。

[259] 巴尔西格,Ph.:《生态学和学科交叉性的概念规定》,版本同前,第 68—71 页。也请参阅 B. Gräfrath 等:《统一性,学科交叉性,互补性——柏林科学院研究报道 3》,柏林 1991 年,第 142—185 页。

[260] 出处同前,第 51—59 页。

[261] 霍尔茨海,H.:《哲学的历史词典》,卷 4,学科交叉性词条,巴塞尔 1976 年,第 476—478(477)页。

[262] 自 1992 年以来出版的环境科学杂志《该亚》的主编者附加了这个学科交叉性的副标题:"Ecological Perspectives in Science, Humanities and Economics",《该亚》2/1992,第 65 页。(跨学科性)这个概念在此标志着所列举的这些合作的最高阶段。

尤其是提出和处理"新的问题"[263]，因此它表达了学科交叉性的最强形式。

本研究试图至少初步地确定上述意义上的跨学科性，出发点是我们自己的神学学科的社会伦理学，并涵盖所挑选的自然科学—社会科学的向度。对于学科互通性的进一步阐述，对一门涵盖面广的尺度伦理学是必要的，但在这里却不能进行[264]。

1.4.5 方法多元主义中的约束力

学科交叉性必然要承认科学方法的多元主义，它适合于现实的复杂性。但这也就是说，科学对于其方法的扩张必定具有新奇的兴趣，而并不是害怕所有不熟悉的东西，把它们作为非科学的东西否定掉。科学理论家费耶阿本德基于科学史的经验就这样规定："方法论的大胆性成果具有多方面的成就，而不是坚持一种清晰说明理由的'合理性'。"[265]

这对伦理学内部的方法多元主义和对伦理学家在学科脉络内部的对话也是有效的。"不存在一般被承认的对规范基础的证明"[266]。这从确实性和绝对性方面说是令人痛苦的，但同时也是令人欣慰的：就像所有的独白文化一样，伦理学的独白文化（例如以基础主义的形式或者以官方教育的命令形式）对于"害人者"的破坏也是非常缺乏免疫力的。也如同生物学的生物多样性是一个健康的生态系统的特征一样，伦理学的多元主义也能不只是对在不同处境中的活力、强健和适应力的一种恼怒，而是对它的表达（我故意说"能"，因为不是在任何情况下都这样）。与此相似，杨.J.这位已经谈论过"后环境主义"（Post Environmentalism）的人注意到，"后生态学思想的多样性是一个强健的源泉"[267]。也许甚至笑着使使眼色把造物主的灵本身也看做科学和伦理学中的方法多元主义，因为他

---

[263] 施密特，H. H.：《科学之间的学科交叉性》，载于《生态学》，苏黎世大学的信息通报2,1990年，第10—11页。

[264] 我们的研究因此反映了学科交叉性的实际局限，因为所有研究者都必然带着原则性的赞同遭遇学科交叉。学科交叉性"迄今都是一种边缘现象"，瑞士高校1989年对学科交叉性的一项研究这样规定（Mudroch, V.：《瑞士高校的学科交叉性》，新苏黎世报,1991年5月25/26日，第25版）。

[265] P. 费耶阿本德：《科学不是独白的文化——一种反对信仰科学合理性之万能的呼吁》，苏黎世的Tages-Anzeiger 1992年2月27日,39。

[266] 荷纳克，M.：《神学伦理学导论》，柏林1990年，第219页。

[267] 杨，J.：《后环境主义》，伦敦1990年，第120页。以"后—环境学的思想"他指的是，例如生态灵性、该亚—运动等。

要适应于他的受造物意图的多样性。

因此研究可普遍化的规范这一任务是不可放弃的。只是我们承认，规范的普遍化是不可达到的。例如，对人权的普遍性的说明表达了通向人类共同的伦理基础的一个很大进步，这也只是在1948年的（人权）宣言之后的一个半世纪才变得很清楚，这个宣言打下了强烈的西方启蒙运动的烙印。伊斯兰世界越来越强烈地要求，将他们的人权观念带到世界共同体中来。伦理学的殖民主义——也有伦理合理性的外表[28]——在20世纪结束时已不再可能了。但这也意味着我们对一种尺度伦理学的贡献，它不能也不想要求一种永恒意义上的普遍有效性，而是当人们把世界秩序看做诸如一个动态的、生态的和网络化的系统时，把它看做在诸价值的动态网络活动中的一种冲击力。[S.60]

但这不意味着要将科学因此也将伦理学交给随意的和无约束力的形式和质料吗？不！约束力对克服生态危机恰恰是急需的。天主教神学家汉斯·昆的目标会获得支持："普世宗教，数百万的人都在发起一种普世伦理。为了普世伦理的发起，他们阐明伦理的目标，摆明道德的主导观念，说明人类理性和情感的动机，因此也使伦理规范能在实践中被激活。"[29]但这种普世伦理不是存在于方法上和内容上的伦理学独白文化和齐一形式中——汉斯·昆与此也不搭界[30]——而是存在于上文已提及的爱的约束力。这种对所有生命，因此也是对所有受造物的充满激情的爱，就是在多元主义中产生的约束力，作为前科学的、原则的决断。这是根植于保罗主义（paulinischen）自由观的"自由的约束力"[31]，它自身也必须保

---

[28] 仅仅要求普遍有效性这样一种合理论证的绝对化，例如发生在哲学家D.比恩巴赫（他在另外的重要报告中探究环境伦理学中的可普遍化的规范）那里："道德规范——区别于宗教、法律的规范或者礼俗性的规范——的一个明确标志就是，对它们可提出普遍性的要求……道德上具有普遍约束力规范的一种神学基础是不可能的"〔比恩巴赫，D.：《我们能对自然负责吗？》，载于由他主编的：《生态学和伦理学》，斯图加特1980年，第103—139（113f.）页〕。

[29] 汉斯·昆：《普世伦理构想》，慕尼黑1990年，第87页。

[30] 同上书，第14页："没有统一的宗教和统一的意识形态，但会有一些有联系和有约束力的规范、价值、理想和目的。"

[31] 这种观点请参阅胡伯，W.：《自由的约束力——论福音伦理学中约束力与自由的关系》，ZEE 37/1993，第81—93页，我共有他在这篇论文中所阐述的信念：伦理学中的约束力肯定不是通过官方教育或者一个机关，而是通过一个持续的良好交往过程达到的。

留在方法的自由中。

1.4.6 以6步法通达主题

现在,对于我们寻找尺度问题的一种伦理决断,以哪些方法步骤是可达到的?福音教会的社会伦理学深入到实践规范伦理学和处境伦理学的联系中。托特把它综合为6步法,目前以某些变化的形式——这种改变在我们目前的阐述中也有——已经被接受和应用[272]。

[S.61]

1. 确定问题:什么是伦理学的问题?伦理的冲突在哪里?(在我们书中1.2)。
2. 处境分析:相对于何种处境这个问题可解决?(1.3和第2章)
3. 举止抉择:哪些解决方法是可行的?(第3、4章)
4. 规范审查:我们应该做什么?(第5章)[273]。
5. 作出决断:我们必须做什么、能够做什么?(第5章)
6. 回溯审核:决断确实合适吗?怎样会让人做得更好?(这一步必

---

[272] 托特,H. E.:《寻求道德判断的一种理论尝试》,ZEE 21/1977, pp. 81—93;同他的争论请参阅例如 O. 赫费:《评一种寻求道德判断的理论(H. E. 托特)》,ZEE 22/1978,第 181—188 页;林克,Ch.:《对神学伦理学中的规范问题的思索》,ZEE 22/1978,第 188—199 页;弗赖,Ch.:《人文的经验和自我批评的理性》,ZEE 22/1978,第 200—213 页;里希,A.:《经济伦理学》,卷 1,居特斯洛 1984 年,第 223 页及之后诸页;H. 林格铃:《伦理的规范性和道德判断的形成》ZEE28/1984,第 402—425 页;托特,H. E.:《神学伦理学透视》,慕尼黑 1988 年,第 21—84 页;林格铃,H.:《对话中的基督教伦理学》,弗莱堡 1991 年,第 123—127 页;荷纳克,M.:《神学伦理学导论》,柏林 1990 年,第 208—210 页;以托特为指南的还有 D. 朗格:《福音派视野中的伦理学》,哥廷根 1992 年,第 519—521 页;同托特主旨的争论,也请参阅本书作者的《调解和旗帜鲜明》,苏黎世 1988 年,第 8—11 页。

[273] 对于1977年的草案,托特在1988年的《神学伦理学透视》中加以扩充和呈现:"对诸规范、善、视野的选择和审核,这对于我们在面对一个问题时在可能的举止选择中的选择是有重要意义的。"(第68页。在这一版中突出了这一点)因此,他把尺度伦理学、诸善权衡的伦理学和以上帝之国为定向的应用伦理学联系起来(第43—45、65—74页)。这种联系也出现在目前的环境伦理学中(第5章),因为这涉及负责任的道德判断的三个复杂的方面。同托特相区别,我们在下文中将在伦理的(科学理论意义上的)和道德的(通常实践判断意义上的)之间不作区别,因为在我看来,伦理的这个概念在当今的语言应用中也包含了托特意义上的认知和道德意志的判断在内。

1. 导　　论

须在事后遵循)[274]。

在规范审查方面，神学和哲学的伦理学史经常以不同的概念把规范(在规范审查的第4步)区分为2个或3个层面。在亚里士多德那里区分为 das ius naturale(自然法)、ius gentium(适用于整个人类的法)和 das ius civilis(城邦法，实在法)；在奥古斯丁那里区分为 die lex aeterna(神的律法)、die lex naturalis(普遍的规范，内在于理性的自然规律)和 die lex temporalis(实在法)；托马斯·封·阿奎那也同亚里士多德和奥古斯丁联系在一起。茨温利区分了神的正义和人的正义；路德把统治世界和精神的规则与 usus politicus und usus theologicus legis(习俗的政治法和习俗的神法)区别开来。在当今的神学社会伦理学中，如 A. 里希[275]区分了三个层面：出自信仰、希望和爱(基本的经验确实性)的人道、标准，以绝对定向的基本价值和准则，行动上可行的、与处境相关的正确立场；林格铃[276]区分了品质—道义上确定的价值，不依赖于处境的价值和目的确定的、依赖于处境的行为。在当代的哲学伦理学中，汉斯·约纳斯[277]在理想知识和实在知识之间作了区分；D. 比恩巴赫[278]在理想的规范(在几乎完全的知识和在有限的知识那里)和实践的规范(现实中可贯彻的)之间作了区分。

[S.62]

尽管这些伦理学的主旨是如此不同，但所有这些努力还是共同的：他们都想使绝对的东西与相对的东西联系起来，以便让某种绝对的东西在相对的东西中开显出来。

因此可以准确地阐明，在本研究中应该确立的那些适度的伦理标准，究竟存在于哪些方法的框架中。我把它们既理解为里希意义的标准，也

---

[274] 可惜这一步在托特1988的阐述中遗漏了。尽管人们可以合理地证明，它不再属于更窄意义上的道德判断的路向，但它对于个体的也如集体的伦理学习是重要的，尤其对于包含现实的行为结果的责任伦理学是必要的。托特不把对应检查，而把"在举止选择的展望中实施对道德交往的约束性审查"补充为第5步(1988年，第74—77页)。因此他特别合理地强调，在规范审查的第4步中真正内在包含的东西，就是道德判断不仅能够是一个个体的判断，而且"人的统一体对于人的品行的判断也可设想为决定性的"(出处同前，第74页)。

[275] 里希, A.：《经济伦理学》，卷1，版本同前，第169页及之后几页。

[276] H. 林格铃：《对话中的基督教伦理学》，版本同前，第126页。

[277] H. 约纳斯：《责任原理》，法兰克福1984年，第61页及之后几页。

[278] D. 比恩巴赫：《对于未来后代的责任》，斯图加特1988年，第92页及之后几页；第197页及之后几页。

把它们理解为约纳斯意义上的理想知识。作为准则也即作为依赖于处境的实践规则应用于实例,在此只能点到为止。

1.5 概念

在我们的研究中起着核心作用的一些概念,现在可以通过定义来说明。但正是在环境领域,概念的混乱性和草率使用非常严重,所以相应地也就有非常多的文献试图消除这些混乱并规范其草率使用,这简直已经是不可忽视的了。所以我想只限于准确地说明,我们在下文将是在何种意义上使用这些概念的。

1.5.1 自然—环境—共同世界—受造界

自然、环境、共同世界和受造界这四个概念,在当代的日常理解中(同神学的理解不相同)主要是表现整个现实部分,这就是即便无人它也存在或也能够存在,但本质上却是被人塑造和改变的那个现实部分。但这四个概念非常不同地强调了环境伦理学中与人的关系规定。在权衡了究竟应该特别强调哪个之后,我有意采用全部四个概念。

自然[29]在生态学和人文生态学的意义上[30]是对(已知的或者尚未知的)生长着的无机和有机的、植物和动物的现存性总体的标志,它既在人的作用和人的意识之外存在,也能通过人的影响部分地(现今已经是大部分)发生变化,但它的成长、特性和效力大部分是不依赖于人的。这些现存性一同构成了一个系统,更准确地说许多系统。人的本性是整个自

---

[29] 进一步阐释的文献:"自然"的条目,载于《哲学的历史词典》,卷6,巴塞尔1984年,第421—478页;托伊奇,G.:《环境伦理学词典》,1985年,第72—73页;赫费,O.:《伦理学词典》,1986年第3版,第176—177页;Stoeckle, B.:《生态伦理学词典》,1986年,第88—92页;还有 Rapp, F. 主编的:《自然理解和自然控制》,慕尼黑1981年,特别是第10页之后(Knoblauch, E.),第36页之后(Mittelstrass, J.);Schwemmer, O.:《论自然——自然理解的哲学文集》,法兰克福1987年;韦伯,H.-D.:《论近代自然概念的转变》,康斯坦茨1989年;Schreiber, H.-P.:《自然理解的转变》,哲学的方面,载于《巴塞尔自然研究者学会的商谈》,第98卷,1988年,第1—10页;Scherer, G.:《世界——自然亦或受造物》,达姆施达特1990年,尤其是第1—18页;皮希特,G.:《自然的概念及其历史》,斯图加特1989年,尤其是第80—95页。

[30] 人文生态学的概念请参阅下文第1.5.2节。

然的部分,此外,人和自然在许多方面都是可以网络化的[281]。

基于当代自然科学、自然哲学和神学的知识,并且基于人在实践中对整个自然领域的包罗万象的作用,自然也还只能非常有限地被作为与文化[282]、精神(黑格尔)、自由(康德)或者社会[283]相对的概念来使用。所以,人的作用可以被包括到上述关于自然的生态学和人文生态学的定义中。

每个自然概念都必然是同构性的(anthropomorph)。被当做与自然同一的东西,本身也是一种文化现象。关于自然的定义肯定超过了200多个。自然标志着人体验为自然的东西和设想为自然的东西,尽管在人类中心论或自然中心论的视野中都一样,所以究竟何种自然是该受到保护的,这还不是很清楚:是过去的、现在的还是未来的一种特定的状态[284]?把自然固定在一个特定状态上并由此推导出规范性陈述的自然主义的自然概念,在伦理学上是不允许的。

自然在科学上首先是一个描述性的概念,尽管这个描述性的概念包含在(融会到科学中的)前科学的日常经验中,我们还是早就学会了一些规范的方面[285]:稀有的花朵不要不假思索地拔除或者不要折磨动物。

从神学的视野出发,自然这个概念是受造物的一个世俗化了的同义词。在日常用语中它也许同一个自然神论的或泛神论的上帝形象有关,但通常不与从属于环境伦理学意义上的造物主上帝的观念相关。我们马上将在受造界这个词条下返回到这里。

环境[286]在生态关系中标志着与人交往的、影响人也受人影响并构成

---

[281] 除了这种物质的自然概念之外还有形式的自然概念,它是可合符规律地加以把握的物或人的规定,例如在自然法中或者作为自然规律所体现的。

[282] 斯托尔茨,F.的扼要概述是富有助益的:《对自然和文化的宗教区分的类型》,载于由他主编的《对世界的宗教感知》,苏黎世1988年,第15—32页。

[283] 厄克斯勒,M.:《生态学的自然主义——生态学商谈中的自然和社会的关系》,法兰克福1988年,第120页及之后几页。

[284] 霍纳菲尔德,L.也有这样的问题:《我们应该保护何种自然?》,《该亚》2/1993,第253—264页,尤其是第254—255页。

[285] 同鲁斯特,A.有关:《一个规范性的自然概念是可能的吗?》,载于《生态学——苏黎世大学信息通报》2/1990,第14—17页。

[286] 在论述自然概念时所提到的那些词典中有对环境这个相应条目的进一步阐明。

人的生活基础的自然,因此它首先是从属于人的利益观的自然[287]。环境首先包含带有其生态系统的生物圈,其次包含被人所塑造的精神的、技术的和经济的文明世界,这个世界共同影响着生物圈。环境是个人类中心论的概念,它将世界和自然归结到人为其目的所需要的东西,必须以此意图来塑造和保存。自然本身的价值被归结为对于人的使用价值。在环境保护中,保护自然变成保护人,这就是说,自然保护的首要动机将是人的生活基础的保护。这个动机绝对是合理的,但正如我们还将看到的那样,是不能令人满意的。

共同世界[288]在生态关系中标志着相对于有独立价值的自然。人所追求的共同世界,不仅是一个带有功用性思想烙印的世界,而且是一个有着伙伴关系的世界。人总是为了其自身之故而关心共同世界。这个概念强调,人和非人的共同世界——尽管明显有区别——都是一个共同整体的部分,相互处在一个主体—主体—关系中。假如我简短地说共同世界,我指的就是这个非人的(不是人的)共同世界。

受造界[289]表征由上帝所造的、共同带有人的原罪的、被基督解放的、期待完满和自我运动的现实。它包含人和自然。人在其中带有一种特殊的塑造和保护自然的托付。一个创造性的造物主和一个受造的造物之间

---

[287] 这个概念在19世纪还普遍地只用作交往,或者说只在社会学的意义上使用。1909年第一次由于克斯屈尔,J. v. 在生物学—生态学意义上使用:"一个主体所关注的一切,变成了他所关注的世界,他所影响的一切,变成了他所影响的世界,受关注的世界和所影响的世界共同构成了一个完整的统一,即环境(《环境和动物的内在世界》,转引自斯特赖,G.:《环境伦理学和进化》,哥廷根1989年,第9页)。"

[288] 在18世纪末把"共同世界"意指与人相关,但区别于"前世"(Vorwelt)和"后世"(Nachwelt),而这个概念特别是由 K. M. 迈尔-阿比希引入到生态学讨论中来(《通向与自然的和平之路》,慕尼黑1984年,第14、245页及之后几页;《为自然的起义——从环境到共同世界》,慕尼黑,尤其是第35页及之后几页)。他以"人与自然的共同世界在自然历史上的亲近"(1990,35),以"天生的共同尺度"为这个概念奠基:"在此普遍性中都是我们的自然历史的亲戚,动物和植物,共同地与陆地、海洋、空气和阳光,都是我们自然的共同—世界(Mit-Welt),就像人在人的普遍性中,在人类中,都是我们的同人(Mit-Menschen)"(出处同前,第48页)。

[289] 参阅托伊奇,G. 和施特克勒,B. 关于受造界的词条,上面的注释279。也请参阅 G. 皮希特和 G. Scherer,上面的注释279;对此概念 G. 托伊奇还有《受造界比环境更丰富》,载于 Bayertz, K.:《生态伦理学》,弗莱堡1988年,第55—65页。关于自然和受造界的关系,也请参阅 Trillhaas, W.:自然和基督教词条,RGG,卷4,尤其是第1326—1329页。

1. 导　论

的力量区别,对于把世界表象为受造界是建设性的。受造界在与造物主的关系中获得生命,造物主保护、解放(从苦难中)、鼓励(以他的灵)和限制受造界。当自然在进化论意义上被表象为无限的或通过自组织自己限制自己时,受造界则作为受造物(Kreatur)被限制为"可向最后一个看齐的倒数第二个"[290]。受造界的概念也总是已经包含了受宠者(Geschöpfe)的责任——至少包含了人作为有责任能力的受宠者的责任——相对于造物主!

在受造界、也即环境的伦理学语境中,受造界这个说法类似于自然概念在生态学中首先指非人的共同世界(在此,人作为在受造界整体中有意义的部分是绝不能被排除的),但也从上帝行动和相对于造物主的人的责任的视野来看待它。在教义学意义上,受造界这个概念相反地尤其比它被纳入到神学的环境伦理学中有更丰富的内涵,它包含由上帝所创造的从开端到完成的所有东西,从原初的创造(出于无)、经过连续的创造直到创造完成全都包括在内。在此意义上,它也包含 creator spiritus 这个造物主的灵,通过人所创造的诸如文化、科学、技术、政治的和经济的系统,等等,这是 creatio continua(连续创造)的部分。受造界概念的这种包容性的广度对于教义学和伦理学的反思而言是必须的,然而,在环境伦理学这个领域,受造界主要是在非人的共同世界这个狭义上使用,却也是合理的,这个共同世界是由上帝所创造、保存和革新并与人一同塑造的。这个受到限定的含义主要是在日常语言中,也在环境伦理学同其他学科的交往中使用。

[S.65]

"受造界的破坏"和"受造界的保护"这个说法,就像它是每门环境伦理学,尤其是全球的环境问题[291]的组成部分一样,在受造界这个概念的狭义上是合理的,因此是在具体地和局部地表征关于动物和植物的种类、风景、不可再生的资源等[292]限度内是合理的。但在教义学的宽泛意义上,受造界既不可能完全被人破坏也不可能广泛地被保护,因为尽管人现在的力量强盛,但他的行为可能性被大大地高估了,他所谓的自我圣化也只不过是佯装造物主的神气罢了。

---

　　[290]　朋霍费尔,D.:《伦理学》,慕尼黑1975年第8版,第154页。关于"自然和造物"请参阅林克,Ch.:《创世》,卷2,居特斯洛1991年,第520—526页。

　　[291]　参阅第4.2和4.6.1节

　　[292]　Graf,F.:《从无创造到受造界的保护》,ZThK 87/1990,第206—207页。

共同受造性[203]把共同世界这个概念的诉求和受造物这个概念的诉求联系起来,强调人与其他共同受造物的命运共同体。

1.5.2 生态学—生态伦理学—受造界伦理学

生态学[204]作为"自然的家政学"[205]探究生物与其环境之间、生活共同体与其生活空间之间的交互作用关系。一个生态系统就是一个生活空间的所有交互作用的总体。除了首先是作用关系的生物学的知识之外,生态学是"人和环境同其社会的、文化的、经济的、物理的、进化的以及政治方面交互作用的关系的学说。这种整体的观察方式把所有科学包含在内"[206]。

生态学以认识方法的多元主义和跨学科的合作为前提。它能被区别在环境自然科学(例如环境化学)、环境人文科学(例如环境心理学)、环境社会科学(例如环境经济学)之间。与之相应,存在着几乎任意的许多"连字符—生态学"。对生态学不断增加的要求是将它变成综合科学。尽管它对此要求具备一些良好的前提条件,但我怀疑,它是否能够满足这种期待。我宁可推测,当今没有哪门科学能够单独地是综合科学,生态学和伦理学[207]也不能。

生态学是一个描述性的、同时也是一个规范性的概念,因为它包含着对保存生态系统的责任。魏茨泽克就作出了这样一个规范性的定义:

---

[203] 这个概念据我所知首次于1959年出现在苏黎世的神学家布兰克,F.的《我们对于受造界的责任》(载于《教会在现代世界中的任务——庆祝 E. 布伦纳70诞辰文集》,苏黎世1959年,第193—198页)。这个概念作为7个社会伦理学的标准之一被里希所接受:《经济伦理学》,卷1,苏黎世1984年,第193—196页。

[204] 生态学这个概念1886年由 E. 海克尔在生物学的意义上被引入。在当今欧洲的讨论中,Ph. Balsiger 对这个概念作了详细规定:《生态学的概念规定和学科交叉性》,伯尔尼1991年,第13—41页。他指出,不同的生态学定义在高校中本质上都是由不同的政治目的限定的。

[205] 雷默特,H.:《生态学教本》,柏林1989年第4版,第1页。

[206] 巴塞尔大学的官方定义。RengenzMGU(人、社会、环境)学会对巴塞尔大学在人—社会—环境领域内的学说和研究建设的报道,巴塞尔1987年,第3页。类似的还有伯尔尼大学的定义。

[207] 参阅 HCE,卷1,第3部分,第391—518页:基督教伦理学作为综合科学。

"生态学是对我们的家园、自然的理性责任。"[298]与此相应的是人文生态学,它探究人与环境的关系,是一门深刻的规范性科学[299]。圣·加伦(St. Gallen)高等学院依据皮希特作出了这个定义:"人文生态学是关于人类在这个环境之内如何能够建造他们自己的家园(Oikos)的知识,关于人类如何从环境中生活,而不破坏环境的知识。"[300]因此我们直接地都是在生态伦理学意义上(使用它)。

生态伦理学——环境人文科学尤其是哲学、神学的一个学科——在对生物和其环境之间交互作用关系的思索中探究人类行为的规范。它"不以具体生物的利益为目标,而以所有的物种及其相互依赖为目标"[301]。它是(也应该是)所有伦理学应用领域的一个方面,也即经济伦理学、生物伦理学、政治伦理学、和平伦理学等社会伦理学领域的一个方面乃至个人和个体的伦理学领域的一个方面。

环境伦理学 与生态伦理学的表征相同,尤其类似于伦理学的部门领域,如经济伦理学或和平伦理学。作为概念,在德语范围内要比生态伦理学(听起来)习惯得多,所以,我也将在涉及一般语境的地方使用它。

受造界伦理学 特别采用超越自然和环境的受造界概念的神学向度,对此我们已经提及过。受造界伦理学与创世神学相适应,对于神学伦理学而言,是作为环境伦理学的比较合适和贴切的表达。所以,我首先是在神学语境中使用这个概念,但在超出了基督教语境涉及它的基本诉求的地方,我也将使用环境伦理学和生态伦理学。

[S.67]

在法语范围内同样也存在 éthique écologique(生态伦理学)和 éthique de la création(受造界伦理学)之间的区分,在英语范围内占压倒优势的是使用 environmental ethics(环境伦理学)这个术语。

生物伦理学 尤其探究有关生物学和医学的一些重大伦理问题。突出地讨论新的科学技术方法诸如生物—基因工程对人和动物的干预问题。在此较少涉及如在环境伦理学中的物种之间的相互依赖问题,而是更多涉及作为个体的生物之间的相互作用。但生物伦理学概念也被极为

---

[298] 魏茨泽克,C. F. v.:为皮希特的书而写的前言:《自然的概念及其历史》,出处同前,XV。

[299] 在由 B. Glaeser 主编的 19 篇论文集刊中对此也有清晰的论述:《人文生态学——预防性的环境政治基础》,Opladen 1989。

[300] 引文在 Ph. Balsiger:《生态学的概念规定和学科交叉性》,出处同前,第 25 页。

[301] 汉斯·鲁:《伦理学论证》,苏黎世 1991 年,第 17 页。

不同地宽泛地把握着。作为"广义的生物伦理学",这个概念几乎是环境伦理学的同义词[302]。不过,由于在公开讨论中生物伦理学主要还是在同医学伦理学的关系中被使用(尽管从术语学上看这样使用不合理),对于我们的主题我很少这样使用这个概念。

生命伦理学 如果真能被用来取代生物伦理学的这个宽泛的概念就好了[303]。因此它要是同时能标志,它就是在环境伦理学、生态伦理学和生物伦理学中所探究的使生命广泛地成为可能的学问该有多好。不过很显然,这个术语太宽泛了。难道还有哪门伦理学,不研究使生命得以可能并保护生命吗?

1.5.3 尺度——保持适度

尺度是个含义非常广泛的概念[304]。在此我们只是简短地提及它,因为我们这项研究的目的正在于从环境伦理学方面来分析它、充实它。

从自然哲学看,尺度概念在数学、几何学、物理学、天文学和生物学的比例学说和测量学说中起着主要的作用,其中涉及了秩序的观念。作为美学的概念,它在西方历史中也非常重要。在伦理学中它涉及在(一种价值的)太多和太少之间作出选择的相对正当的尺度研究。这里常常涉及对诸善的权衡。所知晓的尺度,从否定性上说,被体验为边界和限度;从肯定性上说,被作为使个人、社会和自然的可能性得以延续的知识和能力来追求,被用在平衡中。尺度涉及的不是准则,而是选择;不是作为人生目的的对限度的超越,而是作为人生圆满(= 实现)的对限度的认识、接受和有效的使用。

[S.68] 在我们生态学的尺度伦理学语境中,我们特别感兴趣的尺度,显而易见,是作为伦理学主导价值以及作为保持适度的德性和伦理。"尺度"标志着伦理规范,"保持适度"(Maßhalten)(作为"节制"曾是四主德之一)标志着履行正当尺度的能力。对于我们的尺度伦理学而言,这涉及在同非人的共同世界交往时,要在干预过多(它摧毁共同世界并使持续性不

---

[302] 在阿尔特纳,G.那里就这样说(《自然被遗忘——一门广义生物伦理学的基础》,达姆施达特1991年,第1页):"生物伦理学不是关于生物学的特殊伦理学。毋宁说它的目标在于,对人类就一切有生机的自然形式担负责任的一种广泛的重新定向。"

[303] 在同作者的谈话中,海德堡的沃尔夫冈·胡伯就这样建议。

[304] 参阅《哲学的历史词典》卷5中的"尺度"词条,巴塞尔1980年,第807—825页。

再可能)和利益过少(在服务于有人格尊严的生活中,威胁到对所有人而言的发展)之间进行选择。

可度量的问题,作为当代自然科学对尺度认识的总体,也可被考虑为对"自然的内在尺度"的寻求。于是,尺度的概念以十分神秘的方式将自然科学的和伦理学的、质的和量的方面联系起来。神学在寻求正当尺度方面,并不比寻求正确的"中道"这一著名的亚里士多德的用意显得更加重要[305]。毋宁说,寻找尺度作为动态过程,就是相对的事情:尺度将不断重新被找到,通过将造物主和共同的受造性保持在正当的关系中[306]。这将达到伦理价值的动态平衡[307]。

1.5.4 德性—伦理—普世伦理

德性 经典的表述是"成为一个人格优秀的人这一(自我)教育的理想"[308]。德性论的习性思想是很现实的。它寻求这个问题的答案:人如何能够从善的知识达到善的行为。习性塑型(Habitus)就是说,德性将是一种通过不断的训练和性格养成而获得的生活品质(Lebenshaltung)。训练中的自我教育自然唤起了新教对法利赛式的(pharisäerhafte)自我拯救的怀疑。不过,人既不应是其本能力量的玩物,也不应是社会角色之期望的玩物,确实只能这样希望了。德性作为"品行风格"(米特)应该增强人的内在道德原动力。鉴于对大量伦理规范之无效性的痛苦观察,这一洞识具有的意义,如同沃尔夫冈·胡伯尔描述的这样:"与探究可负责任的决断标准同样重要的是探究性格养成的源泉。"[309]在此方面德性论是个补充,并不与责任伦理学对立[310]。但它缺乏无条件的道德要求,这种要求才是义务概念真正特有的。当今,德性概念体验到了一种真正的复兴,就像著名的电视主持人乌尔里希·维克特的通俗伦理学文

---

[305] 对这一点请参阅第3.1.2节。

[306] 对此也请参阅第5.3.1到5.3.5节。

[307] 作为相对概念的尺度在此也是在阿图尔·里希意义上的相对性标准。参阅第4.3.1节。

[308] 赫费,O.:《伦理学词典》"德性"词条,慕尼黑1986年第3版,第257页。

[309] W. 胡伯尔为 R. C. Birch/L. L. Rasmussen 的《基督教生活中的〈圣经〉和伦理学》写的前言,居特斯洛1993年,第11页。

[310] 托特,H. E. 也这样认为(《神学伦理学透视》,慕尼黑1988年,第43页之后)。

[S.69]

　　集所指出的那样㉛。

　　尽管德性概念属于伦理学的"旧累赘",因为它在历史的进程中重复地被个体伦理学狭隘化,并一再地被堕落成小市民的道德,正如将在第3章所要指出的那样。但德性论从根本上说肯定不是个体伦理学,人们从斯多葛传统出发特别能够认识这一点。约瑟夫·皮帕、笛特玛尔·米特、汉斯·约纳斯等人也令人信服地指出了德性的结构形态方面㉜。而深藏到一个等级秩序之中的德性概念不可能如此快地被克服。由于在德性概念背后一方面具有许多值得考量的诉求,另一方面也很难把它从所谓的"旧累赘"中解放出来,所以我倾向于,只在(描述其)历史的第3章那里探究适度品德之为主德的影响史,并在这个概念本源上就有中心地位的地方使用它。除此之外,我在大多数情况下是以伦理代替德性。

　　伦理　比伦理学含义更丰富。伦理学首先是指对应该原则作科学的和概念的阐述。伦理的概念除反思之外还包括实际的生活习惯和作为主体同化伦理原则的性格。所以,伦理连接着传统的经验和规范的认识(对一种道德上负责任的基本品行和某种个人性的、组织的或制度性的实践的认识)㉝。伦理的概念因此有权接近于德性的概念,但相对于德性概念它有一个优点,它很少是个累赘,也不太会过时。

　　普世伦理　表示人类的一种全球伦理理想,它以一些问题表现出,共同有约束力的目的、价值和基本品德对于共同生存㉞是必须的。所以,普

　㉛　维克特,U.《德性之书》,汉堡1995年。他按照9组德性整理文本:1.真理、真诚、正直;2.理性、智慧、聪明;3.公正;4.义务、自我义务、责任;5.团结、兄弟情义、财富;6.勇气、勇敢、市民的勇猛;7.宽容;8.可靠和忠诚;9.恭顺、谦虚、勤奋、忍耐。

　㉜　参阅第4.2.4和4.8.2节。

　㉝　伦理又将希腊概念不习惯/习惯,伦理/性格,良知统一起来。在W. Kuchler的《体育伦理——对伦理形式的现象学考察》(慕尼黑1969年)一书中,对伦理概念作了详细的讨论。他在13页对伦理作了这样的定义:"在广义上……伦理就是在一个人身上或一个组织中(存在的)有生命力的伦常关系,它是为了整体的生活或者一个生活领域的,以种种理想、价值和规范的形式(存在)。"在此富有义务的性格就是伦理的一个表征。另外也请参阅W. Kluxen的《伦理的伦理学》,弗莱堡1974年。对哲学的伦理理想和福音派基督教之间的张力,请参阅Hirsch, E.的《伦理和福音宗教》,柏林1966年,第1—150页。

　㉞　"没有普世伦理就没有持续的生活"是汉斯·昆的基本主张(《普世伦理的构想》,慕尼黑1990年,第13、19页及之后几页,对他的普世伦理初衷的进一步讨论请参阅下文第4.7节)。

1. 导　　论

世伦理的观念㉕指出了这一必然性:在当代相互依存的世界中,出于对多元主义的自由选择的完全尊重,必须达成共同的、道德上可负责任的行动。以这种普世伦理,既不是希求一锅粥式的调和不同的信仰,也不是帝国主义式的以一种文化压垮另一种文化来求得一种统一的伦理学,而是对一些基本的、对人类有共同约束力的基本价值——对文化多样性的完全尊重和更深入地对人权的完全尊重——的考量过程。我们也可以与汉斯·昆的定义连接起来:"我们用普世伦理不是意指在所有现存宗教之彼岸的统一的普世宗教,只有当一种宗教对所有其他宗教的统治不存在时,才是合理的。我们以普世伦理意指一种有互相关联的价值、无条件的标准和个人基本品行的基本共识。"㉖

[S.70]

㉕ 另一些人使用的与普世伦理同义的词是人类伦理,在我看来这也是同样合适的概念(例如伊尔刚,B.:《基督教的环境伦理学》,慕尼黑 1992 年,第 50—51、73—74 页)。

㉖ 汉斯·昆:《在通往一条普世伦理的路上——问题和透视》,《文化交流杂志》43,年刊,1,1993 年,第 11—20 页。

2

自然中"自然的"尺度

[S.71]

"对自然的责任开始于对自然中蕴涵的尺度的感知"①,社会伦理学家沃尔夫冈·胡伯尔作此规定时,明显地接近于格奥尔格·皮希特。而社会伦理学家汉斯·鲁提出的问题则是:"自然的并不自然就是道德的。但自然的是否能够是道德的这个问题,就是要把自然的东西看做规范。"②这就是我们在第 2 章要明确探究的问题。为了能够回答这个问题,我们必须首先规定,按照当今的知识状况,所谓自然的东西,就是从属于自然科学作为自然之科学所表现的东西。③

亚历山大里亚的教父克列门斯(卒于 215 年)就已经在摩西十诫之外提出了包括"天和地的自然十诫"的双十规律:"当我们把十诫看做天的形象时,那它就包括了日、月、星、云、光、风、水、气、黑、火。这就是天的自然十诫。而作为地的形象,十诫包括了人、家养动物、猎物、野生动物,水生动物鱼和海鲸,鸟类中的鹞鹰和食草的鸟,植物中指望收成的和不管收成的植物。"④

我们在这里还是要把摩西的律法和自然的规律作为两个并列有效的上帝启示来看待,而在近代自然科学发轫之际,自然规律也对伦理学和政治取得了普遍意义,以至于它仿佛取代了摩西的道德律法并使之成为多余的了。牛顿在 18 世纪的英国就被赞颂为新的摩西:

"Nature and Natures Laws lay hid in night:

---

① 胡伯尔,W.:《和平伦理学》,斯图加特 1990 年,第 244 页。
② 鲁,H.:《论证伦理学》,苏黎世 1991 年,第 19 页。
③ 对此有价值的启发,我是通过同自然科学家们的谈话取得的。
④ Teppiche VI 133,3f,in:《教父系列丛书》,第 2 系列,第 19 卷,慕尼黑 1937 年,第 329 页。

God said, let Newton be! and all was light."
("自然和自然法尚在黑夜中,
上帝说,让牛顿出生!一切由此明亮起来。")
这就是亚历山大·蒲柏*建议给牛顿的墓志铭⑤。

从神学上看,自然规律绝不能够,也绝不可以取代摩西的律法十诫,更准确地说取代耶稣登山训众的新"律法"。自然规律能够越来越深入地得到理解,但它应该有助于认识世界之为伟大的上帝之秩序及其对于人的行为的意义。

在这方面基于微观宇宙和宏观宇宙之间可观察得到的适应性——至少是对于我们的关系而言——借助于自然科学的学科,是否在物理学或者化学,天文学或者微生物学中能够认识到内在的尺度,这最终并非特别关键。关键的是,不要把单一的学科绝对化,而是要将其作为整体的部分来看待,尽管部分是互补性的,并因此表面上相互还处在张力中。在这里只能涉及一些作为例证所选出来的方面。生态伦理学也自信能够关注地球这个行星的内在尺度。另外在宇宙意义上,自然"只是"限于它提供了这个星球上共同的生活条件时才有重大意义。但可惜这句格言还总是有效的:"我们必须同地球打交道,除非我们的地窖中有第二个地球。"⑥但我们没有第二个地球,尽管科学家——这里以危险的傲慢轻易推翻了科学的儿戏——也计算出,如果人在火星上能够创造出一种可供人居住的气候,那他要为此花费 10 万年!⑦ [S.72]

对自然尺度的认识本质上与两个因素相关:

第一,只涉及对关键素材的采纳,涉及"无规范的自然常数"⑧,更准确地说,这是"动力学的规范"⑨,它不规定固定的尺寸,而是规定趋向和发展。不是说自然规律真的如同重力一样突然变得无效了,而是看起来

---

* 蒲柏(Alexander Pope 1688—1744),罗马教皇,主教,英国诗人。

⑤ 引文根据 Prigogine, I/Stengers, I.:《自然对话——自然科学思想的新路径》,慕尼黑 1981 年,第 33 页。

⑥ Sprayinschrift 1980 在苏黎世。

⑦ Vonarburg, B.:《从火星上造出第二个地球》,苏黎世的 Tages-Anzeiger 日报,1991 年 9 月 24 日,76。基于英国科学杂志《自然》第 352 期的报道。

⑧ 韦斯特,F. 这样说见《思想的新大陆——从粗糙的工艺发展到控制论的时代》,斯图加特 1985 年第 3 版,第 460 页。

⑨ 同上书,第 464—466 页。

安全有效的认识的基础在变动,并以无法喘息的速度被新的认识从脚下抽走。直到不久前光速(每秒 30 万公里)还被看做是时空中最高的、不可超越的运动极限,而当今却受到如下猜测的质疑:存在着超光速粒子(Tachyonen)作为超光速的微小单位。原子(大小;10 亿万分之一米)直到不久之前还被看做最小的物质基石,而如今被作为固定物质的"基本基石"(实际上并非物质的基石,而是人类所研究的物质的结构)来研究的有三个:u_夸克,d_夸克和电子,在这里人类推进到 10 亿分之一米的 10 亿分之一(10^{-18}m),日内瓦 CERN—研究中心还研究世界最大的粒子速度。

第二,自然界和关于自然的日常经验,比自然科学所描绘的自然界更加包罗万象。站在整体主义和哲学的立场上思考的科学家特别指出了这一点。格尔诺特·波墨在"生活世界的经验"和"自然科学的知识"之间列举了 5 种区别[10]:

[S.73]

生活世界的	自然科学的
——感官经验	——仪器,测量
——综合感性的(越来越多的感官的参与)	——零碎性
——与客观相关的经验	——不与客观相关的经验
——与处境相关	——不依赖于处境
——自然的量是两极化的	——只有一种与质有区别(例如冷—热)的量

自然科学对于生态学恰恰也是重要的,这是毋庸置疑的,例如它被政治决策的载体评价得如此之高,就像自然科学真的提供了与事实相符的自然描写一样。但这是非常有限的,由于"在自然科学的主导趋向中,对自然的描写只能在一个片断化的自我—世界图景的概念中被设想和感知"。[11] 在苏黎世大学任教的化学家汉斯·普里马斯甚至说得更离谱:"自然科学在大多数情况下根本不再探究自然。"[12]

所以我们所选择的自然中的尺度方面,是应该要研究的。我们从作

---

[10] 波墨,G.:《经验的科学化》,载于波墨和恩格尔哈特,M. 主编的:《异化了的科学》,法兰克福 1979 年,第 114—136 页(尤其是第 124 页之后)。

[11] 玻姆,D.:《自然的隐秩序——一种动力学整体主义的基础》,慕尼黑 1985 年,第 36 页(英文第一版 1980 年)。

[12] 汉斯·普里马斯同出版社的谈话;类似的说法参见汉斯·普里马斯:《自然科学中的思想转变》,《该亚》1(1992),5—15。

为整体自然的感知问题开始,进而深入探究进化中变化的尺度问题,生态系统不同功能中的以及量与质的关系中的尺度问题。在这些探索中,我们总是一再地碰到自然存在的三种基本形式:信息、物质和能量。

这一章要阐述清楚,自然科学对自然尺度的把握是同世界图景并因此也同伦理的前提是连在一起的!

2.1 整体主义:从整体出发

如果一位警察要测量一位轿车司机血液中的酒精含量,或者一位空气测量车上的女卫生员要确定空气中的二氧化氮的临界值是否超标了,这种尺度将通过测量分析来确定。而我们在寻求自然的内在尺度时,难道不应该从对具体含量的测量开始吗?临界值难道不是从自然物可以测度的尺度中推导出来的结论吗?越来越清楚地显露出来——尽管在当前依然也还为数不多——的一种新的自然科学的范式,不是从对个别东西的分析出发(这种做法最终是综合的并以交叉学科的方式"整合"成为一个整体),而是从整体出发。我愿首先从个别的东西出发。整体主义的出发点首先要消除这一担忧:科学不会因整体主义的出发点而立刻成为思辨的并因而不再是"精密的"了吗?自然作为整体一般是可把握的吗?或者说,它不就因此变成救赎学,变成意识形态了吗?或者反过来说,早已被要求的新生态学思想萌芽不正在于从整体主义出发吗?它不只是涉及一种研究结构中的小改变或者一种时髦潮流的改变,而是涉及一第二次哥白尼式革命,一种整体主义的转变? [S.74]

完整的这个词和整体存在(Ganzsein)单纯从语言上讲就已涉及完好的和完好无损(Heilsein):德语词完好的(heil)和神圣的(heilig)像英语的 whole(完整的),holy(神圣的),healthy(健康的)都源自同一个词根。拉丁语的 mederi(痊愈、愈合),这个在医学(Medizin)中也在沉思(Meditation)中再次发现的词,在词源上同尺度(mod-)相关(modus 尺度;modestus 有分寸的,合度的;moderari 适度的)。在这种词根的背后隐含着的知识是,愈合意味着再次成为一个整体。只要我们找到了正当的尺度、中道,这就是可能的,例如,通过沉思,把整体感知为对个别东西进行分析的相反运动。健康是一种状态,一个人的机体的所有部分和功能都在其中的状态,而且通常是一个生命有机体处在正当的内在尺度中。整体主义与这种关系相连。

认识自然之尺度的整体主义路向可以一直追溯到前苏格拉底哲学家赫拉克利特("从一切认识一并从一认识一切"⑬），追溯到柏拉图的世界灵魂，追溯到亚里士多德。后来在斯宾诺莎、莱布尼茨、歌德和谢林那里又再次接受了它。在我们这个世纪——一个先驱就是19世纪的活力论（Vitalismus）——整体主义的路向在 J. C. 司马茨和 A. 迈尔-阿比希以及那些与歌德有联系的人类学家那里，诸如在他们的某些"新自然科学思想"的端倪中以及在环境伦理学这里，都起着作用。⑭ 整体主义从柏拉图（反对安那克萨哥拉的机械论）一直到当代都是一个反抗机械论世界图景的运动，它从整体评价具体的东西，从有生命的东西评价僵死的东西和物质，而不是相反。

三种整体主义倾向——以量子论、地理生理学和自然哲学为出发点——处在当今环境科学和环境伦理学的学术前沿并能够从三个杰出代表身上体现出来。所有三种倾向都是自20世纪70年代后半期开始阐发并自80年代中期被广泛接受。

2.1.1　大卫·玻姆

大卫·玻姆（生于1917年），美国原子物理学家，在量子论的基础上阐发他的"动力学整体主义"，他通过量子论描写了一种"自然的隐秩序"⑮。在量子论中，一个原子的性状（Verhalten）按照粒子和按照波来描述都一样，其形态与包含观察工具在内的环境相关。在这里无法把被观察者和观察者分离开来，所以对玻姆而言不得不把"世界看做是一个不可分离的整体"，"其中宇宙的所有部分包括观察者及其工具都融合为一个唯一的整体……我们也许最好是把这种新的观点描述为'在流的运动

---

⑬　笛尔斯，H.：《前苏格拉底哲学残篇》，第1卷，柏林1960年第10版，VS22，B10。

⑭　参阅迈尔—阿比希，K.M.：《20世纪的整体主义》，载于波墨，G.主编的：《自然哲学的经典作家》，慕尼黑1989年，第313—329页；约翰逊，L.：A morally deep world（有道德深度的世界）. An Essay on moral significance and environmental ethics, Cambridge 1991, 148—184. 还有 A. 利奥波特的《大地伦理学》；A. N. 怀特海的《过程哲学和有机论的宇宙学》；J. 科布的《过程神学》；A. 纳什的《深层生态学——在女性主义神学中的整体性讨论等等》，关于他自己从整体出发的创世神学视野，参阅第5.4.11节。

⑮　大卫·玻姆：《自然的隐秩序》，版本同前。

2. 自然中"自然的"尺度

中不可分割的整体'"⑯。在量子论中,整体不只是"大于其部分的总和",或者不只是各部分的一种控制论的共同活动,如在系统论中一样,而且它根本不再是由部分组成的。苏黎世的量子力学专家汉斯·普里马斯这样写道:"根据现代量子物理学的观念,物质的现实性是一个整体,虽然这不是一个由部分组成的整体。这完全就是一个通过多样性的互补性描述才能被把握的整体。"⑰经典物理学的出发点则是度(它首先要标明质、特别是量的限度,水的度是在 0 到 100 度之间)、秩序(它标明对象和形式的一种合规则的分类)以及结构(作为和谐组织的关于秩序和尺度的整体)。

量子论通过四个特征与经典物理学区别开来⑱——相对论同它的区别更大:其一,发生作用的量子的不可分性;其二,已提到的波和粒子的二元论;其三,物质的性质不只是作为现实的状况,而且作为可能性(波的功能作为实现不同的可能性的极有可能的度);其四,非因果性相关(例如两个事件,在空间上被分开,就不可能有因果关系,但依然还是有关系)。正是后者表明了一个根本上全新的倾向,因为自然科学本质上是按照因果关系说明自然。

这个通过量子论改写的"秩序",按照当今的知识状况是建立在宇宙整体上的,但最终却是不可描述的。玻姆把它区别于盛行于物理学中的机械论的外在秩序,称作"隐秩序"⑲。在我们的观念中,碎片、部分是实在的,整体则相反是理想和目标,量子论则把这种秩序倒转过来:"由于整体是实在的,理应得到表达。而碎片化只是对人的行动整体的回应……那么,对于人习以为常的碎片化思维,人迫切要做的事情,就是注意它,意识到它并因此而终止它。这样人也许就能够从整体上接近实在。"⑳

因此,从量子物理学整体性的自然视野中已经暗示出科学伦理学的一些结论。汉斯·普里马斯得出的结论是:"一种自然整体性的思 [S.76]

---

⑯ 同上书,第 31 页。

⑰ 普里马斯,H.:《自然科学中的思想转变》,该亚 1(1992),第 5—15 页(特别是第 10 页)。

⑱ 大卫·玻姆:《自然的隐秩序》,版本同前,第 173 页之后。

⑲ 同上书,第 226 页之后,特别是第 231 页。

⑳ 同上书,第 19—50 页(特别是 27 页)。碎片化和整体性这一章也刊印在丢尔,H.-P. 主编的《物理学与超验》,伯尔尼 1986 年,第 263—293 页。

维……必须得到承认,因为我们自身都是自然的部分……一种以未来为取向的自然研究,除了不可避免的实验系统之外,所需的首先是思想者,他们生活在同其内在世界的生命联系中。只有这样才能避免日益增长的自然异化及其自我毁灭的趋向。"[21]

2.1.2 詹姆斯·依·洛夫洛克

詹姆斯·依·洛夫洛克,英国海洋生物学家和地球生理学家[22],特别是通过他的"该亚假说"[23]终止和解决了激烈的争论。他说,地球不只是一颗在构成上丰富多彩、相互依赖的单一生态系统的行星,相反,它本身就是一个生命有机体,一个生物,一个整体。这个该亚假说——它受作家威廉·戈尔丁的鼓励保留了大地女神该亚的名字——多少有些被弄成了一种宗教性的世界图景的意思,但它还是愿意首先是一种自然科学的理论;"该亚是一种进化论,它把岩石的进化、物种的进化、海洋的进化和有机物种的进化都看做是一个唯一的、联系非常紧密的过程。"[24]洛夫洛克把地球比作一棵树,一条狭长的生命纽带在树干中,被僵死的物质环抱,这些物质曾是更早的生命有机体的部分。人们有时也可把地球比作人的身体。在这方面我们可以惊异地发现人的皮肤层的结构与作为"地球皮肤"的大地植被之间的平行关系[25]。

"该亚作为地球生理学是一门如同生理学的科学",但"该亚是自上而下地看地球,而现代生物学的路径是自下而上。这种自上而下的视野是天文学家或生理学家看待一个生命系统的视野。自上而下的视野和还原主义的自下而上的视野都是必要的"[26]。当生物学家或者地球化学家

---

[21] 普里马斯,H.:《自然科学中的思想转变》,版本同前,第14页。

[22] 生理学作为生命体之功能的学说,他的器官和细胞在地理生理学中将被应用在作为整体的地球上。

[23] 洛夫洛克,J.E.:Gaia:A New Look at Life on Earth,New York 1979;他的著作还有:The Ages of Gaia:A Biography of our Living Earth,New York 1988;Gaia and the Balance of Nuture,in:Bourdeau,Ph. et al.:Enviromental Ethics. Man's Relationship with Nature. Interaction with Science,Commission of the European Communities Bruessel 1989,241—252;他的第一篇关于该亚的论文发表在 New Scientist 6/1975,304ff.

[24] 洛夫洛克,J.E.:Gaia and the Balance of Nuture,版本同前,第244页。

[25] 生物学家 Leuthold,Ch. 这样认为,《大地植被——一种生命有机体的"皮肤"?》,苏黎世州的教会信使报,第9号,1989年4月24日,5f.

[26] 洛夫洛克,J.E.:Gaia and the Balance of Nuture,版本同前,第241页。

把自然的平衡看做是有机体和无生命的化学过程相互作用的结果,看做是对一个现存环境的持续适应时,洛夫洛克拒绝了这种视野:"我拒绝这种适应的理念。作为地球生理学家,我把环境看做是被有机体自身所决定的东西,有机体同它处在相互作用中。环境不是被盲目的化学性和物理性的力所规定的……空气、海洋和岩石也都是生命有机体的产品,或者说是被它们的本质所强烈改变的。"㉗

[S.77]

该亚的地球视野就像玻姆的前提一样是整体主义的,就是说,它的出发点是整体而不是部分。从历史上看,洛夫洛克与詹姆斯·哈顿这位地质学之父有渊源关系,后者早在1785年就把地球说成一个超有机体。阿多尔夫·米歇尔·迈尔-阿比希,是我们将在下一节介绍的克劳斯·米歇尔·迈尔-阿比希的父亲,他在1948年也写道:"自然是一个整体,那么也就是一个有力量、有生机的世界有机体。"㉘对这个有机体的认识,不是自然科学的,而是自然哲学的。

该亚假说的伦理结论,例如,洛夫洛克是这样看待的,人与作为整体的地球交往所能承担的责任就是托管责任(stewardship):"从该亚视野来看,托管责任意味着,我们承认,我们是一个有生命的行星的部分,我们作为人类既有权利也有责任。"㉙令人感兴趣的是,正是洛夫洛克这位原来以探究火星和金星上生命存在之可能性的美国太空总署的成员认识到了,我们必须投入一切力量来保存这个唯一的地球,因为我们在地窖中没有第二个"该亚"。该亚的地球视野对于全球大气变暖的争论是一个挑战。

这一明晰的生物中心论的该亚视野,在其某些代表人物那里——有些人作了庸俗哲学的推论——导致他们宁可把人视为破坏因素,而生物对他们而言才是最有价值的,因为生物才使生态平衡成为可能。"现今,只有该亚(地球)以及以之为基础的生态系统的存活才是必须的,不是任何单一的物种,当然也不是我们这个物种,才值得保存。"㉚相反,从基督教的视野来看,如果作为有机体的地球只是一个无人的有机体幸存下来,那么上帝对世界的规划就必定被视作是失败的。就像人的完善不能没有

㉗ 同上书,第243页。

㉘ 阿多尔夫·米歇尔·迈尔-阿比希:《自然哲学的新路向》,斯图加特1948年,第40、44页。

㉙ 洛夫洛克,J. E.:Gaia and the Balance of Nuture,版本同前,第251页。

㉚ So Clark, St. R.:Gaia and the Forms of Life, in:Elliont, R./Gare, A.:Environmental Philosophy, A Collection of Readings, University Parks, 1983, 190.

共同世界一样,世界的完善也不能没有人!㉛ 从基督教的视野看,行星地球不是神,没有神性,只不过是世界的一个部分而已㉜。在洛夫洛克本人这里,宗教隐含着矛盾。他一方面问:"玛丽亚难道不是该亚的别名吗?那么她有年轻女性的生殖能力就不令人惊奇。她是上帝的一个部分。在地球上她是生命永恒的源泉,并且现在也是有活力的。她诞生出人类,我们都是她的部分。"㉝另一方面他写道:"我无法把该亚看做有感觉的东西,作为上帝的替代。对我而言该亚生活着,是不可描述的宇宙部分,而且我是它的部分。"㉞洛夫洛克把自己描绘为不可知论者(Agnostiker)㉟。

2.1.3 克劳斯·米歇尔·迈尔-阿比希

克劳斯·米歇尔·迈尔-阿比希(生于1936年)目前在德语范围内诚然是自然哲学方面最知名的整体主义的代表㊱。他也首先在整体性中寻求自然的尺度:"整体主义思想的起点不在于把个别东西理解为部分,这个部分同其他部分又能组成另一个不同的部分——在一个'系统'的词义上——而是把它理解为一个整体的环节,这个整体以特定的方式把自身分割并因此被规定。内在的可分性问题因此同外在的重建性问题是有区别的,前者是从整体出发来思考,在整体上开始分割,后者相反是从部分出发,各个部分的组合最终导向从部分出发的重建。"㊲个别东西是

㉛ 更详尽的情况请参看第5.3.1节关于立约神学的。

㉜ 关于基督教同洛夫洛克该亚假设的争论,请参阅 Bonifazi, C.: The Soul of The World, Lanhanm 1978; Schäfer-Guignier, O.: Ethique de la création et diaconie écologique, Foi et Vie(87)1988/3—4,3—30(22—24)。英国的女神学家 A. Primavesi 同洛夫洛克合作,准备阐发一种"该亚神学",就像这种神学是对这位作者阐明的一样。

㉝ 洛夫洛克,J. E.: The Ages of Gaia,版本同前,第206页。

㉞ 同上书,第217页。

㉟ 按照 A. Primavesi(注释32)对他的描述。

㊱ 迈尔-阿比希,K. M.:《通往与自然和平的道路》,慕尼黑1984年,例如第39页之后。还有他的:《为了未来的科学——整体主义的思想之于生态和社会的责任》,慕尼黑1988年;以及他的《20世纪的整体主义》,载于波墨,G.主编的《自然哲学的经典作家》,慕尼黑1989年,第313—329页;他的:《为自然起义——从环境到共同世界》,慕尼黑1990年,第83—117页;《整体性的哲学》,载于托马斯,Ch.(主编)的:"整体主义视野觅踪",《科学中的整体主义倾向》,苏黎世1992年,第205—223页。

㊲ 迈尔-阿比希,K. M.:《20世纪的整体主义》,版本同前,第321页。

从其环境里才看出规定来的[38]。整体对于迈尔-阿比希就像对于洛夫洛克一样"最终被考虑为是有生命的"[39]。他像所有整体主义者一样,代表了一种生态中心论的萌芽:"处在中心的是自然,即不是个别事物或者生物,也不是类,而且这是对所有东西有效的,而不只是对于人。"就是说,所有生物"都是从整体经验到它们的真正意义"[40]。作为基督徒他回想到《哥林多前书》15,10("因有神恩我才是我所是的"),也就是回想到,所有信教的人只有在神之内才认识自己本身。[41]

人在迈尔-阿比希这里与克拉克相反,但不只是破坏因素,而是整体必然的部分。"一个有人的世界应该比一个无人的世界更美,更好。"[42]由此出发他阐发出他的"整体主义的伦理学"[43],他把这种伦理学应用到文化、教养、艺术、劳动、经济并与他的父亲相联系,这位自然哲学家和整体主义者阿多尔夫·迈尔-阿比希,也明确地把整体主义伦理学理解为政治伦理学[44]。他的整体主义伦理学总是从整体、自然和人类的利益出发,但不是从个别人的利益出发。他的初衷明显地对立于如功利主义伦理学家D. 比恩巴赫等人,但在许多观点上得出了类似的结论。

2.1.4 互补性

整体主义的许多原初想法都同源自量子论的互补性观念相联系。互补性在尼尔斯·玻尔的规定*中意味着,某些科学的结论或者描述,在它们之间存在着矛盾或者"对立",但在自身中却是一致的,两者都是合理的,两者不可被统一,只有共同的整体的现实性才能被描述。克劳斯·米歇尔·迈尔-阿比希的定义更加精确:"互补性就是不同可能性之间的从属性,同样的对象被经验为不同的东西。互补性的认识,只要它们都是

[S.79]

---

[38] 同上书,第 328 页。
[39] 同上。
[40] 迈尔-阿比希,K. M.:《为自然起义——从环境到共同世界》,版本同前,第 90—91 页。
[41] 同上书,第 86 页。
[42] 同上书,第 111 页。
[43] 同上书,第 83—117 页。
[44] 同上书,第 89 页。
* 中文读者可参阅 L. 罗森菲尔德所写的《量子力学和互补性》,载于《尼尔斯·玻尔集》,第一卷,戈革译,北京,商务印书馆 1986 年,第 37—44 页。

对相同对象的认识,就是从属的;但它们相互排斥,似乎它们并不能同时地、对于同样的时间点得出来。"⑮互补性不是放弃客观性(Objektivierbarkeit),相反是拯救客观性理想的尝试。互补性的说法既非相加,也非同义,也不是辩证的,而且既非类似,也非因果联系。互补性强调的是亦此亦彼,而不是非此即彼。⑯

无论是整体主义还是互补性都在已提及的前苏格拉底哲学家赫拉克利特那里确立了:"他们不理解,相互排斥本身何以变成了相互吸引:相反相成,就如同弓和弦的反向相切。"⑰在他的另一个残篇中也有类似的说法:"反求而成。从彼此相异构成最美的和谐。"⑱通过反求相合的互补性统一因此意味着有张力的美。

2.1.5 结论

对于我们从整体主义出发寻求自然的内在尺度,我们引出三个暂时的结论:

第一,自然的尺度不能只是从其部分中、而必须从自然的活力整体中来认识。在具体分析时要不断地问,它同这个充满活力的整体的关系究竟如何。

第二,整体主义—整体性的和分析的—系统性的通达自然之路不是相互排斥的,而是两条必须不断互补的道路。但是,整体主义的道路比之于分析的道路明显地获得了更强烈的要求,因为它还是要占优势得多。

第三,整体主义对于伦理学的结论是,整体的共同利益优于部分利益,这从生态学的角度看是有意义的,但从伦理学上看是含糊不清的,还要作进一步的探讨。⑲

---

⑮ 引文出自普里马斯,H.:《精确的自然科学中的互补性——互补性以及科学与日常对话学术会议论文集》,伦茨堡/瑞士,1990年9月16—20日。

⑯ 参阅 Vischer,E. P.:《亦此亦彼——自然科学的思想经验》,汉堡1987年。

⑰ 笛尔斯,H.:《前苏格拉底哲学家著作残篇》,版本同前,VS22,B51。也请参阅第3.1.1节。

⑱ 同上书,B8。

⑲ 请参阅第4.2节;第4.8节;第5.4.11节。

2.2 进化:动力学的尺度

但如今自然的内在尺度究竟应该如何被认识?如果通过进化,一切皆在运动,或者如果“一切皆流”(panta rei),我们便得以——又再一次!——接受赫拉克利特最著名的格言。存在着进化的尺度吗?关于进化和创世的关系在这里不是我们讨论的主题。我们从这个事实出发:创世神学的绝大多数,除创造主义(Kreationismus)(50)的创世学说之外,关于进化论和《圣经》的创世理解之间的统一性得到了肯定。(51) [S. 80]

进化是这样一个过程,通过它,地球上存在的许多物种和有机物,包括人在内才得以形成,而部分地又消失。生物和生物圈的进化本质上是由于“发现”了有性繁殖的可能性而存在的。它是通过基因物质的选择、进一步发展和适应能力的不断重组才得以可能的——当然要经历漫长的时间跨度——(最终)把个体整合成为具有共同基因的物种。(52)

2.2.1 必然和自由

进化论总还是立足于达尔文的,但它确实有了很大的发展。开始时,进化学说还是限于生物圈,而现今却被理解为普遍的理论,也被应用到宇宙、人类社会,作为“进化的伦理学”甚至被应用到人的行为上。新的进化观,根据美国普遍进化研究中心主任、多卷本罗马俱乐部研究报告的作者欧文·拉兹洛的看法,涉及“创造一种新的综合,把物理学的、生物学

---

(50) (这是)自然科学的。Junker,R/Schere,S.:《生物的形成和历史》,Gießen1986年。

(51) 参阅新近关于这个论题的一些出版物,例如莫尔特曼,J.:《创世中的上帝》,慕尼黑1985年,第193—221页;潘能伯格,W.:《生态神学和现代自然科学》,载于:《上帝的未来——世界的未来》(莫尔特曼电视片),慕尼黑1987年,第276—291页;林克,Ch.:《创世》卷2,慕尼黑1991年,第415—428页;柯赫,T.:《自然的神圣规律》,苏黎世1991年,第69—77页;司徒博,Ch.:《创世和进化——同G.阿尔特纳,C.布雷施,R.荣克关于教会正典规则的电视访谈》,苏黎世第21号,第5—8页;更早的出版物,例如《创世信仰和进化论》,斯图加特1955年(登载了自然科学家和神学家的一些论文)。

(52) 对此请参阅马克尔,H.:《进化与自由——造物的生命》,载于:迈尔-莱布尼茨,H.v.(主编):《知识的证明》,美茵茨1986年,第433—466页(尤其是第457页)。

的和社会的进化整合到一个不矛盾的普遍框架中"㊼。在拉兹洛看来,新进化观的意义不是简单地说明过去的发展,相反,"进化意味着未来的创造,它把进化之路上的每一个步伐都纳入到它自身发展的场景中。"㊾这种情况照拉兹洛的看法并非首先是通过基因进化而发生的,而是通过人的社会文化进化发生的。对于这种进化,罗马俱乐部主席亚历山大·金认为,"不是不可预见的,但是可控制的",综合进化论的目标就是"发展出对复杂性和不确定性进行控制的手段"㊿。

[S.81]

那么,控制性知识再次成为首要的? 所有的知识越是开放,表面上安全可靠的知识基础从脚底下被掏空得越多,就越能理解这种要求。事实上,新的进化视野不再像达尔文的进化论那样明显地是决定论的。当今的进化观是 20 年以来由量子论和开放系统的理论共同塑造的。新旧进化观可以作这样的对比㊿:

旧的进化观	新的综合
——进化作为保持平衡的决定论过程	——进化不是被迫的,但也不是偶然的
——决定论的和普遍的自然规律	——发展作为游戏规则之内的自由可能性
——发展的特有曲线	——可能发展的曲线圈
——连续性的发展	——常常是突变性的发展
——线性的运动	——"混沌的"运动
——决定论(宿命)	——模态论(可能性)

对于人的行为的活动空间,因此对于伦理学,也就像对于上帝的形象一样,进化究竟是偶然的还是必然的,或者说是两者的混合,这个问题自然是有意义的。当今,机械决定论的立场如同那种把进化论的突变根源视为偶然的立场㊼一样,有利于开放系统,因此也有利于彻底超越简单勾勒出来的必然和自由关系的模态论。"自从 20 世纪 80 年代初以来,许多

㊳ 拉兹洛,E.:《进化,新的综合,进入未来之路。罗马俱乐部系列报告3》,维也纳1987年,第18页。这本书提供了讨论状况的一个综述。

㊴ 同上书,第17页。

㊵ 同上书,前言,第10页。

㊶ 同上书,第34页之后。

㊷ 对这一立场的最贴切的表述在 Monod, J.:《偶然和必然——现代生物学的哲学问题》,慕尼黑1971年。

科学家达到了这种确信:进化不是偶然的,相反,只要特定的参数条件具备了,它就总是必然出现的。"⑱这也指称自 70 年代以来在物理学中出现的人类学原则。以"只要……那就会……"这个问题指明,可能条件的自由空间是多么紧密,在这些条件下有思想的人的生活才可能发展⑲。

2.2.2　开放的系统

但进化也不简单地就是必然的,如在拉兹洛看来是"具体地不可预见的"⑳。在进化论研究者卡尔斯盾·布雷施看来也"并列存在着偶然和系统强迫"㉑。

这种评价本质上涉及的是开放系统的理论㉒。开放的系统——它首先是以热力学的知识为定向——都是处在一种远平衡状态的系统。因此它显得是不稳定的,但通过自组织变得稳定,变成动态的组织。可以区分出三种平衡状态:在平衡状态中㉓以能量流和物质流结束,系统是均质的和无序的;近平衡状态以平衡为趋向,其发展是可预见的,因为系统的目标是达到最高的熵值。在远平衡状态㉔中系统是非线性的、非决定论的。它可以提高它的复杂程度和组织度,使能量更加丰富。

[S. 82]

那么从物理学和生物学的视野看,两种进化过程可以这样来描述,它们显得是矛盾的或者说是互补的:热力学第二定律说,一个封闭的系统能量变得越来越劣质,而它的复杂性/有序性减小,方向无序,那么它的熵增大。生物学的发展与之相反,被描述为较高的结构化,复杂性增加,熵减小。

　㉘　拉兹洛,E.,同上书,第 45 页。
　㉙　布雷施,C.:《自然的阿尔发(Alpha)原则》,载于他的:《人能从自然认识上帝吗?——进化和启示》,弗莱堡 1990 年,第 72—86 页(特别是第 77 页之后)。
　㉚　拉兹洛,E.:《进化》,版本同前,第 56 页。类似于阿尔特纳,G.:《自然的被遗忘》,达姆施达特 1991 年,第 38 页之后几页,第 124 页之后几页。
　㉛　C. 布雷施同 Ch. 司徒博(注释 51)的电视访谈,第 7 页。类似地在普里高津,I./Stengers,I.:《与自然对话》,慕尼黑 1981 年,第 190 页之后几页。
　㉜　详细的评价在魏茨泽克,E. v.:《开放的系统 I——信息、熵以及进化的时间结构文集》,斯图加特 1974 年;其中特别是 Wehrt, H. 的论文:《论熵、自然过程和时间结构》。
　㉝　在第 2.3.3 节中有对平衡更多的讨论。
　㉞　请参阅普里高津,I./Stengers,I.:《与自然对话》,版本同前,第 148 页之后几页。

这个矛盾的解决现今被看出：热力学第二定律在封闭的系统中依然是有效的，但进化的系统不是孤立的，而是开放的系统。这些系统都能为有更大的作为而把自由的能量把自由从周围、也即从别的系统"输入"进来。这样就存在自由能量的运动——负熵或者反熵（Negentropie）一越过系统边界。由于封闭系统无序的增加使其再次陷入一种无系统，F. 韦斯特得出结论说："只有开放的系统才有生命力。"⑥人作为这个开放系统的积极参与者，在这里永远是这个系统的部分，他使这个系统因他的生存而持续地发生改变。开放系统的理论不是说，一切都是开放的和可能的。它只涉及部分的和周期的开放性："生物系统从属于完全和局部开放态的周期性的彼此相继；从属于开放态和封闭态的一个动力学的、严格周期性的变换，某种周期性再次返回的休眠期作为对环境、营养摄入中断、信息流减少进行保护的时间。（冬眠者都是这个开放系统的原型。）"⑥

所以，开放系统之进化的另一些特征可以被称之为突变、变异（Bifurkationen）和迅速的阶段变化。力学系统在远平衡态中的发展不是连续的，而是突变的和断裂的。较长期的稳定性和短期的不稳定阶段交换进行。在短期的不稳定阶段中，按照当代所谓的灾难理论和混沌理论发生进化的突变。对于我们的尺度问题而言，这是有意义的，因为人的行为在不稳定阶段比在稳定阶段对进化的影响会大得多。例如，为了避免可能出现的生态的突然恶化，寻找人的行为的正当尺度，在不稳定阶段比在稳定阶段重要得多。

进化在新的开放系统的理论框架中比我们迄今所接受的更加不可说明和难以辩护。生物学家和神学家君特·阿尔特纳对此这样说："以开放性概念使对进化事件的完整说明从头至尾受到了质疑。"⑥因此上帝也不再被降格为自然神论者的钟表匠的上帝，这个上帝"只"以其决定论的自然规律和进化规律起作用。动力学的、开放进化的观念虽然不必、但完全能够同对一个在历史中持续起作用并在这种行为中自由的（！）上帝的信仰联系起来。开放系统的理论既可以把创世说成是进化，也可以把进

---

⑥ 韦斯特，F.：《思想的新大陆》，慕尼黑 1985 年第 3 版，第 29—31 页（特别是第 29 页）。

⑥ Wehrt, H.：《论熵、自然过程和时间结构》，版本同前，第 143 页。

⑥ G..阿尔特纳同 Ch. 司徒博（注释 51）的电视访谈，第 5 页。详细的在 G..阿尔特纳：《世界作为开放的系统——围绕普里高津著作的争论》，法兰克福 1986 年。

2. 自然中"自然的"尺度

化说成是创世。以创世这个概念把造物主的不可支配性和强大作用力表达出来是绝对必要的。宇宙,尤尔根·莫尔特曼说得有理,将显现为"一个向神明开放的系统",在这个系统中,"所有生命系统都对取之不竭的上帝的丰满生命开放。""受造物的开放系统是依靠上帝的历史创造的,受造物的潜质和未来都是在上帝的历史创造中得以实现。"⑱古代的 creatio continua 学说即连续创世学说,把太初的世界和在终点已经完成的世界联系起来,通过自然科学的知识获得了一个新的荣耀。爱因斯坦的问题:上帝在创世时是否有自由,所以在今天也能从自然科学中获得肯定的回答。作为开放系统的进化是一个出于自由创造新的自由的事件。⑲

2.2.3 无可知目标的进化

进化论研究者和基因伦理学家卡尔斯盾·布雷施依据塔亚尔·德·夏尔丹的一种阿尔法原理(这种原理起初是确定进化的基本条件)的知识——从自然科学的而非宗教的知识——说:"如果我们总是一再地提出为什么在进化中有某种东西发生这个问题,那我们就遇到了整合的基本原则,以致形成越来越复杂的整体性。最终所有这一切都是在本原条件中、在宇宙的初始条件中、在物质的特性中确定。"⑳这个阿尔法原理虽然是一个自然神论的"造物主神,这个神只以巨大的一击给予了最初的推动力",但因此同时给予进化一个目的论的方向,一个目标,布雷施把这个目标称作欧米伽(Omega)原理。㉑另一些进化论研究者如 E. 拉兹洛虽然证明,进化的趋向越来越复杂,但强调:"进化不是目的论的,它不追求一个以特别的有机体或者生态系统为形式的特定目标。"㉒它没有外在

[S.84]

---

⑱ 莫尔特曼,J.:《创世中的上帝》,版本同前,第 217、220 页。类似的林克,Ch.:《创世》,版本同前,第 443 页之后几页;阿尔特纳,G.:《自然被遗忘》,版本同前,第 124 页之后几页;扬奇,E.:《宇宙的自组织》,慕尼黑 1992 年,第 411 页之后几页。

⑲ 崴斯马,B. 也有类似的说法:《进化作为现实的自由维度的启示》,载于布雷施,C. 等其他人合著的《人能从自然认识上帝吗?》,弗莱堡 1990 年,第 87—101 页。

⑳ C. 布雷施同司徒博的电视访谈,版本同前,第 6 页。

㉑ 同上书,第 7 页。另外布雷施,C.:《自然的阿尔法原则》,载于他与别人合著的《人能从自然认识上帝吗?》,弗莱堡 1990 年,第 72—86 页。还有他的:《中间阶段的生活——无目标的进化?》,慕尼黑 1977 年。尽管在布雷施这里明确地听得出塔亚尔·德·夏尔丹的声音,但还是有本质的区别。例如在布雷施这里完全缺乏基督的外衣。

㉒ 拉兹洛,E.:《进化》,版本同前,第 110 页。

合规律的目的可遵循,它就是内在的目的。

从进化过程本身也不能让人看出目标来。布雷施的欧米伽原理最终也是一个模糊的密码。人们使用诸如平衡、混沌、灾难性的、健康的、高度的发展、生和死这些价值性的表述来描绘的进化现象,对于自然本身而言通常都是价值中立的。只有人的或形而上学的目的——价值规定才把自然搞成善的或恶的,所以进化论伦理学所描述的,是过去的和现今存在的东西,而只有从末世论的终点出发的创世伦理学,才言说将要存在的和应该来到的东西。

2.2.4 不可逆性

进化是一个不可逆的过程吗?许多生态问题具体地表现出这个问题:像臭氧层的破坏或者物种的消失这样的毁灭过程是否以及在多大程度上是能够被恢复的?或者说,是否以及在多大程度上影响到不可逆的进化之改变?种种影响不可逆的改变的行为都能作为无度的行为被否定吗?

不可逆性在不同的领域有不同的意义。例如,在生态保护和风景保护领域的原理叫作:"古董不可建造。"[73]城市生态系统10到50年就是古老的,牧草地要到250年、高原湿地要10 000年、婆罗洲*的原始森林要到8千万年才是古老的。150年以上的古老的生态系统,在它们被摧毁后都不可逆转地消失了,"实践上是不可替代的",50—150年的生态系统处在"可被视为长期'可造的'这个限度域之内"[74]。与之相应,能源形式也把这个限度域看做是不可再生的,像古化石能源的形成最长要在几百万年时间之内,因此早就超越了人的时间尺度。那么在这里,为修复某些自然破坏和自然变化,关于不可逆转的,或者说对于人是不可能的尺度,就是人的生命的时间限度。

在物理学和生物学中,关于过程的可逆性或者不可逆性是同熵[75]和已经提到的开放系统的结构相联系的。从这种视野来看,可逆的变化就是,通过把路向单纯倒转过来倒退回去,而不是保持持续的变化。当这种变化

---

[73] 考勒,G.:《物种和生物圈保护》,斯图加特1991年第2版,第266页。

* 婆罗洲(Borneo)一半属马来西亚,一半属印尼。

[74] 同上书,第267页。

[75] 参阅第2.4.3节。

进行得那么缓慢、步伐那么细小时,系统就越来越保持平衡,所以在比邻的平衡状态之间就形成一种无间隙的后果。[76] 相反,不可逆的变化是这样的过程,它只在一个方向上前进,在自然中起作用的是保持不变的变化。熵就是关于能量的尺度,这些能量不再能够被人工改变,因此也不再受支配,它在封闭的系统中持续增加。因此,一个在生态学上有意义的不可逆转的尺度能被确定下来:"一个过程的不可逆转的度在理论上是通过使这个过程倒退的必然工作的测度来确定的。这个工作变成不可逆的度。"[77]在一个过程中能量耗费得越少,就是说被人工改变得越少,不可逆性也就越小。

随后出现的就是对受人影响的不可逆过程的伦理评价。在这里,能够成为尺度的就是持续的、有存活能力的发展标准。[78]

2.2.5 进化伦理学

进化论也一再地被运用到社会的发展过程,例如在社会达尔文主义中。物理学的(宇宙进化)、生物学的(生命进化)和社会科学的(社会进化)知识能够被联合为一种理论,欧文·拉兹洛也在其中看出了"新的综合"。在这里他不是指,生物进化的规律决定了社会规律,"而只是决定了能被参与者使用的游戏规则及其限度和可能性"[79]。于是他把社会描绘为远平衡状态中的一个动力系统,带有突变、自动更新、自我进化机制、进步定位,但不是直线的,不是"由技术的发动机、在最宽泛意义上作为工具使用的发动机"所驱动的[80]。在听起来铿锵有力的技术性题目"我们手中的进化"之下,他阐发了一种他从进化论推导出来的伦理学。通过把开放的、网络化的系统观念运用到全球社会上,例如,他呼吁通过国际组织超越民族国家状态,在这方面他指派给像美国这样的大系统以榜样性格。

同样,生物学家汉斯·莫尔[81]也阐发了一种"进化伦理学",但具有不同的内容。他并非遵循规范的目标,相反,他的意图是"从科学上说明实

---

[76] Wehrt, H. 这样说:《论不可逆性》,版本同前,第 123 页。
[77] 同上书,第 122 页。
[78] 参阅第 5.4.1 节。
[79] 拉兹洛, E.:《进化》,版本同前,第 111 页。
[80] 同上书,第 113 页之后几页及第 118 页。
[81] 莫尔, H.:《自然和道德——生物学中的伦理学》,达姆施达特 1978 年,第 76—87 页;他还撰写了"进化伦理学"这个词条,载于 Stoeckle, B. 主编的:《生态伦理学词典》,弗莱堡 1986 年,第 52—56 页。

际的伦理关系的历史生成"⑧²他的进化伦理学想要指明人有自然的、生物学的和基因的条件性,有局限,如果伦理学不了解这些决定因素,观念论的伦理学永远"在实践上保持无效"。倘若人能了解它们,才会通过理性超越它们。⑧³有三个他所列举的决定因素是要提及的:第一,后代的观念是由生物学的亲属经验塑造的,绝不能够超越宗族连带关系成长起来;第二,利他主义,即整个自身共同体的福利,总体利益(连同与此相联系的同情、爱、放弃的能力),是可以从基因学在人身上确定的;第三,集体的侵略潜质直到基因改良(Genozid)的可能性是在基因上就已决定的。莫尔的推论存在一个伦理上的困境:"我们不用学习道德的礼节——它是一种与生俱来的天赋,使我们能够切合道德上正当的东西。"不过,"自然的东西在当今世界中离善的东西相当遥远。从前或许合理的东西,当今可能就是不合理的"⑧⁴。所以,(使人类)必然幸存的全球政治品质通过进化遗传得来的待人方式是不可能的,相反,只有通过依稀意识到并接受下来的规则。这些规则莫尔并不能从进化推导出来。他把这些规则作为"主体的自白"追溯到古老的基督教四主德不是偶然的。而他就是这样阐述第四个德性的:"适度(也即"节制"——译者)是这样的德性,它以自我决定为自身确立界限,当他自身能够为保存整体作出贡献时,就不再要求众人和自然。"⑧⁵

进化伦理学并不是规范性的应该—陈述意义上的伦理学⑧⁶。因此它也不能为环境伦理学形成基础。但它像社会科学一样为伦理规范可实现的可能性及其限度作出了重要的标示。⑧⁷

2.2.6 结论

让我们从自然的内在尺度中,就像它在上述新近的进化论中所代表

---

⑧² 莫尔,H.:《自然与道德——生物学中的伦理学》,版本同前,第77页。
⑧³ 同上书,第77、78页。
⑧⁴ 同上书,第84—85页。
⑧⁵ 同上书,第178页。
⑧⁶ B. 伊尔刚也这样说。《基督教的环境伦理学》,慕尼黑1992年,第290页(在第286—290页论述进化伦理学)。
⑧⁷ G.. 斯特赖(《环境伦理学与进化——同自然相对的道德举止的起源和限度》,哥廷根1989年)同样是从人的天赋的起源史出发,但他并不想把他的伦理学理解为进化伦理学(第121页)。相反,他的研究是要指明,"基因配置给人多少自由度"(第121页)。事实上,在我看来,他非常接近进化伦理学包括它的诸多局限。

的那样,为我们的尺度伦理学引出目前的结论:

1. 生态的尺度从进化出发被理解为动力学的尺度,这种尺度在一个开放的过程中会发生改变。非人类的进化变异过程诚然进展得如此缓慢,使得对于地球上的生命条件的生态尺度不得不令人惊讶地视为稳定的。

2. 在进化的突变阶段(在动态的系统理论中被称作是灾难性的突变)相比于相对稳定的阶段,不是同样适度的。

3. 从进化的过程中并没有什么目的论的目标指向性被我们认识到。动态的尺度应该定位于什么目标这个问题,不能从自然科学,而应从伦理学得到回答。

4. 进化伦理学作为对人类行为的基因学框架条件的描述,对于伦理价值的相应检讨和现实的实现是富有帮助的。但由于从这种存在中只是最外在的条件才能被推向应该,它就不能替代伦理规范的发展。它也不可被误用,由于伦理的要求作为基因的条件是不适当的,所以就轻易取消对人的高要求,就像在涉及 homo oeconomicus(经济人)的讨论中有时发生的那样。[88]

[S.87]

5. 进化论不断强化把自身理解为对不同领域的综合科学。对这种要求应该非常克制,因为越来越多的科学都提出了这种要求,但事实上它总是导致时兴理论的某种绝对化。

2.3 生态系统:尺度的网络化

关于生态系统,那个充满魅力、高度复杂、在我们内心只能唤起最高度惊讶的生物间共同作用的知识,对于寻找生态尺度而言是本质性的。一个生态系统[89]就是一个生命共同体(生物圈)同其环境组成的总体,它在环境中整合,能同环境组成一个有存活能力的系统。在这里,有存活能力就是说在生命体的变化中有某种稳定性,在尽可能少地使用外界能源并在革新已有原材料的条件下,通过平衡和自我调节来建造的能力。在这里,可以区分出本源的、在人的介入之前就存在的生态系统(例如中欧

---

[88] 参阅比尔弗特,B./黑尔德,M.(主编):《经济理论中的人的形象——论人的本性》,法兰克福 1991 年。

[89] 对生态系统这个概念请参阅例如雷默特,H.:《生态学教科书》,柏林 1989 年第 4 版,第 213 页之后几页;韦斯特,F.:《网络化思维的主导动机》,慕尼黑 1989 年第 2 版,第 13 页之后几页。

的森林地带)和派生的、受人影响的生态系统(例如人文风景),后者在生态学上也是非常重要的。⑨⑩

一个系统⑨⑪由许多部分组成,这些部分相互区别,但不是无选择地混杂在一起,而是存在共同的网络化(一个渔网是一个系统,但一堆沙子却不是)。一个系统是一个整体,一个生态系统是一个有机体,在这里部分系统复又都是个体/有机体。一个有生命的细胞可以被描述为最单纯的、自我调节的系统。一个系统、一个生态系统的关键所在就是各部分之间的信息交流和沟通。

在这里,对于生态学亦即对于伦理学有意义的问题是,我们从哪些部分出发,我们把什么看做整体。例如,是在每一个部分的生态系统中建造一种平衡和一种尽可能大的生物多样性,还是只在组合得比较大的系统中?⑨⑫ 如果一种鸟类在欧洲已经灭绝,但只要它在亚洲还存在,这究竟有多严重?对于一种尺度伦理学而言,什么叫做生物区域主义(Bioregionalismus)?如果我们遵循生态自主的目标,我们以生态自主力求"在当地或区域内达到物质和能量的循环",⑨⑬那么对于一个生态系统而言,究竟多

---

⑨⑩ 考勒,G..:《物种和生物圈保护》,版本同前,第 50 页之后。

⑨⑪ 对于系统概念,就像对于同一层面的生态系统的分类一样,存在不同的语言处理。参阅斯特赖,G.:《环境伦理学与进化》,版本同上,第 29 页之后几页;舍菲尔,M./梯舍勒,W.:"生态学"(《生物学词典》,斯图加特 1983 年;斯太特,B.:《环境词典》,弗莱堡 1992 年,第 224 页之后。通常的区分是在自主生态学(Autökologie,单个有机体对它能在其中发育的环境提出的要求)、人口生态学(Populationsökologie,一个有机体—集体内在和外在的交互作用,主要问题是,在一个特定的尺度下生态有机体整体为什么是趋向稳定的)和综合生态学(Synökologie,不同的生命共同体和生态系统之间的共同作用)之间作出。

⑨⑫ 自然保护的一些新举措强调保护更大的、不被分割的生活空间(生活空间关联系统)的必要性。例如,库恩,U. 等人的:《苏黎世州的自然保护总体构想——政府委托议案的草案》,苏黎世 1992 年,第 34—35、72—82 页。

⑨⑬ 比希里,H.:《自主作为生态的主导目标?——一个研究项目的项目报告》,苏黎世 1992 年,Pkt. 2.2.3.4(草稿)。他说道:"人—自然—系统,如果在自然的流平衡内,它们的物质和能量发生互换,就是说,如果短期或长期既得不到外部的支持,必然也不能指望回到不可再生的资源,那它就能够被描述为自主的。作为生态的主导形象,这真还不如叫作,在一定的空间限度内适应外部框架条件的持续改变。如此一来,自主就会被理解为被束缚在局部,但高度动态的过程。"因此按照 20 世纪 70 年代发展政策的要求,在生态道路上完全松绑并依赖自信,还有现实意义吗?无论如何,在自主观念上,发展与环境政策的关系还真是值得思考的。

大的规模是我们的眼界所能接受的?

2.3.1 生物控制论

控制论㉔(希腊文:kybernetes 舵手)描述的是网络化过程的认识和自动控制,生物控制论是高度复杂的控制,就像它在活的有机体和生态系统中起的作用一样。弗雷德里科·韦斯特把生态系统中生物控制论的控制机制阐述为"保障幸存的8个自然原理"㉕。这些原理可以被描述为自然的尺度,所以要完全重述如下:

——负反馈原理。这意味着自我控制是通过规则领域的建设而非不受约束的自我强化或者反过来说自我消亡(进行的)。负反馈因此必定比正反馈更占优势。

——不依赖增长的原理。一个系统的功能也必须是在一个平衡阶段中才有保障,这就可以说是不依赖于量的增长的。因为永恒的增长对于所有系统都是幻象。

——不依赖于产物的原理。有幸存能力的系统之活动必须是功能化而非产品化的。产品此起彼伏,但功能保持不变。

——旧—技术—原理(das Jiu-Jitsu-Prinzip)。这里探究的是现存的、也有干扰性的力量,这些力量是根据亚洲的自我防御原理,而不是根据操纵自身力量的拳击方法进行斗争。

——多倍功用原理。适用于产品、功能和有机结构。通过联合解决多维稳定性来实现,并意味着对所谓的百分之百的解决方法的拒绝。 [S.89]

——再利用原理。这意味着垃圾—热能—利用的循环过程的功用。既避免(能源)紧缺,也避免浪费。

——共生原理。这就是通过耦合和交流不同类型的东西达到互利。但这要求小范围的联合。单一结构的东西因此不能反映出共生的优势。

——生物设计原理。这个规则也被运用到产品、程序和同样形

㉔ 通过魏茨泽克,C. F. von. 20 世纪 70 年代的论文来(了解)对控制论的哲学讨论,还总是具有现实意义的。他的论文载于:《自然的统一性》,慕尼黑 1972 年第 4 版,第 277—366 页。他当时就已经完全从生态学上看出"控制论的意义……是要把人纳入到自然的秩序中"(第 279 页)。

㉕ 韦斯特,F.《网络化思维的主导动机》,版本同前,第 20—21 页。更详细的论述在他的:《思想的新大陆》,版本同前,第 81—86 页。

式的有机体。它意味着同环境的反馈设计,同生物结构、特别也同人的生物结构的可联合性和共振性。

2.3.2 自组织

有幸存能力的生物系统的适度品质的核心特征和驱动力,就是刚才所说的控制能力,用概念来描述,就是诸如自组织、自我更新、自我调节,甚至自我超越。[96] 自组织是这样一种能力,它无须外界强制力的影响,能够不断重新建造出一种稳定的动态平衡。于是,分解的细胞能够重新在组织中,器官能够重新在持续的循环中被建立。自我调节,例如在动物或植物物种中,在于保持一种适中的物种密度。[97] 这不是稳定的,而是动态的,与环境变化相适应的过程。在自我更新意义上的自组织,那么就是有生命活力的系统具有的使它们潜质不断更新、再次投入使用、保持其整体结构的整合性能力。自我超越意义上的自组织还更进一步,它把一个生态系统的能力描述为,通过学习干扰和再造的交换并因此创造性地超越自身物理的和精神的局限的能力。

我们也可以把渐进[98]描述为自组织的原则。渐进是说,在现有气候条件下,不依赖土地关系,长久不受外界影响地发展出体现生态稳定性的同样的生态系统。在中欧,渐进的植物,如果没有说错的话,例如,就是一片红山毛榉森林。沼泽或湖泊在数千年之内也能够是稳定的。不过,这样看起来稳定的渐进社会,根据雷默特的生态学都是一种"虚构",因为,例如,即使是自然的森林大火也总是能够变化的。所以,他认为:"我们应该谈论符合标准的,自然的或者接近自然的植物界以及与之相应的动物界,这样更好一些。"[99]

---

[96] 对此请参阅例如扬奇,E.:《宇宙的自组织》,慕尼黑 1992 年;阿尔特纳,G.:《自然被遗忘》,版本同前,第 124 页之后几页、第 164 页之后几页;卡普拉,F.:《转折时代》,伯尔尼 1983 年第 6 版,第 289 页之后几页;斯特赖,G.:《环境伦理学与进化》,版本同前,第 139 页之后几页;巴尔默,Th./魏茨泽克,E. v.:《生物起源和自组织》,载于魏茨泽克主编的:《开放的系统》I,版本同前,第 229—264 页。

[97] 雷默特,H.:《生态学》,版本同前,第 156—164 页。

[98] 同上书,第 216 页之后几页。

[99] 同上书,第 216—217 页。吉色拉·考勒在他的标志性著作(《物种和生物圈保护》,斯图加特 1991 年第 2 版)也还只是谈到了自然的和接近自然的系统,他甚至不再使用渐进概念这个流行的词目。

植物界的渐进所以也不能很明晰地得到界定，即便可以的话，我们认为也要在不受人影响的领域合乎规则地逐步解开渐进、连贯发展的谜团。在这种发展中，尽管可以确定从低级到高级，再到低级的物种多样性这个进程，但这种渐进过程目前发展到巨大的时空中，以致人常常总是只能体验或者确定一个特定的阶段。马赛克—循环—理论也指示出自然生态系统是稳定性和变化的持续变更。[100] 结果，——这种说法已经是一种价值区分——不仅一片具有自然生态系统的"原生态风景"是值得保护的，而且通过人而形成的人文风景这个所谓派生的生态系统也是值得保护的。

[S. 90]

当然，说"这种"自然的风景或者"这种"生态系统应该得到保护，总只是涉及一种公约——因此是一种价值判断——即渐进中的哪些阶段我们要防止它受到更多的影响，或者要通过复原重新再造。自组织的观察通过不同的自然科学学科能够多方面地有助于寻找到生态尺度。尽管如此，还是要把一些并没有清晰阐明的东西标明如下：

a）在自我控制、自组织和自我超越中，这个"自我"究竟指什么，从根本上说依然还是一个谜。试图用一个概念，得以稳当解决是一种无知。在这里可以听出一些遮遮掩掩常常也是羞羞答答的宗教观念，但愿这也是科学家们为了科学的诚实之故而不得不阐发出来的。下面我们还要回到这一点上来。[101]

b）关于自组织系统的知识，对于训练网络化的生态思维肯定是非常有益的，但对于伦理的冲突给不出答案。一个处在干扰状态的自组织系统总能形成新的结构，这简直是一个相对陈腐的说法。在这里，只有从伦理学上才能回答这个问题：哪些价值（例如哪些动物和植物种类包括人种、哪些以及有多大收益的风景）应该被保存在一个遭到破坏并构成了新的结构的系统中，哪些价值则不应该。

c）自然的自我调节观念一再地被用来为继续无限制的增长辩护。甚至说自然具有的更新力量大得超乎想像[102]。自然越是具有这种能力，

---

[100] 雷默特，H.：《生态学》，版本同前，第221—229页。

[101] 更详细的论述请参阅第2.5节，Pkt 4。

[102] 银行家和神学家比里，E. 就是这样（《我们技术文明的人性》，西门子股票股份公司，1980年，第78页）："在自然的母腹中蕴藏着巨大的原料库存和巨大的更新力量。只要我们发扬人的发明精神，就没有理由害怕，人类在这个'地球飞船'上会不可避免地驶向灾难。只要我们不迅速阻止工业文明……只要时间视域承载数百万年，那我们个人就不会遇到、在伦理上也无须涉及（这种灾难）。"

就越是在伦理上不允许以它已经、并还要这样发生这种理由来伤害一个有机体![103]

2.3.3 平衡

同生态系统相联系的不可解决的问题就是探究自然的平衡。在自然中有平衡状态吗？平衡状态是人所追求的，更明确地说是受人敬重的，并对人文生态负责任的行动构成一种尺度。平衡的象征——两边有同样的重量——是天平。它早在古埃及就已经是对玛特女王的象征，是对保障社会内部的平衡以及与自然平衡的那个秩序的人格化象征。

自然的平衡将在完全不同的关系中并在不同的意义上论述。往后我们还要深入到现有的"平衡观念"，这在同自然的交往中是最富有成果的，还要深入探究经济学中的平衡观念，这被有些人理解为如同一种不能改变的自然规律一样。[104] 物理学的平衡，例如在机械学中，标志着一种稳定的、不依赖于时间的状态，在这里，稳定和不稳定的平衡被区分开来。对于我们的关系而言，我们把这种机械的平衡像一种宇宙中的平衡（"对于宇宙而言不存在全球化的平衡"[105]）这个天文学问题一样放在一边。

现在我们研究在地球这个行星上以及它的多数生态系统中的生物学的平衡。[106] 例如，在人口生态学中这种平衡能够在一种生物的出生率和死亡率的关系上得到衡量。[107] 生态平衡，如同在开放系统的进化和动力学那里讲的一样，不是稳定的，而是持续变化的，所以有人说它是流平衡。一种生态平衡决不是凝固的，当然也不是从外表上看不出有任何变化的。如果把我们脚下坚固的土地抽走，那我们就如同站在一个漂浮的岛屿上。但是这个岛屿不只是通过运动、相反也是要通过运动中的稳定性来描绘的。地球上的气候在其存在的38亿年内，尽管有种种变化，但依然保持

---

[103] 对自组织理论的一种批评性争论，特别是从人文科学和社会科学的视野（哲学、社会学、精神病学、家庭治疗，但也包括神经病学和生物学）出发的，可参阅费舍尔.H.R. 主编：《Autopoisis（自主创造活动）——在批评的烈火中的一种理论》，海德堡1991年。

[104] 参阅第3.4.2节和第4.9节。

[105] 斯屯弗罗，J.O.：《宇宙的进化——天文学中的平衡观》，载于斯托尔茨，F.：《平衡观念和非平衡观念》，版本同前，第5—19(18)页。

[106] 对身体平衡的心理学理解，参阅第2.3.5节。

[107] 参阅雷默特，H.：《生态学》，版本同前，第189页之后几页。

2. 自然中"自然的"尺度

在一个令人惊讶的稳定平衡中！生态系统的这种平衡，按照当今的理解，被看做是这样一个稳定的、动力学的平衡。我们把开放的系统描述为远平衡的系统，生态系统作为开放的系统所以也被描述为远平衡的系统。它们分担了这些系统的非直线的、表现为混沌的动力学，在这些系统中，合规律性表现在混沌中，恒常表现在变化中。[108]

对于生态平衡的一个日益重要的尺度、尤其与基因工程的介入相关，就是所谓的抗力平衡（Resistenzbalance）。对于有害的有机体，自然绝不产生绝对的而只产生相对的抗力。因此幸存的安全性也总是相对的；另一方面，物种的可变性是为了适应新的条件才有可能。由于有一个防护有害东西的甲胄而显得有绝对安全性的东西，可能正是由于它缺乏适应能力，才使得一个有机体缺乏抵抗力。因此，令人印象深刻的"不可预见性战略"[109]对物种的幸存是必不可少的：当一个植物种类不是同时而是偶然地分布在一个生活圈中时，例如对菌类病虫害（Pilzbefall）而言，很多是缺乏抵抗力的。虽然它牺牲了偶然被发现的物种中的单一个体（并因此放弃了绝对的安全性），但同时提高了它们选择的机会。除了空间的选择之外，也还有时间性的和化学的不可预见性战略。君特·阿尔特纳推导出对抗力平衡的必然重视作为干预自然的一个重要尺度，虽然是在微生物、植物和动物身上。对于启动基因工程的看法，他在总体上是有明确限制并有保留地赞同的，他得出的结论是："进化是对抗力平衡和一再重新成功地从抗力平衡中启动的持续构建。对所有与抗力平衡有联系并使这个保存原则发生霉变的生物工程，都要谨慎，它们都可视为代表人类行为的工具。"[110]

[S. 92]

应用于自然的不可预见性战略也意味着，对生态保护和重建采取的措施所预期的影响，绝不是完全可预见的，所追求的某种平衡在这里也是一个动态的过程。所以要求探究某种权衡判断，例如在水保护中，何种磷酸盐浓缩是允许的，以及何种平衡在这里被确立。关于一个湖的平衡尺度不是在每种情况下或多或少都不涉及山上的湖。"趋于健康的"湖是不大有营养物质的，与之相应，鱼也就少有，这就使水獭和捕鱼者的生活

---

[108] 参阅布隆，E.：《自我规整的平衡系统中的等级秩序——实验和理论》，载于斯托尔茨，F. 主编：《平衡观念和非平衡观念》，版本同前，第 21—40 页。

[109] 雷默特，H.：《生态学》，版本同前，第 174 页之后几页。

[110] 阿尔特纳，G...：《自然被遗忘》，版本同前，第 221 页。

质量受到损害。贫瘠的草地，这在生态学上比有巨大经济效益的草地更受到优先考虑。如果贫瘠的草地被恣意地荒化[11]，就证明（存在着）巨大的物种倒退。

于是又存在一个伦理的问题：究竟要通过人的干预或者不干预确立人的何种平衡，以及何种价值（例如哪些物种）是他因此所看重的！对于"存在着一种自然的平衡吗？"这个问题，西班牙的生态学家马尔伽雷夫作出了以下我认为合理的答复："对'自然限度'的知觉作为一种行为方式矫正的创造手段，在生态学，尤其是在应用生态学中是一个重要的思想。但这与其说是现实实存的物质性限度，不如说是一种信仰的事……环境伦理学因此能被发展成为一种对环境质量知觉的共识，作为关联点，为了促进一种社会的行为方式矫正……对限度的知觉也能在一种文化有机体中得到，这种有机体有如此强大的影响，是社会所特有的，就像人的有机体一样，不是穿在身上的制服。"[12]这种说法不可被误解为伦理的相对主义，对此我们在下文还将要继续阐明。

2.3.4 生物多样性

能在一个生态系统中给予现有的或所祈求的物种数量一个生态尺度，以作为人同自然交往的准绳吗？这个问题在这里应首先试图从自然科学来回答。随后将从生态神学和伦理学来回答。[13]

物种受到了超负荷的过度危害，这在上文已经提及过了。[14]迄今为止对进化、开放系统和生态系统中的动态平衡的阐发已经指明，不可能存在对物种多样性的一种固定不变的看法。理想的物种数量，符合标准的和以渐进为条件的，是不同的。一个受到干扰的平衡被一种"错误的行为方式"所量化，被证明是很成问题的。[15]

---

[11] Stampfli, A. et al.：《物种倒退于贫瘠的草地——对 Monte San Giorgio 科学的自然保护》，《该亚》第 2 号，1992 年，第 105—109 页。

[12] 马尔伽雷夫, R.：《存在着一种"自然的平衡"吗？》，载于 Bourdeau, Ph. 等人（主编）：《环境伦理学》，布鲁塞尔 1990 年，第 225—232（232）页。

[13] 参阅第 5.4.6 节。

[14] 参阅第 1.3.3 节。

[15] 参阅，例如，Norton, B.：Commodity, Amenity and Morality: The Limits of Quantification in Valuing Biodiversity, in: Wilson, E./Peter, F.：Biodiversity, Washington 1988, 200—205.

2. 自然中"自然的"尺度

把多样性(Diversität)看做是一个健康的生态系统的尺度,尽管不是作为绝对的量,却是作为相对的量,是以两个生物圈的基本规律(为基础的):其一,环境条件越多样,越接近于生物学原则上的理想值,物种数量也就越大;其二,环境条件越片面,越远离生物学原则上的理想值(或许只有两种方式),物种数量也就越少,而且单一的物种越猛地出现,在数量上就遥遥领先。[116] 对于生态平衡而言,在这里重要的,不只是物种数量尽可能大,而且在可比较的物种之间要有差不多相同的覆盖率。[117] 物种的高数量诚然也能指示出一种不稳定的、处在逆转前的转态。

由于当今人类对自然的干预,物种的多样性下降了。因此单一物种(例如城市中的鸟类)的个体数量可能猛然增加。通过抑制原始的中欧森林带,通过塑造人文风景形态——当今森林和开放风景区的分布已经达到了大约500年前的样子——欧洲人为地变得物种丰富了。大约植物种类储量的一半,超过欧洲雏鸟种类的四分之一,作为人为结果来到了中欧。[118] 相反,通过驯养和基因技术干预现存的物种,是否能提高物种多样性,这是很有疑问的,因为凭经验可知,要提高物种的多样性,毋宁推动单一种植,促进经济植物和经济动物达到其最大的收成。但因此不能凭经验说,人的干预对生物多样性究竟是友善的还是有害的,这也是清楚的。这又出现了干预的尺度问题!

如果我们考虑到自然的修复和更新能力,我们也不能以某种更加无忧无虑的心态对待物种的衰退吗?回答这个问题时间因素是关键。如果说,生物多样性在如同弹丸之地的次级生活空间中,就物种潜在的安全保障而言是可以再造的话,那么,就有用的生态系统而言,要让生物多样性保存在常常只有超过数百年并且在原生态的,即几乎不受人影响的生态系统中,一般是不可能的[119]。数百年以上物种进化的生成与毁灭,处在人的控制力之彼岸。

对于生物多样性的保护,正如1992年有150多个国家参加的联合国环境与发展大会签署的物种保护全球共同协定所谋求的那样,是迫切和

---

[116] 雷默特,H.:《生态学》,版本同前,第229页。

[117] 同上书,第289页。

[118] 莫尔,H.:《自然与道德——生物学中的伦理学》,达姆施达特1987年,第171—172页。

[119] 考勒,G.:《物种和生物圈保护》,版本同前,第264—265页。

必然的,这样说有许多理由[20]:

——有助于生态系统功能的保存(生态系统的稳定性,动植物营养物质的生产,生物损伤的防治,人工培植时的血缘授粉,生物解毒者,腐殖质土壤的生产,生物适应症的潜能);

——有助于生物化学信息的保存(保存进化的适应潜能,抵抗力的培育,药理学);

——有助于人的营养供应和健康(营养物质的生产以及作为营养物质和药物的新物种的发现);

——有助于休养生息的家园保护(通过物种多样性和形成风景来休养);

——人的教养(感性的多样性,颜色、形式和运动样态、快乐的多样性);

——对科研、技术、工业的贡献(对生物学研究对象的保存,生物工程能源的获得,生态学和工程生态学的基础研究;为当今以及还在发展中的工业生产提供材料);

上述理由中,前两个理由根本上是生物中心论的,因此它们同自然的自身利益相适应。其余的理由都是人类中心论的,因此它们根本上是适合于人的利益的,这并不必然与自然的自身利益相矛盾。

但是,140万个不同的物种事实上都是生态学上必要的吗?细胞生物学家安德烈·伯尔卡洛夫针对生物多样性提出:"在我们的判断中有量和质的因素。这些因素中没有哪个事实上是可由客观的数据来支撑的。我们需要评判的标准。"[21]值得保护的草本植物和要根除的野草之间的区别(例如在农业中),不是客观的,而是以人的价值和利益来衡量的:"野草这个概念是有经济上的根据的",即按照诸如损害作用,治疗成本,寿命这些标准来确定和推论的。"农夫作为决断的人把这些标准纳入到一种权衡的过程之中,对于必须根除的野草这个特殊的决断,要在某个特

---

[20] 参阅例如考勒,G.:《物种和生物圈保护》,版本同前,第 16 页;威尔逊. E./皮特,F. 主编的:《生物多样性》,版本同前,第 193—225 页;《生物多样性的重要意义——A Statement by the WWF》,Gland/Genf o. j. ,12—22。

[21] Berkaloff, A. : Loss of Biodiversity. Effects of the release of bioengineered organisms, in: Bourdeau, ph. (ed.) Environmental Ethics, Bruessel, 1990, 67—71(67).

定的年份中作出。"⑫与之相应,生物学家格尔诺特·斯特赖代表了这种解释:"生物多样性作为公设(Postlat)起源于人的观念和愿望以及以此相关的舒适处境。"⑬自然从自身出发宁可说更倾向于物种相对贫乏的渐进过程。生物学家汉斯·莫尔甚至更进一步,把生物多样性描绘为"一种不可接近其基础的公设,原因是据说我们必须放弃先验的奠基"⑭。女生物学家吉色拉·考勒相反地在她的物种保护的代表作中认为,"在自然的家务中真正地并不存在什么不可或缺的物种"⑮。她的这种说法所持的理据在于,多数类似的、但并不相同的物种,有其重叠的生态要求,为了有利于生态平衡,它们的群体要保持相对小的数目,部分地可以相互替代。

这些自然科学的观点表明,生物多样性的保存,在趋向上虽然可被视为是为生态系统在生态上具有的必要性,但它们本质上不得不通过对不同人的利益的权衡,来获得伦理上的奠基。在这方面,吉色拉·考勒是矛盾的,当她这样写道:"伦理学并不提供一些附加标准,除功用和关于物种与生态系统在自然的家务、美或者对未来的预先操心中的量的意义之外,这些标准为自然保护表达了另外一些附加的证据。"⑯恰恰是她所列举的这些标准已经包含了伦理上的决断(为谁的功用? 为何者的未来预先操心以及为哪个物种支付成本? 等等)。

2.3.5 人的身体

人的身体是最贴近于人的一种自然。所以,在字面上它接近于说,要在人的身体上去发现自然的内在尺度。人的身体作为有机体本身是一个生物系统,这个系统出于对微观宇宙和宏观宇宙的适应,出于对已经提及的整体性的知识,也就有对更大的生态系统之尺度的洞见。

特别是女性主义的环境伦理学强调指出:在人与自然的异化和与身体的异化之间,如同在自然的压迫和人身的压迫之间一样,存在着一种

---

⑫ 尼曼,P.:《对评判田间野草的一个附件》,载于:Auswirkungen von Ackerschonstreifen, Mitteilungen aus der biologischen Bundesanstalt fuer Land-und Forstwirtschaft Berlin-Dahlem, Heft 247,1988,124。

⑬ 《环境伦理学与进化》,版本同前,第140页。

⑭ 莫尔,H.:《自然与道德》,版本同前,第15页。

⑮ 考勒,G.:《物种和生物圈保护》,版本同前,第15页。

⑯ 同上书,第16页。

[S.96]

紧密的联系。㉗ 所以，当今许多人都试图把同自然的一种新的关系说成是同身体的一种新的关系；"我们是在对我们身体的生物学的和社会的经验中，同整个自然和历史沟通的……自然就是精神的物体化和肉身化（spiritual embodiment）。"㉘ 即使这种认识在当今的生态神学运动中部分地被神秘化，身体经验也经常地从泛神论的意义上变得神秘兮兮㉙，但这种身体关系对于一种尺度伦理学而言依然是有意义的。在这方面经常地要引用女神秘主义者和巫师希德嘉·封·宾根不是偶然的㉚。

通过斋戒、打坐、身体练习、感官训练，同作为干扰因素的疾病进行一种新的交往㉛，因此通过对自身身体之尺度的经验，增长并提高了一种对非人的共同世界之尺度的敏感性。有四个对身体自然尺度的认识契机可以作为例子提示一下：

1. 对人的自然寿命，基于身体的衰退过程，可以预期在 85 岁。这个老化过程的物理限度就是人生的一个尺度。尽管通过种种延长寿命的措施，这个限度可能会有某种推迟，一个相对短暂的生命延续，对于人对自然的干预所要担负的责任而言，依然是一个重要的尺度。延期的寿命越长，人为此可承担的责任就越少。

2. 生理学㉜，关于有生命的身体之功能的学说，描述的是其内在的、可同一个生态系统相比较的尺度。这样的一个尺度就是内环境的动态平衡，即通过生理的循环过程以期达到为保存其生存所必不可少的有机体

㉗ 例如哈尔克斯，C. J.：《革新大地的面目——人、文化、环境》，居特斯洛 1990 年，第 37 页之后（针对 F. 培根）。

㉘ Holland, J. A.: A Postmodern Vision of Spirituality and Society, In Griffin, D. R.（主编）: Spirituality and Society, New York, 1988, 41—62（52）. 对女性主义视野中的身体关系的更详细阐述，请参阅本书第 4.4 节。

㉙ 同上书，第 53 页。

㉚ 希德嘉·封·宾根：《见神》，由 H. Schipperges 主编并撰写导论，慕尼黑 1990 年第 3 版，第 117 页之后：《人作为肉身》。

㉛ F. 韦斯特把生态系统的控制力视野运用于疾病治疗上（《思想的新大陆》，版本同前，第 172—201 页）。

㉜ 我自己在这里进一步依据科勒，E.：《生理系统的变化和稳定》，载于斯托尔茨，F.：《科学中的平衡观和非平衡观》，版本同前，第 41—56 页。

的平衡状态⑬。于是,身体知道有一些规则,在外在的状态(例如荒漠中的高温和北极的寒冷)有较大的改变时,以便产生出一种令人惊奇的内在恒定值(例如体温在 37 摄氏度);Isotonie(等渗压:体流中的固定的渗透压),Isoionie(等离子物:在体流中游离的无机物质的正常组合)和 Iso-hydrie(等氢离子:体流中的反应校准,对人的身体而言,大于 3.76 的 pH 值是有利的)都是对这种恒定值的认知度,目的是达到像呼吸和生物钟(例如醒—睡)这样的有规则循环的令人神奇的复杂系统。内在条件的恒定值构成了一种动态平衡,一种稳定的平衡出现在死亡之时。

3. 运动机能学⑭,运动的学说,是自 20 世纪 70 年代以来发展的一种认识身体中能量流的新方法,可用于治疗。例如在保健按摩中,对于运动机能学的一个领域而言,是通过检验肌肉的功能,指出在肌肉不同的组合作用中有一个偶然的不平衡状态,又可再次将其带入平衡状态。运动机能学使(在上文提到生理学的地方已经描述过)动态平衡或者血液循环、淋巴液和子午线能量的不平衡成为可感知的并且支持有机体的自我治疗能力。它也表明,身体储藏了很多关于人及其尺度的信息,也储藏了很多他的精神和他的生平的信息,比通过理性和回忆所能唤醒的还要多许多。

[S.97]

4. 在艺术和建筑学中的比例学⑮一再地试图在身体的尺度中发现一种自然给予的标尺。列奥那多·达·芬奇以正方形和圆来描画他的著名人物伸展的手臂和分开的双腿。"这个维特鲁威风格的人"(1490年),在这里他像许多文艺复兴时期的画家一样,依据的是维特鲁威建筑师(公元前 1 世纪)。这个建筑师从他身体的肢体尺度中推导出他的建筑物的尺度以及整个建筑艺术的尺度。列奥那多这样写道:"维特鲁威这个建筑师在他的《论建筑艺术》的书中写道,人的尺度由自然安排如下:四个手指的宽度就是一只手的宽度,四只手的宽度就是一只脚,六只手的宽度构成一根尺骨,四根尺骨构成一个男人,四根尺骨构成一步,二

---

⑬ 美国生理学家 W. B. Cannon,受体内环境动态平衡概念的影响,并非偶然地谈到"躯体的智慧"(The Wisdom of the Body, New York, 1932 年)。智慧传统,也包括宗教传统,都认识到在身体中所储藏的智慧。

⑭ 例如狄亚蒙德,J.:《身体不说谎》,弗莱堡 1983 年;托平,W.:《平衡中的体能》,弗莱堡 1986 年。

⑮ 参阅吕克,H.:"作为美学概念的尺度"词条,《哲学历史词典》,卷 5,巴塞尔 1980 年,第 814—823 页;帕耨夫斯基,E.:《作为风格发展之模仿的比例学的发展》,载于他的《艺术学基础问题论文集》,柏林 1985 年,第 169—204 页。

十四只手宽构成一个男人,由这些尺度组成他的建筑。"[136]比例学尤其是在文艺复兴的艺术家阿尔布勒希特·丢勒那里起着重要的作用。他在 1528 年"关于人体比例的四部书"[137]就曾经试图从自然中认识真正的尺度。他因此使新柏拉图主义的观念重新焕发生机了,艺术家能够认识在自然形象中发现的事物的内在真理。在这种关系中可以看见他的著名格言:"由于艺术蕴藏在自然中,谁能将其从自然发掘出来,谁就拥有了它。你若漠视(überkummst)自然,它就将使许多缺憾留在你的作品中。"[138]无论是在达·芬奇还是在丢勒那里,在他们对造物主上帝的信仰背后,都是由数学意义上可计算的规律构成的宇宙。

2.3.6 结论

那么,对生态系统包括作为这样一种生态系统的人的身体的研究,是不是就导致了对由人所支撑的自然内在尺度的认识了呢? 从迄今为止的阐述中让我们推导出下列原理:

[S.98]　(1)对于什么是所要保护或所要追求的一个"自然的"生态系统这个问题,不存在普遍的、客观的答案,既不能基于生态系统的渐进的观念,也不能基于其自组织的观念或者平衡的观念。所谓自然的平衡都是动态的流平衡,阻力平衡也都是相对的,不是绝对的量。什么是作为自然的生态系统需要保护的,这是一个人为的约定,因此包含了伦理上的价值决断。生物控制论的或者整体主义的知识,具有对动态的自然尺度的指示,但都是对于这一决断的必然基础。所以,例如,古董不可制造,这种知识支持这一伦理原理:一个生态系统越古老,必定要受到更多的保护。

(2)如果我们决定要保护一个特定存在的生态系统,这个原理是适用的:人必须使他的调节活动限于最小值,只要足以保障这种状态就够了(那么,过度的爱护是非生态的)。为此,人在调节生态系统时,应该为所有在这个领域中存在的植物和动物种类的总体,创造有助于它们幸存的条件。

(3)什么是自组织系统中的这个"自我",与所说明的一切都不同。

----

[136]　夏斯特尔,A.(主编):《列奥那多·达·芬奇的油画及画论全集》,达姆施达特 1990 年,第 291 页。

[137]　丢勒,A.:遗稿,由 R. Rupprich 主编,卷 3:《人体比例学》,1969 年。

[138]　转引自库尔特曼,U.:《艺术学说简史》,达姆施达特 1987 年,第 66 页。

哲学—神学的内涵也应该被包含在这个概念的自然科学意义上的运用中。

（4）在实例3中所列举的生物多样性的冲突,像知识的冲突、物资分配的冲突、责任负担的冲突或者权利冲突一样,不能凭借基于生物学的而必须凭借基于道德的决断来解决。

（5）人的身体是最贴近人的有机体,人可以在这个有机体上发现生态系统的功能和尺度。有意识地同自己的身体密切交往,能够促进与共同世界的生态系统一种相应密切的交往。这不必意味着人类中心论地把人的尺度转到自然上,而是支持这一论断:人恰恰是通过他的身体才是受造物整体的一个部分。这也不意味着,要不屈不挠地把身体的尺度变成伦理标准,但身体的信号如同自然的其他信号一样,同伦理判断的形成有内在关系。

2.4　量和质:尺度大于量度

自然的内在尺度能够根据对噪音、空气污染、震动、放射物或者其他有害物的责任限度来认识和度量吗?或者根据已存的物质资源的质来认识和度量?有一种地球担当得起的世界人口数量——在以生态为条件的限度内——作为尺度吗?

2.4.1　极限值 [S.99]

极限值的不同种类可以区别如下[139]:放射物的极限值是规定允许放射的有害物质的最大限度。它想通过源头上的措施使这种放射保持在限度内。侵害的极限值是规定可允许的对人、动物和植物造成有害或不良影响的最大限度,它想通过在侵害源或所涉及的有害物上采取措施,使之保持在(可允许的)限度内。放射物和侵害的极限值都是以后果设定的极限值,如果它规定这个限度是不可再增加的负担,这就是说,这个负担是不再能够得到抵偿的,因此造成的是永久的损害。与生态系统相关的极限值在于,凡是一个正常的自我调节系统遭到强烈干扰,使得它不再能够调节,陷入瘫痪的地方,这就是它的极限。这些后果定向的极限值仿佛

---

[139] 对这一章有本质上的指导,我要感谢与H.-U.瓦纳的谈话,他是苏黎世联邦理工学院的环保学家和联邦空气卫生学会的主席。

都是以损害物质的客观后果设定的极限值,它们通过科学的流行病学和实验的研究而提高。

与此相区别的是政治定位的极限值[140]。它们是在(达成)一个政治共识的过程中确定目标的,这些目标通常应该是逐步地实现的。例如把二氧化碳的排放量稳定在 1990 年的状态上,要一直到 2000 年逐步降低。无论是后果定位的还是政治动机的,极限值都是像烟雾一样达到了紧急状况的警报值。它们是在一个领域内确定的,通常是在一个领域内出现实际的后果之后而确定,总的说来很难作出评价。但无论如何,还是要作出一种数量上的或者政治上的断定,这种影响究竟何时成为难以归类的级别。政治上的标准也在于这个问题:超出警报值是否立即采取措施就能有效地解决。一般说来,超出了警报值损害就会立即实际地出现,而超出侵害值,损害通常只是经过很长时间才可认识到。

再者可以在不同的极限值之间作出区分,对人、动物和植物的极限值(例如在美国有首要的和其次的标准)和越来越多地实施的统一的极限值(对人和非人的共同世界都是同样有效的)[141]之间是可以确定其区别的,前提就是人类中心论地确信,人的健康只有在一种健康的环境中才有保障。

环境责任可以用不同的度量方法来提高。除传统的度量方法,如空气有害物质测量系统(它们都是直接测量空气中有害物质的分布)外,新应用的,例如生物指示器测量系统,它们显示有害物质对一个生物系统,例如地藓(Flechten)的影响。因此它们直接地是以生物为定向的。[142]

按照何种标准来确定极限值呢?我们以瑞士空气污染的侵害值为例[143]。对于这种极限值,在瑞士环境保护法中规定了 5 个标准:

---

[140] 对此也请参阅下一节的"环境标准"。

[141] 参阅欧洲区域办公室 WHO:Workshop on Air Quality Guidelines for Air Pollution Control Strategies in Western and Northern Europe,Paris 2—5 July 1991,Summary Report.

[142] 参阅阿曼,K. 等:《生物指示器——生物作为环境损害的评价尺度》,载于 Ascom Holding Bern:《人与气候——系列演讲》,1991 年冬季和春季,第 20—30 页;Herzig,R. 等:《地藓作为瑞士空气污染的指示器》,1987 年,第 619—639 页。

[143] 瑞士联邦环境保护局:《空气有害物质的侵害极限值》,《环境保护系列文献》第 52 号,伯尔尼 1986 年;瑞士联邦环境、森林和风景局:《保持空气纯净的侵害极限值规定》,《环境保护系列文献》第 180 号,伯尔尼 1992 年;瓦纳,H. -U.:《极限值,但不是臭氧空洞的警报值》,《新苏黎世报》,1992 年 5 月 26 日。

2. 自然中"自然的"尺度

"空气污染的侵害极限值要这样规定,以便根据科学或者经验的水平使侵害保持在这个限度之内:

a)人、动物和植物,它们的生活共同体和生活空间不受威胁;

b)居民的安逸不受到明显的干扰;

c)建筑物不受损伤;

d)土地的可收益率、植被和水资源不受损害。"[144]

第5个标准适用于所有侵害极限值:"他(联邦最高法院的议员)在这方面也考虑到了侵害对于有较高敏感度人群的影响,例如儿童、病人、老人和孕妇。"[145]

这些侵害极限值是在不考虑技术和企业是否可实现的条件下,乃至是在不考虑可能的保持空气纯净的措施在经济上是否可承受的条件下规定的[146]。那么,它们可以被看做是自然的内在尺度吗?既可以也不可以。说可以,是因为这些损害可以根据经验和科学的研究客观地确定;说不可以,是因为这些极限值并不是价值中立的,相反是根据更重要的、但是由人所设立的伦理标准所确定的:保护生命,尽管笼统地说是对所有人有效的,也包括一个生态系统中的其他生物;在此特别是保护弱者。生命基础的可持续性的保存;促进生活质量;环境保护和文化宝藏保护的统一;在准确地表达诸如有害性(Schädlichkeit)、使遭受威胁(Gefährdung)、损害(Beeinträchtigung)或者干扰(Störung)这些概念时,也是在进行价值评判和诸善的权衡。

因此,诸如极限值的限度,在所探索的尺度伦理学中的价值,变得明确了:

——侵害极限值是当今对于认识对人与环境都有益的生态尺度并把握(防治侵害的)措施都重要的数值。

——它们都是可从科学上确定的,但只是基于前人在选择标准时的价值判断。这样一来,假如一种保持空气纯净的极限值要是能够被确定的话,那么它就不能以细嫩的儿童的肺、而要以健康的成人平均值为准绳。极限值不是自然现象,而是社会的行为极限。它们由于行为者或者

---

[144] 关于环境保护的联邦法律(从1983年10月3日开始,1991年10月1日立法),第14条款。

[145] 同上书,第13.2条款。

[146] 瑞士联邦环境保护局:《侵害极限值》,版本同前,第6页。

相关者做好了承担风险的准备而被约定。

——极限值不仅可以从人的毒理学上确定,而且也可以从有害物质对植物和动物的影响注意到,当通常的情况就是如此,它们是与人和环境生命攸关的共同体的一种指示器。

极限值没有量度是不可思议的。尺度以什么被度量和什么能被度量为核心。就此而言,它是对迄今自然科学范式的合乎逻辑的表达。不能或不能完全简单地被度量的有害物质,就不能被注意到(而且我们必须同可度量的有害物质进行充分的斗争)。有害物质在增加,也是应该被注意到的。在自然中没有出现、或者只是慢慢地被降低的有害物质,是可以被消除的,或者毋宁说,是可以在一个封闭的系统中加以利用的。主观上感知得到的不同侵害,如居民受气味和噪音污染的侵害,要被考虑。不过,整体主义的自然科学,总的说来难道也是以极限值为出发点吗? 而且这究竟对环境政策的改变意味着什么呢? 这是一个悬着的问题。

——极限值是将极限变成尺度。"过度都是侵害,侵害就是超出一种或多种侵害极限值。"[147]凡在极限内的东西,就是适度的;凡在极限外的东西,就被视为过度。尽管极限值只会具有公路护栏的功能,它不包括护栏中间的正确道路,但拥堵的难题就内在包含了极限值:它经常地并乐于被错误地作了这种解释:人们可以尽可能地达到极限。凡是不被禁止的事情,就是允许的。极限值是必要的、但不是充分的尺度工具[148]。环境标准是对它的进一步发展。

2.4.2 环境标准

一种风险就是一个意识到了、但为了侥幸之故而被容忍的危害。对于风险可接受的尺度在哪里呢? 人能够让一种从人类发生学角度所允许的(例如,因像核能这样的技术引起的)风险尺度,从"自然的"风险来理解它们,并把它们视为人类所能遭受的风险吗? 那么,就辐射而言,人类因遗弃(无事故装置的)核废料所遭受到的辐射,是以自然的宇宙射线和地球射线来测量的,并由于人为受到的辐射远远小于自然的辐射,它因此

---

[147] 瑞士联邦保持空气纯净的规定,从1985年12月16日开始,1991年4月1日立法,第2.5条款。

[148] 也请参阅科尔腾坎普,A./格拉尔,B./格里梅,L.(主编):《极限值失去限制力——论环境保护中单一政治工具的困境》,Karsruhe,1989年。

2. 自然中"自然的"尺度

一再地被辩护为合理的[149]。瑞士转保险学会(Rückversicherung—Gesellschaft)的一项研究分析了从1970到1989年自然灾害和巨大损失的发展。在3 111个记录在案的大事件中,在此时间之内,有150万人因自然灾害丧失了生命,其中100万人死于地震,占所有死亡者的92%。在所有其他的伤害事件中,有13万人丧生。[150]我们能由此而得出结论说,技术的潜在风险比自然的永远要小得多,所以比在当今的风险讨论中发生的戏剧性也要小得多吗?可接受的风险尺度以及人与环境遭受危险的可接受的尺度,能借助于自然遭受的危险来规定吗?不这样,又能如何呢?

[S.102]

笛特·比恩巴赫合理地提出:"自然不是人的标尺。'自然的'风险在许多方面也是高得令人不可接受。"[151]说人所能承受的风险,就是自然加之于他的那么多,这种姿态在伦理学上,或许真的就是一种自然主义的谬误,它忽视了当今已经变得越来越明显的(事实):多少所谓的自然的风险,至少部分地是起源于人类的,哪怕我们只想到飓风,根据当今的知识,其猛烈的程度,也是可同人类引起的气候变暖相关联的。

在许多相关的环境领域和许多风险上,并不存在极限值或警戒值。一个人、一个企业或者一个作为整体的社会究竟能够承受何种风险,多大的风险[152],哪些潜在风险是可达成共识的,从这些问题的商谈中形成了对环境标准的制定。柏林科学院环境标准工作组,为制定这些标准(以辐射保护为例),重新公布了一种根本的和广泛的方法[153]。我从中接受了如

---

[149] 《环境标准的基础、事实和评价——以辐射风险为例》,柏林科学院研究报告2,柏林/纽约1992年,第8、118—131页。

[150] 《从伤害中变得聪明——瑞士转保险学会的风险管理》,载于《新苏黎世报》第154号,1991年7月6/7日,第19页。

[151] 比恩巴赫,D.:《对未来后代的责任》,斯图加特1988年,第209页。这里不是深入讨论广泛的伦理风险的地方,这些讨论目前也是在环境伦理学的框架下进行的。参阅,例如汉斯·鲁的《伦理学与风险》,载于他的《论证伦理学》,苏黎世1991年,第77—89页;格特曼,C.F./克勒普弗,M.主编的:《在周围世界的风险中行动》,柏林1990年;贝克,U.:《风险社会》,法兰克福1986年。

[152] 为风险规定尺度和为限制大量的技术设备的风险(寻找)最有效的手段,可以推测这就是风险的安全保障。已经显露出来的是,由于急剧增长的工业的潜在风险,安全遇到了极限。与之相反,技术大设备的安全保障迄今从根本上得到了改进。

[153] 《环境标准》,版本同前。报道《环境标准》的两位共同的作者格特曼,C.F./米特尔施特劳斯,J.在《环境的尺度》,〔《该亚》1(1992)第1期,第16—25页〕对制定环境标准的缘由和哲学的前提作出了一个有价值的概述。

下的一些定义：

"环境标准的普遍功能，是为处在风险中的行为在特定情况下规定限度。尽管对极限值究竟存在于何处这类问题，总能提出相反的问题，相关人员已经投入了什么……与此相应，环境标准就是对处在风险中的行为(作出)一些常规的限制。"⑭自然科学对极限值的认识构成了环境标准的不可放弃的组成部分。但不可把这些认识自然主义地误解为自然的"自然"尺度。相反，它们可被"文化主义地"理解为对可接受的风险的社会共识。⑮ "我们把环境标准理解为法律规定、管理规定或者私人规则(就像德国工业标准 DIN 规定一样)，通过与环境相关的、不确定的法律概念(如'有害的影响'、'预防措施'、'必须的小心翼翼'、'被认可的技术规则')，通过对可度量的尺寸在具体禁令中的实际操作和标准化，禁令或者许可被修改……环境标准这种状态的获得是一个复杂的过程，不同学科的科学洞识，规范的信念和社会的框架条件，总是以特殊的方式能够参与到这一过程中。"⑯

[S.103]

环境标准以环境为出发点，几代以来都是这样形成的，并愿意继续保持这样。因此它们不是以环境的一种理想的应该状态为准绳。⑰ 通常，环境标准被表述为禁令。目的是保护环境免受侵害。它们既不是不依赖于时间的，也不是独立于价值的，而且也不是随意的。政策的随意性受到环境标准必须满足的一些条件的限制⑱：第一，自然科学所描述的事实。首先涉及的是后果研究，因此合乎自然规律地规定了特定的化学试剂、辐射、技术或者人的行为方式对自然和人的影响。第二，在评价过程中，不同的影响和不同的目标规定，所有这些维度都考虑在内。第三，一个合理的评价必然基于前两个条件。

于是，环境标准可以刻画出四个特征来：它们是常规的(一种协定)、合理的、规范的和工具化的。

环境标准的约束力基于合理的商谈⑲。环境标准依赖于一个社会和国家的目标。尤其是"不能期待它们的确立是全球化的和在时间上是永

---

⑭ 《环境标准》，版本同前，第 6 页。
⑮ 同上书，第 5 页。
⑯ 同上书，第 33、4—5 页。
⑰ 同上书，第 35 页。
⑱ 同上书，第 36—38 页。
⑲ 同上书，第 38—50 页。

远有效的"⑩。但是,它们在一个特定的政治单位内,例如在一个国家内部,是有约束力的。对它的侵犯将通过制裁予以追究。因此,这种约束力以民主的方式是可能的,其前提是被居民接受(事实的有效性)。居民的这种接受又要求(环境标准要有)可接受性(定义为规范的有效性)。接受和可接受性的区别对于在这里汇报的环境标准条款是基础性的⑩。可接受性意味着为有冲突的处境(在其中两个行为人追求的目的不可统一)确定伦理规范。于是,环境标准的目标在于通过一种民主的合法程序确定,哪些风险是可以通过法律而指望居民们接受的。"在这里,国家鉴于其程序的合法性而能通过考核,不是每次都要根据程序可能达成共识的结果来考核。"⑫只要存在这种合法性,根据柏林环境标准工作组的观点,就不存在基于环境法的反抗权,例如迈耶尔-塔什就持有这种要求⑬。

环境标准的规范性约束力的基础,对于刚才提到的工作组而言,就是共识原则⑭:"既然每个人通过选择一种生活形式,选择了一种准备承受的风险,那么,这种准备承受的风险也就可以拿来商谈,以供行为选择。"⑮即便那些通过驾车或者体育项目来规避风险的人,那么也因此而准备容忍某些环境风险。此外,他或者她必须要有准备,自己不愿承受的风险,也不要期望别人愿意承受⑯——在这里适用伦理学上的金规则。共识原则当然是以风险的可公度性(Kommensurabilität)为前提的,尽管风险大小不等,它们是不可比较的,这在伦理学上是毋庸置疑的。⑰在我看来,不平等的东西不可比较,这在伦理学上不能根本加以否认,否则伦理

---

⑩ 同上书,第35页。
⑪ 同上书,第51—68页。
⑫ 同上书,第53页。
⑬ 迈耶尔-塔什,P. C. :《有对付公民不顺从的权力吗?》,载于阿梅里,C. 等:《无基础的能源政策》,法兰克福1979年,第40—45页;还有他的:《在社会生态危机中征候中的反抗权和反抗义务》,载于:《法治国家中的反抗》,由 P. 萨拉丁和 B. Sitter 主编,弗莱堡1988年,第29—44页。
⑭ 《环境标准》,版本同前,第56—63页。
⑮ 同上书,第57—58页。
⑯ 同上书,第6页。
⑰ 共识原则由于不可公度性说法而由迈耶尔-塔什,K. M. 在讨论:《从福利社会到风险社会——工业经济风险的社会评估》,载于:《走出政治和时代史》,国会周报副刊,1989/36,第31—42页。

学根本就是不可能的,尤其是公正的价值在伦理学上就不再是可把握的了。

根据我的评价,目前关于环境标准讨论的最有意义的部分,就是使为环境确定标准的程序制度化。[168] 困难确实在于,存在许多不同的极限值、警戒值、负担极限,又出现这个问题:究竟谁能决定,哪些是对社会有约束力的。越来越多的居民反抗风险,(但)对于种种风险,他们丝毫不会说,有必要形成一种广泛的居民参与(机制),同时保护包括科学家在内的所有人。所以,柏林环境标准工作组建议设立一个两议院——系统的环境参议室,一是由科学家组成的专业议院(出自所有与环境相关的科学领域的,除自然科学领域、社会科学和人文科学领域之外),和一个由立法、行政和司法的代表们组成的管理与政治议院。[169] 那些例如在美国,还使居民们直接被包括在民主决策程序中的种种努力,就迈出了更大的步伐。[170] 特别是在本地和区域性的层面上,这样做是可能的。在瑞士,国民提案和全民公决都是经常被应用的民主手段,目的也就是要民主地确定"环境的尺度"。

[S. 105]
有时也想问问自己,究竟为什么要在第 2 章这里处理环境标准,这里可是探究自然尺度的地方,而环境标准确实完全是社会的和规范的规定。原因在于,正是环境标准要特别搞清楚,我们在第 2 章的大多数其他各节已经看到的东西,即所谓客观的、从自然科学的角度提出的自然的尺度,经常是不能与人的价值设定相分离的。前者同时是后者绝对必要的基础。这正好也涉及自然的和人为的辐射尺度问题,对于辐射,人准备或者尚未准备好接受这种风险。

---

[168] 对此请参阅《环境标准》,版本同前,第 345—493 页;也要参阅格特曼,C. F./米特尔斯特劳斯,J.:《环境尺度》,版本同前,第 23—25 页。

[169] 《环境标准》,版本同前,第 475 页之后。

[170] 对自从 1986 年在瑞士大礼堂发生的化学事故以来的巴塞尔风险对话,R. Schlupf 作了一个综述。《在澄清和害怕之间——风险交流作为一种社会过程的工具》,载于《新苏黎世报》第 128 号,1992 年 6 月 4 日,B3;一个参与性的程序,以新泽西州清除污水处理后的淤泥为例,Renn, O/Weber, Th. 对此作了描述:Anticipating Conflicts:Public Partizipation in Managing the Solid Waste Crisis,《该亚》1(1992),第 2 期,第 84—94 页。在环境问题上的参与性标准也一再强调了教会的社会伦理态度。

2.4.3 能量和熵

能源既是经济—技术—农业发展的钥匙,也是巨大的环境问题的关键。有一种从自然而来的对人而言最佳的能源消耗尺度和一种极限值吗? 从无限宽泛与中心的主题中,我把自己限于三个层面:能源,能源负担的量与质的问题和熵。

在地球上存在两个能源来源:来自地球的储量和太阳能。第一种由按照人的时间尺度可再生的能源和按照地质学的时间尺度可再生的能源组成,后者鉴于人类迄今为止在地球上的时间跨度短暂,必须被描述为不可再生的。人类今天最大部分的能源是靠这种不可再生的能源,即靠石化能源——石油、天然气和煤为生。如果我们宁可对不大有可能的复合能源忽略不计的话,原子能也必须由不可再生性来描述,铀因此也被算在这个范围内。能源尺度作为由自然设定的这种能源消耗类型的限度,长期被看做是资源紧缺——特别是通过令人醒悟的1972年罗马俱乐部《增长的极限》的出版。[171] 事实上,如果我们把开采起来更加贵重的页岩油忽略不计的话,预计石油最晚将在下个世纪(即21世纪——译者)中叶开采完毕。不过,煤按当今的消耗,还将有两个世纪可供使用。但这从人类历史来看,也是极为短暂的一段时间。

但至少自20世纪70年代初以来,"从资源困难到环境棘手的过渡"[172]依然清晰可见。进一步形成了一个共识:因不可再生的能源遭受的环境破坏比资源紧缺问题(诚然因此排不到桌面上)更加严重。因此,石油消耗肯定不只是由于石油紧缺,而且由于气候更替急剧地缩短。对此达到了这种认识:"现存的可再生能源源泉比石化燃料要丰富得多。"[173]美国能源部长对美国的评价是,每年可使用的再生能源达到了已有的可分解储备的石化燃料和核燃料的10倍。因此,直到2030年,现今美国消耗的50%—70%的能源已被发现。[174] 因此,更为紧迫的问题,不是正确的能

---

[171] Meadows, D.:《增长的极限——罗马俱乐部对人类状况的报告》,斯图加特1972年,第45—57页。

[172] 弗里驰,B.:《人—环境—知识。环境棘手的进化史方面》,苏黎世1990年,第3.4节。

[173] 布朗,L.:《为了拯救行星地球——一种生态的可持续的世界经济战略》,世界观察研究所的出版物,法兰克福1992年,第49页。

[174] 同上。

源尺度，而是（作为能源承担者的生态质量的）现有的可开采量。这种量要以诸如可再生性、可分解性、最小辐射性、在生产和消费中对生态系统产生尽可能小的影响等生态尺度来衡量。所以，一种可持续的经济越来越经常地被视为一种"太阳能经济"（Solar-wirtschaft）[175]。于是，上文已经描述的对能源领域的控制论原理但愿也能得到重视。人类的生活，如同其他的自然物一样，确实首要地是靠太阳能这种能源形式：太阳能通过光合作用转变为生物化学能量的这一过程，是生态系统共同的分母。通过重视这些标准，并提高能源利用率，在理论上就有了一个"理想的"尺度，这就被称之为与当今在工业化国家中的人的要求相适应的、自然可承受的能源尺度。对瑞士而言，被计算出来的一个"理想的"能源消耗量是每人每年 12 兆瓦（MW）。这大概只是当今数值的四分之一，但是，在当今的发展中国家被消费的数值越来越高，几乎是它的三倍。[176] 不过，正是这些数值再次表明，它们并不是人们价值中立地从自然中获得的，相反，是以生活质量、公正的能源分配等特定的价值观念为出发点的。作为伦理问题的能源尺度，我们还是特别地将其放在正义的观念下加以研究。

作为人与能量交往应该以之来度量的尺度总是被称之为"熵"[177]。熵是热力学中的一种物理尺度，首次在 1865 年由 R. 克劳修斯阐发，在这种事实中可经验到：能量总是从较热的物体流向较冷的物体，绝不会相反，直到两个物体同样热或者同样冷。两个热力学规律可以这样来归纳：

"世界的能量是守恒的。

世界的熵追求最大值。"[178]

这种认识的基础在于，能量既不可创造，也不可毁灭。它只能从一种形式转化为另一种形式。如果我们把一定数量的热转化在工作中，热并不因此被毁灭，它只是被转化为另一种能量形式。在这种认识的背后，也

---

[175] 同上书，第 47—63 页。

[176] Schiesser, W.：《能源的瓶颈》，新苏黎世报，1991 年 11 月 31 日/12 月 1 日，第 21 页。

[177] 例如我所依据的是 Prigogine, I./Stengers, I.：《与自然对话》，慕尼黑 1981 年，第 125 页之后；Rifkin, J.：《熵，进入绿色世界》，纽约，1989 年；魏茨泽克，E. v. 主编的：《开放的系统》I,《关于信息、熵和进化的时间结构论文集》，斯图加特 1974 年。例如，第 35 页之后（F. Zukker），第 200 页之后（魏茨泽克），第 222 页之后（R. Ebert）。

[178] Prigogine, I./Stengers, I.：《与自然对话》，版本同前，第 128 页。世界可以被理解为宇宙。

存在着神学上最高意义的洞识:人不能从虚无中创造某种东西,也不能从虚无中创造能量。人"只能"转化已有的能量。能量有两种形式:随机的、可支配的和受束缚的、不可支配的。熵就是大批不再可被使用在工作中的、因而不再可支配的能量的一种尺度。熵的增加是不可逆的。熵的规律也说明,在一个封闭系统中的所有能量,都是从一种有序状态向无序状态转变。在作为"热寂"的终点,,只要所有能量都被束缚于无序的物质,那就会出现一种稳定的平衡。 [S. 107]

由此看来,熵的规律只适用于封闭的系统。那么,宇宙能被看做是封闭的系统吗?无论如何,生物系统都是开放的系统[179],这些系统都同环境处在一个能量和物质的持续交流中。因此,为这种现象找到一种说明看来是可以的:确实不仅存在不可逆的熵的增多,而且,像每个人都能看到的那样,生命的增多、(生物学的)秩序的增多、复杂性的增多和增长的增强,也是明显的。所以问题在于,作为物理学规律的熵,是否能够适用于有机生物、一般的生命。太阳能在生物中创造增长和再生等(不过,太阳能既不能创造物质,也不能创造生命,仅仅是为了自身[180])。看到在地球上的生态系统中,结构和复杂性增加,熵减少,意味着,地球上的自然构建起一种与熵反向的原则,(这种现象)称之为负熵(Negentropie)。有一个例子:当流体在冷却时凝聚,水在快到冰点前膨胀(所以浮起了冰)。水的这种反常现象是地球上的生命发挥其功能作用的一个重要因素。

经济学家尼古拉斯·乔治斯库-雷根,是将熵的规律应用到经济形态上的人[181],解决了熵和负熵之间的困境,基于三条理由:"第一,熵的规律只适用于完全封闭的系统,而一个生命有机体作为开放的系统,与它的环境之间交流物质和能量。那么,只要不存在与负熵规律的矛盾,环境的熵增加就要大于有机体的熵减少。第二,熵的规律不能决定土壤退化的速度。退化可以加速(那就要通过所有的动物)或者也可以放慢(那就要通过绿色植物)。第三,熵的规律不能决定从熵的混乱中产生的种种结构。试比较:几何学决定一个魔方中对角线的长度,但是不能决定这个魔方的

---

[179] 参阅第 2.2.2 节。
[180] 乔治斯库-雷根这样说,转引自 Rifkin, J.:《熵,进入绿色世界》,版本同前。
[181] 乔治斯库-雷根, N.: The Entropy Law and the Economic Process, Cambridge/Mass. 1971。

颜色。"[182]

熵的规律有哪些生态和伦理的重要性呢？在地质时代的维度中，即非常缓慢地发生的熵增加，或许真的意味着，熵的规律对于我们与地球的交往没有实在的意义。反之，它对于我们与物质的交往，例如废物，完全意义重大。越来越多的存款增加的熵增加——这是应该研究的——意味着，以尽可能小的能量开销来改变物质，使之移动位置并储存起来。[183] 物质的混合——这些物质混合之后又必须作为废物从生态的基础中被分离出来——意味着一种过于巨大的熵增加。因此，熵可以被看做是自然界一种经济的、节省能源的规律。著名的美国环境作家杰里米·来福金从熵的规律中推导出"一种低熵的哲学和一种低熵的生活风格"(Low-entropy philosophy and life-style)[184]。经济、农业、交通、健康、教养、宗教等等，都应该作为"熵的社会"被重新定位。这种观念非常类似于定位于持续、均衡发展的社会的目标。这是一个在伦理上值得思考的想法。不过，这里也表明了一个在伦理学上值得探究的趋向，即从一种物理学规律中构想出一种完整的世界观和社会理论。

2.4.4 人口增长

有一种自然确立的限度，不仅适用于一个开放系统中的动物和植物的数量规模，而且也适用于人类最大的居民数量吗？确实，居民数量的增长在地球这个生态系统中，是一个重要的和急迫的超负荷方面。地球的容纳能力有一种自然的尺度吗？

一个绝对的尺度，在这里也是不存在的，但一个相对的、动态的尺度是存在的。在旧石器时代，地球的承受能力在100万—1000万人，那么每平方公里容纳非常少的人。随着农业耕作，承受能力提高至1000万到1亿人，随着把动物拉来犁田，提高到10亿；随着现今的农业，提高到超过100亿人口。每公顷的收成，特别是在20世纪有了相当可观的增长。随着技术和农业的发展——这种发展曾经也是伴随着宗教规范的改

---

[182] 乔治斯库-雷根,N.：跋,载于 Rifkin,J.：《熵,进入绿色世界》,版本同前,第299—307(302)页。

[183] 例如由 Baccini,P. et al. 应用：《在一种生态定向的国民经济中的存款》,《该亚》1,(1992),第34—49页。

[184] Rifkin,J.：《熵,进入绿色世界》,版本同前,第274页。

变——养育更多人的可能性也大大增加了。在这方面,生物学家汉斯·莫尔认为"人类的生活从根本上越来越接近于承受能力的极限"[185],同时,承受能力也在持续扩大。

从联合国1977年对人口发展的四个预测变量来看,很大程度上证明了中等的变量:这个变量是1977年的预测,世界居民总量1990年是52.4亿人和1995年57.6亿人[186]。1991年人口总数是54亿人。但像世界银行预测的那样,只要以迄今为止这样大的规模发展[187],世界居民还能够在2100年前后增加到120亿吗?从人口统计学可观察的规律出发,世界人口将稳定在多高的水平上?[188] 还是说,对于行星地球根本就不存在人口的上限?营养学家预测,地球从理论上为400亿人提供营养应该不成问题。生态学家看到,可容纳人口的能力最高在100亿。享有盛誉的世界观察研究所(World Watch Institute)公布的最高上限是80亿:"我们认为,世界人口数量不可超过80亿。那么超过当今的人口大概不能再多出一半来,如果世界完全可以避免因饥饿和疾病导致大量死亡的话。"[189]如果世界人口增长率全球范围内到2000年真能下降一个百分点的话,那么,直到2030年稳定在80亿就是可能达到的[190]。

[S. 109]

这些数据表明,对于世界人口而言,不存在自然的尺度,尺度毋宁说依赖于人类所追求的目标和价值,也就是对于许多人应该实现的那些生活标准。因此,关键的问题不在于,究竟地球有能力容纳多少人,而在于,我们究竟愿意容纳多少人。不然我们就向全世界发布这个伦理要求了。[191] 因此,在世界人口问题上,也不能从自然界获取尺度。这种尺度首先要根据伦理的标准来确定:我们究竟愿意采纳印度人的180亿人口及

---

[185] 莫尔,H.:《自然与道德》,版本同前,第91页。
[186] 根据豪泽尔,J.:《人口学》,伯尔尼1982年,第218页。
[187] 布朗,L.等:《为了拯救这个行星地球——一种生态上可持续的世界经济战略》,法兰克福1992年,第99页。
[188] 豪泽尔,J.:《人口学》,版本同前,第224页之后。
[189] 布朗,L.等:《为了拯救这个行星地球——一种生态上可持续的世界经济战略》,版本同前,第99页。
[190] 同上书,第105—106页。
[191] 类似的观点参阅人口学家H.-P.米勒:《世界人口将稳定》,《关于S.克拉默和Ch.司徒博的电视访谈——苏黎世州的教会正典第8号,8.4条》,1988年,5。

其二氧化碳排放量,还是愿意采纳美国人的10亿人口及其二氧化碳排放量?[102] 寻求世界人口尺度,先要在有质量的生活和有人格尊严的生活的价值上,找到一个共识。

2.4.5 几点推论

无论是极限值的确定还是风险评估,无论能源的提高还是对世界人口增长的数量考察,在这些问题上的一个有意义的部分,就是寻找正当的生态尺度,这是一个量的问题。帕拉策尔苏斯的洞见"唯有适度的剂量,方可毒而不毒"[103],指出了适度的剂量作为正当量度的意义。那就不是说,例如用细菌制造的生物学的植物保护剂就绝对好,而用化学制造的就绝对不好。生物制造的东西,如果大量超出限度,也会成为毒物。

在近代自然科学中,尺度比在古代更强烈得多地被看做是一个量的问题,而可度量性被提升为每一个研究对象的绝对前提。在柏拉图和亚里士多德那里,事物被判断为在质上不同的,尺度是一个质的大小。事物只能在它们具有自身质的限度范围内,才能被看做是可度量的东西。与此相反,笛卡尔提出的观点是,所有事物都以一个共同的实体为基础,唯有实体的偶性才有广延(宽度、长度、深度、不坚硬、重量、颜色)。[104] 笛卡尔否认事物有一种奠基于它们之上的理念,也即一种质的规定。因此,数学成为所有应该有尺度规定的学科的基础科学,如在人口学中,要对保险社会进行风险核算,在能源预测中,如同目前的极限值计算。

[S.110] 与笛卡尔不同,黑格尔试图把质(一个事物的特质及其规定性)和量(一个事物的广延和数量)联系起来,而且恰恰是用(尺)度这个范畴来联系。在他的《逻辑学》这部著作中,黑格尔辩证地把直接的尺度作为正题,把与质相对的漠不相关的定量作为反题,把具体的尺度作为直接的尺度和漠不相关的定量的合题。这样,黑格尔规定了"尺度的范畴之为质

---

[102] 对于美国人而言,1950—1984年每人每年所公布的二氧化碳排放量是18吨,对于亚洲人而言是1吨。根据伽伯,H/纳什,B.:《好证据:气候》,慕尼黑1989年,第96页。

[103] 席佩尔格斯,H.:《帕拉策尔苏斯》,载于波墨,G.:《经典的自然哲学家》,慕尼黑1989年,第99—116(108)页。

[104] 笛卡尔,R.:《哲学原理》,莱比锡1922年,第32页。转引自佩希曼,A. v.:《黑格尔〈逻辑学〉中的"度"的范畴》,科隆1980年,第55页。

和量的统一"[195]。一物同他物的这种统一,黑格尔也称之为"有度的自为存在"(Fürsichsein im Maß)[196]。黑格尔心中浮现出一种"自然的数学"[197],指望它能制造出数学的大小规定性与自然的质的统一。这一任务即使在他自己看来,诚然也是几乎不可实现的。以当代生态学和所有学科领域的生态化为契机,从自然的数学化到一种自然的数学这个范式转换,就像它在这里已经借助于笛卡尔和黑格尔只是有所暗示的那样,就可以启动了。

在目前的 2.4 节量和质这个词条下综合出来的自然尺度表明,这里,无论是对极限值还是风险的规定,无论是在能源尺度还是在判断尚可承受的世界人口数量上,也包含了许多伦理的评价。对计量和平均值的思考,在这里本身就是一个伦理学的难题[198]。

2.5 综合的结论

(1)对自然的责任始于对内在于自然中的尺度的感知。我们整个第 2 章就以这句话开篇。所选来作为有代表性的例子的诸方面向我们指明了对自然的内在尺度的如下评价:

——在这个行星地球上的生命,是物理的、化学的、生物的和精神的种种力量的一个高度复杂的综合作用。为了认识生态的尺度,必须更多地从整体去看待个体。为此目的,(虽然)从个体到整体的复杂分析,是不可放弃的,但相对于整体主义视野肯定失去了意义。

——自然的尺度不是固定不变、决定一切的自然规律,而是一个动态的过程,伴随着变量和恒量的一种神奇的动态平衡。因此,在生态系统的进化中,既有增长的极限,也有极限的增长;既有必然性,也有自由;既有开放性,也有规定性;既有不可逆性,也有回复性,最终一切都在河流中。这个过程的目标是不可从自然本身推导出来的。

——作为生态系统的(相对的而非绝对的)尺度是可认识的,例如, [S.111]

---

[195] 佩希曼,A. v.,版本同前,第 278 页之后。
[196] 同上书,第 143—158 页。
[197] 同上书,第 282 页之后。
[198] 例如参阅比恩巴赫,D.:《对未来后代的责任》,斯图加特 1988 年,第 60—67 页:平均值无关紧要;还有他的:《计量伦理学入门》,Ratio 28(1986),第 30—45 页。

通过网络化的负反馈,自组织,动态平衡,生物多样性(带有保留),资源保存,多重利用和再循环,低熵和负熵,进化能力,等等方式。

——我的身体作为自然的部分表明了自然尺度的许多方面。对其有意识的知觉能够服务于对共同世界中的尺度的敏感化。

——时间因素在人与共同世界的交往中是最关键的因素之一。生物过程有另外一个、通常是缓慢得多的、作为技术过程的时间尺度。在此限度内,人的时间尺度必须以生物过程为准,随后我们将看到这一点。[199]

(2)对内在于自然的尺度的探寻已经非常清晰地表明了,这个答案很少能够有某些人所期望或者夸夸其谈的那种明晰性。我们总是会碰到道德决断问题,自然并不能给予我们这个问题的答案。对机械论世界图景的超越和对开放的世界图景的发现,使我们很坚定地就教于伦理学。有些人希冀从自然中推导出,我们在道德上能够以之为正确指南的方针和合规律性的东西,以为这样就能让我们减轻决断和承受责任的负担。但是,如果我们真能作为共同造物主,具有共同塑造世界的尊严和自由,那就可以让我们专注于一个目标了。因此,世界秩序就是恩典和职责:一直还在进一步发展着的世界的自然尺度之恩典和共同塑造向未来开放的世界之职责。尤其要探究进化的目的问题,以及与此相关地要对在自然之内的生活冲突和幸存冲突(例如在人和动物之间的)进行决断,这都属于要从伦理学角度给予回答的问题。这些问题要求进行伦理学上的诸善权衡(Güterabwägung)并给出优先规则。[200]

举一个例子:可期望的物种多样性的规模,从自然本身中是不可看出答案来的。它本身就让许多物种灭绝,除了有物种很丰富的平衡状态之外,也有物种非常贫乏的平衡状态。在自然中存在着动态平衡的尺度,但这种尺度不是通过一种绝对的标准,而只是通过相对较好或相对较差的解决方案,因而是通过权衡判断,才可找到或确立的。也许,这甚至也属于人的抗力平衡:他因此拥有、但不是绝对保险的"保护伞"。毋宁说,他有作出错误判断并因此蒙受损失的风险。但拥有这样一种伦理学,他就

---

[199] 参阅第5.4.8节。

[200] 类似的观点参阅 Honnefelder, L.:《我们应该保护何种自然?》,《该亚》2/1993,第253—264(263)页:"由于自然作为实践的定位尺度不是明晰的,部分目标相互冲突,具体要保护哪种自然,从来就是一种诸善权衡的结果,为了诸善权衡,优先规则才被阐发出来。"

2. 自然中"自然的"尺度

是一个具有幸存能力的人,因为他有适应生活中每一种新的挑战的能力。

想从自然本身中推导出合理的行为规范这种自然主义的谬误,不再把伦理学表达为人的有责任心的决断。反之,规范主义伦理学的失误,在于要求有一个普遍与自然对立的自由空间。两者都遭到了神学伦理学的否决,就像我们已经阐述的那样。[201] 人与自然的共同世界处在一种神所意愿的相互不可分离的(立约——)关系中,彼此依赖。[202] 由于这种关系,人对自然的尺度是负有道德义务的。但由于这些尺度的明晰性和确定性完全不同,这就总是要求人多多地作出自由抉择。

[S. 112]

即使不屈从于自然主义,也要认真对待自然的尺度,这对伦理学是重要的。之所以也要认真对待自然的尺度,是因为人以其进化史的发展和其身体的相关状态,确实本身就已经嵌入到这种尺度之中了。伦理原理——"凡是不符合事实的东西,实际上也不会合乎人道,而且,实际上不符合事实的东西,就是背离人道的"[203],也必须应用到自然的共同世界:凡不是自然公道的,就不会是人道的,而且,不能合乎自然公道的东西,也就不会是合乎人道的东西。人只有认真地对待自然的尺度,才能出于种种伦理的原因也有意识地与自然尺度相反地自我决定。尽管由于生态学知识的巨大进步,我们对于什么是自然公道的知识,总还是很片面而且也不保险,但我们毕竟还是持有这种知识,那么,保持对自然的敬重和在干预自然时原则上要克制,就变成环境伦理的规范。[204]

(3)上述自然科学的理论表明,自然科学的知识一再地是从一个领域,例如量子物理学的、生物进化论的、生物控制论或者热力学的领域,被应用到总的领域,也即社会的、伦理的和宗教的生活领域。这经常导致对这些理论的一种过度阐释,导致新的封闭的世界图景以及出现伦理上的问题,因为这归根结底是自然主义的做法。即便如此令人神往,例如观察到开放的系统理论似乎适合于许多自然科学的学科,即便关于现实的统一性的认识是如此正确,也(只不过)意味着,在自然的和社会的过程之间存在相关性,那么,把自然科学的理论嫁接到社会的过程中,就要非常

---

[201] 参阅第 1.4.3 节。
[202] 这种观点将在第 5.3.1—5.3.5 节展开。
[203] 里希,A.:《经济伦理学》,卷 1,居特斯洛 1984 年,第 81 页。
[204] 这种观点例如泰勒,P.:《敬重自然》,Priceton 1986 年,第 80 页之后;鲁,H.:《论证伦理学》,苏黎世 1991 年,第 85 页。对此更详细的论述,请参阅第 4.2.2 和 4.8.3 节。

谨慎。

　　同时,在某些自然科学的理论中提出了这个问题:自然科学的理论是不是也强烈地受到了当时的世界—社会观念的影响。这本来不是一个否定的问题,只要科学理论是透明的,不被隐藏在一种被误解的客观性的错误之下。就像达尔文,对进化中的适者生存(Überleben der Fittesten)的观察,不能不受到当时早期资本主义经济秩序的影响,那么我们在今天"开放的社会"[205]中并以"开放的科学"[206]发现了自然的开放系统,在信息—计算机的时代中发现了生物控制论。[207]

　　(4)在上述诸多自然科学和自然哲学的原则中,一再地出现宗教性的东西,形而上学和超验之物(Transzendenz),非常引人注目,但常常含糊不清,既有迷惑力,又令人发怵,是对神性东西的触摸与排斥的一种混合。这种看法我们可以自然科学观念中对自然的自组织中的"自"(Selbst 自身、自我——译者)的理解为例来说明。

　　韦斯特注意到,在常规技术中,控制必须从外部发布指令,而在自动控制中,指令单纯地是在系统自身之内。[208] 对于扬奇而言,存在着生物的自然动力,在这里,人是这个动力的部分。[209] 对布雷施而言,自身是通过阿尔法原理启动的。这就说明,有人在自然科学上对这个"自身"(的把握)就是盲人摸象。总是有人不断尝试,通过某个概念来把握未被认识清楚的动力机制,例如通过亚当·斯密的"看不见的手"这个概念来把握市场经济的自组织。《圣经》神话"太初上帝创世"或者"太初有道"被表面上理性—科学的陈述"太初有自"(Selbst)取代,但在现实中,"太初有自"同样也是一个神话,尽管是也必须要以大量事实来充实的神话[210]。这种说法也就像一再被说起的自控力一样,永远都是隐秘的。它因此不就

---

[205] 参阅拉兹洛,E.:《进化。新的综合》,维也纳1987年,第111页之后。
[206] 普里高津,I./Stengers,I.:《同自然对话》,慕尼黑1981年,第276页之后。
[207] 韦斯特,F.:《思想的新大陆》,版本同前,第93页之后。
[208] 同上书,第31页。
[209] 扬奇,E.:《宇宙的自组织》,慕尼黑1992年,第35—36、49页之后。
[210] 也参阅哲学家瓦尔德富格尔,M.:《惟一物与语言》,随笔,维也纳1990年。他在"自组织"(第49—59页)这一章写道:"有人并非任意地问自己,宗教神话对去伪存真(Enttarnung)的渴求、对最终说明或者至少对在一个永恒变化着的世界中可量度的话语的渴求,究竟来自何方。"(第51页)他的回答是:"这种统治与生俱来(Herrschaftsgebärde)……"(第50页)

2. 自然中"自然的"尺度

成了卡尔·巴特所说的"无主的力量"(herrenlos Gewalten),那个"伪客观实在性"吗? 但这种"意欲无主地存在并令人印象深刻地自身给予和表现的无主的力量","本来就不是别的东西,无非就是人自身的力量,即赋予其创造本性的自有的力量。"[211]

但如今能把这种自我认同为上帝或者神性吗?[212]引人注目的是,科学家越来越多地追溯到希腊神话和诸神世界,例如大地女神该亚,自然之神潘(Pan)或者丰饶女神德梅特尔(Demeter),来把握问题[213]! 这样就不是自动地把基督教的造物主上帝放在眼中。在此之前,魏茨泽克,C. F. V. 就已经在他对"控制论的意义"的详尽哲学思考中,总结出这样一句话:"上帝不是各种形式的总体,而是形式的原因"[214]或者在别的地方,不也出现了把这个自我理解为灵(Geist),理解为在灵中行动的上帝吗[215]?

无论如何,只要能把对上帝话语的阐明用作对人的行动的生存论和认识论之限度的阐明,在这里就存在自然科学和神学伦理学之间的一个连接点。自然科学、神学和哲学对于保护世界的共同责任,以此为前提:自然科学家和哲学家们要明确地允许宗教问题的(存在)[216],无论是从个人的角度也好,还是从科学的角度也好,要不断研究宗教问题。神学的环

---

[211] 巴特, K.:《基督教生活——教会的教义》IV,第 4 页。《遗稿残篇——1959—1961 年的讲座》,苏黎世 1979 年第 2 版,第 366、368、369 页。

[212] 当然要是真能澄清并能够指明自组织(也被称之为 Aotupoiesis—自主创造行为)这种说法的神话根源就好了,要是有人非要把自主创造同"诸神的创造行为"相比较的话(poiesis 指的是创造一个作品的行为,这个作品从前不曾有过,也从未被创造过,是为自身而存在的)。对此请参阅 Huppenbauer, M.:《poiesis 作为人文生态学的问题》,载于布朗, H. -J. 主编的:《马丁·海德格尔与基督教信仰》,苏黎世 1990 年,第 115—158 页(特别是 123 页之后)。

[213] 参阅洛夫洛克的该亚—假设(上文第 2.1.2 节)和跨学科的环境科学的《该亚》新的高水准杂志;F. 韦斯特,他的书《网络思维的主导动机》(有一章"自然之神潘为什么遭受指责?")是以泛神论立场结束的;而 I. Prigogine 给他为欧盟提议的环境研究纲领起了德梅特尔这个名称〔Prigogine, I.:Environmental Ethics in a Time of Bounded Rationality, in:Bourdeau Ph. et al:Environmental Ethics, Bruessel 1990, 89—103(97)〕。

[214] 魏茨泽克, C. F. v.:《自然的统一性》,慕尼黑 1972 年第 4 版,第 277—366(366)页。

[215] 参阅论关于自组织和自我超越的神学问题。林克, Ch.:《创世》,居特斯洛 1991 年,卷 2,第 440—446 页。

[216] 在有些人那里究竟是一种什么态度,参阅丢尔, H. -P.:《物理学和超验——我们世纪的大物理学家论述他们与神奇东西的交遇》,伯尔尼 1986 年。

境伦理学与自然科学对自然的功能方式(如果—那么—陈述)的描述相反,必须认真对待从经验角度把握上帝创造的现实这种尝试。对因果关系的认识是形成道德判断的一个前提。

3

伦理学史中的适度德性

[S.115]

"我们力图驶向的全球社会,与其说是从道德和精神的价值汲取养料,不如说是道德和精神价值为其开辟航道……我们必须在全球问题的不同领域内更细致地刻画出伦理价值的意义,因为这将是未来的一个斗争场所和解决全球问题策略的一个基本的组成部分。"①

罗马俱乐部对价值的呼唤,目前到处都能听到这种声音。在这种呼唤中,保持适度总是被作为核心价值。于是,德国天主教中央委员会在1991年8月8日的一项声明中呼吁发展"技术伦理学",并借助于四主德智慧、勇敢、公正、适度(Zucht und Maß)为其规定方向②。而且,生物学家汉斯·莫尔,这位在其进化伦理学中探究伦理学的生物学根源并且同时(声称)不能从自然本身推导出伦理的人,像在上文提及的那样③,在一份"主观自白书"中令人惊讶地以回归四主德为目的,其中就有适度的德性:"假如不能回到古典伦理学被称作主要德性的那些德性:智慧、勇敢、公正和适度,我就不能设想,个人如何是幸福的,社会如何能够保持其生命力的延续……这样一些人是有尺度的:他在自我规定中为自己设立界限,当他自己能够为保存整体做贡献时他不再要求众人和自然。"④

所以,在第3章我们就想探究在伦理学史中作为四主德之一的适度德性。我们把它放到我们所选出的时代中,考察它为那个时代所体现的立场。由于我们的主题特别是要探究与共同世界的适度交往,我们将把

---

① 罗马俱乐部(A. King, B. Schneider):《第一次全球革命——罗马俱乐部忠告的一个报道》,法兰克福1992年,第195、221页。
② 《福音信息》33/1991,21。
③ 在第2.2.5节。
④ 莫尔,H.:《自然和道德——生物学中的伦理学》,达姆施达特1987年,第6、178页。

当时对适度的各种各样的理解同当时对自然的理解联系起来,目的是要审查,适度德性在多大程度上就是我们与共同世界的一种爱护性的、适度交往的一把尺规(Maß-stab)。

保持适度在整个西方历史中是一个拥有共同根源的核心价值。这种共同的根源纯粹从语言上看表现在同一词源上:Maat(在古埃及代表秩序、公正和尺度);metro(希腊语代表尺度);midah(希伯来语代表世界的合理尺度,也即代表大地的秩序(《约伯记》,38.5);Septuaginta(是对metro 的翻译);modestia(拉丁语代表适度、审慎、谦和、恭顺);moderatio(拉丁语代表合理的尺度、自制、控制);immoderantia(拉丁语代表失度);mensura(拉丁语代表可度量的尺度);ma∧zu(古高地德语);Maß(德语的尺度);mesure(法语的尺度)、measure(英语的尺度)。电视节目主持人(Moderators)这个完全现代的概念在此也能反过来获得贤明的引导者这个原本的含义,提出某些阻止、要求或邀请保持克制。

[S.116] 尺度的德性在希腊哲学中特别是以 sophrosyne⑤ 这个概念来表达的。它是由词根 soon(健康的、救治的)和 phren(理智)组成的。因此 sophrosyne 被作为健康的人类理智行为,被评价为合理性的和合理的,而无度的越界则被看做是非理性的和不健康的。Sophrosyne 也标志着合乎理性地为目的恰如其分地使用手段,作为聪明的克制的审慎,冲动的自制和适度,乃至政治中的智慧和秩序。

在拉丁语中,大多都是以保持适度 temperantia(和作为无度的 intemperantia)来再现 sophrosyne 的意思⑥。词干 temp_叫做跨度(spannen,tempus 作为时间跨度,是在两个时间段之间的时间),它以可能的方式指出了希腊人尺度的观念:作为穿插在两个极端之间的张力(Eingespnnte),我们将返回到这一点。但 temperantia 也意味着从不同的部分组合成一个有序的整体*。

---

⑤ 参阅词条 Sophron,sophroneo,sophrosyne,ThWNT,第 7 卷,第 1094—1102 页。

⑥ 约瑟夫·皮帕是以"规矩和尺度"来翻译 sophrosyne 和 temperantia:《规矩与尺度——论第四个主德》,慕尼黑 1964 年第 9 版,第 11—16 页)。现在,规矩让人强烈地想起威严的惩戒和性生活上的保守古板,sophrosyne 的含义与此紧密相连。

* 在亚里士多德伦理学中,这个词仅翻译成"节制",显然失去了这里的含义。相对的 intemperantia 翻译成"放纵",也是对其基本含义"失度"、"无度"的一种特殊限定,即限定在人的理智对自身"欲望"的关系中,但显然在古希腊,它们的基本含义作为"适度"和"无度"是在非常广泛的意义上使用的。

绝对要避免的是,将 sophrosyne 和 temperantia 混同于合符中道和温和的中庸。我认为最合适的做法是,现在用尺度、保持适度、适度、自制,甚至用动态平衡、用智慧、用合适或者寻求中道来翻译它。我将试图用不同的概念,最常用的是用保持适度来接近其共同的东西。

在第3章我使用德性这个概念,因为 sophrosyne 和 temperantia 在伦理学史上是与德性论紧密联系着的。但在当代的伦理学讨论中,这个概念通常被附加了过重的东西,并且被狭隘化。我接着用伦理(Ethos)⑦代替它。

3.1 希腊哲学

在古代埃及,天平就已经是正当的尺度和正义的象征。特别是在古代王国(公元前2780—前2260)它是女王玛特(Maat)的象征,她就是"那个规定人类社会和整个自然的各种复杂的规则构成的人格化身"⑧,是秩序的普遍原则,同样是使国家、世界和宇宙得以继续运行的普遍原则。于是,人们可以把玛特描绘为尺度女神。法老及其官吏的使命是,以他们的宗教礼法和国家法律塑造玛特的世界秩序。玛特就是政治神学的一种类型。在新的王国中,玛特被内在化为内心的尺度,真诚的道德,内在的虔敬⑨。玛特处在智慧的传统中⑩,诚然对希腊和拉丁的古代文化有着一种迄今低估的影响,埃及神学家J.阿斯曼就已经指出过⑪这一点。所以,说尺度思想的摇篮在古希腊文化中,这种泛化的解释显然需要修正。也许必须要把地中海区域描绘为尺度文化区域吗?这当然不可从欧洲中心论的立场来解释,因为在欧洲之外尺度思想同样拥有一个长久的传统⑫。 [S. 117]

阿尔伯特·加缪1948年在一篇言简意赅的随笔中总结了希腊—地中海的尺度文化。他在第二次世界大战的影响下,也把北欧同希腊思想

---

⑦ 参阅第1.5.3节的"德性和伦理"概念。
⑧ F. 斯托尔茨的"导论",载于由他主编的《科学中的平衡观和非平衡观》,苏黎世1986年,第1—4页。
⑨ 这样的一种类型:《埃及 II》,RGG 卷5,Sp,112—116。
⑩ 参阅布伦纳,H.:《埃及人的智慧书——对生活的教导》,苏黎世1991年。
⑪ 阿斯曼,J.:《玛特,古代埃及的正义和不朽》,慕尼黑1990年。
⑫ 参阅第4.7节:普世宗教。

在典范上区别开来,同时理想化地同地中海文化相统一⑬,就指向了我们的核心主题:"希腊思想总是与限度(limite)关联起来……而我们欧洲相反,出发点总是向往着对总体性的克服,(因而)是无度的女儿……在它的幻觉中对永恒的限度感到反感……涅墨西斯是作为尺度女神、而不是复仇女神*,所以放纵的人,都将因其放纵自己而遭受无情的惩罚……我们只会偏爱模仿大(grandeur)的强权。我们使天和地臣服于我们……我们在沙漠上建立我们的强权建筑。对于使历史、美和善在其中得到自然均衡的较高平衡,我们究竟能有怎样的观念呢?……我们转向自然的反面。我们的时代,在它足以把握世界之前,就想改变世界,在理解它之前,就想整理它。它使这个世界荒漠化……我们缺乏的只是人的自豪,它存在于对人的限度的信义中,在对其作出限定的明显偏爱中。"⑭

尺度的训练是希腊文化在几何学、建筑艺术、科学乃至哲学中的一个基本因素。这种对规矩的寻求不是拘谨的符合中道,也不是禁欲主义的俭朴或者与酒神节的放纵相对立。K.舍福尔德这样刻画希腊尺度文化的特征:"希腊人将放纵、尺度和禁欲相联系的秘密是:它们都是起源于对完美的人的形象的快乐。放纵不在于与尺度对立。被爱的激情所缚,灵魂洞见出尺度的理念。他们的禁欲不是必需,而是出于对塑形的更高的愉悦。这样的令人迷狂的禁欲从偶然和短暂,进而达到尺度,达到本质,达到存在。"⑮ 在希腊的尺度文化中无限的东西是不完美的,相反,有限的东西是完美的!对此,我们要从希腊哲学的实例来加以阐明。

3.1.1 前苏格拉底哲学家

在前苏格拉底哲学家中,最有意义的尺度哲学家诚然就是爱菲斯的

---

⑬ A. Gamus:La culture indigène. la nouvelle culture méditerranéenne, in: Essays d'Albert Camus, Paris 1965, 1321—1327.

* 在希腊神话中涅墨西斯(Nemesis)是专司报应的报应女神。

⑭ A. Gamus:L'exil d'Hélène, in der Essaysammlung l'èté, in: Essays d'Albert Camus, Paris 1965, 851—857(CS 翻译)。这个主题也可以在他的这篇论文中听出来:Entre Plotin et Saint Augustin,版本同前,1220—1313.

⑮ Schefold, K.:《希腊文化中的放纵、尺度和禁欲》,载于 Bremi, B.:《放纵、尺度和禁欲作为文化的因素》,巴塞尔 1967 年,第 91—106(106)页。

赫拉克利特(大约公元前540—前480)⑯。对于他来说,一切存在的东西都有它的尺度,这个尺度是绝不能舍弃的。在造化中存在着一个本原尺度。通过这个本原尺度,火通过气变成水,在宇宙的熊熊大火(Weltenbrand)中,水返归于气:"火的周转是:首先(变成)海水,而由海水的一半(变成)陆地,另一半变成灼热的气。陆地溶解为海水,海水按照它变成陆地之前同样有效的意义(逻各斯),蕴涵着它的尺度。"⑰因此这不是指存在的元素学,而是指"存在可能演变的一种(不是等级的)阶段顺序"⑱。火表达的是永恒的真理之光:"这一世界秩序,对于所有存在物都是同样的,既不由任何一个神也不由任何一个人所创造,它过去、现在和将来都永远是它的一团永恒的活火,按照尺度燃烧,按照尺度熄灭。"⑲

这也表达出了这个尺度的动力。Panta rei(一切流变),这是赫拉克利特最著名的话。它字面意思是说:"我们踏入、也没有踏入同一条河流,我们是、也不是",以及"人们不能两次踏入同一条河流"⑳。尽管一切都在流变,但是分寸,基本尺度依然保存。甚至"赫利俄斯*也不跨越他的尺度"㉑。赫拉克利特以他与智慧连在一起的逻各斯,操纵着整体:"太一,这位贤明,知道这一天意:一切完全由一操纵。"㉒这里我们听出了某些我们在第2章关于系统的动态平衡或自我控制所阐述的东西。不过,对于赫拉克利特来说,这种尺度如此深奥地隐藏在存在物之内,以致最终都不能认识它,而只能隐隐约约地感觉到它。

关于正当尺度的互补性和整体主义的典范性的当代观念在赫拉克利特那里也可找到:"相互的追求者走到一起。最美的整合来自不同的行

---

⑯ 对于这一论断的令人印象深刻的研究是由 G. 皮希特作出的:《自然的概念及其历史》,斯图加特1989年,第167—196页。

⑰ VS22B31(这个缩写代表的是 Diels, H.:《前苏格拉底哲学残篇》,由 Krenz, W. 主编,卷1和卷2,柏林1960年第10版。VS 代表前苏格拉底哲学家,22代表由 Diels 撰写的赫拉克利特是22号哲学家;B31代表残篇31号)。

⑱ 皮希特,G. 第176页,版本同注释16。

⑲ VS22B30。

⑳ VS22B49a 和 B91。

* 赫利俄斯(Helios),太阳神,有人认为他就是阿波罗。他每日乘四马金车在天空奔驰,从东到西,晨出晚没,用光明普照世界,洞察人世间的一切活动。

㉑ VS22B94。

㉒ VS22B41。

进者"㉓。就像箭弓或弓的曲柄努力向外,而弦要向内拉,因此组成张力一样,尺度也是由张力组成的:"对立追求的统一就像弓和弦的统一一样。"㉔对赫拉克利特来说,神也是这种 coincidentia oppositorum(对立的统一):"神就是白天黑夜,冬季夏季,战争和平,饱饿。但他的变化恰如这团火,这团火,只要是以燃料堆积而成,就是按照每一燃料的香气(而变)。"㉕

[S.119]　赫拉克利特既影响了康德,也影响了黑格尔;既影响了尼采也影响了加缪;既影响了皮希特,也影响了魏茨泽克。他给予物理、自然中的尺度一种充满魅力的现实的、动态的理解。这种理解当然在自然哲学上比在直接的环境伦理学上更为丰富。他对自然的统一,内在的尺度,这种令人敬佩的洞见和他的互补性观念,是有伦理意蕴的。

我们不能忽略前苏格拉底哲学家普罗泰哥拉(公元前484/483—414/413)。他的名言:人是万物的尺度,常常被误解为从人类中心论立场对统治自然的辩护。他的这句话究竟是指什么呢?"人是万物的尺度,是存在着的事物存在的尺度,也是不存在的事物不存在的尺度。——存在对每个人而言都同样地是显现出来的现象(Erscheinen)。"㉖这里没有涉及,人应该把自己确立为标尺,相反"他的话所说的是人的局限,而没有言及人的无条件的全能",皮希特对普罗泰哥拉的这句话已经作了这样的规定㉗。这里涉及认识论的说法:自为存在着的某物不能被设想。把存在者确证为存在着的,这就是人。这里听得见一种谦虚,它源自人的知识的有限性。这种谦虚在普罗泰哥拉这里诚然将变成一种相对主义,也即一种伦理相对主义,它在宗教上表现为反诺斯提主义(普罗泰哥拉在雅典被控告为无神论者):"对于诸神,我诚然不可能有知识,既不知道他们存在着,也不知道他们不存在,更不知道他们是什么样子。因为有许多东西阻碍着这种知识:不可感知和人的寿命太短。"㉘

㉓　VS22B8。

㉔　VS22B51。赫拉克利特著名的表述是,战争是万物之父,但不是从军事上而是在张力的意义上理解的。

㉕　VS22B67。

㉖　VS80B1。

㉗　皮希特,G.:《论哲学的伦理学概念》,ZEE22(1978),第243—261(249)页。

㉘　VS80B4。

德谟克利特(公元前 460/459—前 371/370)在许多知识领域留下的残篇内容都十分广博,在他的伦理学中把尺度置于核心。他已经比他的先驱们更强烈地看出尺度是内在的平衡,是对贪欲和激情的统治:"因为让人心情舒畅的,是通过适度的快乐和生活的节制这种合理的尺度。缺乏和过多常常是物极必反地倒转,并在灵魂中引起巨大的骚动。"㉙保持适度在他那里接近于力求稳妥的中庸(Mittelmäßigkeit):"适度的充满比过于充满要更稳妥些。"㉚经验教导他:"美到处都是适度的;过度和不足在我看来都不美。"㉛并且:"假如人们超越正当的尺度,那么最舒适的事情就可变成最不舒适的事情。"㉜甚至在认识的追求中,他也要求适度,当今环境伦理学和科学伦理学的一个现实的问题正在于:"不要求知道万事万物,你也不可能通晓万事万物。"㉝

[S.120]

3.1.2 亚里士多德

亚里士多德(公元前 384—前 322)最持久地为西方的适度德性观念打下了烙印。在这方面他以他的中道(mesotes)学说把诸如审慎地保持适度(sophrosyne)学说紧密地与柏拉图的尺度(metrion)学说,同柏拉图的尺度(metrion)以及欲望(epithymia)观念联系起来。他也联系到柏拉图的四主德㉞。在柏拉图那里,尺度本质上是在一个宇宙的框架内,而在亚里士多德那里则聚集在中道的德性上。亚里士多德的这个中道原则大概首先是为自然科学创造的㉟,然后才将它转到个体伦理学,最后将它转到政治伦理学。

亚里士多德把自然哲学规定为关于自然存在者的科学。类似于在赫

㉙ VS68B191。
㉚ VS68B3。
㉛ VS68B102。
㉜ VS68B233。
㉝ VS68B169。
㉞ 与此相关的柏拉图和亚里士多德的关系在这里不能得到处理,参阅亚里士多德:《尼各马可伦理学》,由 F. Dirlmeier 翻译和评论,Berlin1964 年第 3 版。F. Dirlmeier 对此有大量的注释,例如在第 299—310 页。下面关于亚里士多德的引文将根据他的著作通行的编号来标记。
㉟ Schilling,H. 就这么认为。《中道的伦理》,图宾根 1930 年,第 15 页。

拉克利特那里一样,在亚里士多德这里自然的主要特征也是运动㊱。自然是一个从自己本身外出的过程。过程对他而言,是在"可能性"和"完满"之间发生的事件:"过程就是存在者之为存在者按照其可能性的完满(= 实现)。"㊲对于亚里士多德来说,自然中的存在者首先是有生命的东西。他把无机物解释为是从有机物而来的,不能相反。自然的过程通过"四因"来规定:质料因、形式因、动力因和目的因。从可能性到完满的这个过程发生在一个中介者身上,即在中道这里:一个由两种相互极端对立的性质,如冷和热,所规定的东西,按照可能性是以其对立面为目的的。热就是能够变冷的东西。这一过程的结果就是一个中介者,中道。

　　在亚里士多德的自然观通过如托马斯·封·阿奎那变成了基督教的教义之后,又被牛顿机械论的世界观化为泡影,变成"几乎无意义的东西"㊳。自从机械论的世界观破碎以来,亚里士多德的自然观也就再次被发现。魏茨泽克已经指出过这一点㊴。

　　亚里士多德也把自然科学—自然哲学的这个中道原则变成他的伦理学,尤其是他的德性论的基础。最高的生活目的是认识神,最高的行为目的是幸福,Eudämonie,好生活。幸福在于享乐,在于从政(Leben im Dienst des Staates),在于献身于哲学。这种幸福是由有德性的生活产生的。在这里,德性对他不只是一种道德的考量。理智的(dianoetischen)德性是理性思考的能力,伦理德性涉及欲求能力。伦理德性也顺从理性,因此都是合符理性的欲求。自愿(Freiwilligkeit)、乐于践履㊵乃至认识都是顺从理性的前提条件。所有的德性,对于亚里士多德来说,都既不是当下的情绪,也不是天生的能力,而是通过训练而获得的习性。它们都表达一种基本品行(习性塑型学 Habituslehre)。因此,它们也不只是善的知识,而是

　　㊱ 《物理学》I,1,184b—185a。参阅 I. Graemer-Ruegenberg:《亚里士多德》,载于由 G. 波墨主编的《自然哲学的经典作家》,慕尼黑 1989 年,第 45—60 页(特别是第 49、52 页之后)。

　　㊲ 《物理学》III,1,201a。

　　㊳ I. Graemer-Ruegenberg:《亚里士多德》,出处同注释 36。

　　㊴ 魏茨泽克,C. F. v.:《可能性和运动——亚里士多德物理学笔记》,载于《自然的统一性》,慕尼黑 1972 年第 4 版,第 428—440 页。

　　㊵ "如果不是乐于做了公正的事情,就没有人能被看做是公正的人。"《尼各马可伦理学》,II,1099a。

3. 伦理学史中的适度德性

去行善的习惯:"伦理的价值,只有当我们尽力去做了之后,才能获得。"㊶亚里士多德试图为知与行之间的巨大鸿沟架起桥梁,这也恰好表达了当代环境伦理学中的一个核心问题。

处在亚里士多德伦理学核心的学说是,德性是一种 mesotes(中道),是两个极端(akra)之间的适中,也即在不及(elleipsis)和过度(hyperbole)之间的适中。于是勇敢是怯懦和鲁莽之间的中道。但这种中道不是在德谟克利特那里已提到的谨慎的中庸意义上的金贵的中间道路,而是存在论上的依据中道的存在方式,伦理的价值在这中间是最好的。

下面这段话概括了他的适度学说的许多方面:"所以伦理品德就是一种稳定的、被归属于决断的品质;它在于那种与我们相关的适中,在于那种通过正确的计划而能确定的适中,也就是说,通过像是真有高明者襄助才可确定的适中。它是通过具有过度和不及特征的两种不当方式之间的适中,进而言之,这两种方式之不当是由于,品质低劣者或者达不到正确的东西,或者做得太过,掉入非理性的冲动和行动的范围。与之相反,伦理的品德则知道寻找并选择适中。所以,只要我们看到它的内在本质和这个本质的概念性表达,那么,伦理美德就是一种适中,只要我们追寻值得的和有成效的事情,它就是最高的瞭望塔。"㊷

适中是依赖于处境的,大多数情况下它都是"对于我们适中"(mestotes pros hemas)㊸,所以它是与个人的成熟等级和处境相应的成果。一方面它可以对个体进行调节,另一方面它与这个个体的自然本能相对立。㊹ 那么,对于一个暴饮暴食者,适中就接近于节欲,而且,假如我们把亚里士多德应用于环境伦理学,那么对于有恋车癖的人而言,适中就接近于放弃轿车,作为对驾车的适度反应。但亚里士多德也在正义学说中认识到绝对的适中:如果说分配正义(它在国家法中起作用,例如在财富的分配上)不得不联系处境寻找"与我们相关的适中"(mestotes pros hemas),那么在平等的正义上(它被应用于刑法和民法,例如在谋杀和偷窃

㊶《尼各马可伦理学》,II,1103a。

㊷《尼各马可伦理学》,II,1107a。这段译文以及下文中的相关译文是根据德文版翻译的,与现有的中文版译文有较大差别,有的意思相反,读者可进一步参阅廖申白先生的译本(商务印书馆 2000 年版,第 48 页以及苗力田先生的译本《亚里士多德全集》第八卷,中国人民大学出版社 1994 年版,第 36 页——译者)。

㊸ 对此参阅 Schilling:《中道的伦理》,版本同前,第 40—42 页。

㊹《尼各马可伦理学》,II,1106b。

问题上)就适合于一种绝对的适中⑮。

在上面引文中的第二个重要词汇是"正确的计划"(orthos logos)。尽管这个词汇在《尼各马可伦理学》的开篇就已经出现,但只有到第六卷才得到了阐释⑯。在柏拉图那里,正确的尺度先验地固定在永恒的形象、理念中,亚里士多德扫除了这种可能性。对他而言,适度的基础在于理性的洞见(明智),自然(physis)、传统和感官知觉(aisthesis als nous)都从属于它。所以,导致中道抉择的这种理性洞见,最终也未能获得进一步的基础。认识到这种正确的计划,就是智慧,作为令人诧异的直观认识。智慧区别于聪明,后者追求外在的利益。于是,捷克的哲学家米兰·马霍维奇在他的哲学环境伦理学中,详尽地阐释了"回归智慧",把亚里士多德阐释为"立足于科学基础上的一个智慧的榜样",把亚里士多德描绘为真正的先贤⑰,这是合乎逻辑的。

进一步说,对亚里士多德而言,中道总是在一种过度和一种缺乏之间的中道。"作为第一认识可以确定的是,所有东西无论以何种方式表现一种价值,按其本性都会被一种过多或过少所摧毁"⑱,因为"一种过多或一种过少都摧毁和谐"⑲。但他承认,"不过,我们也会不可避免地有时偏向过多一边,有时偏向过少一边,因为这样我们将最容易切中中道和正确的东西"⑳。但亚里士多德自己对他的"中道理论"作出了一个重要的限制,正如他所说的这样:在恶这里,不存在中道,相反只有明确的否定"……通奸……盗窃……谋杀。所有这些以及类似的事情之所以确实受人谴责,是因为它们自身就是负面的,而不是当它们出现在过度或不足的尺度中,才是负面的。所以在它们这里永远不可能触及到什么正确的东西:只有做错事"㉑。

---

⑮ 《尼各马可伦理学》,V,1131a;II 1107a。
⑯ 《尼各马可伦理学》,VI,1138b 和 1143b,F. Dirlmeier 的详细评论,版本同前,第298—304、440—441 页。
⑰ Machovec, M.:《回归智慧——面对深渊的哲学》,慕尼黑1988 年,第99—118 页(第102、105 页之后)。
⑱ 《尼各马可伦理学》,II,1104a。
⑲ 《尼各马可伦理学》,II,1106b。
⑳ 《尼各马可伦理学》,II,1109b。
㉑ 《尼各马可伦理学》,II,1107a。

3. 伦理学史中的适度德性

亚里士多德把他的"中道理论"特别应用到正义[52]上,在他的德性论中也应用到"正当的"性格品质和情感冲动这个大调色板上:勇敢是鲁莽和怯懦之间的中道,慷慨是挥霍和吝啬之间的中道,大度是虚荣和谦卑之间的中道,义愤是幸灾乐祸和嫉妒之间的中道。

亚里士多德的中道伦理学是一种有鲜明特色的尺度伦理学。它以特殊的方式在保持适度(sophrosyne)的德性上表达出来。这种德性在亚里士多德那里是四主德的第四个。保持适度也经常被转译为审慎(Besonnenheit),是麻木(anaisthesia)与放纵(aklasia)之间、贪图享乐(Lustgier)和缺乏乐趣(Unlust)之间的中道[53]。所以,人们不能责备他敌视快乐。他要指明快乐有其限度,以便能够保持享受,在纵欲者那里,享受已经消失了。但由于人本性上就是趋于纵欲的,为了寻找到中道,人必须按照他的中道理论更加偏向于节制。保持适度已经被亚里士多德乃至他后来的继承者首先同吃、喝、性联系起来。因此他要为保持尺度的伦理学从历史上看具有一种可悲的狭隘化承担共同责任。

[S.123]

同时,在亚里士多德那里,政治伦理学获得了明显的发展。为了能够有德性地生活,人要依赖共同体。"可见共同体就是城邦,由明智引导的伦理上的好生活必须以之为目标,并且因之而推出,个体伦理学需要有对'政治'的社会伦理学的构想力。"[54]小范围的共同体,如朋友、家庭、村庄和城邦国家,在亚里士多德那里特别被看重。所以,政治伦理学也是以适中、中道为准绳。对他而言,亚历山大的大帝国不适合于过一种适度的生活,因为大帝国很难按照宪法来治理,而一个相对较小的国家,却又没有自治的生存能力。中等大小的国家对他而言显得是最好的[55]。最好的政

---

[52] 《尼各马可伦理学》V,完全讨论正义,亚里士多德作了这样的导论:"关于正义……我们要探究的是……对于一种中道而言什么是正义,以及什么样的公正是这种中道。"(1129a.)对公正和中道学说,也请参阅 Wütschen, D.:《公正和目的论的伦理学》,弗莱堡—维也纳1992年,第81—95页。

[53] 《尼各马可伦理学》,III,118a,119a 等。

[54] 罗尔斯,J.这样描述了亚里士多德德性论的特征。《伦理学史》,图宾根1991年,第73页。受到越来越强烈责备的是,"德性论原则上是个体伦理学",固定在主体之内〔Weder, H.:《德性的缺失——从〈新约圣经〉对德性问题的思考》,载于布朗,H.-J.,主编的:《伦理学透视:德性的演变》苏黎世1989年,第61—70(69)页〕。这种情况例如在斯多葛派当中或者在目前天主教的德性学说中是很明显的,要适合于亚里士多德是有条件的。

[55] 《政治学》,IV,1326b。

体就是适中的政体㊶。它是民主制、寡头制和僭主制的融合。国家最安全的基础就是处于中等状态,既不是太穷也不是太富,以免上上下下来回折腾㊷。

亚里士多德中道或适度的伦理学,对于现代环境伦理学也是一个值得思考的起点。国家追求越来越大,追求无限制地增长,在这里,过度和缺乏之间的中道也要成为伦理目标!与此相连的是一种民主的、消除对立的和平等的趋向,又不会遭受中庸的危险。另一方面,这个起点也提出了一些不同的问题。最重要的,在我看来是由哲学家尼古拉·哈特曼准确地提出来的:"究竟应该如何在不公道的极端之间把握到合理的中道,人在生活中究竟有何种把握中道的手腕,来保障其生活方式的合理理想?必须完全明确地说出来,我们在亚里士多德那里并没有发现这个问题的答案。"㊸具体而言,中道是什么,这种提法有某些随意性是显而易见的。他之描绘为适度和中道的东西,进而言之,是他时代的等级秩序的反映。除了已提及的民主定向显然是精华外:只有有理性天赋的、思考哲学的、身体健壮的、在城邦中活动的、成年的希腊男子适合追求这个尺度。㊹ 妇女绝不能达到这个尺度㊺,而且,"如果一个男人外表丑陋、出身低贱,生活中完全孤独,无儿无女,把幸福同这个男人联系起来就是恶劣的"㊻。

中道理论无疑也被一种希腊民族中心论端了出来,照这个理论,希腊国构成荒蛮的北欧和灵性化的亚洲之间的理想中心㊼。尽管有这些批评性的评论,亚里士多德对于一种适度伦理是特别富有教益的。

3.2 《旧约》和《新约》

关于《圣经》中的适度伦理,本身可以写成一部真正的著作。这里首

㊶ 同上书,1296a。
㊷ 同上书,1295b—1296b。
㊸ 哈特曼,N.:《尼各马可伦理学的价值维度》,柏林1944年,第20页。
㊹ 马霍维奇反对这种这种说法,他在亚里士多德的智慧中"没有看出这种虚华不实的不正常,反而看出的恰恰是人的正常状态",每个成熟的人都会说出这样的话来(《回归智慧》,版本同前,第107页)。
㊺ 女性主义的批评是合理的,例如哈尔斯克斯,C.(《革新大地的面目》,居特斯洛1990年,第9—11、55—58页)对亚里士多德及其自然哲学的批评。
㊻ 《尼各马可伦理学》I,1099b。
㊼ 《政治学》IV,1327b。

先只是提示,在《旧约圣经》和《新约圣经》中,明显涉及了哪些正确的方向。更详细地返回到它们,我们放在第4章真正的伦理学部分。

3.2.1 神的律法作为尺度

"求你张开我的眼睛,让我看见你律法的神奇。
我在世上不过是一个旅客,别向我隐匿你的戒命。
时时刻刻渴慕你的秩序,憔悴着我的魂灵。
是呀,你的规约都是我的欢欣,我的告诫者。"*(《圣经诗篇》119,18—20.24)

在这段诗文中,《圣经》尺度伦理的红线清晰可见,令人印象深刻:神的联盟秩序,他的创世秩序,和在神律中指出的救赎道路都是对生活有益的,对于适度的行动是唯一的准绳。按照《旧约圣经》的观点认识神律、神谕(Tora),只是通过上帝的启示,人不把它认作自然的规律。[63] 在两个更老的《圣经》创世神话中说得更清楚(《摩西一经》2,17):为了自身不依赖上帝来认识尺度,从而去吃能辨别善恶的树上的果子,这是人最大可能的越轨行为。想要认识出于自己本身的尺度,恰好就是人的无度的僭越和他欲望成神的诱惑。蛇引诱去吃禁果,"你们将变得像上帝一样"(《摩西一经》3,5),这是原罪和远离上帝的典型。原罪就是"拒绝任何尺度"[64]。

因此,在希腊的亚里士多德和希伯来犹太—基督教之间,在通达尺度伦理上的巨大区别也变得清楚了。尊重造物主和受造物之间的界限,按照《圣经》的理解是一个重要尺度。这种界限在创世神学意义上的上帝对约伯说的话中表达出来了:"我创造世界时,你在哪里?你要是真的知道,你尽管说!谁规定了你们的尺度?"(《约伯记》38,4—5)。这个意图在《新约圣经》中也适用,尽管在福音书中和保罗身上,神谕要从规律性中解放出来,更清楚地说,将返回到它的核心,即爱上来。

---

* 本书中的《圣经》引文,为了更为确切,都是译者直接从德文译出,读者可参阅中文和合本——以下不再注明。

[63] Chalier, C.: L' Alliance avec la nature, Paris1989, 163 im Kapitel Torah et loi naturelle Le judaisme accentue le caratère non naturel de ce que prescript la Torah. II enseigne que si elle fut donnée au desert- lá où précisément rien, ou Presque rien, de naturel ne pousse – c'est parce qu'elle différe de la naturalité de nature.

[64] 林克,Ch.:《创世》,版本同前,第367页。

所以，我们必须把谦卑描述为在《圣经》视野中最重要的"适度德行"。谦卑不是在众人面前卑躬屈膝，不是自我贬低，而是"渴慕"(《诗篇》119,19)能够永远是一个听者，这种保持位卑的勇气，即是保持在神谕之下，更清楚地说在福音之下⑥，在上帝之下，在作为上帝诫命的耶稣基督之下⑥和在他的灵之下。因而按照《圣经》的观念，寻找尺度总是一种关系事件，即行动以与上帝的关系为出发点。⑥

从律法和福音的关系中为一种共同世界的伦理指出了多方面的标尺。我们随后再解释这一点。在这里举一个例子就足够了。在犹太教的《创世记》中(《摩西一经》2,4—25)——此外这还在原罪的发生之前——就已经给予人生态伦理的中心委托：耕种和看护伊甸园(《摩西一经》2,15)⑥。希伯来文的 abad 意味着加工(bearbeiten)，耕种(bebauen)，从事一项工作，虽然不是作为"独立职业人"(Selbständigerwerbender)，而总是受某人的委托，作为王者的仆人或者作为上帝的同工(Mitarbeiter)。第二个动词 schamar 叫做，履行一项委托，虽然是看护某种东西：作为牧人就是看守畜群，作为监管员就是保管圣物，作为园丁和门卫就是看守一个园地，禁止闯入。人究竟在多大程度上可以干预共同世界这个问题，在这里就要以双重尺度来回答：土地应该被耕种、塑造和加工，但只是在持久保护的限度内。人只是在委托关系中来做这些，由于他不是占有者，而是上帝在地上的客人和他的同工。

3.2.2 耶稣身上充满热情的爱

[S.126]　　已经提到《旧约》中蛇的引诱故事，它揭示出无度的典型就是欲望像

---

⑥ 伦理学的中心问题是探究律法和福音之间的关系，对律法的三重理解相对于这种关系而言，可以放到一边去。对此参阅荷纳克，M.:《神学伦理学导论》，柏林1990年，第60—83页；沃尔夫，E.:《社会伦理学》，哥廷根1975年，第74—89页。

⑥ 克里克，W.:《基督教伦理学的基本问题》，慕尼黑1975年，第76页之后几页。

⑥ 对此详细的论述请参阅第5.3.1—5.3.3节。

⑥ 这段文字相对于"你们要控制大地"(《创世记》1,28)这个委托慢慢赢得了意义。尽管如此，引人注目的现象却是，许多创世神学总是令人遗憾地不大把这个委托包括在内，而首先要争吵"控制大地"，由于对它的误解根深蒂固，依然急需为之作出辩护。这样的神学有，林克，Ch.:《创世神学》，居特斯洛1991年，第391页之后；利德克，G.:《在鱼腹中——生态神学》，斯图加特1979年，第63页之后；奥尔，A.:《环境伦理学》，杜塞尔多夫1984年，第214页之后。

上帝一样(Sein-wollen-wie-Gott),在《新约》中这个故事又重演了。耶稣在他第一次出现在公众面前时,被魔鬼带到旷野三次受引诱,让他像上帝一样(《马太福音》4,1—11)。假如耶稣真的把石头变成了面包,那他就一劳永逸地解决了世界的食品问题,能源问题,并因此解决了资源问题。假如他真的从圣殿的顶上跳下来,而不受到伤害,那他就使自然的重力定律并因此使所有的自然规律失效了。如果他真的跪下来求拜了魔鬼,他就会获得人世间最大的权力和荣华。在他反抗这三次引诱的过程中,他为人确立了三种非常明确的尺度:

第一,见识。人虽然拥有最好的新技术和强有力的手段,依然不能一劳永逸地解决重大的世界问题,相反,人被限制在他的创造力之中。第二,承认世界因此也承认生态系统符合自然的规律性,可以把自然的规律性作为人的行动所敬重的框架。第三,准备分权,因为人的权力太大对于人的尺度而言,会有物极必反的非人的后果。

人类始祖亚当受到引诱,欲望像上帝一样,结果堕落变成有原罪的人,而耶稣作为新的亚当[69]反抗了引诱,结果变成了一个新人,无原罪的"真正的人",一个有尺度的人!而且正是由于他能遵循人的尺度,他才接近上帝,像是上帝的肖像,成为上帝的儿子。基督二性论,"这种神与人的现实性相互内在"[70]把上帝的无度性和无限制性与人的适度性和有限制性联系起来了:在耶稣受引诱的故事中表现了这个"真正的神",自愿地遵循人的尺度,因此自动走向人类,也就像个"真正的人",正是毫不犹豫地承认他的局限而克服了原罪,因此自动走向上帝。

按照被这样理解的"受试探",耶稣立足于新律法的全能:《旧约》的律法并没有被耶稣废除失效,而是极端化了,集中于它的中心:爱。这最清楚地表达在登山宝训中。并非我自身的德行圆满就是生命的目标。相反,爱的尺度在于,要设身处地为他人着想。在爱敌人中[71],爱经受了最严厉的考验。汉斯·韦德就合理地指出:"谨慎行事的德性可能与《新约》对真正的正义深表怀疑相关……对他人的难处给予帮助从《新约》来

---

[69] 《罗马书》,5,12,《哥林多前书》15,45。

[70] 奥特,H.:《信仰的答案——系统神学50篇》,斯图加特1972年,第258页。

[71] 《马太福音》5,43—48。参阅Luz,U.贴切的解释:《马太福音1—7》,EKK I/1,苏黎世1985年,第304—318页;司徒博,Ch.:《调解与旗帜鲜明》,版本同前,第405页之后。

看是所有伦理学的基本标准。"⑫

犹太—基督教的上帝为人们能够并准备遵循其适度的律法并以爱心来生活,投入了极大的热情。在希腊的德性论中,适度行为的一个重要部分也是对情感的约束⑬,而上帝的热情和作为对此回应的人的热情,是《圣经》的适度伦理的一个基本特征。激昂(Eifer)和愤怒(Zorn)在《旧约》中都是经常被提到(而且经常神人同形同性地被感受到)的上帝的品性。不是背后的仇恨和暴躁,而是充满热情的爱,才是上帝与人类共同完成他的继续创世"规划"的完全依靠。之所以如此,只在于人学会了适度,成为共同造物主(Co-Creator)。在《新约》中上帝也是充满热情的,字面上就是同一情(mit-leidend)人类和整个受造界:"他本来就取卑微的形象,这个万物的创造者。"⑭他自我牺牲在十字架上⑮,迄今⑯都是他热情奔放的最高表达。对众人和共同世界充满激情的爱,是人类对上帝充满热情的爱的伦理应答⑰。所以,在登山宝训中得到喜悦赞美的东西,就是对众人和共同世界的同情和正义投入热情⑱。犹太—基督教对适度伦理的理解,就像《旧约》和新约圣经的主线所表现的那样,同谨小慎微的中庸或者故作高雅的情感压抑全不相干,而是想要"为整体的一切承担风

---

⑫ 韦德,H.:《德性的缺失》,版本同前,第64页。

⑬ 同上。

⑭ 圣诞颂歌"赞美主啊,他的基督徒,万声齐颂"(Lobt Gott, ihr Christen, allzugleich),由 N. Herman 编辑的瑞士德语福音新教教会颂歌集,第113号。

⑮ 关于十字架上的献身对于伦理学的影响,请参阅司徒博,Ch.:《调解与立场鲜明——教会在社会冲突中的和解使命》,苏黎世1988年,第428页之后。

⑯ 如果我们也能够与 H. Conzelmann 一样,把十字架与复活描绘为时间的中心,那么出于对上帝自由意志的敬畏,未来因此也就是可能性要为上帝全新的热情保留着。

⑰ 在这种意义上,D. 泽勒在她的下列著作中代表了一种有热情的神学:《同情——神学与政治学的讨论》,斯图加特1978年,如第83页之后(存在一种创造性的仇恨吗?);《苦难》,斯图加特1973年,例如第45页之后(后基督教的同情批判)。有意思的是,德语中"同情"、"热情"、"激情"的词根都是"苦难":leiden——译者。

⑱ 对此更详细的论述在司徒博,Ch.:《登山宝训——生态学的解释》,载于:《为了整个受造界的正义和和平》,1989年在巴塞尔召开的欧洲普世基督教会大会对于生态保存的三部福音书研究,由基督教劳动学会教会与环境主编,伯尔尼1989年,第1—11页。

险"[79],这正是为了尺度。

3.2.3 智慧传统中的德性

古希腊的四主德以及保持适度的德行也出现在《圣经》中,诚然不是出现在一个主线上:"它(智慧)产生的作用就是德性。因为它教导人适度和聪明,公正和勇敢。比此更为优秀的东西,在人生中并不存在。"[80]一个希腊化时期的犹太人,大约在公元前1世纪中叶,把这句话写进他的《智慧书》中,作为散居在亚历山大里亚、埃及的犹太教徒的主德。希腊的四主德在整个《圣经》中就只出现在这个地方,而宗教改革家们此外把《智慧书》作为伪经从正经中删除[81],德性(arete)这个词在《新约》中就只有两次被应用在道德意义上,这表明了它对于《圣经》伦理学德性思想只具有边缘的意义。 [S. 128]

尽管如此,保持适度的德行在《圣经》的智训文献中依然听得出是关键性的。耶稣的次经《西拉书》警告暴饮暴食者[82],传道者在他经历了许多相对的智慧危机后甚至呼吁在信仰中要达到适度的中道:"不要过于虔诚……也不要过于无神。"[83]

对于智慧思想而言,尺度表现在对正义的宇宙秩序的认识中[84]。通过"将耶和华和神谕的创世秩序在智慧中相等同"[85],把智慧神学变成了

---

[79] 1974年泰泽(法国巴黎附近的一个小村子——译者)基督教学会的青年宗教会议上有这样一个警句。

[80] 《智慧书》8,7。

[81] 伪造的《马可福音》第四章,公元1世纪在Antiochien或者亚历山大里亚编撰,也阐发了一种德性论,出发点是这个问题:"虔敬的理性是否是冲动的自制者(4. Makk1,1.)。"该书得出的结论是:"理性统治防碍深思熟虑和与之对立的冲动、狂妄和贪欲(4. Makk1,3)。"(但在译者手头的路德版《圣经》中,在末尾专门附了300多页"Die Apokryphen"(伪经),并有题下注"但这些还是有用的,需要好好阅读"——译者)

[82] 《西拉书》37,30:"饮食过度有害健康。"

[83] 《传道书》7,17f。但请注意的是,中文版《圣经》在这个地方与德文版有出入:"你用不着行善过度,也不要自作聪明,何必自取败亡(路德本为:你不要自甘堕落);你也不要太坏太狂妄,何必早死呢?两个极端都应该避免……"

[84] 参阅施密特,H. H.:《正义作为世界秩序》,图宾根1968年。

[85] 施特克,O. H.:《世界与环境》,斯图加特1978年,第167页。

创世神学，对此现今有更多的指点⑧。作为妇女人格化的智慧，在太初上帝创世时就存在，曾是"游戏着的"，作为"情人在他身旁"⑧，变成尺度的典范。在这里游戏者——舞者的东西不是永恒的，相反，从美学上规整的东西和以适度的规则运动的东西才是永恒的⑧。《新约》同样也接受了智慧传统，虽然既在耶稣传播的福音（共济派传统）⑧中，也在基督学中（例如《哥林多前书》1—2）⑨，特别是在巴勒尼斯中⑨。作为例子，据说只指示出已经提到的登山宝训的金规则："你们所欲的一切就是，人家怎么待你们，你们也要怎么待别人。"⑨当保罗给哥林多写出这样的话："什么事我都允许做，但不是什么事都是有益的"⑨时，听起来就像是耶稣《西拉书》意义上的智慧的保持适度：（"不是所有的东西对所有人好"⑨）或者亚里士多德的"对于我们适中"，但与自由这个核心的基督教信息联系在一起。

3.2.4 《使徒书信》中和保罗身上的适度品行

希腊智慧的适度伦理被《新约》接受，特别是在《使徒书信》中接受为大众哲学形式的德—恶纲目。就像早在柏拉图、亚里士多德那里那样，保持适度的德性（sophrosyne）在这里深深地扎根在一个等级思想中，按照这个思想适度地行动，就是做适合他的等级所期望做的事。因此保持适度是家庭伦理，职业伦理和政治伦理（总是同被误用为统治的工具这个危险联系在一起）。我们来看看在《新约》中保持适度的品行具体出现的

[S. 129]

---

⑧ 参阅新近的一些文献，普鲁士，H. D.：《旧约智训文献导论》，斯图加特1987年，第177页之后；舒伯特，M.：《Kohelet的创世神学》，法兰克福1989年；施特克，O. H.：《世界与环境》，版本同前，第124页之后和164页之后；Johnston, R.：Wisdom Literature and Its Contribution to a Biblical Environmental Ethics, in：Cranberg-Michaelson, W.：Tending the Carden, Grand Rapids/Mich, 1987, 66—82.

⑧ 《箴言》8, 22—36。

⑧ 对尺度和游戏请参阅第5.3.7节。论游戏的智慧也在林克，Ch.：《创世》，居特斯洛1991年，卷2，第373页之后。

⑧ Lips, H. v.：《新约中的智慧传统》，Neukirchen-Vluyn, 1990年，第197页之后。

⑨ 同上书，第318页之后。

⑨ 同上书，第356页之后。

⑨ 《马太福音》7, 12。

⑨ 《哥林多前书》6, 12。

⑨ 《西拉书》37—28。

地方:

在《使徒书信》中保持适度是一个核心要求,但进一步看一直附着在小市民的晚期希腊的等级秩序中:女人应该穿戴适度(在节约的意义上)*。教会中的有职人员应该——严格遵守希腊政治家的德行——谦虚谨慎(《提摩太前书》,3,2),无论是小伙子、老年男子还是老年妇女都应该这样(《提多书》2,2—6)。放弃尘世的欲望(《提多书》2,12)属于这种适度。因此,《使徒书信》像保罗已经强调的那样,强调在纵欲和禁欲之间的道路"这是在诺斯替教徒践行的遁世的禁欲和享乐主义者的入世之间金贵的中间道路"㊾。由于"上帝所创造的一切都是好的"(《提摩太前书》4,4)也可以这样来使用。但由于人"没有把什么东西带到世上来"(《提摩太前书》6,7),就是说,这个世界不是自身所能创造的(一个在创世神学上有意义的说法),他就不应该贪财,而是要保持节俭。"只要我们有得吃、有得穿,我们就该知足了"(《提摩太前书》6,8)。因此这种信仰让我们保持在同世界和财富的适度关系中!在《提摩太书》的结尾部分,我们再一次听出这完全是在亚里士多德和晚期希腊的适度传统中:既非富足,也非贫穷,而是适度品行才使我们可能获得最好的享受(《提摩太前书》6,17)。这也适合于那些被世界毁灭情绪和末世期望所笼罩的时代。正因为如此,那我们就不应该把过度享乐作为座右铭,不应该奉行"此后的事哪怕洪水滔天我也管不着",也不应该因自私可怕的占有欲而强化对世界的破坏,或者不应该因纵欲泛滥而逃离现实,而是应该通过清醒的保持适度和唤起注意更广泛而负责任地塑造这个世界:"万物终结已临近,那你们就要谨慎适度、保持清醒和祷告!最重要的是要彼此亲密相爱(《彼得前书》4,7)。"

特别是保罗更深刻地发挥了这个在彼此亲密相爱中保持适度的观念。对他而言,保持适度不是通过自制来获得斯多葛派的节俭德性,而是出自信仰的爱的结果:"凭借上帝给我的恩惠,我要对你们各位说,不要暗自盘算,把自己看得太高,而应该寻思该如何谦恭自守,相信上帝分配给了各位一个恰当的尺度(《罗马书》12,3)。"尽管保罗在这里也表现了

---

* 这里作者的原注是《提摩太前书》3,2,显然有误,应该是《提摩太前书》2,9:我也希望女人穿戴朴素大方,不要以奇异的发型、金饰珠宝或高价的衣裳为装饰。——译者

㊾ 舒尔茨,S.:《新约伦理学》,苏黎世1987年,第598页:《论〈使徒书信〉》。

等级化的保持在自身的等级之内(的意思),但按照他的魅力神赐说(Charismenlehre),保持适度是由不同的神恩和能力来规定的。在亚里士多德那里,适度的德行在完全的意义上只有成熟的希腊男子才能达到,而在保罗这里通过神恩和圣灵每个人都能达到他的份额。没有人空手而归,但每个人都应该以被上帝接受为限,尊重与他人互补和互限。⑯

尺度对于保罗而言不是由个体单独规定的量度,而是把自己放在他人使用的东西上加以衡量。这也就是以共同体为目标(《罗马书》12,6之后)。我们也可以说,这是整体论的和有机论的尺度伦理学:标尺不是具体的部分,而是整体。对保罗而言,这个整体首先就是基督徒的团契。它作为基督身体的功能,可比之于一个有机体,就像我们把这个有机体描绘为生态系统一样⑰。所以,对于保罗而言,他的灵力神赐学说不可分割地跟在基督的身体里成为一体的形象联系在一起(《罗马书》12,4之后,《哥林多前书》12,12之后)。清醒而深思熟虑地求助于共同体中的众人,不可分割地属于禁欲地求助于上帝。正是爱把大家紧密联系在一起:"我们沉迷于深思熟虑,那我们是为了上帝,我们适度地清醒,那是为了你们这样做,因为基督的爱驱使着我们(《哥林多后书》5,13之后)*。"

魅力神赐说区别于希腊德性论也正是在于,适度品行很少是通过训练和自制来修正自己,反而是通过灵的恩惠所赐的礼物。对于适度品行最为关键的是,所赐的"神恩是按照尺度领受的基督的礼物"(《以弗所书》4,7)。在《使徒书信》中也是这样,上帝才能使我们具有谨慎的灵(《提摩太后书》1,7)。在整个《新约》中,自制/节制(engkrateia)这个在斯多葛派哲学中是保持适度的德性的一个重要组成部分的词,仅只出现了10次,在福音书中甚至根本没有出现,相反,爱这个词出现了103次!这种爱也导致承认神赐的灵力有不同类型,所以每个人"按照其力的大

---

⑯ 《罗马书》12,3说的就是这个意思,也请参阅 Käsemann, E.:《致罗马人的信——〈新约手册〉》,图宾根1974年第3版,第322页。

⑰ 参阅第2.3.5节。

* 联合《圣经》公会的现代中文译本对这段话的第一句似乎翻译得有点过头了:"如果我们真的是疯了的话,那我们是为了上帝的缘故"。为了使读者准确地理解这句话,我们附上这句经文的德文和英文:"Denn, sind wir von Sinnen gewesen, so war es für Gott"(马丁·路德版);"For whether we be beside ourselves, it is to God"(Revidierter Text 1956, Genfer Bibelgesellschaft)。——译者

小"(《以弗所书》4,16*)对整体作出他的贡献。

3.3 经院哲学和宗教改革

  适度的德行在古代教会中继续发挥作用。⑱ 当它在东方亚历山大里亚的克列门斯那里推广为日常活动的德行时,在西方的安布罗斯(Ambrosius)那里则扩展为牧师的德行。在诺斯替教中,从一切杂乱无章中的解放是灵魂净化的一个重要阶梯。对奥古斯丁来说,保持适度才能约束那个能把人和上帝分离开来的激情。适度防止傲慢,并且,让把贫穷作为通往上帝之路成为可能。在适度中有一条通往幸福生活的路。

  把亚里士多德的德性论与基督教伦理学联系起来作出了最切实贡献并对天主教伦理学最有历史影响的人,是托马斯·封·阿奎那。宗教改革家们对他的许多东西进行了否定,但有些也被推进了。近代的适度德性观念本质上是由托马斯主义和宗教改革家们所烙印的,所以我现在愿意转向他们。

3.3.1 托马斯·封·阿奎那

  一直到12世纪,对亚里士多德的伦理学,人们只知道《尼各马可伦理学》的第2卷和第3卷。之后在第13世纪,他的整个实践哲学就通行了。[S.131] 托马斯·封·阿奎那(1225—1274)把他的伦理学完全建立在——当时仿佛是"崭新的"——亚里士多德伦理学之上,并把它与自然法学说联系起来。自然法(lex naturalis)对他而言是最高的行为原则的准绳,用作一切实定法的基础。自然法是内在于人的理性的⑲,并与神的意志是同一的,就像它在神律中表达的那样。所以,自然法像实定法(民法,万民法)一样,普遍地、不变地是从神律中推导出来的。实践理性的能力以及因此

---

 * 此注有误。——译者

 ⑱ 参阅词条:尺度,《哲学历史词典》,卷5,巴塞尔,1980,Sp.810;Hermanns,W.:《论从亚历山大里亚的克列门斯到阿尔伯特·马格努斯的教父神学伦理学中的适度概念》,1913年。

 ⑲ 托马斯·封·阿奎那:《神学大全》,完整的德文—拉丁文版,海德堡等地,36卷,I/II,q92.1。这个缩写的意思是:I/II:第2卷的第一部分;q.92.1:问题92,1款,自然法特别是在I/II,q.90—108阐释。托马斯主义的自然法与环境伦理学的关系,参阅伊尔刚,B.:《基督教的环境伦理学》,慕尼黑1992年,第98—103页。

对自然法的认识,对托马斯而言,不能因原罪而受蒙蔽。理性是不会出错的,只有良心(conscientia)会出错,它不得不把自然法运用到具体处境中。

托马斯的德性论就存在于这种框架中。"凡是与自然的秩序相背的东西,就是恶"⑩,凡是与之相合的,就是德。此外,德性都定位于一个目的:"一个行为只有通过它被理性导向某种伦理的善,才是德性的。"⑩

托马斯接受了亚里士多德的德性等级秩序,但他补充了三个最高的神性德性:信仰、爱、希望。在此之后是四主德:智慧(伦理的主导力量)、正义(共同体的秩序)、勇敢(秩序的守护)和保持适度(欲望的规范和个体内心的快乐)⑩。智慧是主德中最高的德性。正义和勇敢比保持适度要高。它的论证从环境伦理学看也是现实的:"公共利益比单个利益更为神圣(亚里士多德),越是有利于公共利益,一种德性就越加善良。而正义和勇敢相比于保持适度更加有利于公共利益。"⑩

托马斯代表了一种二阶伦理学。根据这种学说,三种神性德性只有由神通过他的恩惠才能送给人,而人只有通过训练养成其能力(习性),使其余的德性在实践中得以实现。神恩在这里只有通过教会像圣餐一样分配。就像把亚里士多德的政治学教会化了(ekklesiologisch)一样,亚里士多德的伦理学在托马斯这里也圣餐化地被提高了。⑩

[S.132] 尺度和适中无论在亚里士多德还是在托马斯那里都是连在一起的。他强调,"伦理的德性在于保持适中"⑩。那么,勇敢在畏惧和鲁莽之间⑩,谦卑(跟张扬相对⑩)在畏缩和狂妄之间。愤怒作为暴躁和抑郁不振的中间,只有当它服务于人的真正目的时才是好的。⑩ 保持适度的德

---

⑩ II/II, q.142.1. 保持适度的德性特别是在《神学大全》第2卷第2部分在第141—169问题中阐释。J. F. 格罗纳的详细评论在第21卷,第532—599页。

⑩ II/II, q147.1。

⑩ II/II, q141.8。

⑩ 同上。在亚里士多德那里找得到类似的说法:例如《尼各马可伦理学》,I, 1094b。

⑩ 罗尔斯,J. 就是这样评价的。《伦理学史》,图宾根1991年,第154页。我自己也与这种评价连在一起。

⑩ II/II, q17.5.ad.2。

⑩ II/II, q125—130。

⑩ 皮帕,J.:(《规矩与尺度》,慕尼黑1964年第9版,第90—91页)的一个概念,他用这个概念(Hochgemutheit)表示无畏的坦率,说出确实的期盼和心情、真实的情况。

⑩ II/II, q158.1。

性使得感性冲动服务于理性目的成为可能,并因此不与它发生冲突。但它也同时使得承担肉体苦难成为可能,只要这种苦难从理性目的来看是必须的。⑩ 内在的激情必须受到约束,以使外在的行为是适度的。"适度品行涉及欲望和快乐的领域",在这里托马斯像亚里士多德一样,都是把快乐归结为"饮食之乐,性之乐"⑩,结果导致在逻辑上很难说得通的对身体的压抑。他的目的在于"一些根本的快乐,尤其是那些保存人的生命的快乐,即类的保存,具体生命的保存……首要的就是一个必然的事情(res):身体的使用,例如,妇女,必然的事情就是为了类的保存"⑪。与之相反,例如,奥古斯丁则扩大了欲望的范围,那些对财富的追求,对世俗荣誉和赞美的追求,都算在其中。

自从柏拉图以来,把德性论附着其上的理智主义,在托马斯这里再次遇到了,他只是想通过适度的德性约束身体的欲望,但不约束精神欲望:"精神的快乐本来就是符合理性的。因此无须受到约束。"⑫但对托马斯而言,知识的意志诚然也需要受到智慧的限制⑬。在这方面他不大把科学放在眼里,例如他把科学作为魔术⑭。对于当代生态适度伦理而言,知识追求的无度性⑮,显而易见是研究者的渴望,这至少像身体的欲望一样是一个严肃的问题。

托马斯规定"对这种生活必然的和与这种生活相适应的东西就是快

---

⑩ II/II,q141.3。

⑩ II/II,q141.4。

⑪ II/II,q141.5. 格罗纳(注释100)的评论急于强调:必然的事情(res)与生育相关而不是与妇女相关(第428页),但从文本中并没有突出这一点。妇女在这里事实上显得是男人的客体和占有物。在另一个地方他明显地贬低了妇女,"就具体本性而言,妇女是某种价值不高的和偶然的东西"(I,q92.1. ad 1.)。女性主义的观点是,在人对身体的压迫、对妇女的压迫和对非人的共同世界的压迫之间,存在着紧密的关联(哈尔克斯,C.《革新大地的面目》,居特斯洛1990年,第45页之后),在托马斯这里延续着。托马斯也说过,"一切动物自然屈服于人……人因此有权占有一切自然本性的东西"(I/II,q96,1.)。

⑫ II/II,q141.4. ad 4。

⑬ II/II,q166.2. ad 3。

⑭ II/II,q167.1. ad 3。

⑮ 皮帕,J.:《规矩与尺度》,版本同前,第104页之后。在托马斯II/II,q166—167。这更多地与研究的自由相关,在第5.4.3节。

乐的尺度"[116]。就"人们并不要求多余的东西"[117]，不要求"特别"而言，表现了僧侣式的节俭和简朴的尺度，这在宗教改革家那里也再次提出来了。

[S.133] 托马斯的德性论可以看做是决疑论，广泛地指出了把斋戒看做是适度德行的一个本质的部分[118]。斋戒对于他有三个目的：压抑身体的欲望，使灵自由地看到更高的东西，赎罪。他具体到为教会实践规定斋戒的时间，期限和第一餐，等等。

作为德性论的另一个部分，一个不大有决疑论的部分，托马斯阐述了羞耻感、荣誉感、克制、口味之乐、清醒、醉态、谨慎、谦卑、勤奋学习、简朴[119]。J.F.格罗纳在他的评论中对托马斯德性论的这一部分评说得有理：保持适度的德行"在突飞猛进的物质世界的进步浪潮中"也经历了一种事实上的扩展，例如，扩展到烟瘾、药材、飙车、音乐癖、看戏癖上，等等[120]。托马斯的德性论也被应用到环境伦理问题上，如应用到对迁徙的乐趣、对能源消耗或者与生态系统交往的乐趣上。当然，这个用意是否对适度德行作出了一个恰当的答案，我们将在以后来考察。

3.3.2 宗教改革家们

宗教改革家对中世纪—托马斯主义的德性论的责难是尖锐的。汉斯·鲁把它归结为以下7点[121]：

1. 德性论错误地假定，在人身上是可以发现善根的……

2. 德性论缺乏对极端恶的洞见。

3. 德性论看到了在人的行为中的道德结果，但它恰恰没有看到，是上帝而不是人在行动。人本质上完全是接受性的……

4. 德性论推动了福音的道德化：不是人的本性的完善，也不是道德的理性规律，而是达到完满生命的解放，才是恰如其分的《圣经》信息。

---

[116] II/II, q141.6。

[117] II/II, q143.1。

[118] II/II, q147。

[119] II/II, q144—169。

[120] 《神学大全》，版本同前，(注释97)，第21卷，第541页之后几页。

[121] 鲁, H.：《基督教德性理解的演变》，载于：布朗, H.-J.：《伦理学透视：德性的演变》，苏黎世1989年，第71—81(76)页。类似的也有 Klein, J.：德性词条, RGG 第三版，第Ⅵ卷, Sp.1080—1085。

5. 是自由创造的圣言(Wort),而不是人的精神的内在品质达到实践。

6. 人的理性伴作有一种并不存在的通达善良的人的能力。

7. 德性论让我们领略了弱者的经验、十字架的经验、失败的经验。

在伦理学的基础论证中,亚里士多德—托马斯和宗教改革家们之间存在着强烈的思想对立。但在适度品行的具体实质价值上,对立则小了许多,甚至在某些方面他们还相当接近。过度中的适度、谨慎和俭朴,约束欲望和谦卑,对于宗教改革家而言也都是重要的价值。相反,在与自然的关系上,宗教改革家又明显地表现了自己的重点。对路德、茨温利和加尔文,我们在这里要粗线条地给他们作个速写,写得太多在这里恐怕也容纳不下。 [S. 134]

3.3.2.1 马丁·路德

宗教改革家马丁·路德(1483—1546)1520年——只在他的改革论纲之后3年——撰写了一部小书:《论基督徒的自由》。当他把这部书送给教皇列奥十世时,称这本书是"基督生命的大全",当然是有意影射托马斯·阿奎那的《神学大全》。他在书中写道:"如果身体只靠穿上圣服,像牧师和修士那样,对灵魂毫无助益;如果身体只是处在教会和圣地,同样也对灵魂无益;如果身体只是从事圣事,也对灵魂无益;如果身体只为身体祷告、斋戒、朝圣,做一切与永恒性完全不沾边、只在身体上才能看到的好事,也对灵魂无益。能够为灵魂带来正派和自由的东西,必定与这些东西全然不同。因为列举的所有这些事情、活动和方式,即便是一个恶人……也这样做……相反,身体不穿什么圣服,吃喝不在圣地,也丝毫与灵魂无损。所以,我们必须确认,除了圣言之外,灵魂可以缺乏任何东西,但没有圣言,就没有任何事情有助于它。"⑫ 不过,在同一部著作中,路德同时又引入了德性,诚然不再是作为救星(Heilbringer):"尽管人在内心根据并通过信仰就足以称义了,并拥有一切他应该拥有的东西……但他依然还要在肉身生活中与大地发生关系,必须同自己的身体发生关系,同人们保持交往。从此开始的活动,在这里就不可继续说是无益的了。由于身体事实上不得不以斋戒、看管、劳动和任何形式的适度的规训来受到约

---

⑫ 《马丁·路德文集》,魏玛版 WA,第7卷,第20—21页。

束和训练。"⑫但这不是为了自己称义,而是"出于自由的爱,为了上帝满意"⑭。

在路德的伦理学中,适度品行是完全起作用的,尽管不是像在托马斯那里那样起着系统的、决疑论的作用。对于宗教改革家而言,劳动伦理是保持适度的一个重要手段。不过正是新教的劳动伦理无意地为现代"无度"增长的经济动力奠定了基础。⑮ 在路德这里甚至听得出亚里士多德的中道说,但对之作了新的有性格的阐释,因为它不是以理性而是以神恩为指针。在对《诗篇》101 的解释中路德这样写道:"在万物中适度是好的;因为艺术,甚至上帝的恩典都与度密切相关。但在这种情况下,由于中道的核心是难以把握的,那么下一个击中的目标,就是恩典在权力面前具有的优先地位。"⑯在对《彼得后书》的阐释中他明确强调了适度德行。他把这一德行从食色性的局限中解放出来:"适度不仅仅是在吃喝之中,而是在所有的本质与变化中,在言语、行为和祈求中有一种尺度,它不是说人们在生活中不要太追求美味,而是说要避免过度穿金戴银,衣冠华美。"同时他从处境伦理的角度继续说:"不是要身受基督之苦,人们把握到的律法是说,适度是一常规;因为人们相互之间是不一样的,这个人性格刚强,另一个本性懦弱,万事万物中没有哪一个随时随地都像他物一样灵巧合适(geschickt)。所以不管是谁都应该察觉自身,究竟是否适合,他所能承受的究竟是什么。"⑰在路德这里,适度品行与在亚里士多德那里是一样的,在经院哲学中被纳入到一个等级秩序中。保持他的尺度意味着保持他的地位。路德对他的时代表达了抱怨:"当今之世,尺度荡然无存,无处不在地倾其全力于购物、婚礼、经济、宴请、建设等,两者横行天下,必致国衰民穷,因为无人再保守其度,相反,每一位农夫都觊觎着贵族,而贵族也欲胜过王侯……现在,在诸如此类的事情上,每个等级大肆

[S.135]

---

⑫ WA,第 7 卷,第 30 页。

⑭ 同上书,第 31 页。

⑮ 韦伯,W.:《新教伦理》I,慕尼黑 1969 年第 2 版;他的《新教伦理》II:批判和反批评。慕尼黑 1968 年。尽管他关于加尔文主义和资本主义之关系的思想不是没有争论的,但他在新教以孜孜不倦的劳动为天职对于现代经济发展所起的作用,几乎是无可置疑的。参阅司徒博,Ch.:《启动一种合乎人道的增长》,苏黎世 1982 年第 2 版,第 9—11 页。

⑯ 对《诗篇》101 的阐释,WA 51,第 206 页。

⑰ 对《圣彼得后书》的阐释,WA 14,第 20 页(对彼得后书 1,6 的阐释)。

3. 伦理学史中的适度德性

而坦白地追求享乐,也无人禁止。"[128]生活方式中的适度在这里不是目的本身,甚至也不是一种自我救赎的行为,相反,不过是意愿中的一种达到幸福和公正地分配财富的手段(后者在茨温利和加尔文那里有更清楚的表述),不用这一手段就只有通过农民起义来强求了:"假如我们更加适度,能够节约开支,每年在饮料、啤酒和葡萄酒上不是无节制地挥霍,那我们也将拥有更多的钱财。"[129]

保持适度的德性那么应该是促进福利和幸福的,但它在路德这里——如同曾在亚里士多德那里一样——同时包含了对下层民众的含蓄的(在其他地方则是非常明显的)劝告:不要急于愤怒反抗。路德的等级秩序学在这里明显区别于中世纪的三等级学,是由于所有的等级和掌握职权的人在上帝面前都是平等的,它不能在自然法的基础上获得合理证明,相反却是从属于上帝的统治领域的。[130]

因此,对于同作为共同世界的环境的交往也已经形成了一种尺度。路德看到了人在保存和塑造环境的工作中是上帝的同工。这种"人神协同论"(cooperatio hominis cun Deo)在托马斯传统中从自然法的角度看,意味着统治要求和天赋的性格。在路德这里,这种协同是"一种作为造化的神学使命的结果"[131],就是说,只有在同上帝的等级关系中这种协同才能有保障。人保持在这个等级中,对路德而言他才能保持在他这个等级的使命中。制度和等级使得这种适度品行的框架得以可能。这个框架防止世界无限制地被支配。以此指出了当代适度伦理的一个核心问题,即如何在一个无等级的、开放的社会中,在这个应该通过民主化使大家分享福利并且尺度被多种尺度和批量生产所损害的社会中,为适度品行提供保障。[132]

对路德而言,适度品行不仅适用于人与人之间的关系,而且也适用于

[S.136]

---

[128] 出于对《彼得前书》4,1—4 的布道(引文出自:《路德全集》,由 G. Walch 主编,第 XII 卷,第 603 页;相当于 WA 12,第 377 页之后)。

[129] WA 44,第 560 页(对《创世记》43、32 的解释:约瑟与他的兄弟们吃饭有度)。

[130] 参阅 Maurer, W.:《路德的三等级说及其中世纪的背景》,1970 年;林克, Ch.:《创世》,居特斯洛 1991 年,第 66—72 页;Bayer, O.:《创世作为劝告》,图宾根 1986 年,第 54—57 页。

[131] 林克就这样看,版本同前,第 74 页。

[132] 参阅第 5.4.10 节。

人与非人的共同世界的关系[133]。他不仅把人而且也把共同世界看做是同一个上帝救赎事件的部分。他把这种辩护也推广到了共同世界。但也控告了人与上帝创造物的无度而毁灭性的交往："它们也需要同样的（对待），折腾它们，就像是把一只老母猪赶进私刑毒打的死胡同。"[134]在最新的法庭上，人的本性受到了指控，为它作辩护就像要把穷人拉扎勒斯（Lazarus——圣经中的麻风病人——译者）变成富人一样（不可能）[135]。而当托马斯·封·阿奎那对动物是否也能进天堂这个问题作出了否定的回答时，路德则明确地作出了肯定的回答。[136]动物遭受了第一次死亡，但不会遭受第二次，所以不必通过法庭。路德诚然不只是把无度看做是人的罪恶，而且清醒地看做是自然本身丰盈的结果，因而看做是"经济学的"供给与需求问题和一个具有最高现实性的生态公正的价格问题："如果世界上只有一口水井，那我就会注意到，一滴水就要贵于10万两金子，相反，葡萄和啤酒作坊就将全部成为垃圾。"[137]

不仅关于自然的神学（Theologie der Natur），而且自然神学（natürlichen Theologie）在宗教改革家那里现在比从前更加强烈地被视为前提的问题是，上帝是否能在自然中被认识。在路德那里存在一个不能统一的说法：上帝把自身放在自然中供人认识，但真正通达上帝的渠道只有"通过在十字架上产生的十字架的爱"才能开辟出来。[138]

---

[133] 关于路德的自然形象，请参阅 Peters, A.：《一棵樱桃树可以教育我们懂规矩。路德的自然形象》，载于《俗界的和平——新教神学的自然观》，由劳, G. 等主编，居特斯洛1987年，第142—163页。林克，Ch. 版本同前，第27—80页；巴耶尔，O. 版本同前，第46—61页；Büsser, F.：《自然之书——大神学家论创世与自然》，Stäfa1990年，第57—64页。

[134] 对《诗篇》111的阐释，WA 31/I,407。

[135] 对《罗马书》8,18—23 的阐释。WA 41,308。更详细的论述在 Peters, A.：《一棵樱桃树可以教育我们懂规矩。路德的自然形象》中，版本同前，第159—160页。

[136] "由于马丁·路德被问到，'狗和其他的动物是否也会过那种生活并要进天国'时，他回答说：'是的，不过……上帝将要创造新的地和新的天，也将要创造新的狗（Pelverlin 是 Kläffer 之笔误——原注），其皮肤将是金子，头发将是宝石（WA, Tischreden（桌面话语），第1卷第1150号）。"

[137] 对《诗篇》111的阐释，WA 31/I,407。

[138] 例如海德堡辩论，WA 1,354,论题 19f 和 365。详细的讨论在林克上述著作中，版本同前，第49—58页；Bayer, 版本同前，第62—79页。

3.3.2.2　胡尔德利希·茨温利

苏黎世的宗教改革家胡尔德利希·茨温利代表了一种类似于路德和加尔文的适度伦理。尽管有许多差别,但重要的是有共同性。他的伦理学主旨[139]最鲜明地表达在他的著作《论神的正义和人的正义》[140]中。神的正义是神的律法的那一部分,这个部分"仅仅针对人的内心,如人们应该爱上帝和爱邻人。而这些律法无人能实现,因为也无人能像上帝那样公道,他通过恩典,通过基督的信义,通过信仰而实现正义。这个律法的另一部分仅仅针对人的外在,但人的外在尽管无可指责而且公道,内心却依然恶劣并会受到上帝的诅咒"[141]。神的正义必须能够畅通无阻地得到宣布。保证做到这一点是教会之外的国家的主要职责。伦理学在人间正义的领域起作用,促进人间正义是政府的职责。但人间正义必须总是以神的正义为准绳。"有信仰的人……推动它,越来越长久地、越来越多地按照神的正义来塑造。"[142]他们有反抗的权利,甚至对政府的反抗义务,"只要诸侯们颁布了某种与神的真理相违抗或者禁止神的真理的东西"[143]。茨温利的目标不是神权政治,但当局要领会天命,致力于人间正义的实现。"为此当局应该废除一切既不是在圣言或者神的戒律中,也不在人间正义中能找到根据的东西,要把这些东西统统作为错误的、不合公道的和即使按照人间正义也不公正的东西来对待。"[144]

[S.137]

具体人的使命是与他所追求的上帝之国及其正义相适应的,"因此我们在任何时候都应该不懈地努力在所有的善中成长,不要由于我们的正义而变得自大,因为我们还从未达到上帝所要求的尺度。"[145]因此,茨温利像路德一样,不是否定了德性,而是对之评价不高,认为它对于上帝之国的贡献较小。它没有救赎的意义。

---

[139]　新的简要而贴切的综述在弗赖,Ch.:《从宗教改革直到当代的新教伦理学》,居特斯洛 1989 年,第 53—57 页;同样简明但过于零碎的从福音派视野出发的伦理概观,在罗尔斯,J. 的《伦理学史》,图宾根 1991 年,第 186—187 页。

[140]　《论神的正义和人的正义》(1523),《茨温利的主要著作集》,由 F. Blanke, O. Farner, R. Pfister 修订,第 7 卷,苏黎世 1942 年,第 31—103 页。新版载于:茨温利,H.:《文集》I,苏黎世 1995 年,第 155—213 页。

[141]　引文根据 1995 年的版本,第 172 页(1942 年版本第 52 页)。

[142]　同上书,第 186 页。

[143]　同上书,第 92 页。

[144]　引文根据 1995 年版第 209—210 页(1942 年版第 98 页)。

[145]　同上书,第 210 页(1942 年版第 99 页)。

这在斋戒问题上说得很清楚。基督徒在任何时候都是随意地享受任何食品。"食品自在自为地非善非恶。它必然地要被称之为善,我们也宁可称之为善。它从未变成恶,除非我们吃得太多。还有(只要我们知道)何时该吃,食品也不可能变坏。只是因人的误食才能变坏,就是说或者吃得过量,或者是无信仰地乱吃……每个人只吃多么多,能保持有正当信仰的精神就够了。"[146]

在这方面严格的劳动伦理有助于适度:"你愿意斋戒,那你就斋戒!你愿意不再吃肉,那你也就别吃肉!让我等基督徒在饮食方面自由选择吧!在你没有工作可做的情况下,那你就该多斋戒,甚至经常不吃不喝,不要让饮食把你引向例行公事。但是,对劳动者而言,饭菜可以随身而带,可以放在犁上,可以带到田头。"[147]

而伦理的目的不是规定期限的斋戒,而是对任何时候都适用的保持适度。"基督徒到处都保持适度,在身体的舒适上节俭,以自己的双手劳动为生,他们因此才能为急需的兄弟提供帮助。"[148]"暴富"、幸灾乐祸、斋戒在他看来都是可以消除的,只要经过宗教改革就可超越。为了能够无拘无束地生活,他建议,宁可保留天主教的(习惯)。[149] 对茨温利来说,完全按照保罗的教义,保持适度就不是为了自我完善,而完全是为了服务于共同体,具体地说,服务于受苦的众人!后来这种清教主义者的劳动伦理和适度品行,谨慎地脱离了其原初共同体教养的倾向,自动地变成了苏黎世经济发展的基础之一。清教主义成为"瑞士富有成果的出口产品"[150]。

对茨温利来说,非人的共同世界也属于这个共同体。尽管他自己并不经常把这个挂在嘴上,但还是表达出了对所有受造物的极大敬重和对于它们作为上帝作品的关怀。动物让他赞叹,明显地是出于自己山里人的直观,他重视它们:"人的生活,如果我们从中取走了神的知识的话,与动物的生活没有什么不同。毕竟人所拥有的东西,并非动物就没有。人

---

[146] 《餐饮的自由选择》(1522),茨温利,H.:《文集》I. 苏黎世1995年,第13—73(30f)页。

[147] 同上书,第39页。

[148] 《谁是挑起骚动的原因》(1524),茨温利,H.:《文集》I,苏黎世1995年,第331—426(346)页。[《主要著作集》,第7卷,苏黎世1942年,第123—229(139)页]。

[149] 同上。

[150] 耶格尔,H.U.这样说。《清教主义:瑞士富有成果的出口产品》,苏黎世州教会正典,第6号,1988年3月11号。

保护自己和他们的孩子,满足他们的欲望,逃避缺点和贫穷。动物并非不同……它们相互之间比人类经常保持着更大的忠诚。"⑤他在天意学的框架中甚至承认动物差不多近似于上帝的肖像:"不只是人在种性上是神性的,而且一切受造物也都是,尽管前者比后者更高贵和雅致一些。但根据它们的出身,它们都是出自上帝并在上帝之内……或者说,老鼠的种性不也宣告了神性的智慧和天意吗?小松鼠用小嘴巴把大木块拉到岸边,以备渡河之用,这时它也会摇摆它那浓密的尾巴洋洋得意。风一吹,用不着别的帆(就能过河了)。哪有什么词语和言词能像这些微小的动物这样赞美神的智慧呢。"⑫保持适度对茨温利而言对共同世界也是需要的。因此人能履行他受托的耕种和保管地球的职责,"就像一家之主保持着对家园的敬重一样。"⑬

[S. 139]

3.3.2.3 约翰内斯·加尔文

对于日内瓦的宗教改革家约翰内斯·加尔文(1509—1564)来说,信仰和辩护以及由此得到的对上帝的赞美,构成其神学的核心部分。像路德和茨温利一样,他也把基督教的自由置于其伦理学⑭的中心。

理性因原罪而败坏,对自然的道德法则的感知已经走样,因为把上帝视为自然的道德法则之首创者的眼光被阻隔。⑮尽管如此,自然的道德法则并没有失去效力。德目就是对它的表达。这种法则具有三重意义⑭,三种"职权":第一,它指明了从我们自身的本能出发履行这种法则

---

⑤ 《对真假宗教的评论》(1525),茨温利,H.:《文集》III,苏黎世1995年,第31—452(455)页(《主要著作集》,第10卷,1963年,第274页)。

⑫ 《论上帝的天意》(1530)转引自 Büsser, F.:《自然之书》,Stäfa 1990年,第67页。这里表现了茨温利的一种自然神学的初衷。把人看做宇宙整体组成部分的一种自然的神学,由受茨温利影响的医生 Conrad Gesner(他的父亲同茨温利一起死于Kappel战役)发展出来,参阅 Leu, U.:《作为神学家的 Conrad Gesner》,伯尔尼1990年。

⑬ 对《创世记》的解说。《胡尔德利希·茨温利全集》,第13卷,苏黎世1963年,第19页。

⑭ 加尔文的伦理学,参阅:Fuchs, E.: La morale selon Calvin, Paris 1986;弗赖,Ch.:《新教伦理学》,版本同前,第61—69页;罗尔斯,J.:《伦理学史》,版本同前,第187—189页;Bieler, A.: La pensée économique et sociale de Calvin, Genf, 1961。

⑮ 加尔文,J.《基督教要义》(Insitutio Christianae Religionis),由 O. Weber 翻译和修订,Neukirchen,1988年第5版,II,2,12—3,14。

⑯ 《要义》,II,7。

是不合理和不可能的,(由此指出了)usus elenchticus(神的律法)。但它不愿气馁,而要通向基督。第二,它应该阻止无信仰者(而且有信仰者也总是属于此列的)作恶,使共同体重生以及保存 usus politicus(城邦法)。第三,它也应该引导有信仰者作为重生的人(加尔文的一个特殊方面)(usus renatis—重生的法),只要这种律法在这方面不失效,我们就不再受到诅咒。

通过神恩取得的基督徒的自由[157]使我们免受律法的强制,正因此而使我们有能力"愉快地并以巨大的喜乐应答上帝和他的律法,并遵循他的领导"[158]。所以自由的目标在于,自愿地和顺服地与上帝保持联系。

与此相应,德性也没有被废除,但解除了它的救赎意义。"确实,这些德性以它们虚浮的闪光迷惑我们,在公共的感觉和人的普遍判断中严肃地获得了赞美。但是它们在天国的审判席前没有价值,因此人才能够获得某种称义。"[159]

加尔文对适度品行的阐释和对财富的态度受着这种自由观的影响。如何创造免受律法强制的自由,如何使人有能力达到有义地顺从,也就如何能使人自由地使用财富[160] 所以,在加尔文《基督教要义》专门讨论自由的章节中处理适度品行不是偶然的!人"在上帝面前所限于的任何一种圣洁的羞怕感,都不是由于他们处在本来都只是手段的外物之中,相反,他们可以无区别地时而使用它们,时而把它们丢到一边。"[161]自由应该"让惊恐不安的良心平静下来",它不要老是害怕询问,上帝的作品是否也要寻求满心欢喜。因此人将自由地侍奉在世界中。

但是,"假如一些人把自由当做满足其欲望的幌子,以便滥用上帝给予他们快乐的恩典,或者假如我们与之相应地在使用上帝的恩典时,不考

[S.140]

---

[157] 《要义》,III,19。

[158] 同上书,19.5。

[159] 《要义》,II,3,4。加尔文和路德一样,宣扬"因信称义",它的准确意思是说,因人"信仰"上帝,上帝才"称"人为"义人"。不是因人有德,人就能称自己为义人。——译者附释

[160] 《要义》,III,19,7—9。

[161] 同上书,19,7。

虑弱者兄弟!"[162]那么自由就被误用了。在字词上他几乎像路德一样批评了"流光溢彩式的奢华"(üppigen Glanz),在"吃喝、装扮或者盖房屋上的铺张浪费"。加尔文并不呼吁禁欲,因为"象牙、金子和财富倒确实是上帝创造的善物,完全是留给人使用的,天意当然也可以对此作出规定"。多笑,增加财产,喝酒,据他说都完全是允许的,但人应该"放弃不适当的贪欲,无度的挥霍,虚荣和非分之想",练习"节俭"。[163]

因此,在加尔文的适度观念中已经可以看出三个标准:第一,人要从操心自身的幸福中解放出来,从圣洁的羞怕中解放出来,自由地使用财富和资源。第二,他应该爱惜作为上帝恩典的财富,不要浪费,要适度地使用。第三,尺度在于,是否把财富用于弱者——柔软的自然也内在地属于弱者——和共同体。

有些人认为:"自由不可被合法的尺度限制,而且必须听从个人的良心,他取得的,本来就是他所允许的。"加尔文相反地认为:"对于尘世财富的使用规定要作出普遍的规则!"[164]他列举了许多规则,可以综合为6条:第一条,中道定位:尺度就是在最小化的实存和过度之间寻求中道。"所以我们必须保持适度,以便以纯粹的良心为了急需或者也为了享受而运用那个手段。"[165]限于生活最必需的东西,从《圣经》上并不能得到指示。不过,我们应该按照保罗立的原则,"享用,既然用过了的,就不要再用了"(《哥林多前书》,7,30f)*。第二条,目的定位:财富的享用,"只要它是针对这些礼物的给予者本身为我们所创造和规定的目的",就是适度的,"因为给予者创造这些礼物是为了我们达到最好,而不是为了我

---

[162] 《要义》,Ⅲ,19,9。
[163] 同上。
[164] 《要义》,Ⅲ,10,1。
[165] 同上。
* 现有中文《圣经》对这段经文的翻译从德文来看是错误的,如"享受世上财富的,像没有尽情享受。因为现有的这个世界快要过去了",让人莫名其妙。之所以说它是错误的,从语法上讲,就是没有把动词的主动态和被动态的意思表达出来。这里先是"使用"、"享用"(gebrauchen),然后是"被用过了"(gebrauchte),所以这句话正确的翻译应该是"享用,既然享用过了,就不要再用它了。因为此世的本质消逝了"。还有同一段前面有"哭,既然哭过了,就不要再哭它了",为什么这样呢? 保罗在这一章说的核心意思,就是对于我们人生,"时间短暂"(中文《圣经》中翻译的"时间不多了"),我们不要一而再、再而三地纠缠在某件事情上,什么事情都可适可而止。——译者

们腐败"⑯。第三条,定位于给予者:对于礼物给予者心存感激,阻止人们心胸狭隘和无度。财富不是占有,而是租借,是上帝托管的财物⑯。第四条,定位于永恒的生命:谁要把眼前的生命作为对永恒生命的朝圣指出来,就获得了一种内在地对俗物的间距,就能"既知道承担带有平和心的欠缺、忍耐,同样也知道承担适度的丰盈"。⑱ 第五条,定位于知足:加尔文要求忍受贫穷,不可解释为鸦片或者压迫,而是一种避免"新暴发户"挥霍无度的尝试,因为"某人要是不能满足于粗茶淡饭,他就会按照贵族的标准让自己被欲望搅得心神不宁,他也就会无度地滥用享乐,只要他曾经沉迷过享乐的话"⑲。第六条,定位于职位(Berufsstand)⑳:在职位上履行义务防止荒淫无度。职位等级秩序使每个人保持自身的尺度得以可能,"使得没有人再草率地僭越他的限度"。

国家的职责就是为个人能够遵守这种尺度提供(制度)担保。只有它自身遵守权力为它规定好的尺度,它才能够提供这种担保。教皇阶层在加尔文看来也没有能力做到这一点,因为它自身因其权力泛滥,不肯正教分离,"破坏了一切合法的尺度"㉑。

保持适度不仅对于人所创造的财富适用,而且对于整个共同世界也适用,由于上帝"把所有受造物抓在手上,统管着它们",正如日内瓦的教义手册所说㉒。加尔文的创世神学㉓,基于天意,就像他的整个著作本质上是赞美上帝的神学一样。我们甚至可能不用张开眼睛,也会看得见整个受造界的上帝。㉔ 世界是上帝之荣耀的表演场所:theatrum gloriae Dei。就此而言,在加尔文那里可找到一种自然的神学和自然的上帝知识之端倪,这甚至比在路德和茨温利那里更加突出。同时他与其说把受造界不如说把这种自然的神学更加紧密地与基督和圣灵联系起来。基督作为宇

---

⑯ 《要义》,III,10,2。
⑰ 《要义》,10,3 和 5。
⑱ 《要义》,III,4。
⑲ 《要义》,III,5。
⑳ 《要义》,III,6。
㉑ 《要义》,IV,7(标题)和 7,19。
㉒ 转引自林克,Ch.:《创世》,版本同前,第 123 页。
㉓ 更多的论述在林克,Ch.:《创世》,版本同前,第 120—178 页(第 126 页之后、第 146 页之后);莫尔特曼,J.:《创世中的上帝》,慕尼黑 1985 年,第 70 页之后;Stauffer, R.:Dieu, la céation et la Providence dans la predication de Calvin, 1977。
㉔ 《要义》,I,5,1ff。

宙的基督"不断地充满整个世界,如同太初那样"⑮,而圣灵"到处活灵活现,保存、养育天地万物并赋予它们以活力"⑯。上文所提到的因感恩而发现尺度,现在在共同体的灵的实践中,即在祷告、唱颂歌、默祷和在世界安息日时的"灵休"之中具体化。⑰

　　加尔文对自然科学的态度深刻影响了当代的环境处境。通过理性的解放,他为研究设置了一些精神前提,由此导致自然的功利化,直至对自然的剥削。对于加尔文而言,人的理性尽管有堕落和原罪,"还总是披着上帝礼物的卓越外衣"。数学、医学和化学等根基都可以"归结到上帝"。加尔文对自然科学家的认识表达出最高的惊赞:"那么上主通过帮助和服务不虔敬的人乐于帮助我们从事自然科学、思维科学或者数学或者其他科学,,所以我们应该利用这种帮助。"⑱不过,当加尔文为科学迅速加 [S. 142] 上德性的外衣时,带着科学在上帝面前却没有获得赞美和救赎,也没有获得对上帝的认识。

　　英国著名的宗教改革家麦格拉思(McGrath),在他新近出版的加尔文生平中用了整整一章来论述加尔文同自然科学的关系。他得出的结论是:"自然科学在16世纪的迅猛发展完全是有目共睹的,随后的进一步发展从根本上归结为宗教的有力推动,这种推动力至少部分地要归功于约翰·加尔文的思想和影响。"⑲不过,加尔文自己倒是警告了那种不再以上帝的创世目标为定向的科学:"所有对造物主视而不见的自然研究,都是本末倒置的研究。利用自然而又不承认它的造物主,这是有害的忘恩负义。"⑳

　　加尔文把适度德性从律法中解放出来,使之变成出于感恩的适度品行。他把自然科学从一种禁锢在狭隘的《圣经》理解的紧箍咒中解放出来,而且他在科学中看出了一条赞美上帝和通往人类幸福的道路。不过德性后来的功能被变成才华出众(Tüchtigkeit),科学降格为对自然的统

---

⑮ 《要义》,II,13,4。
⑯ 《要义》,I,13,14。
⑰ 《要义》,II,8,29。
⑱ 《要义》,II,2,16。
⑲ McGrath, A. ; Johann Calvin. Eine Biographie,苏黎世1991年,第328页。
⑳ 加尔文,J. :《对创世记的阐释》,由 D. Goeters 和 D. Simon 翻译和整理,Neukirchen 1956年,第6页。

治。反观加尔文,恰恰是在新教徒这里,他们种种喧嚣的探索比天主教徒[181]大大促进了自然科学,但愿真能为与受造界的更加适度的交往提供一个开端!

3.4　17—18 世纪

宗教改革家的恩典、受造界和合理尺度的视野,在随后世纪中的影响一方面发生了巨大改变,但在许多方面也被新的或者对立的潮流所掩盖。一方面,相反的宗教改革部分地把新教正统化,回到了经院传统,另一方面,宗教改革的适度品行在 16—17 世纪的清教主义中极端化为拘谨刻板的愁眉苦脸,作为对此的反动,在 18 世纪又招致了对铺张浪费的乐趣。宗教改革家的理性自由和解放,摆脱了宗教的束缚,变成了科学、宗教和伦理的理性主义,在启蒙运动中达到高峰。自然科学从 18 世纪开启了它们的胜利航道,通过同技术的联系,展示出它们充满魅力同时又令人可怕的动力。保持适度的品行再次退居幕后。这种品行在亚当·斯密和伊曼努尔·康德那里完全存在着特别的烙印,与这个大的方向并不矛盾。在黑格尔那里,度作为质和量的综合出现,但没有显示出伦理意义。[182]

3.4.1　从清教主义到自然神学

清教主义作为英格兰和苏格兰宗教改革的核心,接受了宗教改革家诸如天意、以上帝之国为指向、促进公道的国家、侍奉邻人的劳动伦理、个人的虔敬和有约束的道德这些诉求。[183]但清教主义对这些价值信仰作出了过于苛刻的规定,使之变成令人不快的苛刻教条,理智地以合乎目的为指向。在加尔文那里我们还看到,尺度不是把生活归结为必然,相反,适度的享乐也有其地位,例如以喝酒和欢笑作为其象征,而在清教主义中,哪怕是艺术和游戏这种看似无目的的东西也消失不见了。

其结果是,作为近代一个标识的生活领域整个地被逐步功能化和工具化了。清教主义中的平均化倾向积极地影响到民主化。它也推动技术

---

[181]　McGrath, A., 版本同前, 第 323—324 页。
[182]　对此参阅第 2.4.5 节。
[183]　参阅 Chambon, J.:《清教主义:从宗教改革直到斯图亚特王朝终结所走的路》,苏黎世 1944 年,例如第 33 页之后和第 253 页之后。

3. 伦理学史中的适度德性

发展:早在宗教改革家那里就像在清教主义中一样,手工劳动和脑力劳动被看做是同样有价值的"侍奉上帝"的方式。所以手工劳动不再被视为低等的(当然这也只是在教会团体中,而当时还是仅限于修道院)。因此,当时基于手工劳动之上的技术受到了大力推进[184]。清教主义也持续地推动了试验科学及其成果的推广,以此推倒了国民文化和精英文化之间的隔离墙。

弗·培根(1561—1626)从在清教主义中观察到的知识和功利之间的交叉关系作出了一个绝对必要的公设。自然科学与技术相联系是他的纲领。那么他也成为功利主义的奠基者之一。天意学说也以世俗化的形式在17世纪的千禧年主义中继续发挥作用,与之相联系存在的是17和18世纪的进步乐观主义和大自然可以控制的信念[185],这种信念经过1755年里斯本毁灭性的大地震也只是遭受了短暂的动摇。

当今可以看到一种新的清教主义的标志。它通常不是基于宗教的理由,也不是基于利他主义的理由,而是功利主义地以自身的利益为指针。它是预防过度和意义空虚的自我保护措施。[186]

1700年左右,特别是在受宗教改革影响较大的区域形成了自然神学[187]。它力图把自然科学和神学与此目标联系起来:消除偶尔从一些新的科学知识中引申出来的无神论和唯物论的结论。苏黎世的研究者绍伊希策,就想杜绝这种危险:万物"不……被视为上帝的作品,而被视为自然的作品"[188]。自然神学试图通过大量真正的自然研究,特别是在小动物

[S.144]

---

[184] 这种说法的证据可在科洛齐克,U.那里找到:《环境危机——基督教的后果?》,斯图加特1979年,第61—70页。

[185] 参阅格罗,R./格罗,D.:《世界图景和自然同化——自然的文化史》,法兰克福1991年,第11—91页(生态危机的宗教根源。近代早期的自然目的论和历史乐观主义,特别是第40页之后和第50—51页);科洛齐克,U.:《自然的世俗化——Povidentia-Dei-Lehre和早期启蒙运动的自然观》,Neukirchen1988年。

[186] 参阅 Hurton, A.:《回到新的节制!——从快乐原则到时代精神的清教主义》,新苏黎世日报副刊,1992年1月,第37—39页。

[187] 新的表述在洛伦茨,S.:"自然神学词条",载于《哲学历史词典》,第7卷,巴塞尔1989年,第948—955页;格罗,R./格罗,D.:版本同前,第50—60页;科洛齐克,U.:《生态神学的先驱》,载于阿尔特纳,G.:《生态神学》,斯图加特1989年,第14—29页(第21页之后)。

[188] Jobi Physica sacra Oder Hiobs Natur-Wissenschaft verglichen mit der Heutigen, Zürich1721,73.

身上指出受造物的美和精致性,以此从经验上证明上帝存在。它强调上帝救赎计划的合目的性,自然的取之不竭性及其对人的有用性。他们想以自然神学拯救信仰,但最终并不能阻止无神论的理性主义。但它根本的作用在于,使新科学也能在如田园的领域扎根,并使自然越来越多地工具化为人的功利。所以在这里,自然科学的神学是合适的,可从救赎神学的立场为技术改变自然作出辩护。但它并不能从此更进一步为反抗已经露出苗头的对自然的无度统治作出什么贡献。

3.4.2 亚当·斯密

与自然适度交往的问题,大部分是经济问题。由于当前深刻影响全世界的市场经济体系,在其开始时就受到了亚当·斯密的原初想法的影响,我们感兴趣的是,他究竟如何涉及适度的德性。亚当·斯密(1723—1790)不仅是著名的国民经济学家,而且也是有深远影响的道德哲学家[189]。这里并不是阐述他的经济学体系的地方。我们首先集中讨论他的德性论,在他的主要著作《道德情操论》[190](下文缩写为 TEG,括号里的页码数字与此书相关)中究竟是如何表述的。经济学和伦理学的整合是我们时代的伟大任务之一,它正是发生在自由主义内部。在我们的关系中重新发现亚当·斯密是有意义的,例如圣·加伦的经济伦理学家彼特·乌尔利希注意到:"对于斯密主义精神中的一个新自由主义者而言,关键的问题就是返回到斯密那里,重新整合经济学和伦理学,这就是说,共同打造出一种经济理性,使之持久地成为一种符合时代的,也可对生态负责

---

[189] 作为经济学家和道德哲学家的斯密经历了一次真正的文艺复兴。参阅,例如迈尔-法伊,A./乌尔利希,P.(主编):《另一个亚当·斯密——对把经济学重新规定为政治经济学的贡献》,伯尔尼 1991 年;Reckenwald,H. C.:《伦理学、经济和国家——当代亚当·斯密的政治经济学》,达姆施达特 1985 年;里希,A.:《经济伦理学》,卷 2:《从社会伦理学的视野看市场经济、计划经济和世界经济》,居特斯洛 1990 年,第 229—233 页;凯塞尔,H.:《神学的经济伦理学:经济合理性的伦理整合模型——一种基础》,手稿(取得大学授课资格论文),苏黎世/Spiez 1989 年,第 40—77 页;Raphael,D. D.:《亚当·斯密》,法兰克福 1991 年。

[190] 斯密,A.:《道德情操论》,初版于 1759 年,带有 W. Eckstein 的导论,汉堡 1977 年。这部书准确地理解应该是《道德情感理论》,但遵从中文已有的译名,我们在书名上依旧不变,但是为了与西方伦理学史上的概念保持一致,在下文中涉及 die ethische Gefühl 时,我们还是要翻译为"道德情感"。——译者

的市场经济前提。"[191]

我们以斯密回答我们提出的5个问题的形式,综述他的本意:谁是有德性的?适度德行的度在哪里?如何认识尺度?尺度对于经济,对于市场意味着什么?如何遵守尺度?

(1)谁是有德性的?斯密已经被视为"启蒙运动的西塞罗",他在《道德情操论》中有17次引证西塞罗[192]。两人都呼吁用理性对激情进行适度控制,以此完成人与自然的统一。"在对人的身体欲望的控制中,存在着在真正意义上被称之为适度[193]的德性。"把欲望保持在限度内,限度要视健康和能力而定,这就是智慧的职责(第35页)。人和动物都有欲望,所以欲望是有损人的尊严(第34页)、需要超越的东西。智慧(第360—370页)和自制(第401—441页)是德性的两个特征。一个人……同完善的智慧规则保持一致,以严格的正义和正当的仁爱来行动,就可以被称之为完善的有德性的人……但是即便对此规则有最完善的知识,如果不能得到最完善的自制的支持,也将总是使他不能履行他的义务(第401页)。背信弃义[194],我们会以"适度、得体、谨慎、温和"(第402页)来与之对抗,以"同样的形式,同样的适度,决不减少的持久性"(第403页)与之对抗,斯密也把这些品质称之为"灵魂的镇定自若与和谐"(第453页)。显而易见,他返回到了希腊—斯多葛派的以及西塞罗的约束情感的理想。

(2)适度德行的度在哪里?斯密既直接回答这个问题,也间接地返回到希腊的德性论。他自己说,亚里士多德的适度之为两个极端之间的中道学说,"非常适合于上文涉及适宜和不适宜的行为举止所说的话",所以适合于他自己的学说(第456页)。对于斯密而言,度存在于同情中(特别是1—14)。这种情感存在于自私和利他之间的中道。同情不是对

---

[191] 乌尔利希,P.:《期待一个不同的亚当·斯密》,苏黎世自由主义研究所的反思文集,1991年,第25号,第13—25(25)页。详细的在 Meyer-Faye, A./乌尔利希, P.(主编):《另一个亚当·斯密——对把经济学重新规定为政治经济学的贡献》,版本同前。

[192] 关于西塞罗身上的适度品行,参阅尺度词条,《哲学历史词典》,第5卷,巴塞尔1980年,第809—810页。

[193] 适度是对斯密的英文词 temperance 的翻译。适度这个词完全是立足于四主德的传统中的。

[194] 义务对于斯密和对于康德(参阅下一节)都是一个核心的伦理范畴:"尊重那些为人处事的普遍规则,就是我们在真正意义上称之为义务的东西,一个在人的生活中具有最大重要性的原则,唯一的原则,大多数人都能按此原则引导他们的行为(TEG,243)。"

邻人的主动的爱,但理解和顾及他人的能力和需求。"所涉及的情况用当事人的眼光去看,那么是从对方的立场来思考"⑩,这是对每一类型的情绪的"同感"(Mitfühl),而不只是对痛苦情绪的同感,像在同情(Mitleid)和怜悯(Erbarmen)那里感觉出来的那样(第4页)。

对同情的这种理解,使斯密选择了一条中间道路,以此他消除了他那时代的两个对立立场:伯哈德·德·曼德维尔(1670—1733)把自私宣扬为道德生活的发动机。⑩他同亚里士多德、托马斯主义的德性论以及新教的清教主义发生断裂并造成一种经验,说自私是行动的真正动机,要作出规范。不是德行,而是恶行才是最终服务于最大多数人的普遍福利的东西。代表与曼德维尔对立立场的是他的同时代人弗兰西斯·哈奇森(1694—1747)⑩,斯密后来接任又辞去了此人在格拉斯哥大学的道德哲学教席。哈奇森把与自我密切相关的邻人置于其伦理学的中心。《新约》意义上的爱(Agape)是德行的标准。他人的幸福是自身幸福的条件!他由此得出的规则,后来变成了功利主义的极端原则:"那些导致最大多数人的最大幸福的行为,才是最好的行为。"⑩斯密在他的《道德情操论》中同两者的立场进行了激烈的争论(第500—523页)。他否认了曼德维尔之为"消除一切道德束缚的体系"(第510页)以及把恶行变为美德。他没有否认哈奇森的初衷,但使之相对化了。它是那些"让美德存在于仁爱中的体系"(第500页),因此是一种对日常生活不适宜的、不能被实现的道德。(有人也会用茨温利来说,哈奇森使上帝的正义成为了人间正义的绝对规范,并混淆了两者。)斯密试图用他的同情理论把自利和公利联系起来。他在伦理的完善性(理想规范)和规范的可实现性(实践规范)这两个标准("standards")之间作出了区分(第417页)。

(3)但现在如何认识尺度呢?谁说的话是自私和利他之间的正当的中道?由于斯密是作为哲学家,不是作为神学家来论证,所以标准不在上帝,但他寻求标准的立场,也是在人类共同体之外。他把"中立的旁观

---

⑩ 也许Empathie(移情)在当今更贴切地表达了斯密用同情(Sympathie)所指的东西。

⑩ 特别是在曼德维尔,B.:《蜜蜂的寓言或者私人恶行,公共利益》,由W.Euchner导论,法兰克福1968年(首版于1714年)。

⑩ 哈奇森,F.:《论我们关于美和德的观念的起源》,由W.Leidhold导论,汉堡1986年(首版于1725年)。

⑩ 同上书,第75页。

者"称作这个标准的同义词。"我们绝不能够通观我们的经验和动因,我们也绝不能够对它们作出一个判断,就此而言,我们仿佛离不开我们自然的标准,它仿佛就是从一个与我们自身有某种距离的地方来观看……我们努力这样来审察我们的行为举止,就像我们是按照某个他人的公正而中立的旁观者的眼光来审察自身一样。"(第167页)所以,尺度不是一个绝对的量,而是一个相对的量。它将在与同人、特别是与这个虚构的中立的旁观者的关系中确定。因此,社会结构将是伦理判断的一部分。适度品行在保罗主义的意义上与共同体相关,在这里以非宗教的形式出现了。中立的旁观者是"大法官和仲裁人"(第442页),使良心的自律性(第199页之后几页)、规范的可普遍性成为可能。中立的旁观者近似于康德的定言命令。

(4)尺度对于经济,对于市场意味着什么?经济人(Der homo oeconomicus)在斯密这里指的是聪明人,是一个如此适度的人。他的自利(Selbstinteresse 在斯密这里是从经验同时也是从自然法的角度来证明的)是经济和社会进步的推动力。但在斯密看来,这种自利恰恰不能同自私自利(egoistischen Eigeninteresse)或者庸俗的自由原理——对自身有最大利益的东西,也对人类有最大利益——相混淆!自利总把自身的幸福视如共同福利。"聪明人和有德的人任何时候都能够同意,为了他自己所属的那个阶层或者共同体的公共利益而牺牲他自己的私利;但他也能够同意,在任何时候为了国家或者君主的更大利益而牺牲那些只是构成从属部分的阶层或者共同体的利益。所以他同样也应该能够同意,为了全世界(Universum)的更大利益,为了所有有感觉和理智天赋的生灵的这个巨大共同体——上帝自身在其中表现为直接主管和领导者——的利益,而牺牲上述一切较为低等的利益"(第398—399页)*。[S. 147]

(5)如何遵守尺度?不同的措施都是必要的,只要这些措施使得自利保持以公共利益为指向:第一,已提到的对欲望的约束在斯密看来是适度品性的一个重要部分。第二,合理的同情作为设身处地地为他人着想,把自利与公共利益联系起来了。第三,中立的旁观者对于个人德性的作用,如同"看不见的手"对于市场的作用。竞赛和相互竞争履行着监督的

---

* 参阅该书中文版(商务印书馆1998年),第304页。文字稍作了修改,这里更加准确地表达了斯密的观点。

职责。"因竞赛而有尺度"我们可以将它最大化[199]。第四,个体如同市场一样,必须——这在斯密的经济实践思想中通常很少被注意到——受国家法规的支撑。由于冲动经常压倒理智,中立的旁观者不大受到重视,个人之外的规则和习俗就有必要(第 86—95 页)得到政治机构的确定(第 243—259 页)。"重视那些普遍的规则,对于道德品质而言,就是我们在真正的意义上称之为义务感的东西,是在人的生活中具有最重要意义的一个原则。"(第 243 页)斯密甚至从形而上学的角度抬高这些规则,把它们描述为"神圣律法"(第 250 页)。这四个措施都不是孤立应用的,而是互为条件、相互支持的。

[S.148] 如何评价斯密的尺度伦理? 他提供了一个令人兴奋的尝试,回到古希腊罗马的尺度——中道观念,同经验论的理性主义相联系,把自利和公益以可实践的方式联系起来,永远以公益为指南。自利在此只要也能得到我们同情感的支持,就保持在首要位置。正义观念则含糊不清。他的出发点是基督教伦理学,就像古希腊德性论是从一个过于尽善尽美的人的形象出发一样,启蒙运动更强化了这一出发点。根据宗教改革家的看法,人并不能创造出这种德性。附带许许多多修正性的保证,斯密诚然部分地也可算在此列。斯密代表了一种自然神论(Deismus),一种无神的形上学,尽管他偶然也显得与某种神性有关联[200]。神作为关联点变成了匿名和虚构的"中立旁观者"的构造,在道德上不大有约束力。从个体伦理学的角度看,斯密的初衷依然还是前景广阔[201],在这里,社会伦理的方面并不缺乏,对于当今的经济伦理学和适度伦理学还能更加明显地突出斯密的有用性。按照我们上文引用的斯密的说法,个人利益是从属于公共利益甚至全世界利益的,这完全可以用作一种生态和社会定位的世界经

---

[199] 特别发挥在他的主要经济学著作《国富论——对其本质和原因的探究》中,由 H. C. Recktenwald 导论,慕尼黑 1978 年(首版于 1776 年)。

[200] 参阅 Büscher, M.:《神与市场——亚当·斯密的宗教史根源》,载于马耶-法伊, A./乌尔里希, P. (主编):《另一个亚当·斯密》,伯尔尼 1991 年,第 123—144 页。

[201] M. 黑尔德合理地问:"唯一关心自身利益的人的经济理论,尽管存在着许多方法论上的模糊性,效力范围也有限,为何能够如此富有成效呢?"我来揭晓他的答案:"因为在社会、经济上意义最为重要的机制,从根本上说是以个人主义为指针的。"见黑尔德, M.:《经济学没有人的形象——机制、规范和人的形象》,载于比尔弗特, B./黑尔德, M. 主编的《经济理论的人的形象——论人的本性》,法兰克福 1991 年,第 10—41 (29、31) 页。

济的基础!

3.4.3 伊曼努尔·康德

第一眼望去,伊曼努尔·康德(1724—1804)似乎在许多方面都成为他的同时代人亚当·斯密的对立面。因为后者深受英国经验主义的影响,他的道德哲学是建立在"道德情感"之上,而前者则代表了一种深受德国理性主义影响的理性和义务的伦理学。但是,康德从一个不同的起点出发,达到了与亚当·斯密类似、在具体表述上几乎相同的道德哲学和德性论[202],这一点着实让人惊讶!两人都代表了一种理性伦理学立场(他们同时认识到了理性的限度,康德比斯密更清楚),并且,两人都强调保持适度的德行。两人出生的时间只差一年,但斯密出版他的《道德情操论》(1759年)却比康德出版他的《伦理的形而上学奠基》*(1785年)早了四分之一个世纪,比康德出版他的《伦理的形而上学》[203](1797年)早了几乎40年(下文中括号中的数字就是这本书的页码)。

对康德而言,伦理学奠基于一种先天的、实践的理性法则,普遍的规则只有从这个法则出发才能得到阐述。理性法则不能建立在经验的东西上,不能建立在自然因果性或者主观的秉好上。它建立在为善良意志本身所确立的义务上。所以,康德的伦理学被合理地描述为义务伦理学。义务是以戒律、命令为形式的道德。 [S.149]

"义务就是一种必须确立但并不乐于确立的目的(第515页)。"同时义务——由于在康德那里表现出一种不可解决的张力——不单纯是强迫,相反是基于自由意志,因为"自由必须被假定为所有有理性的存在者的意志的品质"[204]。善良的、理性的意志那么自愿地遵从一个它给自身所

---

[202] 乌尔利希,P.也这样说。《期待一个不同的亚当·斯密》,版本同前,第17页:"亚当·斯密与其说接近于当今新古典主义经济学家的方法论个人主义,不如说更接近于伊曼努尔·康德这位批判哲学家的理性伦理学思想。"

* 一般译作《道德形而上学基础》。

[203] 康德,I.:《伦理的形而上学》(一般译作《道德形而上学》),载于六卷本的《康德著作集》(由 W. Weischedel 主编),卷4:《伦理学和宗教哲学文集》,达姆施达特1963年,第309—634(《形而上学》被压缩了);在同一卷载有《伦理的形而上学奠基》,第11—102页(被压缩了的《奠基》),同样这一卷还载有《实践理性批判》,第107—302页。

[204] 《奠基》,版本同前,第82页。

颁布的法则："但由于人却是一个自由的（道德的）存在者，所以，义务概念不是别的，无非就是包含自我强迫（仅仅通过法则的表象）（第509页）。"

命令，只要它表现一种主观的意图，一种能够，就是假言命令。康德把它描述为准则。相反，理性法则包含一种定言的命令[205]，因为它是一种普遍有效的、无条件的、必然的伦理法则。在这里，能够是从应该推出来的。所以康德不是把它叫做准则，而是叫做法则。康德著名的定言命令具有他称之为"纯粹实践理性的基本法则"的这种地位价值："要这样行动，使你意志的准则任何时候都能够同时被看做是一个普遍的立法原理。"[206]而主观的准则，如果它不是从内容上，相反是从形式上被规定的[207]，那么就会成为普遍的法则。如果一种准则能够被设想或者被意愿作为普遍法则，那它涉及的就是一种完善的义务，否则涉及一种不完善的义务。

在这种伦理框架中，康德阐发了他的德性论。这特别是他在《伦理的形而上学》中阐发的。这本书的第一部分阐发"法权论"，因此是在法律中确立"社会伦理学"或者"政治伦理学"，像当今乐于说的这样。第二部分为个体行动阐发"德性论"（第503—636页），我们今天乐于称之为"个体—个人伦理学"。在这两部分中，他的初衷都在于他的义务伦理。

行为永远都从目的论上指向一个目的。这个目的就是"自身本来的义务"（第501页）。德性论定位于两个目的，这两个目的都是义务："它们是自身的完善性和他者的幸福（第515页）。"因此，康德也探求私利和公利的一种关系规定，就像斯密以他的同情概念所探求的那样。德性对康德而言不是追求自身的幸福，因为自身幸福不是义务，而是动物们也有的不言而喻的自身愿望。自身的完善性则相反地是试图"把自身从动物性中提升出来"（第517页）。第二个德性义务在于促进他者的幸福。"能够算作他者幸福的这些福，是保留在他者自身的，只不过我也有权拒绝，算作他者幸福的某些东西（第518页）。"

为了促进自身的完善，人在三个层面上具有对自身完善的、因而绝对的义务：第一个层面，"作为一个动物性的存在者"，他有"保存他的动物

---

[205] 《实践理性批判》，版本同前，第125页之后几页。
[206] 同上书，第140页。
[207] 同上书，第135页。原理3。

本性"的义务（第553页）。因此他必须保护他的物理本性及其力量。对康德来说，他详细地也即决疑论地解释了这些物理本性（第553—562页），属于这种义务的是，不可自杀、自满、自我麻木（因享乐无度，暴饮暴食，乃至过度克服贫困），因为这些产生恶行。第二个层面，"作为道德的存在者"，人有义务克服说谎、吝啬和作为虚伪恭顺的阿谀奉承之恶行（第562—572页）。第三个层面，"作为自己本身的天生法官"，人有顺从良知的义务（第572—576页）。这种良知会以一个不同的"现实的或者单纯理想的人格形式存在，这是理性自身创造的人格"（第574页）。这一判断道德正当的机关确实非常类似于斯密的中立的旁观者，把理性作为一种在我内心中但与我对立着的判准。在上帝作为恩典的法官缺席之处[208]，理性、因此最终不过是人自身变成人的法官！

在他的质料的德性论的第二部分，康德阐发了对他人的德性义务（第584—614页）。它存在于把他人"单纯作为人"对待，因此不依赖于他者的品质，仿佛是从人权这里认同这一义务。他把爱的义务（第584—600页）——以行善的义务，感谢的义务和参与感，"道德的同情"[209]乃至对尊重的义务（第600—607页）为形式——算作对他人的义务，这种义务通过自身的"要求适度"和自身的"谦虚"（作为"有限度的自爱"）克服傲慢、诽谤、嘲笑这些恶习。

对康德而言，有德性的人就是欲望有节、自爱有度的人，而非让欲望和自爱在狂妄中错误地否定自己。德性因此对他而言完全就是以保持适度为核心。同时他自己同亚里士多德作为中道的适度观念划清界限。因为在康德看来，在两种恶行之间的中道，不是德性，相反总是恶行。于是好的经济就不会是在挥霍和吝啬这两种恶习之间的中道（第566页）。不是道德准则实施的度，而是客观的原则才是决定性的。诚然在这里他对亚里士多德的解释是错误的，因为亚里士多德也特别否定了在两种恶态之间的中道之为度。[210]

康德的义务伦理学对与自然的交往有哪些影响？他的定言命令如同他的德性论一样，越是在人与人之间的社会范围内以一种适度的秩序为

---

[208] 对上帝之为恩典与和解的法官的神学理解，参阅司徒博，Ch.：《调解与旗帜鲜明——教会在社会冲突中的和解使命》，苏黎世1988年，第357—464页。

[209] 但愿我们又可以像在斯密那里那样言说同情。

[210] 参阅第3.1.2节，特别是注释51。

目标,他就越不能把这一目标传播到与非人的共同世界的交往上。他的自然观[211]是以认识的主体和被认识的对象之间的严格分离为出发点的。在他这里,自然概念可以区分为三个层面:第一个层面,如自然本身所显现的、自然规律意义上的客观自然。这种自然在牛顿意义上是僵死的物质、一种实事(Sache),物体(res),特别是可以用数学来把握。[212] 第二个层面,有机的自然概念。康德除僵死的自然外还承认一种有机的自然,但这种自然是不能被自然科学机械地把握的。它只能被描述为是我们认作自然的东西。这种自然不能从自然科学、而只能从目的论意义上的目的这里去理解和规定。[213] 他在这里与从自然神学和伦理神学上对自然目的的规定划清界限。[214] 第三个层面,宗教的自然理解,"令人虔敬的大自然"。这在康德的名句中得到表达:"有两样东西,我们愈是经常和持久地对之加以反思,它们就愈是以永远新奇和日益复加的惊叹和敬畏充满我们的心灵,这就是头顶的星空和内心的道德律。"[215]人在这种"其心灵的情绪中……内心有对某人某事进行感激的需要"[216]。

我们最先提到的康德的机械—客观化的自然理解,表明了康德自身处在统治自然的体统之中。这种体统在机械论的控制自然之情绪的协奏下,对近代的自然破坏起到了推波助澜的作用。人不是自然的部分,而是自然之上的统治者:"人的尊严(人格)正在于此,因此他把自身提升到了所有其他的、非人的但能被使用的世界存在者之上,因此提升到了所有事物之上。"[217]自然是一种为了使用的事物,人是它之上的统治者和法官:"于是在所有的自然研究者面前升起了一道光芒。他们把握到,理性只

---

[211] 参阅 Wolters, G.:《伊曼努尔·康德》,载于波墨,G.(主编):《自然哲学的经典作家》,慕尼黑 1989 年,第 203—219 页;Schäfer, L.:《康德自然的形而上学》,柏林 1966 年。

[212] 康德:《自然科学的形而上学始基》,前言,A VIII,14。

[213] 康德,I.:《判断力批判》,由 Karl Vorländer 编辑,汉堡 1990 年第 7 版。目的论判断力批判包含了他的《判断力批判》的整个第二部分,第 61—91 节(第 219—361 页)。

[214] 同上书,第 85—86 节(第 306—318 页)。对此也请参阅 Büttner, M.:《康德与对地理学—宇宙学事实的自然神学观察的超越》,载于这位作者主编的:《宗教、环境、研究新起点》,波鸿 1989 年,第 17—29 页。

[215] 康德,I.:《实践理性批判》,版本同前,186(A288)。

[216] 康德,I.:《判断力批判》,版本同前,316(第 86 节,A416)。

[217] 康德,I.:《伦理的形而上学》,版本同前,601(A141)。

能洞见出它自身按照其谋划所产生的东西,它必须带着自己不变的法则来判断的原理抢在前头,迫使自然回答它的问题,而绝不会仿佛被自然套上绳索那样牵着鼻子走……虽然是为了受教于它,但不是以小学生的身份,让自己背诵老师所要说的话,而是以一个得到委任的法官的身份,迫使证人回答他向他们提出的问题。"[218]所以,对康德而言不存在对自然的义务。但对人自身的尊严的义务能够把人(人类中心论地)引向反观自然。

康德伦理学的影响,是通过其原理的明晰性和严格性,通过这种尝试,通过自愿地束缚于定言命令的义务,而达到一种合乎理性的适度的秩序。不过,也正是通过这条自我完善的道路,康德高估了人,对人的要求也过高了。这一做法既把人的现实性力量(例如后来尼采就反叛性地呼吁回想到这种力量),也把恩典的建议放在了括号之外。但愿这种"定言的直陈式"确实使得定言命令的实现成为可能。

3.5 19—20世纪 [S. 152]

保持适度的德行是如何被19—20世纪的伦理学所接受,它又是如何同这一时期的自然观相联系,影响到与自然的适度交往?我们所挑选的如下四位非常不同的代表人物,是这个时代有意义的神学和哲学方向的发轫者。

3.5.1 弗里德里希·施莱尔马赫

施莱尔马赫(1768—1843),曾经被赞誉为"19世纪的教父",后来由于同辩证神学作斗争,修正了他的"伦理学"[219](下文括号中的数字与这部著作相关),因此也修正了他的反对康德形式化的义务伦理的德性论。他不仅强调客观的义务,而且也强调主观的个体性。宗教(在有限存在者的内心对无限的情感)对他而言明显地是可以同作为行动的道德和作

---

[218] 康德,I.:《纯粹理性批判》,由 R. Schmidt 编辑,汉堡1990年第3版,第17—18页(B13)。请注意的是,经译者对照,这里的 B13 不是正文的页码,而是第二版序言的BXIII。

[219] 施莱尔马赫,F.:《伦理学》,由 H.-J. Birkner 编辑,汉堡1981年(1812/13);他的重要伦理学著作还有:《根据福音教会的原理综合阐述的基督教伦理学》(1832)。也参阅 H.-J. Birkner 编辑的:《施莱尔马赫的基督教伦理学》,柏林1964年。

为思想的形而上学分离的。他的主要兴趣在于行动,或者如同卡尔·巴特所总结的:"他的主要兴趣首先适合于行动着的宗教生活,其次适合于作为这种生活真正支柱的情感,只有再次才适合于原则。"[20] 所以,对于施莱尔马赫而言,基督教的伦理学说是可以同基督教的信仰学说相分离并预先对它作出规定的,相比之下,辩证神学则相反,明确地把伦理学作为教义学的部分并把伦理学理解为是被教义学所规定的。

在这方面,施莱尔马赫并不试图像康德那样,尽可能明确地区分理性和自然(Natur),而恰恰是把它们联系起来,最终将它们统一起来。伦理学对他而言就是在历史中把理性变成自然。因此应该逐步地克服自然的非理性,但理性应该同时被自然化。

施莱尔马赫把伦理学区分为诸善论、德性论和义务论。整个伦理学的目标是共同体中的自由,这就是说,是自由个体的共同体。对施莱尔马赫而言,伦理学最重要的就是个体伦理学:"德性论的对象并不直接地是与自然的典范性相对的理性的典范性,而是在具体的人当中的理性(第135 页)。"在此限度内,伦理学对他而言也就是个人伦理学,作为个人永远必须以共同体为指向(以作为团契的教会为指向)而行动。[21] 德性就是内在的品行,所以,伦理学就是品行伦理学(Gesinnungsethik),同负责任的实践相联系:"德性作为行动的纯粹理想内容就是品行。德性作为服从时间形式的理性就是完善(Fertigkeit)。两者绝不能完全被分开(第138 页)。"施莱尔马赫非常强调把他的伦理学与四主德联系起来,否则就很难在福音伦理学中生根。智慧(古典的聪明)和爱(古典的正义)对他而言是两种作为品行的德性(第 140—154 页)。审慎(古典的节制和适度)和坚毅(古典的勇敢)是两种作为完善的德性(第 154—165 页)。特别典型和引人注目的是,把作为政治伦理之部分的正义的意义,扩展为与其说是结构性地不如说是个体性地表现出来的爱(第 147—148 页)。这四种德性都是"在自身中连为一体的……一种德性之所在,就是所有德性之所在"。审慎这种德性,我们将它翻译为保持适度,他把它描绘为

---

[20] 巴特,K.:《19 世纪的新教神学》,Zollikon/苏黎世 1947 年,第 400(397—424)页。

[21] 社会伦理学的前提是与国家相关联,在《根据福音教会的原理综合阐述的基督教伦理学》中,对此参阅 Birkner, H. -J. ,:《施莱尔马赫的基督教伦理学》,版本同前,第 131—141 页。

3. 伦理学史中的适度德性

"为整个生活规划出一个正当的秩序"(第 157 页)。在与四主德的联系中,他区分了审慎的四种特征:"个体的审慎是富于灵性的,普遍的审慎是理智的;联合体的审慎是同化性的,选言的审慎是防御性的;联合的—普遍的等于智慧,联合的—个体的等于创造性;选言的—普遍性的等于谨慎,选言的—个体的等于合法性(第 158 页)。"

施莱尔马赫的整个德性论散发出一种单调乏味的、无深度心理学和无超验外衣也行得通的适应性。尽管他"从对一种正当秩序的规划"这里着笔,但几乎看不到某种希腊人把尺度规整到宇宙秩序中去的那种伟大探索的踪迹,或者说,几乎看不到《圣经》诗篇作者(《诗篇》119,19)那种对于上帝的创世秩序和拯救预兆之认识的强烈渴求的踪迹。

尽管如此:在同自然的交往中显露出一个不同于康德或者机械论世界图景的范式。于里·哈斯勒在他对施莱尔马赫自然观的详细探究中得出结论说:施莱尔马赫"并没有顺从于一个狭隘的笛卡尔主义者的将自然物化的图式,这种图式就是人们通常要它为生态危机负责的东西。说人自身是一个进化的自然过程的部分,从技术上干预自然要发生在一个交互作用的系统中,这种交互作用不允许在同自然的交往中有某种绝对的自然,这种……洞见,非常接近施莱尔马赫的基本思想,无论如何这远远超出了人们通常的想象"[222]。他的要求恰恰不唯是自然的理性化,而且也有理性的自然化,并因此来克服主客体的分裂以及将自然贬低为事物的做法。[223] 但是,当他因此乐观地和理想化地想要融合和调和理性与自然,以及上帝与世界时,他事实上取消了上帝的强权,使人成了历史的主体,(但是)没有什么除人之外(extra nos)的尺度能被给予这个主体(除自然的尺度之外,人作为部分是依赖于尺度的)。

反正施莱尔马赫从他的自然理解出发有过建造神学和自然科学之间桥梁的试图,这座桥梁又被他的批评者摧毁了。不过这座 19 世纪神学的桥梁,如同施莱尔马赫的神学一样,产生了适应性,提供不了反抗,哪怕至少是对于他所处的那个世纪剥削自然和技术欣快症(Technikeuphorie)的 [S.154]

---

[222] So Ueli Hasler:《适应 19 世纪市民的自然观》(施莱尔马赫,利奇尔,赫尔曼),伯尔尼 1982 年,第 168—169 页(对施莱尔马赫的研究在第 61—171 页)。

[223] 因此施莱尔马赫与其同时代的 F. W. J. 谢林的自然哲学存在某种近似。对于谢林的自然哲学,请参阅 Schied-Kowarzik, W.:《F. W. J. 谢林》,载于波墨,G. 主编的《自然哲学的经典作家》,慕尼黑 1989 年,第 241—262 页。

批评性的修正。令人高兴的是,在我们这个世纪,敏感的神学环境伦理学在反抗对自然的剥削上,比那些在上帝与人之间以及上帝和自然之间进行严格区别的神学,例如辩证神学的后继者,要强烈得多。[224]

3.5.2 弗里德里希·尼采

弗里德里希·尼采(1844—1900)[225]像反对康德理性督察的义务伦理学以及叔本华否定世界的哲学一样,反对19世纪虔敬—市民的和制止了冲动的中庸之道。同时他富有特色地谈到了他在希腊人那里认识到的保持适度的德行,并对此抱有崇敬感。特别是在《悲剧的诞生》中,他把基本品质对立起来,分成"两个针锋相对但又相互从属的世界,阿波罗的和狄奥尼修斯的世界"[226]。狄奥尼修斯式的东西对他而言是冲动的、如痴如醉的,是淫欲、性、生命的肯定者和越界者、纵欲,是通过混沌摧毁秩序这种"此在的永恒快乐"[227]。阿波罗式的东西对他而言则相反,象征着"难以达到的心如古井,阿波罗式的希腊人把它称作节制的东西"[228],心如古井就是"把在一个诗性世界中的迷狂凝固起来"[229],其中不乏淫欲。[230] 他贬低阿波罗式的东西是他对苏格拉底—柏拉图理智主义的反抗,并把"伦理诗人"作为"阿波罗式的艺术家"[231]。

在斯密和康德那里我们已经看到,他们想要克服人身上的动物性。尼采相反想要以狄奥尼修斯式的东西再次允许我们之中的动物性,克服畏惧"野蛮残暴的动物"这种迷信,因为通过他的排除,"'那个野蛮的动物'根本没有被杀死,它活着,它兴旺,它只是神化了"[232]。同时尼采恼火地说:"对人的尊严、唯一性和在生灵等级顺序中具有不可取代性地位的信条无非就是说,他是被变成动物的。"[233]正是在狄奥尼修斯式的东西中

---

[224] 参阅下文关于巴特和拉加茨两节。
[225] 尼采,F.:《全集12卷》(Kröner版),斯图加特1964—1965年。
[226] 尼采,F.:《悲剧的诞生》(1871),版本同前,卷1,第205页。
[227] 同上书,第138页之后。
[228] 同上书,第130页。
[229] 尼采,F.:《变化无罪》I,版本同前,卷10,第386页。
[230] 尼采,F.:《权力意志》,版本同前,卷9,第534页。
[231] 尼采,F.:《悲剧的诞生》,版本同前,卷1,第173页。
[232] 尼采,F.:《善恶的彼岸》,版本同前,卷7,第155页。
[233] 尼采,F.:《道德谱系》,版本同前,卷7,第403页。

3. 伦理学史中的适度德性

取回这种野蛮的动物性再次给予人以自豪,使他得以站在了这种动物的共同世界上。

尼采同中庸之道作斗争,同迄今为止的德性论的那种"无聊性"、同追求"普遍的功利"或者"大多数人的幸福"的那种"英国人的道德"作斗争。[234] "同情'社会的急难',同情'社会',同情社会的病人和不幸者,同情罪恶和天生残废的人,……同情嘀嘀咕咕的受压迫的、煽动反抗的奴隶阶层——他们渴求统治,却把统治称作'自由'",(对于这些同情)他都进行了猛烈的否定。[235] 他嘲讽地指出:"唯有庸人才有延续和繁殖他们自己的前途。他们是未来的人,唯一的幸存者;这种中庸的道德……不得不大谈尺度和尊严,义务和博爱——他们将难以掩盖它的反讽。"[236] 这种谦恭的、体谅的、追求所有人平等和幸福的"奴隶道德"要被一种"主人道德"所取代,它强调崇敬、英雄主义和"高贵"[237], 也包含磨难。尼采对亚里士多德德性论的这种理解[238]导致了一种二阶伦理学,据此新的德性确实不是对于所有人,而是只对超人才能有效。

[S.155]

但尼采对中庸之道的讥讽还是可以同对正当尺度的崇敬连在一起。"希腊人对过度的反感是很高贵的"[239]。他充满敬重地说"尺度和适中,两种完全高级的东西"[240]。只有"野蛮的家伙才指出,保持适度在他们那里不着家"[241]。他也在自然中观察到,"美丽自然的自然的快适在于适度"[242]。只有目光短浅,人才能在生活中对保持适度感到惊奇:"我们这些有'历史感'的人……恰恰只能拙劣地、踌躇地、迫不得已地在我们内心去模仿人生中微小而短暂的无上幸福和时而在这里时而在那里一度焕发

---

[234] 尼采,F.:《善恶的彼岸》,版本同前,卷7,第153—154页。

[235] 同上书,第150页。适度在19世纪特别被理解为在嗜酒癖中保持适度,因此被理解为反对嗜酒癖这种社会的危害。它出现在尼采产生影响之地巴塞尔。

[236] 同上书,第209页。该书的中译本把这段话中的"中(平)庸的人"翻译成了"无业游民",显然是误译。参阅《论道德的谱系·善恶的彼岸》,漓江出版社2000年,第333页——译者加注。

[237] 同上书,第197—234页(第9章:什么是高贵?)。

[238] 布朗,H.J.这样合理地说过。《德性的重新评价:F.尼采》,载于他自己主编的:《伦理学透视:德性的演变》,苏黎世1989年,第237—246(243)页。

[239] 尼采,F.:《变化无罪》I,版本同前,卷10,第95页。

[240] 尼采,F.:《人性的,太人性的》,版本同前,卷3,第115页。

[241] 尼采,F.:《权力意志》,版本同前,卷9,第592页。

[242] 同上书,第593页。

出来的容光:短浅的目光和惊奇滞留在某种伟大的力量自愿停留的无尺度和无限制的东西面前,在这里,一种过度的高雅快乐在突然的抑制和发愣中,在凝固和将自身凝固在一种依然还在颤动着的大地上时被享受到了。尺度对于我们是陌生的,我们承认这一点。我们的兴奋点恰恰是对于无限的东西和不可限量的东西的兴奋。就像骑在飞奔的骏马上的骑手一样,我们在无限的东西面前放下了缰绳。我们现代人,我们半野蛮人都处在危险中,而且也只有当我们处在危险中,我们才是在极乐中。"[243]

在他的著作《权力意志》中他粗描出了那些承认有益尺度的"良好教养者"的理想:

  他欣赏有益于他的东西;

  他喜欢某种东西,止于有益于他的尺度不被僭越;

  他猜得到救治局部损害的药方;他的疾病就是他生命的巨大兴奋剂;……

  他本能地从一切他所见、所闻和所体验的东西中收集有利于他的主要东西——

[S.156] 他遵循某种被选择的原则——他让许多东西落选;……

  他尊重他所选择,所容许和所信赖的东西。[244]

被尼采批判的"中庸的人","半个野蛮人",同时就是以压抑本性的形式暴露出无度的人。"贪婪就是我们对自然的整个态度,就是对借助于机械和如此不思想的工程技术人员的发明创造,来管理我们本性的态度;贪婪就是我们对上帝的态度……贪婪就是我们对我们的态度,因为我们用我们来做试验,但愿何时我们不再允许用动物来做试验就好了。"[245] 尼采描绘出对自然科学的一种消极面更占优势的图画,因为它"导致了对自然的奴役",以及"为了达到控制自然的目的而对自然进行改造"[246]。而"狄奥尼修斯式的"、"高贵的"人则相反放弃这种控制。[247]

---

[243] 尼采,F.:《善恶的彼岸》,版本同前,卷7,第153—154页。参照中译本,版本同前,第281—282页。

[244] 尼采,F.:《权力意志》,版本同前,卷9,第659页。

[245] 尼采,F.:《善恶的彼岸》,版本同前,卷7,第353页。

[246] 尼采,F.:《权力意志》,版本同前,卷9,第416、635页。

[247] 与压迫自然与压迫妇女相平行的论调(例如在托马斯·阿奎那或者培根那里)相反,在尼采这里除了对自然的溢美之辞外,是对妇女非常蔑视的论述(例如在《善恶的彼岸》,版本同前,卷7,第160—168页)。

(尽管)尼采对超人的阐述和对自私的美化是如此的可疑和危险，(但)他特别尖锐地揭了许多德性论的严重伤疤。只要伦理学把冲动力整合到人之中，并以价值重估取代一刀两断，它就是有承载力的。"如果我们应该有德行，我们大概将只有这样的德行，它们与我们最隐秘、最衷心的嗜好，与我们最热烈的需要学会最好地相容。"²⁴⁸此外，他对中庸之道的讥讽有助于为一种尺度伦理学开辟出道路，这种伦理学是一种指向完美的伦理学，因此是一种强者的伦理学。他对"道德中立的德性"(moralinfreien Tugend)²⁴⁹的诉求完全接近于神学上对德性的责难，如同我们马上将在卡尔·巴特这里看到的那样。

3.5.3 卡尔·巴特

瑞士改革派神学家卡尔·巴特(1886—1968)，这位20世纪的新教"教父"，辩证神学乃至德国认信教会*的主要代表人物，他与19世纪的自由神学和唯心主义神学，特别是施莱尔马赫的神学划清界限，恰恰是因为他在上帝和世界、上帝和自然、上帝和信仰之间划出了一条锋利的分割线。上帝作为"完全的他者"既不是通过某种自然中的自然神学、也不是通过人心中的虔敬情感可以指明的。与此相应，他的伦理学方法不是基于某种存有的类比(analogia entis)，根据这种类比，上帝的意志能够通过理性为伦理学认识到，而是基于"信仰的类比"(analogia fidei)，更准确地说是根据"相关性类比"(analogia relationis)：出于对三位一体上帝的信仰和与他的关系，我们认识到他对我们行动的意志。²⁵⁰　　[S. 157]

卡尔·巴特对德性论的态度就处在这种语境中，无论是在他创作《伦理学》(1928/1929 的讲课)的开始，还是在他《基督教的生命》讲课

---

²⁴⁸　尼采，F. :《善恶的彼岸》，版本同前，卷7，第140页。

²⁴⁹　尼采，F. :《权力意志》，版本同前，卷9，第498页。

*　认信教会是对 die bekennde Kirche 的翻译，bedennden 有坦白、招供、承认(错误)、宣布信仰等意思，所以，中文有的翻译为"认罪教会"，有的翻译为"告白教会"和"忏悔教会"，译者本人也不清楚这个战后在德国成立的教会的初衷究竟是什么，所以只有依照台湾周学信先生的《踏不死的麦种——潘霍华纳粹铁蹄下的神学省思》(中华福音神学院出版)一书，将其翻译为"认信教会"，特此申明。

²⁵⁰　巴特，F. :《教会教义学》(KD)，卷 1/I—IV/4, Zollikon/苏黎世，1955—1970年，例如III/1，第219页，IV/2，第185页之后。也请参阅司徒博，Ch. :《调解与旗帜鲜明》，苏黎世1988年，第123页之后。

(1956—1961的讲课)的结尾,他都是在这一语境中表达他的这种态度。[251] 相比于德性论在他的上万页的《教会教义学》中简直被淹没不见的情形,在他的《伦理学》中也是作了否定的评价。希腊人统一美与德的理想,这种美善合一(Kalokagathie)被他作为"反讽的阿提卡时期希腊政治领导阶级的教养理想"否定了,如同托马斯主义的四主德和三圣德被他否定了一样。不过他称这些德性是"我们整个(文化)领域上最伟大的成就之一"[252]。

但所有这些体系对巴特而言都是走"抽象的路子,唯心主义(在这个概念最宽泛的意义上)的路子"[253]。在这方面他感觉到,他的批判是基础性的,所以承认(需要)补充:"基督教在哪里不奥秘,而是通向一种永恒的与上帝团契的教义与实践,在哪里不是道德,而只是普遍律法概念的学说和实践?……教会抓住奥秘,你们抓住道德,而基督教究竟应该以什么为生命?"[254]接着他又继续说道:"不可轻易地说,教会在内心(涵养的)宁静的神性及其超验和内在之物不是有生命力的上帝,而且它以希腊人或者基督的名义永远意欲承担的那种永恒的真理,不是上帝的真理,不是和解者的律法,不是恩典和法庭的律法。但恰恰在当今诚然必须要这样说。"[255]这种基督教的伦理学,对于巴特而言,虽然"并非没有诸如善、价值、目的、义务、德性、自由、理念这些正面的概念不行",但还是从这些概念当中引出了"最终的现实性",由于基督教伦理学不是要立人(menschliche Setzung),而只能被理解为对上帝的顺从。[256] 对康德而言,有良知的人可以是他自身的法官,但对巴特而言,有良知的人恰恰"绝不是德与恶之间的法官"[257],因为否则他就想成为上帝了。(《创世记》3,5)。

在巴特伦理学的言论中几乎没有特别提及保持适度。但在他的伦理学中实际上带有这种苗头:关系类比的方法意味着保持在与上帝的关系中。准确地说,在这种反复的过程中,尺度重新被建立。所以他也不承认

---

[251] 巴特,F.:《伦理学》,卷1和卷2,苏黎世1973、1978年;《基督教的生命》,《教会教义学》,IV/4.《遗稿残篇》,苏黎世1976年。

[252] 巴特,F.:《伦理学》卷1,版本同前,第47页。

[253] 巴特,F.:《伦理学》,卷2,版本同前,第91页。

[254] 同上。

[255] 同上书,第91—92页。

[256] 巴特,F.:《伦理学》,卷1,版本同前,第70—71页。

[257] 同上书,第122页。

按照存有规定的性别特殊的男性和女性的德性,而强调把两者之间的相关性作为尺度:"所有那些特殊德性、优势和优先权的指派,过去通常是由男人完成的伦理学有利于男人,而随之,带有许多噪音的女性运动的意识形态所完成的伦理学,则有利于妇女,有病的是……他们质疑相互从属性,男人只在这种相互从属关系中才能是男人,女人也只有在这种相互从属关系中才能是女人。"[258]在他的劳动伦理中——他在《伦理学》中还把劳动像婚姻和家庭一样描绘为"创世秩序"——与塑造自然相联系表达了同样的苗头:"作为人生活,对于盖木桩屋的人和对于我们一样,就是塑造自然,通过精神和以自然为满足的精神,通过主观的客观化和客体的主体化,……肉体的灵魂化和灵魂的肉身化。这种来来回回、自上而下和自下而上(并且两者同样都是不可或缺的)的运动就是我们生活的全部。这种全部叫作劳动。"[259]对这种保持—在—关系—中的核心表述就是谦恭和爱。作为对此的综合就是他所说的爱:上帝的诫命将由我来履行,我的行为就是善的,就是对律法诫命的顺从,这发生在对由我设立的自主性的承认中并作为谦恭的作品[260],在能够说给我听和我让说给我听的限度内,我自身就是一个依附于上帝并通过上帝而依附于邻人的人。能够说给我听的和我让说给我听的东西,就是作为圣言的作品,爱的现实性。[261]

[S. 158]

出于谦恭,也即恭顺于与上帝的关系,迫使自己恭敬而适度地与环境打交道。人的职责是看管地球(《创世记》1,28),由于人不能占有地球,相反——人们听加尔文的——"只是为了获得上帝对他们的敬重",他们可以行使上帝的权力,但原则上他们的权力只是被给予的,而且还是受之有愧地被给予的[262]。"我们只使用为我们所创造的东西。"[263]巴特的创世神学[264]和生态伦理学完全是自由神学和伦理学[265],但自由不是与众人和

---

[258] 同上书,第 307 页。
[259] 同上书,第 368—369 页。
[260] 谦恭在《伦理学》卷 2 中占有一大章。
[261] 同上书,第 343 页。
[262] 同上书,第 263—264 页。
[263] 同上。
[264] 特别是 KD III/4. 一种贴切的、内容丰富的并在同当代问题的对质中阐述的巴特的创世神学在林克,Ch. 的《创世》第一卷中,居特斯洛 1991 年,第 257—329 页。
[265] 巴特,K.;KD III/4,第 366 页之后几页。

共同世界打交道的通行证，如有人意欲的那样，相反，自由是为了顺从上帝和在与上帝的团契中并在侍奉这个世界中有交往的自由。这是"喜爱和寻找他者"的自由[206]。他所涉及的就是"有限制的自由"[207]。道德不是自律的，而是神律的。对于康德而言，正如我们已经看到，有成熟理性的人有义务，不把自然作为学生来考问，而是作为法官来评判，但在巴特这里则完全相反。上帝是法官，人作为学生把自己纳入到上帝创造的世界秩序中，对待植物和动物，如同对待被授予的礼物。[208] 所以他也批评近代的形而上学体系，说它们没有能力认识"因恶、罪和死导致的局限性"[209]，相应地，它们也没有能力从他们的局限中感知到受造界面临的危险。

尽管他的俗界伦理学只能在一些苗头上了解当代的环境伦理学问题，而且与适度伦理也没有明显的关系——或者说恰恰正因为如此——巴特还是以他的相关性类比为当代与共同世界适度交往的伦理提供了一个重要的基础。

3.5.4 莱昂哈特·拉加茨

莱昂哈特·拉加茨（1868—1945），他大部分时间在苏黎世教授神学，是宗教社会运动的重要代表，长期在环境运动前代表一种令人惊讶的恰当的生态神学[210]。他的创世神学在目前来说基础迥异，在神学上与巴特相比少了些广博，但他的环境伦理学反映出一种明晰的政治分析和伦理的具体性。

他在瑞士山区格劳宾登（Graubünden）州的塔明斯（Tamins）长大。在

---

[206] 巴特, K.: KD III/2, 第 329 页。
[207] 巴特, K.: KD III/4, 第 648—789（649）页。
[208] 巴特, K.: KD III/4, 第 396 页之后几页。
[209] 巴特, K.: KD III/1, 第 466 页。
[210] Schmid-Ammann, P. 作了一个有价值的概观。《莱昂哈特·拉加茨宗教思想中的自然》，苏黎世 1973 年；Dannemann, Ch. 和 U.：《解放受造物——莱昂哈特·拉加茨的解经作品。拓宽生态神学之路》，达姆施达特 1987 年；Dannemann, Ch. 主编的：《受造物的未来——弥赛亚主义者的乌托邦和生态伦理》，达姆施达特市莱昂哈特·拉加茨研究所的一次研讨课，1990 年；Mtttmueller, M.：《莱昂哈特·拉加茨作为生态神学家》，载于 Dürr, H./Ramsein Ch.: Basileia. *Festschrift fuer Eduard Buess*，巴塞尔 1993 年。

3. 伦理学史中的适度德性

那里有他的"自然之根"[271],留下了他与自然关系强烈的印记[272]。在那里他具体地投身于环境保护运动中,例如,反对修建新的水厂,反对通行小轿车。正如我们已经提及的那样[273],1925年他激烈地投身于保护直到当时普遍存在的在格劳宾登州禁止小轿车通行的禁令。他为了评价这样一个现实的生态问题而提出的伦理标准依然还是有现实意义的:"如果说,对于人们要称作进步的东西能有某种标志的话,即便确实如此,那么是不是说通过某种事物人就更加变成为人,或者相反呢? 现在人们并不能轻易地考虑把某种非人的东西,例如他当今使用中的小轿车作为(进步的)标志)。这意味着对人,对他的健康,他的神经,他的安全,甚至他的生命全然不作考虑,乃至闭口不谈一切审美的东西。这体现了机械时代的野蛮性……不,这不是进步,而是最糟糕的倒退……保存一种宁静的、由上帝春风拂面的气息灌注的自然,而非保存被汽车喇叭搅得烦躁不宁、被尾气污染的自然,才是高于一切虚浮的经济利益之上的事情。不是那些臭钱,而是上帝,让我们站到了天堂庙宇的至圣殿中……我们应该摆脱技术的疯狂导致的一切陷阱。"[274]

在这段引文中已经包含了他对近代与自然交往中的无度性分析的核心要素。他反复地反抗技术这个惨无人道的凶神(Moloch)及其专制性的要求和带来的牺牲,在《旧约》中就已经提到莫洛赫神(Moloch)要求(以儿童)为献祭品。现代技术对于拉加茨而言是文艺复兴的儿子,而文艺复兴"至少是走世俗化路线,它是以古代为出发点,以享乐的世界为出发点:以在权力冲动中自我陶醉的罗马统治为出发点,但也是以希腊国为出发点,以适度的希腊国,艺术的希腊国,科学的希腊国为出发点。从异教的两种形式中,权力、精神、辉煌流入世界……其中最终显露出凶神特征,这是异教哪怕是在其最精致的形式中也未能形成的特征。因为每个"不被知晓的神"变成莫洛赫,而事实消逝在每种形式中,也是作为理念、诸

---

[271] 他以"我的自然之根"作为他自传的第一章。《我的路》,两卷本,苏黎世1952年。

[272] Schmid-Ammann, P.:《莱昂哈特·拉加茨宗教思想中的自然》,版本同前,第7—12页。

[273] 第1.3.1节,注释59。

[274]《新的道路》,1925年,第69页之后(《新的道路》——Neue Wege——是由拉加茨创办的、当时领导宗教社会运动的杂志)。

神和人……技术变成为神性的东西,人反而成为技术的牺牲品"[275]。但是,只要技术为世界的再造作出了某种贡献,拉加茨也暗示出"对技术的祝福"。[276] 技术对他来说是受资本主义经济限定的:"机械,从上帝出发,应该是对付困难的武器,却在侍奉权力欲特别是侍奉金钱欲的过程中变成了征服世界的女仆……因此奠定了对现代资本主义盲目崇拜的基础。"[277]对拉加茨而言,自然的破坏尤其是"由于违反神意、违反公道地对地产的一点一点的占有造成的……大地的财富属于上帝,是神圣的,它们包含所有的东西。"[278]其中显露出拉加茨对联邦矿山合作占有地产的正面经验,这种经验对他而言是他的合作思想的经验基础。

但现在如何能够通过适度品行来克服无度性呢？适度(sophrosyne)德性,如其在《新约》的使徒书信中所表达的那样,对他来说,不是解决问题的方法。他在阐释这些使徒书信中这样写道,其中发生了"以习俗的、更准确地说,市民的道德取代福音的伦理信息的做法。"[279]反正据说这种"可怕的习俗还是触及到了使徒时代圣灵的最后气息",但它"不是最高的,而是限制在上帝之国的真理之下"[280]。

与自然打交道的尺度必须以上帝之国来度量。拉加茨以简短的公式改写了他的神学发展,"从泛神论到位格神,从上帝到上帝之国,从上帝之国到基督,他的'肉身化'"[281]。他的上帝之国神学包含了人的解放乃至共同世界的解放:"拯救受造物属于上帝之国。"[282]

[S.161] 上帝之国对于拉加茨而言就是"通过上帝和基督来净化和再生自

---

[275] 拉加茨,L.《圣经阐释》,将 7 卷的原版合并成 4 卷的新版,Fribourg/Brig,1990 年(下面的引文作为 BD 缩写,括号中的页码是原版的),I,156—158(I,160—162)。拉加茨在短时间内 1942/1943 写了大量的作品。

[276] 同上书,161(165)。

[277] 同上书,157(161)。

[278] 同上书,II,395—396,(IV,149—150)。

[279] 同上书,IV,193(VI,197)。

[280] 同上书,196(200)。

[281] 引文没有原始出处,转引自 A. 里希:《莱昂哈特·拉加茨》,载于舒尔茨,J. 主编:《20 世纪神学的趋势》,斯图加特 1966 年,第 109—113(110)页。

[282] 拉加茨,L.:《上帝之国的信息》,伯尔尼 1942 年,第 39 页。

3. 伦理学史中的适度德性

然"㉓,这就是说,"受造界是通过基督再造的"㉔。正如他在对《启示录》21条的阐释中所写的那样,上帝之国通过"拯救宇宙"(作为"把自然从斗争和痛苦中解放出来")来完成自己,但不只是在时间的终点,更重要的是通过"上帝和基督君临最强势的发展阶梯","以如同革命的进化,从永世到永世,在自身前达至完成"。㉕ 不是从自然中解放,而是自然的解放,是人的职责。在摩西的律法中他就已经看到这种委托:"人应该是自然的保护者和拯救者。"㉖"保护植物,保护动物,保护一切自然,也保护宁静和夜晚!"㉗都属于这种委托的内容。

对于拉加茨而言——已经在我们这个世纪(指20世纪——译者)的上半叶——把生态神学理解为解放神学。从所列举的破坏自然的那些反神力量中解放出来,就属于这种解放神学。与自然的适度交往,在他这里不是通过个体伦理学的适度德性,而是通过社会伦理责任的结构性改变来达到(根据这种"作为其思想基本结构的两极对立"㉘,个体伦理学和社会伦理学如同"上帝之国的个人主义和社会主义"在这方面对于他来说是相关的)。在他对建造巴比塔故事的阐释中,他就在更大的关系中提出传统的适度德性(饮食方面的德性),包括要求饮酒适度,是"一种盲目崇拜"(Götzendienstes),他把"现代交通的那种使人晕眩的快速以及令人飘飘欲仙的对时空的超越"㉙也算作这种盲目崇拜。"回归自然的口号",如其"总是出现在蜕化了的文化盛世"那样,例如"出现在素食主义和禁止喝烧酒的个别形式中,在所有禁欲的形式中都是不够的,它作为对天堂的指示,倒退和前进都是必然的,它也能够有某种诺亚方舟的意味,但就其自身而言并不能阻止灾难(的发生)"㉚。他不承认禁欲是"离弃

㉓ 拉加茨,L.:《我的路》,第一卷,苏黎世1952年,第70页。
㉔ 拉加茨,L.:《为上帝之国而斗争,以布鲁门哈特,圣父和圣子——再斗争!》,苏黎世1922年,第73页。
㉕ 拉加茨,L.:BD IV,446—447(VII,244—245)。
㉖ 拉加茨,L.:BD I,401(II,145)。
㉗ 同上书,400(401)。
㉘ 耶格尔,H. U. 就这样说:《莱昂哈特·拉加茨》,载于 Leimgruber, St./Schoch, M. 主编的:《反对遗忘上帝——19世纪和20世纪的瑞士神学家》,弗莱堡1990年,第164—179(174)页。
㉙ 拉加茨,L.:BD I,178—179(I,182—183)。
㉚ 同上书,180(184)。

上帝和贬低上帝的创造物"[291],就像敌视身体一样,因为"肉体与其说出身于灵魂不如说出身于上帝"[292]。对拉加茨而言,拯救之道毋宁说在于重新塑造占有关系,因为"占有也摧毁了对上帝创造物的所有敬重,并导致对自然的剥削和强暴,这正是摧毁自然的东西。对占有而言,没有什么风景过于美丽,除非它通过技术将其乔装,没有哪个发生过故事的山谷神圣得不得了,除非它将山谷淹没在为其显现倒影的水库中"[293]。

[S.162]　从拉加茨的伦理学中可以为人类干预自然总结出下列准则[294]：

(1)干预必须是促进环境和共同世界之生命的。它必须对整个上帝创造的东西有积极的作用和有助于让上帝之国的核心显现出来。

(2)破坏性的干预,只有在它是唯一可能,对一种严重的危急状态确实有帮助并且没有别的选择的情况下,才可考虑采取。

(3)技术,只有当它为人类的统一服务时,才是好的,但它经常服务于极权主义的错误的统一。

(4)技术的干预只有在下列条件下才可视为合理的:圣洁的羞耻感不被破坏,人的劳动不被贬值,而且被看重,减低人类的阶级分化,人类的傲慢不被增强。

(5)干预的尺度不是绝对固定的,相反是同造物主有生命力的关联之结果。

---

[291]　拉加茨,L.:《为上帝之国而斗争》,版本同前,第70页。
[292]　同上书,第69页。
[293]　拉加茨,L.;BD III,95—96(V,99—100)。
[294]　从上文引用的文献,特别是从 BD I,151—185(I,155—189)中,也请参阅 Dannemann,Ch. 和 U.:《解放一切受造物》,版本同前,第39—40页。

4

当代伦理学中保持适度的伦理

[S.163]

自20世纪70年代开始以来,特别是在德语国家和美国,出版了大量关于环境伦理学的著作①。这些著作中的本质问题就是保持适度。但这种要求常常不是出现在这个概念中,而是浮现在诸如自制、放弃、敬畏、平衡经济学或可持续性这些概念中。下面我们愿意与一些代表性的主张进行讨论。与讲历史的第3章的结构相适应,这一章依然是依从作者进行讨论。主题系统化的问题确定在第5章进行。我本质上是集中于在这些主张中所列举的一些伦理标准和尺度规则。在这方面可以发现,许多环境伦理学在重要观点上有一种达成共识的趋向,尽管所依据的基础是非常不同的,诸如人类中心论的、生态中心论的、神中心论的、功利主义的、责任伦理学的、自然权利的、末世论的,等等。

4.1 创世神学

同环境伦理学,也即生态伦理学相区别,创世神学的任务不是为与环境相对的人的行动阐述标准和准则,而是通过指明上帝的创世计划及其在此世中的行动,为人的行动标准和准则奠定基础。

---

① 参阅1.2的注释18。对于美国环境伦理学的出版情况,R.F.纳什在《自然的权利——环境伦理学史》(华盛顿,1989)中提供了一个非常好的综述!但在这部书中对德语范围内的激烈讨论却根本不求了解。环境伦理学史仅限于美国的讨论——在标题或者前言中也不加以说明——鉴于当今全球范围内的相互从属,这种情况是不可理解的,特别要指出的是,在通往"普世伦理"的道路上,确实还有很多障碍需要克服。

4.1.1 于尔根·莫尔特曼：上帝作为三位一体

图宾根的系统神学家于尔根·莫尔特曼把他的整个神学也包括他的生态学说②建立在上帝的三位一体基础上并在末世论的视野中阐释它。

[S.164] 他用简练的话表述这种三位一体："受造物实存于圣灵,由圣子所烙印,由圣父所造。因此,它是出自上帝,通过上帝并在上帝之中的。"③莫尔特曼在此接受了教义史的传统,受造物实存于三个时间维度:原初的受造(creatio originalis),继续的受造(creatio continua),末世的受造(creatio nova),他也以此强调了受造的连续性④。受造物的完成是通过受造物甘愿被耶稣基督带往救世主的国度而得以可能的⑤。他们响应了救世主对人的召唤,以基督的形象为榜样。受造物的完成也是通过一种作为"宇宙精神"的圣灵的作用而实现的⑥。通过他的自制,上帝同他与人类的联盟,如同同他与整个受造物的联盟联系在一起。这种盟约,这种关系,是与受造物相关的节制的基础。

对于莫尔特曼而言,从他的创世神学中也产生了一门生态伦理学。⑦这种伦理学提出了与世界有节制的交往。它可以简要地概括为下列要求。

(1)单方面的统治被相互协同所取代,这既是人之间的相互协同,也

---

② 莫尔特曼,J.:《灵力中的教会》,慕尼黑1975年;莫尔特曼:《世界的未来》,慕尼黑1977年;莫尔特曼:《三位一体和上帝之国》,慕尼黑1980年;莫尔特曼:《创世中的上帝——生态学的创世学说》,慕尼黑1985年;莫尔特曼:《公正创造未来——在一个受到威胁的世界中的和平政治和生态伦理学》,慕尼黑/美茵兹1989年;莫尔特曼:《在进化和俗世之间的人的形象》,载于由阿尔特纳,G.主编的:《生态神学》,斯图加特1989年;第196—212页;莫尔特曼/吉塞尔,E.:《人权、人类的权利和自然的权利》,载于:韦舍尔,L.(主编):《后代的权利,自然的权利——对推广人权一般宣言的建议》,伯尔尼1990年,第15—25页;莫尔特曼:《生命的灵魂——一种整体性的普纽玛学》,慕尼黑1991年。
③ 《创世中的上帝》,版本同前,第109页。
④ 对于这种连续性的保留,请参阅W.胡伯尔,下文第4.2.3节,注释62。
⑤ 《创世中的上帝》,版本同前,第21页之后、第78页之后、第231页之后。
⑥ 同上书,第23页之后,第110页之后,第266页之后。
⑦ 莫尔特曼在《公正创造未来》中论述了这门伦理学。当然,在这里,这门伦理学也还依然保持为相对一般,对于非基督教的群体而言,它并不比如君特·阿尔特纳或者汉斯·鲁的环境伦理学更容易接受一些。

是人与自然关系的协同。⑧

（2）生态的协同关系可以被理解为生态权利协同关系,在自然的协同关系中承认(自然)具有其自身的价值及其权利。"自然必须受到人的保护也是为了其自身之故,也就是说,为了自然自身的尊严之故而受到保护。"⑨

（3）休闲与劳动、地球的休耕时间和耕种的节奏,对于地球的持续可居住性和持续功利性而言,是个基本前提。《圣经》的安息日规则(Sabba-tregeln)是"上帝的生态战略"和"神性治疗",以便保存上帝所创造的生命。⑩

（4）受造作为开辟未来的过程,要求有一种"在'均衡'和'进步'之间的有生命力的平衡",作为诸如阴和阳之间的一种充满张力的和谐。所以,尺度是动态的,而非固定的,发展必须有利于均衡的进步。⑪

（5）与上帝的自制和由此导致的人的自由相对应,人在同环境打交道时的自由的自制,也确定了与上帝的盟约。⑫

[S.165]

4.1.2 克里斯蒂安·林克:世界作为受造界

体系构造者克里斯蒂安·林克在他包罗万象的《面对20世纪挑战的生态神学》中⑬,探讨了生态神学中的自然科学和生态学问题,并试图联系到宗教改革的神学和辩证神学对这些问题作出回答。他的做法和莫尔特曼在《三位一体的视野》⑭中一样,相比之下确实少了许多关键性的东西,但正因为如此他同《圣经》的创世文本、自然科学和自然神学的争论更加强烈了。

---

⑧ 《公正创造未来》,版本同前,第75页之后;《三位一体》,版本同前,第144页之后;《教会》版本同前,第318页之后。

⑨ 《人权》,版本同前,第23页。

⑩ 《教会》,版本同前,第302页之后;《创世中的上帝》,版本同前,第281页之后;《公正》,版本同前,第104页之后。

⑪ 《公正》,版本同前,第125页之后;《创世中的上帝》,版本同前,第214页之后。

⑫ 《三位一体》,版本同前,第123页之后。

⑬ 克里斯蒂安·林克:《创世中的上帝》,卷1:《宗教改革传统中的生态神学》,卷2:《面对20世纪挑战的生态神学》,居特斯洛1991年。

⑭ 出处同前,卷2,第528页之后。

林克从《圣经》启示中认识到了"受造界的局限和尺度"[15]。这不是指"人从自身出发所能导致和创造的状态",所以只包含了来源于人并用之于人的人的权利及其意义。毋宁说它证明了一种包括人在内的世界机制,"受造界的某些内在比例"[16]。而这些内在比例就是尺度,它是用世界来表现的上帝意图,因此它也内在地包含了一种伦理学,作为对上帝意愿的回答。林克不一样地把这些称作是"受造界的尺度":

——地球的有限性(《诗篇》74,17)作为在这个星球上的生命所具有的创造性的条件。

——人的有限性作为主观的局限。"受造的存在就是生存在限度内。"[17]废除尺度和限度是罪的集中体现。

——空间和时间是客观的局限,它们使人的多种决断可能性受到限制。

——正义标志着——作为法则和拯救——宇宙的基本秩序。重建这个破碎的秩序就是"为了受造界的生命权在它一再受到威胁的地方得以出现"[18]。

——和平(Schalom)是由上帝所确立并只能由他来担保的整体,包括了人和自然。

——自然的美,作为上帝"受尊敬的光辉,或者更好地说,作为环绕上帝自身的光环(Aura)"[19],是生态的一个重要尺度。在美中表明自身"受造的秘密"[20]。

——受造界的尊严是与之审慎交往的一个尺度。这种尊严存在于受造物的不可支配性。(在人权中确立下来的)人的尊严是"整个受造物尊严的光辉"[21]。这就如同人权对人来说不是由人来保存,而是能够被判归于他的一样,自然的尊严也不属于是自然可支配的,但

---

[15] 出处同前,第365—372页。
[16] 出处同前,第370页。
[17] 出处同前,第367页。
[18] 出处同前,第398页。
[19] 出处同前,第371页。
[20] 出处同前,第468页之后。
[21] 林克,CH,:《受造物的权利——神学的视野》,载于:韦舍尔,L.(主编):《未来后代的权利——对扩充人权普世公约的建议》,伯尔尼1990页,第48—60(53)页。

它可以剥夺人的决定权[22]。

像在莫尔特曼那里一样,在林克这里,尺度首先是末世论意义上的,"在上帝未来的视野中",作为"上帝之国的谋划"[23]而得到规定,那么,从上帝之路出发带着其受造物达到它们的完善。因此受造物这个"譬喻"也将是"为了上帝当下的和未来的荣耀"[24]。

由于林克阐述的是一种创世神学而非环境伦理学,相对稀少的一些伦理推论也必定是平常的。尽管如此,对于一种节制的伦理学而言,这些推论依然包含了一些本质性的指示:在"创世神学的主导原则"中,他非常直接地联系到世界的协同性、整体性、团结这些价值,以智慧取代知识,休闲(安息)作为创世神学、精神的创造性在场和立约神学(Bundestheologie)的钥匙。[25] 不过,如果我们把我们的行动——用朋霍费尔(Bonhoeffer)的话说——看做是末日到来前的倒数第二天的行动,这样还是最早地产生了对共同世界(环境)的敬畏,就是说,放弃了幻觉,我们能够让我们自己为未来担保并强化我们自己的力量。末世论的保留是"一种财富的保留":"世界不是我们的、而是基督的财富(《约翰福音》,1,11)[26]。"

4.1.3 陶各特·柯赫:肯定生命

在柏林洪堡大学任教的体系构造者陶各特·柯赫在他的论文《自然的神圣规律》[27]中,完全是在生命概念、尤其是肯定生命的概念上建造他的创世神学(下文括号中的数字是这部作品的页码)。如果说自然科学是探索某物的原因的话,那么神学追问的是意义。自然对人而言既是令人惊叹也是令人惊恐,因此总是充满矛盾,而自然却认识不到自身对人的这种差别。它是"在任何道德之外的","它没有悲伤地摧毁",而进化是

---

[22] 胡伯尔,W. 也是谈论自然的尊严而不谈自然的权利:Right of Nature or Dignity of Nature,载于:Annual of the Scoiety for Christian Ethics,Washington DC 1991,参阅本书第 4.2.3 和 5.3.5 节。

[23] 林克,Ch.:《创世中的上帝》,卷 2,版本同前,第 372 页之后、第 494 页之后。

[24] 对此谈论得更多的是在林克的《作为譬喻的世界》,1982 年第 2 版,与此相联系的是把加尔文的世界图景作为 theatyum gloriae Dei(上帝荣耀的世界戏剧)。参阅本书关于加尔文的第 3.3.2.3 节。

[25] 林克,Ch.:《创世中的上帝》,卷 2,版本同前,第 461 页之后。

[26] 同上书,第 599 页。

[27] 柯赫,T.:《自然的神圣规律——论近代自然观的历史和当前的一种生态神学学说》,《神学研究》136,苏黎世 1991 年。

没有可知的目的并在生存的目的之外的(第70页及第77页之后)。由于自然本身不可能为了人来定向,另一方面它也不可能保持在自然的分裂中,因为否则"它的目光就停留在死亡上",它需要认识到"自然中的神圣规律"。对柯赫来说,这种规律存在于"鉴于自然生命的必死性而对生命的肯定"中(第79页)。因此"生命的生活规律"(第59页)变成了伦理的戒命,即"热爱生命,热爱这个在真与爱的作为中蔑视死亡的生命——所有生命的目的和意愿都在于此"(第85页)。柯赫以此强调——与某些环境伦理学原则的区别是,它要求个体存在方式具有优先地位——每一单个生命的意义,个体相对于集体的意义。"大家谈论一种自愿的牺牲,甚至是个体对于一个集体存活的牺牲,因为有一个确定的目的(第83页)。"毕竟所有生活着的人,是从上帝获得其生命的,"而上帝也应许一切东西都存在着"(第88页)。带着真与爱的精神,上帝不停地创造"好的生命",这个生命"只是为上帝所创造和所应许的",但上帝同时让这个生命有成为他者的自由(第89页)。

从他的前提中柯赫推出了四个尺度,四个对自然行动的命令:

——在你的所作所为中,你要为自然着想,为它的生命力着想,为它的多样性着想,为新生命的奇迹着想。你要为有生命力的东西,为自动的东西,有意义的东西着想,而不要为僵死的物质着想。

——要试着让自然变得更加丰富,我们能够为此作出多方面的贡献,不要减少而要促进自然多方面的生命力,这首先就叫作:让活命。

——要注意每一次对自然的干预,你所加工和改变的东西,某些自身就是有生命力的,这种东西必定会吸取你对它自身生命力的干预:或者强化它或者毁灭它——由于你的干预能够进一步将其自身保存在它自身的形式和形态中或者使其蜕化?

——在总是可以避免伤害的地方,就不要伤害,只有当你确信伤害是不可避免的,才是唯一可伤害的。

柯赫的原则像"生命的生活规律"和"肯定一切生命"反抗一切僵死,可以增强对环境的敬畏和敬重并抑制对自然的干预。尽管如此,对他的创世学说还是可以提出一些神学上的怀疑。基督学(Christologie)在他这里完全缺乏实践性,神的灵性也是特别苍白,无法包容三位一体的东西。与此相应,受造界的末世论也缺乏新造物的准绳,总的说来,救赎史的发展就是从被摧毁的受难的造物到新的造物。与一种主观主义相联系,他的原则带有19世纪唯心主义自然神学和自然哲学的弱点,例如像在那个世纪上半叶黑格尔圈子中的马尔海纳克和沙勒那里所代表的学说一样，柯赫又重新与这种学说联系起来了(例如第29页之后，第66页)。他的四个伦理原则本身是非常有意义的,但对阻止对自然力的摧毁却还远远不够。意欲拯救一切生命的原理,对于解决生物之间的生存冲突,也没有更多的帮助。所以,说他代表了一种"神化虔敬的实证主义"这个责备,虽然他自身马上就驳回了,但显然是不能完全排除的。对文化和技术的悲观主义者他发出的呼唤是:"让自身的生命,一切人的生命和自然东西的生命好好地存在",尽管如此,还是一种推动。

4.1.4　约翰·B.柯布:过程神学

约翰·B.柯布,美国克莱蒙大学的基督教神学教授,当地"过程研究中心"的奠基人和主任,他与美国宗教哲学家大卫·R.格里芬合作并与澳大利亚生物学家查里·比尔希一样是过程神学的奠基人和主要代表。[28] 这种神学把阿尔弗里德·怀特海的过程哲学同基督教的生态神学联系起来。[29] 作为深刻的自然神学,它明显地与启示神学划清界限。自从20世纪70年代以来,柯布从过程神学中推导出一种自愿负责的生态神学[30],作为在美国神学中第一批这样做的人之一,他把这种神学理解为政治神学。在普世神学的框架中,这种神学展示了某种影响[31],同时也经

---

[28] 柯布,J.B.jr./格里芬,D.R.:《过程神学》,哥廷根1979年;格里芬,D.R./阿尔梯泽,Th.(eds.):《约翰·柯布的过程神学》,Philadelphia1977;韦尔克尔,M.:《上帝的普世性和世界的相对性——在与基于怀特海的美国过程思想对话中的神学宇宙学》,Neukirchen1981年。

[29] 柯布,J.B.jr.:《克里斯蒂安的自然神学:基于A.N.怀特海的思想》,Philadelphia1965年。过程神学也明显接近于挪威哲学家A.奈斯的深层生态学(deep ecology)。

[30] 柯布,J.B.jr.:Is It Too Late? A Theology of Ecology,Beverly Hills 1972;德文版:《进步的代价》,慕尼黑1972年;比尔希,Ch.:The Liberation of Life:From the Cell to The Community,Cambridge/GB 1981;Postmodern Social Policy,in:Griffin,D.R.(ed.):Spirituality and Society. New York1988,99—106。

[31] 尤其是通过比尔希1975年内罗毕召开的世界基督教协进会上的讲话和1979年在波斯顿普世界基督教协进会上的讲话。比尔希,Ch.:《受造物,技术和人类的生存》,载于:《Jesus befreit und eint.内罗毕第5届世界基督教协进会论文集》,基督教界分册。Rundschau Nr. 30,1976,95—111;ders.:Nature,Humanity and God in Ecological Perspective,in:Shinn,R.(ed.):Faith and Science in An Unjust World. Report of the WCC's Conference on Faith,Science and the Future,Genf 1980,Bd. 1,62—73。

受了对它的批评。

对过程神学来说,现实性不是由物,更多地是由一种有机体组成的,后者处在一个持续的演变中。在这个过程中上帝的行动一方面是在他的原初自然[32]中,这时他赋予这个过程以其目标和校准;另一方面是在后果自然中[33],这时他在这个创世过程中持续在场并发挥积极作用,作为上帝在自然之中。受造物的未来就是这个过程的连续性,就是说,基督是"现身在所有物当中的"[34]。创世者和受造物在这个过程中几乎是不可区分的,因为上帝完全与他的造物连在一起。上帝的独立性和万能有意识地受到拷问,但这导致的最终结论就是,随着受造物的毁灭上帝也可死并在垂死中。"创世变成了发展、进化的同义词。"[35]

过程神学创世学说的这些结论对于环境伦理学有何意义呢?在柯布这里早就导致对自然权利的一种延伸(Einsatz)。自然不只是功利主义地出于人类的私利才受到保护,相反它之受到保护是为了其自身的尊严之故,作为将基督教爱的戒命运用到自然的结果[36]。以此为度必定使与自然的交往有分寸。爱,生命("生命的宗教"),幸福,从被压迫和剥削的结构中解放都是基本价值,他以此来考量与自然的交往。

作为政治伦理学的环境伦理学对于柯布来说就是:把民族国家拆分为一些更小的单位("生物区和文化区"),同时建设一个有约束力的世界秩序("全球自治");[37]对于经济学而言,这意味着当今的世界秩序要从消费的个体主义道路改变为一种为了集体的经济("economics for community"),它将尽最大可能地变成区域经济自治,尽最大可能地让国民参与、通过这两者使一种节制的经济成为可能。[38] 为了使这种经济的目标成为国际上可度量和可比较性的目标,柯布与著名的世界银行经济学家赫尔曼·戴利合作,制定出一种据我看来是非常有意义、而且是引领未来

---

[32] 原初自然(Primordial nature),可同原初的受造(creatio originalis)相比。
[33] 后果自然(Consequent nature)可同连续的受造(creatio continua)相比。
[34] 柯布,J. B./格里芬,D. R.:《过程神学》,版本同前,第97页。
[35] 林克也是这种看法:《创世》,卷2,居特斯洛1991年,第437页。论过程神学第434—439页。
[36] 柯布,J. B.:Is It Too Late? 版本同前,第48—52页。
[37] 参见格里芬,D. R.:Spirituality and Society,版本同前,第19页。
[38] 同上书,第103页之后。

的"可持续的经济福利指标"㊴作为对长久以来有争议的社会生产总值指标的一种另外的选择。因此柯布阐明了一种非常具体的、经济上可移植的环境伦理尺度。

4.2　俗界伦理学

到此为止所提及的当代创世神学的例子表明,它们面对当代所提出的问题对重要的教义问题作出了反思。因此它们为俗界伦理学㊵提供了神学基础。下面接下来我们要阐述的是具体环境伦理学的尺度规则。它们又只能是范例性的。㊶ 在这里也将明确,教义观和伦理观的结合在当代生态神学中常常还是不充分的,还远未取得成功㊷。在我的引申中也只能附带地对它们加以阐述,尽管这种结合对我而言是一个愿望。

当代创世神学如同俗界伦理学一样,只有很少一些直接与德性学说和适度这个主德相连。下面最直接地这样做的是米特和鲁。尽管如此,下文的中心是将不同概念中的适度伦理引申出来。

[S.170]

4.2.1　君特·阿尔特纳:广义的生物伦理学

在柯布伦茨—兰道大学任教的神学伦理学家和生物学家君特·阿尔特纳在德语范围内属于第一个——尤其是自20世纪70年代开始以来㊸——强调发展神学的环境伦理学的人。在他的神学初衷中,救赎史

㊴　在4.9.2节对此有更多的论述。
㊵　受造界伦理学概念同环境伦理学相关。参阅第1.5.2节。
㊶　近来关于节制伦理的一些神学原则,在这里还不能够加以详细阐述,也可以在伦托夫,T.那里找得到。《伦理学》,卷2,斯图加特1981年,如在第32页之后,第64页之后,第104页之后(同文化、技术、限度相联系);林格铃,H.:《对话中的基督教伦理学》,弗莱堡1991年,第213页之后(论基因工程);Furger, F.:《基督教的社会伦理学》,斯图加特1991年,第192页之后(环境伦理学总的说来是附带地被讨论);Schäfer-Guignier, O. Ö. ... et demain la terre. Christianisme et écologie, Genf 1990, 81ff。
㊷　与此相关,由阿尔特纳,G.主编的这本书的结构是典型性的。《以生态神学的视野为定向》,斯图加特1989年。这本书试图把历史的、跨宗教的、圣经学的、教义学的、伦理学的和教会实践的观点联系起来。
㊸　阿尔特纳,G.:《创世的语法》,斯图加特1971年;还有他的《濒临深渊的造物——神学面临环境问题》,Neukirch1974年。

和基督学的框架占有一个重要地位㊹。同"将有一个新的天和一个新的地的预兆"相联系的,恰恰也是鉴于世界的可怕和毁灭。通过可靠的上帝,世界虽然"不能得到永恒的允诺,但也获得了时间变换中的持续存在……在因傲慢*导致的人类自我毁灭意义上的世界末日尽管不是地球的末日,但确实表达了(人类)这一唯一路径的徒劳"㊺。在他最新的一些出版物中,阿尔特纳也越来越强化与阿尔伯特·史怀泽㊻的敬畏生命的伦理学相联系并因此强化与一种广义的生物中心论萌芽的联系。

在他的新书《自然被遗忘》中㊼(下面括号中的数字就是这本书的页码)他列举了诸如与实践相关的具体准则这样一些普遍标准,也就是环境伦理学的尺度,他把这些尺度在一种"全面重新考量人类对一切形式的有生自然的责任"意义上理解为生物伦理学。基于 A. 史怀泽的初步设想"我是生命,想要生活,居于生命想要的生活*中间",他阐发了生物伦理学的 13 个原则,可以作出如下概括:

——生命"包括了所有的生命形式(从微生物到人并理所当然地也包括植物)"。

——人可以不创造有生命的东西,他只应答"生命所赋予的东西"。由此得出"有生命东西的不可支配性"。

——"要把平等地尊重所有的生命作为所欠负的罪责","不存在没有生命价值的生命"。

——对人与自然同一的存在经验只能通过痛苦和共难获得。目的不像在功利主义伦理学中那样使生命免遭苦难,而是使苦难最小化。

㊹ 例如阿尔特纳,G.:《濒临深渊的造物——神学面临环境问题》,版本同前,第 130、145 页之后;同一作者的:《为整体受难》,斯图加特 1980 年,第 168 页之后、第 233 页之后。

* 傲慢:Hybis 同时有"亵渎神灵"和"罪孽"的意思。

㊺ 阿尔特纳,G.:《生态保护与世界末日》,载于由他主编的:《生态神学》,斯图加特 1989 年,第 409—423(422 之后)页。

㊻ 阿尔特纳,G.:《自然被遗忘——一种广义的生物伦理学基础》,达姆施达特 1991 年,特别是第 44—72 页。

㊼ 同上。

* 这里的"生命"和"生活"都是同一个德文词:Leben. 只是为了中文语句的通顺,我们作了这样不同的处理。

4. 当代伦理学中保持适度的伦理

——节制不仅涉及单个的人,而且同样涉及自然科学的认识方法[48]和经济过程。

——人的使命是保障自然及其权利。

阿尔特纳第二步是把这些原则具体化为11个规则(第108—111页)以及如下的推论:

——一切生命都是暂时的,有限的,唯一性的。族类和个体之间的生命权可以据此作出区分。 [S.171]

——"承认非人的自然之权利不可导致把任何一种人类的生存状态相对化并剥夺其权利的结果",例如改变人的生活并使之病态化。

——要保护生物事实上的多样性及其和谐性,"并没有多余的物种"。

——"如果生物有一种促进种族生命完备和种族正当繁衍的权利,那么干预遗传因素并因此而引起遗传程序的改变都显得是成问题的。"。

——要限制对有用的有机体的使用(例如通过动物保护立法来限制)。

——要通过民主的合法化的延期偿付权降低在人类历史的动力和更为缓慢的自然史之间的张力。

——自然的权利必须在一种结果上以生态为定向的工业政策和经济(以生态社会生产代替社会生产总值)中加以落实。

——一种更为朴素的生活风格,就像民众不断增多的共同语言是必然的一样,在自然权利的更加广泛的发展中是必然的(要求)。

阿尔特纳把这些规则运用到基因技术、物种保护、动物保护、动物实验、农业、能源和化学政策、人口及其阻止人口的政策上。他的"同所有物种交往的尺度"据说是作为他的初步设想的例子在这里提及的。对于

---

[48] 对于科学家的劳动,阿尔特纳阐述了一种"hippokratischen Eid"(希波克拉底誓词)方式,一种7条"义务公式"(同上书,第174页)。(爱琴海的克斯岛上至今仍然有一棵巨大的法国梧桐树,据说最早可以追溯到公元前5世纪末,凡年轻人开始学医,就要在这棵树下举行学医的入门仪式,他们要与所有学友们一起念颂一段誓词,这就是希波克拉底誓词。希波克拉底作为西方临床医学之父,也可以说是医学伦理学之父,数百年来他的这段誓词建立了医生职业行为的高度伦理准则,表达了深刻的医学道德精神。——译者附注)

"以何种尺度来衡量对自然的改变与破坏是有代表性的和正当的"(第219页)这个问题,——准确地说是我们的劳动问题——他的回答对于基因和生物过程既没有颁发一张自由通行证,也没有一般地给以一个伦理上的不。他同所有物种交往的规则就是:

——"所有与阻力平衡相联系并导致一种谨慎克制的保存原则的生物工程,都可被看作是人类行为的有代表性的工具(第221页)。"

——"相同的东西要根据它们的平等性同等地对待,不同的东西要根据它们的差异性不同地对待。"在这里"平等比差异更重要"(第223页)。

——"为各种生命形式所要求的保护措施,要随着有机化程度的不断提高而增强。保护的量和质都要增加。"(第223页)

所以,以保护和可负责的使用为形式,在干预过度与不及之间产生了一个尺度。

因此,这些也是可实施的,在阿尔特纳看来涉及四个同时性的步骤(第153—189页):"认识方法的改变","科学责任的自组织","公众和科学之间的论辩"和"作为百姓不顺从的生态抗议(Ökoprotest)的压力"。

4.2.2 汉斯·鲁:论证伦理学

[S.172]

在苏黎世大学任教并任该校社会伦理学研究所所长的社会伦理学家汉斯·鲁,在他的整个社会伦理学中总是探究"有保障的生存能力和成功生活的模型"㊽。他的书名《论证伦理学》反映了他的纲领(括号中的数字代表该书的页码)。他不太为他的生态伦理学奠基并且只是很克制地站在生态神学的立场上,相反却注重理性伦理学的立场,即对规范进行理性的、无宰制的沟通,信赖理性论证的力量。㊾ 因此他的伦理学对于非基督徒而言也是通用的,是一种能获得多数伦理共识的前提。但因此他的伦理学也几乎不能同哲学伦理学区别开来。鲁自己一再地提这个问题:"人能根据理性论证生活吗?"㊿并因此以神学证据为宗旨。

㊽ 汉斯·鲁:《论证伦理学——为生态学、医学、经济、政治中的实践定位》,苏黎世1991年,第7页。也要进一步参阅汉斯·鲁的著作:《人的迷失——生态危机的出路》,居特斯洛1995年。可惜这部著作不能过多地涉及。

㊾ 参阅第1.4.1节。

㊿ 在他的《关于动物权利——动物伦理学的新问题》的论文中。载于《论证伦理学》,第90—123页,也在ZEE 33中出版1989年,第59—71页。

4. 当代伦理学中保持适度的伦理

在他关于交通、能源使用、土地使用、技术风险、动物伦理学[52]或者自然保护[53]的环境伦理学论文和著作中,他总是从价值都会发生类似改变的基本状态出发[54]。他关于适度使用土地的 11 个规则可以作为例子,很好地反映了他的生物中心论的环境伦理学初衷。我自己的纲领[55]方方面面都受到了它的影响。

"(1)每个人都有生命权和发展权。"

"(2)每个人都有同样的生命权和发展权。"

"(3)由于超出生活必须的需要和超出负面影响的平均值造成对土地的负面影响,不能得到伦理上的辩护。"

"(4)每个乐于生活的人,都必须出自逻辑的和伦理的理由为他人,特别是后代也能如此生活并过着这样的生活承担起责任。"

"(5)每个生物原则上都有同样的生命权。但由于繁殖权也属于生命权,我们因此就有了物种保护的伦理依据并因此获得了节约使用土地的依据。"

"(6)如果原则上为所有生物保存生活空间在伦理上是必须的,那么生活空间的安定性就是保存生活空间的一个重要前提。"

"(7)只要我们把生活世界本质上理解为一个关于生命权的体系,就可追求对快乐和负担、权利和拒绝的公平分配。在这里,我们所说的公平分配总是在族类的、而非在个体的平面上。"

"(8)没有哪个物种有这样的权力,以其粗暴的影响力,让许多物种在短时间内丧失其生活的可能性。" [S.173]

"(9)只要我们还没有准确地把握行为的影响力究竟有多大,那么谁也不可作出一种有严重后果并有长期后果的行为。"

"(10)在某个既不是他所创造的,也不可能被再造的事物上,谁也不可导致一种不可逆转的破坏过程。"

"(11)谁也不可发动一种他不再能够操纵的动力装置。"

在另一些地方,鲁为同自然适度交往列举了另一些相近的标准:把资

---

[52] 汉斯·鲁:《论证伦理学》,版本同前,第 11—123 页;Bovay,C./Campiche,R./Ruh,H. et al.:《通常的能源——能源使用的社会学和伦理学考察》,苏黎世 1989 年。

[53] 汉斯·鲁:《对自然保护之基础的探究》,ZEE 31(1987),第 125—133 页。

[54] 汉斯·鲁:这样的做法例如在《证据伦理学》中,版本同前,第 14,19,30—32,54—62 页;《对自然保护之基础的探究》,版本同前,第 127—128 页。

[55] 参阅第 5.3—5.4 节。

源的公正分配作为平等原则的延伸(第14、24页);敬重长时间形成的东西的尊严(第19页);把承担对自身和普遍性的责任作为义务(第19页);有保护自然生命的权力(第23页);在公平规则受到损害时采取补偿或再利用的措施(第24页);要满足需要,使人可以在生活中感受到意义,感到满足(第30页);把共同的受造性作为甘愿考虑他者、特别是考虑弱者需要的(前提)(第31页),与康德的定言命令相适应考虑所有人的行为的相对性,本身行动的可普遍性(第32页)。

现在,这些价值总是不可避免地出现相互冲突。鲁阐述了优先规则,更准确地说,特别是为人与自然之间的冲突制定了优先秩序:

——"保存人和自然的生命基础优先于一切别的东西。其次,低级层面的目的,只有当它不危及高级层面的目的时,才可被力争达到。"(第25页)

——"人的非基本利益和非人生物的基本利益之间的冲突,是一些比较首要的基本义务的冲突;一些可能的二难抉择要得到澄清。"(第24页)

——"当出现不可避免的伤害时,要注意下面的优先性秩序:个体、族类、生物圈。"(第24页)

这些优先规则明显地接近于美国哲学家保罗·泰勒的生物中心论的初衷。㊺ 汉斯·鲁的环境伦理规则和君特·阿尔特纳的是一致的,例如,所有生物对生命有原则上平等的权力,生命的不可支配性,以及除纯粹人类中心论的证据之外,强调生物中心论的证据,并且因此否定同自然的功利主义交往。我认为强调这种亲近是重要的,目的在于正确地掂量差别。差别在于——以动物实验为例就清楚了——这个问题:伦理学在多大程度上有最大可能的适用性,或者说它在多大程度上应该制定出完全以《圣经》信息为基准的规范。对吃肉,鲁"在生活实践的立场上是现实主义的",表达了"一个几乎不言而喻的赞成",如果说对动物实验是有限制的话(122f)。他所持的证据是,"也要承认人有某种限度的宰杀权"就像要承认其余的自然物有某种"可信度"一样(第120页)。相反,阿尔特纳以这种证据责备他:"什么也改变不了,一如既往。"㊻他与鲁的适用性标准相反,把对受造物友善的末世论允诺作为对一个极端另外的对立世界

㊺ 泰勒,P.:《敬重自然——一种环境伦理学的理论》,普林斯顿1989年(2)。参阅下文第4.8.3节。

㊻ G.阿尔特纳:《自然被遗忘》,版本同前,第94页。

的允诺,并要求:"基督教伦理学家应该有勇气不受限制地体现他所信赖的、对受造物完全友善的乌托邦潜力"⑱。阿尔特纳显得越来越急躁和尖刻,恰恰就是面对基因工程的危险发展(所表现出来的)一种必然的情绪。鲁寻求一种适用的伦理学绝不是廉价的实用主义,相反,他积极尝试赋予伦理学这样一种形式,使得它对单个人而言成为一种"基本品质",一种实践的习性(Habitus),他借助于对重新恢复德性论的积极评价就是要表明这一点。⑲

准确地说,保持适度的生态伦理就是处在前述的适用性和末世论特征的张力域中。基督教的环境伦理学,如果不想只是单纯的夸夸其谈,并因此什么也改变不了的话,就不得不操心适用性。否则它就要从责任伦理学滑向信念伦理学(Gesinnungsethik),后者满足于正当的信念。另一方面,目的论的准则以人、自然和上帝之间的完全和解为目的被渗水了,并且这个张力没有得到合理的保存,尺度伦理失去了精华,变成一种中庸伦理,这同样改变不了什么,而只能证明人是如此中庸,因为这样一来几乎没有谁自称是无度的。

这种分歧清楚地表明,神学的环境伦理学必然要在创世神学的和末世论的立场上得到确定。莫尔特曼的三位一体的初衷,以其神恩的预兆、基督的自由决断和普纽玛学追求上帝之国的冲动,恰恰有助于人们头脑清醒地保持刚才所说的张力,并因此唤起尺度伦理正好所需要的那种忐忑不安,因为它尤其可以排除颓废为中庸的危险。

4.2.3 沃尔夫冈·胡伯尔:自制

海德堡的社会伦理学家沃尔夫冈·胡伯尔在他的环境伦理学论文中一再地列举了自制这个标准⑳。在其中可以看出自由意志的保持适度的德性。在他的"责任伦理学"中他确立了其生态神学的"出发点在于上帝与其造物的和好"㉑。对他而言,造物的可靠性不在于造物的连续性,而

---

⑱ 同上书,第95、255页。

⑲ 汉斯·鲁:《基督教对德性理解的演变》,载于由 H. J. 布劳恩主编的《伦理学透视:德性的演变》,苏黎世1989年,第71—81页,特别是第80—81页。

⑳ 胡伯尔,W.:《冲突与共识——责任伦理学研究》,慕尼黑1990年,特别是第176—194页(论破坏自然和创世信仰)和第195—207页(论科学的责任);他的《出于自由的自制——论技术时代的伦理问题》,福音神学52(1992),第128—146页。

㉑ 胡伯尔,W.《冲突与共识》,版本同前,第191页。

在于上帝允诺了他的忠诚,尽管人破坏造物。⑫ 在这个已经发生和出现的和好中,以人对造物的爱为其基础。⑬ 对胡伯尔来说,从中产生出四个伦理结论⑭:对内在于自然的尺度感到惊奇;对生态保存的关切优于对经济增长的关切;减少对自然的强暴;自愿达到自制。

他把"自制的伦理"⑮理解为"出自自由的自制"。自我规定,在自由之为上帝恩典的意义上,就叫作承认包括他者在内的后代都有的自由尺度,就是我们也要求自己的尺度。这就叫做"放弃对异己生命的自以为是的支配权……所以,自制不是人的自由的对立面,而是自由的表达"⑯。

这种出自自由的自制,例如对于科学动力而言,意味着"除追求真理外,自制作为科学伦理的有约束力的主导理念"或许也是可以接受的⑰。其中可以看出古老的尺度德性向知识追求及其使用中的适度品质的应用。

自由不意味着任意性,相反必须包含约束力;自制不是向个人发出的呼吁,相反必须得到律法上的确定,因为"对于一个社会而言,道德作用的边界最大,只要它不变成法律就行"⑱,所以,它需要把"出于自由地把法律作为自制的工具"⑲。人对造物的爱必须在"以爱为地平线的法律"中找到其形态⑳。在新教神学中,法律伦理学自艾立克·沃尔夫以来是完全闲置的。与此相关,无论是对于天主教的社会学说,还是对于作为法律伦理学的环境伦理学,都需要补缺。胡伯尔思想的巨大功劳就在于此。

从自由、自制和法律的联系中,尺度伦理学的规则在胡伯尔这里制定

---

⑫ 同上书,第188页。当胡伯尔强调造物中的非连续性时,他把自己同莫尔特曼对造物连续性的理解区别开来。但莫尔特曼也涉及了上帝的和解行动,即便如此也不像胡伯尔那样明确,他是把神恩说成"弥赛亚式地准备把造物变成王国"(莫尔特曼:《造物中的上帝》,版本同前,第21页)。

⑬ 我自己的初衷也是如此,参见《调解与旗帜鲜明——教会在社会冲突中的调解使命》,苏黎世1988年,例如,349ff,444ff,516ff.

⑭ 胡伯尔:《冲突与共识》,版本同前,第191—194页。

⑮ 同上书,第204—207页。

⑯ 胡伯尔:《自由的自制》,版本同前,第137页。

⑰ 胡伯尔:《冲突与共识》,版本同前,第207页。

⑱ 胡伯尔:《自由的自制》,版本同前,第135页。

⑲ 同上书,第142—146页。

⑳ 他的论文的这个标题在《冲突与共识》,第236—250页。

4. 当代伦理学中保持适度的伦理

出来了。我把它表述为四点：

（1）人必须出于对异己生命的敬重限制自身生命利益的贯彻。"人道表现在有能力把自身生命的利益同对异己生命的敬重联系起来。"⑪

（2）"要这样行动,使你行动的影响力同世上人的生命的真正可持续性协调一致。"⑫

（3）国家,特别是民主的和社会的法治国家,必须是"一个制度化的自治国家"。它"最深刻的意义在于,赋予自制以政治形态"。所以它必须在环境法并且也在民法中"承认对自然尊严的敬重之为人的行为自由的界限"。⑬

[S.176]

（4）在时代视域中人的责任能力（具有）的局限性导致规则："那些在其时代的作用范围内可以总揽的和在其后果中与自由协调的决断具有优先权。"⑭

当胡伯尔强调,自制必须在法律中得到确定时,他背离了个人主义的狭隘方式,这种方式尤其在 20 世纪 70 年代前 5 年以拒绝服从的方式部分地放弃了自制的要求。⑮ 诚然他并没有因此就解决了困境⑯,像国家的环境保护立法,如涉及实施上的困难,乃至国际间的民法,如涉及法律的约束力。要解决这些困境,迫切需要从环境伦理学的角度进一步加以深究。

4.2.4　迪特玛尔·米特:新的德性

在图宾根大学任教的天主教伦理学家迪特玛尔·米特目前最直接地

---

⑪　胡伯尔：《自由的自制》,版本同前,第 137 页。

⑫　同上书,第 140 页（这条规则出自汉斯·约纳斯《责任原理》,法兰克福 1979 年,第 36 页）。

⑬　同上书,第 143—145 页。

⑭　同上书,第 145—146 页。

⑮　参阅我本人对这种狭隘方式的批判,载于：司徒博,Ch.:《启动一种合乎人道的增长——对一种新的生活风尚的社会伦理学设想》,苏黎世 1982 年第 3 版,第 59—77 页。

⑯　对此的进一步探究有汉斯·鲁的《法律与兑现,或者政治在多大程度上可以忍受机会主义以及它在多大程度上需要伦理学》,载于《证据伦理学》,版本同前,第 243—259 页。

从神学伦理学出发来把握德性论,四主德,而且也抓住德性这个概念。⑦ 价值和德性之间的区别在于,价值对米特而言是"一个被承认的现实内容的有意义的约束力方面",而德性作为"操行品质"是能力,这些价值贯彻在"一个联系得越来越稳固的行为链中"⑱,于是使意愿和可能之间的鸿沟得以跨越。因此他同 habitus operativus bonus(把德性作为习得的操行品质)的古典 Habituslehre(习性塑型学)联系起来。⑲ 德性对他而言是相关于个人行为的个体伦理学和相关于结构的社会伦理学之间的调节机能。⑳

所以他必须着重于把伦理学回归于德性来把握,原因也在这种调节功能中:显然,个体伦理学是不够的。不过,如果社会伦理学不能使个人的品德从"品质形态"(Haltungsbildern)——它使个人的品德成为可能和使制度化的规范得以实施并一同塑造这些规范——中推导出来的话,它对结构的塑造也是不够的。德性对于米特来说意味着抽象的规范原则同在实践中活灵活现的直观性信念相连接。就像人的道德动机和品质被塑造出来要靠制度支撑一样,那么反过来德性作为在实践中活灵活现的品行也需要一种"社会的支撑"。这种制度化的框架在从亚里士多德直到宗教改革家的德性学说中一直存在于常设的和阶级的秩序中。㉑ 当代的德性也需要一种制度性的框架。米特使德性从 19 世纪个人主义的狭隘框架中摆脱出来,德性被深入地归结到礼节(Wohlanständigkeit),同样也使德性从在第三帝国中可作为罪证的被误用为英雄的德性中摆脱出来。

[S.177]

米特称当代伦理学的四大问题是:技术化的生活世界,环境遭受危险,和平遭受危险和财富的不公平分配。与此相应,他看出了四种品质形态是急需的:促进生命(Biophilie),自制,和平的能力和分配正义㉒,或者真诚(Wahrhaftigkeit)㉓。在托马斯主义的美好传统中他以"信仰之德:希

---

⑦ 米特,D.:《新的德性——一个伦理规划》,杜塞尔多夫 1984 年。还有他的《德性的复活和演变》,载于 H. J. 布劳恩主编的伦理学透视:《德性的演变》,苏黎世 1989 年,第 5—23 页。

⑱ 米特,D.:《复活》,版本同前,第 9—10 页。

⑲ 米特,D.:《新的德性》,版本同前,第 21 页之后。

⑳ 同上书,第 67—72 页;《复活》,第 10—11 页。

㉑ 参阅第 3.1—3.3 节。

㉒ 米特:《复活》,版本同前,第 15 页;《新的德性》,版本同前,第 94—170 页。

㉓ 在《新的德性》中讨论正义的地方,有一整章论述真诚、诚实和值得信任。

4. 当代伦理学中保持适度的伦理

望和爱的艺术"[84],补充四主德。

现在我们特别感兴趣的,自然还是适度这一主德,米特称之为"自制的德性",也把它称之为"自我规训"(Selbstzucht)。在这里他同把这一德性放在"个人节制的主题中"去处理的错误做法划清界限[85]。他把这个古典的节制方法(temperantia)现实化为"自我规训"和"奉献"[86]。泰然自若的自我接受、自爱和自我教育都属于此。三个目的因此是必定要达到的:道德的自律(为行为确立独立的目的和不受他者决定的能力),寻找自身的尺度(在个人自己对诸善和呈现出来的各种意义的权衡中,以及在追问人们自身要为何种社会尺度作出贡献的问题中)和奉献能力(作为对他者的敏感性)。所以米特确实完成了节制方法的一种现实化,但他并没有接受与托马斯主义的德性观(这种德性观就是说,自我接受要以被上帝接受为前提,前者只有通过后者才能做得到)相反的改革派的关切。

更为特别的是,同环境责任相关,米特在三种意义上理解适度的德性[87]:作为共生力(Konvivialität)(相互之间在共同的空间、共同的时间内能够共生的能力),作为自制(在一种社会使命的意义上)和作为在同环境交往中的新的均衡。这导致他作出了这一优先规则[88]:"要这样行动,使人类的种种制度以下列方式服务于人自身肉体性的张扬和保存,一方面,对于先于人的世界、即自然的内在价值,要尽可能地使之得到保存、再造和促进,另一方面要使特殊的人类生命在创造性的自我实现中得以可能。"

这一规则如同从中推导出来的实用的行为规则,诸如引发原则(Verursachenprinzip)、人的合法迁徙等一样,更多地表明了,具体的环境伦理学结论是能够完全类似地从不同的神学倾向中得出的。他的规则也表明,对于普遍化的规则,每个人都能同意它指明了正确的方向,但对人与自然之冲突的现实决断而言,它还是太宽泛了。一种环境伦理学的尺度必须辨明具体的行动域,例如经济和生态之间的冲突。

[S. 178]

---

[84] 米特:《新的德性》,版本同前,第170—189页。
[85] 同上书,第146页。
[86] 同上书,第77—79页。
[87] 同上书,第142—153页。
[88] 同上书,第150页。

4.2.5 奥尔、伊尔刚、施利特：人类中心论

三位天主教环境伦理学家代表了一个决定性的人类中心论的倾向。他们比大多数当代新教环境伦理学家更清楚地表明了这一出发点。他们也在到处寻求在人类中心论和神中心论之间架起一座桥梁。

已经退休的图宾根大学伦理学家阿尔封斯·奥尔在他 1984 年出版的《环境伦理学》[89]（下文括号中的数字就是这部著作的页码）中阐述了"对人类中心论的选择权"[90]（第 54 页之后几页，第 203—222 页）。据他说，人是自然的"环节"、"中心"和"主人"，而且宇宙中唯一的代表资格也赋予了人。"归根结底一切都服务于人和人的生存并在这种服务中达到其实际存在的意义。"（第 57 页）同托马斯·封·阿奎那[91]有关系，他阐述了自然与作为最高点、中心的人的一种强大的等级秩序，以至于"'居人之下'的丰富的存在等级能够在人当中统一起来，甚至整个世界都纳入到人心之中"（第 60 页）。

但这种人类中心论，对奥尔来说不是剥削自然的通行证。人恰恰是通过他的特殊地位，以特别的方式纳入神的秩序中并对神负有责任。人的创造性直接构成性地把人同造物主联系起来。所以对奥尔来说，人类中心论和神中心论是相互包含的（第 221—222 页）。与此相应，奥尔所特别强调的人的自律不是任意和无度，甚至也不是从伦理中的解放，相反，他把"伦理的解放"理解为"成年人的自我规定"，这种自我规定的"目的在于，自我负责地塑造他的整个人生，因此也是自我负责地塑造他自身以及他所交往的自然"（第 228 页）。对自律的这种理解"基于整个现实的合理性"以及"前有的世界结构"，对此天主教神学从自然法的角度来理解，而某些新教神学家则把它理解为世界秩序。

在这种世界秩序中，人的尺度对奥尔来说，可以包含在同自然的交往中。通过禁欲来保持适度完全可能是其中的一个方面，不过，对奥尔来说，重要的是对自然力的负责任的利用，也借助于技术。这样，原子裂变也就被投入到世界秩序中来了："如果说是世界的造物主创造了这样一

---

[89] 奥尔，A.：《环境伦理学——神学对生态争论的贡献》，杜塞尔多夫 1984 年。

[90] 奥尔也进一步研究了这一问题：《人类中心论还是生态中心论——一种阐释的价值》，载于拜尔茨，K. 主编的《生态伦理学》，慕尼黑 1988 年，第 31—54 页。

[91] 《神学大全》I, 91, 1。

4. 当代伦理学中保持适度的伦理

些可能性的话,那么意图诚然只在于,让人在历史的途径上发现这些可能并要负责地把它投入到促进他的生存中来"(第289页)。所以,"一切对自然的技术控制都是为了服务于人的自我实现"(第290页)。

奥尔所强调的如此重要、如此具有《圣经》依据的人的特殊使命,就是要在他这里实现自然本身的价值[92],因此也就是要特别强调直接地敬重自然。尽管奥尔是在关系中理解人的自律,即放在人与众人、共同世界和我所认为的上帝的关系中,(但)肯定比自律概念本身所能表达出来的含义,变得更为清晰了。[93]

1992年出版的天主教伦理学家伯恩哈特·伊尔刚[94]的《基督教的环境伦理学》(下面括号中的数字就是该书的页码)同阿尔封斯·奥尔的人类中心论倾向相关,尽管伊尔刚相对来说与他的直接关联不多[95],他还是深化了它。伊尔刚对环境伦理学讨论的状况作出了很好的综述。他不太研究具体的标准,而是研究环境伦理学的神学基础。他几乎无例外地是在神学—哲学的立场上论证,较少联系自然科学。他的主要诉求是为人类中心论这个在当代受到强烈炮轰的倾向作辩护,并作出新的阐释。他合理地断定,"《圣经》生态神学的陈述,对于人类中心论的立场只有一些微不足道的限制"(第173页)。而人类中心论在基督教意义上恰恰并不是说,人—incurvatus in se—使自身成为中心和尺度,相反是要把人及其历史(作为救赎史)移入宇宙的中心和上帝关切的中心。这样他就使人类中心论同自私的人类中心主义划清了界限(第174页),并发展出一种"以生态为中心的人道伦理"(第50—82页),区别于一种"以技术为中心的人道主义"(第63页)。

与神中心论(例如西格德·德克所代表的)的区别不是很大。伊尔刚自己就援引卡尔·拉纳的话说:"只有这种使人类中心论和神中心论在其中互为条件的形式,可以合法地被称之为基督学的"(第176页)[96]。

---

[92] 参阅下文第5.3.5节。
[93] 参阅下文第5.3.1至5.3.4节。
[94] 伊尔刚,B.:《基督教的环境伦理学》,慕尼黑1992年。
[95] 同上书,特别是第27—30页。在第30页他明显地同奥尔联系起来:"基督教环境伦理学的神经就是一种精致的人类中心论。我将在下文与奥尔的这一立场联系起来。"
[96] 比利时的天主教社会伦理学家和卢汶环境伦理学中心主任 Johan de Tavernier 也代表了一种"温和的人类中心论",它带有对神中心论的指向,与生态中心论相区别。De Tavernier,J/Vervenne M.(eds):De mens:hoeser of verrader van de schepping?,Leuven-Amerfoort 1991;同一人的著作:Ecology and Ethics,Vortragmanuskript,1994。

因此也标志着同人道主义的人类中心论相区别,他说后者总是隐含着一种危险:"人封闭在自己本身之内。"(第176页)为此伊尔刚区分了一种方法论的和一种实质的(materialen)人类中心论。他特别致力于鼓吹方法论的人类中心论:"动物和人,鉴于它们的价值不同,在诸善的权衡时不可能被放在同一个平面上……因为人在自然史上的特殊地位一旦被摧毁就将导致伦理学的消亡。"(第63页)

[S. 180] 伊尔刚的强势就是有充分的材料为一种方法论的人类中心论奠基!具体实质的人类中心论在他这里可惜几乎完全退居其次。这种中心论只是作为问题速写(以转基因动物为例)在书的最后被简单地提及(第315页之后几页),但如与君特·阿尔特纳相比,他从中很少为一种尺度伦理学制定出什么有区别的标准。反正在这里清楚的是,伊尔刚把他的环境伦理学理解为中道意义上的尺度伦理学,即理解为在生物中心论/生态中心论和古典的人类中心论的"中间道路"(第325页)。这导致他"在生物医学实验中对转基因动物表示有条件的赞成"(第326页)。

同样在1992年,更年轻一点的米歇尔·施利特⑨也出版了一本《环境伦理学》(下文括号中的数字就是该书的页码)。他也接着审核了人类中心论的、同情中心论的、生物—生态中心论的环境伦理学基础(第29—122页),"呼吁人类中心论的倾向"(第123—125页)。因为"在人和动物甚至植物之间不可能有同等的价值"(第124页)。就像伊尔刚探究《圣经》的创世信仰首要地是遵从人类中心论的观点一样,他在《圣经》文本中也确定了这样的人类中心论并遵从第二个梵蒂冈的天职,自己代表了一种"相对的人类中心论"(第156页之后)。在这方面,他同伊尔刚一样,经常是同托马斯·封·阿奎那的人类中心论联系在一起的。

施利特环境伦理学的一个非常有价值的特殊方面,在于他同教会创世学说的文献进行争论。但在这方面,可惜他把自己实际上完全局限在德国和梵蒂冈的天主教教师职务的立场上。就他把福音派的立场只是限定在以1984年德国福音评论的农业思想文集为起点而言,表明他——温和一点说——对新教以及整个基督教界的环境伦理学讨论非常惊人的无知!

---

⑨ 施利特,G.:《环境伦理学——哲学伦理学的反思,神学的基础、标准》,Paderborn 1992。

对于尺度伦理学而言,施利特的"关于人类干预自然的九条标准"(第183—261页)是很有价值的。他把这些标准理解为以实践为指向的准则意义上的纲领(第183页)。在某些方面,他以优先规则为形式对诸善进行权衡。他的九条标准涉及下列范围:(1)有获得知识的义务(特别是对生态负担的限度和风险的知识);(2)双倍效果原则(有双倍效果的行为不可埋没所追求的长久持续的价值);(3)自然的要求在特定的条件下相对于人的要求拥有优先地位(那么也是在人类中心论的初衷之内的!);(4)人类对环境的利用不可为后代留下负担;(5)人不可破坏生物多样性;(6)可对现代技术风险负责的11条规范;(7)干预自然时不友好的前提条件;(8)除了保护之外,也要推动积极和创造性地对环境进行塑造;(9)自然的美是人的生活的一个必要条件。

施利特的这些标准再次表现了我们在别处已经确定了的东西:当代伦理学家以实践为指向的标准,尽管基础完全不同,但还是非常接近的,因为他们几乎毫无例外地把"适度"理解为对自然的非常遏制的干预。

4.3 经济伦理学 [S.181]

我们已经在亚当·斯密[98]那里看到,伦理学对于经济学能够具有何种意义。价值,在通常的理论和实践中与其说是外在地,不如说是内在地起着重大的作用,这不只是自从当今令人高兴的经济伦理学的繁荣才开始的。在经济人、效率、公正的利益分配、市场的自我调节或者人们通过价格对一个产品的价值进行认可背后,都隐含着人的形象和价值态度。[99]古典的德性,像正义、智慧和勇敢,也隐含在价值态度之中。[100]

那么究竟涉及哪些尺度伦理?在当今的世界经济中,它在哪里和哪些方面必定会留下烙印?在我们的关系中"只"涉及生态的经济伦理学,那么,只涉及这个问题:同受造物的一种适度的交往,如何或者说应该如

---

[98] 参阅第3.4.2节。

[99] 这种说法,例如比尔弗特,B/黑尔德,M. 主编的《经济学理论中的人的形象》,法兰克福1991年。

[100] 参阅普里达特,B.P./塞费特,E.K.:《正义与智慧——现代经济学中亚里士多德思想的踪迹》,载于比尔弗特,B/黑尔德,M. 主编的《经济学理论与伦理学》,法兰克福1987年,第51—77页。

何体现在基督教的经济伦理学的标准中[101]？随后要阐发的是在持续发展的经济学观念中经济如何保持适度[102]。保持适度的伦理，应该既在企业家伦理学(作为企业家个人的品质)[103]中，也在企业伦理(例如在公司的主导形象中)[104]，同时也在经济理论[105]中，特别是在经济政策中起作用。我们仅限于在关于经济政策的经济伦理学思考的两个例子中，列举尺度

---

[101] 对于一种生态学定位的经济伦理学的其他一些标准，除了已经阐发的例子之外，可以在例如 H. 凯色尔这里找到：《经济理性的伦理整合——"现代的"经济伦理学的基本要素和具体内容》，伯尔尼 1992 年，第 331—339、343—353 页（以基因工程和动物伦理学为例）。在他的迄今尚未完全出版的教授资格就职论文(《神学的经济伦理学—经济理性的伦理整合模型的一个基础》，1989 年。上面的著作是这个就职论文的一部分)中，他明显地接近于 A. 里希，列举了 10 条"形式化的前规范标准"（第 488—493 页），即批评的距离，相对性，相关性，达到目标，平和性，行动能力，公开的修正，后果原则，中速，保存；对此也有 8 条"建设性的规范标准"（第 493—498 页），即受宠性，人的尊严，减轻苦难，共同的人性，以需求为取向，增加福利，共同受造性，人性的时间，以及作为"调节—规范标准"的普遍正义和参与公正。另外一些以生态为取向的经济伦理学有：《公益和私利—对未来负责的经济行为》，德国福音教会的论文集，居特斯洛 1991 年，第 85 页之后，132 页之后(论市场经济的生态取向)；司徒博，Ch.：《启动一种合乎人道的增长——对一种新的生活风格的社会伦理学思考》，苏黎世 1982 年第 3 版，第 71—78 页(特别是讨论发展与环境的关系)；斯特罗姆，Th.：《经济和伦理学—关于现代经济行为的福音社会伦理学原理》，载于 Kramer, W. / Spangenberger, M. 主编的《共同面对未来——教会和经济的对话》，科隆 1984 年，第 29—58 页，特别是第 47 页之后。

[102] 参阅第 4.9 节。

[103] 对此请参阅经验性的研究：乌尔利希 P. / 梯勒曼 U.：《伦理和业绩——关于领导力的企业伦理学思想模式，一种经验性的研究》，伯尔尼 1992 年，先前发表在司徒博，Ch.：《伦理或业绩？通过伦理而取得业绩？》苏黎世州的教会正典 24/1990,3。这项研究表明，在所探究的领导力中完全只有一小部分在企业行为和伦理之间存在张力。

[104] 参阅例如黑尔德，M.：《图清根对以环境为定位的企业政策的说明》，图清根的资料第 59 号，1989 年；拉特曼，C.（主编）：《伦理学和企业领导》，海德堡 1988 年；普伏里姆，R.：《经济伦理学和生态经济研究》，伯尔尼 1989 年；第 111—128 页；安德列，G.：《迈向生态经济伦理之路》，载于塞费特，E. K. / 普伏里姆，R. 主编：《经济伦理学和生态经济研究》，伯尔尼 1989 年，第 237—249 页；鲁，H.《多少伦理能让一个企业有成就？》，载于他的《论证伦理学》中，苏黎世 1991 年，第 202—221 页。

[105] 乌尔利希，P.：《能让经济学和生态经济伦理和解吗？》，载于塞费特，E. K. / 普伏里姆，R. 主编的：《经济伦理学和生态经济研究》，伯尔尼 1989 年；H. 凯色尔：《经济合理性的伦理整合——"现代的"经济伦理学的基本要素和具体内容》，伯尔尼 1992 年。

的标准。

4.3.1 阿尔图尔·里希:相关性

这位1992年逝世的苏黎世经济伦理学家、苏黎世大学社会伦理学研究所的奠基者和早期领导人阿尔图尔·里希[106],在判断形成的三个层面上建立了他的整个社会伦理学[107]:(1)在里希看来,所有科学的伦理学都建立在一种"确实的个人的经验"意义上的前科学判断上,这是"出自信仰、希望和爱的人道"。它们起源于普世层面的经验,同时对于所有的基督徒具有特殊的意义内容,特别是通过"末世论的维度"[108]。(2)从经验和信仰的确实性中产生的标准。"由于这些标准也都是在绝对的信仰中确定的,不是靠理性奠基的,尽管如此,对它们而言,一种在社会伦理学的论证中能够并应该变得合理有效的尺度,也具有明晰性。"[109]它们要求绝对的确实性。(3)应该使道德判断能够触及实际问题的实践准则。它们既要考量标准,也要考量具体处境和实际的条件,所以,只要"它们依赖于合乎理性的洞识"[110],就都是相对的。

现在,与我们相关并令我们感兴趣的是,在里希的标准和他的经济伦理学准则中,在多大程度上表现出了一个与共同世界交往的尺度。他的七个人类公道的标准(受造性、批评的空间、相对可接受性、相关性、共同人性、共同受造性、参与性)总的来说都是拒绝任何激进主义。它们通过一种价值的平衡包含一种尺度伦理。 [S.183]

这种尺度最清楚地表现在相关性这个标准上:如果把诸如自由或者乐于顺从(Dienstbarkeit*)这些价值绝对对立起来,那么它们就会退回到非人的自由主义或者奴役状态(Unterwürfigkeit)。与人类公道和基督

---

[106] 我自己萌发的思想冲动本质上要感谢我的这位受人尊敬的老师阿尔图尔·里希。

[107] 里希,A.:《经济伦理学》,卷1,《神学视野的基础》,居特斯洛1984年,第105—243页。这种思想已经萌发于他的著作:《基督徒在工业化世界中的生存》,苏黎世1964年,第171—186页;关于标准和准则的区分,首先出现在:《社会的制度秩序之为社会伦理学问题》,ZEE 4/1960,第233—244页。

[108] 《经济伦理学》,卷1,版本同前,第122页之后和129页之后。

[109] 同上书,第170、172—221页。

[110] 同上书,第170—171、222—243页。

* 这个词既有热心服务、殷勤的意思,也有顺从、臣服、奴役等意思。

教伦理相适合,这些"针锋相对的价值"才整合在一起。所以——在保罗和路德那里奠定的——"自我规定的自由产生于乐于顺从的共同人性,乐于顺从的共同人性产生于自我规定的自由"⑪。平等不用不平等而变成平均主义,不平等修正平等而变成不公道。相关性⑫意味着拒绝一个价值为了自身尽善尽美而绝对化。"极端的伦理"正是与此相关的伦理。

在受造性这个标准中,为人设定的限度在于,"他是受造物,而不是造物主"⑬。凡把人设立为绝对主体之处,人道主义就变成专制和不人道的(inhuman)。

在可批评的空间和相对可接受性这个标准中,现存世界优先(Vorläufigkeit)以及朋霍费尔在倒数第二天和末日之间的区别将变成人行动的尺度。

共同人性、共同受造性和参与性的标准指出了,人只有在与他人、共同世界的共同体中,因此在受造物之间的一个有生命联系的事件中,才能找到他的尺度。里希着重强调参与性与此相关:"人的生存对于自然而言是伙伴性的"⑭。

里希的中心原理,"凡是不能现实地合乎人类公道的东西,就是不合乎事实的,凡是不能现实地合乎事实的东西,就是相背人类公道的"⑮,如同他的所有标准一样,目的都是为了防止一切专制主义,并且通过价值的互补性寻找尺度。所以他的中心原理不是指一种无力的中和,而是价值的一种动态平衡。

经济秩序对于一种在伦理上证明合理的生态目标所具有的意义,在里希看来,就在于它属于共同受造性的观念:人口稳定,需求稳定和环境稳定。⑯ 对于社会市场经济而言,这意味着将市场经济进一步发展成为

---

⑪ 同上书,第 187 页。
⑫ 我们在第 5.3.12 节接受这个标准。
⑬ 同上书,第 174 页。
⑭ 同上书,第 200 页。
⑮ 同上书,第 81 页。
⑯ 里希,A.:《经济伦理学》,卷 2,《市场经济、计划经济、世界经济》,居特斯洛 1990 年,第 162—168 页。

"受生态调节的市场经济"[117],具有如下一些环境伦理的准则[118]:

——所有权改革,使使用环境权益的人有支付代价的义务。
——把环境破坏和环境保护的代价纳入到社会产值核算中。
——把按照引发原则的环境代价转嫁到市场价格上。　　　　[S.184]
——经济增长要与生态的可承受力相适合。
——使单个企业的效率扩大到整个经济上,在对人文、社会和环境有害的外来影响减少到最小程度的意义上。
——使大经济的分配计划适用于所列举的目标。

里希的初步设想对于一种非教条的、不过尚未变成实用主义的经济伦理学是有榜样性的,它放弃了种种集权主义,通过合适的价值的相关性,阐述了一种不可放弃的保持适度的标准。

4.3.2　约里克·施皮格尔:人的尺度

在美茵兹法兰克福大学任教的社会伦理学家约里克·施皮格尔,在他1992年出版的《经济伦理学》[119](下文括号中的数字就是该书的页码)中,阐述了十条"经济伦理学方针",他的整部书就是建立在此之上。对他而言,这10条方针不同于《圣经》十诫,它们"不是戒律,但也不是公设,即从某一信仰观或者某一哲学体系出发对我们的社会提出要求。这些方针是被烙在这个社会的价值和结构中的,都是现行的。"(第14页)

所有10条方针,施皮格尔都是按照同样的结构拟订的:(1)(问题的)规定性;(2)社会的冲突(在背后存在着的);(3)神学的传统和伦理的洞见(于是寻找到规范);(4)象征性的统一公式(对价值的分析,这些价值现今在这个问题域中一般都是可接受的);(5)对第三世界的影响(经济伦理价值的结果都适用于最贫困者);(6)对企业主导方向的质问(企业目标的可变性)。

10条经济伦理方针就是:(1)满足基本需要;(2)改善分配;(3)健

---

[117] 同上书,第308页之后。也请参阅:司徒博,Ch.:同里希的电视访谈:《何种经济体系是合乎人道的?》,苏黎世的 Tages-Anzeiger,1990年4月28日,第2页。

[118] 里希,A.:《经济伦理学》,卷2,版本同前,第311—316、338—341页。里希在这方面也得到了 H. Ch. 宾斯万格,圣·加伦的出版物的强大支持。

[119] 施皮格尔,Y.:《经济伦理和经济实践——一对增长着的矛盾?》,斯图加特1992年。

康;(4)劳动的权力;(5)劳动的人性化;(6)参与和监督;(7)自然资源和环境的保存;(8)适度的增长;(9)禁止挥霍;(10)人的尺度。

10条方针中有4条以同自然的适度交往为主题,表明了生态学对当代经济伦理学具有的意义。第10条关于尺度的方针包含了拒绝"主张经济快速发展的人"(Growthmania),拒绝"最大化趋向,即那个永不知足的追求'更多'的冲动"(第209页)。限度原则上只是为了让人变得克制。与此相对,设立限度就是要"保持在人的尺度中"(第206页)。超越限度,对于施皮格尔来说,并非原则上被禁止,但自身隐含着巨大的危险。与之相反,保持在尺度内,对他而言则意味着:

——科学—技术行为手段的可控制性(第206页);

——对科学—技术行为手段的技术后果进行评估和承担社会责任(第212—215页)[120];

[S.185] ——第三世界的自信心(为在时间上受到的限制松绑,致力于发展)。

这种将"权力退化"(Machtrückbilbung)到人的尺度上,以上帝自愿放弃的权力为限,在神学上是有根据的,近似于上帝的上帝形象与伟大的上帝是有区别的(第210页)。

第7—10条方针都是定位于平衡经济和循环经济的生态尺度。[121] 属于这一类有:将限制增长放到限制量的增长上(第171页之后几页)[122],将社会的和生态的成本总结到价格成本中(第157页之后几页)[123],垃圾循环利用(第163页之后几页),对国民经济社会生产总值评价标准的重新解释(第179页之后几页)以及通过提高生态效益来"终结浪费"(第190页之后几页)。

施皮格尔的方针由于它定位于可操作性和具体性,由于它分析通行的取得了一致的公式,在结论上令人信服,是对第三世界产生的影响和所

---

[120] 论技术工艺的发展,也参阅施皮格尔,Y.:《卸掉肩上的重负——社会伦理学导论》1,慕尼黑1979年,第247—281页。

[121] 在这方面施皮格尔经常联系到经济学家 W. Kapp, Ch. 宾斯万格和 H. 戴利这些以生态为指向的经济学先锋人物。

[122] 遗憾的是,后20年的经验表明,质的增长迄今为止总还是导致量的增长。

[123] 对此也请参阅 Kapp, K.:《市场经济的社会成本——环境—经济学的经典著作》,法兰克福1979年;魏茨泽克,E. U. v.:《大地政策》,达姆施达特1990年第2版,第143—158页。

探究的企业发展方向包括在内。相反,神学—伦理学的奠基工作则显得很不够,有时偶尔发生一点作用。经济伦理学的特殊之处,恰恰在于伦理学的思考,而不只是重复经济学家也说过的东西。施皮格尔将他的经济伦理学局限在"社会市场经济的问题"上,与里希相区别,不把经济体系作为主题,这另外表达了在全世界实际上还只有市场经济存在的这一转折。就他集中探究国民经济的框架而言,是致力于具体方面的研究。

4.4 女性主义的生态伦理学和生态的解放神学

女性主义神学和解放神学共同致力于把妇女特别是穷人从压迫中解放出来,克服统治关系。这对保持适度的伦理和与自然的交往意味着什么呢?

在女性主义内部,生态—女性主义[124]特别是自 20 世纪 80 年代初以来得到研究,而在解放神学内部,解放神学的生态学[125]大约自 80 年代中期以来致力于研究与环境的关系。 [S.186]

---

[124] 生态女性主义这个概念是在 1974 年由 d'Eaubonne, F. 引进的:Le féminisme ou la mort, Paris 1974,第 213 页之后几页。从大量的文献中,我们可以列举更新一些的题目:泽勒, D.:《爱与劳动——一种生态神学》,斯图加特 1985 年;Radford Ruether, R.:《性歧视(Sexismus)和上帝的言语——通往其他神学的步伐》,居特斯洛 1985 年,第 95—118 页;Merchant, C.:《自然之死》,慕尼黑 1987 年(原版于旧金山 1980 年);Plant, J. (ed.): Healing our Wounds: The Power of Ecological Feminism, Boston 1989; Shiva, V.:《生命之性——妇女,生态和第三世界》,柏林 1989 年;Großmann, S.:《女性神学中的造物主和受造物》,载于阿尔特纳, G. 主编的《生态神学》,斯图加特 1989 年,第 213—233 页;哈尔克斯, C.:《革新大地的面目——人、文化、生态》,居特斯洛 1990 年;Warren, K.: The Power and the Promise of Ecological Feminism, Environmental Ethics 12 (1990), 125—146; Practorius, I. et al.:《环境/生态》词条,载于《女性神学词典》,由 Gössman et al. 主编,居特斯洛 1991 年,第 354—360 页;Märke, E.:《女性主义,生态和发展》,《矛盾》,第 22 号,1991 年,第 77—82 页;Primavesi, A.: From Apocalypse to Genesis. Ecology, Feminism and Christianity, Turnbridge Wells, 1991 年;Bratton, S.: Loving Nature: Eros or Agape? Environmental Ethics 14 (1992), 3—25; Saleh, A.: The Ecofeminism / Deep Ecology Debate: A Reply to Patriarchal Reason, Environmental Ethics 14 (1992), 195—216; Radford Ruether, R.:《该亚和上帝——一种拯救地球的生态女性主义神学》,Luzern 1994 年。

[125] 文献参阅第 4.4.3 节。

女性主义可以被定义"为一种终结所有压迫形式的运动"⑱。"生态女性主义表明,在对女性的统治和对自然的统治之间——历史地、符合经验地、象征性地、理论地——存在着重要的关联。"⑲这种思想像一根红线完全贯穿于所提及的文献中。由此出发得出这种要求:只有这两种父权制的统治关系、性歧视和自然主义能够被一种非等级化的爱的关系所克服,与自然⑳的适度交往才是可能的。

适度的伦理在这里尤其意味着通过塑造新型的关系,以达到一种新的权力关系。这种苗头应该以两个例子荷兰的女神学家卡塔丽娜·哈尔克斯和德国女神学家多萝缇·泽勒来阐明。在这里我将集中在权力问题上。㉑

4.4.1 卡塔丽娜·哈尔克斯:妇女和自然

在她的著作《革新大地的面目》㉚(下文括号中的数字就是该书的页码)中,卡塔丽娜·哈尔克斯探究了妇女、自然和文化及其背后的世界图景之间的关系。她把最重要的部分同 M. 布柯钦相联系并同 R. 吕特尔和上面引文中的 K. 瓦伦的女性主义情绪相一致,概括:"男人们不仅试图统治外在的自然界,而且也试图统治妇女的自然方面,把自然作为必定会被驯服的妇女。"(第 135 页)她看出,亚里士多德的伦理学就已经是建立在等级秩序之上的,其中灵魂统治身体、男人统治女人、希腊人统治野蛮人,而且国家将通过"基于性别不平等的阶级和种族的统治形式实施治理"(第 58 页)。尤其是在现代科学技术的发展中,她指明,例如在弗朗西斯·培根那里,征服自然就完全受到了征服女人的强烈影响:这位(男性)自然科学家侵入了年轻女性的新大陆。意欲统治这个自然,目的就要使之变得听话和温顺,这样才能让她的真实本质敞露出来(第 73 页)。

[S.187]

妇女在这一历史中一再地被视为与肉体和自然特别靠近,而男人则被视为与精神和文化特别靠近。这种划分完全是以生物学性质来确立男人和女人的社会作用及其心理品质。哈尔克斯像其他生态女性主义的基

---

⑱ 瓦伦,K.:The Power and the Promise of Ecological Feminism,a.a.O.,132。

⑲ 同上书,第 126 页。

⑳ K. 瓦伦,a.a.O,132f. 自然主义(naturism)与性歧视(sexism)相类似,被定义为对非人类自然界的统治或压迫。

㉑ 在生态女性主义中多次讨论的问题是,同上帝形象相关联,渗透出一种新的灵性。参阅第 4.5.1 节。

㉚ 参阅注释 124。

本想法一样,强调必然要克服三个死胡同:第一,价值等级论思想,它把一种价值设置得比另一种更高;第二,价值二元论思想,它以非此即彼的价值取代亦此亦彼的价值,例如把自然和文化或者男性和女性的价值看做是不可统一、水火不容的;第三,为统治和征服辩护。[131]

这些死胡同是可以被一种新的生态神学和价值秩序所克服的。卡塔丽娜·哈尔克斯同神学家G.里德克、J.莫尔特曼、C.韦斯特曼等一样,强调要从神学角度重新发现《圣经》、上帝的恩典行动、犹太教安息日和三位一体的非一神论的上帝形象[132]中的智慧传统(第99—112页)。许多女性主义神学的代表人物所追求的这种新的灵性,对于哈尔克斯来说,不意味着返回内心过沉思默想的生活,不在于全面批判片面地打上男性烙印的上帝形象[133],也不意味着一种新的女神宗教或者大地—母亲宗教。对她而言,毋宁说意味着"反抗还总是统治社会(和教会)的父权制结构"(第145页),意味着以一种带着科学目的的科学批判服务于与自然的美好交往,甚至意味着"对把人道(Humanität)……作为对人的尺度的必然重视的担忧"(第144页),因此能够将上帝变成女人和男人共同的上帝形象(第153页之后几页)。

哈尔克斯像她自己解释的那样,"非常广泛地向男性作者编撰的通用的新科学文献请教"(第13页)。她以此来证明,即便是打上男性烙印的神学的环境伦理学,当今大部分也是力求要克服对自然以及性别之间的统治关系。在这方面女性主义环境伦理学(包括生态的解放神学)的独特贡献在于,强调指出了社会压迫与征服自然之间具有关联性,继而强调要将生活确立在一种伙伴性的关系中。"压迫"和"关系"在《女性主义神学词典》[134]的词汇索引中成为两个最经常被检索的词条,这不是偶然出现的! 只要不把剥削自然的原因单一地归结为父权制,女性主义的生态神学就因此为尺度伦理作出了一种重要的贡献。

---

[131] 瓦伦,K.就这样看;The Power and the Promise of Ecological Feminism,a.a.O., 128ff。

[132] 对此也请参阅第4.4.1节的莫尔特曼。

[133] 哈尔克斯,C.:《上帝不只是有一些强大的儿子》,居特斯洛1980年,第36页之后几页。

[134] 《女性主义神学词典》,由E.格斯曼等主编,居特斯洛1991年。

4.4.2　多萝缇·泽勒:爱与劳动

像多萝缇·泽勒所做的那样,把《爱与劳动》⑬(下文括号中的数字就是该书的页码)这对词语变成一种"生态神学"的中心,是不寻常的。不过,我们已经在一些宗教改革家那里看到了这种劳动伦理对于保持适度的伦理学的意义,而且,对共同世界是爱还是剥削这种二难选择,必定属于基督教的环境伦理学的中心。但泽勒如何理解它们,在这部书中多大程度上表明了一种保持适度的伦理? 在泽勒这里出现了三种尺度,我以三个论题来把握它:

(1)对上帝之万能的一种新理解,导致把人作为共同造物主(Co-Creator)。对泽勒而言,生态神学根源于上帝与人一起的解放史,始于《出埃及记》那一章。尽管对自然和历史的理解错综复杂,把《旧约圣经》中以色列人迁徙埃及的迁徙传统解读为生态传统的前史也并非没有争议⑭,泽勒还是以此指出了《圣经》的生态描述具有救赎史和解放史方面的意义,这正是在当代自然神学的文艺复兴中一再险些失掉的方面。这种解放史表明,上帝并不愿意以自主创造的自由作为万能的造物主统治世界,而是把自由恩典于人,因此愿意使人作为他的伙伴和共同的造物主(Mit-Schöpfer)参与创世的进程(第39页之后几页)。"女性主义神学力图克服传统神学在造物主和受造物、权力拥有者和权力丧失者之间的分裂。"(第44页)当然,在承认人"在创世上起了共同作用"这一点上,他并没有像过程神学走得那样远,混淆造物主和受造物之间的界限,因此人的尺度部分地被他的创造物有害地变得模糊不清。

(2)尺度的第二个生长点在泽勒这里存在于劳动中:从异化劳动中的解放创造出一种适度地共同影响与自然和解的自由。"上帝造人,使上帝成为劳动者和爱的形象"(第75页)。泽勒深入到资本主义生产方式引发的异化劳动,它阻碍了对创世进程的共同作用(第75页之后几页)。但人的解放是相对于三种意义上的劳动:劳动是为了自我实现(主

---

⑬　泽勒,D.:《爱与劳动》,版本同前。尽管在标题中并没有出现女性主义这个词,但泽勒在"前言"中还是说得很清楚,"这本书事实上就是研究一种女性主义的生态神学"。

⑭　参阅对此的争论,例如里德克,G.:《在鱼腹中——生态神学》,斯图加特1979年,第71—81页,施特克,O.H.:《世界与环境》,斯图加特1978年,第54页之后几页。

4. 当代伦理学中保持适度的伦理

体的方面,第 109 页之后几页);劳动创造共同体。在此意义上,人性化的劳动是和平的先决条件并应该使团结成为可能(主体间方面,第 127 页之后几页);劳动服务于与自然和解,服务于把世界改变成为"我们最终能够称之为家园"的东西(客体的方面,第 139 页之后几页)。以这三个维度,泽勒设计出以生态为指向的劳动伦理,但这种伦理,只有保持个体维度与社会维度的相互联系,才是可能的。这种劳动伦理没有与作为当代生态神学中重要前提之一的保持安息建立任何关联,这是令人惊讶的。

(3)作为第三个尺度,作者称之为爱:从异化的性关系中的解放创造出爱的自由,爱的迷狂与相互信赖,整体性与团结相联系。"一种配得上这一名称的性伦理,必须从自由伙伴的自由协定中成长起来。"(第 171 页)克服统治性性关系是爱的前提。这种爱表现在四个维度上:心醉神迷(第 169 页之后几页)就是失去自我,以生活、发展的可能性、超越自我为乐;作为对对方的信赖(第 178 页之后几页)就是寻找家园、安慰、回归的可能性和惊奇感;整体性就是整合不同的自然和精神的能力;最后团结(第 196 页之后几页)意味着把正义、公众和政治的愿望统摄到爱之中。 [S. 189]

对泽勒而言,当这四个维度无条件地相互从属时,在她这里爱的尺度就表现在相互信赖、心醉神迷、整体性和团结的相互关联之中。她因此把保持适度的伦理从对快乐的敌视中解放出来[137],因为只要爱欲和心醉神迷是伙伴性的、而非统治性地被需要,它们对于一种有生命力的爱的能力就必然是个推动。她也将爱从个人幸福的狭隘化中解放出来,因为爱包括了对整个共同世界的责任。对自然的爱是圣爱(Agape)。[138]

在泽勒和哈尔克斯(两位女神学家是有联系的)的生态神学中,关于身体与精神、自然与文化、爱与劳动、相互信赖和心醉神迷等的整体性目

---

[137] 对此参阅第 3.3.1 节:托马斯·封·阿奎那。

[138] 作深入探讨的是 Bratton, S.:《爱自然:爱欲还是恩典?》,载于:《环境伦理学》14(1992 年春季号)第 3—25 页。她合理地指出,不是爱欲,而是"恩典才是人同自然关系的理想形式。因为恩典既不要求有平等的状态或者同样的能力,也不要求有共同的目标或需求"。毋宁说,上帝的恩典是"自发的和无根据的,不依赖于某种价值,它创造价值和对神性东西甚至个体性的关系,使自由成为可能并创造积极性和忍受力"(第 3 页)。

标起着重要的作用。[139] 她们同时转向反对违背总体性的整体性。只要伙伴消融在整体中,而且把他们自身独立而完整地带进这种关系,关系也就不存在了。不是说只要我自我中心论地在自然中也发现了自我,就真能在自然中再次找到我,而是要认识到:"自我不是自然"[140],并因此要找到对他者的异质东西的尊重,才能做得到与自然的适度交往。美国生态女性主义者卡伦·瓦伦这样强调:"通过人(humans)傲慢自大地对非人的(nonhumans)共同世界进行感知,总是从同质东西(sameness),……从'相同东西的统一性'出发的。相反,爱的感知是从异质东西(差异),从自我和他者、人和共同世界(至少一部分)之间的差别出发,正是在差别中看到了一种爱的表达。"[141]

4.4.3 莱昂那多·波夫:穷人作为尺度

解放神学的中心在于解放穷人,因此公正也是它的主题。大约自从20世纪80年代中期以来,即在此之后,解放神学才越来越多地也讨论生态保护问题。[142] 在下文我要把这一分支描绘为生态的解放神学或者解放神学的生态学[143]。这里不涉及解放神学的全部争论,而只涉及这个问题:

[S.190]

---

[139] 泽勒,D.:《爱与劳动》,版本同前,第183页之后几页;哈尔克斯,C.:《革新大地的面目》,版本同前,第151页之后几页;也参阅莫尔特曼-文德尔,E.:《整体性》词条,《女性主义神学词典》,版本同前,第136—142页。

[140] Thürmer-Rohr, Ch. 有这种说法:《大写的自我不是自然——对生态危机不存在生态的回答》,《苏黎世周报》,第46号,1990年,第25—27页。

[141] 瓦伦,K.: The Power and the Promise of Ecological Feminism, a. a. O., 第137页。

[142] 拉丁美洲解放神学的方法论前提,与欧洲环境伦理学,如责任伦理学的一些前提似乎难以统一,并且例如,与对话伦理学是对立的。1989年在对话伦理学家和解放伦理学家之间,尤其是在K. O.阿佩尔和E.杜塞尔之间,就这种方法论的差异举行了一次对话。参阅E. Arens的报道:《作为挑战的解放伦理学》,载于Orientierung(定位)18/1991,193—196。

[143] 这方面的文献还不是很丰富。参阅,例如波夫,L.:《温情与力量——圣方济各以穷人的眼光看问题》,杜塞尔多夫1983年;Goldstein, H.:《简明解放神学词典》,杜塞尔多夫1991年,第157—158页,"生态学"词条;Barros Souza, M. de/Caravias, J. L.:《大地神学》,杜塞尔多夫1990年;彼特,S.:《巴西的绿色良知》José Lutzenberger,哥廷根1989年。——或许也可以描述为作为过程神学的生态神学,参阅比尔希,Ch./科布, J. B.: The Liberation of Life, Cambridge/Mass. 1981。对生态解放神学,欧洲早期的一个拥护者是莱昂哈特·拉加茨(参阅第3.5.4节)。

它以何种尺度来衡量与自然的交往。它的原则是：以穷人和生态公正来衡量什么是适度的。生态的解放神学这一迫切的发展方向，已经表明是由巴西方济各派的托钵修士莱昂纳多·波夫（现已退出方济各派）代表其地位的。

解放神学的前提与生态女性主义广博思想中的前提是有联系的。"生态学就是要使所有有生命和无生命的存在者既相互地、也相继地与一切现实实存的和潜在实存的他者保持联系、交流和相互作用。"[144]把社会压迫和生态压迫联系起来分析属于这种联系思想。波夫在一次就他当时正在撰写的一本新书:《论灵性和生态学》接受的电视访谈[145]中这样说："我想作为出发点要指明的是,对国民、对穷人的统治过程也延伸到对自然的剥削上来了。这是同样的理性,同样的剥削与压迫的机制。穷人感觉到,他们是自然界的兄弟、动物的兄弟、大地的兄弟。"[146]只要我们也不想完全在后一句话中分享穷人与自然关系的这种通常的理想化的话,波夫在这段引文中（实际上是）申斥没有解决关于公正与生态保护的不可解决的关系。所以他也谈"生态公正"。"给予穷人选择权"——解放神学的一种特征——他并不因时下流行的生态转向而将其放弃。再者,人处在中心："我们要研究的是自然中的人。事实上,对我们而言,受威胁最多的生物不是大熊猫,不是稀少的树木和鸟类,毋宁说是穷人,他们日复一日、越来越多地死亡。"[147]

解放神学的生态意识受到了这个大陆的困境和亚马逊流域环境破坏后果的强烈影响。与作为穷人的印第安人的团结和与"大地母亲"相对的印第安灵性的讨论,都在解放的生态学中找得到它们的沉淀。所以,波夫并不想在他的新书中接受印第安人泛神论（Pantheismus）的前提,但作为基督教对此的回应,他特别是在拜占庭神学家格里哥里奥·帕拉马斯（1296—1359）的踪迹上重新强调了万有在神论（Panentheismus）："我让自己从一个非常古老的、已经被遗忘了的思想方式中获得灵感,在这种思想方式中涉及的是万有在神论:万物在神之中。这不同于被教会否定了

[S. 191]

---

[144] 波夫, L.:《论大地的尊严:生态学、政治学、神秘》,杜塞尔多夫 1994 年。
[145] 同上。
[146] 就一种"生态的解放神学"同 L. 波夫的电视访谈,《宗教与社会》（巴塞尔）1991 年第 11 期,第 11—13 页。
[147] 同上书,第 13 页。

的泛神论——万物都是神*——思想。"⑭⑧

波夫把生态学的维度同社会、政治和经济的维度联系起来。他要求一种"生态的—社会民主"。这是"这样一种民主,它的公民不仅存在于人当中,而且也存在于一切自然存在物当中——并首先是存在于有生命的东西中"⑭⑨。在解放神学的传统中——但"鉴于社会主义的崩溃"⑮⑩——他追求一种"新的包括全世界的政治经济学"⑮①,这种政治经济学从神秘的源泉中汲取养料⑮②并建立在一种"行星的文化"⑮③上。波夫因此追求一种对于环境伦理学而言是结构性的联系,即生态的、经济的、社会的和宗教的维度的联系并因此同时表明,这是循环的圆圈。

生态解放神学在其伦理的结论中致力于反对对热带雨林的过度采用,但同时也反对完全禁止对它的利用。它看到了在可持续的经济活动中过度和不及之间的尺度,就像它允许印第安人利用诸如树林的橡胶和巴西果这些可再生的收成作为自己的生活费用,但是对于树林本身要充满敬畏地爱护。

方济各派信徒波夫早在 1981 年在他的《温情与力量》⑮④(下文括号中的数字与这本书相关)中对圣方济各(思想)总的说来还是有现实意义的阐述中,就已经阐发出了一种真正的生态解放神学。方济各指明,通过对所有受造物予以关爱、操心和同情而"达到一条相互之间

---

* 把"万物都是神"作为泛神论的定义,这是最大的误解。谢林对此有过深入分析,他认为误解的最大根源是对系动词"是"的误解。因为说"万物都是神"一般都把这个"是"当作"等同"、"等于"的意思,而谢林说这里的"是"仅仅表示"根源于什么"的意思,即说"万物是根源于神的。"参见谢林:《论人类自由的本质及其与之相关对象的哲学研究》,邓安庆译,商务印书馆 2008 年。

⑭⑧ 同上书,第 11 页。详细的论述在波夫,L.:《论大地的尊严》,版本同前,第 49—56 页。

⑭⑨ 同上书,第 86—95(94)页。

⑮⑩ 同上书,第 116 页之后几页。

⑮① 同上书,第 134 页之后几页。

⑮② 同上书,第 163 页之后几页。

⑮③ 波夫,L.:《一个新的大地在一个新的时代中——呼吁一种行星文化》,杜塞尔多夫 1994 年版。

⑮④ 《温情与力量》,版本同前。葡萄牙文的原版 1981 年出版于 Petrópolis/Brasilien。

有生活公道的文化道路"（第 32 页），所以也就是"对穷人给予温情的关爱和关心的道路"（第 42 之后几页），这是"带着上帝激情的温柔的同情"（第 45 之后几页），是"对克拉拉（Klara）的温情：对女性一视同仁"（第 50 之后几页），是"在相互的母爱中对兄弟们的温情"（第 56 之后几页）乃至是把"与自然界互为兄弟作为宇宙的民主"（第 58—73 页）。爱作为爱欲和圣爱（第 60 页）对方济各而言是为了共同世界之有公道的生活的内在动力。它给予力量，一方面同作为恶和作为罪的贫困作斗争，另一方面以贫乏作为适度的伦理本身而生活。"贫乏作为德性定位于蔑视财富和爱财富之间。它存在于对物适度而平淡的需求中，这种需求可以因地因文化的不同而不同，但它的意义却永远都是相同的：为了真正精神创造的精神自由，为了自由、慷慨、祈祷和文化的创造力。"（第 97 页）一种如此理解的贫乏伦理"表现在生态品行中，这种品行证明了自身对于自然和文化财富负有责任，对于一种不奢华的和沉迷于消费的生活负有责任，并要反对一个为了生产而生产的社会"（同上）。 [S.192]
在这种对所有有生命东西的博爱中，整个世界被看做是上帝的圣礼（第 67 页），就像在方济各著名的太阳颂⑮中所表达的那样。这种无所不包的爱是一种宇宙灵性的基础，通过它"内在的考古学同外在的生态学和解"（第 66 页）。

4.5　万物有灵论：马修·福克斯

　　从生态学和发展政策的角度看究竟应该做什么样的洞见，和在被禁止的限度内个人和社会不能做什么样的洞见之间，变得越来越大的张力导致越来越多的人洞见到，光有信息和理性的论证是不够的，相反，一种更深刻的内心沉稳，向一种世界彼岸的东西、或者生命源泉之联系的复归是必不可少的。
　　常常正是那些担负全球责任的人，是特别具有灵性的人，或者他们对灵性的缺乏特别敏感，这不是偶然的。最早的两任联合国秘书长，新教徒

---

⑮　参阅 E. 多伊勒对此详细的，也是生态学的阐释：《论受造物互为兄弟——方济各的太阳颂》，苏黎世 1987 年，特别是第 52 页之后几页。

达格·哈马舍尔德*和佛教徒吴丹（他甚至曾是和尚）**，以及深受吴丹影响的联合国秘书长助理、阿尔萨斯的天主教徒罗伯特·穆勒，也被说成是灵性稳健的人。[156] 1992年里约热内卢的世界环境与发展联合国大会秘书长，莫里斯·斯壮也总是谈到，除了经济和技术的转变之外，必须发动一场"灵性革命"。

生态有灵论或者万物有灵论[157]，追求在人与非人的共同世界之间，通

---

* 达格·哈马舍尔德（Dag Hammarskjöld），联合国第二任秘书长。1905年7月29日生于瑞典，曾获法学和哲学博士学位。步入政坛后，先后任财政部常务次官、瑞典银行董事会主席。1947年进入瑞典外交部，先后任外交部秘书长、外交副大臣等。1951—1953年出任瑞典驻欧洲议会及联合国大会代表，1953年4月10日当选为联合国秘书长。1957年9月，他以全票再次当选为联合国秘书长。哈马舍尔德在任职期间，曾来华调解中美关系（1955年），是第一位访问新中国的联合国秘书长。他还同加拿大政治家皮尔逊参与解决了1956年苏伊士运河危机。1960年6月，比属刚果成为独立的刚果共和国，他派遣联合国部队前往刚果，镇压独立后不久开始的刚果内部冲突，此举遭到了苏联等国家的谴责。1961年9月18日，他在赴刚果［现刚果（金）］途中，在比罗得西亚（今赞比亚）的恩多拉因飞机失事遇难身亡。同年，他被追授诺贝尔和平奖。1998年10月6日，在联合国纪念维和行动50周年的活动上，联合国为哈马舍尔德颁发了哈马舍尔德勋章，以表彰他在联合国维和行动中做出的牺牲。——译者

** 吴丹（U Thant），联合国第三任秘书长。1909年生于缅甸班德瑙，早年就读于仰光大学，1928年因其父去世辍学回乡，在家乡马乌宾地区班德瑙的国立中学任教。1952年至1953年任缅甸驻联合国代表，1953年起任总理办公室主管规划的秘书，1957年至1961年任缅甸常驻联合国代表，1959年曾任联合国大会副主席。1961年9月，联合国秘书长哈马舍尔德因飞机失事身亡后，同年11月3日，吴丹出任联合国代理秘书长。1962年11月30日，他当选为联合国第三任秘书长，1966年连任。1972年1月1日任期届满后退休。在任职期间，他曾调解过1962年古巴导弹危机、1965年印巴争端和1967年第三次中东战争。1974年11月25日，吴丹因患癌症在纽约去世。——译者

[156] 参阅哈马舍尔德，D.：《路边的信号》，慕尼黑1985年；穆勒，R.：《世界的重新创造——在通往全球灵性的路上》，慕尼黑1985年（在书中也详细地论述了吴丹）。穆勒的品行深受新时代时间意识（New-Age-Zeitbewußtsein）的影响。

[157] 使用生态灵性这个概念特别重要，因为它在宗教上是中立的，而且与许多生态灵性运动的跨宗教性特征相适应。为了适应基督教的语境，我也使用创造的灵性（creation spirituality）这个流行的概念。参阅第1.5节对概念的规定。下列出自普世基督教教会委员会的定义也与受造界的交往有关："普世基督教的灵性对于我们的时代应该此时此地显身出来，抚育生命，它扎根于《圣经》，由祈祷来滋养，在共契和庆典中成型，核心在圣礼中，它有助于信心和信任并在其中能发现其存在的证据。……其根源和定位是圣灵的作用。其生命在于共契和为了他者。它是自我成型和追随的持久过程。"（《圣灵在显现——来自堪培拉1991的报道》，法兰克福1991年，第116—117页。）

4. 当代伦理学中保持适度的伦理

过对大地的神秘之爱,(建立起)一种深刻的内在联系。这种爱,只有出自生灵,通过同感、同情、对所有生命的激情,通过祈祷、默念和其他的虔敬形式,通过与自身内心世界的活跃联系,通过克服物质的预先统治和通过负责任的、也是政治和经济的行动,才得以可能。

根据我的首要意图,这个可以跨宗教使用的定义,对于基督教信仰也将变得更加准确,只要我们同卡普亲(Kapuzin)的安东·罗策特一样,把灵性定义为"对与耶稣共同体的生命激情的体验,作为重新发现的、由基督所感受到的对于上帝之国的神性能量"[158]。因此也已经可以指明,灵性与个体主义者的内在性全然不相干,却更多地涉及受灵影响的世界之塑造。 [S. 193]

我们可以把前20年解决全球问题的各种建议,同一个洋葱相比较。洋葱被一层一层地剥开,显露,逐步深入进去,最后推进到洋葱的内核。这个"剥皮的过程就是技术—经济—政治—教育—伦理—宗教—灵性"[159]:工业技术的解决方案要得到这种认识的补充:它只有塑造一种与之相适应的经济关系才是可实现的。而这种经济关系的塑造又需要民族的和全球的政治框架条件。但政治的任何改变至少在民主化国家中只有通过相应的环境教育,(提高)国民的教养才可实现。教育立即导致究竟应该传播何种价值的问题。因此,价值也就变成一种活的伦理,越来越多的人探求伦理的宗教—灵性确定性,把适度和中道重新增补到生态灵性中。适度的德性自亚里士多德以来就以"以中为度"的公式追求两个极端之间的中道,而在生态灵性中,以集中于对神性东西的沉思默祷作为生活的中心,构成适度品行。它因此成为"出于中心的尺度"。

基督教的万物有灵论[160],也如哲学的、跨宗教的或者不同宗教信仰的生态有灵论一样,当今呈现出混乱的多样性。杰出的女性生态神秘主义

---

[158] 罗策特,A.:《对于神界的激情——一种合乎时代的灵性方面》,苏黎世1988年,朗诵文。

[159] 我借助于罗马俱乐部1972—1978年的研究报告,跟着研究了这条"从工业技术到伦理学"的道路,参阅我的《启动一种人道的增长》,苏黎世1982年第3版,第1—3页。在环境讨论中的宗教维度从此之后明显地变得更加重要了。

[160] 参阅例如Thiele, J.:《对大地的神秘之爱——与自然同思同感》,斯图加特1989年;福克斯,M.:《宇宙基督的幻景——挺进第三个千年》,斯图加特1991年;福克斯,M.:《洪福:受造界的拥抱。一个灵性之旅》,慕尼黑1991年(其中第362—369页对受造物灵性的书目作了评论);福克斯,M.: Original Blessing: A Primer in Creation Spirituality, Santa Fe 1983; Ruether, R. R.:《医治我们的创伤,庆祝我们的解放。女性教会仪式》,斯图加特1988年。希德嘉·封·宾根:《见神》(Gott sehen), H. Schipperges 主编,

者希德嘉·封·宾根在这方面体验到了一种如同德日进*进化论宇宙观那样的一种文艺复兴。由挪威哲学家阿纳·奈斯阐发的深层生态学(deep ecology)如同在它之后出现的约翰·科布和大卫·格里芬[161]的过程神学一样,也被包括进来了。

基督教万物有灵论的特征是:
——与神秘主义传统相联系;
——对宇宙基督的再发现;

[S.194] ——整体上包括肉体、精神和所有男性与女性的官能;
——教会年历与大自然节律有仪式和礼俗上的联系;
——有对自然生态学的开放态度和跨宗教的理解力;
——对共同世界有时要采取极端的政治措施。

目前,基督教万物有灵论的最著名的拥护者之一,是加利福尼亚多明我教会的神父马修·福克斯。他想以新—旧"万物有灵论"超越传统的"原罪/拯救有灵论"[162]。在福克斯这里浮现出来的某些意图,我们在女性主义和解放神学的生态神学、伦理学那里描述过了:适度品行在这里将不是试图通过敌视身体的而对身体进行约束(Zügelung)和对欲望进行压制来达到,而是通过真正的享乐,通过与整个受造物的同情感[163]和对存在于万有中的上帝之信仰来达到。在福克斯看来,有四条通达与受造界新关系的蹊径:取道正面与受造界交好[164],取道反面与黑暗和放弃交好[165],取道

慕尼黑1985年;Holland, J.: A Postmodern Vision of Spirituality and Society, in: Griffin, D. R. (ed.): Spirituality and Society,纽约1988年,第41—61页;Kessler, H.:《自然的呻吟——呼吁一种生态灵性和生态伦理》,杜塞尔多夫1990年,第72—111页。

* 德日进(Teilhard de Chardin),法国著名地质学家和生物学家,北京猿人的发现者之一。他既是一个虔诚的天主教神父,又是进化论的积极拥护者。

[161] 在克莱蒙/加利福尼亚的"过程研究中心"由约翰·科布和大卫·格里芬创办和领导,而由大卫·格里芬在圣巴巴拉/加利福尼亚创建的"后现代世界中心"则积极研究生态灵性这个主题。

[162] 福克斯, M.:《洪福》,版本同前,第357—361页(两种神学的一个表格化比较)。

[163] 就像在波夫和泽勒那里一样,在福克斯这里同情感是最重要的伦理范畴之一,他的整部书都是研究这个范畴。福克斯, M.: A Spirituality Named Compassion, Winston Press 1979。

[164] 福克斯, M.:《洪福》,版本同前,第39—146页。

[165] 同上书,第147—198页。

创造与本身的神性交好[166]，取道转型与新的受造物交好，作为同情感和公正[167]。

上帝的三位一体不仅作为造物主和作为圣灵，而且也是作为整个受造物中的基督起作用，这在福克斯的《宇宙基督的幻景》[168]中得到表达。类似于在自然科学中必然有的范式转换，他在神学中看到了从追寻历史的耶稣到追寻宇宙基督（及其统摄整个生态系统）的步伐[169]。在这方面，福克斯可以把《圣经》文本从《旧约》先前的智慧直到歌罗西颂歌都联系起来[170]。此外他特别依赖生态神秘主义者的情绪。尽管他与在原罪神学中过分强调十字架的做法划清界限并对之进行了批评，但在他那里并不缺乏十字架神学。基督对他而言是一个"带有创伤的宇宙基督"[171]，这个基督在遭受创伤的世界中，在任何一个受难的造物中总还是受难的。他甚至走得这样远，"把耶稣基督描绘为被钉上十字架的和复活了的大地之母"。[172]

在福克斯的万物有灵论中这个肯定生命和为生命祈福的基本特征，从喜乐、感激和对一切受造物都有的神秘联系能力中，并因此对世界的一种义务中，释放为适度品行。这个宇宙基督学[173]的阐发立足于不可放弃的《圣经》真理。尽管如此，对于基督教的环境伦理学而言，还是要问，对整个受造界的同情和关怀，是不是通过历史上耶稣的启示和通过圣灵的启示都同样能够得到加强。无论如何，历史上的耶稣在福克斯这里和在神秘主义者那里一样都是模糊不清的。而且，即使强调祈福的上帝是绝对公道的，是解救者，罪的实在性也不可能那么轻易地从桌面上被抹去。千年来不绝于耳、反复鸣响的对已经开始的新时代的咒语，福克斯很少从神学上进行反思。虽然这种咒语符合许多加利福尼亚宗教流派的时代情感和使命意识，但是要能从救赎史的角度加以深究就好了。当然即便有这些批评性的评论，福克斯的万物有灵论的设想对于生态尺度伦理依然

[S. 195]

---

[166] 同上书，第199—276页。
[167] 同上书，第277—345页。
[168] 福克斯，M.：《宇宙基督的幻景》，版本同前（注释153）。
[169] 同上书，第122页之后几页。
[170] 同上书，第127—163页。
[171] 同上书，第238页。
[172] 同上书，第214页之后几页。
[173] 更详细的宇宙基督学在第5.3.2节。

是一个重要的推动。

除拉丁美洲的解放神学之外，在南美洲不同的神学中存在着极其不同的基督教万物有灵论。⑭ 作为例子提及的像阿南德·韦拉拉吉，这位印度南部班加罗尔（Bangalore）教会的牧师，他把他的新教信仰同印度教的创世视野以及过程神学联系起来。⑮ 在他的印度语境中，这对于他是"一种表达在种种母亲概念中的上帝之爱的启示"。因此，上帝对于他而言变成"伟大的圣母神"，这种神性"总是由一种与生态相关的系统组成"⑯。通过这样围绕女性特征对基督教上帝形象的拓展并通过为一种全球的生态神学⑰而吸纳印度宗教资源，对于韦拉拉吉而言，形成了一种宇宙灵性，这种灵性比信仰一个纯粹为男性塑造的上帝形象更加关心同大地的交往。

4.6　普世基督教

以持续生存能力为目标的持续发展，长期以来就已经是普世基督教教会的要求，这一目标的实现即使在教会内部也还是遥远的。我们只需列出20世纪80年代中期以来最重要的教会国际会议，都涉及这一迫切定向：1983年在北美温哥华（Vancouver）召开的普世基督教教会委员会全体会议（ÖRK）⑱，1986年梵蒂冈邀请到阿西西（Assisi）参加世界宗教界碰面会，1989年在巴塞尔召开的正义的和平的欧洲基督教

---

⑭ 参阅例如韩国女神学家郑景妍（Chung Hyun Kyung）在普世基督教会第七次全会上的讲话：《圣灵在显现——1991年来自堪培拉的官方报道》，法兰克福1991年，第47—56页；还有John's, D.: The Relevance of Deep Ecology to the Third World,《环境伦理学》12(1990)，第233—252页。

⑮ Veeraraj, A.:《上帝是绿色的》，载于《上帝是绿色的——南部的生态神学》，主编者是Brot für Brüder/Fastenopfer der Schweizer Katholiken, Bern-Lutzen1989, 15—23；此人的著作还有：Towards an Authentic Global Eco-Theology and Mission of the Church. A Search for Eco-sensible Religious Resources in Judeo-Christian und Hindu Religious Systems and Traditions, Bangalore 1986(Manuskript. beim Verf.).

⑯ Veeraraj, A.:《上帝是绿色的》，版本同前，第21页。

⑰ Veeraraj, A.:Towards...，版本同前，第58—96页（由出版社翻译）。

⑱ 来自温哥华1983年的报道：《普世基督教教会委员会第6届全体会议的官方报道》，法兰克福1983年。

全会⑩,1989 年在圣安东尼奥(San Antonio)召开的世界传教大会⑱,1989 年在马尼拉召开的为了世界的福音化国际会议("洛桑第 II 届")⑱,1989 年在汉城召开的宗教改革世界联盟秘书会议⑱,1990 年在汉城召开的关于正义、和平和生态保护的世界会议⑱,1991 年堪培拉普世基督教教会委员会全体会议(ÖRK)⑱。教会操心的地球气候变暖问题,作为生态保护的核心主题,已经提起过⑱,在这方面,普世教会工作的一个特殊机会和使命永远都是跨文化对话。⑱

[S. 196]

4.6.1 普世基督教教会委员会:GFS(正义、和平、生态保护)

普世基督教教会委员会 (ÖRK),在 1975 年第五届内罗毕 (Nairobi) 和 1983 年温哥华第六届全会之间的工作方针是以 "公正、合作和持续发展的社会" (Just, Participator and Sustainable Society JPSS) 为目标。在 1983 年的温哥华和 1991 年堪培拉全会之间遵循的主导纲领是 "正义、和平、生态保护" GFS(Justic, Peace, Integrity of Creation JPIC)⑱,这个纲领在世界舞台上还只是逐步地、在欧洲则是深入地同罗马天主教普世教会合作实施。以生态保护和持续发展为目标,GFS 明显地注

---

⑰ 《正义的和平——1989 年巴塞尔欧洲基督教全会的官方文献》,巴塞尔/苏黎世 1989 年。

⑱ 《你的意志在创生。追随耶稣基督布道。1989 年圣安东尼奥世界布道大会》,法兰克福 1989 年。

⑲ 《马尼拉宣言。马尼拉为了世界的福音化洛桑委员会国际传教大会决议书》,主编:idea Schweiz, Luzern 1989 年。

⑳ 《宗教改革世界联盟秘书会议的文献和报道》,日内瓦 1990 年。

㉑ 《是时候了——1990 年汉城关于正义、和平和生态保护的世界大会论文集和其他文本》,日内瓦 1990 年。

㉒ 会议报道请参看注释 190。

㉓ 第 1.3.3 节,注释 104 以及随后几个。

㉔ P. Fulljames 对五种创世神学的比较是例证性的:God and Creation in Intercultural Perspective: Dialogue between theologies of Barth, Dickson, Pobee, Nyamiti and Panenberg, Bern 1993.

㉕ 关于普世基督教运动的社会伦理诉求从 1925 年,准确地说从 1846 年福音联合会的成立,直到 1989 年的整体发展,参阅 Mützenberg, G. 紧凑的、新颖的和谨慎的阐述: L'éthique sociale dans l'histoire du movement oecuménique, Genf 1992. 关于从有持续发展能力(JPSS)迈向生态保护(JPIC)之路的概述,参阅 Gosling, D.:《迈向一条值得信仰的普世基督教自然神学之路》,Ökumenische Rundschau, 1986, 129—143。

意到了与共同世界爱护性和适度化交往的环境伦理学目标,但这个目标根据普世基督教的信仰是要无条件地同普世正义与和平联系在一起!⑱

[S.197] 普世基督教的生态神学,在经历了 20 世纪 80 年代中期的某些萧条之后⑲,随着堪培拉全会,在普世基督徒的讨论中再次获得了意义,而且与圣灵处在重要的联系中。1991 年 ÖRK 第六届全会的四个分会场首次全部围绕生态神学和伦理学⑲。分会场的报告以对美好世界的令人激动的赞美开始。人类中心论和生态中心论的张力以双重的说法来解决,"人是受造界一个本质的组成部分,但与此相应也有一个特别的责任",他"既是受造界的部分,也因此是上帝这个管家(Haushalter)在此世中的托管人"。⑲ 在第四分会场关于圣灵的报道中,把这称作:"这个神人同形同性论(Anthropomonismus:神实际上只是在人身上存在的观念)否认了受造界的整体性。可是自然的圣化恐怕要变成泛神论,因此会导致否认单纯将男人和女人作为上帝形象的做法(《创世记》1,27)。"⑲上帝在—此—受造物中—存在,与一个绝对超验的上帝形象划清界限,比从前更加强调这一点。有时正是与这种建立在普纽玛学基础上的泛神论倾向对立,将神性之灵反过来与耶稣基督联系起来,并在这种关系中回想到,"耶稣基督的救赎活动不仅意味着革新人的生命,而且意味着革新整个宇宙"。⑲ 但受造物和灵之间的这种关系,在堪培拉报道中总体上很少得到说明,这是令人惊讶的。

造物受托的职责之为管家(托管工作),这个伦理结论在已提及的第

---

⑱ 对此也请参阅普世基督教南北意见汇编:Hallmann, D. (ed.):Ecotheology. Voices from South and North, WCC, Genf/New York, 1994。

⑲ 问题是,在普世基督教教会委员会内部,由于在 20 世纪 80 年代里并没有对环境主题给予必要的关注,是不是也就不能对解放神学的论断作出某种贡献呢?

⑲ 《圣灵在显现——1991 年堪培拉普世基督教教会委员会第 7 届全体会议的官方报道》,法兰克福 1991 年,第 58—75 页。作为深层报道的作品,参阅 Weiner, D.:《作为普世基督教生态纲领的一种生活家政的立约秩序——对第一分会场的报道》,Ökumenische Rundschau, 3/1991,第 270—287 页。

⑲ 《圣灵在显现——来自堪培拉的报道》,版本同前,第 61 页,第 9—10 号。

⑲ 同上书,第 121 页,第 37 号。

⑲ 同上书,第 61 页,第 11 号。

一分场报告中被详细地阐发为一种"生态经济伦理学"⑭。个别报告人应邀作出这样的"憧憬：那些享有充足物质财富的人,开始了俭朴的生活,并通过一种新的灵性取代他们对消费的神化"⑮。但是,适度品行在这本报告中,如在其他已提到的大会文献中一样,与其说被视为个体的德性,不如说是教会和社会的结构性职责。失度状态被看做是制度化贪欲的一个结果:"普世基督教运动可以反观到对经济秩序作道德批判的一个长久历史。在经济中缺乏民主,社会不公和刺激人的贪欲,都属于这些批判点。"⑯持续发展之为适度的,其二难抉择之难,不是"基于货币价值和交换价值,而是基于生存能力和使用价值……保证有意义的发展……正当的物资以公道的尺度在合适的时间来到,以相互间正当的关系用在合理的地方"⑰。这是对尺度的一个美丽的定义！同时,为了同那些数量日益变多的经济企业的对话(确立)一个基础,这同样是对一种"持续经济"的支持。⑱

[S. 198]

在已提到的教会国际会议,尤其是宗教改革世界联盟在汉城和普世基督教教会委员会在堪培拉的国际会议上,除经济之外,自然的权利作为通向适度品行的道路,受到了更多的重视。因此,普世基督教教会委员会支持和推动通过制定一个带有"合法地位的在伦理上有约束力的关系法典的地球宪章",来"制定一个人对自然负有义务的普遍宣言"⑲。普世基督教教会委员会对于制定这种地球宪章的强烈希求,显然对于1992年里约联合国环境与发展大会的所有其他发起国而言,是行不通的。它被无约束力的里约宣言所取代。

4.6.2 宗教改革世界联盟:大自然的权利

宗教改革世界联盟 RWB,这个改革了的世界教会联合体,在它1989

---

⑭ 这个新说法被进一步阐发在:《生活和充分满足一切。基督教信仰与当今的世界经济》,普世基督教教会委员会的一本研究文献,在1992年8月告别了中央委员会,第Ⅱ章第1节,第Ⅲ章第4节和第Ⅳ章第1节。在这里,一种生态定向的经济的神学出发点是受造物"良好的被造秩序"。

⑮ 同上书,第63页,第17号。

⑯ 同上书,第66页,第24号。

⑰ 同上书,第68页,第33号。

⑱ 参阅第4.9.1节和第5.4.1节。

⑲ 同上书,第69—70页,第37号。

年汉城的秘书会议上,先于普世基督教教会委员会会议一年,决定了 RWB 应该审核的问题是,普遍人权公约是否真的不能通过一种"大自然的权利"公约得以拓宽。通过审核,RWB 比 ÖRK 更进一步,后者不谈大自然的权利,而只谈与自然相对的人的义务。作为 RWB 意图(发表的)宣言的结果,一群瑞士的神学家和法学家首先受到邀请并在卢卡斯·韦舍尔的领导下,发表了一个带有 10 条关于未来后代权利和 6 条大自然权利的革命性建议。宗教改革世界联盟认同了这些权利并呈交给了 ÖRK。由于它们对于尺度伦理作为可能的标准具有原则上的意义,我全面地引用它们:[200]

"未来后代的权利:

(1)未来后代有生命权。

(2)未来后代有不被操纵,即不被人为地改变人的遗传基因的权利。

(3)未来后代有多样化的植物界和动物界的权利,因此有生活在一个富饶的自然界和保存多样化的基因资源的权利。

(4)未来后代有(享受)清洁的空气、完好无损的臭氧层和在地球和宇宙空间保持充分的热能交流的权利。

(5)未来后代有(享受)卫生而充沛的水资源,特别是卫生而充沛的饮用水的权利。

(6)未来的后代有(享有)卫生而富饶的土地和健康的森林的权利。

(7)未来后代有大量不可(或者只有很漫长)再生的原材料和能源之储备的权利。

(8)未来后代有(享有)不生产和不遇到先辈们产生的威胁他们健康的垃圾的权利,或者有权要求过度保管和管理的费用。

(9)未来后代有(享有)'文化遗产'的权利,就是说有权同先辈们创造的文化接触。

(10)未来的后代普遍地有(享有)自然的生活条件的权利,这些生活条件允许他们有一种具有人的尊严的生存。特别是有一种权利,不必忍受他们的前辈有意招致的物理现实,这种现实过度地把他们个体的和社

---

[200] 韦舍尔,L.:《未来后代的权利。大自然的权利——对拓宽普遍人权宣言的建议》。由 E. Giesser, A. Karrer, J. Leimbacher, Ch. Link, J. Moltmann, P. 萨拉丁, L. Vischer 议定。伯尔尼 1990 年,第 12—14 页。关于大自然权利的真正地位,参阅第 5.3.5 节。

会的自我规定限制在文化的、经济的、政治的方面。"[201]

"大自然的权利：

1. 大自然——有生命的或无生命的——有实存的权利,就是说有保存和发展的权利。

2. 大自然有保护它们的生态系统、物种和在它们网络化中的数量的权利。

3. 有生命的大自然有保存和发展它们的基因遗产的权利。

4. 生物有合理的类生活的权利,包括植物,有生活在它们适宜的生态系统中的权利。

5. 干预自然需要辩护。只有在下述条件下才是允许的：

——如果干预的前提是在民主的合法程序中并在自然权利的考察下确定的；

——如果干预的利益大于完好地保存自然权利的利益而且；

——如果干预是不过度的。

在受到某种伤害之后,大自然如果总是可能再重建。

6. 罕见的、尤其是物种丰富的生态系统要处于绝对保护之下。要杜绝物种灭绝。

我们向联合国呼吁,要拓宽它们的普遍人权宣言,并强调阐述所列举的这些权利。同时我们向具体的国家呼吁,要把这些权利纳入它们的宪法和它们的立法中。"

4.6.3 东正教的环境伦理学:灵的生态学

东正教的环境伦理学倾向,对于在有利的期限内成功地在东南欧和东欧使生态保存的要求在社会中确立下来,起到了不可低估的作用。直到前政府垮台,东正教或多或少都受到强迫,几乎只有和平问题可以探讨,在此之后——在某些杰出代表人物那里自然更早些——可以看出,对环境伦理学的兴趣迅速增长。我们感兴趣的是,东正教对生态神学和其中的适度伦理,究竟作出了哪些可观的贡献。

保罗·格里高利奥,叙利亚—东正教的印度人和新德里大主教,在普世基督教的讨论和过程神学的强烈影响下,是第一批撰写近代东正教生

---

[201] 这10条权利的表述与"未来后代权利宣言"是一样的,萨拉丁,P/岑格,Ch.：《未来后代的权利》,巴塞尔1988年,第46—47页。

态神学的人之一。[202] 他特别依靠教父尼萨格里葛(Gregor von Nyssa, 330—395)并把这种意图与印度文化传统的宇宙学联系起来。以尼萨格里葛的眼光看,他看到了确立在上帝无限性中的尺度。但无限性不是说它在空间上和时间上是无限度的,因此是无始无终的,而是具有单纯性、不可分性和整体性的质。他强调在神和受造界(一切受造物的统一)之间的连续性,以至于"一切有机的生命都构成一个唯一的整体"。[203] 这种整体主义在他这里同神在万有论联系起来,上帝的存在和上帝的作用是同一的,因为"energeia(作用力),在宇宙中到处存在"[204]。上帝的完满通过耶稣基督是可以传播到人类的。人在这里既非只是上帝温顺的仆人,也非通过善良的活动就能达到他的拯救。作为上帝的圣像,人受托的职责是将宇宙人化(hominisieren)(这里听到了德日进的声音)。在这里他把统治宇宙的职责理解为王者的自我统治:"我们看见人的帝王般的尊严,最好地是在那些事实上已经变得自由的人当中,他们之有自由,在于他们学会了统治他们自身的意志。如果人披上德性的皇袍,戴上正义的王冠,他将成为一个有生命力的王者之王、上帝自身的肖像。上帝之美是喜乐之美,得永福者之美,赐福者之美。"[205]就像在大多数正教徒那里一样,在尼萨格里葛这里也是突出宇宙学对于生态伦理的意义。

在俄罗斯东正教(ROK)中,最近时期尤其是斯摩棱斯克(Smolensk)和加里宁格勒(Kaliningrad)的大主教在做弥撒时的起始语都是从环境伦理学来表述的。他在1989年在巴塞尔举行的欧洲普世基督教会正义的和平大会上的讲话——《论灵的生态学》受到高度重视[206]。他既反对人类中心论,也反对自然中心论(Naturozentrismus),他把后者称作"新异教"。他把神中心论视为唯一的基督教解决方案:"以神为中心的伦理学,强调整个受造界的完美无瑕,相互依赖和完整的价值,不把自然和人看做自主的,看做在自身之内有根基的;相反,它们只有包含在造物主之内才有它们的意义和它们的使命。"[207]现代之失度的原因,他在基督教中看不到,反而正是基督教使"实证的自然科学和技术成为可能",相反,在自由的人

---

[202] Gregorios, P.: The Human Presence. An Orthodox View of Nature, Genf 1978.
[203] 同上书,第64页。
[204] 同上书,第58页。
[205] 同上书,第70页。
[206] 《正义的和平——官方文献……》,版本同前,第193—217页。
[207] 同上书,第210页。

道主义中却看到了。[208] 寻找尺度是必要的,"人与宇宙的联系清楚地被意识到了",由此和由于上帝的团契形成作为心之改变的懊悔和悔改(Metanoia)。这种"人的良心生态学……可以限制人的欲望,同自私作斗争并规整人的关系"[209]。

为了"革心洗面"和"自我规训"[210]这种"灵魂斗争"不仅对于个体伦理是共同的,而且也包含一种社会伦理的尺度,它指明了俄罗斯东正教大主教国际会议就1989年10月关于正义、和平和生态保存国际会议所发表的宣言的意思,在这个宣言中说:"生命本身,一个上帝的神圣礼物,受到原罪的毁灭性威胁。我们的信念是,必须责成人类在这条招致毁灭的路上作出限制",通过"一种新的经济秩序","所有民族有同样的生活权利,相互敬重,公平地分配智力的、自然的、物质的和其他的资源。只有每个个体的人权在每个社会中都能得到保障,正义才是可能的"。[211] 他们呼吁,干预自然必须以"最大的谦卑,最审慎的论证"三思而后行,在这当中也同样可以感触到1989年巴塞尔会议的影响。"停止去认识和发现世界的创化过程,这自然是不可能的。但应该清楚地认识到,原子能的使用,(科学技术)向基因结构的推进,这不可能只有正面的作用,对生态保护显而易见也有危险的后果。"[212]在俄罗斯东正教的态度中一再地强调,"环境问题本质上是神学和宗教问题,即作为信仰问题,宗教的现实性的问题,正教和正教实践的问题"[213]。生态的生活方式的再次发现和对俄罗斯东正教修道院的知识属于这种实践,它们的"优势是通过对资源的富有

---

[208] 同上书,第204、207页。

[209] 同上书,第212页。

[210] 同上书,第216页。

[211] Statement by the Bishops' Council of the ROC "Peace, Justic and the Integrity of Creation", Journal of the Moscow Patriarchate(在下文中缩写为 JMP)1/1990,14—15.

[212] 尽管如此,俄罗斯东正教会在1990年还是自豪地宣布,他们会虔诚地祝福一个核电站。

[213] Damaskinos, Metropolit: The Ecological Problem: Its Positive and Negative Aspects, JMP3/1990. 46. 俄罗斯东正教关于环境伦理学更多的神学和教会政策的论文,可以在JMP,这个莫斯科教祖的官方杂志上找到,例如,在11/1988,40—45;5/1989. 53f;7/1989,65—67;1/1990,7—10 和 61—66;6/1990,44—49;7/1990,72f;8/1990,69—71;2/1991,57—59。

同情的消耗以及细心而经济的管理,例如在能源消耗中,表现出来的"[214]。

[S.202] 在其他的东正教会,环境伦理学也迅速获得了意义[215]。所以,"关于自然环境保护的正教大会",1991年11月邀请基督教的教祖们到克里特(Kreta)举行,决定在克里特正教学院成立一个"神学和生态学研究所"。希腊正教环境伦理学最有特色的代表人物之一是克里特正教学院的院长亚历山大鲁斯·巴巴德鲁斯。他把生态学渗透到浸礼会的教会职责和他"礼拜仪式的浸礼"[216](liturgischen Diakonie)思想中。礼拜仪式指的是把天堂的东西直接呈现在尘世的东西中。在礼拜的框架中,尤其是在圣餐节中,整个宇宙的使命都变得是当下的。在此情况下,礼拜仪式指的是一种生活品行,它把天堂的东西直接呈现而来,作为仪式的浸礼给予每个人和共同世界。在这里,巴巴鲁斯以小浸礼表示服务于个人,以大浸礼表示服务于结构性的塑造。[217] 在他身上——固定在他的克里特教会的受压迫的经验上——可以看出同解放神学的接近,这在克里特岛上令人印象深刻的生态实践中表现出来。可以把他的初衷描绘为正教浸礼的生态解放神学。塞萨洛尼卡(Thessaloniki)的希腊正教社会伦理学家乔治·曼查理底斯代表了一个稍有不同的设想。据他说,教会对于解决环境危机的贡献,"不是恢复世界的秩序或者阻止对它的破坏,而是确证'一个新的生态'"[218]。目标是优先在教会中实现自身的悔改,通过"无私的爱,苦行精神和世界的圣餐化设想"[219]。

---

[214] Ovsyannikov,V.:Spiritual Dimensions of the Global Energy Issues,JMP 2/91,58. "在俄罗斯修道院里,修士们不吃肉。鱼、蛋和牛奶受到限制。在所有事情上都保持适度,尤其是在饮食上。每年斋戒的时间大约200天(!)才是符合教规的。"(同上,第59页)

[215] 参阅Orthodox Perpectives of Creation,Genf 1987(1987年在保加利亚的综合报道)。关于这方面的一些小论文,尤其是收录了一些教父的:The Ecumenical Patriarchate: Orthodox and the Ecological Crisis,Gland/Genf(WWF)1990.

[216] Papaderos, A.: Ökumenische Diakonie-eine Option für das Leben, Beiheft zur Ökumenischen Rundschau 57(1988),104ff.

[217] Papaderos,A. Makro-Diakonie-ein Auftrag für das Volk Gottes in unserer Zeit,Una Sancta 42(1987),69—73.

[218] Mantzaridis,G.:Perspectives orthodoxes sur la crise écologique,Orthodoxes Forum 7/1993,105—108(105.通过出版社从法语翻译)。

[219] 同上书,第106页。

东正教对于环境伦理学的一个特殊贡献确实在于仪式灵性的神学和实践,但也在宇宙学和自然观上。在西教会中,罗马的自然概念处于支配地位,长期以来被强化接受,自然(natura)被理解为 res,理解为事物(Sache),而在东教会中,希腊的自然概念则起着更大的作用:自然(physis)作为所有生成和毁灭中的东西,正在呈现着的和再次消逝着的东西,不是支配人的而是人愿意理解的东西。[20]

4.7 世界宗教的普世伦理:尺度代替贪欲

在世界的所有区域都出现了环境破坏,这不取决于受到哪种世界宗教的影响。不只是基督教在抗拒这种破坏上的道德力量显得不足,因为发展的驱动力,经济,早已国际化了。举个例子说,在泰国,95%的居民把自己视为佛教徒,但他们却阻止不了因砍伐而导致的森林存有量的减少,由 1938 年国土面积的 72% 下降到 1985 年的 29%。在世界的所有区域内,在《圣经》所确定的戒律和人的实际举止之间都存在鸿沟。但正是这种看法和当今普世间的相互依赖,得以激励我们要促进共同的行动。为此,意识到共同的价值和目标,是必要的。 [S. 203]

就像政府必须跨越不同的政治体制,谋求同一的普世共同行动一样,如在气候问题上,而且在世界大会上也是部分地可能(达到的),世界宗教也就受到了挑战,力图克服宗教信念上的所有差别,促成一个共同的普世伦理。"世界宗教和平大会"(WCRP)就是把促成这一目标视作义务,提出了超越差异的共同和平诉求[21]。1986 年的《阿西西宣言》就是如此,在五届世界宗教大会的所有代表中,认识到了一种共同的环境责任。[22]

---

[20] 对于 physis 和 natura 在东西传统中的这种区分,参阅皮希特,G.:《自然概念和它的历史》,斯图加特 1989 年,第 54 页之后几页、第 89 页之后几页。

[21] 在此期间已经召开了六届 WCRP(WCRP VI,Nov. 1994 in Riva del Carda)。关于前几届世界大会,参阅例如 Lücker,M.(主编):《为和平而行动——第 3 届谋求和平的世界宗教大会》,弗莱堡 1980 年;Friedli,R.:《勇于和平——宗教对于暴力分析和和平工作的贡献》,弗莱堡/CH 1981。

[22] The Assisi Declarations. Messages on Man and Nature from Buddhism,Christianity,Hinduism,Islam and Judaism,Assisi 1986(25th Anniversary)。

汉斯·昆的《普世伦理构想》[23]，以及由他起草的"世界宗教议会"——1993年第二次、更清楚地说，是在第一次大会的百年之后在芝加哥举行——的《普世伦理宣言》也是遵循这一目标[24]。

这些大会和宣言表明，对于一种共同的普世伦理和对于一种适度的普世伦理，其伦理设想有了完全的进步。此外在这些伦理设想中不会涉及一种调和一切差异的统一。[25]相反它涉及的是，不同的宗教信念为了克服全球的人类问题而要投入的共同力量，就像汉斯·昆关于普世伦理的定义所表达的那样："我们以普世伦理不是指涉一种在所有现存宗教之彼岸的统一的世界宗教，而是指，这样一种凌驾于所有其他宗教之上的统治性宗教是不合理的。我们以普世伦理指涉的是相互联系的价值、无条件的标准和个人基本操行的基本共识。"[26]

所以汉斯·昆在他的作为世界宗教6个共同伦理视野之一的《普世伦理构想》中，看到了"在放纵主义和立法主义之间……在占有癖和蔑视占有之间，在快乐主义和禁欲主义之间、感官享乐和敌视感官之间、沉迷于世和看破红尘之间有一个合理性的中庸之道"[27]。他合理地问，"世界宗教为什么就不能顺应同普世恶习的斗争和对普世德性的促成呢"[28]？当今，一个世俗的环境组织对此作出了重要的贡献：这个WWF（世界野生动物基金会）国际组织，作为由它促成的已经提过的"阿西西宣言"的结果，认识到了世界宗教对于生态保护贡献的意义，曾创办"WWF环境

---

[23] 汉斯·昆：《普世伦理构想》，慕尼黑1990年。这本书引起了广泛的争论。20世纪最后30年围绕跨宗教对话的一些议题和讨论，因此被置于伦理层面上得以深入探讨。参阅，例如Jaspert. B.（主编）：《汉斯·昆的〈普世伦理构想〉》，Hofgeismarer Protokolle 299, 1993；汉斯·昆：《探究世界宗教的一种普遍的基础伦理》，Concillium April 1990, 154ff；《普世伦理、文化和发展》，《文化交流杂志》，43，年刊，1/1993（关于普世伦理的14篇论文）……

[24] 汉斯·昆/Kuschel, K.-J.（主编）：《普世伦理宣言——世界宗教议会的声明》，慕尼黑1993年，第13—45页。汉斯·昆的这个草案接受了他的《普世伦理构想》书中的许多伦理前提。

[25] 世界宗教议会也遭到了福音派方面的批评。汉斯昆/Kuschel, K.-J.（主编）.：《普世伦理宣言》，慕尼黑1993年，第111页。

[26] 汉斯·昆：《在通往一种普世伦理的路上——问题和透视》，《文化交流杂志》43，年刊，1/1993，第11—20(19)页。

[27] 汉斯·昆：《普世伦理构想》，慕尼黑1990年，第83页。

[28] 同上书，第88页。

与宗教网站",甚至拥有一个自己的宗教环境保护合作杂志。[229]

在所有的世界宗教中沉淀下来的智慧认为,占有欲和贪欲摧残生命,适度地使用上帝创造的礼物和由人制造的尘世财富,则促进生命。这种智慧贯穿在各种宗教中,例如在创世神话和童话中所表达的。贪欲,最宽泛的形式是占有欲,是无度的总体,所欲求的总比以公正的或合理的方式有权得到的更多。以贪欲占有某种自己无权得到的东西,大多数结果就是他人和共同世界为其埋单。在所有宗教中,贪欲都是作为远离上帝的符号得到消极的评价。想贪求世界的人,将失去世界。贪欲只有通过放弃能力来克服,这是自由地通达上帝,通往拯救,通向完善的路。[230] 所以,在1993年"世界宗教议会的普世伦理宣言"中,"四条坚定不移的方针"的第一条就是这样说的:"以实现一种无暴力的文化和对一切生命的敬畏为义务"[231],导致适度品行:"不要再有对金钱、名誉和消费的不可遏制的贪欲,重新发现尺度和审慎的意义!因为贪欲的人丧失了他的'灵魂',他的自由,他的坦然,他的内在与平和,因此丧失了人之为人的东西。"[232]

对于具体的世界宗教与自然和与自然适度交往的关系[233],在这里指

[S. 205]

---

[229] The New Road. The Magazine of WWF's Conservation and Religion Network,双月刊,在 Morges/Schweiz 出版,1992 年可惜由于经济原因停刊。

[230] 不同宗教的 9 位代表就他们的宗教对待贪欲的品行提交的论文:The New Road. Nr. 22/1992,2—10。

[231] 汉斯·昆/Kuschel, K. -J. (主编).:《普世伦理宣言——世界宗教议会的声明》,版本同前,第 29 页之后。

[232] 同上书,第 34 页。

[233] 我依据的是:《环境。诸宗教的伦理学》,卷 5,慕尼黑/哥廷根 1986 年(尤其是 Hamer, H. /Neu, R.《论佛教》);van Dijk, A.:《论印度教》;Tworuschka, M.:《论伊斯兰教》;Bischofberger, O.:《人与自然——东方宗教的视野》,载于他与司徒博等主编的:《出于宗教视野的环境责任》,弗莱堡/苏黎世,1988 年,第 33—62 页;Schmid, G.:《菩萨作为未来的人?无自性人的主导形象对于启动当代宗教的现实意义》,载于布朗, H. -J. (主编):《伦理学透视:德性的演变》,苏黎世 1989 年,第 315—328 页;Schmithausen, L.:《佛教和自然》,载于 Panikkar, R. /Strolz, W. (主编):《在基督教、印度教和佛教中人对于可居住的世界的责任》,弗莱堡 1985 年,第 100—133 页;Engel, J. R. /Engel. J. G. 主编的:《环境与发展的伦理学——全球化的挑战和国际间的回应》,Tucson, 1990 年(第 189—233 页讨论伊斯兰教、印度教、佛教和儒教);斯托尔茨, F.:《关于自然与文化的宗教区分的类型》,载于该作者主编的《对世界的宗教感知》,苏黎世 1988 年,第 15—33 页;Sundermeier, Th.:《对于我的民族这个地球的每个部分都是神圣的——自然宗教的虔敬》,载于 Rau, G. et. al (主编):《造物中的和平》,居特斯洛 1987

出两种宗教就够了(在这里不提犹太教和基督教与自然的关系,因为这是第 5 章的基础)。

佛教把自身理解为"爱的宗教,理解的宗教,同情的宗教和无暴力的宗教"[234],在佛教徒的警戒学中就是这样表述的。贪欲、仇恨和盲目,根据佛教的信念,可视为三主恶。贪欲把人拖向一个客体,从最轻微的动念直到赤裸裸的自私。在这里,贪欲有一种类似于原罪在基督教中那样高的位置。从欲望中自我解脱,不动心创造涅槃自由。——另一方面重生学同所有生物相关。由此产生同情("Karuna")之为四个基本德性之一。"佛教徒之所以把对所有造物的善意同情作为主德,因为它是佛的德。"[235]这种德导致对动物生命的关怀和不杀生的戒律。绝对的素食主义诚然在佛教中是不必要的,而尺规在佛教中由两个相关的运动来规定:心平气和地出世和关怀的、无暴力的入世。涅槃是这种无限制的无自性和入世之理想的实现。

[S. 206]

在印度教中,"Ahimsa"是道德的主要支柱之一(如同佛教中的意义)。Ahimsa 是不伤害和无暴力的品行,"这就是不给任何时间的任何生物带来肉体上的、精神上的苦难(Pein),哪怕是以言语。没有比 Ahimsa 更大的德。"[236]"数目丰富的印度典籍都指示,要像对待儿童一样对待所有的生物。"[237]因此在杀生上也就产生了最大的克制。在耆那教(Jainismus)中不杀生的基础在于,耆那教徒毫无例外地都是素食主义者。

道教中的"无为"德性:不介入,可与 Ahimsa 相比较。它不是指完全的消极被动,而是相反的强力训练。"无为"指的是和谐地行动,以与万物的尺度相适应,从无欲中达到自由。

在伊斯兰教中受造界是一个非常中心的主题,安拉是首创者,造物

年,第 20—34 页;Zeller, D.:《宗教与环境的关系——特别考虑一些伊斯兰教的观点》,载于 Büttner, M. 主编的:《宗教—环境—研究在启动中》,波鸿 1989 年,第 142—169 页;司徒博,Ch./Brauen, M./Tworuschka, M./Guggisberg K.:《在世界宗教(佛教、伊斯兰教和基督教)中与环境交往》,苏黎世州的教会戒律,21/1992,第 5—8 页。

[234] 佛教徒 Ripoche, L. N. 这样说。The Buddhist Declaration on Nature, The Assisi Declaration,版本同前,第 5 页。

[235] Dumoulin, H.:《同佛教相遇》,弗莱堡 1978 年,第 8 页。

[236] Kurma-Purana II, 11, 14—15a。

[237] Singh, K.:The Hindu Declaration on Nature, The Assisi Declaration,版本同前,第 18 页。

主,是万物之统一。所有的创造物都是神的令人惊奇的表征。人,与《圣经》中的上帝肖像有某种近似,是神在大地上的地位代表,"哈里发"(Khalifa)㉓⑧。与之相应,人的使命是保护创造物。地球是借给时间的礼物。"统一将通过平衡和和谐来保证。所以穆斯林们说,伊斯兰教是中庸之道,我们都是走中庸之道的负责任的人,就像我们使整个世界中的平衡与和谐保存在我们周围一样。"㉓⑨斋戒和食规都是顺应世界秩序的象征,就像《古兰经》中的具体规定一样,例如,禁止战争的规则,砍伐果树和堵塞水井的规则。即便在战争中也必须保存生活的基础。㉔⓪当今,安拉的戒律,例如"你们吃吧,喝吧,但不能放纵,因为安拉不爱放纵"㉔①,被穆斯林从环境伦理的角度加以阐释:"《古兰经》的这个说法意味着,生活的基本要素必须得到保护,以致其功用得到持续。"㉔②

伊斯兰石油输出国的实践却与此背道而驰,表现在对于1992年联合国环境与发展世界大会上(通过的)一个有约束力的气候协定处在尖锐对立中。政治与伦理之间的张力确实存在于所有的世界宗教中。所以,就像在世界的所有区域都存在着因信徒(导致的)环境破坏一样,今天在所有的世界宗教中也存在着对已提及的宗教原则的积极奠基,免于暴力的环境运动,这些都要求与自然适度交往。

4.8 哲学的环境伦理学

当代哲学的环境伦理学对于生态尺度伦理作出了非常重要的贡献。在我以神学为指向的阐述框架中,它们(也是出于我的自制意图)占有的空间比它们实际具有的意义要小一些。从哲学上确立的与自然交往的尺度标准再次例证性地可以在四个主旨中得到指明。所有这些主旨的共同

[S. 207]

㉓⑧ 参阅 Koran, Sure, 2. 28ff。
㉓⑨ Nasseef. A. O.: The Muslim Declaration on Nature, The Assisi Declaration, 版本同前, 第24页。
㉔⓪ 在 Stolz, F.:《关于自然与文化的宗教区分的类型》, 版本同前, 第25页提到过。
㉔① Koran, Sure 7, 31.
㉔② So Deen, M. Y. I. (Samarrai): Islamic Environmental Ethics, Law and Cociety, in: Engel, J. R./Engel, J. B.: Ethics of Environmental and Development, a. a. O., 189—198 (194).

性在于,适度的自制是一个核心价值。但是,尤其是在人类中心论的和生态中心论的、更清楚地说生物中心论的主旨之间的基本差别,无论是在基础上还是具体地都不能被消除。

环境伦理学可以这样来划分,即按照对身外之物的责任感和敬重生物这两个原则的范围来划分。威廉·弗兰克纳,奥特玛·赫费,格特哈特·托伊驰,霍尔姆斯·罗尔斯顿三世曾建议,按照从自私到整体主义或者全球责任的这些主旨分成一个5到8级的类型。[213] 最直接与之类似的类型,是迈尔-阿比希阐述的8种考虑形式[214]:

(1)每个人都只考虑自己本人。

(2)每个人除了自己本人之外还考虑到他的家庭,朋友和熟人乃至考虑到他直接的前辈。

(3)每个人考虑到自己,自己的近邻,他的同乡,更清楚地说,他所属的民族,包括过去的直接遗产。

(4)每个人考虑到自己本人,他的近邻,自己的民族和整个人类当今活着的这几代。

(5)每个人考虑到自己本人,他的近邻,自己的民族,当今的人类,所有前辈和后出生的,因此顾及到整个人类。

(6)每个人考虑到整个人类和所有有意识可感知的生物(个体和类族)。

(7)每个人考虑到所有有生命的存在(个体和类族)。

(8)每个人都考虑一切。

这些不同的考虑显露出两大类:一类是人类中心论的初衷,它从人类自身的利益出发,这包含了个体自身的利益,自己族类、社会或者人类的利益(例如君特·帕齐希[215]);另一类是囊括未来后代利益的初衷(例如

---

[213] 弗兰克纳,W. K.: Ethics and Environmment, in: Good-paster, K. W./Syre, K. M. (eds.): Ethics and Problems of the 21st Century, Notre Dame/Indiana 1979, 3—20;赫费,O.:《伦理—政治的对话》,法兰克福1981年,第146—149页。托伊驰,G.:《造物比环境更丰富》,载于拜尔茨,K.(主编):《生态伦理学》,慕尼黑1988年,第56—65(59—61)页;罗尔斯顿,H.:《环境伦理学》,Philadelphia,1988,32—44。

[214] 迈尔-阿比希,K. M.:《通往与自然和平的路》,慕尼黑1984年,第23页。

[215] 帕齐希,G.:《生态伦理学——在单纯理性的限度内》,哥廷根1983年,例如第19—21页。

迪特·比恩巴赫[246]）。人类中心论的初衷也在神学伦理学中得到体现[247]，当然自身利益的意义毕竟比强调作为上帝肖像的人的特殊责任要小一些。这两个例子就表明，人类中心论不仅可以被评价为责骂性的词语，就像越来越经常地发生的那样，而且也必须要更加准确地探究，用它究竟是指什么。

与上述迈尔-阿比希5—8类相应的初衷，全都被概括在生物—生态中心论之下。它们的出发点是非人类的共同世界本身的价值和权利。这一类部分突出的是所有有感知痛苦能力的生灵，也即人和动物，具有同等的价值（这就是同情中心论：Pathozentrik，例如汤姆·雷根[248]或者彼特·辛格[249]）。另一部分的出发点是有生命存在者的整体（生物中心论）或者包括在一切生态系统相互从属意义上的一切有机物和无机物（生态中心论*：例如罗伯特·施伯曼[250]和保罗·泰勒[251]）或者如同在整体主义思想中那样，例如在克劳斯·米歇尔·迈尔-阿比希那里[252]。人们也可以把汉斯·约纳斯和格奥尔格·皮希特建立的形而上学的责任伦理学描绘为生

[S.208]

---

[246] 比恩巴赫，D.：《对未来后代的责任》，斯图加特1988年。在下一节对此有更多的论述。

[247] 参阅第4.2.5节。

[248] 雷根，T.：The Case for Animal Rights，Los Angeles 1983。

[249] 辛格，P.：《实践伦理学》，斯图加特1984年。

* 这里的"生态中心论"是对Physiozentrik的翻译，按德文的字面意思是"以生理为中心"，但说"生理中心论"与这里的意义不太吻合。由于它强调的是把生态系统，包括有机物和无机物作为一个相互联系的整体作为中心，区别于以"生物"（人和动物）为中心的"生物中心论"（Biozentrik），我们把它作为Ökozentrismus的同义词，试译为"生态中心论"。但如果在广义上使用Physiozentrik这个词，即作为与Anthropozentrismus（人类中心论）相对的概念，那么，其意思比Ökozentrismus（生态中心论）更宽，与"自然中心论"或"非人类中心论"同义，因为在德语文献中，Biozentrik，Ökozentrik，Physiozentrik以及Pathozentrik在广义上都是"自然中心论"（Naturozentrismus），但又区别于"神中心论"（Theozentrik），严格地说，"非人类中心论"既包含了"自然中心论"，也包含了"神中心论"，这是我把它翻译为"生态中心论"而不翻译为"非人类中心论"的理由。特此说明。

[250] 施伯曼，R.：《技术干预自然之为政治伦理学问题》，载于比恩巴赫，D.主编的：《生态学和伦理学》，斯图加特1980年，第180—206页，特别是第193页之后（这里是第193页）。

[251] 参阅第4.8.3节。

[252] 参阅第2.1.3节。

态中心论的环境伦理学[23]。当然,阿尔伯特·史怀泽最宽泛地,一如既往地是属于生物中心论的神学主旨。

人类中心论和生态中心论经常被对立起来[24],我在这里就用不着重复了。在这里我要关注的是,在对自然保持适度的伦理标准的意义上,在当代哲学环境伦理学中,究竟表达出了哪些结论。

4.8.1 迪特·比恩巴赫:功利的最大化

德国哲学家迪特·比恩巴赫在功利主义的因而是人类中心论的立场上,建立了他的环境伦理学。所以,探究自然保护对于人的功利问题是他的出发点。但他决定性地使这种功利主义超越了具体个人或者当今活着的人类的自我利益,扩展到《对未来后代的责任》[25]上(下文括号中的数字就是该书的页码)。

比恩巴赫的与自然交往的尺度就是"代际之间功利总量功利主义(Nutzensummenutilifarismus)的基本规范:要做到考虑所有未来后代的整体,实现幸福(快乐)和痛苦(不快乐)最大可能的差别"。(第103页)他因此求助于杰里米·边沁的功利主义原则,这个原则追求"最大多数人的最大幸福",也就考虑到了后代。他同时反对由约翰·斯图亚特·密尔所代表的平均功利的功利主义。平均值在伦理学上是"无关紧要的"。这个原则,对于比恩巴赫而言不依赖于分配公正或者矫正公正的问题,因为"把为未来操心视为义务,不依赖于所操心的这个未来是否也是值得操心的,后者是在未来的道德性质意义上或者其他误以为重要的分配立场上而言"。(第121页)。这至少是适合于理想规范层面的。比恩巴

---

[23] 约纳斯,H.:《技术、医学和伦理学——回到责任原理的实践》,法兰克福1990年第3版,第46—52页;同一个作者:《责任原理》,法兰克福1984年,第94—95页,参阅第4.8.2节和第4.8.5节。

[24] 例如迈尔-阿比希,K. M.:《与自然和平》,版本同前,第69页之后几页;奥尔,A.:《环境伦理学》,杜塞尔多夫1984年,第46—70页;斯特赖,G.:《环境与进化》,哥廷根1989年;第60—81页;鲁,H.:《论证伦理学》,苏黎世1991年,第17—25页;伊尔刚,B.:《基督教的环境伦理学》,慕尼黑1992年,第50—73页;施利特,M.:《环境伦理学》,Paderborn 1992年,第29—123页。作为对美国哲学环境伦理学的综述,参阅那什,R. F.:《自然的权利》,Wisconsin 1989年,第121—160页。

[25] 比恩巴赫,D.:《对未来后代的责任》,斯图加特1988年;也请参阅他的《我们对自然是负责任的吗?》,载于他主编的:《生态学和伦理学》,斯图加特1980年,第103—139页。

赫在理想规范和实践规范之间作出了区别。后者是通过它在现实条件下的应用来寻求,不追求理想的最大化,但寻求实现相对的最大值(第147页)。它们也有一种"减负功能"(第197页)。

对于比恩巴赫而言,从这种代际功利总量功利主义中得出下列实践规范(第202—240页):

(1)不威胁到人和动物的类生存:集体自保(人类为什么应该生存的根据,在于"直觉的信念",而集体消亡(Holozid)将会是一场"道德灾难"。因此在比恩巴赫这里也表明,生存价值的根据不是理性地,而是生物学地被证明为生存冲动,或者形而上学地被证明为对所有生命不可支配性的责任)。

(2)不威胁到未来人有尊严的生存:Nil nocere(不伤害。尽管没有人说它接近于Ahimsa-不杀生这个佛教的不伤害原则,但事实上存在这种接近)。

(3)不增加不可逆转的风险:警觉性(不可逆的伤害对于比恩巴赫来说,虽然在理想规范中"可算在反功利成分的原则中",但在实践规范中必须"在有限合理性的条件下"被普遍禁止[第209—210页])。

(4)要保存和完善先前发现的自然资源和文化资源:建设和保护(世界应该在物质的和观念的、自然的和文化的资源上变得更加富有。由于人口增长,甚至资源变得贫乏,一个民族应该按照新增人口来消耗[第221页]。一个伦理上有理,却是理想化的实践规范)。

(5)在遵循未来定向的目标上要支援他人:援助(Subsidiarität)(这尤其涉及支援发展中国家为其未来操心的种种努力)。

(6)在实践规范的意义上要对后代实施教育(在这方面比恩巴赫曾经很尖锐地反对宗教对于把握未来的贡献[第234页之后]。[256]鉴于所有担忧生存的人都属于同一个苦难共同体,这种划界是不必要的,但在当今却是必要的!各种宗教恰恰对于举止改变的情感和动机的基础都是重要的[257])。

---

[256] B.伊尔刚(《基督教的环境伦理学》,版本同前,第57页)对比恩巴赫的理解是错误的,他认为,比恩巴赫要求把一种"理性—宗教作为教育的目的"。

[257] 比恩巴赫自己强调,"环境伦理学首先是品行的事情,不只是原则的事情",而品行由认知的、情感的和意志的方面组成(比恩巴赫, D.: Attitudes as Central Components of an Environmental Ethics, in: Bourdeau, Ph. et al: Environmental Ethics,布鲁塞尔1989年,第137—140页)。

如何评价这种功利主义的初衷？在功利主义得到接受的情况下，例如在当今的经济伦理学中[28]，它就起着一种基础性的作用，而且，例如在罗尔斯的"正义论"中[29]，它也与古典功利主义判然有别，因此，比恩巴赫在环境伦理学中一方面触及了利益，但另一方面也恰好是在神学的环境伦理学中遇到抵抗。其原因可能在于，在经济学中探究的是一种合理又合法的财富关系，这种关系为所有参与者带来功利，相比之下，特别是在生物中心论的环境伦理学中，探究的是与生物的关系，如果还是考虑未来的话，这种关系就不再容许是支配性的关系，不容许功利主义的功利算计。但我们也可以对功利主义的环境伦理学，就它的"功利"为伦理学必须是可付诸实施的意义上的这一目的，作出积极评价。即像有些人认为的：环境伦理学也必须确信经济和政治的责任。这种功利主义的环境伦理学本质上区别于基于自利的伦理学，即短期功利最多也是中期功利的伦理学。[30] 对于这些伦理学而言，一种负责任的功利主义伦理学只能是一座桥梁。但它们随后也应该跨越这座桥梁并因此超越功利主义。对于功利主义相对合理的第二个实用理由是，如果我们已经从功利权衡中取得了上述实践规范的标准，那么我们随之就要越来越多地从对造物主的责任来看待它们！

4.8.2 汉斯·约纳斯：责任

长期在美国任教的德国犹太哲学家汉斯·约纳斯，简直不是一个另类的当代哲学家，他探究了工业文明关系中的和对未来后代的责任问题。他的《责任原理》[31]（下文括号中的数字就是这部著作的页码）与进步的乐观主义——据称这是资本主义—工业主义的、马克思主义—平均主义或者宗教—末世论的情绪——相对，提出了一种有益于生命的忧虑和谨慎的品性。他的进路是从"乌托邦批判出发达到责任伦理"（第316—393页）。"我们将责任原理与希望原理对立"（第390页），他以技术化的风

---

[28] 凯塞尔，H.：《经济合理性的伦理整合："现代"经济伦理的基本要素和具体内容》，伯尔尼1992年，第191—237页。

[29] 罗尔斯，J.：《一种公正理论》，法兰克福1979年，第211—220、336页之后。

[30] 这指示出 Ulrich, P/Thielemann, U. 的研究：《伦理与绩效——企业家关于领导力的思考模型，一种经验性的研究》，伯尔尼1992年。

[31] 约纳斯，H.：《责任原理——为技术化文明确立一种伦理的尝试》，法兰克福1984年。

4. 当代伦理学中保持适度的伦理

险难以衡量的谨慎态度反对迷恋技术的乌托邦。

对人类未来的责任,与之相应对"虚无化说不"(Nein zum Nichtsein),对约纳斯而言,是"人类集体行为的第一义务",这是"对生存(Dasein)的义务","人类存在着,这是第一命令"(der erste Imperative, daß eine Menschheit sei)(第90、245页)。这种义务对于约纳斯而言只有从形而上学才可证明。在"与有机界休戚与共"和忠诚于整个受造界的意义上,他代表了一种生态中心论的立场。他没有在生态中心论中看到与人类中心论的对立,因为人与共同世界的固有利益是"同时发生的"。他因此掩饰了人与自然之间的冲突。 [S.211]

对未来的责任首先是因忧虑(Furcht)而存在,作为"为一个不同的存在操心"。忧虑不是畏缩或者害怕,而是敬畏(Ehrfurcht)和不寒而栗(Schaudern),它以此来"预防我们的权力(Macht)被误用",而敬畏"对我们而言是'神圣的东西',是绝不能被亵渎和伤害的"(第392—393页)。按照这种理解,约纳斯要把"忧虑解说为义务"!敬畏必须导致在干预自然时保持克制,尤其是在我们对后果的知识是有限的(情况下)。因此,相比于"勇于冒险的价值","谨慎成为更高的德性"[262]。他的整部著作都打下了这种"新的谦卑方式"的烙印(第55页)。这也让他得出了下列优先规则:"差的预后优先于好的预后",in dubio pro malo(第70页)。相比于可治愈的预见要更多地倾听不可救治的预见。

由忧虑、敬畏和谦卑支撑的这种责任,在约纳斯这里具体化为一种所谓的适度伦理。自制[263]、谦虚、适度一再地作为流行词出现。"禁欲精神"再次内在地被复活(第264页),不过他怀疑,流俗的风尚是否能够愿意为之。放弃的前提无论如何是平等和正义。当他在1979年将《责任原理》交付出版时,东方的共产主义国家还有更多的机会达到这种自制。但因为它们实行的是短缺经济和强制经济,他同时看到它们与之并不适合。我认为他的非常重要的问题是:"对乌托邦的狂热能够被改口为对谦虚的狂热吗?"(第265页)一言以蔽之:我们不需要一种禁欲的迷狂(Ekstase)吗?尽管目前不大能够觉察得到对乌托邦的狂热,但对一个空

---

[262] 约纳斯,H.:《技术、医学和伦理——论责任原理的实践》,法兰克福1985年,第67页。

[263] 约纳斯,H.:《我们为什么需要一种自制的伦理》,载于Ströcker, E.主编的《科学的伦理学?哲学的追问》,慕尼黑1984年。

洞目标感到振奋的能力还是假寐在当代人之中,就像基础主义的*力量所显示的那样。诚然,约纳斯合理地猜测到,需要"一种新的宗教群众运动,来任性地阻止已经成为习俗的享乐主义的富裕生活(从前这叫作为艰难生活所迫)"(第265页)。

在一种"为了昨天的价值和为了明天的价值"的对立中[264],他把俭朴(适度)称为未来的核心价值之一[265]。他有意与古代德性节制(contingentia)和适度(temperantia)相联系,但它脱离了个人完善的目标,而是被解释为整个社会的目标。这当然要求有一种新的经济学(但他并没有对之作进一步的阐发),因为在我们的市场经济中,"暴饮暴食被视为社会经济的德性,甚至被视为义务","消费欲"是财富循环的发动机。[266] 适度品行对约纳斯而言不仅适用于消费领域,而且同样适用于"人对最高成就的追求",以及在获取、而不仅是使用权力上要保持适度。[267]

我们不能简单地把汉斯·约纳斯的责任伦理学解释为"价值保守的防御策略"和"所谓的撤退战术",不能简单地解释为"向自然和人的本原秘密发誓……以便发掘出禁忌,阻止科学进步",像赫尔曼·林格铃所做的那样。[268] 约纳斯的责任伦理学首先应该被理解为一种惊恐的警报呼声,一种对内在品性的要求。此外它是为这个变得无度的,因此自身和未来都受到威胁的一代,提供一种适度品行伦理学的严肃尝试。

4.8.3　保罗·泰勒:敬重所有的生命

美国纽约哲学家保罗·泰勒代表了一种精辟的生物中心论的环境伦理学。他要求,所有的生物具有同样的价值并因此有同样的权利。他的《敬重自然》[269](括号中的数字引用的就是这部著作的页码)旨在拉平人与非人的共同世界之区别。泰勒为此列举了四条理由(第101—168

---

* 在宗教中翻译为"原教旨主义"。

[264] 约纳斯,H.:《技术、医学和伦理》,版本同前,第53—75页。

[265] 同上书,第67—75页。

[266] 同上书,第68页。

[267] 同上书,第70页。

[268] 林格铃,H.:《与基督教伦理学对话——基础伦理学和生命伦理学文集II》,弗莱堡1991年,第229页。

[269] Taylor, P.: Respect for Nature. A Theory of Environmental Ethics, Princeton/New Jesey 1986.

页）：其一，人是地球上生命共同体的成员，它的积分部分；其二，在地球生态系统中的相互从属性，使得生态整体系统的保存值得期待；其三，个体有机体都是其目的论的生命中心，因而对于每一具体的个体内在地都是一个所指向的目的；其四，作为前面的结论，人没有优越性和优势地位。

所有生物平等这一前提，泰勒对之作出了如下这一极端的说法：即便人类完全灭迹恐怕也非道德灾难，相反，受到其余生物热烈欢呼的倒是拥有解放的快乐[270]！很危险，因为这简直是滥用（平等），在我看来就像下列说法一样："在某些情景下，毁掉（kill）一朵野花，是比在另一情景下杀死（kill）一个人更大的违法"[271]。肯定后者虽然他只是作为自我辩护，但这个例子却表明，在为一种生物中心论的世界观（而存在的）所有仁爱（Wohlwollen）中，拉平人和共同世界的做法，不能与基督教的人的形象割裂开来[272]。诚然，泰勒在别的地方也强调了："动物没有比人更高的价值。所以没有义务在人的基本利益的成本之上支持动物们的利益。"（第294页）

在所有生物原则平等的基础上，泰勒阐述了在人与自然之间竞争处境下可信而又实用的优先规则。他列举了五个原则[273]：

（1）自卫

（2）关系适度

（3）最小可能的恶

（4）分配公正

（5）平衡公正

恰好关系适度（第269—280页）和最小可能的恶都是所谓的尺度标准。泰勒因此想要解决在动物和植物生活必须的利益（基本利益）和人的非生活必须的利益（非基本利益）之间的冲突。凡是"基本的"就是一个有机体有权要求的、为达到生活意义必须要被满足的基本需求（第272

---

[270] Taylor, P.: The Ethics of Respect for Nature, Environmental Ethics 3(1981), 209.

[271] Taylor, P.: In Defense of Biocentrism, Environmental Ethics 5(1983), 241—243.

[272] 诚然在B.伊尔刚那里人的特殊地位（这是泰勒所不承认的）也能感觉到有自然法的基础，而不是无条件地只有《圣经》的基础，只要他真的能在人与动物的伦理区别中（《基督教环境伦理学》，慕尼黑1992年，第61页），看出这种"更高的内在价值"的话。宗教改革派的人类学则相反地强调人和动物的救赎需要和塑造人的特殊使命。

[273] 泰勒，P.：《敬重自然》，版本同前，第263—307页。

页)。而凡是以消耗动物或植物生活必需的需求为代价,来满足人的非生活必需的需求,对泰勒来说,就是不适度的关系。那么,要具有优先地位,总是要看它是否在人、动物或植物这里是基本利益。人的自卫权,例如,对一个正在攻击的动物,在这时有对于动物基本利益的优先地位。所以泰勒确实推动了对人与共同世界适度交往的探寻,但他的标志在于他所强调的敬重所有的有生命者,在我看来,偶尔对人的个体的敬重却不足。

4.8.4 霍尔姆斯·罗尔斯顿:自然自身的价值

美国科罗拉多的哲学家霍尔姆斯·罗尔斯顿代表了一种生物中心论的环境伦理学[274],明显地接近于深层生态学[275]和保罗·泰勒。他极为重视自然本身的价值(intrinsic value)[276]。对他来说,生存是最高价值,因而是"万物的尺度"。因为个体只有作为生态系统中的类族才能生存,一个类族的生存优先于个体的生存[277],全球的进化过程优先于个体的发展。后者只有通过前者才有可能。罗尔斯顿视为与自然适度交往的东西,应该在他为企业家(制定的)17条环境伦理标准上例证性地被阐明了[278]:

(1)把一个生态系统当做一种可靠而有效率的经济系统来尊重。

(2)越罕见的一块自然区,越该少作改造(我们就越应慎重地在那里从事经济活动)。

---

[274] 罗尔斯顿,H.:Environmental Ethics. Duties to and Values in the Natural World, Philadelphia,1988;Ders:Environmental Ethics:Values in and Duties to the Natural World, in:Bormann, F. H./Kellert, S. R. (eds.):Ecology, Economics, Ethics. The Broken Circle, New Haven/London 1991,73—96.

[275] 参阅第4.5节。

[276] 罗尔斯顿.H.:《环境伦理学》(1988),版本同前,第186页之后几页。对此的批评,参阅 Callicott, J. B.:Rolsten on intrinsic value:A Deconstruction, Environmental Ethics14(1992),129—143。译者在这里要特别指出的是 intrinsic value 一般被翻译为"内在价值",诚然是不错的,但在环境伦理学中,其主要的意思是强调"自然"本身有价值,这种"价值"不依赖于"自然"对于人类的功用关系或需求关系,不是在"自然"的"内在"与"外在"意义上而言的,所以译者认为,翻译成"自然本身的价值",更能体现当代应用伦理学的本意,而且不易发生误解。

[277] 同上书,第146—158页。

[278] 同上书,第301—327页。

4. 当代伦理学中保持适度的伦理

(3)越美丽的一块自然区,越该少作改造。
(4)越脆弱的一块自然区,越该少作改造。
(5)感觉越敏锐的生命,越应予以尊重。
(6)尊重生命,对类族的尊重优于对个体的尊重。
(7)把大自然首先视为共同体,其次才视为使用物。 [S.214]
(8)爱你的邻人如爱己。[29]
(9)不要借口问题复杂推卸责任。
(10)不要误用公关技巧自欺欺人。
(11)有德性常常优于合法性。
(12)承认环境决策中举证负担比较困难。
(13)把道德判断贯穿于企业活动的所有领域。
(14)作长远的打算。
(15)要指望别人承担的风险比你自己承担的更小一些。
(16)要采取措施解决大家必须共同面对的事情。
(17)对公司的施压是可以批评的。

4.8.5 格奥尔格·皮希特:尺度之为世界秩序

德国哲学家格奥尔格·皮希特从一个完全不同的方面阐发了他的"尺度的概念"[30](下文括号中的数字与这篇论文相关)。他在这里紧密联系古希腊哲学、尤其是赫拉克里特和柏拉图的哲学,寻求伦理标准。生态学作为"自然内在尺度的知识"(第418页)遵循的是:"在自然中没有任何东西不是内在于它的特殊尺度而存在,如果它们跨越了它们的尺度,个体、社会和帝国都将毁灭"(第419页)。他的尺度"不是规定为永恒固定的大小",而是与古希腊哲学的比例学相适应,规定为"整体和它的部分之间的关系",一个家庭(oikos)秩序的要素,一种宇宙秩序的布局,某种不能被人为设立的东西(第423页)!近代力学就是从这种枷锁中解放出来,而"我们当今却学会了,生活只有在尺度中才是可能的"。(第421页)在这种意义上,增长不是趋向于一个最大值,而是趋向于一个"相对的最佳值"(第424页)。增长不是一个量化过程,而是产生物

---

[29] 他普世地理解邻里关系(Neighbourhood),把非人类的共同世界包含在内。
[30] 皮希特,G.:《论尺度概念》,载于 Eisenbart, C. 主编的《人文生态学与和平》,斯图加特1979年,第418—426页。

理效用(Zur-Geltung-Bring der Physis),让隐藏在大自然中的东西显露出来(An-Licht-Bring)。"如果我们继续像从前那么干,而不探究,在自然给予我们的活动范围中预先规定的究竟是何种增长尺度,我们就将摧毁我们的生物圈。"[201]但这些尺度不是如同在《圣经》传统中那样由作为造物主的上帝所确立,相反,对于皮希特而言,是作为逻各斯内在于物理学中的。

4.9 生态经济学:可持续的经济

[S.215]

如果财富的生产与消费,也即整个经济活动都以保持适度为目标的话,适度品行才能够达到效力于保护生态的目的。所以我们与时下保持适度的伦理设想的讨论以这个问题结束:在经济中存在哪些达到适度的蹊径? 在经济伦理学中有两个标准的目的例子,我们已经说过了。[202] 在企业的经济实践和经济政策中也存在丰富的设想。当前对此具有魔力的公式就是"持续发展"[203]这个主导价值。我们在下文以两个例子探究这些伦理内涵。

以质的增长[204]取代量的增长,自从 20 世纪 70 年代初罗马俱乐部《增长的极限》[205]这个报告发表以来,就是目标公式[206]。可持续、长久、长期支撑生活的发展(它的同义词是 sustainable Development)和生态平衡经

---

[201] 皮希特,G.:《自然的概念及其历史》,斯图加特1989年,第165页。

[202] 参阅第4.3节。

[203] 参阅第5.4.1节。

[204] 质的增长的一个富有帮助的定义是:"不是每种增长都是进步。(进步的)增长必须是这样的增长:保障自然的生活基础的安全,改善生活和劳动的质量,减少依附性,促进自决性,保护生命和健康,保障和平,为所有人增加生活机会和创造未来的机会,支持创造性和主动性。那些危及自然的生活基础、降低生活质量和糟蹋未来机会的增长,必须缩减或者停止。"(德国社会民主党的原则纲领,1989年12月20日,39)

[205] 梅多斯,D. 等:《增长的极限——罗马俱乐部对人类状况的报告》,斯图加特1972年,第141页之后几页。

[206] 这个目标迄今为止尚未达到,因为质的增长迄今为止尚未从量的增长返回。但愿信息社会能够与工业社会相反,通过非物质的信息从根本上减少物质和能源消耗,这一希望迄今没有得到应验。对此,M.宾斯万格以信息产业为例已经指出来了:《信息和熵——对向信息经济过渡的生态学透视》,法兰克福1992年。

4. 当代伦理学中保持适度的伦理

济㉘⑦，在当今日益被承认为经济活动的目标。持续发展变成经济与生态和谐尝试的总概念。自从20世纪70年代中期以来，这种概念和要求也在教会中变成纲领。㉘⑧

[S. 216]

"持续发展"这个概念，1981年出现在《全球未来》这个报告中，这是对《全球2000》㉘⑨的后续报告，它是1987年环境与发展世界委员会关于"我们共同的未来"这个布伦特兰(Brundtland)报告的基础㉚⓪，同样也是

㉘⑦ 生态平衡经济最著名的代表人物之一是世界银行经济学家H.戴利，他的一些著作：Steady-State Economics, San Francisco 1977；他主编的：Economics, Ecology, Ethics, San Francisco 1980；Steady-State Economy: Postmodern Alternative to Growthmania, in: Griffin, D. (ed.): Sprituality and Society, New York 1988, 107—121；Steady-State Economy, Washington 1991（例如，他在这本书中阐述了一种平衡经济的三个条件：1. 对再生资源的使用率不可超过其再生率；2. 枯竭性原材料的使用率不可高于自身再生的原材料源的建设率；3. 有害物质的传播率不可高于环境对有害物质的吸收溶解率）；Steady-State Economics: Concepts, Questions, Policies, Gaia 1/1992, 333—338。戴利在他在联合国环境与发展大会上对普世基督教委员会所作的报告中指明了宗教、伦理与可持续发展之间的关系：Sustainable Development: from religious insight to ethics prinziple to economic policy（手稿）。两位荷兰的经济学家——并非最终通过普世基督教的接触——也同戴利合作，其中一个把平衡经济阐发为保持适度的经济：Goudzwaard B./de Lange, H.:《既不短缺也不过剩——呼吁一种新的经济学》，慕尼黑1990年。一位德语范围内的平衡经济先锋是圣伽勒(St. Galler)经济学家H. Ch. 宾斯万格，例如在《走出福利下滑之路——NAWU报告。反失业和环境破坏战略》中，法兰克福1979年。N. Georgescu Roegen早在1971年就阐发了一种以生物学进程为定向的生物经济学：The Entropy Law and the Economic Process, Cambridge/Mass. 1971。不同的模型请参阅Fritsch, B.:《经济增长和生态平衡——模型与观念》，载于Stolz, F.主编的：《科学中的平衡观念和非平衡观念》。韦斯特，F.将生物控制论运用到经济计划上来：《网络化思维的主导动机》，慕尼黑1989年，第149—174页。凯塞尔，H.指出了在《圣经》创世记中有一种"创世的经济学"：《神学的经济伦理学》(取得教授资格论文手稿)，版本同前，第136—170页。

㉘⑧ 自从普世基督教教会委员会第五届内罗毕全会以来，就以"公正、合作和有生存能力的社会"为纲领，相关的经济纲领，在1979年波斯顿关于信仰、科学与未来的ÖRK大会上作了明确阐述。对此请参阅Abrecht, P.主编的：Faith and Science in an Unjust World, Report of the World. Council of Churches` Conference on Faith, Science and the Future, Genf, 1980, bes. Bd. 2, 130ff (Economics of Sustainablity. 我本人在这个分会是作为研究生代表参与工作)。

㉘⑨ 《全球未来。是行动的时候了——对给卡特总统的报告的改写》，弗莱堡1981年，第152页之后几页。这个受卡特政府委托改写的报告，没有被里根政府发表。

㉚⓪ 《我们共同的未来》，环境与发展世界委员会布伦特兰(Brundtland)报告，由V. Hauff, 主编，Greven 1987年，第9—10页。

1991年以"善待地球"为主题的第二届"守护世界战略"[291]，即1992年罗马俱乐部的"增长的新极限"这个报告的基础[292]，当然也是1992年里约热内卢联合国组织的世界环境与发展大会[293]的基础。

4.9.1 联合国环境与发展大会的企业家咨议会

持续发展也是国际行动学会[294]和在联合国环境与发展大会上形成的"关于持续发展的企业家咨议会"的国际康采恩48位顶尖企业家的企业伦理的基本概念和主导价值。他们对于持续发展的视野，在斯特凡·施密特黑尼这个瑞士最强大的工业巨头之一的领导下，在《行情交流》(*Kurswechsel*)[295]一书中阐发出来了，下文我们就要针对他们的视野探究一下，在这本书中他们对于经济领域究竟表达了何种保持适度的伦理（括号中的数字就是《行情交流》的页码）。

[S.217]

长期可承受的发展在布伦特兰报告中被定义得勉强还算准确："我们理解的持续发展是，它适应当代人的需要，而又不威胁到未来后代满足他们自身需要和选择他们生活方式的可能性。"[296]准确地说，这个定义也奠定了《行情交流》这本书的基础（第31页），并且施密特黑尼也承认："阅读布伦特兰报告，对于我曾是一个重要的事情。"[297]在《行情交流》中所列举的对持续发展最重要的价值和尺度，我们可以总结如下：

——生态与经济相关联。"自然环境的保存和企业富有成效的发展是一物两面，表现了同一块奖章，它的正面就是对于人类文明进步的尺

---

[291] 《善待地球——可承受的生存战略》，由IUCN(World Conservation Union)、UNEP(Umweltprogramm der Uno—联合国组织环境纲领)和WWF(世界野生动物基金会)出版，Gland/Genf 1991年。

[292] 梅多斯，D.等：《增长的新极限》，斯图加特1992年，特别是第230—260页：向可持续发展的过渡。这个报告把1972年的预告同20世纪90年代初的状况作了比较。

[293] 这是在里约世界大会上签署的《里约公约》如21世纪议程的主导价值。

[294] 国际行动学会ICC: from Ideas to action. Business and Sustainable Development, Unced edition, Paris 1992; ICC：一种长期有承受能力的发展宪章，1990年发布。

[295] 施密特黑尼，St. 以及关于可承受的发展经济咨议会(Business Council for Sustainable Development)：《行情交流：全球企业家对于环境与发展的视野》，慕尼黑1992年。

[296] 《我们共同的未来》，版本同前，XV。

[297] 绿色管理者。R. Ribi 和 Ch. Waefler 对斯特凡·施密特黑尼的访谈。Brückenbauer(苏黎世)Nr.22，1992年5月27日，第32—35(32)页。

度。"（第26页）

——预防原则：应该尽早找到措施。"科学的不安全性不可作为原谅更大规模的环境破坏防范措施不力的理由。"[28]

——质的增长：经济增长是必要的，但必须是质的增长而非量的增长，就是说，是在最小的或者至多是保持同等的资源消耗情况下的增长（第35—36页）。

——生态效率[29]：这是急需的，因为目前的限度与其说是由资源开发造成的，不如说是"由生态系统对废物的吸收能力造成的"（第37页）。上述企业所描绘的生态效力指的是"改善其工作方法，替代有问题的材料，采用无污染的技术和产品，努力提高资源的利用率和再利用率"（第38页）。

——平等和团结：这是一种"集体伦理的要求，这种伦理不仅基于国民和国家之间的机会平等，而且也基于当代人和未来后代之间的团结。"（第40页）

——参与性："所有社会成员参与决策过程"，同一个"从来未曾有过如此规模的国际合作联系起来"（第34页）。

——互补性：要有"同时达到两个表面看来相互对立的目标的能力"。对于企业而言，就叫作同时"改善质量和降低成本"[30]。

——"正确组合"：持续的发展需要正确组合国家和国际之间的种种命令和监督，市场统一的工具以及自我调节（第49—62页）。因此尺度在于避免计划经济或者市场经济的极端化行为并发现国家框架条件和企业家首创精神的共同作用。

作为通向持续发展之路的步骤——总是从企业家的视野来看——可以像企业的领导一样列举出大量经济政策、发展政策和环境政策的市场经济工具。

——国家的命令即便"在将来对所有国家也是必需的"（第50页），但应该更多地被市场统一的工具所取代。对于正确组合国家和市场统一

---

[28] 《行情交流》中附加了这条总结，7。

[29] 世界观察研究所非常类似地要求一种"效率革命"。布朗，L. 等：《拯救行星地球——关于一种生态上可持续的世界经济的诸战略》，法兰克福1992年，第33—47页。

[30] 同上书，21，《行情交流》，第124页之后几页。

的工具而言,政府和企业应该以下列原则为方针:效率、灵活性、信赖创造性的框架条件,对它们的逐步采纳,对所有人平等的框架条件,透明度(第61—62页)。进一步说,支撑它们的事实上是政治秩序不起调节作用的观念,这种观念在世界范围内加强了市场的开放性,致力于削弱对贸易的限制(第112页之后几页)[301]。在这一点上,《行情交流》与A.里希的经济伦理学处在某种张力中,里希出于经济伦理的理由,怀疑并反对这种(政治秩序)不起调节作用的观念,尽管他也认为这种观念部分的是合理的(他在市场经济有必然的调节作用和不可能规则化Reglementierung之间作出了区别)[302]。说所追求的世界自由贸易秩序对于正义的伦理要求而言将变得合理[303],从生态学角度也是可以持续的,同说它是安全可靠的完全不是一回事。[304]

——环境成本按照引发原则要包含在产品价格之内被称作重要的市场经济工具(第44页之后几页)。魏茨泽克,E.U.v.的要求,"价格必须体现真实情况",同样也是生态学上的要求[305],在这里被企业家接受了。

——生态效率也必须在发放信贷上—通过资助"绿色"设备—基金—和在社会保险活动中,因此是在整个资本市场上,成为一个重要的标准(第91页之后、317页之后几页),同样

——在贸易中,例如在合伙政策上(第112页之后几页);

---

[301] 对于瑞士:《国际竞争中的瑞士经济政策——一种政治秩序纲领》,苏黎世1991年,特别是第31—41页。斯特凡·施密特黑尼是主编和前言作者之一。在马克斯·施密特黑尼基金会的支持下,修订这部书的理论基础得以可能:Mosser,P.:《国际竞争中的瑞士经济政策——一种政治秩序分析》,苏黎世1991年;对于拉美请参阅:De Soto,H./Schmidheiny,S.(ed.):Las nuevas reglas del juego. Hacia un desarrollo sostenible en America Latina,Santafe de Bogota/Columbien 1991,在这部书中找到对于一种持续发展的改革建议,例如通过消除制度建设的无出路(第151页之后几页),促进民主(第197页之后几页),扶持中小企业(第95页之后几页)。

[302] 里希,A.:《经济伦理学》,卷2,《从社会伦理的视野看市场经济、计划经济和世界经济》,居特斯洛1990年,第275、327页。

[303] 对此请参阅Kessler,W.:《从一种新的世界经济秩序到一种新的世界自由贸易秩序,或者以更多的自由贸易取代更多的正义》,ZEE36(1992),第32—40页。

[304] 受奥地利政府委托,国际研究所1992年编写的应用系统分析研究(IIASA)得出结论说,一种尽可能自由的世界贸易同持续的环境保护是不可能统一的。

[305] 魏茨泽克,E.U.v.:《土地政策》,达姆施达特1990年第2版,第143—158页。也请参阅Binswanger,H.Ch.:《金钱与自然——在经济与生态之张力域中的经济增长》,斯图加特1991年。他特别是从历史的角度指明金钱与自然的关系。

——在技术改造过程中以更环保的产品为目标（第141页之后，第337页之后），跟发达国家进行技术合作（第166页之后）；

——在林业、农业的可再生资源的利用上（第186页之后，第396页之后）。

在《行情交流》书中，顶尖企业家的大多数准则和诉求已经被纳入到布伦特兰的报告中，并且几乎20年以来，都被那些追求经济与生态和谐之道的经济学家们的研究所接受，例如H. Ch. 宾斯万格，U. E. 西蒙尼斯，E. U. v. 魏茨泽克和H. 戴利等等。而这个报告的希望所在，就是企业领导（终于）接受这些诉求中。生态与经济的和谐在这里绝不是无矛盾地达到的，例如在进一步发展世界贸易的要求和以生态效率为目标的想法之间就存在张力。如果只有假定大自然"也有它们的价格"（第43页之后几页），大自然才能从经济角度被感知和保护，这虽然在经济学上是合乎逻辑的，把外在成本包括在内也是一个很重要的原则，不过也表现出这个意图的限度，经济的生态化要通过自然的经济化才能实现。敬重自然的尊严，其理由不可只是基于自然具有它们的价格，而是基于租赁—性质（Leih-Charakter）和生命的不可收买与不可支配性。此外在《行情交流》一书中，对土地的所有权和土地评估问题几乎完全被排除在外，但这个问题无论是对于经济学家宾斯万格还是对于经济伦理学家里希而言，都是"对自然财富掠夺性开采的根源"。[306]

联合国大会企业家咨议会的初衷在许多方面都是令人印象深刻的。如果它的生态要求在企业里被实现，那就会收获良多。但自然的经济化在这种初衷里意味着，要一如既往地把符合市场规律的经济作为行动的标尺，自然本身的价值不受重视。与之相反，例如迈尔-阿比希则合理地要求，不要把经济选作尺度，而要把"文化选作尺度"，就是说："经济必须确立的目标和限度，不是从它自身中能够证成的，因为它包含了一个文化的框架，在这个框架中才能衡量自身，什么是经济成就，什么不是。"[307]所以效率，包括生态效率，不是内在价值，而是一种工具，一种使最大多数人和非人的共同世界有最大尊严的生存得以可能的工具。

在市场经济框架中对持续的经济的另一个质问涉及激发需求。就像

---

[306] 里希，A.：《经济伦理学》卷2，居特斯洛1990年，第313页。
[307] 迈尔-阿比希，K. M.：《为自然起义——从环境到共同世界》，慕尼黑1990年，第313页。

已经指明的那样,尺度的伦理永远在于,对贪欲(epithymia)的抑制。作为对个人的呼吁,这种要求太高了,只要经济的基础建立在市场之上,永远都必须激发出新的欲望。尽管有人也与加尔文一起确信,属于一种有人格尊严的生活,除了生活必需品之外,一定还有剩余,所以才为这种剩余寻找一种尺度。对于宗教改革者而言,尺度就是弱者和穷人。与此相比,剩余品的生产与消费是为富人的。换句话说:一种经济体系只要不是足以人道,那么,财富总是流向购买力最大的地方,而不是流向有最大需求的地方。

4.9.2 戴利和科布的福利指数

我们把什么认作和描述为自然的尺度,取决于我们度量什么。[308] 我们要度量的,可以说就是经济发展的量度。在决定要用什么作指标的背后,存在这个经济伦理的问题:我们用什么价值度量生活质量和持续发展。自从20世纪70年代以来,社会生产总值(GDP)作为也包括社会和生态成本的广泛的指示器,在强烈攻击下被认为是不能胜任的[309],例如,对环境质量,健康,工作岗位的满意度,有共同使命感的可能性,教育,公共安全(就无法以社会生产总值来衡量)。这种"生态—社会生产—决算"[310]导致这种认识:福利不能不断提高,因为人们毕竟是从社会生产总值中抽取福利,但在工业化国家中,大概自20世纪70年代中期以来社会生产总值就在减少!这种认识使得我们可以理解,为什么自20世纪20年代以来对于这种经济社会指示器就存在越来越大的反抗,但也正是因这种认识显示出,要是废除这一指示器,也丝毫无助于节流眼前实际的社会和生态的发展成本。企业家也承认,这种"国民经济总决算……恐怕并不能保证它比关键部长们、像财政部、工业部、能源部、矿山部乃至农林

---

[308] 参阅第2.4节。

[309] 参阅,例如 Zapf, W.(主编):《社会指示器》,3卷,法兰克福1974—1975年;Leipert, C.:《社会生产就其本性而言不足以作为福利尺度》,图宾根1975年;Binswanger, G./Geissberger, W./Ginsburg Th.(主编):《走出福利下滑之路》。NAWU—报道:反失业和环境破坏战略,法兰克福1979年,第100—105、145—153(315页之后)页;Spiegel, Y.:《经济伦理学》,版本同前,第179页之后几页;Hueting, R.: Correcting National Income For Environmental Losses: A Practical Solution. Vortrag an der internationalen Kirchentagung zur Klimafrag(在气候问题国际教会会议上的报告),Gwatt/Schweiz Januar 1990,发表于:Ahmad, Y. et al. 主编的:Environmental Accounting for Sustainable Development, The World Bank, Washington 1989。

[310] Simonis, U. E.:《生态定向》,柏林1988年,第40页。

部认真对待环境利益所采取的任何其他措施更为有效"[311]。

德国设在威斯巴登州的联邦统计局自从1989年以来制定了一种"环境经济总决算",自1992年以来数量不断提高。[312] 这份决算把社会生产决算围绕环境因素扩大,因此,为把生态整合到经济中作出了一个重要贡献。下列"10个基石"(生态因素)将被纳入到这种总决算中:

(1)原材料的开采和消耗;(2)派送;(3)派送的残留物(废料);(4)对自然的另外占用;(5)有害物质(土地、水、空气、噪声、放射物等);(6)有害环境的极端负担;(7)非正常干扰的日历表;(8)在占地区域和经济区域中为环保的金融开销(避免侵害成本,避免伤害成本,修缮成本等);(9/10)为评估派送方面和环境方面之变化的专家模型。[313] 一些必要数据的提高在目前开销很大,要求有新的方法(来决算)。例如,对土地使用的统计信息系统 STBIS 通过空中摄影从地貌表面植被的信息来判断土地使用的变化。

环境经济总决算建立在自然财富的金融化基础上。当给予自然和自然破坏一个价格时,自然在经济算计中是可把握的,当然,最有效的是影响经济内部的一种关系变化。从生态学角度,也包括从环境伦理学角度,对自然的金融化当然总是不断受到批评的。尽管如此我还是认为这是必要的,如果其限度得到承认的话,从伦理上也是可以得到辩护的。[314]   [S. 221]

在美国,世界银行经济学家赫尔曼·戴利——他也总是与普世基督教教会委员会合作——和前面已经介绍过的神学家约翰·科布共同制定了一个令人感兴趣的经济伦理指数:"持续的经济福利指数"(Index of Sustainable Economic Welfare ISEW)[315]。这个合理综合指数的伦理意义在于,他把物质福利、社会正义和保护生态联合作为福利指数。所以,他除

---

[311] 施密特黑尼,St.:《行情交流》,版本同前,第64页。

[312] 威斯巴登统计局:《通往环境经济总决算之路》,威斯巴登1991年;Egon Hölder,联邦统计局局长:环境经济总决算。1992年2月7日报告,Pressemappe;威斯巴登联邦统计局:1991年社会生产决算第一份成果,Fachserie18,Reihe1.1.

[313] Hölder, E.:《环境经济总决算》,版本同前,第10页。

[314] 更多的理由在第5.3.11节。Hölder, E. 在《环境经济总决算》,版本同前,第5—6页,完全承认自然金融化的限度。

[315] 戴利,H./科布,J. B.:For the Common Good: Redirecting the Economy Toward Community, The Enviroment and a Sustainable Future, Boston 1989, 401—455;也请参阅在布朗等主编的书中的紧要总结:《拯救行星地球——为了一种生态上可持续的世界经济战略》,法兰克福1992年,第128—131页。

了考虑平均的消费之外,也考虑收入分配和环境损害,例如,计算不可再生的原材料的消耗,因过度开垦导致的农业用地的损失,因湿度造成的损失和空气、水污染的成本。那些难以计算,但对持续的福利起关键作用的因素,如气候变暖和臭氧层破坏,也被包括在内。

ISEW 指数也被应用到德国(联邦德国)[316]。在这里具体的指数容易被改变。因此福利降低自 1980 年以来就出现了。[317] 与美国相比,"这个过程表现得相当类似,但细节的比较依然显示出许多不同"。[318]

ISEW 指数算是保守—谨慎的。它只能依赖可靠的统计报告提供的数据。在某些地方作者们自己也注意到,如果所有的环境因素都被算在内的话,那么发展事实上就只能得到消极的评估。出于同样的一些理由,这个报告从人类中心论的角度强调,它试图把未来后代包括在福利指数之内的可行性。但自然本身的价值在这里没有被顾及到。我认为,这个指数表现了为增长和一种适度的持续发展寻求一种经济尺度的正确道路。

这个 ISEW 尺度,与福利全面的、伦理的标准相适应,其缺点在于它依赖于福利数据的大幅度提高,这只有在少数几个发达国家才全面支付得起。而能够将某种经济伦理标准、福利指数投入使用的,也是少数几个家底殷实的国家。在许多南方国家连把婴儿死亡率作为"人的发展指数"[319]也未曾能够使用,因为它们不能合乎规则地提高这项开支。例如,它们勉强可以实施的,就是把按人头的谷类消耗作为食物基本需求的尺度。昂贵的指数提高无疑为经济和环境政治决策提供了重要的科学基础。但正是与此相关,南方以及北方的[320](!)国家局限性表明,这些决策

[S. 222]

---

[316] Diefenbacher, H./Ratsch, U.:《破坏自然导致贫困化——科学的政治限度》,法兰克福 1992 年,第 121—146 页。对于联邦德国,尤其参阅第 135 页之后。

[317] 同上书,第 317 页。

[318] 同上书,第 144 页。

[319] 这就是联合国组织发展纲领指数(人的发展指数 HDI)。

[320] 欧盟以 S.E.R.I.E.E. 项目(核心重点在于绿色国民环境保护支出账户——译者)为向一个"卫星账户"迈出了第一步,在这个账户里,至少有效支付的环境保护开支要在统计学上被提高。在这方面的争论还悬而未决,这项开支究竟是应该计算到社会生产总值中去还是应该从中取出呢?这个项目离戴利和科布所建议的一个全面的指数也还差得太远。伯尔尼的瑞士联邦统计局正好只有一个人,他必须修改整个环境统计。目的是,至少到 1994 年必须提高卫星账户的环境保护支出指标。这一切显示出,环境政策的种种决策也必须经常地在北方被落实,在存在统计学的基础之前。行动的合乎时宜性在这方面是适度品行的一个伦理标准。

也完全可能会受到寂静无声的严肃对待。因为它们完全会说,它们的福利究竟还要不要改善?婆罗洲原始森林中的居民们简直就完全智慧地知道,什么服务于生态的持续发展。所以经济伦理也在于,在经济活动中要加强准备倾听大家的意见。就像在风险讨论中那样,洞见到民主化风险评估的必然性,慢慢得到了贯彻,但愿对于什么构成福利,从经济伦理的角度展开一场广泛的讨论,是可望的。

4.10 中间总结:一种适度的普世伦理展望

存在着从自然科学角度可描述的、自然的内在尺度。但它们的明晰性比人们基于日常经验所推测的差了许多。这是第2章的成果之一。我们总是一再遇到决断问题,这些都不是从自然可以回答、相反只有从伦理学才可解决的。人不可推卸基于一个(共同)目标指向对不同价值进行权衡的伦理责任。但伦理学不也同样让我们迷茫吗?因为几乎有多少人就有多少伦理学。不正是以第3章的历史渠道为例指明了某些伦理初衷的对立性,它们在时代潮流中的相互包含性及其时代历史的局限性吗?

在眼前的这个第4章,我们以两方面的兴趣研究了从当代伦理学中挑选的三十好几个环境伦理学主旨:第一方面的兴趣是在对话中说明,哪些环境伦理的标准适用于同生态的一种适度交往,并因此适用于一种适度的伦理。第二方面的兴趣是阐明保持适度的伦理其神学的、哲学的、经济学的、跨宗教的和跨文化的原则究竟有多大的共同性,其中存在的差别如何。在这里不需重复在具体各节中所作的描述、批评和意义评估。在第5章我们将阐明,哪些标准符合于真正的尺度伦理。下列观点可以简短地综合为:共同性、差别、缺陷、普世伦理。

(1)共同性

已经示例说明的伦理学表明,一种耸耸肩膀的伦理相对主义是不合理的。在神学、哲学伦理学奠基性原则中的一切差别和对立,在当代表现了一种根深蒂固的知识:只有人类按照尺度伦理行事,人和共同世界才能生存和有尊严地活着。所探究的这些尺度伦理,尽管在具体内容上千差万别,却显示了共同的特征:

——人不是自己确立他的尺度(无论如何不是单独地),相反,尺度是被给予他的(通过上帝、理性、共同世界的对立面、宇宙秩序等)。由此产生的生命的不可支配性将在原则上得到承认,但具体的理解诚然是多

——敬重、敬畏、倾听、不伤害、释放这些基本品行优越于使用、强占、话语、改变、占有。

——价值的最大化被否认,最优化被追求。

——绝对主义被否认,一种价值的平衡被追求。

——绝对规范的和价值等级的伦理思想趋于解决,通过价值相关的联系(生态学作为交换关系和网络系统的科学)。

——自身利益和其他生物的利益之间的均衡借助于优先规则来寻求。

——限制不被批评为自由的障碍,而是被承认为长期保持自由的条件。

——变化作为发展受到肯定,但同持久能力、持续性相联系。

——保持中道不被降格为中庸,而是被尊崇为一种动态平衡的能力。

——适度地生活不被解释为软弱,而是被认作性格强硬和最高要求的目标。

——世界宗教的主流追求在世界衰败和世界毁灭之间、占有欲和蔑视占有之间、享乐主义和禁欲主义之间的中道。不同的享乐主义和禁欲主义的运动在世界宗教的潮头涌动,但这引起世人不知所措。

——从历史上来看,适度品行有时从个体角度被规定,狭隘化为自制,同敌视肉身相联系,这在当代的原则中几乎没有出现。宁可说,当代的适度伦理是与肉身友善的,保持适度在制度上的必然性被多数人承认。

(2)差别

在我先说了共同的方面并比较高地把它们评价为趋势之后,隐藏差异性也就不合适了。所阐释的人类中心论的、生物中心论的、生态中心论的、整体主义的和神中心论的环境伦理学初衷表明,与自然保持适度交往非常不同和宽泛。特别是,从所有生物原则上平等出发,像在生物中心论的初衷(例如美国哲学的环境伦理学家)[221]中所代表的那样,是否在干预自然时能够构成最外在克制的适度,或者,从例如天主教环境伦理学家所代表的[222]人类中心论出发,强调人类对于当今生活和挨饿的几代人所担当的整体职责和责任,是否也能够和必须要求强有力地干预才是适度,这

---

[221] 参阅例如第4.8.3节和第4.8.4节。

[222] 参阅例如第4.2.5节。

总是争论不休。诚然,多种多样的初衷表明,温和的人类中心论和温和的生物中心论可以达成一些很类似的伦理标准。这同样也适用于功利主义的和责任伦理的环境伦理学之间的区别。[823] 在这种观察中反映出的事实是,伦理学知识的源泉[824],除了理性和启示外,还包括对目前生态和共同世界所遭受的威胁的共同经验。这些经验也能够导致一种基于不同的世界图景和神学—哲学基础的共同伦理。

在基督教信仰之间有明显的不同,一如既往地存在这个问题:受造界伦理学应该重视的究竟是基督徒和教会的转变还是"世界的转变"。在新教和天主教的受造界伦理学中,突出的是"世界"的转变,而在东正教那里,在教会中产生的圣礼表达了一种新的创世,因此也总还是环境伦理学努力的中心。[825] 就万物有灵论得到更多的重视而言,诚然也在新教和天主教的初衷中不断得到承认,而且恰恰是在(几乎完全超越了信仰)女性主义和解放神学的受造界伦理学中被推向前台。[826]

(3)缺陷

广泛地讨论环境伦理学的证明模式,特别是人类中心论和生物中心论之间的争论,是必要的,而我的看法是让大多数环境伦理学中的经济学观点完全退居幕后。除了如在里希和施皮格尔的经济伦理学中以及如在戴利和宾斯万格[827]的一种持续的世界经济的初衷中之外,经济结构的意义(对于制度化贪欲意义上的环境破坏是消极的,而对于保持适度的有效方法则是积极的)变成了旁注。[828] 尺度伦理的真正规划也只能在点上接受经济的维度。[829] 环境伦理学除了必定是生物伦理学之外,同样也必定是经济伦理学和政治伦理学。

环境与发展的联系在我们所探究的环境伦理学中还没有充分地发挥。非常细致而且很有深度地得到解释的,是保护自然的生活基础的标 [S. 225]

---

[823] 参阅例如第 4.8.1 节和第 4.8.2 节。

[824] 对此参阅第 1.4 节。

[825] 参阅例如第 4.6.3 节。

[826] 参阅例如第 4.4 节和第 4.5 节。

[827] 参阅例如第 4.3 节和第 4.9 节。

[828] Lochbühler, W.:《基督教环境伦理学》(博士论文,1995 年出版),阐发了生态和经济之关系的一些规范标准。

[829] 也在第 5.3.11 节、第 5.4.1 节、第 5.4.2 节、第 5.4.8 节、第 5.4.9 节、第 5.4.12 节。

准,但目前60亿活人的(因此不只是未来后代)生存需要和发展需要之间的内在利益冲突在有些人那里关注得太少。人类的一半主要是以米饭为生。到2025年将有70%多的大米必定减产。以比今天更少的土地,更少的水,更少的肥料和更少的能源,产量如何能够达到大的提高呢?环境伦理学本身就必须提出持续发展这个紧迫的问题。

(4)普世伦理

一方面在日益急迫的困境压力下,另一方面很可能是日益增加的非理性的无度化,导致保持适度的伦理必须和能够变成一种普世伦理,这种普世伦理被世界共同体承认为共同的价值基础!特别是从1992年在里约召开的环境与发展世界大会以来,对"持续发展"这种价值的广泛承认就证明(全球伦理迈步)在此方向上。人类的自制(尤其是指老工业化和新工业化国家)不是由于洞见到与工业化相关的赢利而出现的,相反是受到生态系统的资源紧缺、分配斗争和部分毁灭的强迫而达到的。不过,在富裕中学会适度生活的人,肯定会在即将到来的匮乏中更好地生存!即使不能让自己从责任伦理和利他主义的角度确信尺度伦理的魅力,也许通过这种利己—功利主义的证明而使自己赢得它。

尺度伦理的真正尝试立刻就要在第5章展开。它要从基督教的环境伦理学视野为一种尺度普世伦理方面作出贡献。这样一种普世伦理必须和能够由不同的宗教和世界观支撑起来,因为在当今相互从属的世界中,生态保存只有同心协力才能成功。基督教的环境伦理学为此带来了真正的观点。

5

基督教环境伦理学的适度伦理纲要

[S.226]

所有基督教环境伦理学的基础问题是,上帝为了保存和完成他所创造的世界,给予了人类以及非人类的环境哪些托付。《圣经》文本以完全不同的表述证明存在着这些托付以及人类对此托付的应答,从控制大地(dominium terrae)的保管托付(《创世记》1,28)直到这种感激性的惊异:弱小无力的人在辽阔的宇宙中竟然也能起到一种作用:"啊!人算什么,你竟顾念他!"(《诗篇》8,4)

不过,对于"我应该如何与世界相处"这个伦理学问题,神学更突出的是这个问题:"我这个属于世界整体中的人究竟是谁?"①下列回答是基于我们的初衷的:我是这样一个人,为上帝所爱,处在同样为上帝所爱的遍布世界的众人之中,以及在创造性的共同世界中。我是地球这个客栈中的一个过客。上帝提议的直陈式以上帝戒命的命令式为前提。如同一根红线贯穿在《圣经》文本中,上帝的提议告诉人,可以成为他的客人。"我在世上不过是旅客"(《诗篇》119,19)就是人的应答。真正的环境伦理学以作为过客的人这个形象为基础,将在这一章阐发的尺度伦理学建立在这个基础之上。它包含了在第1章(1.4.1)从方法论角度讨论过的四个认识源泉:启示、理性、经验和共同体,自然可以理解为是基督教对于一种同环境适度交往的普世伦理的贡献。这种伦理学的出发点是一种从神学上证成的对于"过度"丰盈的积极评价(第5.1节)。简明的"客人人类学"(第5.2节)是下文关于一种尺度伦理的两个系列12纲要(是以一种为了地球这个共同家园的"客人守则"为形式阐述的)由以建立的基础。这里首要的问题是,如何能够履行尺度守则(第5.3节),其次的问题是,何处存在尺度这个问题(第5.4节)。

---

① 对此也请参阅第1.4.2节。

5.1 太初造物主的过度

我们的研究开始于"以惊异开始"这一节。与此相应,现在的第 5 章以对上帝创世的"无度性"即对他造物过度充沛的惊异开始。太初能够适度生活的是这些生活在富足中的人:惊异地赞赏大自然之充沛的人,就认识到了上帝的无限恩典;经历了溺爱的人,就如同神秘主义者身临其境地直观到了上帝的富足,他可以施舍太多,他也能够适度地生活。乃至基督教伦理学把福音放在律法前,把直陈语句放在命令语句前,把恩典的提议放在美好生活的戒律前,它首先言说的是上帝做了什么,然后才说,人应该做什么②,所以,基督教伦理学不是以"畏惧和颤栗"③开始——尽管这也是重要的④——而是以对丰盈的喜悦开始。

"倘若没有过度,我们何以
认识我们的上帝? 毕竟是他行之于未有,
自然中纯然只是动物、矿物的痕迹:但
珍珠母的光艳在雨中交辉成桥,
月上童话光辉闪耀,神秘的彩虹
根植于深海贝类的鳞片,
必然的交配为了继续繁殖
为了燎燃火的美丽
哪怕是杂草丛生也并非就是无花的增溢……"

这首罗宾逊·杰菲尔斯的诗⑤准确地捕捉到了这种惊异。库尔特·马尔缇继续把它谱写:

"这,诚然是神圣的挥霍,
是上帝的爱欲,
远远超出了目的与需要
而我们吝啬的自我却羞于

---

② 例如在 H. 乌尔利希那里强调的:《末世论与伦理学》,慕尼黑 1988 年,例如第 9 页。
③ 如汉斯·约纳斯的《责任伦理学》,参阅第 4.8.2 节。
④ 参阅第 5.3.9 节。
⑤ 杰菲尔斯,R:《诗》,Passau1984 年(出自诗:《上帝的过度》)。

像个贪图多国的赢家！……"⑥

完满是创造性工作的一个特征。如果人心完满，就远远不只是能够创造有用之物。完满，创造力的过度丰盈是上帝创世活动的一个标志，表达了他满怀的喜悦、充沛的爱心和爱欲，他对生命的极度快乐、他冲破一切局限的伟大。基于此才有受造物的多样性。

人的无度总的说来只是由于世界中隐含着"无度的"丰盈才是可能的。我们只需想想石油、天然气和煤炭的巨大储量，它们之所以变成生态问题，只是因为人在极短的时间内消耗它们，因此无度地超出了地球生态系统的承受能力。丰盈在受造界中的另一个例子是物种的多样性，我们随后要返回来对此进行伦理的评价。⑦ 造化的丰盈表达了造物主自身的丰满。丰满，希腊词是 to pleroma，在《圣经》经文中是上帝和基督的一个重要属性。保罗就激情洋溢地描写了"基督丰富丰盈的恩典(pleroma)"(《罗马书》15,29)。《约翰福音》强调："我们是从他的丰满中领受一切恩典"(《约翰福音》1,16)，在基督身上显现出上帝完全的丰满(《约翰福音》1,16;《歌罗西书》1,19)。此外在上帝的丰满中也包含了整体的完满方面，而在上帝中能够完满地包含现实的整体⑧。天主教会的创世神学更加强调上帝的这种丰满。⑨ 在我们这里，这种丰满必将更加明确地加以接受。

这就是说，例如，丰盈就已经根植于太初造化(原初的创造)的巨大多样性中，接着，在继续的创世(连续的创造)中，例如在爱中表达了它。爱，特别是爱敌人，尤其令人印象深刻，突破了人们以理性方式所能期待的尺度。完满意义上的丰盈从伦理上表现为在爱中成全律法的完满实现(《罗马书》13,10)。例如当爱转变成恨时，它"从虚无中"(ex nihilo)创造新的东西。于是，耶稣既以适度同时也以无度来表征生命。当他三次

[S.228]

---

⑥ 马尔缇，K.:《啊，上帝！随笔与沉思》，斯图加特1986年,62(出自《上帝的爱欲》这首诗)。

⑦ 参阅涉及生态学的第2.3.4节和涉及伦理学的第5.4.6节。

⑧ 对此也请参阅 J. 费舍尔的《在科学、神话和基督教信仰之张力中的整体性》，载于 Ch. 托马斯主编的《追求整体性的眼光——科学中的整体性观点》，苏黎世1992年，第233—244页。在费舍尔肯定了神学对"整体的现实要求"之后，他有权探问，当今神学是否不能过高地要求，这种要求能在科学所开辟的复杂世界中得到兑现(236)。

⑨ Gregorios, P.: The Human Presence. An Orthodox View of Nature, Genf 1978, 66—68.

受魔鬼试探,与自然和贪欲限定的外部力量对抗时⑩,他承认了人类生存的自身限度(Selbstbegrenzung)。同时他在爱和自我献身中是"无度的"⑪。与此相关,对人的尺度和局限的突破在复活中达到顶峰,在复活中耶稣基督通过死和罪超越了人的局限。那么,通过复活,丰盈将变成一个末世论的范畴。永恒性是由过度(hyperbole)辉煌来表征的。保罗在给哥林多教会的信中写道:"我们当前所遭受的这点小苦难,要为我们创造出无限丰满的永久荣耀(《哥林多后书》4,17)。"人们感觉到,在这里由于心的丰满对他有用的几乎就是语言。那么最终的造化(最终的创造)还是以比太初的造化更大的尺度完成了丰盈。

丰盈也意味着,一再不可能的东西变得可能了,这样也就能够为不被期待的东西留下空位:"上帝借助他设计的Epangelia(预兆)而存在,因此我们此岸的、可见的、符合规律而有条不紊的世界的恒常性受到质疑。他以其预兆要求远远超出一切可能的东西,并因此也超出可算计的东西!他有意达到不可能的东西……"⑫在充满生命和恩典的色彩斑斓的彩虹之下,丰盈从太初延伸到了完成的造物,人和其他的受造物才得以塑造他们的生活。这就是基督教的尺度伦理立于其中的预兆的框架、弧线和正面的描画。

黑尔德·卡马拉曾经指望:"我愿成为一滴晶莹的水珠,并映照出天空!"⑬如果天空的特征表现为无度的丰盈,那么就应该在人类当中反映出来。对此的象征就是《圣经》中伯大尼的妇人,她从她所感受到的上帝的完满之爱中,把一整瓶最贵的油倾倒在耶稣的头上⑭。关于上帝的爱欲,上帝的激情及其丰满的力之类的东西,是可以在形形色色的先知们"为了整体而孤注一掷的所有"激情中触摸到的⑮,在被圣灵充满的迷狂

---

⑩ 《马太福音》4,1—11。参阅第3.2.2节。

⑪ 关于献身作为耶稣的基本特征,参阅本书作者的:《调解与旗帜鲜明》,苏黎世1988年,第428页之后几页。

⑫ 伊万德,H. J.:《信仰与知识》,遗著I,由H. 葛尔威策主编,慕尼黑1962年,第196页。

⑬ 卡马拉,H.:《从我的心造出一道彩虹——午夜沉思集》,苏黎世1981年,第1页。

⑭ 《马可福音》14,3—9。对此也请参阅Rieser, E.:《渴慕丰盈——对人的尺度的探究》,第3部分,送准则的教会信使,苏黎世,17/1990,4。

⑮ Taizé基督教团契青年神职人员大会的主题就是这个。

5. 基督教环境伦理学的适度伦理纲要

(Ekstase)或苦行(两者本来就总是有些无度的)中,在男男女女殉道者的献身能力中,在相爱者的连为一体中,在上帝追求的精神竞赛中⑯,在科学家们⑰不受约束的研究冲动中,在政治家们为了正义的投入中,从企业家为了保障劳动岗位,从环境保护者为保护环境的行为中都能触摸得到。

[S. 229]

就像马哈特马·甘地所强调的那样,一个学会了打仗的士兵宁可投身于一个无武力的世界作为胆小鬼,这也适用于尺度伦理:一个激情洋溢的无度之人,宁可投身于尺度伦理作为一个谨慎的恪守中庸的人。在保持适度的伦理不能被越轨与狂热的创造力的喜悦经验——一点一点地!——渗透的地方,它就衰弱为中庸。无度的越轨行为总是在中庸那里偷偷地从后门溜进来并表现在如日常的、悄悄的消费主义的温和形式中,这种消费主义不知不觉地膨胀为消费癖。这确实是个问题,我们——工业化国家中庸的中产阶层的尺度——恰恰是对环境的无度越轨者!如果纵欲的和禁欲的行为能够整合的话,尺度伦理就是对生活友好并因此有担当力的。只要能认真地对待尼采对中庸的批评⑱,人们就不必像在尼采那里那样,对狄奥尼苏斯那么大肆地赞颂。多萝缇·泽勒肯定纵欲也是作为一种对受造物的爱的推动因素⑲,也能被纳入到环境伦理学的尺度中。对丰盈的神性东西的神秘直观也不是廉价的对世界的逃避,而是如此地"接近"世界,以至于放弃占有的饥渴,并导致在使用尘世财富时自我节制这样一种自明的结果,如同保罗的尺度"但愿人们不要贪图占有"一样。

这些限制肉体和精神的经验和种种超越限度的行为突破了适度,但本质上能够促成适度。这听起来如此悖谬,诚然是有两个必要条件的:第一,超越限度(这可以纵欲和禁欲来表征)是能够以是否对共同生活有利和是否导致单一化与自我主义的自我相关来度量的。特别是在保罗神学

---

⑯ 《哥林多前书》9,24—27:每一个运动员接受严格的训练,为了争取那个会毁坏的奖杯,但我们所求的却是那不朽的桂冠。

⑰ 探索冲动,好奇心,这个 curiositas(求知欲),也能变成无度,对此请参阅 5.4.3 节关于科研自由。

⑱ 参阅第 3.5.2 节

⑲ 泽勒,D.:《爱与劳动——一种生态神学》,斯图加特 1985 年,第 169 页之后几页。参阅第 4.4.2 节。

和伦理学中这个标准起着核心作用[20]。第二，过度的丰满在被造的世界这个条件下总只是一点一滴地和短暂地才可觉知：作为片刻的强烈幸福，作为精神上的幻觉，作为物质的丰盛，作为性高潮，等等。

创造的"无度性"这个被给予的视野如此地促进生命，如果人们想要占有它并将它变成持续状态的话，它也将如此地毁灭生命。而这确实在当代发生了。超常的东西变成了平常的东西，越轨从例外变成通常（这正是使生态的持续性遭受危险的东西），精神的振奋堕落成宗教的狂热，性的心醉神迷便成为日常生活中持续刺激的泛滥。

[S.230] 尺度伦理必须给予作为神性丰盈之镜的过度以空间。例如，在正统教会中，在无比丰富的礼拜中听得到这种声音。在天主教会中纵欲和禁欲过去和现在都有其固定的地位，从斋戒前夜直到斋戒。在新教教会中，经过宗教改革变得合理，超越限度的行为已经从这种制度化的犹太人区解放出来，因此上帝充沛的爱和恩典能够完整地渗透日常生活的整个领域。不过，短暂无度的节律也被消解为寻找尺度的手段。也许正是通过这样做，与一种世俗化的新教劳动伦理联系起来，才促进了我们连续的和民主化的无度之文化？无论如何，对于一种尺度伦理而言，是否不再加快短暂的超越限度（纵欲）和自愿匮乏（禁欲）的节律，以及是否能够促进长期的保持适度的节律！是可以慎重考量的。在教会内部，这种节律也是可以检验的。因此，它对于生态伦理却是意义重大，必须能够将它在整个社会中制度化。

5.2　上帝的提议：欢迎你来到世上作客

现在，如何能够把对（上帝）惠施的过于丰盈的受造物充分敬重和对它们进行破坏的限制一致起来？"你们要看管这个园子"（《创世记》1,28）这一托付，在后两篇（成文于2500年前巴比伦人的流放记）《圣经·创世记》的经文中，永远都是公共领域对人与其他受造物关系的最为著名的《圣经》陈述。绝对地看，它是《圣经》的主要主张，经常地被误解为压迫性的统治姿态，因此遭到拒绝。但这种看管园子的姿态，不能被指责为对自然的任意剥削。毋宁说，它的意思是指要负责任地与共同世界相处，就像某个国王与其臣民的交往，或者一个好的托管者（steward）与他受托的财宝的关系一样。这种认识在前些年（出版的）环境伦理学和阐释性著作中

---

[20] 参阅第3.2.4节。

5. 基督教环境伦理学的适度伦理纲要

不断地被说明,在这里也就不必详论了㉑。古老的《圣经·创世记》也把对(立足于如此富饶的地球家园上的)人类的伟大告诫,同要持续地和敬重地"耕种与保护"这个园地(《创世记》2,15)的戒命联系起来㉒。

上帝托付人类要充实敬重他的造物,现在不只是要从起源史上来阐明。人类在受造界整体中的地位以及因他的地位而得到的这一托付,是可以从世界的末世论目标上得到规定的,即从上帝要以他的王国的到来,来解放和完成这个堕落了的世界这样一些允诺来规定。除了在神学上必然要讨论对世界末日㉓这一灾难降临的畏惧外,在当代的环境伦理学中一再地指出这个托付在此世界中的末世论情绪,也是合理的㉔。我们将从另一种关系回到上帝之国的这一视野上来㉕。正是在这个末世论的公设中,现在有一种形象引入到我们思考的中心,就像有一根红线从救赎史的见证中引申出来:上帝是主人,而人是世上的过客。㉖

[S.231]

㉑ 新著作如伊尔刚,B.:《基督教环境伦理学》,慕尼黑1992年,第125—128页;施利特,M.:《环境伦理学》,Paderborn1992年,第136—141页;更早些的如施特克,O. H.:《世界与环境》,斯图加特1978年,第78—82页;关于控制大地的影响史:克罗尔齐克,U.:《环境危机——基督教的后果?》,斯图加特1979年,第70—80页。

㉒ 参阅第3.2.1节。

㉓ 这种讨论,例如也在科特纳,U.:《世界畏惧与世界末日——对这一启示的神学诠释》,哥廷根1988年;德勒威尔曼,E.:《致命的进步》,雷根斯堡1989年;封—拉布—斯特劳贝,A.:《2000年我们体验到什么?——以世界末日预言作为契机》,Olten1986年;Primavesi, A.: From Apokalypse to Genesis. Ecology, Feminism and Christianity, Turnbridge Wells1991年,第67页之后几页;阿尔特纳,G.:《受造物的保护与世界末日》,载于他自己主编的:《生态神学》中,斯图加特1989年,第409—423页;比索夫伯格尔,O.等:《对世界末日降临的害怕——基督徒的希望》,弗莱堡/苏黎世1991年。

㉔ 例如在林克,Ch.:《创世中的上帝》,卷2,居特斯洛1991年,第372之后;莫尔特曼,J.:《创世中的上帝——生态的创世学》,慕尼黑1985年,第116页之后,第281页之后;施拉格,W.:《对〈圣经·罗马书〉8,18—23段的研究》,载于莫尔特曼(主编):《自然中的和解》,慕尼黑1986年,第150—166页;伊尔刚,B.:《基督教的环境伦理学》,慕尼黑1992年,第136页之后,第157页之后,第304页之后。末世论的维度诚然可以被缩小,如果它被归结为"世界在创世安息日完成"的话,如同在施利特,M.的《环境伦理学》,Paderborn1992年,第144页之后出现的那样。

㉕ 在第5.3.6节。

㉖ 也参阅CH.司徒博的《我是世上的一个过客。自然保护——对基督徒和教会的一项托付》,《自然与人》6/1991.第225页之后。还有他的:《上帝看护—人保管—保存生活基础》(Gott behüte. Mensch bewahre. Die Lebensrundlagen erhalten),"给所有人以面包和斋戒奉献"1995年行动的基础文献,伯尔尼/Luzern1994年,第15页。

上帝在时间的终点并已经在时间中邀请参加客人大餐。他为他的客人提供了丰盛的造物并邀请他们参与对造物的完成。对这种允诺和这个提议人能够喜悦地、以最恰如其分的颂诗式地赞美和感谢予以回应！同时这个提议构成了伦理重新定向的基础：出于经验到的允诺，人可以像一位受尊敬的客人那样同地球相处。

上帝本身是主人。他自己准备了客餐(《耶利米书》25,6—8)。完成了的受造物是铺好的桌子。不是客人在这里挑选他的主人，而是主人盛请他的客人(《约翰福音》15,16)。

在《圣经》尤其是《新约》传统中，作为客人这个末世论的公设可以区别出三个维度：第一，在原始基督教对基督和完成了的上帝之国即将再来的切近期待中，作为客人与临时处境伦理相联系。这指向了永恒的天国家园。但当今，客人，当其行动不再源起于一种临时处境伦理之时，也要求一种伦理上的有效性，就像上文已经得到阐明的那样。第二，在世上得到延续的殷勤待客是最终的审判标准，因为随着对客人和外邦人的接受，人们接受了基督本身(《马太福音》25,35)。第三，在末世论的和好中，所有受造物之间相互达成了殷勤待客："狼将成为小羊羔的客人"(《以赛亚书》11.6)！那么，上帝的客人和众人的主人以及共同受造物的主人，现在就有了一种基本品行(Grundhaltung)，甚至可以将这种基本品行纳入到非人的共同世界中！

但是，作为客人这个人的形象的末世论公设，在《新约》中是核心，却不能与《旧约》中丰富的对世上客人的理解相融洽，尤其不能被纳入《出埃及记》所塑造的传统。在《圣经》传统中，也就像通常在近东和地中海㉗的区域文化中一样，客人和殷勤待客起着重要的作用。在这里，客人这个流行词(西伯来语 ger，希腊语 xenos)同时意味着客人和外邦人㉘。在宗教现象学意义上的众所周知的待人处事模式背后也存在着不为人知的模式，这种模式可能就是将在某种程度上带有敌对倾向的外邦人，通过

㉗ 贝督因—巴勒斯坦(在阿拉伯半岛和北非游牧和半游牧的阿拉伯人——译者)的作家和演说家 Saslim Alafenisch 向我描绘了如下贝督因人典型的待客风俗：如果一个客人出现在贝督因人的帐篷里，会给他呈上三盘糕点水果和咖啡。第一盘，只有客人才有权食用，这意味着：客人受上帝的保护。第二盘是食用盘，意味着客人和主人共同享用。第三盘，放着刀叉的食品盘，也是主人和客人共同使用的。客人用刀叉意味着有义务当主人遇到紧急情况时要用刀叉来保护主人。

㉘ Xenos 这个词条，请参阅施特林，G.：《新约神学词典》卷 V，第 1—36 页。

殷勤待客和友谊来"驯化"和中立化㉙。在《旧约》中,对外邦人和客人的高度重视,从救赎史的意义上,可以通过回忆以色列民族在埃及的处境找到根源。"我的民族迁徙到埃及,作为客人/侨民寄居在那里,亚述人对他们没有丝毫的侵害。"(《以赛亚书》52,4)不过,"你也不应该憎恶埃及人,因为你曾在他的国家作客。"(《马太福音》23,7,类似的话在《出埃及记》22,21;《利未记》19,34;《马太福音》24,18)都有。

同以色列民族在巴比伦流放的第二大侨居经验相关,在世上作客在《旧约》中发展成为一种人类学上的人的存在的基本特征。在大卫王向所罗门转交王位的告别祷告词中是这样说的:"(上主啊),在你面前我们都是客人和寄居的人,就像我们所有的祖先一样;在世上,我们的日子就像一片云影(《历代志上》29,15)。"与此紧密联系的是这种品行:我们自己的生命,如同大地和财富一样,不是为了占有,而是为了奉献。在大卫的同一段祷告词中,从前只有少数诗歌这样说:"上天和地上的一切,都是你的;是你的,我主,这个王国,只有你,才是耸立于一切之上的首领(《历代志上》11)。"财富,也是来自上帝,所以还要再交还到他那里去(《历代志上》12)。《诗篇》也具有生态学的意义:"大地和其中的一切都属于上主,世界和世上的居民也属于他。"(《诗篇》24,1)因此,人对地上的财物不具有所有权,但具有使用权。

从大卫王的祷告词中透露出来的客人动机,从字面上几乎也同时出现在《新约》当中。例如在《希伯来书》大量的信仰故事中:有信仰的所有伟大的榜样,"众所周知,他们都是客人和异乡人"(《希伯来书》11,13)。正是在这里我们才清楚,与作为客人相联系的,永远都是无家可归的经验,因为"说这话的人显然在表示,他们在替自己寻找一个家乡"(《希伯来书》11,14)。在《希伯来书》中,这个家乡被解释为天国,"他们所渴慕的是那在天上更美好的家乡"(《希伯来书》11,16),而在《旧约》中这个居住在上帝之中的存在,也被视为世上的客人,特别是在《诗篇》中是这样看的。以色列民族作为上帝的客人,虽然没有权力要求上帝,但有权要求在苦难中获得安全和保护:"上主啊,求你垂听我的祷告,因为我是你家的客人……"(《诗篇》39,13;类似的要求在《诗篇》119,19;《历代志上》29,15)都有。作为上主之家中的客人的权利,也就是在寺院中祈福于家乡(《诗篇》15.1;61,5a)。在《新约》中,世上的生活也不只是向永恒

㉙ Leeuw,G. van der:《宗教现象学》就是这样认为,图宾根 1970 年第 3 版,第 28 页。

家乡的过渡,相反,世上本身就是安居之地,因为上帝本身也是居住在他所创造的世界中。

[S.233]　"我是世上的一个旅客"(《诗篇》119,19),那么就不是指遁世地渴慕彼岸,而是对大地的朝拜,喜悦地期待上帝之国的到来,最深沉地敬重受造物的不可支配性。谁像一位客人那样待人处事,就会把客房为来此投宿的客人整理得井井有条。

我们已经确定,作为异乡人和作为客人在宗教史上就像在《圣经》上一样,相互之间是紧密相联的。异乡人是上帝的客人,也在上帝的保护之下。所以爱上帝在对异乡人和客人的爱中表现出来。出于这个原因,损害客人友谊在《旧约》中被当做邪恶的标志(《创世记》19,5 之后;Ri19,15 之后),保护客人在这种文化中被看得甚至比保护自己的家庭成员更高(《创世记》19,8)。

在福音书中,殷勤待客起着非同寻常的重大作用。特别是在《路加福音》中,可以说是一种真正的客人神学,完全处在上文所说的末世论语境中(《路加福音》7,36 之后;9,51 之后;11,5 之后;14,1 之后;14,12 之后)。上帝的殷勤待客是上帝善意的一个基本形象,是为服务于在他国度里的受造物的完善而施予的(《路加福音》14,15 之后;12,37;13,29;15,20 之后;《马太福音》6,33)。所以,人能够作为客人受到信任,不必操心他的生活(《马太福音》6,8;6,25;6,34)。与此相应,人类的殷勤待客是爱的表达(《罗马书》12,13),尤其也是对基督之爱的表达(《马太福音》25,35 之后)。出于爱,我们应该给予客人以关怀和保护。㉚

㉚ 在修道院传统中,给予客人以关怀和保护起着重要作用。在本笃会(Benedikt)的寺规中有这样的规定:"所有来到寺院的客人,都应该得到如同基督一样的接待,因为基督曾经说过:我是客人,你们应该招待我。人们应该向所有人表示他们应该得到的那种尊敬……修道院院长和整个寺院同工要给客人洗脚。"(Die Regel Benedikts,Beuron1978,Kap.53)——从迁徙政策和环境伦理的角度,涉及对客人的接纳,康德对作客权利和访问权利的区分,是令人感兴趣的。在他对永久和平秩序的探究中,"永久和平第三项正式条款"是:"世界公民权利应该以普遍的友善(Hospitalität)为其限制条件。"根据他的解释:"友善(好客)意味着一个异乡人在他抵达一个他人的地界上时,不会受到他人敌视对待的权利……这不是他可能要求的作客的权利(这项权利将需要一个特别友善的协定,使他在某一时间之内得以成为家里的伙伴),而是一项所有人都享有的访问权利,亦即由于对地球表面的共同占有权而愿意社交的权利,但在地球上……原本就没有人比他人有更多的权利居住在地球的某一地方。"(康德:《永久和平论》,《全集》第 6 卷,由 W. Weischedel 编辑,法兰克福 1964 年,第 213—214 页。)

在德目表中，殷勤待客作为爱的具体化也具有其永固的地位。《彼得前书》4,7—9劝告说："最重要的是要彼此真诚相爱"，"要彼此殷勤待客，不要埋怨"。紧接着，这种德行就被称为审慎的保持适度！因此，殷勤待客不应在道德上狭隘化，而要被安放到受造物宇宙化的宽广性中。㉛

与客人同桌进餐，尤其在《福音书》和在耶稣那里，就是殷勤待客的总体表现，是末世论和好的预先行为。但这也特别由于它具有形成共同体的功能及其对于构建共契的意义，它才有如此之高的价值（《罗马书》16,4之后；《腓利门书》22）。《旧约》应许，上帝自身就为客人摆设了筵席（《诗篇》23,5），而在《新约》中与客人同桌进餐传给了作为善意的东道主的耶稣（《马可福音6,41之后；8,6之后）。这位甚至为客人洗脚的东道主，完全把殷勤待客理解为无私的服务，理解为对客人的服侍㉜（《路加福音》12,37;22,37），直到耶稣在十字架上献出自己的生命。所以，在《新约》的理解中，在作客和服侍行为之间就存在紧密的联系。就像我们还将看到的那样，这也适用于服侍受造物。圣餐的共契表达了上帝的殷勤待客，由此可以见到受上帝自己盛情邀请的客人之间的圣餐共契（《哥林多前书》10,16—18；《马可福音》14,22par.）㉝。在这里，上帝这位东道主当下临在了。在立约神学中，客人通过这种"我血液中的《新约》"（《哥林多前书》11,25）被表达为"《新约》的仆人"（《哥林多后书》3,6）。所以，在不同的基督教教派中相互之间肯定会应许的这种圣餐意义上的殷勤待客，可以奠基在这种客人形象中。㉞ 耶稣与税棍和罪人们同桌吃饭（《马可福音》2,15之后）都是上帝之国中盛大的客人筵席的预演。用耶稣基督已经备好的这个客人筵席的末世论表征，对于基督徒、甚至人类的统一来说，都是最深刻的基础。"人类中的统一，不仅由产品、企业和

[S.234]

㉛ 福克斯，M.也指出了这一点：《洪福。拥抱世界》，慕尼黑1991年，第126—135页。他强调，不要把神圣性理解为道德的完善性，而要把"神圣性理解为宇宙化的殷勤待客"（第126页）。

㉜ 作客与服侍（Diakonie）的这种联系，在Ch. Sigrist的博士论文（参阅注释38）第3章表现出来了。

㉝ 对原始基督教上主圣餐共契特征的详细描述。Roloff, J.：《论礼拜和晚餐的圣礼维度及意义》，载于此人主编的：《教会中经典注疏的责任》，哥廷根1990年，第172—200页。

㉞ 参阅利马—文库（Lima-Dokumente）：《洗礼、圣餐和职责——对普世教会委员会之信仰和教会法规的总释》，法兰克福1982年。也请参阅Locher, G. W.：《客人中的冲突》，载于：《神学研究》110, Zollikon 1972年。

利益构成,而且也在赴宴(象征性地实现在晚餐中)形成,在赴宴时,所有人无非都是作为客人。"㉟参加同桌吃饭的客人的最重要特征是分享(Teilen)。所以,晚餐成为客人(包括所有人和共同世界!)遍布世界的分享的出发点。

在《圣经》文本中区分出了5种殷勤待客的特征:第一,最重要的是已经提及的对所有受造物的爱;第二,殷勤待客源起于对犹太民族从作为异乡客状态中拯救出来的救赎史的记忆,以及对第一批基督徒在他们受迫害时代所得到的帮助中所体验到的善待客人的记忆;第三,殷勤待客可看做是有信仰人士受到神灵感召表现出的超凡魅力(《彼得前书》4,9之后);第四,古代宗教史的动机,通过客人留住天使,并因此能有一个与神性东西交遇的机会,这在《圣经》中,例如在讲述亚伯拉罕的殷勤待客的故事中(《创世记》18—19)可以找到,在耶稣的箴言中:"谁接待了你们中哪怕是最弱小的一个人,就是接待了我"(《马太福音》10,40),以及在劝告中:"你们不要忘了要殷勤待客,因为曾经有些人这样做,竟在无意中接待了天使"(《希伯来书》13,2)㊱,都接受了这一点;第五,殷勤待客也服务于福音的传播(《约翰三经》8)。

[S.235] 犹太—基督教把人描绘为上帝的客人,相对于众人和共同世界,上帝的客人同时又是作为主人,让我们总结出这种人类形象的下列特征:

——上帝是大度的主人。人可以与所有其他的受造物一起!——是世上的客人。

——我们只是相对于一个主人,才可能是客人。所以人不是出于自身规定其是客人,而是通过上帝与人类立约由上帝恩典于他的。

——所有受造物都是作为租借物为客人们使用,但不是作为占有物供其支配。由此得出的结论是要爱护地、敬重地和可持续地对待租借品。对租借物的改变要表现出克制,只有跟主人磋商后方可进行。所以产生一种"客人—政治"和"客人—经济学"㊲。

㉟ 韦德,H.:Vorstoß zum Tragend. Über Toleranz in der Kirchen. Vortrag an der Aussprachesynode der Kirchensynode des Kantons Zürich vom 28. Sept. 1993, Separatdruck, 16.

㊱ 天使以客人的形象到访的动机,在《创世记》18—19 中"至少出现了 29 个引申的故事",对此的研究载于 Krieg, M.:《天使到访:创世记 18—19 和殷勤待客的德行》,1994 年 1 月 17 日在苏黎世大学的就职讲课(草稿),8—17(8)。

㊲ 参阅 Lutschen Mass, A. van: A Guest among Guests, New York 1987. 在该书中阐述了一种简明的作客理论,也就如同一种"客人的政治"和"客人经济学"。

是客人，就意味着将受到主人的保护，在他这里是安全的。这同时也意味着，在此世作客的生活不是视为最终的，而是视为末世前的(Vorletztes)。此世的生活完完全全被对即将到来的天国期待所烙印。对一个别处的永恒家乡的期望，导致泰然地超越贪欲，因为并非所有的幸福都必须在此世得到。但因此，作为客人就总是保持着与此世的异乡人的心境相联系。同时上帝之国在耶稣基督的口中已经准备成熟快要临近了(《马可福音》1，15)，它就"在你们的心中"(《路加福音》17，21)。因此此世的居家生存出现了一个新的质地。

——如同上帝不只是主人，而且本身也是世上的客人(和异乡人!《约翰福音》1，11；《马太福音》8，20)一样，人也不只是客人，而且也是主人。但他是这种主人，不是在如上帝同一种意义上的，不是自主的，而是神律的(theonom)，就是说，是受神的托付，作为客人接受为客人准备的职责。所以，正如人是上帝的肖像(是在一种相关性类比，而非一种存在的类比[analogia entis]意义上)，他也是作为上帝客人的主人。作为这样的人，他必须重视如下规则，例如，耶稣要求人类，作为主人"你要请客，不要请朋友、亲戚和富有的邻居"，而要请"贫穷的、跛脚的和失明的"，"因为他们无力回报你"(《路加福音》14，14)。不是功利主义的利益，而是无私的爱和对客人自身价值的敬重，他的价值不依赖某人，这种主人的品行才是恰当的。如今，至少末世论视野中，由于不只是众人，而且所有的共同受造物，都被视为客人，使得我们的客人伦理学敬重所有受造物本身的价值和尊严。因此，是主人，也与《新约》意义上的仆人相适应，例如他在同桌进餐时无私地服侍客人。这就导致主人的品行为服侍，也包括服侍受造物。[38] 在主人对客人的义务和对穷人的职责之间存在着紧密的联系，就是说，对那些卑微的、只能指望天主来拯救的贫穷者，也能要求得到特别的尊重和保护。

从在世上作客的这种契机出发，在《圣经·创世记》的两部记载中的两个创世托付，呈现出一种新的光芒(以此只显明了这个经文的一个方面)。

[S. 236]

---

[38] 一个完整的服侍视野，如今除了在团体中、教会之间和在社会中的服侍之外，也合理地包括了"生态上的服侍"，在 Marc E. Kohler 那里就是如此:《教会作为执事——一个纲要》，苏黎世 1991 年，第 52—60 页。Sigrist, Ch. 的博士论文，在(显然可见地在晚餐中的)客人、服侍和环境责任之间做出了一种详细的关联:《受邀的客人。对话中的服侍和伦理—浸礼教会的幻景》，伯尔尼 1994 年(该篇论文在答辩结束后出版，所以与它的讨论不可能被收入其中)。

在神职人员的创世记中(《摩西一经1》1,28),"你们要看管这个园子"这一托付,是针对作为客人和世上的主人之类人的!看管的对象不是生物,而是大地,即耕种土地(同上书,29)。"因此人在整个大地上被授以使用大地,对之进行耕种的权利,把它用来种植,这是人类能够胜任的工作。"[39]在这种许可权中,大地也保持为租借物。"取之来使用"(Nehmt sie in Besitz)[40]所以不能理解为有物主所有权的意义,尽管看管(untertan machen 可直译为"制服"——译者)这个强硬的词在希伯来文中摆脱不了这一争议。毋宁说,人应该这样定位自己:他自己也作为客人"感觉就在家中",他要从客人的角度营造这个地球之家,让大家都感到舒适。作为客人,他是客人——这些客人是所有的受造物!——中的客人,而且他作为主人同所有信任他的客人这样相处:他不是来受人服侍而是来服侍人的(《马太福音》20,28)。看管大地被服侍大地、对大地的服务所取代。所以"福音"本《圣经》对《摩西一经》1,28 的这一翻译是符合原义的,正确的:"我把你们(的地位)放在鱼、鸟和所有其他动物之上,我相信你们会关怀它们。"

在第二个更古老的《创世记》中,对人的托付:"你们要耕种和保护大地这个园子"(《摩西一经》2,15),同样是从客人—主人的角度来阐释的。非洲的一句谚语说:"给客人三天吃的,到第四天就要拿起锄头了。"上帝给予人维持生命所需的东西,但从第四天开始,就是说,只要他有力量,长大了,就应该一起劳动。在这里,对作客人的《圣经》理解和我们的日常理解之间的一个重要区别,有必要申说一下。谁是客人,让人来服侍,可以得到休息,只不过是被动的。这就是我们的日常理解。而对于《圣经》的证言而言则相反,在世上作客同时意味着有责任的主动性:"耕种和保管"大地这个园子(《摩西一经》2,15),要像一个女园主那样护理它,像牧人那样保护它,要作为上帝的同工对世界进行塑造与和解。把充满敬重的不占有(态度)同在增进服务中达到自愿负责与成功塑造的生活联系起来,对于持续发展的世界规划而言,是伦理的基础。这种塑造,不是自主发生的,不是"对自己合算",而是产生于主人的托付。人也保持为世上的共同创造者。

---

[39] 斯特克,O. H.:在《看管大地——论人与受造物在〈创世记 1〉中的关系》中这样说,载于 Stolz, F. 主编:《对世界的宗教感知》,苏黎世 1988 年,第 89—106(96)页。

[40] 对《摩西一经》1,28a 的这一翻译是在"福音"(Die Gute Nachricht)版《圣经》的翻译中。

这种作为客人存在的人类形象,在这里明显地有着基督教的基础。但它也能被其他的信仰或者被无宗教信仰的人们所接受,至少在此限度内,能够与自愿担当、生活的不可支配性和短暂性这些人类的基本经验相一致,对所有受造物的敬畏感,对形成殷勤待客的共契力量的渴慕,都是源自这些人类的基本经验。 [S.237]

诚然,对于人是否与所有其他受造物一起被视为上帝的客人(神中心论的),或者是否像艺术家弗里敦莱希·洪德特瓦瑟那样,人把自己理解为"自然的客人"[41](生物中心论的),显然是有区别的。人都是作为上帝的客人,非人的共同世界原则上是有同样价值的伙伴,它们能够并应该从另一面自愿做到殷勤待客。在"自然的客人"这种言说方式中,自然是主人,人是客人。这种单方面的生物中心论的关系,容易再次被落入单方面的人类中心论。所以,对于基督教的环境伦理学而言,在上帝的提议中建立的末世论的作为客人生存的基础,是不可放弃的特效良方。

上帝邀请人类作为客人来生活和行动,自然不是人的唯一的《圣经》形象,但却是核心的形象。这种形象对于环境伦理学恰恰是有效的,因为它是保持适度的一个积极、完满的形象,它没有自我苦行的烙印,而有尊严的烙印,不具有义务的特征,却有喜悦的容貌,它不是弃绝生命,而是生命的丰盈。

不过,人的这种形象同在环境伦理学中得到表达的其他形象的关系如何?作为客人与这样的5种《圣经》人类学基本陈述之间的关系可以作为所提示的结论:

(1)人的形象作为受造物的王/女王和王冠[42],这种形象可以从看管大地和与上帝肖像的类似性中推导出来。看管也只能理解为服务(为上帝,为民族和为整个世界服务),就像在《旧约》(《撒母耳记上》15,11;16,7)中那样,在《新约》中以基督为王是明显的。人具有王者的尊严,绝不与谦恭和敬畏的客人存在相矛盾。

(2)人的形象作为托管者、总督、管理者、上帝职位的代理人,特别是

---

[41] Friedenreich Hundertwasser:《与自然的和平协定》,转引自:Andreas-Griesebach,M.:《一种对自然的伦理学》,苏黎世1991年,第222—223页。他的7点和平协定的6点开头这样说:"我们只是自然的客人,我们的品行必须与此相应。"洪德特瓦瑟也以这篇文章:"You are a guest of nature. Behave"塑造了一个"诺亚2000"的形象。

[42] 参阅如奈得哈特,W./奥特,H.:《受造物的王冠?人文科学和神学》,斯图加特1977年,特别是第21—67页。

在英语基督教的环境伦理学中是在 Stewardship(管家)这个概念下㊸传布的。这里的管理职责也不能理解为专横独断的管理,而要理解为在上帝的托付下(《摩西一经》2,15)托管的耕种和保护。上帝是责任机关,人和自然则是责任对象。作为上帝保管员的这个人的形象,如同客人的形象一样,对于所有三种一神论的世界宗教犹太教、基督教和伊斯兰教都是共同的。在《可兰经》中(Sure2,28 之后),人被描述为哈里发(Khalifa),上帝的代理者。哈里发和服务员起源于同样的观念,大地是一种可以信托管理的宝藏,但这种宝藏不属于人。在这里明显地与客人的形象相一致。区别在于,服务员处在前台有积极的责任,从一个明晰的关怀等级上帝—人—自然出发。与此相对,客人的形象更加强调生活的恩典特征,即人与自然的平等性,相关于其在世上的客人存在和客人权利,也如同强调人在世上生活的短暂性和相对性。

(3)人的形象作为自然的一部分,在当今对许多人来说显然都是重要的,特别是在以自然中心论和整体论为前提的那些人那里。对此的《圣经》基础特别是在所有受造物基本的等价性上,在于看到了自然和人都是上帝创造的。这种等价性是基础,在此基础上—但只是作为其次—也能看到受造物在性质和职责上的区别。不过,人作为自然的部分这一说法,现今通常包含着一种明显地将自然理想化的倾向,相反地却又包含一种悲观主义的人的形象,这种形象不承认人在世上有一种特殊的塑造委托,因为人们否认人有此种能力。在某种限度内,这种看法得不到神学上的支持,因为人尽管有所有的堕落性,还是感知到了一种特殊的责任。而与这种负责任的管家(Stewardship)相联系,人还是应该被理解为自然的部分,正如 1991 年在堪培拉召开的普世基督教教会委员会第七次全会所强调并有神学依据地阐发的那样:"所以人类既是被创造的世界的部分,也因此是在此世界上受上帝托付的上帝的管家。"㊹这种双重的说法尊重人与共同世界之间关系的对等性,就像不尊重否定性的不对等性一样。(人)是自然的一部分,重视的是同一性,(人)是客人相反则是一种

㊸ 参阅托伊奇,G.:《托管人词条,环境伦理学词典》,哥廷根/杜塞尔多夫 1985 年,第 98—100 页。

㊹ 《圣灵在显现—1991 年堪培拉普世基督教教会委员会第 7 次全会的报道》,美因茨法兰克福 1991 年,第 61 页。T. 科赫也有类似的说法:"人是自然的部分,不过作为人不是从自然出发(《自然的神性法则》,苏黎世 1991 年,第 81 页)。"

关系表述。在其中更好地维持了对自然这种不同存在的敬重。同时它包含了友善地对待自然这一托付,就像自然也这样接受了我们一样。

(4)人的形象作为自然的女伙伴[45]——负责任的男—女伙伴关系和负责任的父母伙伴关系在这里能够被视为"所有环境责任的原型"[46]——强调这种关系特征和人与自然之间的对等性,同时也是强调相互之间的互依互存。这种关系有一个优点,就是它基于人之间的伙伴经验能够直接获得理解。缺点和不足在于,把一种特殊的人的特性以神人同形同性论的方式转嫁到非人的共同世界上。这些优点和缺点也适用于关于人和自然互为姐妹的说法,特别是适用于出现在形形色色的神秘主义者那里的说法以及最著名的是在圣方济各的"月亮兄弟"和"太阳姐妹"这样的颂歌[47]。这些缺点也是对自然的权利说的,因为自然不会真的是权利的主体。把自然作为整体看做是世上的客人这个形象,也是一种神人同形同性论。只要人们意识到了这些优缺点,所有这三种尝试都是可以同意的。

[S. 239]

(5)作为上帝子民的同胞这个人的形象出现在《新约》中与客人和异乡人的划界上:"这样看来,你们异乡人不再是外人(xenoi)或陌生人,你们是上帝子民的同胞,是上帝的一家人。"(《以弗所书》2,19)那么不再是外邦人和客人,而是在上帝族民中的共同居民,犹太基督徒和异教基督徒都同样适用。信教者都借着同基督的关系,是圣灵的接受者(《以弗所书》2,18)并保持在对上帝的爱之中,不再是上帝的孩童,"不再是上帝的仆人,而是朋友"(《约翰福音》15,15),所以是上帝的成熟的伙伴。但这不是说,我们迄今关于客人存在所确定的所有东西真的失效了。毋宁说,人通过基督的经历出现在一个依然强烈的客人存在的形式中:一个变成朋友的客人,依然是客人,他依然带有义务,敬重地对待信托他的人。但他享受着特别的信任,接受了完全的责任,因此变成了完全珍贵的一家人。

---

[45] 人和自然之间的伙伴关系这个形象曾经是我的著作的基础:《启动一种合乎人道的增长》,苏黎世1982年第3版,第51页之后、第71页之后。

[46] 斯特罗姆,Th.:《新教伦理学与造物中的不和——福音环境伦理学的缺陷和任务》,载于:劳,G.等:《造物中的和平》,居特斯洛1987年,第194—228(218)页。

[47] 参阅,例如希德嘉·封·宾根,圣方济各(多伊勒,E.:《论受造物互为兄弟,方济各的太阳颂歌》,苏黎世1987年),当今的马修·福克斯(上文第4.5.1节)。

5.3 如何寻找尺度？

前12条客人守则纲要

每个客栈都有不成文的家规，或者有一种成文的客人守则。正是这些成文或不成文的规则使得客人们得以可能过上一种尽可能无摩擦的共同生活。当然五星级宾馆的客人守则不同于山上茅屋的规矩，一个自然保护区的规则（也）不同于一个自由空间的规则。但到处都有相应的规则。

作为共同家园的地球形象在希腊语 oikos（房屋，居所）中就已经形成了并被纳入到家政学［这是"经济学"Ökonomie 的原义：oikos（家）＋ nomos（规则）——译者］，作为正当地处理家务和正当地处理世上财富的学问。在生态学（Ökologie ＝ oikos ＋ logos）中是作为在这个星球上的有机物的良好关系的学问，基督教界［Ökumene, oikeo ＝ 居住（wohnen），可以加一个前缀 ge 就等于：居住地（gewohnter Erdkreis）］[48]作为基督徒乃至所有人的普世共同体。不仅教堂是神的房屋，而且所有的人和所有的造物都是"上帝的殿"（《哥林多前书》3.16）！于是，家政学、生态学和基督教界可以看做是同一个托付的三个方面，成为上帝家政事务中的管家（Haushalter）。

普世基督教教会委员会秘书长为"上帝家政中的基督教家规"作了建议[49]，它所表达的也就是基督教界要殷勤待客。欧洲的教会为了"欧洲的共同家园"阐明了"一些基本的家规，一种使共同生活成为可能的家规形式。"[50]与这两个例子相应，下文将要阐发的是关于地球家园的生态学家规，这些家规使得在这个共同家园中保持适度的生活成为可能。

前12条客人守则纲要（5.3.1—12）涉及的是如何：我们如何认识尺度，鉴于在一个动态过程中进化的持续改变，尺度自身也是变化的，我们

---

[48] 基督教界作为实体化的机构，自从公元前5世纪的希罗多德以来就这样，来源在 Ökumene 这个词条，《基督教词典，教会，宗教，运动》，美茵茨河畔的法兰克福1983年，SP，第877页之后几页。

[49] 赖泽尔，K.：《过渡中的基督教界——基督教运动中的范式转换？》，慕尼黑1989年，第162—170页，尤其是第167页之后几页。

[50] 《正义的和平——1989年巴塞尔欧洲基督教会议官方文书》，巴塞尔/苏黎世1989年，第69页。

5. 基督教环境伦理学的适度伦理纲要

如何调整才能操持适度？哪些基本品行在此是必需的？对于这些问题应该在神学上有根有据地指明，尤其是可以通过与生活的联系来阐明。而后 12 条客人守则（5.4.1—12）呈现的则是环境伦理学的什么：什么叫作世上客人的举止适度？尺度存在何处？我们把"如何"放在"什么"之前提出来，是因为对于"如何"少有明晰性，回答起来也更加困难一些。

值得重视的是这些纲要之结构的 7 个重要特征：

（1）每个纲要以此邀请开始："欢迎你来到世上作客！"提议先于戒命，福音先于律法。人不必遗憾自己来到了世上，不，生命之神毫无保留地说欢迎人的生命。但如果我们人相互之间都喜欢这个由上帝发出的邀请，这岂不成了一个无力要求吗？基督徒们都得到委任，甚至为上帝所要求，把这份上帝的邀请转发给同胞。基督徒们应该以出自基督之灵的造化的继任者的身份[51]把这份邀请作为上帝之爱和他的洪福加以转发，甚至应该把它作为"基督的公使"转发他的和好提议（《哥林多后书》20）；乃至他们应该相互宽恕，就像上帝已经宽恕了（我们）一样（我们的父《马太福音》6，12）；乃至他们通过灵的帮助应该相互爱戴和救助，如同基督爱我们和拯救了我们一样（《约翰福音》15，12；《出埃及记》3，6 之后）；乃至你们应该转发这份祝福，"因为你们是上帝召唤来的"（《彼得前书》3，9）；乃至他们在转发这份被上帝收到的邀请时相互之间应该是主人。

（2）每个纲要都以两种形式写出类似的内容。第一种形式是以个人称呼的客人守则纲要。这种形式以神学的基准特别写给基督徒。第二种形式"另一种说法"是作为社会伦理学的标准，通常是没有明显的神学外衣而阐述的。这种形式应该使得一种与所有人共通的理解成为可能[52]，超出基督教的表述之外。在此明显的基督教的东西和普遍的人类洞见是可以联系起来的。[53]但这种形式也明显地基于神学的环境伦理学前提。因此例如作为客人的这个基督教视野的"末世论尾巴"在这里也必须得到反映。在两种形式中都涉及了基督教对一种尺度伦理的贡献。

[S. 241]

---

[51] 对此参阅第 1.4.2 节。
[52] 对此请参阅从方法论上对启示和理性的权衡，第 1.4.1 节。
[53] 在里希，A. 那里有类似的方法论上的权衡：《经济伦理学》，卷 1，居特斯洛 1984 年，第 127 页之后。

(3)一种家规或客人守则只能是最低限度的规矩,即对于一种有益的共同生活是必不可少的规矩,就像《旧约》中十戒的第二戒和《新约》使徒书信中的大多数家规只是为了确保大家相处融洽的最低限度的伦理(登山训众就是最低限度的伦理)。下列为地球之家(oikos)制定的客人守则不仅是提出要爱所有受造物这个最低限度的伦理规范,而且也只是就与地球相处要保持适度作出基本的规范。但是,就像十戒这样的最低限度就已经难以恪守一样,下列客人守则同所有其他规范一样,并不能够轻易被遵守。

(4)同十戒的比较会增强这一责备:伦理学,当然也包括环境伦理学,恰恰是律法而不是福音。对此重要的是必须作出无神的辩护。不过,登山训众所宣称的福祉,毋宁说恰恰就是作为一种伦理戒律的救赎诺言。事实上,耶稣使徒和保罗使徒的辩护仅仅是从出于信仰,想从被束缚性中解放出来,通过遵守戒律达到救赎!上帝的客人都能被当做客人,早在从前他们就阅读过并遵循这些客人守则。因此客人守则不会失效。客人自由地履行守则,不是出于畏惧,而是为自己的拯救之故,现在是为了另一种拯救,为了共同生存。因此,律法依然还有 tertius usus legis 的功能,即规则(Regel)的功能,但不具有"反映"罪恶(usus elenchticus legis)的功能。律法,客人守则就是福音本身。㊾

(5)一种家规以通常的、日常的处境规定行为举止。只要它能够与旅客已经熟悉的习惯相连,而且新的规则也总是与此相联系,那么通常它

㊾ 巴特,K.也是这样的看法。《福音和律法》,慕尼黑1935年,例如第5、8、11页。同路德联系紧密的格尔哈特·艾伯林与卡尔·巴特的这种想法相冲突。他是这样定义律法和福音的:"所有变成要求、控告和判决的东西,按照最精确的神学语言习惯,就是律法;所有引起、确立信仰,从中得到慰藉,送来和平的东西,尽管是在上帝面前存在,在耶稣基督的意义上,并适合于以他的名,因此也应叫作福音(艾伯林,G.:《基督教信仰教义》,卷3,图宾根1979年,第291页)。在此限度内是可以赞同艾伯林的。但只要他把福音归结到一种在现实中感知得到的、可变的品质并在行动中确立其现实的维度,他就没有合理对待福音。巴特也没有合理对待福音,因为他从根本上对它提出了责备,通过向伦理东西的转型而简化了它(艾伯林,G.:《卡尔·巴特与路德的较劲,载于《路德研究》III,图宾根1985年,第428—573、550—551、555页)。律法因此把所有伦理贯彻在福音中在巴特的意义上是符合改革了的伦理传统的,在我看来,它使一种符合福音的和现实的实质伦理(作为通过艾伯林对路德的解释中的律法与福音的分离)成为可能。

5. 基督教环境伦理学的适度伦理纲要

只有一次得到遵循的机会。好的家规尺度⑤就在其中。但除此之外在每一个旅店都有警示牌：警示在爆发火灾、被卡在电梯等情况下该怎么做。在伦理学中，如环境伦理学中，大多数规则都是为通常情景规定的。下列纲要也是如此。但至少在暴露问题的意义上，可以提出这样的问题：是不是当今的环境处境部分地已经戏剧性地使一些极端的行为规则也具有对处境的真正报警效用。高度紧张处境中的人的行为可能会服从于自身的规律性，正常的道德决断能力部分地失效，或者导致行动能力的瘫痪。因此还是需要把一种真正的应急—伦理（Streß-Ethik）或者甚至宵禁—伦理（Schock-Ethik）规定在警报规则中⑯，因为只要这种伦理一般地能够存在，即使在宵禁情况下，伦理还是不完全失效的。

[S. 242]

（6）这些纲要都是普遍的伦理标准，不是具体的准则。系统化地、与处境相涉地应用到本书开篇所阐述的那些实例，将会突破本项研究的框架。对具体事例在这些纲要中作些个别的警告就够了。

（7）生态学的尺度不是一种绝对的标准，而是一种相对的标准。这种尺度的本意是自然中心论的，首要的是规定自然本身的价值，而人类中心论的本意，首要的是规定人本身的利益，这样一来，在这两种原则之间就出现了一条常常是几乎不可逾越的鸿沟，我想在下文把这种尺度规定为在人与环境之间的一种生命联系的结果。在相互依存中自身利益、外人利益和共同福利相互联系。自身利益恰恰在于，愿意保持在这种关系中。神中心论的初衷——我把自己算在其中——是从神—人关系出发规定这种尺度，神—人关系优先考虑的是人—环境之间的关系并把自身包括在它之内。本书所探究的不是一种主体—客体关系以及我—物（中性代词 Es——译者）—关系，而是一种主体—主体关系以及我—你—关系（马丁·布伯）。这种关系的初衷也是基于同情中心论（Pathozentrik），它是以人对共同受造物，尤其是对动物的同情来规定尺度守则。但同情中

---

⑤ 为这样一种尺度伦理提供一个例子：取代私人轿车的使用，在伦理上被完全否定还是合理的。D. O. Schmalstieg 提出了一个减半的建议，根据这个建议，小轿车（与所要求的二氧化碳排放量相适应）"只"应该使用迄今的一半的量（Schmalstieg, D. O.：《下车和步行—交通—小轿车—解放，伦理学》，日内瓦1990年，第103—142页）。"减半对习惯和不言而喻的东西提出了质疑，导致了一种新的认识。它不是完全极端的做法，但也不是'通常的'做法，而只是迫使把相对认识到的习惯完全减去一半。"（Schmalstieg, D. O.：《小轿车减半！Offene Kirche（开放的教会）2、1991,5）

⑯ 对于这个问题请参阅第6章关于环境心理学的部分。

心论有利于拓展,不仅从同情出发,而且也从同喜(Mitfreuen)出发,甚至也可以把包罗万象的同感(Mitfühlen)和共同行动也包括在内㊼。对于同情中心论的一个更为贴切的表达是 Empathozentrik(移情中心论),因为 Empathie 表达了包罗万象的向其他生命体的移情。

5.3.1 与造物主上帝的关系

客人守则纲要 I/1

欢迎你来到世上作客!地球家园对你是开放的。你来发现这个地球家园的多样性和财富吧。你在这里要作为客人而不要作为占有者。你不能也不必扮演造物主。作为受造物你有机会耕种和保护这个园地,因此而使你的受恩典的生活继续下去。

[S.243]　另一种说法

人不能从虚无中创造有生命的东西。但他能够使受恩典的生活继续下去。适度的守则意味着,不去突破这个限度,而是抓住机会。适度的行动者要以生命体——自身的生命和其他的生命体——不受支配为出发点。

造物主和受造物的区分对于基督教信仰和基督教环境伦理学而言都是基础性的。把造物主和受造物混同起来是无信仰的核心特征。"把鞠躬和尊敬献给受造物,而不献给造物主。"(《罗马书》,1,25)这是对上帝的疏远。神与人之间的这种区分,诚然可以说是神学对保持适度的伦理的最重要贡献!㊽ 哪怕在只有一位客人的地方,也有一位主人对一位客人解释一个人(人们不能把自己当做客人,至多只能请求邀请成为客人),所以没有造物主就不存在受造物。受造物这个词已经表达出,在自然中根本不存在任何不依赖于造物主的东西,也根本不可能设想有这样的东西。㊾ 如果不是出自同造物主的关系,就没有任何东西存在着,或者如路德在《简明教义手册》中所说:"我相信,是上帝创造了我以及所有的

　　㊼ 同情中心论新论:施利特,M.:《环境伦理学》,Paderborn1992 年,第 65—98 页。他把同情中心论的环境伦理学也规定为纯粹以痛苦为中心的,"直接的义务只是针对那些能够感受痛苦的生命体的",目的在于"消除或者防止生命体的痛苦和受难"(第 65 页)。

　　㊽ 胡伯尔,W. 也是这样认为。《冲突与共识》,慕尼黑 1990 年,第 190—191 页。

　　㊾ 皮希特,G. 就是这样认为。《自然的概念及其历史》,斯图加特 1989 年,第 85 页(论受造物概念)。

5. 基督教环境伦理学的适度伦理纲要

造物。"⑩只有造物主能从虚无中创造某种东西。受造物"只能"传递和改变被造的东西。当今,意识到这个事实,例如对土地的破坏,让我们震惊。人不能创造腐殖土壤。高价值的土地是不可制造的。10000年之久的高沼泽地超过了人的时间维度,人只能为这样的土地承担起责任。由此必然导致人(Geschöpfe 也指生物,即被上帝所造的有生命的"造物"——译者)对于被造的东西,尤其是一切有生命东西的最深的崇敬。所以受造物概念也就永远包含了人(生物)相互之间以及对造物主的责任。如果说 creatio ex nihilo,从虚无中创世的学说⑪只是在第二个世纪中叶之后,即在基督之后才被阐述出来的话,但它的基本阐述在《圣经》对创世的解释中就深深地固定下来了。它接受了造物主和受造物的本体论区分并使之极端化。在这里,与造物主的间距和"彼岸性"(超验之物)不能被理解为空间上的淀粉糖化酶,而是要理解为在被造物中超越俗世的神圣在场⑫。造物主和受造物的绝对分离,在从虚无中创世这个表述中极端化了,受造物以多种方式得到鉴定⑬:(1)受造物无非就是被创造的东西;(2)作为被创造的东西,受造物或者它的部分也不是虚无的(只是假象)或者魔性的,毋宁说一切由上帝创造的东西都是好的;(3)从虚无中创造的东西原则上是等价的;(4)存在者的受造性也意味着现实的统一性。

受造性就叫作"两手空空站在上帝面前"⑭。在《马太福音》中的第一次称福:"有灵性的穷人都是有福的"(《马太福音》5.3),可以这样来传播:"你们信任上帝和他的造物并能够保持为受造性(也有"受恩宠"的意

---

⑩ 对此的解释参阅巴耶尔,O.:《作为称呼的受造物》,图宾根1986年,第80页之后。

⑪ 对此参阅盖赛尔,H.:《从虚无中创世——基督教神学在哲学上不可接受、在科学史上有影响的对世界的阐释》,载于由施托尔茨,F.主编的:《对世界的宗教性感知》,苏黎世1988年,第102—125页。

⑫ 出处同前,117。

⑬ 同上书,第120—121页。

⑭ 在"复音书"的第一次翻译时,是这样翻译有灵性的穷人第一次称福的(《马太福音》5.3)。但是,中文版《圣经》对这句话的翻译是:"承认自己灵性贫乏的人多么有福啊",无疑是误译,因为基督教是特别强调灵性的宗教,"灵性贫乏的人多么有福"在教义上明显说不通。根据德文:Selig sind die geistlich Armen,明显地应该翻译为"有灵性的穷人都是有福的",这才是符合基督教教义的话!——译者注。

[S.244]

思——译者)的人,是有福的。你们将与造物主一起生活。"⑥⑤保持受造性就是能够依赖、信靠造物主,而不必单独拯救世界;这意味着在 hypomone 这个希腊词意义上的谦恭,字面上的意思就是保持低调。在宽泛的意义上,受造指的是,在一切行动中从生命所接受和受恩典的东西出发,从自性生命的前提出发。⑥⑥

环境破坏和当代越界行为——例如基因工程——之危险的一个本质根源所在,就是人类没有采取相应的对策来限制它们。他们误以为,例如,在探索中确立了他们的目标本身,因此就能够作为造物主来做事。他们通常是诚实有信地做这些事情,只愿做好,按照严格的标准:"一直努力去做的,是我们能够解决的事情。"同样,只要当我们以为绝对地知道,善和恶是什么的时候,我们的伦理学家也跨越了受造性的限度。在保持受造性这个尺度不被尊重的地方,就会导致持续破坏的极权主义,以及经常是匿名的"无主的暴力"。⑥⑦

但现在,受造物的自制,照《圣经》的洞见来看,也不是一件凭自身力量的意志行为,就是说,不是在压制自己的冲动而跨越限制意义上的意志行为,而是与上帝建立有生命力的联系的结果。这种联系要摆脱想像上帝一样的尝试(《创世记》3.5:你们会像上帝一样能够辨别善恶)。人之公道的尺度,照亚里士多德的说法,是在卑躬的自贬和高傲的自狂之间的中道。能够保持这种尺度的人,就不会有一种缺点,因为他即便还会追求更多,但恰恰因为他保持在尺度中达到了他的辉煌并保持了完全的尊严!加缪,当他谈到"人的自豪,只存在于忠诚于他的限度"⑥⑧时,他是赞同这一点。神学的核心主张,人不是造物主,而是受造物,这不是小看人,而是恩典他最高的尊严,因为他是上帝的,甚至是最高的造物。诚然接受这种尊严的是所有生物,作为受造物,甚至包括一切被造的东西,所以也包括未被赋予生命的宇宙。哥特哈特·托伊奇所以合理地谈到了"受造物

---

⑥⑤ 从环境伦理学角度对这一称福有更多的阐释,参见司徒博,Ch.:《倾听上帝对受造物的哭声。对登山宝训 1 的生态学阐释》,苏黎世州的教会正典 19/1989,7。

⑥⑥ T. Rendtorff 在对受造性的这种理解之上建立了他的伦理学(《伦理学》,卷 1,斯图加特 1980 年,第 32—44 页,尤其是第 37 页之后)。

⑥⑦ 这种思想非常清晰可见地在卡尔·巴特的《基督徒的生命——教会教义学》IV/4,出自遗稿的残篇,1959—1961 年讲座。苏黎世 1979 年第 2 版,第 363—399 页。

⑥⑧ 参阅第 3 章,注释 14。

的尊严"⑩。在这种尊严上,神学的环境伦理学与从生物——自然中心论的立场强调敬重一切被创造的东西的思想,相遇了。我在这里有意地把受造物的尊严放在首要地位,因为当今的生态威胁,是人与共同世界共同遭受的,这种共同性优先于我们提及到的它们之间的区别。 [S.245]

但其次,我们现在也要提到在人类中心论的环境伦理学中所强调的人的特殊地位。除了作为受造物之外,人的形象是上帝照着自己的形象所造的(《摩西一经》1,26)也属于人的尊严。这种真正的肖似究竟肖似在哪里,是有争议的。⑩ 从《圣经》来看,这种肖似,不在于有理性才能,不在于有公正的渠道或者形体的美丽,不在于统治关系或者自由,人也不基于在善恶之间能够进行选择,所以也不在于从自然法上所确立的人的特性,相反,仅仅在于上帝渴慕成为人,想要维护与人的一种特别积极的关系。这种形象上的肖似性不表现为一种实然(Sein),而表现为一种关系⑪。如此理解的与上帝的肖似性也不能因原罪而消失⑫,正如宗教改革家们所认为的那样。上帝的意图在于,要让人作为伙伴获得这种使命:有序地⑬保存⑭他创造的世界并在过程上有助于他创造的世界的完成,就此而言,"人应该为受造物的整体带来光明"⑮。在这里涉及(!)的人与动物的区别不是绝对的,而只是程度上的,因为动物也非常本质地——当今我们甚至要说:比人更加——有助于有序地保存世界,如果我们想到了动物们对于生态系统的调节所具有的巨大贡献的话!在这种关系中,卡尔·巴特就动物的尊严所说的话以及他的这种言论:动物让人类回想起他的受造性如同与上帝的肖似性⑯,从环境伦理学的角度看,还总是有现实意义的。

---

⑩ 托伊奇,G.:《动物保护伦理学词典》,哥廷根1987年,第69页。

⑩ 参阅 Westermann, C.:《创世记》1—11, Neukirchen-Vluyn 1972年;Scheffczyk, L.(主编):《人作为上帝的肖像》,达姆斯达特1969年。

⑪ 卡尔·巴特也是这样看:《教会教义学》III/1,受造物学说,苏黎世1947年第2版,第206—207页。

⑫ 同上书,第225—226页。

⑬ 《创世记》2,20 给动物命名,就是这种使命的表达。

⑭ Steck, O. H.:《世界与环境》,斯图加特1978年,第78—79页;施利特,M.:《环境伦理学》,Paderborn 1992年,第137页,也有这样的提法。

⑮ Heinrich Ott 在《论与上帝的肖似性》中这样认为,载于:Ott, H./Neidhart, W.:《受造物的王冠?——人文科学与神学》,斯图加特1977年。

⑯ 卡尔·巴特:《教会教义学》,III/1,版本同上,第212页。

作为造物主的造物，内在地包含了与上帝的一种生命关系，作为他可说话的人。无位格的泛神论代表了一位"不熟悉的神"⑦，与犹太—基督教传统对造物主的信仰是不可统一的，尽管它也在基督教生态灵性运动中到处出现，并且也非常认可，当今许多人出于泛神论信念所涉及的对大地的敬重。这种泛神论恰恰突出的是造物主与受造物的区分。作为世界的客人这种品行形象，因此变成无内容的。

[S.246]　与之相反，一切在神之中这种万有在神论，与创造物的受造性完全是统一的，它对于环境伦理学的重要意义，我们已经在讨论生态灵性时看到了。⑱ 自从教父时代以来，万有在神论被纳入到神学传统中，尤其也被纳入到天主教教会之中，现今被生态神学所接受。尤尔根·莫尔特曼谈到"内在超越"时，也是"在万物中去经验神"，"在神中去经验万物"⑲，尽管是通过把神作为灵⑳。卡特琳娜·查理也在其犹太教的创世神学中把上帝的超越性和内在性联系起来。㉑ 克利斯蒂安·林克谈到"自然的超越之为创世的秘密"㉒。西格德·德克把自然的神圣化称为基督教在既要将自然（再—）神圣化，也要将自然世俗化之间的两难抉择。㉓ 自然不是内在神圣的（holy），而是圣化的（sacred）。它具有上帝赋予它的第二位的神圣性。因此保持它的受造性。自然像人一样，其所是，仅在与上帝的关系中。万有在神论也使得把上帝超越于世界和内在于世界之间的张力

---

⑦ 莱恩哈特·拉伽茨（参阅第 3.5.4 节）带有二战印记的警告，今天也是应该严肃对待的："每个不熟悉的神变成了（贪得无厌的）莫洛克神，事实消隐在每种形式中，也是作为理念、诸神和人。"〔拉伽茨，L.：《圣经诠释》，弗莱堡/Brig，1990 年，卷1，第 157 页（1947 年第 1 版，卷 1，第 161 页）〕。

⑱ 参阅第 4.5 节。

⑲ 莫尔特曼，J.：《生命之灵——一种整体的普纽玛学》，慕尼黑 1991 年，第 44—51（49）页。类似的也在他的《受造物中的上帝——生态受造物论》，慕尼黑 1985 年，第 219—210 页。

⑳ 更详细的讨论在第 5.3.3 节。

㉑ Chatherine Chalier：L'alliance avec la nature（与自然立约），Paris1989，53—92。

㉒ 林克，Ch.：《自然的超越之为创世的秘密》，载于阿特纳，G. 主编的：《生态神学》，斯图加特 1989 年，第 165—195 页。还有他的著作：《创世记》，卷2，居特斯洛 1991 年，第 427 页。

㉓ 德克，S.：《人类中心论还是自然的自身价值？》，载于阿特纳，G. 主编的：《生态神学》，斯图加特 1989 年，第 277—299 页。还有他的：《自然和受造物——对自然的生态神学思考》，载于：《环境—共同世界—受造物—教会和环境保护》，Laufener Seminarbeitraege 1/91，35—44（40f.）。

5. 基督教环境伦理学的适度伦理纲要

保持为互补性关系[84]成为可能。

自然与人的使命,在同造物主的生命联系中,作为圣化的受造物,在伦理学上导致了(这样的结论):共同世界既非不能触动的神圣之物——泛神论就其最终结论而言必定是完全禁止干预自然的——也非作为物单纯地供人支配,相反,只可在客人意义上克制地和敬重地被使用。保持适度在于这种中道。

造物主与其受造物的关系,受特洛伊厄和康斯坦茨的影响,在上帝与他的民族的立约中[85]变得清晰可见,在《旧约》中,是同以色列民族立约(例如《创世记》17,7),在《新约》中是作为同全世界民族的新约(《路加福音》22,20;《希伯来书》9)。上帝这种立约是犹太—基督教称为主体—主体—关系的原型,主体—主体关系不是基于客观化或者随意性的占有,而是基于一种伙伴性的爱的关系,它强调的是伙伴本身的价值,关系的持久性。诸如持久性和可持续性(sustainability)[86]这些伦理学主导价值的神学基础,就在于上帝的这种虔诚立约!

上帝包含了同人和同共同世界的立约!上帝的立约用诺亚的话说就是:"我的目标就是同你们,你们的后代和与你们一起存在的所有生物、飞鸟、畜生和你们田地里的所有野兽,同所有从方舟中出来的东西立一个约。我愿意同你们立这个约:所有的肉体绝不会再被洪水淹没,绝不能让洪水再来毁灭大地。"(《摩西一经》9,9—11)。当前的人类,未来的后代和非人的共同世界,可以被称作这个盟约的三个等价的伙伴!因此,以神学中心论的立约神学将能化解人类中心论和生物中心论之间的对立。尽管从《旧约》看,立约的思想首先是同《出埃及记》和流放传统,因此是与以色列的解放历史联系在一起,上帝也包含了"与自然立约"[87]。造物主的信义不仅表现在立约(Torah)上,而且也表现在自然规律上[88]。它们都

[S. 247]

---

[84] 在第 2.1.4 节的意义上。

[85] 关于立约神学,参阅:《立约、立约神学和立约传统》,由瑞士神学学会福音教会联盟主编,伯尔尼 1987 年。

[86] 参阅第 4.9 节和第 5.4.1 节。

[87] 卡特琳娜·查理从立约神学的角度建立了她的犹太教的创世神学和伦理学,给人以强烈的印象,就像其标题已经显示的那样:L'alliance avec la nature(与自然立约)。

[88] 同上书,第 163—170 页。

是其信义的可见的表达。[89] 自然规律甚至向人类指明了上帝的信约："我如此确实地创造了白天和黑夜并规定了天地的秩序,我也将如此确实地不抛弃雅各和我的大卫的子孙。"*(《耶利米书》33,25—26)

在立约中上帝自愿地与人和其他的受造物联系在一起:这最明显地表现在上帝以这位耶稣基督的身位成人(Menschwerdung)。上帝所造之物的特征是,他定了界限(例如《诗篇》104,9),他把自身限定在这个界限之内。他因此向人类指明了这条从无限制的自由通向有拯救力的限度的道路。当有信仰的人们自愿与上帝紧密联系并确认上帝立的约时,出于感激地对此做出应答。

上帝放弃其权力给予人以巨大的可能性,同时也给予人作为共同创世者和共同发展者的责任。作为世上的客人,如我们所见,人确实不再是孩子和奴仆,而是朋友和伙伴。但这第一个行动者,上帝保持了他的圣灵,没有圣灵,人不可能是共同创世者。[90]

但是,在与上帝的盟约中人的共同创世和共同发展,不是说人变成了共同造物主(Co-Creator)！否则又要更加混淆造物主和受造物之间的区分了。人也就是保持为共同创世的受造物。是上帝的同工和共同计划者(Mit-Planer),就是说,要知道上帝的计划和秩序,而不是说替代上帝的位置。所以,人不能靠自己拯救世界,但他也不能完全毁灭世界。两种情况下人都高估了自己。[91] 在这一点上,汉斯·约纳斯,这位其责任伦理学对于保持适度的伦理学也有特别重要意义的人,提出了反对意见,他说,"上帝放弃其权力是有利于宇宙和谐的",结果就是,"在宇宙的这个尘世的角落,神奇冒险的命运无论如何都落到了我们抖动的双手上,而且责任

---

[89] 潘能伯格,W. 也这样说:《信仰和现实》,慕尼黑1976年,第11页之后几页。

* 对于这段《圣经》经文,中文本的翻译似乎比德文本更明确表达了作者这里要表达的意思:"然而,我—上主与白昼黑夜立了约,我制定自然律支配天地。我与自然界立的约只能废弃;我也同样要信守我与雅各后代和我仆人大卫所立的约。"但为了尊重原文,上面的译文依然按德文翻译。——译者

[90] 汉斯·G. 乌尔里希对把人类作为上帝的共同创世者这一观念存有保留意见,这在我看来,必然与普纽玛学相关,而普纽玛学恰恰又是乌尔里希所强调的,(因此)他的保留意见是没有得到合理辩护的(乌尔里希,H. G.:《末世论和伦理学》,慕尼黑1988年,第189—193页)。

[91] 胡伯尔,W. 也这样认为:《冲突和共识》,版本同前,第190页。

也因此落到了我们的肩上"。⑫ 多萝缇·泽勒把责任仅仅放在人的手上:"在最终解决核浩劫(nuklearen Holcaust)之前,既没有天父,也没有圣母,不再有造物主了。"⑬ 约纳斯和泽勒因此都不再坚持立约中的上帝信义,因为在约纳斯那里,上帝似乎从积极的共同作用中退出,让受造界成为自主的世界,而在泽勒那里,造物主如同在泛神论那里那样与受造物等同起来,世界的毁灭同时造成了上帝的死亡。这就易于理解,在呼吁唤醒人的责任的语境中,为什么对人的评价和要求会如此之高,同时,为什么与上帝的生命联系受到了质疑。

[S.248]

随着对生态的损毁,给万有在神论所理解的造物主上帝带来了最严重的苦难,自然的被误用意味着上帝的被误用!⑭ 但上帝并没有随着行星地球的垂死而死亡。倘若真的如此的话,人就不会是别的,无非是要坚持把自己解释为造物主了。尼采在他的上帝已死的说法中,已经从对惊恐和喜悦的真正混淆,认识到了这一点。⑮

这种世俗的、现今还总是能听到的说法:"反正自然还将让人生存下去",虽然作为草率的和贬低人的"乐观主义"遭到了否定,但从神学上得到的阐释却意味着,上帝对世界的信约还依然存在,尽管人类撕毁了他与上帝的立约。自然不能撕毁它,因为它没有这种自由。但是,一个无人的世界就已经是上帝计划的灾难性失败了。所以,如同没有对人类的拯救就不存在对整个受造界的拯救一样,没有世界的完成也就不存在人类的生存。

因此,基督教保持适度的伦理基础就是,人要保持在与上帝之造物的有生命力的立约关系中,上帝的预兆,这个天意(Providentis Dei)也属于要从伦理学上进行思考的这种关系。不在行动中消除对世界末日的畏惧

---

⑫ 约纳斯,H.:《物质、精神和创世》,法兰克福1988年,第56和58页。也请参阅他的《奥斯维辛之后的上帝概念———一项犹太使命》,法兰克福1987年。

⑬ 泽勒,D.:《爱与劳动——一种生态神学》,斯图加特1986年第3版,第209—210页。

⑭ 德克,D.就这样认为。《自然的被误用作为对上帝的误用—对一种生态神学的思考》,《福音评论》23(1990年),第653—656页。

⑮ "'上帝到哪里去了',他(这位疯子)喊道,'我要对你们说!我们杀死了他,你们和我!我们大家都是他的谋杀者……这种伟大的行为对于我们不是太伟大了吗?我们难道不是为了把自己变成诸神,而只是为了表现出他们的尊严吗?'"(尼采,F.:《快乐的科学》,慕尼黑1973年,第127页)

和对自身责任的呼吁这种恶性循环(Teufelskreis),世界如同阿特拉斯大山压在肩上,那么,如其特别是在加尔文那里被赋予特征的对上帝预兆的信仰,就会唤起行动的力量。⑯ 在不负责任和高估自己之间找到作为共同责任的正当尺度,就是属于这种关系。

[S.249]　5.3.2　与宇宙基督的关系

客人守则纲要 I/2

欢迎你来到世上作客!只要接受和传播对整个世界的爱,你就生活在耶稣的后继者中。在与作为你客人的所有受造物的同感与同情中,你与宇宙的基督交遇。

另一种说法

与众人和共同世界的一种适度交往意味着什么,一种自制的生活意味着什么,都可在耶稣的人性和共同受造性上认识到,并在对世界的真正同感和同情中经验到。

上帝的自我限制,可以在其以拿撒勒的耶稣的身位成人这件事上看到,最让人印象深刻。我们借助耶稣受试探的故事(《路加福音》4,1—13)已经看到⑰,耶稣对于"魔鬼"(sicut eritis dues)的试探,即你既然是上帝的儿子,你要像上帝一样……是如何反抗的。正是在把局限接受为人的尺度的过程中,他变成真正的人。因此他构成了与亚当和夏娃尖锐对立的相反一极,向我们形象地表现出了一般人(Durchschnittsmenschen)过去和现在都想成为像上帝一样,这正是在人过去和现在的存在中都在发生的过失。

耶稣的生活和信息诚然与完全适度还是显得根本不同。他之作为客人的隐喻放射出充满主人神恩的光辉,如同我们已经看到的那样。耶稣把一切都极端化了。与上帝关系的排他性,毫不妥协地呼召追随者,对《旧约》诫命的解释,对爱的理解直到爱敌人,对弱者充满激情地帮助,拒绝强暴,无须报答地宽恕他人,宣告上帝之国已经来临,完全自我牺牲在

---

⑯ Bühler, P. 也合理地这样认为:《上帝的预兆和生态保存》,载于韦德, H. :《正义、和平和世界保存》,苏黎世 1990 年,第 99—121 页(特别是第 114 页之后)。

⑰ 参阅第 3.2.2 节。

十字架上，都是例子⑱。适度伦理在其基督教的鲜明特色中也绕不过十字架。

上帝受难*是这种伦理不可放弃的部分，上帝受难具有多方面的意思：作为神对一切有生命者的酷爱；作为人对一切有生命者的应答性的热爱；作为上帝受难；作为忍受上帝及其极端性的苦难。正是在上帝的激情之爱中，耶稣这种新的尺度变得可见。它是对一切受造物的博爱。对自己家庭和自己民族的爱，在这里突破了限制，成为对敌人和一切人的爱（例如《马太福音》5，43之后；《马可福音》8，21；10，25之后）；从对造物主的爱中，产生出对保护共同世界这一具体戒命的遵循，就像在《旧约》中以特别强烈的方式如对动物采取保护措施那样（例如《摩西二经》23，4；23，19；34，25之后；《摩西三经》22，27之后；《摩西五经》5，14；22，6之后；《箴言》2，10）这种爱导致了对一切受造物的普遍同感和同情。尽管这在《新约》中很少被明显地阐释——保护自然也不是第一批受到无情迫害的基督徒们最急迫的问题！——它只在诸如对鸟类和野地里的百合花的描述中具有一种榜样特征（《马太福音》6，25—34：你们看看天空的飞鸟，它们不种不收，也不存粮在仓里，你们的天父尚且饲养它们！你们不比鸟儿更贵重吗？……）⑲和《登山宝训》⑳对极乐幸福的宣告中，才表达出了从生态学角度解释的一种对共同世界有敬重感的和同感的交往。㉑对极乐幸福的宣告就是对那些如客人在世上生活的人的一种勉励！

沉浸在爱中的人，就是沉浸在同上帝的关系中（《约翰福音》15，9之

[S.250]

---

⑱ 对此，请参阅司徒博，Ch.：《调解与旗帜鲜明》，苏黎世1988年，第370—431页。

* 德语中"受难"（Passion）、苦难（Leiden）都同时具有"狂热"、"激情"、"酷爱"、"癖好"（Leidenschaft, Leidenschaftlichkait）等意思，是耐人寻味的。在本书中，当出现Leidenschaft, Leidenschaftlichkait时，我们以"激情"、"酷爱"、"狂热"来翻译，对Passion/Leiden，我们还是翻译为"受难"、"苦难"——译者。

⑲ 参阅Lejeune, Ch. 对此的生态学解释：Les oiseaux et les lis. Lecture "écologique" de Matthieeu 6，25—34，Maniskript fuer die Assemblée générale de la commission nationale pour l'oecuménisme, Tournai/Bruessel 1988.

⑳ 参阅司徒博，Ch.：《对登山宝训的生态学解释》，载于：《对于整个世界的正义的和平——1989年布鲁塞尔欧洲基督教大会的三步〈圣经〉研究》，由基督教工作学会瑞士教会与环境主编，伯尔尼1989年，第1—11页。

㉑ 作为歌曲载于：今天还要种植一颗苹果树。基督教对受造物的歌曲集，由基督教工作学会瑞士教会与环境主编，苏黎世/Lutern 1989年，第54A和B号。

后)。以这种爱不仅仅可以意指对众人的爱(《约翰一经》4,7—20)。上面提及的突破爱的限制在《新约》中导致了对所有受造物的博爱,那就如同造物主对所有受造物都以"好的"来称赞一样,因此也要爱它们。不过,《登山宝训》和《圣经》关于爱的文本能够从生态学上这样来解释吗?这难道不允许预先给它提出一种实际的质疑吗?将具体经文直接地应用于现实的问题,就会存在这种危险。但我们在这里的涉及面要宽广得多。在基督教团体中一再地也总是有一种声音叫得很响,强调基督教信仰的核心是个人的拯救。教会应该更多地操心布道和个人的悔改,而非支持环保。

正是那些(合理地)严肃对待了个人与基督之关系的人,指明了宇宙基督,他在万物中,拯救整个世界,并且在生态神学中当今又再次发现了他。[102] 由于"万有都是借着他并以他为目标而创造的"(《歌罗西书》1,16),而且以基督为身位的上帝使世界(宇宙)同他自身和好(《哥林多后书》5,19),整个福音书如果这样来阅读的话,那么尘世的基督就不是别的,而是宇宙的基督。

从《圣经》来看,宇宙的基督在《旧约》中已经被称作原始生存的智慧(《智慧书》7,24;7,27;8,1;《箴言》8,22—28)。作为受难的上帝仆人,他是一切受难者(《以赛亚书》53)。在《新约》中他在腓力比赞美诗中让人感知得到(尤其是在《腓力比书》2,6和9),也在经常被引用的、对环境伦理学意义重大的文本《罗马书》(8,19—22)中被看到,按照这些记述,基督是整个宇宙和一切受造物的解放者。在《以弗所书》(1,9—10)和《希伯来书》(1,2—4)中也是同样。结果赞美他是"每个受造物,天上和地上的,地下和海上的,包括所有之中存有的"(《启示录》5,13—14)。对于宇宙基督的最著名和最有影响的文本是《歌罗西颂歌》和《约翰福音》序言:"太初有道……万物都是因道而生,无道也就空无一物",他就是作为万有之前的第一位(《约翰福音》1,1之后,15)。在《歌罗西颂歌》(《歌罗西

[S.251]

---

[102] Calloway, A. D.:《宇宙的基督》,纽约1951年;Fox, M.:《宇宙论基督的幻景——迈入第三个千年》,斯图加特1991年;Schiwy, G.:《进化之神——德日进著作中的宇宙论基督》,载于布雷施,C.等主编的:《能够从自然中认识上帝吗?》,弗莱堡等地1990年,第102—116页。Schiwy, G.:《宇宙性的基督——神的踪迹进入新时代》,慕尼黑1989(特别是第306—329页)。

书》1,15—20)[103]中,基督也被赞美为"整个世界的长子","万物都在他之中……万物都借着它并以他为目标而被创造。他在万有之前就存在,万有也在他之中而各得其所"。在这段简短的颂歌中总共出现了8次"万有,整个"这个词。这位宇宙基督——完全可以被整体主义地加以阐释——完整,整体性。上帝让"完整丰满的特质"居留在他之中(同上,19)。这段颂歌在普世基督教教会委员会1961年新德里第3届全会上也起着一种特殊的作用。早于被多次讨论的马修·福克斯关于宇宙基督的书[104]30年,一种宇宙论的生态神学的普世基督教的思想就已经出现了!"'宇宙基督论'曾是一种基本声音,幻景:万有借着基督而拯救,在他之中寻找万有的核心。整个自然,如同整个人类历史,都包括在基督的救赎行动和神恩的预兆中。"[105]与此非常类似,在该会堪培拉第7届全会上核准了这一条款:"耶稣基督的救赎活动不仅意味着革新人的生命,而且意味着革新整个宇宙的生命。"[106]

宇宙基督在生态神学中一再地起着重要作用,例如在希腊教父尼萨格里葛(Gregor von Nyssa),特别是在生态神秘主义者希德嘉·封·宾根(Hildegard von Bingen),圣方济各(Franz von Assisi),库莎·尼古拉(Nikolaus von Kues),麦斯特·艾克哈特(Meister Eckhart)[107]或者当代的埃纳斯托·卡德纳尔(Ernesto Cardenal)这些人那里[108]。加尔文也被称作是宗教改革家的例子。在他看来,"圣子是从上天下凡的——不过他不是被遗

---

[103] 对此的影响史参阅 Gabathuler, H. J.:《在前130年神学研究中的基督颂歌〈歌罗西书〉1,15—20》。C. F. v. 魏茨泽克也提供了一个阐释:《歌罗西书的颂歌》,载于他的《意识变迁》中,慕尼黑1988年,第227—239页。

[104] 注释86,也参阅论马修·福克斯的第4.5.1节。

[105] 新德里1961年。《普世基督教教会委员会第3次全会的文献报道》,斯图加特1962年,第22页。

[106] 《圣灵在显现——1991年堪培拉普世基督教教会委员会第7届全会的官方报道》,法兰克福1991年,第61页,第11号。

[107] 参阅福克斯,M.:《宇宙基督的幻景》,版本同前,第163—192页。

[108] 卡德纳尔,E.:《爱之书——拉美诗篇》,汉堡1972年。在神秘的古典传统中,在他这里到处都感得到这位宇宙的基督:"他是所有人的家乡。他是我们唯一的渴慕。上帝隐藏在一切受造物最内在的心灵深处,呼唤我们。这是从万有中放射出的神秘光芒……自然是可感的,上帝的物质化的爱。在我们直观到的万有中可见他的预兆。人的一切自然愿望,如吃喝、爱和友谊都是一个唯一的愿望,相互之间并与整个宇宙融为一体。但这个宇宙同盟只在基督之中发生。"(同上,21,35,56)

弃……他到世上是来改变世界的，甚至是以他挂在十字架上的意志来改变——但他一如既往地使整个世界如同在太初一样完满起来了"[109]！这种万有在神论的视野把历史的耶稣同宇宙的基督联系起来了！因此，正如林克合理定位的那样，"加尔文比那些以他为前提并追随他的后继者们的种种方案更加深刻得多地把创世同《新约》的基督证据连在一起"[110]。特别是自启蒙运动以来，宇宙的基督完全被打入冷宫，与自然无度的交往在近代盛行开来。

[S.252] 对宇宙基督的再次发现是如此重要，不过他必须要与历史的耶稣保持联系，就像在加尔文那里的做法一样。福克斯则相反，要"在西方实现一种范式转换……从追随历史的耶稣到追随宇宙的基督"[111]。因此基督容易变成模糊的密码，可以把非常多的东西塞进来，在神秘主义者们那里就已经存在着这种危险，当今，部分深层心理学的诠释虽然非常富有助益，但也存在这种情况。宇宙的基督必须不断地以尘世的耶稣来"校准"，在福克斯那里就很少这样做。耶稣的十字架在字义上就是宇宙基督"受钉子钉的考验"(Nagelprobe)。

宇宙的基督这种说法也必须同德日进的进化论阐释区别开来，此人从进步的乐观主义出发，把进化视为驶向欧米伽点(Punkt Omega——终点、目标)的关键，或者要同福克斯区别开来，他在某种程度上与新纪元运动(New Age Bewegung)近似，当然也是有区别的，"确实认为，宇宙的基督引导出一个深度基督灵性(Tiefenökumene)的时代"[112]，一个跨宗教的时代。

如果宇宙的、在整个世界在场的基督是基督的话，那么真正说来合乎逻辑的结论就是，基督教团体之为有许多肢体的一个身体(《哥林多前书》12,12—30)这个保罗主义的形象，必将传播到整个宇宙，至少是大地上。所以基督是大地(当今某些自然科学家甚至把大地理解为一个有机体[113])这一身体的"头脑"。而且保罗主义者认识到，如果在一个团体中一个肢体受苦，所有的肢体也一同受苦(《哥林多前书》12,26)，这已经是当今遍及整个世界的生态相互关联的明晰经验，例如在气候变暖问题上。

---

[109] 加尔文:J.:Institutio,II/13,4。
[110] 林克,Ch.:《创世中的上帝》,卷1,居特斯洛1991年,第175页。
[111] 福克斯,M:《宇宙基督的幻景》,版本同前,第115页之后。
[112] 同上书,第336页。
[113] 参阅第2.1.2节J.E.洛夫洛克的该亚假设。

所以,保罗主义的基督教团体可以从宇宙基督这里被理解为所有世上客人的普遍团契。

耶稣作为基督是整个世界的奇洛斯(Krios:希腊神话中的"神官"——译者),他以三位一体的形式与造物主上帝连在一起。那么,如同创世和救赎相互从属一样,造物主上帝这位尘世的耶稣/救赎的基督与圣灵是一体的。

以生态神学和伦理学的这种三位一体公设,现在我们也可以用奥斯维德·拜尔的话说:"一种关于原罪学的生态学不大可能不考虑一种末世论。"[114]基督教关于对共同世界担负责任的话语,是不能排除罪责问题的。正是人为他对待受造物的举止进行自我辩护,才是罪的表达。[115] 但罪责在哪里呢?哲学家克劳斯·米歇尔·迈尔—阿比希认为,"谁为了他的生活而让另一种圣灵死亡,将永远都是罪过"[116],而生物学家格尔诺特·斯特赖则反驳说:"我倒认为,说人有罪过是一种不恰当的观点,而且如果理由只是因为我们的生活要以其他有机物为食物的话。"[117]他的意思是说,人没有罪过,只因为他是人。神学家勒格斯图普指出,毁灭的实在性是生态陈述的一个重要部分。在世界中不存在"无残暴性的再生产品","残暴性构成了与造物主活动和上帝之国的区别"。[118]人避免不了剥削。

[S.253]

我们的生活不得不以其他生物为代价,必然处在与它们的持续冲突之中这一事实,从神学上必须被描述为原罪。[119] 它不是个体的罪过,而是同我们人类存在相联系。人类发展的可能性——不同于启蒙运动的公设——也不可避免地受原罪所限。人总是一再地产生不可弥补的损害,现在达到了登峰造极的程度。

但罪过首先要作为个体的和当下结构性引起的罪过来认识和承认。

---

⑭ Bayer, O. : Schöpfung als Anrede,图宾根1989年,前言。

⑮ Gestrich, Ch. : 《光辉再次照临世界——基督教关于罪的学说及其在当前责任中的分配》,图宾根1989年,第204页。

⑯ 迈尔—阿比希,K. M. :《通往与自然的和平之路》,慕尼黑1984年,第192页。

⑰ 斯特赖,G. :《环境伦理学与进化》,哥廷根1989年,第126页。

⑱ Knud Lógstrup:《生态与毁灭》,图宾根1990年,第331—332页。

⑲ 在生态学框架中的原罪,从神学史角度所做的强调和描述,请参阅Schupp, F. :《生态和原罪》,杜塞尔多夫1990年。当下具体个人的和结构性的环境罪过,在他这里可惜实际上并没有说出来。

在善良的世界可以见到的宇宙基督的面目中,人可以看出自己的恶。他能把这种恶认作罪过,如同欧洲基督教教会关于环境破坏的大会所做的那样:"我们承认我们的不作为(Versagen)是共同的和具体的……我们不作为,因为我们没有足够坚决地批评政治和经济体系滥用权力和财富,只是为了自身的利益剥削世界的自然资源,让贫穷和差距继续蔓延……我们不作为,因为我们不总是为一切生命的神圣性和尊严作证,我们并不总是对所有人给予同等的尊重。"[120]人类明显地并不创造的石油能源,至多还能为一到两代人保存,我们并没有推动政治意志去阻止日益严重的气候变暖(我们最多是使它缓和一些),这也是事实,这不得不承认为罪过。承认这些罪过,是对上帝宽恕并与整个世界和解这一戒命的回应。认罪不只是在教会中,在政治中也有其地位。[121] 认罪是悔改(metanonia)过程的部分,以保持适度的伦理为指向。

所有这一切对环境伦理学来说,就是在宇宙基督的光芒中以尘世的耶稣为指针。当代对宇宙基督的重新发现,对于基督教的生态伦理学和生态灵性而言,都是必然的和充满希望的。对于我们的生态尺度伦理而言这就叫作:保持适度将借着同宇宙基督的生命联系得以可能并得以促进。同感,作为生态伦理学的一个基本范畴,对于基督徒而言,不仅是与自然同感,而且是与在世界中产生影响并受难的宇宙基督同感。对一切受造物的爱意味着对基督的爱。这也意味着同一切受造物连接在一个身体中,同作为"头脑"的基督连接在一个身体中。与这种宇宙基督的基督学相适应,艺术家罗兰·利岑布格作了(一次)把一条同时也是人的鱼钉在十字架上的表演。

5.3.3 与圣灵的关系

客人守则纲要 I/3

欢迎你来到世上作客!客人们的共同生活和为此共同生活所必不可少的基础的持续保存,只要你在造物主的灵中行动,就能得到最好的保障。请得到这种灵力,让你的行动从你的灵中流过。

另一种说法

---

[120] 欧洲基督教会议:《正义的和平》巴塞尔 1989 年,论文集,第 43 节。

[121] 对此参阅司徒博, Ch.:《调解与旗帜鲜明——教会在社会冲突中的和解使命》,苏黎世 1988 年,第 582—593 页(关于集体认罪的前提在第 592—593 页)。

5. 基督教环境伦理学的适度伦理纲要

地球上的所有生命在其发展中都受一种中心的引导。一种新的中心就是宇宙的自组织,(这是)另一种世界灵魂或整体性,对于基督教信仰而言就是圣灵。这种中道产生万物的尺度并使保持适度成为可能。

"来吧,圣灵——请革新整个世界!
生命的给予者——请保存你的造物!
真理的灵——求你为我们创造自由!
统一的灵——你的民族求你来和解!
神圣的灵——改变我们,圣化我们吧!阿门。"[122]

这些请求是对圣灵作用的一种贴切的简短公式。它包含1991年堪培拉普世基督教教会委员会的第7届全会的主题(第一个请求)和四个分主题。上帝的灵对于每种基督教的生态神学和伦理学都是核心。三位一体属于基督教教会共同的基础,因此也属于基督教的生态学。[123] 目前的生态伦理学作为尺度伦理是可以从三位一体角度加以规定的。不过,什么能以圣灵来指称?这种灵气(ruach),这种普纽玛(pneuma),这种气息*同造物主上帝和宇宙基督处在何种关系中呢?而且这对于我们的主题意味着什么呢?

当今,许多自然科学的初衷都以此为出发点:行星地球上的进化和生态系统的相互作用,是按照自组织、自我调节和自我更新的原则进行的。[124] 我们在第2章关于自然的尺度中已经看到,在其中蕴涵着内在于自然的秩序原则的观念。先前被称作宇宙灵魂,今天被称为自性(Selbst)或者灵。这种秩序原则经常是同朦胧的宗教寓意联系在一起[125]。从《圣经》的角度看,什么能以造物主上帝的灵来指称,以及什么不能以

[S.255]

---

[122] 《圣灵在显现——1991年堪培拉普世基督教教会委员会第7届全会的报道》,美因茨法兰克福1991,第47页。基督教界对世界与精神(灵)的讨论,也请参阅第4.6节以及Castro, E.主编的:《圣灵的风——对堪培拉大会主题的思考》,日内瓦1990年。

[123] 参阅潘能伯格, W.:《系统神学》卷2,哥廷根1991年,第34—49页;林克, Ch.:《创世》,居特斯洛1991年,第528—531页;莫尔特曼, J.:《受造物中的上帝》,慕尼黑1985年,第106—110页。

* 都是"灵"的意思——译者。

[124] 参阅第2.3.2节等处。

[125] 对此请参阅对第2.5节的批评,Punkt4。

此来指称[126]，可以在同天体物理学家艾里希·杨奇的讨论中指出[127]。

杨奇的出发点是"宇宙的自组织"。"生命表现为自我实现的过程。"在此过程中，神性东西显现自己"不是在对个人无论如何都很合适的形式中，而是在进化的总体动力中"[128]。因此"即使上帝不是造物主，也是宇宙的灵魂"[129]。杨奇也不偏爱谈论超自然的复杂情感，而是谈感知。深入到进化的感性过程中，对未来就会产生畏惧："也就是把对'类的生存'的畏惧看做是最高价值。在自我超越中我们不仅能够超越于我们作为个体的自己之上，而且也能够超越于人类之上！"[130]在此方向上，彼得·卡夫卡在杨奇著作的新版前言中写道："但愿创世史的这些原则能够获得理解，得到深刻的理解，那么把人的精神如此加以组织，使之成为一种有生命力的总系统，也就容易了许多。"[131]

世界发展的这种一元论视野的自然科学尝试，在杨奇这里有许多方面都是如此地有影响，但在他的世界图景中也形成了同上面所说的造物主和宇宙基督的一个明显的冲突，以及同现在接着要说的圣灵的明显冲突[132]。可以列举四个差别：(1)犹太—基督教的造物主上帝是一个可攀谈的位格，可达到个人的责任，而不是一个匿名的进化过程；(2)像杨奇所做的那样，当人从泛神论的立场取消了造物主和受造物之间的分离，他就误解了人之为人的存在；(3)上帝的信约包含了他对人之为人的存在的信义。《圣经》上也依然把"新人"称为人。人和共同世界这种类的生存，在基督教信仰中保持为一种不可放弃的价值[133]！这种价值不可被杨奇进化史的、最终被一种具有诺斯替主义二元论特征的幻觉相对化。按照这一幻觉，人类的自然死亡并非有多么糟糕，因为"人类的精神需要这些仅只处在孩童时期的形式。以趋向自我反思的能力，我们都变成为一个有

---

[126] 参阅潘能伯格，W.：《系统神学》卷2，版本同前，第96—137页：圣灵和自然进程的动力。

[127] 杨奇，E.：《宇宙的自组织—从原始萌芽到人的精神》，慕尼黑1992年扩充的新版，第一个德文版在1979年。

[128] 同上书，第411页。

[129] 同上书，第412页。

[130] 同上书，第414页。

[131] 同上书，第1页。

[132] 对杨奇观点的自然科学角度的批评，表达在阿尔特纳，G.：《自然被遗忘》中，达姆斯达特1991年，第124—127页。

[133] 汉斯·鲁也这样认为，参阅第4.2.2节。

自我意识的宇宙的精神";[134](4)取代出于智慧而敬重其局限的客人这个人类形象,在杨奇这里,启蒙主义的"要像上帝一样存在"的人类形象,具有了与之相应的进步乐观主义的特征。假如人只是某种精神的话,那他就已经能够拯救世界了,在这里施行了诱惑性影响。人已经忘记了知善恶树(我们记得:蛇在这里引诱人,你也能像上帝一样)的不是太多,而是太少! 杨奇以对一段克莱斯特的引文不满意而结束了他的书:"为了退回到无罪状态,我们必须再次吃知善恶树上的果子吗? 是的,他回答说。"[135]

似乎是对杨奇生态神学的回应,宗教改革家加尔文在一论述造物主和受造物之区别的章节中对穿透一切的精神写道:"而现在关于这个赋予世界以灵魂并支撑起世界的'普遍精神'(宇宙灵魂)的贫乏的思想活动,究竟应该(意味着)什么呢? 它不意味着别的,无非就是我们要为自己创造一个隐蔽的神祇,以便为了尽可能从根本上摆脱一位我们畏惧的并应该臣服于的真正的神。我承认,有人也能以正当的信念说,'自然'就是神,如果这是从一颗虔敬的心中说出来的话。但这不过是一种欠考虑和不得体的说法;因为自然毋宁说是由上帝设立的秩序,所以……如果我们稀里糊涂地把上帝与隶属于他的生成活动(Geschehen)的作品混淆起来,则是有害的。"[136]

是万有在神论而非泛神论的圣灵视野意味着,圣灵在一切受造物(不只是在人类中)中起作用,但不过不是与受造物同一的。我们可以用莫尔特曼的话说:"通过他的灵,上帝也在物质结构中在场。在世界中既不存在无灵的物质,也不存在无质料的灵,因为只存在信息化的物质。但规定一切物质和生命系统的信息,可以被称为灵。"但这不是说,"万有就是神,而诚然是说:神在万有中而且万有也在神中"。[137]

我们还可以深入一步,认识到上帝与人以及在高度复杂的自然控制机制中(如生物控制论对它们所做的描述[138])与所有受造物的立约。这种

[S.256]

---

[134] 杨奇,E.:《宇宙的自组织》,版本同前,第414—415页。

[135] 同上书,第416页。

[136] 加尔文,J.: Institutio I/5,5。

[137] 《创世中的上帝》,慕尼黑1985年,第219和109页。关于精神(灵)和物质的关系,也请参阅 Hollenweger, W. J.:《精神和物质——文化内的神学》卷3,慕尼黑1988年,第271—300页。

[138] 参阅第2.3.1节。

盟约确实是与造物主保持关联的一种隐喻。所以我建议,要扩大这个概念,从神学角度谈论控制论,特别是从普纽玛神学的角度,谈论在生态系统中的神的控制论,因为作为圣灵的上帝是控制的上帝,是舵手,是操纵所有进化过程的智慧。尽管我们是在自然的信息过程和操纵过程中认识上帝的灵,坚持"灵的位格性"[139](Personlität des Geistes)是必然的,那么一个逻辑的结论就是,造物主和耶稣基督的位格同灵的位格从三位一体的角度看是同一的。

在这种扩大化的理解中,圣灵将从这种"只是"局限于人类及其拯救的狭隘作用中解放出来,将与此相应地变成宇宙的基督!成为"宇宙精神"[140],在整个世界中发挥作用,并把整个世界的完成作为其工作目标。对此,普世基督教教会委员会在马来西亚一次协商会是这样规定的:"圣灵是上帝而非被创造的能量,这种能量生活在整个世界中。整个世界生活、运动和存在于这种神性生命中。灵实存于'万物'(ta panta)之内、之中,与万物共存。圣灵追求的目标是将万物达到其完满(救赎)。基于圣灵在整个世界中的这种完全的当下显现性,我们不仅否认,认为宇宙中没有渗透神圣的东西,人类不是自然的部分这种看法,而且我们也反对,认为在有生命的和无生命的东西之间,在人类和非人类的东西之间存在着绝对分界线的看法。"[141]

我们再次想到了加尔文,他特别突出地强调了圣灵在整个世界中的作用。[142]"因为它(灵)到处在当下显现,保存并营养天上地上的万物,赋予它们以生命。"[143]这个灵也是"再生的原创者","我们的辩护就是它的作品"[144]。对加尔文而言,圣灵是"创造生命力的水"。"上帝的手,借着它上帝实施他的权力","为我们的遗产担保"(《哥林多后书》1,22),"因

---

[139] 莫尔特曼,J.:《生命之灵——一种整体性的普纽玛学》,慕尼黑1991年,第282—325页。

[140] 这个概念被使用在莫尔特曼,J.这里:《受造物中的上帝》,版本同前,第110—116页;德克,S.:《世俗世界—神圣世界—灵性物质》,载于EvTh45(1985),261—276(274ff.)。

[141] 转引自:《气候变化在加速,危险的征候,信仰经受考验——普世基督教教会委员会的研究论文》,日内瓦1994年,第36页。

[142] Krusche,W.有详细的讨论:《加尔文对圣灵作用的看法》,柏林1957年;林克,Ch.:《创世中的上帝》,版本同前,第549页和卷1,第125页也有讨论。

[143] 加尔文,J.:Institutio I,13,14。

[144] 同上。

为是他为我们创造的,我们借着它在此世作为朝圣者漫游,同时作为有死者,从上天获得生命力。"⑭⑤所以圣灵是我们临终的圣餐(Wegzehrung),是为我们作为世上的旅客准备的途中的口粮!

圣灵的位格性和非位格性之间的关系,如同在人类中起作用的圣灵和宇宙精神之间的关系一样,它们都是同一个灵,但相互处在张力中,甚至充满着张力。⑭⑥这种张力当然如同上帝内在于世界和超越于世界之间,以及尘世的耶稣和宇宙的基督之间的那些张力一样,是可以经久持存的。莱昂纳多·波夫以简单而明智的公式来解决这种张力:"圣灵居住在宇宙和人心之中。"⑭⑦圣灵作为两个灵(duplex spiritus)有两个主要的作用方式:它赋予一切受造物以生命力,而且使人类神圣化。这种赋予生命力和使人神圣化的灵,在本章开篇引用的普世基督教的戒命中作了这种贴切的表达:"生命的给予者——请保存你的造物;神圣的灵——请改变我们,圣化我们吧。"⑭⑧

还要再次强调的是,圣灵在他的所有作用中,从结果看,与作为造物主上帝的作用和耶稣基督的作用,必须三位一体地被看做是同一的。圣灵虽然自由飘扬在它自愿的地方,但它总是作为造物主的主灵,和⑭⑨作为拿撒勒耶稣的正确判准与和解的灵以及宇宙基督的灵在飘扬。

[S.258]

所有这一切对于环境伦理学的尺度意味着什么呢?

具体的结论将在 5.4 节作出。这里只讲这么多:以基督教伦理学三位一体的固定架构,普纽玛学对于伦理学起着一种核心的作用⑮⑩。赋予

---

⑭⑤ 同上书,III,1,3。

⑭⑥ 对此进行的批评、责备在林克,Ch. :《创世中的上帝》,卷 2,居特斯洛 1991,第 551 页。

⑭⑦ 波夫,L. :《论大地的尊严——生态学、政治、神秘》,杜塞尔多夫 1994 年,第 54 页。

⑭⑧ 圣灵的三种其他主要的作用方式(真理的灵,统一/和解的灵,革新/新世界的灵)我们可以在这里首先把它们搁置一旁,对此更多的讨论在司徒博,Ch. :《调解与旗帜鲜明——教会在社会冲突中的和解使命》,苏黎世 1988 年,第 457—464 页。

⑭⑨ "和圣子的(灵)"在这里不能在 filioque des Nicaenum 意义上来理解,它把圣灵从属于圣父和圣子,而要理解为不可化解的统一性,这统一性的出发点是圣父、圣子和圣灵具有同时性,完全的等价性。莫尔特曼也是这样认为的:《生命之灵》,版本同前,第 321 页。

⑮⑩ 乌尔里希,H. G. 也是这样认为的:《末世论与伦理学》,慕尼黑 1988 年。在他对普纽玛学的强调中,同创世学(Protologie)和基督学的联系诚然太直接了。

了普纽玛学特征的,是圣保罗建立的伦理学[51]。符合基督并因此符合生态的新的行为是圣灵的一个恩典(《罗马书》6,1之后;8,1之后;《加拉太书》5,13之后;《哥林多前书》12,8)。所以人类通过圣灵成为上帝的同工,共同创世的神。但是,尽管人类被造物主之灵所渗透,却不是共同造物主本身。造物主的灵不使人成为天使,但帮助他们成为有限的人。这就是致力以求的尺度。人类要保持为人并只是成为人。人类保持为客人,是为万幸。

所以也有能力,在与世界的交往中认识这个尺度并能够保持这个尺度,是圣灵作用的结果。虽然圣保罗在他的讲道中提到了这些"圣灵的果子"(《加拉太书》5,22之后),他提到了9种圣灵所结的果子:博爱、喜乐、和平、忍耐、仁慈、善良、忠信、温柔、适度(节制)——保持适度在节制的意义上不是直接的,但诚然是与节制有紧密联系的自制(engkrateia)。但这个在希腊—希腊化时期的伦理学中处于核心的德行,不再是导致禁欲苦行和敌视身体的人的自律的意志行为。自制在这里是对三位一体的上帝信仰关系的一个结果,具体体现在对一切有生命者的神秘的移情关系中。这意味着从自我纠葛关系中的解放,所有的这种关系总是只在自利的禁欲苦行中得到评价。所以转向对他人,也包括非人的共同世界,及其利益和需要(的移情关系),是可能的。圣灵在这里绝不会与肉体和物质性的东西对立起来。它们在犹太—基督教的世界观中得到积极的评价,由于所创造的东西都是好的。这个创世者的灵,造物主的灵,正是为生命唤醒了物质。它在我们之内也唤醒了为身体操心的力量,为饥饿的生命提供营养并且促进财富以及生活机会公正分配的力量。这里表明,保持适度本身不是目的,而是为了众人和共同世界而这样做的。圣灵赋予了这种保持适度的全权。在这里与神恩的圣灵果实的多样性相适应,为每个不同领域提供了正确的尺度。在团契中,甚至在普世的人类团体以及生物共同体中,"借着各个关节经络按照其各自力量之尺度的相互配合,彼此支持"(《以弗所书》4,16)。这种伦理要求的个体的相互适应性是圣灵的核心表征。圣灵的另一个核心表征是,它赋予了坚毅、坚持到

---

[51] 对此请参阅 Schrage, W.:《新约伦理学》,哥廷根1982年,第167—170页; Schulz, S.:《新教伦理学》,苏黎世1987年,第348—357页。

底、忍耐和对世界忠信的能力。[152]

在所有这一切当中,对于基督徒通往一种适度伦理的第一步,就是灵性的生命:上帝的召唤带着对圣灵的祈求。[153]

5.3.4 与众人的关系

客人守则纲要I/4

欢迎你来到世上作客!所有人作为与上帝相像者都是其等价的客人。你要在与你的共同客人的关系中寻找你的尺度。当代和未来的后代都同属于人。他们像你一样拥有同样的客人权利。

另一种说法

所有人都有生存和发展的权利。这无论是对于当代还是对于未来的后代都是普遍有效的。真正的尺度所以是在他人身上度量自身,特别是在同弱者(作为忍受无度的后果之苦的人)的关系上度量自身。

我吃多少肉的问题,如同我如何经常坐飞机到远方旅游或者一个公司应该开发多少新药这样的问题,通常可以根据自身的兴趣来回答。只要我感觉良好,让我对一种生活感到满足或者对于一个企业的进一步发展和发财是必要的,就是适度的。这种自身兴趣在伦理上不是可耻的!它是对生命意志的一种积极表达。在缺乏它的地方,人们就不大可能担负得起对自身生活重担的操心。尽管如此,自身的兴趣还远远不是一种适度伦理的令人满意的基础。相反,它却是有人生活无度奢靡和大多数人生活无限贫穷之间陷入深渊的原因之一。自我老子天下第一的妄想(Icheinzigwahn),在今天特别表现在自恋癖式的自我相关和日益减低的交往能力这种敏感的形式中。还在不断提高的单人家庭比例和离婚率都是这方面的指示器。

对犹太—基督教信仰而言,尺度在他者之中。爱的双重戒律:爱上帝和爱邻人如爱己,这都是以《旧约》和《新约》为基础的(《摩西三经》19,18;《摩西五经》6,5;《马太福音》22,37—39),证明了与众人的生命联系是与上帝之生命联系的结果。尺规不是一种绝对确定和决疑论规定的尺

---

[152] 详细的讨论在 Müller-Fahrenholz, G.:《唤醒世界——在这个危险的时代我们对圣灵的信仰》,居特斯洛1993年,第136—144页。

[153] 卡尔·巴特也这样说:《基督徒的生命——教会教义学》IV/4,苏黎世1979年第2版,第148页。

度，而是在与众人如同与上帝的动态关系中存在的。如同一根红线贯穿在犹太—基督教信仰中的这一信念，是从圣保罗那里接受来的，并且是从他的律法的狭隘性中解放出来的，因为他把邻人解释为自己自由的尺规。以"基督徒的自由"中不存在禁忌，来迷信地限制与世上宝物的交往。

[S. 260] "一切都是允许的，但并非一切都是有益的。"(《哥林多前书》10,23)在脱俗的世界中的尺度是他者的尺度，是共同体(Gemeinschaft)。⑭ 圣保罗继续说："一切都是允许的，但并非一切都对他者有益。每个人都不应该只追求自己的利益，而要关心他者的利益。"(同上,24)法规这位"法官"在圣保罗的意义上不是亚里士多德意义上的"中道"(他不需要有对他人的使命)，也不是如在亚当·斯密那里虚构的"中立的旁观者"的"看不见的手"，或者如在康德那里的理性，作为人对自身的"天生的法官"⑮，而是众人。法规是邻人、最远方的人和——完全偏袒性的——受虐待者和苦难者的看得见的手。边缘人和受亏待的人将变成一种适度的生活风格的尺度。

在这方面，我不必完全否认我的自身利益*，但在他者的映照下，自身利益需要重新权衡，就像他者对我所应该做的那样。因此形成一种相互的伙伴关系，也包括其中的不同形式。基督教的"新家政学"(neue ökonomie)就是这样说："作为上帝各样恩赐的好管家(oikonómoi)，就要以每个人所领受到的礼物，彼此服侍。"(《彼得前书》4,10)这就叫作客人中的客人！寻找尺度因此是一个交往过程，商谈伦理学就是从方法论上来制定交往过程，我们在制定环境标准的例子中已经指出过这一过程。⑯ 在这方面，基督教伦理学强调，除了专业人员的知识权限、决策人员(政治家)的权力权限外，与环境风险和负担相关者的经验权限的礼物，也必须充分重视，纳入到这种交往过程中来。参与(Partizipation)是找到符合人道的尺度的前提！

符合耶稣信徒和保罗信徒们对自由的理解，富裕的生活完全是允许的，只要能够保证，众人和未来的后代同样能够富裕地生活，并且自然的

---

⑭ 参阅第3.2.4节。

⑮ 参阅第3.1.2节，第3.4.2节和第3.4.3节。

* "利益"和"兴趣"在德语中为同一单词，"兴趣"一般为"单数"：Interesse，"利益"为复数：Interessen；因此前一段讲的"自身兴趣"和这里将的"自身利益"具有词义上的相关性，提请注意——译者。

⑯ 参阅第2.4.2节。

5. 基督教环境伦理学的适度伦理纲要

生活基础能够保持可持续性。我的自由和需要之满足的尺度就是目前和未来的众人的自由和需要的满足。上帝的体恤帮助（Erbamen）在这方面特别适合给予穷人[157]。上帝满意的就是人对于众人的移情和体恤地团结帮助（《马太福音》5,7）。在这种体恤帮助中，人找到了他对人和共同世界的行为尺度。

从环境伦理学的角度看，属于弱者的，特别是在环境破坏中属于受难者的是：儿童和那些最低限度的生存者或者生活在底层的人，他们，如第三世界中的那些受水污染、被土地腐蚀和有毒垃圾存放侵害的人，因气候变暖而偶发的干旱立即就会牵涉这些人的生存，让他们变成他人。所有那些受环境恶化侵害或影响的受牵连者[158]，尽管不会立即涉及他们的生存，但也属于受难者，例如，飞机场和高速公路旁边的居住者，受到噪音的侵害，还有那些不断增多的庞大失业者，他们由于经济必要的结构性调整以适合于生态经济而失去了合算的工作，也算是受难者。被削弱的、枯竭的自然也能算作是受难者，我们将在下一节来讨论它。

[S. 261]

然而，所有人，包括未来后代的平等及其平等权利的基础，究竟在哪里？平等为什么应该是一种尺度？我们集中于讨论未来后代的权利之基础，是因为目前生活者的平等权利在神学的人权讨论中已经足以被奠基了[159]。

哲学家比恩巴赫为未来的后代及其"代际之间功利总量功利主义"奠立了责任，所以其目标在于实现最大多数人的最大可能的功利（幸福与苦难之间的最大可能的差别）[160]。只要未来的后代被包括进来的话，这是可能的。不过，如果在这里我个人的短期功利不得不受到削弱的话，我为什么应该真正地帮助增加一种抽象的总体功利呢？这诚然实际地证明了，对于大多数人而言，自利是最强大的动力之一：如果我们不自愿地自

---

[157] 参阅，例如 Santa Ana, J. de：《穷人的福音——穷人在教会史中的挑战》，Wuppertal 1979 年。

[158] 也请参阅在第 1.3.2 节物种多样性保存实例中的相关者冲突。

[159] 例如 Lochman, J. M./Moltmann, J. 主编的：《神权和人权》，Neukirchen 1977 年，第 2 版，第 47 页之后和第 61 页之后；胡伯尔，W./托特，H. E.：《人权——一种人类世界的视野》，斯图加特 1977 年，第 186 页之后；Baur, J. 主编的：《人权的主题——神学的尝试和方案》，斯图加特 1977 年；Eigel, W.：《发展和人权——人权视野中的发展合作》，弗莱堡 1984 年，第 51 页之后；《人权——基督徒为了它的实现的使命》，由瑞士福音教会联盟人权协会主编，伯尔尼/斯图加特 1986 年，第 64 页之后。

[160] 比恩巴赫，D.：《对未来后代的责任》，斯图加特 1988 年，第 101 页之后。参阅上一章第 4.8.1 节。

我限制的话,我们已经出现了生活质量(例如通过噪音、空气负担和肺痨病)受到限制的经验以及出现了对自身福利正在到来的损失的惧怕。

对于哲学家汉斯·约纳斯而言,对未来的责任在于"对后代的生存(Dasein)和如此存在(Sosein)的最终不可奠基的义务"[161]中。他的不可奠基性虽然在理智上是不令人满意的,但指出了一个在宗教上重要的方面:自己的生活在一个生命连续体中只是一个微小的环节。所以,如同生命是恩典于我们的一样,我们不用问,我们是否愿意生活,它就这样继续托付给了我们。一段不可奠基性的生活在于生活的不可支配性,因为奠基永远也就意味着想把某种东西搞到手。如果从神学上还是可以作出一种奠基的话,那么只有在这种兆头下和意义上:上帝想让他的客人明白他的计划,作为他与人友好的标志。

对于未来后代的平等权利可以列举出7个圣经——神学的基础:(1)造物主和受造物之间的不可超越的区别,导致了所有受造物独立于一切时间维度(不论过去、现在和未来)的根本的平等;(2)所有人都是上帝的肖像,所有的60亿人口像还没有出生的人一样都是他的肖像;(3)上帝与诺亚的立约,在这个立约中特别包含了后代(《摩西一经》9,9);(4)孝敬父母的戒律(十诫中的第五诫,《摩西二经》20,12)包含了一种代际职责,我们要关心在我们之前和之后生活的各代人。在金规则的意义上,这是一个前提,我们也因此经历了关怀人的生活;(5)基督救赎和创造生命力的灵在宇宙的维度上适用于所有的受造物,也适用于还在到来中的人;(6)未来也属于弱者[162],他们特别需要关爱;(7)现在和未来的各代之间的界限完全是流动的。未来的人生活在我们的子孙中,他们将在我们之后存在,现在已经存在。

这种有宗教动机的、确定在上帝关系中的对于未来后代的责任,在我看来,将证明自身具有比功利总量功利主义的尺度伦理更为强大的力量,这是显而易见的响亮的声音。未来后代的权利构成了今人权利的限度并通过这种相关性构成一种集体性的和环境伦理的尺度。

在这些权利的内容上,我完全可以从环境伦理学角度补充[163]萨拉丁/

---

[161] 约纳斯,H.:《责任原理》,法兰克福1984年,第84—90页。参阅上一章第4.8.2节。

[162] 施利特,M.也这样认为。《环境伦理学》,Paderborn1992年,第201页。

[163] 它们在上文第4.6.2节已经完全介绍过。

岑格关于未来后代的 10 种权利,这些权利在改革派世界联盟的文献中被接受[164]成为对人权普遍宣言的一种扩充。

未来人的权利如何能够被纳入到环境政策的实践操作中去,还不大有成熟的做法。一种"考查与后世和平相处"的建议[165],类似于与环境和平相处的考查,它要是可以采纳才好。但我们不能再这样做了,好像未来人的权利也只是某些权利的持续。相反,我们必须承认,未来后代对有些权利,如"对不(或者只是很缓慢)可再生的原料和能源有大量储备的权利"已经不再拥有了。尽管可能会发现另外一些替代能源,未来人(确实)不再有石油了,(但)(说他们)没有今人富裕简直是不可思议的。因此不仅提出要急剧降低不可再生资源的消耗这一要求,而且也要提出,如何能够给未来后代以损害补偿的伦理问题。

强调非人的共同世界和未来后代的权利是重要的。但只有今日的受难者和每天的伤亡者,如同未来的人和受害的自然界一样得到了认真对待!那些权利在伦理上才是值得相信的,才可被三分之二的世界所接受。在某些环境伦理学家那里,环境与发展这方面的关系还是空白。甚至有时还存在令人惊恐的情感,在人与自然的冲突中,今天的穷人真正地被抛弃了。在当代人和未来人的冲突中,一再还适用的标准,莫尔特曼早在 1976 年就作了相关阐述:"人不可以为未来买单而剥削他的现在,就像他也不能把为了未来而牺牲他的现在作为义务一样。毋宁说,他要探索的,是在当代人和未来的后代人的生活机会与自由机会之间找到一种合理的平衡。"[166]一种合理的平衡意味着什么,我们将在后面来讨论[167]。

5.3.5 与环境的关系:它的尊严和权利

客人守则纲要 I/5

欢迎你来到世上作客!你是客人中的客人。除人之外,其余的共同

---

[164] 费舍尔,L.(主编):《未来后代的权利。自然的权利》,伯尔尼 1990 年,第 12 页之后;同样的观点还有:萨拉丁,P./岑格,Ch.:《未来后代的权利》,巴塞尔 1988 年,第 46 页之后。

[165] 萨拉丁,P.:《未来后代的权利》,载于费舍尔主编的书,版本同前,第 26—34(33)页。

[166] 莫尔特曼,J.:《对人权的神学阐明》,载于 Lochman, J. M./莫尔特曼,J. 共同主编的:《神权与人权》,版本同前,第 44—60(53)页。

[167] 第 5.4.2 节。

受造物也属于客人。你要在与你的共同受造物的移情关系中去寻找人的尺度。共同受造物它们的价值,它们的尊严和它们的权利都独立于你。

另一种说法

有生命的和无生命的共同世界都有一种独立于人的价值和它们本身的尊严。所有的受造物都有指望一种符合它们自己的生活和发展的权利。适度地生活就叫作,在行动中要尊重共同世界的尊严。

与自然的适度往来,只有当我们与它有一种关系时[168],才是可能的。上述纲要的主要诉求应从三个方面展开:对共同世界的感知;它的尊严和它本身的价值;共同世界的权利。

(1)对共同世界的感知

如何打造一种与共同世界的生命联系?尽管所有人都在谈论环境保护,似乎非常渴慕自然,但对自然的陌生化在增强,对自然的日常经验在消失。原因就是,如整个世界在迅速地城市化[169],人工世界(例如购物中心、人工公园等)在扩建,对自然的感知通过媒体而不是通过直接地整体感官知觉,越来不依赖于自然的节气,从林—胶—"农"业(Hors-sol-"Land"wirtschaft)直到制雪装置(Schneekanoen)中喷出的雪都是如此,它们本质上通过能源系统而存在于"自然环境的屏障中"[170]。

[S. 264] 当今,对自然的感知本质上是通过关于生态系统之功能的信息,通过动植物生活条件及其遭受危险的信息,通过诸如每天的臭氧排放和空气质量等福利指数。但通过自己的感官—看、听、嗅、尝、触——来感知,对于与自然的关系同样是不可放弃的。今天通过电视来感知自然,普遍蔓延着(将感官知觉)归结为眼睛的视感(Sehsinn),这让上帝创造的许多礼品(我们的五官都属于这种礼品)功能衰退。我的不多的经验是,宰杀

---

[168] 《旧约》对自然的感知,具有鲜明的与生存相关的特征。O. H. 斯特克这样解释这些注经学的洞见:"当《旧约》的以色列人看见了自然的世界时,不把人当做处在自然之旁和之外的主体,而是把人看做是内在于自然世界之内、之中的……所以我们没有遇见一种静力学——客观化的世界观,而是遇到了一个完全与生存相关的、人与自然共同关联的世界观。"(O. H. 斯特克:《受造物的保存——对于一种自然的神学的旧约省思》,载于韦德,H. 主编的:《正义,和平,受造物的保存》,苏黎世 1990 年,第 39—62(47f.)页。

[169] 1960 年第三世界还有 78% 的人生活在农村,1990 年还有 63%,在 2000 年还将有 55%,预计到 2030 年,两个城市人中就只有一人生活在农村了。

[170] 迈尔—阿比希,K. M. 这样认为。《通往与自然的和平之路》,慕尼黑 1984 年,第 255 页之后。

鸡、兔和绵羊,准备将其烹饪食用,降低了我的肉食消费。对自然的感性体验要求惊异[171],这在环境教育中具有中心意义。感觉不到有什么自然主义谬误,我们只能同意路德的这种说法:"假如他们确实只能看到一粒谷物或者一粒樱桃的话,一粒樱桃也能教导他们懂规矩。"[172]

对自然感知的另一个重要因素是移情作为同感和同情的能力。借助于"称福"我们已经提到了它的《圣经》意义。[173] 迈尔—阿比希阐述了下列规则:"自然的共同世界应该在某些条件下被经济化,在这些条件下与之相联系的被改变的痛苦是可承受的。为了能够对此做出判断,痛苦必须是能被我们感觉到的。"[174]对于基督徒而言,是在宇宙基督本身的共同世界中受苦。所以成为基督的客人,就要与世界在移情中同感和同情。因为谁共同感受到"一切受造的都在痛苦地呻吟,好像经历生产的阵痛"以及"对救赎的渴慕"[175](《罗马书》8,22,19),他就自身渴慕着从生态毁灭中解放出来。这种同感不是在被动忍耐中,而是在积极的"受难中,作为为整体受难"[176]而发生的。出于这种同感形成了尺度,作为对"必须从生态的、社会的、社交的、经济的和政治的角度所做事情的眼界"。[177]

对尺度的认识经常发生在对自己身体的认识上[178]。心肌梗塞对某人而言是一种信号,他要改变他的尺度,某些疾病有助于更好地检验自己的尺度。感知自然就是感知自己的身体。身体不是用来驯服和压迫的受敌视的自然物,相反,它首先适合于作为自己身体的尊严(作为自然尊严的一部分)来感知。细心爱护它,尊重它,而不去损害它,是敬重受造物

[S.265]

---

[171] 司徒博,Ch.:《惊异还是控制?——WWF 教师辅导的课程附件》,苏黎世 1982 年,也参阅第 1.1 节。

[172] 马丁·路德:WA19/497,16f.。转引自彼得,A.:《"一粒樱桃也能教导我们懂规矩"——路德的自然形象》,载于劳,G. 等(主编的):《世界中的和平》,居特斯洛 1987 年,第 142—163(143)页。

[173] 参阅第 5.3.2 节。

[174] 迈尔—阿比希,K. M.:《为自然起义》,慕尼黑 1990 年,第 113 页。

[175] W. Schrage(《对〈罗马书〉8,18—23 的圣经研究》,载于莫尔特曼.J. 主编的:《与自然和解?》,慕尼黑 1986 年,第 150—166 页)合理地指出,这里描述的不是保罗的自然浪漫的体验,而是从末世对使徒传统中的世界状态的一种阐释(第 155 页)。

[176] 阿尔特纳,G.:《为整体受难——在遁世和可行性妄想之间》,斯图加特 1980 年,第 233 页之后。

[177] 同上,第 241 页。

[178] 参阅第 2.3.5 节。

的表现。自己的身体也像其他的自然物一样,不是我的占有物,而是上天的礼物。我是礼物的客人,我是我内心的客人。"我肚子的权利"因此如同我"欲求的权利"或者"自杀的权利"一样被相对化。没有谁比保罗要求给予(作为自然的一个部分的)身体更大的尊严了,他对哥林多人说:"你们不知道,你们的身体就是圣灵在你们之中的殿吗?这是由上帝赋予你们的,你们不属于你们自己。"(《哥林多前书》6,19)神秘主义者所描写和颂扬的恰恰就是,同世界的关系和同身体的关系如何紧密相关,在这种紧密相关中如何看出微观宇宙同宏观宇宙的一种符合[179]。今天,女性主义的环境伦理学有权特别强调身体关系对于敬重自然的意义[180]。福音书中的女人"在她们的行动和话语中就已经同世界的重要部分联系在一起……她们使用了她们所有的感官"[181](《马太福音》26,6 之后;《马可福音》7,24 之后;《路加福音》8,43 之后;《约翰福音》2,1 之后)。

　　信息,感官知觉,移情,对自身身体的感知,也包括审美教育[182]都是环境教育的重要因素[183]。环境伦理学也无条件地包含了一种与共同世界友好的世界形象和人的形象之教育。对自然的感知从来不能客观——价值中立地发生。它总已经是受到价值关系的影响。对自然的体验和经验是可以区别开来的。对现实的直接体验在不同的人那里导致不同的经验,与之相应导致不同的处世态度[184]。体验只有通过阐释、整合和汇聚成为一种规范性的评价框架才变成经验。对于某个人而言,在一束鲜花中看到了上帝的礼物,而对于另一个人而言则首先是通过买卖获得的一笔收

---

[179] 希德嘉·封·宾根:《见神》,由 H. Schipperges 主编并撰写导论,慕尼黑 1990年第 3 版,第 117 页之后;卡德纳尔,E.:《爱之书》,汉堡 1972 年,第 101 页之后;也参阅加尔文,J.:Institutio I,5,4.

[180] 在瓦伦,K. 这里的文献:《生态女性主义的权力和前提》,环境伦理学 12(1990),第 125—146 页;Moltmann-Wendel, E.:《如果上帝和身体相遇》,居特斯洛 1989年,也参阅第 4.4 节。

[181] Jornod, D.:Les femmes de L'Evangile saisissent la nature ǎ bra le corps, Les Cahiers Protestans, Nr. 3/1991,32—35(32).

[182] 参阅第 5.4.5 节。

[183] 在 Calliess, J./Lob, R. 主编的:《环境与和平教育实践手册》,卷 2:《环境教育》,非常广泛地包含了这方面的 63 篇论文,杜塞尔多夫 1987 年。

[184] 斯特赖,G.:《环境伦理学和进化》,哥廷根 1989 年,第 49—51 页。作为从感知到行动的过程,区别为:相遇—体验—信息—经验—自然的形象—同自然的关系—同自然的交往。

入。对东道国(Gastland)旅行者态度变化的研究已经表明,通常通过旅游到一个国家只是证实了人们从前已有的成见[185],对自然的关系不只是通过人们到"自然东道国"旅游来发生变化。阐释模型必须改变。作为客人就是这样一个新的同时是原始的范式。

(2) 共同世界的尊严和本身的价值 [S. 266]

作为客人就意味着我们要把共同受造物和大地的财富作为圣礼来对待。有生命的和无生命的非人的共同世界因此不是不可侵犯的,而是不可支配的,就是说,它的尊严和完整性必须为主人和未来的客人得到保存和传递。它像人一样是受造物。作为受造物,它为造物主,为宇宙基督和为宇宙圣灵所渗透,是上帝立约的伙伴(《摩西一经》9,9)。自然主体性格的神学基础就存在其中!自然不是供人自由支配的客体,相反是具有一种独立于人的自身价值的主体。承认这一点是自制和保持适度的本质部分,甚至是人的人道性[186]的本质部分。第一任联合国秘书长哈马舍尔德清楚地认识到了这一点:"质朴性就是不是在同我们的关系中,而是在其神圣的独立性中体验现实"[187]对自然本身的价值和不可支配性的这种敬重,特别是基于环境伦理学生物中心论的和自然中心论的前提的[188],但也完全是从人类中心论这里奠基的[189]。当伯恩哈德·伊尔刚从自然的人

---

[185] 迈尔,W.:《德国远行者的期待和态度———一种心理学研究的第一份成果》,载于:Ferntourismus,由旅游研究会主编,Starnberg1974。

[186] 下列引文很美地表现了人的尊严,受造物的尊严和上帝荣耀的关系:"Renier la dignité de la créature animale, c'est renier l'humilité de la créature humanine, c'est renier la gloire inégalable du Dieu créature pour s'arroger une gloire humanine qui se transformera aussitôt, puisqu'elle n'est pas due à l'homme, en bassesse inhumaine."(Schäfer, O: L'expermentation sur les animaux vivants, Problème d'ethique chrétienne, 手稿,斯特拉斯堡1981年)。

[187] Hammarskjöld, D.:《路边的标识》,慕尼黑—苏黎世1965年,第150页。

[188] 例如泰勒,P. 就是这样。《敬重自然》,普林斯顿1986年(特别是第61页之后;The Concept of Inherent Worth. 参阅上文第4.8.3节);阿尔特纳,G.:《自然被遗忘》,达姆斯达特1991年,第68页之后(参阅上文第4.2.1节);林克,Ch.:《受造物的权利——神学的视野》,载于费舍尔,L. 主编的《未来后代的权利。自然的权利》,伯尔尼1990年,第48—53页(参阅上文第4.1.2节);迈尔—阿比希,K. M.:《为自然起义》,慕尼黑1990年,例如第90—91页(参阅上文第2.1.3节);鲁,H.:《论证伦理学》,苏黎世1991年,例如第19,68页;还有他的《论自然保护的基础问题》,ZEE 31(1987)第125—133(130f. 133)页。

[189] 施利特,M.:《环境伦理学》,Paderborn1992年,第146页之后。

类中心论视野拒绝一种自身价值时——"从自然出发,自然的部分或者自然本身都达不到自身价值",[190]——那么要从生态神学的角度回答:自然的尊严和自身价值不是起源于它自身。虽然伊尔刚是有道理的,但自然的尊严和自身价值,是通过自然的受造性和它参与了世界之完成的末世论事件,而作为上帝的礼物给予自然的。"世上的一切,首先也包括自身,作为受造的来理解意味着,它被感知为是在自身中有生命的,出于上帝而有其自身的价值。"[191]

对共同世界之尊严的敬重尤其也是从末世论角度奠基的。在上帝之国中,狼和羊、蛇和儿童,都作为客人和平相处(《以赛亚书》11,6—9;65,25)。所以人无权毁坏期待解放之物(《罗马书》8)和末世论的上帝和解事件的部分。

在这里克劳斯·米歇尔·迈尔—阿比希的整体论思想在生态神学上如同对于保罗主义者一样是有帮助的,"所有的事物和生物不是每次在它们的个别性中,而是在自然的整体中有它们的自身价值。核心是自然,既非个别的事物或生物,也非类……它们从整体上经验到它们真正的使命"。[192] 当然对这种说法同时也要做些补充,每个具体生灵的自身价值和尊严也在于,上帝具体地"数到它了",就像头上的头发(《马太福音》10,30)——至少对于上帝民族的人是可以这样说的——指名招呼(《以赛亚书》43,1)。此外,造物主和受造物之间的区别证明了对整体性的自然哲学的整体主义视野。当整体主义从现实的整体出发时,这个整体从神学的视野看,却"只是"整个受造界。但受造界作为整体,只有从作为包罗万象的整体性之造物主这里得到规定,才能完全被认识到。

人的尊严一方面是肖似上帝的结果,另一方面也是所有受造物作为上帝之作品共同具有的尊严之光辉。受造物不可支配性的尊严[193]在这里是可以得到所有人,也即有支配力者们(Mächtigsten)的敬重的。而埃及

---

⑲ 伊尔刚,B.:《基督教的环境伦理学》,慕尼黑1992年,第85页。

⑭ 《同世界一致——审视基因技术对道德判断形成的贡献》,由德国福音教会工作组提交,居特斯洛1991年,第84页。

⑫ 迈尔—阿比希,K. M.:《为自然起义》,版本同前,第90—91页。

⑬ 对受造物的尊严、尤其是动物的尊严这个概念,托伊奇,G.整理出了一个非常有益的目录和引文汇编:《动物的受造性尊严应该优先于什么得到保护?》,关于动物保护、自然保护和环境保护伦理学,巴登州立图书馆前期研究中的未出版的研究文集,Karlsruhe 1994年。

国王法老在先知时代就死定了,他的国家变成了荒漠,因为他以无度的傲慢作为神——王(Gott-König)想要征服自然并主张:"尼罗河是我的,是我造的。"(《以西结书》29,3.9)。不是对共同受造物傲慢而使自己高大起来,而是对它们自身价值的惊异使人变得恭顺和谦虚,并让人回想起他自己就是上帝的造物。对河马和鳄鱼之尊严的非常详细的描写使约伯变得温良而恭顺。对上帝的话:"不过你看看河马,我造它如同造你……"(《约伯记》40,10*),约伯的回答是:"我已经知道,你事事都能。"(《约伯记》42,2)

敬畏共同世界之尊严的结果是,不把它视为人的敌人,而是以爱来对待它,在有必要关心的地方要去爱护它,如同上帝那样"帮助人和动物"(《诗篇》36,7**),这样一来,对共同世界的爱导致对受造物的服侍(Diakonie)⑭。

但在强调自然的尊严时不会忽视它的反面吗?我们经验到的自然是复杂的,既促进生命,同时也是破坏性的。在自然的神学中,自然依然保持为复杂的。所以,许多宗教由于自然的反面而把它视为某种要克服的东西。犹太—基督教则相反,以上帝的这一允诺为出发点:所造的都是好的。这个伦理学的推论就是:"它涉及,让世界是善的。世界要优先地被承认为自身是富有意义的,并且对于人是富有意义的!"⑮然后,如果人在改造行动之前每次都能想到自然的好的方面,干预自然才是适度的。尽管如此,对破坏性的和恶的经验,例如在疾病的形式中,依然存在。减轻苦难并与苦难作斗争属于人的义务。但是"好的"这一允诺能够冲破破坏性因素导致对生命的一种肯定⑯。

[S. 268]

自然有其自身价值和尊严这一观点,例如受到了马丁·荷纳克的否定:"把人同非人的生命区别开来才具有一种特别的尊严。"⑰他说自然有

---

* 这个注释有误。

** 这个注释也有误。

⑭ 参阅 Kohler, M. E.:《教会作为执事》,苏黎世 1991 年,第 52—61 页。

⑮ 《同世界一致》,版本同上,第 62 页。

⑯ 同上书,第 63—64 页。

⑰ 转引自舒伯特,H. von:《福音伦理学与生物技术》,法兰克福 1991 年,第 180 页。

价值,而尊严这个概念要为人保留,只因为人是上帝的肖像[198]。人的尊严是人权的基础。它也存在于德国基本法的开篇:"人的尊严是不可侵犯的。重视它和保护它是所有国家权力的义务。"(《基本法》第1.1条款)。自然尊严的条款,自1992年以来就存在于瑞士联邦宪法中:"动物、植物和其他有机物的胚胎和遗传物质受联邦法规的保护。在这方面涉及保护受造物的尊严乃至人、动物和环境的安全以及保护动物、植物之物种的基因多样性。"[199]早在1980年阿尔高(Aargau)州的宪法中就已经发现了这个概念的踪影,此后在学术和研究中(就出现了)"要重视受造物的尊严"。(第14条)[200]

尽管人与共同世界之间的差别不可被抹平,人的特殊地位是不可放弃的,在当今谈论自然界的尊严,我认为依然是合理的和必然的。令人印象深刻的是,卡尔·巴特早在1945年(!)就已经说过动物的尊严了:"动物比人更有优势,在其造物主显而易见的赞美言辞中,在被赋予给它的受造物使命的自然完成中,在对其受造性事实上谦恭的承认和实行中。它的动物物种,它们的尊严,它们不但不忘记它们的局限,反而保持它们的局限,在这些方面动物都比人有优势。因此可以问人,在这些方面是否以及在多大程度上可以与动物们同日而语呢?"[201]巴特充满爱意地把人和共同受造物描绘为有他们自身价值和自身尊严的核心圈子:"我们所知的情况,是否事实上就是如此:其他受造物的外在圈子只是为内在圈子、为人类的圈子而存在?我们所知的情况,是不是恰好相反?我们所知的,是不是有两个圈子,外在的和内在的,它们每一个都有自身的独立性和尊严,每一个都有其与上帝同在的特殊方式?"[202]当马丁·荷纳克写道:"人的尊严在于,人是他自身的目的,是自在的目的自身,不是为了他人的目的"[203]时,也从生态神学的视野准确地把握到了共同世界的这种不可支配

---

[198] Kluxen, W. 也这样认为:《能源和环境问题的道德方面》,载于《基督教伦理学手册》,由 Hertz, A. 等人主编,弗莱堡1982年,第379—424(410)页。

[199] 瑞士联邦宪法,第24条,novies Abs.3,1992年5月17日通过。

[200] 这个概念在瑞士法学中的发展,参阅 Goetschel, A. (联邦总统,动物保护是法律义务,苏黎世):《论"受造物的尊严"这个概念》,1994年12月演讲草稿。

[201] 巴特, K.:《教会教义学》,卷III/1,1945年,第198页。

[202] 同上书,卷III/2,1948年,第165页。

[203] 荷纳克, M.:《神学伦理学导论》,柏林1990年,第192页("论人的尊严",第192—196页)。

性。它不只是为了满足人的需要的手段,而是自身目的,所以有尊严。把人权扩大到自然权利这种建议,也维护了自然尊严概念的合法性。我完全同意沃尔夫冈·胡伯尔的意见,他同样非常热心于探究人的尊严和权利:"宗教的智慧明确了自然有其自身的尊严……所以人类施展自由,在自然的尊严这里有其限制,就像为了引用基本法完全需要补充的第2条,在他人的权利这里有其限制一样。"[204]

总而言之,从神学的角度看,共同世界自身价值的特征是以下列词条赋予的:受造性、主体性格、不可支配性、尊严、末世论和解过程的部分,好东西(Gutsein)尽管有瑕疵。人对基督教的自然感知的回应是敬重、敬畏、关护、任其好自为之(Gutseinlassen),以包含了所有受造物的上帝之国为公设。因此,不干预自然是不可能的,但是在遇到人与共同世界的冲突时,要求以环境伦理学的优先规则来处理[205]。

(3) 共同世界的权利

承认自然的权利,就要比从前更加敬重地对待自然,因此塑造出更加适度的对自然的关系。把人与自然的关系塑造为权利关系并非保持适度的灵丹妙药,但却是给予自然在世界中更多分量的一个值得认真对待的尝试,因为在这个世界中,价值更多地是通过价格[206]和权利规定的。约尔格·莱姆巴赫,这位从法学视野出发对自然的权利作出了一个标准值的人,自身的做法相对的,"以自然权利的观念只能通向一条可能的讨论之路,不让自然完全颓废成垃圾堆。"[207]自然的权利是尝试把自然从(权利)客体变成(权利)主体。[208]"自然之合法的客体状态助长了对它的破坏,因此要要求自然权利的主体性。"[209]所以,自然的权利都不是自身目的,而是强化敬重共同世界的手段。

承认自然有权利的证据大致有这些:

---

[204] 胡伯尔,W.:《论自然的尊严》,载于他的《冲突与共识》,慕尼黑1990年,第226—235(232,235)页。也请参阅他的:Rights of Nature or Dignity of Nature, in: Annual of the Society for Christian Ethics, Washington 1991.

[205] 在下文,例如第5.4.11节也有这类想法。

[206] 自然的价格,参阅第5.4.11节。

[207] 莱姆巴赫,J.:《自然的权利》,巴塞尔1988年,类似的第78页;他的《自然的权利》,载于Reformatio, 1987. Okt. 348—356。

[208] 同上书,第35页之后几页,第75页之后几页,第77—78页。

[209] 同上书,第40页。

——有生命的自然（至少是比较高级的动物）有感觉能力和痛苦感；
——自然对生存有利；
——以保护自然取代破坏自然的必然性；

[S.270]
——几百年以来，在权利的发展当中，权利主体的范围一直在扩大⑩；
——人类与共同世界在自然史上具有亲缘关系，导致也把平等原则（根据这个原则，平等的东西根据其平等性同样地对待，根据其差异性不同地对待），应用到共同世界；⑪
——如果自然有权利，与其从事棘手的证明⑫，不如转向它的必然实现；
——自然的价值不能仅仅从经济学的价格上获得，而且也必须受到法律上的保护，例如被破坏的自然物，濒临灭绝的物种，在很大程度上是不可替代的；⑬

不承认自然权利的证据大致有这些：
——自然对破坏过程是无动于衷的。它没有意识，没有道德能力⑭，不知道悲伤⑮；
——义务从属于权利。但自然能够没有义务；
——自然不能够是负责任的权利主体；
——自然权利只能通过人全权代表被感知；对于一类生物而言，例如较高级的动物，让自己找到人类的"照管者"，对于另一类生物而言则不

---

⑩ 例如，只有在一个很漫长的权利发展过程中，妇女和奴隶才得到了她们的权利。把克服奴隶状态的神学证据（例如舒尔茨，S.：《上帝不是奴隶主》，苏黎世1971年，第137—243页）转借到被人类奴役的自然上，更明确地说，转接到对自然权利的奠基上，或许是富有启发性的。

⑪ 迈尔—阿比希，K.M.：《通往与自然的和平之路》，慕尼黑1986年，第173—174页。

⑫ "对自然的影响力存有疑问的地方，不要去证明它的有害性，而是（实现）它的无害性。"（《人存在于生态整体中》，瑞士基督教教会劳动协会委托并随时实施的一个生态备忘录）

⑬ 载于：《同世界一致——审视基因技术对道德判断形成的贡献》，德国福音教会工作组，居特斯洛1991年，第78页，与此相应地这就是说："对于不可取代的生活必需品不可能有价格。自然无疑有自然价值和价格，但它超出这点之外显然是不可替代的，在其中有其自身的价值和自身的权利。它也要得到法律秩序的保护。"

⑭ 伊尔刚，B.也这样认为。《基督教的环境伦理学》，慕尼黑1992年，第85—86页。

⑮ 柯赫，T.：《自然的神圣法律》，苏黎世1991年，第77—78页；类似的还有Patzig,G.：《科学的动物实验要服从伦理规范》，载于：《关于历史、理论和医学伦理学的法兰克福论文集》，卷3，Hildesheim1986年，第80页之后几页。

需要,其"结果是,动物界分成两类,一类是动物,它们的权利由人类代理,另一类动物则不属于这种情况"。[216]

这里不是具体讨论这些证据的地方。目前对自然权利的伦理学争论是很热烈的[217],尤其是对动物权利的争论更加激烈[218]。但从生态伦理学和从我们作为客人的人的形象出发,也可列举下列神学——社会伦理学的观点:

——卡尔·巴特提出的著名问题:"在因上帝以耶稣基督之身位一劳永逸地完成赎罪从而得到辩护的现实性(和)仅仅通过信仰和法律问题……(而得到辩护的现实性)之间,存在一种关联吗?"[219]对于我们的主

[S. 271]

---

[216] 施利特,M. 这样认为:《环境伦理学》,Paderborn1992 年,第 96 页。

[217] 对自然权利的讨论,除了已经列举的之外,还能提到这些:Sitter, B. :《呼吁自然权利思想——论对自然的自身价值的承认》,《瑞士法学杂志》副刊, H. 3. 巴塞尔 1984 年(自然权利的自然法基础);Holzhey, H. :《一种"自然法"的思想之为对自然法思想极端批评的结果》,载于此人与科勒,G. 主编的:《哲学研究》Suppl. 13,法权化与责任,伯尔尼 1987 年,第 207—218 页,(对 Sitter 的批评:自然的权利不是本体论的陈述,而是作为感知理性的思想形式,以便表达出自然的不可支配性);Rèmond-Gouilloud, M. :Du droit de dètruire:essai sur le droit de l'environnement,Paris1989 年(法国的争论,在这位女作者这里也是指出了法国环境破坏的法律史的根源);林克,Ch. :《受造物的权利——神学的视野》,载于费舍尔, L. 主编的:《未来后代的权利,自然的权利》,伯尔尼 1990 年,第 48—60 页(权利系于受造物的尊严);阿尔特纳,G. :《自然被遗忘》,达姆斯达特 1991 年,第 101—107 页(积极地为费舍尔领导的伯尔尼工作组提建议);伊尔刚,B. :《基督教环境伦理学》,慕尼黑 1992 年,第 82—92 页(为人对自然的基本义务取代自然的基本权利);Bondolfi, A. :Sipuo′parlare coerentmente di "diritti della natura"? in:Cenobio Nr. 3/1992,283—296(在权衡中批评地反对自然的权利,尤其是从法律的依据出发);Goetschel, A. F. :《动物保护和基本权利》,伯尔尼 1989 年;Goetschel, A. F. :《法权中的人和动物》,《该亚》2,(1993),199—211;Goetschel, A. F. :《法权和动物保护——背后的理据和展望》,伯尔尼 1993 年。

[218] 参阅例如 Feinberg,J. :《动物和未来后代的权利》,载于比恩巴赫,D. 主编的《生态学和伦理学》,斯图加特 1980 年,第 140—179 页;辛格,P. :《动物解放》,慕尼黑 1982 年(对于动物生命权的一种极端的立场);雷根,T. :《动物权利案例》,伦敦 1984 年(对动物权利的一种激烈的维护);Hargrove, E. C. (主编):《动物权利/环境伦理学争论——环境的视野》,纽约 1992 年(美国讨论的重要论文文集);鲁,H. :《动物权利——动物伦理学的一种新问题》,载于他的:《论证伦理学》,苏黎世 1991 年,第 90—123 页(也在 ZEE1989,59—71)(鲁原则上承认所有生物有同样的权利,对于人类而言,对动物的宰杀要有某种尺规);施利特,M. :《环境伦理学》,Paderborn1992 年,第 80—98 页(在总结中毋宁说是对动物权利的批评)。

[219] 巴特,K. :《辩护和权利——基督徒团体和公民团体》,苏黎世 1984 年第 3 版,第 5 页。

题这就是问：由上帝赋予人和整个受造物的尊严，如何落实为权利，使得因此而能促进对受造物的敬重和持续地与之适度往来？自然的权利都是回答这个问题的尝试。

——人与共同世界的尊严不大可能起源于人与共同世界的一种本体质性，人与自然的权利也不大可能涉及它。权利基于上帝与人和共同世界的（立约）关系，是从功能上规定的。它们应对的问题是，人和自然为什么（wozu）生存在此：权利保护作为世上客人的人的生命，因此他只有履行他的使命，诚实守信地耕种和保管大地，才能感受到尊严和自由。当人承认自然的权利时，他应答了上帝的约，自身与自然联系起来，使得他领悟到自身的义务就是敬重地与自然往来。这没有排除，而是包含了人的生存利益优先于自然的实存利益[20]，但它们都是基本义务。在这方面，自然的实存利益对于人的非生存利益也有优先性。

——就像上帝特别邀请那些无力报答他的人作为他的客人一样（《路加福音》14,14），人也应该这样与共同受造物打交道。他应该保护它们的自身价值，不依赖于自然对人的回报程度。与之相应，要求自然有与权力相对应的回报义务，在神学上也是遭到否定的。在法律上，权利也不再绝对地有义务的约束力[21]。例如，联合国的人权宣言也不能把儿童相互之间的权利和义务算在内。未来的后代或者残疾人有权利，尽管他们不能负有相应的义务。此外，自然对于人类的功劳，是极其巨大的。

——人是被上帝聘任为弱者的管理者和护理者。保护自然的这一部分免受另一部分的摧残，免受人类的破坏，这也可以算作是上帝委托的使命[22]。在中世纪就已经有教会法庭，让人来代理动物的权利！[23] 当然，当

---

[20] 莱姆巴赫，J. 也这样认为：《自然的权利》，版本同前，第239页。
[21] 同上书，第50—51页。
[22] 同上书，第399—478页，论自然由人代理的法律形式。
[23] 参阅 Ferry, L.：Le nouvel orde ecologique. Làrbre, Lànimal et l'homme, Paris1992, 9—20. 在 Ferry 看来，整个欧洲在13—18世纪之间存在大量的动物权利审理案件。瑞士神学家 Felix Hemmerlein1497 年在他的著作 des exorcismes 中报道了库尔（Chur）地区发生的一起叶壳虫灾（Laubkäferplage），库尔人经过了一段剿灭的过程，结果"居民们把剿灭的蝗虫带到州法院门口。他们聘请了一位辩护人和一位控诉人，经过所有流行的法院审理程序之后，法官最后作出判决说，叶壳虫是上帝的造物，有生命权。如果剥夺了它们的生活基础是不合法的。他把它们放归一片野林区，使得它们将来不再可能啃食农作物，把庄稼地变成一片荒芜。事情就是这么干的！"（Ferry, L.，版本同前，第13—14页）。

人律师般地代理了自然的权利时,这里还存在着需要认真对待的法律上和伦理上的问题。

因自然的权利引起的举证责任改变(不是把禁止干预自然,而是把禁止存心干预自然作为基本义务),本质上能够加强作为世上客人的意识。但这种被改变的举证责任不可变得如此沉重,使得对共同世界的改造变得不可能。

结论是:自然的权利不是保证一定会保持适度的灵丹妙药!但它们如同一条道路上的禁行标志:迫使人们在继续前行或者万不得已需要改变方向之前,首先看清楚左右情况,是否没有危险的威胁。在干预自然之前必须申明理由,这种干预是否事实上是为生活所必须的和促进生命的,就像向改革派世界联盟作出自然权利的建议所说的那样:"干预自然需要申明理由。如果干预的利益大于维护未被削弱的自然权利之利益,而且干预不过分的话,才是允许的。"㉔ 如果存在其他的途径,同样也达到保存自然的自身价值和尊严的目的,就需要对它们进行认真权衡。

例如,一条途径在于,以人对自然的基本义务代替自然的权利。德国福音教会 EKD 就建议补充基本法的这一条款:"国家以对世界的责任心保护生命的自然基础。"㉕宪法学家彼得·萨拉丁建议一条"爱惜地、保护地与自然交往的基本义务"㉖。

5.3.6 在上帝之国中和好的世界

客人守则纲要 I/6

欢迎你来到世上作客!你的行动要以上帝许诺的对整个世界的完善与和好为准绳,以已经可见的完善与和好的征兆为准绳。这样你就可以找到尺度。

换一种说法

㉔ 菲舍尔,L. 主编的:《未来后代的权利,自然的权利》,伯尔尼 1990 年,第 13—14 页;参阅上文第 4.6.2 节。

㉕ 转引自迈尔-阿比希,K. M.:《为自然起义》,慕尼黑 1990 年,第 124 页。

㉖ 萨拉丁,P.:《人权和人的义务》,载于 Böckenförde, E./Spaemann, R. 主编的:《人权和人的尊严》,斯图加特 1987 年,第 287 页。为了把人对自然的基本义务纳入到宪法和法律中,也请参阅莱姆巴赫,J.:《自然的权利》,版本同前,第 261 页之后、第 280 页之后。

世界的继续发展不是无目的地偶然发生的。谁以人和非人的共同世界和好为准绳，谁的行动就适度。

"没有上帝之国的愿景，神学伦理学就一无是处。"[227]环境伦理学如果不以末世论为准绳[228]，它的视野就是错误的，就要忍受短视和盯着局部利益之苦。如果人对共同世界从对造物主上帝、对宇宙基督和对宇宙圣灵的关系中形成了一种新的、充满敬重的关系，那么，在这种关系中诚然就已经包含了以上帝之国为目标的末世论方向！歌罗西颂歌清楚地表达了这一点："一切都是以他（基督）为目标而创造的"（《歌罗西书》1，16）。尽管如此，这种目标公设在这里还要明确地加以强调。一种三位一体的天国学（Reichslehre）[229]与三位一体的创世神学相对应，因为三位一体的上帝使世界普遍地有了生命力，使世界和好与完善。定于三位一体的环境伦理学与这种神学相对应，我至少是在我的附释中试图提示这一点。

世界的保存不意味着，向所谓的自然的原始状态倒退或者要保守地重建它。这种状态从进化史的角度看，根本就不存在。但从犹太—基督教的视野看，进化也不是无目标或者偶然的，而是——也作为动态的开放过程[230]——以新的世界这个 creatio nova（作为创世的完成）为目标。所以，环境伦理学所规定的尺度从目的论上[231]看以这个新世界的未来为定向。伦理学以末世论为目标，意味着以上帝的行动为准绳，在此意义上意味着以绝对为准绳。这同时意味着，上帝的行动是人的行动的前导，而人

---

[227] Marti, K.:《啊，上帝!》，斯图加特1986年，第175页。

[228] 接受这一视野的，例如在拉伽茨，L. 那里，上文第3.5.4节；奥尔，A.:《环境伦理学》，杜塞尔多夫1984年，第262—275页；莫尔特曼，J.:《创世中的上帝》，慕尼黑1985年，第74—78页，第116页之后几页；Chalier, Ch.: L'alliance avec la nature, Paris 1989, 199—207；林克，Ch.:《受造物》，卷2，居特斯洛1991年，第372—383页；潘能伯格，W.:《系统神学》，卷2，哥廷根1991年，第163—202页；阿尔特纳，G.:《自然被遗忘》，版本同前，第98—100页；伊尔刚，B.:《基督教环境伦理学》，慕尼黑1992年，第157—161页、第304页之后几页。

[229] 我接受了莫尔特曼，J. 的这个概念：《三位一体和上帝之国》，慕尼黑1980年，第226—229页。

[230] 参阅第2.2.2节。

[231] 托马斯·封·阿奎那也是从目的论角度规定适度，但他说："目的本身就是导向不同目标的尺度。"（《神学大全》，II/III, q141, a6）

5. 基督教环境伦理学的适度伦理纲要

的行动必须作为应答相跟随。[222] 保罗在其中看到了符合事实的上帝荣耀:我劝你们,……不要被世界的现存形态同化,但要追随因你们思想的更新这个世界正在发生的改变,以便洞悉到上帝的意志是什么,洞见到什么是善,什么是福,什么是完满。"[223] 伦理学将在此限度内极端化,作为现实的可能性和未来的预兆之张力的尖锐化。只要这种张力被一直保留下来,伦理学就保持为基督教伦理学[224]。

[S. 274]

在《旧约》中像在《新约》中一样都谈到了新的、和好的世界。除了对好的世界进行赞美之外,在《诗篇》的先知们那里存在着末世论世界和平的乌托邦(例如《何西阿书》2.20 之后)。特别是在先知以赛亚那里,鲜明地表达了正在到来的和平天国的形象:"豺狼和绵羊将和平相处;豹子跟小羊一起躺卧;小牛跟幼狮一起吃奶;小孩子将它们看管。母牛和母熊一起吃喝;小牛和小熊一起躺卧。狮子要像牛一样吃草。吃奶的小孩要在毒蛇的洞口嬉戏,断奶的孩子伸手在毒蛇的穴内也不受伤害。在锡安山——上帝的圣山上,没有伤害,也没有邪恶;正如海洋充满了水,大地将充满对上帝的认识。"(《以赛亚书》11,6—9;类似的 65,25)[225] 这段经文表明,非人的共同世界尽管原则上也是作为客人,与人罪恶的干预无关,但也需要拯救,期待着解放。

在《罗马书》有意义的地方 8,19—23[226] 保罗谈到"被造的仍然盼望着

---

[222] 莫斯特尔特,W.:《生命和幸存作为末世论的主题》,载于韦德,H. 主编的:《正义、和平,受造物的保存》,苏黎世 1990 年,第 123—138(134)页:"受造物保存的主体是神,而不是人。"可惜的是,莫斯特尔特把这个重要的陈述同拒绝行动的末世论定向联系起来:"生态危机的原因在于绝对的和全球化的目标的设立。"(第 132 页)基于当今对生态危机之原因的大量研究,这个说法在我看来是不能成立的。尽管乌托邦堕落为意识形态,尽管它被绝对化并排除上帝的行动,以上帝之国为定向(上帝之国也是为此岸而保留的一个乌托邦维度)是不可被放弃的。

[223] 由卡尔·巴特布道的《罗马书》12,1—2。《罗马书》,苏黎世 1989 年第 15 版,第 447 页(1992 年第 1 版)。

[224] 乌尔里希,H. G. 也这么认为:《末世论与伦理学》,慕尼黑 1987 年,第 71 页。

[225] 对此的解释,例如参阅 Liedke, G.:《世界的未来》(《以赛亚书》65,17—25),载于《为了整个世界的正义和平——1989 年巴塞尔欧洲基督教大会的 3 种圣经研究》,由基督教界教会与环境工作协会主编,伯尔尼 1989 年,第 1—21 页。

[226] 对此参阅韦德,H.:《精神王国的呻吟——在《罗马书》8 中人与世界的关系》,载于 Stolz, F. 主编的:《对世界的宗教感知》,苏黎世 1988 年,第 57—72 页;Schrage, W.:《对〈罗马书〉8,8—23 圣经研究》,载于莫尔特曼,J. 主编的:《同自然和好?》,慕尼黑 1986 年,第 150—166 页。对于 Hasenfratz, H.-P.:《基督教——一个小的

本身将被解放,有一天能摆脱那会毁坏的枷锁,得以跟上帝的儿女分享光荣的自由"。(《罗马书》8,21)保罗在这里区别于以赛亚,与经文20接近,自然"经受了人类堕落的后果之苦难"[237],所以经受了"虚无"(Nichtigkeit)(《罗马书》8,20)、空忙和失魂落魄。但保罗指向的目标不是描述受造物的苦难和呻吟或者向人类控诉他的罪过,而是表达整个地球救赎的希望。他的"出发点是正在到来的光芒"[238]。所以我在这里联系到以上帝之国为准绳提到《罗马书》。我们当下的世界和我们环境伦理学的使命,从预兆的未来看,可以在这种准绳中得到评价。

根据保罗信徒和整个《圣经》的阐释,没有整个受造物的拯救,就不存在人的拯救,反之,没有人的拯救,就不存在世界的完成!人与共同世界的和好是"新天新地"(《启示录》21)之中心的和不可放弃的组成部分。所以,有谁把教会中个体的皈依和与基督的关系看做是教会传道职责(Verkündigungsauftrag)的唯一核心,把基督徒和教会的共同责任视为一些绿色团体成员的胡闹(Allotria)或者癖好(Hobby),他就误会了福音。人与自然的和好在这里的出发点不在于人,而在于神。神同自然的和好是与自然适度往来的伦理学的基础。他"借着基督使我们得以跟他本身和好"(《哥林多后书》5,18;《歌罗西书》1,20),他也跟整个世界和好[239](《哥林多后书》5,19)并创造了人与自然之间和好的前提。与此相应,给我们传的"和好的职分"(《哥林多后书》5,18)[240]也在于跟共同世界和好![241]

问题史》(苏黎世1992年,第201页)而言,《罗马书》8,19之后,是"基督徒在世界中地位的基本文本"。这个文本是如此之重要,基督教的环境伦理学应该只是依据这个文本更加依据《圣经》的整个证据。这是我的客人神学的一种意图。

[237] Käsemann, E. 这样认为。《给罗马人的书信,新约8a手册》,图宾根1974年第3版,第225页。

[238] 韦德,H.:《精神王国的呻吟》,版本同前,第58页。

[239] 保罗虽然把这里使用的希腊的宇宙概念,在大多数情况下理解为人类世界,但是在他的包罗万象的和好学说的语境中,并且从《罗马书》8这里,也必须把非人的共同世界包括在内。

[240] 对于这种和好职分的神学——伦理学基础,请参阅司徒博,Ch.:《调解与旗帜鲜明——教会在社会冲突中的和解使命》,苏黎世1988年,第349—463页。

[241] 教会的环境伦理学结论,参阅司徒博,Ch.:《同自然和好——教会的使命和可能性》,载于Bischofberger, O. 等人主编的:《环境责任——从宗教视野出发》,弗莱堡/苏黎世1988年,第63—80页。

5. 基督教环境伦理学的适度伦理纲要

这个新的世界——它是对上帝之国的另一种表达——在其末世论的完成中既有彼岸的也有此岸的性质。新的世界直到时间的终点都从没有完全实现。大地上的受造物依然是受造物，依然胶着于为善与堕落的矛盾中。但同时，通过宇宙基督和宇宙圣灵的作用，这个新的世界"已经"成为可经验的，能够被作为共同创新者的人类所期许。一方面保存已经可见的新世界之征兆"现在已经"（schon jetzt）成为决定性的义务（Engagement）。同时，（新世界）"尚未"（noch nicht）（到来）让我们变得放松而泰然自若：完成的喜悦还是即将来临。人不能也不必强求它。

在继续进行的创世中，也即在连续进化的创世中保持适度，因此可以通过两极来规定：被创造得好的世界的尺度应该保存[242]，同时应该为正在到来的世界拓宽其道路。所以被造世界的改变可以这样进行，使得生命基础（例如在基因资源的多样性中的），也即新的世界之基础在这里被保存。同时，旧世界的堕落性，可见于世界的苦难和人与自然的冲突，通过减少苦难，通过迈向人与自然的和好而得到克服。在这里，人并不创造地上的天国，上帝之国或者新的世界。他所发挥的作用，依然保持在其前定的受造性和局限性之下！这种说法是最高的基础，为了不通过后院小门再次给予人造物以某种绝对末世论的尊严（Dignität），就像近代一再赋予给技术的那种光环，使得通过新的技术工艺改变的自然被评价为末世论的事件。[243]

[S. 276]

但新世界的征兆——毕竟有了征兆！——是通过人的行为，也即通过技术性行为而呈现的。加尔文这样说：基督的国"让天国的某些端倪现在已经（schon jetzt）开始于大地上，并且在这可朽的、消逝着的生命中某种程度上开始了不朽的、永不消逝的天福。"[244]

但不正是在这个末世论的伦理公设中存在一种无度的原因吗？因为它追求某种乌托邦的实现导致了毁灭性的极权主义，正如种种清洗运动（Täuferbewegungen）、启蒙的乐观主义和现实的社会主义之历史所呈现的那样。所以，当汉斯·约纳斯要以他的"责任原理"克服以乌托邦为公设

---

[242] 林克，Ch.：《创世》，居特斯洛 1991 年，第 372 页。也参考太初的创世和终点的创世之关系："创世的尺度，……已经指向了'最终的'和最宽广的视野：以上帝之国的视野为目标。"

[243] 科洛齐克，U. 这样认为：《环境危机——基督教的后果?》，斯图加特 1979 年，第 66 页之后几页。

[244] 加尔文，J.：Institutio，IV，20，2。

的"希望原理"时,他不是做得有理吗?㊅ 环境伦理学以末世论的预兆为公设,并不意味着要实现一个乌托邦并因此将它变成历史的现实,或者保持为不被实现的幻象。毋宁说,预兆形成了把我们的生活看做是有限的视野。大概没有人会取其要实现这种视野的意思。先知们表现出的无度的救赎预兆,如同对他们的法庭用语同样无度的批评一样,在这种意义上形成一种视野,是支持保持适度的。㊅

5.3.7 游戏

客人守则纲要 I/7

欢迎你来到世上作客!游戏是允许的和愿望的。你被邀请来同戏。在此你要重视游戏规则,以便能够完成游戏。

换一种说法

保持适度以自由和秩序的同等重要为前提,就像每个游戏所表现的那样。无目的性的事物和活动,它们的目的只在自身,需要空间。

[S.277] 游戏是一种无目的性、非必然的活动之隐喻,它调节感官和喜悦,基于自由和秩序(游戏规则)。

在自然科学中,游戏的形象总是在革命的表象中起作用,因为创世被理解为过程,开放的系统被理解为自由和秩序的一种无目的的共同游戏㊅,它从一开始就规定了世界的进程㊅。在游戏中也表现了自然和精神的统一。人在这种游戏中不仅是观众,而且一再地已经是参与其中的共同游戏者。在此视野中,世界的进程不仅由自然规律而且也由生物和人类共同规定(作为可能性,但还不是作为必然性)。

在社会科学也在社会科学的生态学中,游戏理论为种种现象和行为方式形成了解释模型㊅。许多人的工作服从于他者之所以还是充满吸引力,是因为这些工作满足了游戏冲动(例如在与电脑的交往中)。游戏不

㊅ 约纳斯,H.:《责任原理》,法兰克福1984年,第287页之后几页。

㊅ 对此请参阅 Guggisberg,K.:《通过无度的批评而有度?——先知们的尺度》,苏黎世州的教会信使,Nr.16/1990,6。

㊅ 参阅第2.2节。

㊅ 参阅例如 Eigen M/Winkler,R.:《游戏——自然规律操纵偶然》,慕尼黑1979年;Gilch,G.:《上帝同世界游戏——自然科学的世界图景方面》,斯图加特1968年。

㊅ 例如在 Mosler,H.-P 这里:《符合环境正义行为的自组织——相互信任对某种环境游戏中的资源使用的影响》,苏黎世1990年(博士论文)。

仅是一种空闲时的活动,而且也是我们现实中的一种基本运动。游戏冲动就是对此的表达。

在神学上,游戏也可被描述为上帝在其创世中的基本运动[29]。我们的问题是,一种游戏的神学在多大程度上能够有助于促成对世界保持适度?

宇宙真正是为了什么,在其中能够创造小地球吗?恰当的回答在我看来就是这样,尽管听得出神人同形同性论的声音:因为上帝喜欢游戏。这位游戏的神(Der Deus ludens)出于纯粹的喜悦和完全的自由创造了世界。没有人强迫他这样做。不过,所造的东西,不是随意的,而是完全有意蕴的。还有,如此动人心弦的生物多样性究竟为何存在这个问题,在神学上最有说服力地要这样来回答:上帝喜欢游戏。同样也可回答为上帝爱美。多样性是一种奢华。也许,为了少男少女的美需要种植植物。不过,绚丽夺目的彩虹呢?它存在,因为上帝喜欢游戏。游戏的自由,游戏的多样性,游戏的美自始至终地都属于上帝的创世作用。这种"游戏的智慧",自有世界开始就伴随着存在,跳着它们搞笑的舞蹈:"在他为大地奠定根基的时候,我就作为受宠爱的孩儿在他边上,我是他每日的喜乐,所有时间都在他前面嬉戏。"(《箴言》8,30前后)与此相应,宇宙基督和圣灵也游戏在三位一体的统一中。在继续进行的创世中,所有的受造物都受邀前来同戏,从上帝创造的危险的巨型海怪,"一同前来同戏"(《诗篇》104,26),一直到人,耶稣本身也邀请他们来玩。不过,以一个譬喻,《马太福音》和《路加福音》表达了耶稣同时代的人拒绝邀请成为后继者:"我们为你们奏婚礼乐曲,你们却没有跳舞。"(《马太福音》11,16—17)游戏在这里像在别处一样都是一种末世论的隐喻。在世界完成时,"婴儿在毒蛇的洞穴口嬉戏"(《以赛亚书》11,8),城市里到处都是嬉戏的男孩和女孩。(Sach 8,5)所以,游戏之为世界的基础是对自由、多样性、喜悦、赞美(《赞美诗》中有"唱歌和游戏")、智慧、不依成就(大小)的恩典和完善的表达。

[S.278]

---

[29] 参阅莫尔特曼,J.:《世界的第一次放松——试论对游戏中的自由和安康的喜悦》,慕尼黑1981年第6版;Fink,E.:《游戏作为世界的象征》,斯图加特1960年;Ferrucci,F.:《创世,上帝的生活,由他自己讲述》,慕尼黑1988年;司徒博,Ch.:《如果我们劳动,上帝重视我们,但如果我们游戏,上帝爱我们——一种简要的游戏神学》,苏黎世州的教会信使,Nr.14/1989,7。

对于与世界适度交往的伦理而言,这说的就是:如同人是上帝的同工一样,也是上帝的同戏者。受造物的自由在于参与作为一种游戏的立约。这种游戏就是一种冒险,就像上帝自我放逐和放弃权力就是一种巨大的冒险一样。[251] 这种充满风险的游戏,只有当人固守游戏规则时才能成功。但这些游戏规则不是人创造的,也不是人所能创造的。[252] 作为同戏者的人的尺度在于,他限制自由(通过世界的尺度来限制)并一再地为无目的的生活创造空间。为追求功利目的所充满的生活摧残生命,因为它扼杀喜悦、多样性和美。在我们的社会中,游戏也一再地被休闲工业工业化,被体育商业化,这是一种信号,把无目的的东西和正是在其中建基的意义,一再地被挤到后台。与之相反,一种游戏神学的意义,就是作为环境伦理学的保险费(Beitrag)。

5.3.8 赞美和节庆

客人守则纲要 I/8

欢迎你来到世上作客!请你作为客人参与所有客人的宇宙节日。在此请你尝试寻找与世界的节律和舞蹈同样的尺度。在赞美中找到你的尺度。

换一种说法

人类个体的、社会的和宗教的节律必须重视自然的节律。如果自然的节律受到尊重,保持适度毋宁就能做到。

[S.279]

感激和赞美是自谦的表达。对神、人和共同世界的感激,是人对于他的生活不能出于自己本身,他不会理所当然地接受这种意识的表征。"但人算什么,你竟顾念他?"(《诗篇》8,5)这种谦恭表达出赞美的结果。

---

[251] 约纳斯,H.:《物质,精神和创世》,法兰克福1988年,第54—56页,谈到了"有限者的无限的游戏"作为世界创造的基础,谈到了"上帝在创世中的冒险",还谈到了"世界奇遇的外在风险"。"在奥斯维辛之后",这种冒险是否能够成功,背后隐藏着巨大的不确定性。这种不确定性是深受历史经验影响的犹太的不确定性,它在塔木德文本中表达出来了,根据这种不确定性,上帝曾经26次尝试创造世界,但都失败了。当他终于创造了世界时,上帝应该是受到了召唤:"这次肯定会成功!"(在普利高津,I./Stengers,I.:《与自然对话》,慕尼黑1981年第294页提到)。基督教的创世末世论也必须知道创世游戏的这种冒险特征,不可听出像在德日那里所代表的一种进化论的自动救赎主义的声音。不过,对于基督徒而言,这种应许是适用的:上帝以基督献出了他的完整的爱,因此使得创世的冒险取得成功。

[252] 类似的说法在卡尔巴特:《教会教义学》III/3,第98页。

感激和赞美总是一种关系的表达。创世诗篇作为赞美诗汇集了这些赞美的言辞(尤其是《诗篇》8和104,也包括《约伯记》38—42)。能够感激和赞美的人,就能想起他在世上是客人。

"荣耀属于圣父、圣子和圣灵,如同太初一样,现在和永远,从永恒到永恒":这种颂荣诗(Doxologie)作为对三位一体的上帝[23]的赞美和崇拜,在上帝行为的宽阔视野中确立了自身的环境行为,给予自己的行为一个在绝望和自负之间的尺度。对于宗教改革派是如此重要的Soli Deo gloria(愿神独享荣耀),对于环境伦理学来说,也依然具有重要意义。为上帝的荣耀激动[24],不是过度的奢华,而是保持适度的基督教伦理的重要部分。得意洋洋地误解赞美诗的危险,十字架神学被颂荣神学排挤的危险,在我看来在当今问题不大。更大的危险在于,鉴于环境问题的压力而忘记赞美上帝并因环境问题而对人提出过高的要求。此外,上帝赞美诗一再地还具有一种在伦理上很重要的批评统治的功能。如果上帝独享荣耀的话,那么每个人可以重新考虑和克制其他的荣耀和统治要求。[25] 例如像基因技术这样的新技术就可提出这个问题:当人和动物的苦难被减少时,新的技术首先就服务于加强对自然和人的真正统治或者服务于上帝的荣耀吗?

现在,面对环境破坏,对世界的赞美诚然不可能不受到批评。凡是没有批评的地方(如在礼拜中经常重复的传统赞美诗),今人的畏惧和问题就不会得到严肃对待。所以,问题、控诉、认罪和对皈依的呼唤同颂荣诗都是联系在一起的。[26] 但是对造物主和受造物的赞美,依然还是重要的,

---

[23] J.莫尔特曼谈到三位一体的上帝赞美诗(《生命之灵———种整体性的普纽玛学》,慕尼黑1991年,第315之后几页)。

[24] 卡尔巴特谈到了"为上帝荣耀激动"。《基督徒的生活——教会教义学》IV/4,苏黎世1979年第2版,第180—346页。引文构成了第77节的标题,这一题目构成了他的伦理学三分之一以上的内容。他把激动理解为"对上帝的巨大热情"(第180—187页)。在加尔文的创世神学中颂荣诗也特别起着一种中心的作用。请参阅林克,Ch.:《创世》,居特斯洛1991年,第126—133页。

[25] Lochman,J.M.也这样认为:《王国,力量和荣耀——信仰与顾虑的生命联系》,慕尼黑1981年,第59页(颂荣诗对伦理学的影响)。

[26] 关于赞美、控诉、祈求的这种联系,瑞士基督教界教会与环境工作学会的两本出版物提供了一些信息:《……今天还要种植一颗苹果树——基督教界对受造物的歌曲集》,苏黎世1989年(一本现代的歌曲集);《带着受造物感激、受难、希望——为收成感谢、激动》,伯尔尼1990年。

也有一种真正的反抗破坏的力量![257]

愿神独享荣耀(Soli Deo gloria)对上帝的赞美不只是和不首先是在宗教礼拜的空间中进行,而应该规定在日常的整个行为中。正是宗教改革家们一再地为此奠定了价值,就像他们不只是为像斋戒期这样特定的时间宣讲保持适度,而且作为每天的追求一样。[258] 保持适度既然如此重要,就要习惯于在赞美的特殊时间和日常时间都视其一样重要。白天和黑夜的节奏,工作日和礼拜天,周和月,纪年时间和教会年,个体的生活节拍和社会的节奏,本质上都有助于保持适度。

当今与自然的无度交往特别地同不再感知和敬重自然的节律有关。人的革新的一大部分简直就是基于使人不再依附于自然的节律:世界范围内的食物交换使它不依赖于当地的时间限制;人工的照明不依赖于白天—黑夜的节律,甚至根本不再引人注意了。林业和橡胶业产品不依赖于土地与气候等。生活方式的工业化和当下激烈要求并被积极推动的经济结构的调整,导致了现有(生活)节奏的迅速消解。一周内商店七天开放,礼拜天工作,在旅店和休闲工业[259]的24小时工作制,都是流行词汇。尽管生态产品热销,但正是休闲工业一再地造成了对自然及其节律的不依赖性。任何时间都能迅速地(subito)买到人们所愿望的自然体验,对共同世界充满敬重的关系就荡然无存了。保持适度明显变得困难了。

这种不依赖性促进了物质享受。所以它还是有积极作用的。但它只是在短期地能有这种作用,对持续的自然保护起着消极的影响。宇宙智慧、宇宙基督和宇宙圣灵之舞是自然节律之舞。这种智慧也总是在《圣经》流传物中听得到,特别是在创世关系中流传。我们要再次援引埃内斯托·卡德纳尔:"所有的生物都运动在同样的宇宙节律中,原子的旋转和我们的血液循环,植物的汁液和海水的潮汐,月亮的盈亏,星球在银河中转动和银河本身的运动,所有这一切都运动在同样的节律中。一切都是宇宙的颂歌……这种节律就是宗教。就像牡蛎的繁殖要依赖于海水的

---

[257] Kuschel,K.-J.:也这样认为:《在受造物耗尽了的时代赞美受造物?》,载于《教会与艺术》4/1990,第196—200页。

[258] 参阅第3.3.2节。

[259] "为了供给、体验当地风味餐饮食宿,必须24小时提供服务,以便满足已经相当巨大的需求",苏黎世经济协会这样要求。《新苏黎世日报》第164号,1992年7月17日。

5. 基督教环境伦理学的适度伦理纲要

潮汐,南海的矶沙蚕属要依赖月球的位相一样,人也要依赖于礼仪的时辰子午圈(Liturgyischen Zeitkreisen)。因为《圣经》说,宗教给予人以其同样的尺度……整个宇宙就是颂歌:赞美的颂歌,节庆的颂歌和婚礼的颂歌。"[260]

作为客人存在就是参与这种客人的宇宙节日。保持适度就是寻找与世界的节律和赞美歌同样的尺度。要承认,这种观念对于清醒而有事业心的同时代人而言,可能太神秘了,与所描述的实在之间的张力简直是无法接受的。但是,其中显露出适度伦理的一个重要基础。在这方面环境伦理学的使命是:以环境伦理学的反思形式促进对世界的赞美;指明环境伦理学必然要把自然的节律同教会的时间节律联系起来;在政治经济结构的形态中和在劳动伦理中[261],强调劳动要以重视世界的节律为指针,要在结构上把世界节律确定下来。

[S. 281]

特别是,工作与休息、活动与沉思、耕种与休耕的节律属于世界的节律。生态神学近来在此关系中一再地指出安息日[262]。在安息日、礼拜天,作为创世完成的日子,关键的是一方面要歇工(《摩西一经》2,2;《摩西二经》20,8),另一方面更重要的是,礼拜天作为世界再建的征兆。在此意义上它是一种末世论的征兆。礼拜天不仅与人、而且与整个世界相关!按照《旧约》传统,与第7日作为安息日相对应,每个第7年作为安息年,每50年(根据7乘以7)应该有一个禧年(和好年,庆典年)举行庆典(《摩西三经》25,1—55)[263]。在安息年,土地应该抛荒,以便使它得以自我更新(《摩西三经》25,4)。在禧年奴隶应该被释放,土地应该被退耕,罪人应该被赦免。其中作为客人存在的社会伦理学得到表达!"你们不可把土地买断,因为田地是我的,你们不过是我的客人和寄居者*(蒙准

---

[260] Caedenal, E.:《爱之书》;汉堡1972年,第103—104页。

[261] 新教不知疲倦的职业工作的劳动伦理助长了对自然节律中尺度的无视。参阅第3.3.2.1节。

[262] 参阅林克, Ch.:《创世》,居特斯洛1991年,第384—387页;莫尔特曼, J.:《创世中的上帝》,慕尼黑1985年,第281—299页;还有他的:《正义创造未来》,慕尼黑/美茵茨1989年,第82—87页;Schäfer-Guignier, O.: et demain la terre. Christianisme et ecologie, 日内瓦1990年;施利特, M.:《环境伦理学》,Paderborn1992, 144—146。

[263] 这在古代以色列是否就已经做到了,这里也还是不能确定。

* 这里的"寄居者"德语用的是 Baisassen,从中世纪到19世纪它是指无公民权的市民。——译者

使用土地罢了）。"(《摩西三经》25,23)罪人和打短工者都应该受到像客人和"寄居者"一样对待(《摩西三经》25,35—40)，在这里，这些人还是仅限于以色列民族同胞，只有在《新约》中突破这种限制指向所有的人。安息日、安息年、禧年构成了节律，世界与人在其中能够一再地得到修养和重建。当今，从农业中的休耕期直到对发展中国家"创造性的减免债务"可以算做是与之相应的东西。1991年瑞士教会庆祝禧年，在我们的关系中可以看做是保持适度年的尝试。[264]

[S.282]
5.3.9 忧虑和颤栗

客人守则纲要 I/9

欢迎你来到世上作客！客人守则留出了许多自由空间，但基本规则都是有约束性的。请不要试图以自力改变它们，否则地球家园将摧毁一切与客人相关的东西。你只能用规则来规范你自身。

换一种说法

就像人的尊严不可被损害一样，为了保护受造物的尊严也存在禁忌。它们不可受到非法伤害。敬畏生命包含了对跨越这种界限的畏惧。

"我们这个完全了无禁忌的世界，鉴于其新的权力类型，必须自愿地建立新的禁忌。我们必须知道，我们太冒进了，而且要重新学会知道，有一种过分……我们必须再次学会忧虑和颤栗，无神性的自身，愧对神圣。立于有限的此岸，保持使命足矣。人类的状态持续地呼唤改善。我们试图提供帮助。我们试图预防，试图缓解，试图救赎。但我们并不试图在我们生存的根源上，在我们秘密的原初之所，作为造物主。"[265]犹太哲学家汉斯·约纳斯以这个原则解释"把忧虑作为义务"，其出发点是："我们必须重新获得对令人颤栗的东西的敬畏，从想象的否定中再次获得肯定。"[266]

我的环境伦理学的起点与之相反，是从肯定（从惊异、丰盈、作为客人的恩典和上帝之国的预兆）出发。尽管如此，我赞同汉斯·约纳斯，因

---

[264] 在瑞士，教会把1991年（瑞士联邦公民700年）作为禧年庆祝。

[265] 约纳斯，H.：《技术、医学和伦理学——通向责任原理的实践》，法兰克福1990年第3版，第218页。

[266] 约纳斯，H.：《责任原理》，法兰克福1984年，第392f. 也请参阅本书第4.8.2节。

5. 基督教环境伦理学的适度伦理纲要

为他的思想有个互补性的必然渠道,在灾祸处着手。通常只有出于怕才有可能做到保持适度:怕发胖,怕成瘾,怕失去爱情,怕自己的生活基础受到破坏,等等。怕和畏抓住了自己的生存兴趣,所以要使生命力重新振作起来。对自身福利正在损失的畏惧,对于大多数人,对于我们自己本身而言,诚然是我们行动的最强烈的动机之一。[267] 虽然基督教(它促进了非理性)让人害怕的不幸传统应该被重新唤醒,但畏惧[268],作为生存意志的表达,产生理性[269]并把人"带往理性"。

如果我们对于正在进行的环境破坏的种种信息听之任之,那么,尽管我们拥有一切充满希望的解决方法,尽管有上帝之约的允诺,尽管有已经提到的上帝之国的预兆,我们还是摆脱不了世界末日般的恐怖表象。"西方的没落"[270]相比于"核武器灾难"[271]而言,例如在巨大的相互核攻击时以"核冬季"为形式(根据现在的核裁军状况,所保留的核弹头数量也还是足够形成这样的核灾难),还只是一个无危险的变体(生活还在另一种文化中继续)。冷静地思考一下气候变暖的可能后果——超过10亿人可能成为环境逃亡者,因为他们可能会因海平面的升高而被迫迁离沿海地区——也完全具有世纪末日的特征。核武器灾难和生态灾难之间可能的内在关系,在于自然被征服。[272]

所有世界衰落的景致[273]都不会是被迫的,否则它就落入肤浅的进步

[S. 283]

---

[267] Schupp, F. 也这样认为。《世界和原罪》,杜塞尔多夫1990年,第566页:"怕和宗教的关系不可只是作否定性的评价",因为很可能"在特定的处境中,只有怕使人变得有理性并接受其责任"。

[268] 怕,大多数情况下自己并不能说出怕的原因,所以吓得要死,而畏惧,知道畏惧的对象,所以可以是创造性的,它们之间应该区别开来。

[269] 那种赋予人以能力的理性,通常是指他的欲求能力,因此可以规定其生命并达到所追求的目的。参阅皮希特,G.:《论哲学的伦理学概念》,ZEE22(1978),243—261(255)。

[270] 斯宾格勒,O.:《西方的没落》,卷1;《形态和现实》,慕尼黑1918年,卷2;《世界历史的透视》,慕尼黑1922年。

[271] Schell,J.:《地球的命运——核武战争的威胁和后果》,慕尼黑1982年第5版。

[272] "这种炸弹的结果是亵渎自然"(圣者的消灭)和"这种炸弹是自然对被人统治的回应"(自然随后的复仇),这种主张的代表人物和奠基者为 Dätwyler, Ph.:《我们之中的炸弹》,载于他和 Eppler, E./Riedel, I.:《炸弹、权力和盔甲——风险社会的出路?》,Olten1991,7—24(20ff,28ff)。

[273] Körtner, U. 提供了一个很好的综述:《世界可怕和世界末日——对世界末日的一种神学阐释》,哥廷根1988年,第155—277页。

乐观主义之后了。基督教的环境伦理学不能从世界末日的硬刺边上擦肩而过。它尽管可能是悲观主义的,例如霍伊玛·封·迪特福特就无动于衷,他以"它如此遥远"的说法,把全球化的环境灾难看做是事实和天命[274]。既不存在一个明确的救赎时间表,也不存在一个相应的灾难发生时间表[275]。在可怕的传统中出于惊慌诚然一再地还是制定出了一个灾难发生的时间表。但环境伦理学必须提出的出路充满了可怕的不确定性。"人类没有幸存的保障,基督教信仰也不能给予这一保障,这一洞见值得严肃对待。"[276]在《新约》中也有一切从时间上预计末日又否认末日的尝试。不过,结果正是从中产生了可怕的警觉要求,就像10位少女的比喻所表达的那样。(《马太福音》25,1之后。在这个比喻的最后,耶稣说:"所以,你们要警醒,因为你们并不知道那日子、那时间会在什么时候来临。")

"愿神独享荣耀"这一颂荣诗,我们在上一节讲过,正如已经重复提到的对造物主和受造物的敬畏一样,直接涉及畏惧:在损害游戏规则、蔑视客人守则时,必然要有某种畏惧。

让我们作为例子来看看以赛亚—世界末日中的世界审判(《以赛亚书》24—27)。它呈现出了一个畏惧和颤栗的图景,呼唤人们悔改。"你们看吧,上主要毁灭大地,使它荒凉。他要让地表倾覆,驱散居民。无论是人民还是牧师,奴隶还是主人,婢女还是女主人,购买者还是贩卖者,出租者还是租用者,债主还是债户,个个都要遭殃。土地荒芜,一点出产也没有,大地要被洗劫和掳掠一空;因为上主发了这些话。大地贫瘠干枯,世界衰败荒芜,天崩地裂。由于大地在它的居民脚下被玷污,因为他们逾越了戒命,违反了律法,毁了永恒的盟约,所以一条河流就吞噬了大地,让在地上住的人遭殃。"(《以赛亚书》24,1—6)*

以赛亚—世界末日并不来源于公元前8世纪《以赛亚书》的先知们,而是出自流放后很晚的时代,甚至希腊化时代,所以是在公元前5世纪和

---

[274] Ditfurth, H. von:《那就让我们种植一棵小苹果树。它是如此遥远》,汉堡/苏黎世1985年。

[275] 从自然科学的开放系统来看(参阅上文第2.2.2节)也有可能总是成败未定,但也可能出现新的调整,世界的未来无法期望地发生改变。

[276] Körtner, U.:《世界可怕和世界末日》,版本同上,第325页。

* 这段经文与中文本有出入,在1—3中,中文本少了"婢女还是女主人"、"出租者还是租用者"两句;在4—6中的文字也不一样。请参照阅读——译者。

2世纪之间形成的。[277] 这里涉及的是,把世界毁灭作为对世界的审判,人与共同世界适用于同样的尺度。这是一个被人掳掠一空、最终也空无一人的大地的恐怖景象。是地震(同上1)、干旱(同上4)还是战争(同上5)构成了经验的背景,必须存而不论。无论如何,灾难不能被理解为自然的命运,而要理解为人的罪过,理解为他们的"违法犯罪"(同上20),因为他们玷污了大地,逾越了戒命,违反了律法,以自力改变了它们(同上5)[278]。玷污大地,在这种语境中[279],我猜测指的是流血牺牲(《摩西四经》35,33;《诗篇》106,38)。血玷污了田地,而田地并不可能有罪过。在这背后隐藏着和平与世界保存的不可解决的关系!因为上帝同整个世界立了约(无论如何有挪亚之约《摩西一经》9,9),因人类而毁约也就影响到整个世界。

对世界审判的世界末日般的描述不是预测什么来了或者什么能够到来,如同自然科学所支持的对我们的时代所作的预测那样。毋宁说,世界审判的判词简直是对世界毁灭的二难抉择。[280] 在此毁灭中罪恶被揭露出来,因此是罪出有名,所以要呼唤对世界的责任。世界审判的描述也不是指出一个遥远的在时间终点的上帝法庭,相反是说:谁毁灭大地,就已经是受到了审判,就是说自己判了自己的罪。相反,谁听从宇宙基督[281],他就是"出死而入生了"(《约翰福音》5,24)。世界审判因此也要防止引诱:人自己审判人,或者自然"已经报复了自己和复仇了",就像当今经常听到的那样。审判是上帝的事,不是人和自然的事。但就像穷人在上帝面前被控诉那样,自然也带着其痛苦的呻吟(《罗马书》8,22)和悲伤(《何西

---

[277] 凯塞尔,O.(以赛亚先知第13—19节,ATD18,哥廷根1973年,第145页)确定的日期是在167/164和360/340之间;Wildberger, H.(以赛亚,2分册,第13—27节,Neukirchen1989年第2版,第897页之后)确定的日期是5世纪上半叶。

[278] 凯塞尔,O.版本天上,"他们改变了律法",我在上文纲要I/9接受了这一翻译。

[279] 另一处玷污大地所指的是婚姻破裂(《耶利米书》3,2)或者指偶像崇拜对主不贞(《耶利米书》3,9)。

[280] 参阅das Dossier:世界审判取代世界毁灭,苏黎世州的教会正典Nr. 6/1992,7—10。

[281] 宇宙基督是复活的基督,作为法官。基督作为法官和调解人,参阅司徒博,Ch.:《调解与旗帜鲜明》,苏黎世1988年,第370—450页,特别是第387—397页。

阿书》4,3)做着这种事。[282] 一种基督教可代表的世界末日,在这方面不要描绘为一个复仇的神,因为按照基督教的理解,以基督为身位的上帝"不是来毁灭的,而是来救赎的"(《路加福音》9,56)*。正是为了唤醒拯救的力量(有了这种力量人才能做到适度的自制),畏惧和绝对承认某些干预自然的禁忌,是必要的。基因工程在当今的许多环境伦理学家那里成为这一点的试金石和象征。

5.3.10 神话和童话

客人守则纲要 I/10

欢迎你来到世上作客!请严肃对待创世神话。它们不是早已陈旧过时的世界图景,而是包含适度的主导图景。

换一种说法

为了产生有效行为,尺度伦理必须把伦理标准明显的合理性和创世神话含蓄的合理性与智慧联系起来。

创世神话和创世童话,遍及世界地包含了这种认识:无度性误用了自然的礼物,贪欲摧毁了生活的基础,是不幸的根源。可以随便举三个例子。

一个尼日利亚的(Nigerianisch)创世神话以"天为何离得这样远"为题说:"太初,天还是靠地很近的。那时,人不必改造地球,因为只要人肚子饿了,就可从天上割一块(东西)下来吃掉。但天后来变坏了,因为人类总是切割得太多,吃不下,剩余的丢到垃圾堆上。而天不愿被丢到垃圾堆。所以它警告人类,如果他们未来不注意的话,它就将离他们远远的。一段时间以来,每个人都注意到了这个警告。但有一天,一个贪心的女人从天上切下了一大块。她吃得确实很多,但不能吃完。他们惊恐地把她的丈夫喊来,但他也不能吃完。所以他们把全村的人喊来帮他们吃,但还是吃不完。他们不得不把剩下的丢到垃圾堆上。为此天变得很恶,升到离地很远的高空去了,以致没有人再够得着它。从这时起,人类就必须

---

[282] 路德走得这样远,"最近,所有的造物对无神者(Gottlosen)大喊大叫,说他们在世上被误用,他们要把那些违反法律的意愿压迫他们的人控告为暴君"(WA41,308,15—18)。

* 此注有误——译者。

为他的食物而劳动了。"[23]

这个起源神话说明了劳动的必然性,并把劳动的起源定位在贪欲中。在同自然更准确地说上帝的丰盈礼物交往中,保持适度明显地被称作伦理上正当的行为举止。同样的基本动机(诚然不被置入一个起源神话,而是置入一个解放神话,并同安息日戒律相联系)在"吗哪和鹌鹑"的故事中,在以色列人穿过沙漠走出埃及的迁徙事件中得到表现(《摩西二经》15,22—16,36)。上帝恩赐了这么多的吗哪*,以每个人活命所需制定每个人的量度。贪多储存而不信靠上帝的恩典,导致不再有什么东西可留存了:"那时捡得多的人,没有多余,捡得少的人没有不足;每个人所捡的刚刚是他所需要的。随后,摩西对他们说,谁也不准把食物留到第二天! 可是有些人不听摩西的话,留下一些。到第二天早晨,这些留下的都生了虫,而且有霉味。摩西对他们很生气。"(16,18—20)

[S.286]

直到在当地的传说中,这种在使用自然礼物时要保持适度的提醒依然发挥作用。糟蹋食物将受到处罚。就像人在饿得太厉害时吃得太饱可能会致死一样。瑞士山里的布缕姆里沙尔普(Blüemlisalp)有这样一个传说:"乌里—罗特斯多克(Uri-Rotstock)边上的布缕姆里沙尔普曾是一片高山牧场(我们现在再也找不到了),漫山遍野长着香草,可以直接做成奶制品。他们一日三次必须在那里制奶。当时他们用奶酪和黄油包铺地面,以便用此废料烘干小木屋的地面把此小木屋作为马厩。为此,天开始下大雪。制奶人想躲避起来,但他们无处可逃,只得蹲在小木屋门下的洞穴中。"[24]

以神话、童话和传说为形式的叙事能有助于形成道德判断吗? 它们不是过时了吗? 对以理性和科学思维的人而言不是封闭的和不明晰的吗? 非也。神话借助于品格形象,对于每个人的德行如同对于保持适度的伦理一样,都是必不可少的。在目前的神学和哲学中获得了这种基础性的认识:根据(与鲁多尔夫·布尔特曼的名字相联系)去神话化的纲领,现在"必须获得一种与神话性东西的新的关系。一个要包含现实整

---

[23] Beier, U. (Hg.) The Origin of Life and Death. Afican Creation Myths, London/Nairobi 1970, 51f. (übersetzung CS).

* 沙漠柳树(Tamariske)叶子边上液体结晶的可食物,《出埃及记》16,31:"以色列人把这些食物叫吗哪。它像芫荽子,白色的,吃起来像搀蜜制成的饼。……以色列人一共吃了40年的吗哪"。——译者。

[24] 米勒, J. :《出自乌里的传说》,波恩1978年。

体的现实想法……如果没有神话的表达方式,至少是根源于神话来理解的表达方式,即便可以说出来但也绝不是有充足理由的"。㉕ 神学和哲学在当今是与神话友好的㉖,这从时代历史的角度看,正是目前去神话化的条件㉗。

[S.287] 　　与神话的友好关系绝不意味着对理性的拒绝。毋宁说,当今发现了被哲学和神学所阐明的神话的"内在合理性"㉘。在理性主义中,理性诚然是从神话智慧的束缚中解脱出来的。C.F.封.魏茨泽克合理地把宗教神话描绘为"把我们定位在生活和世界之整体中的一种方式。在此意义上,神话是最古老的理性器官"。㉙ 神话与哲学乃至神学的区别可以赋予这样的特征㉚:神话——这里在一般意义上理解为传统的叙事,经常带有仪式化的现实实现的可能性㉛——包含一种内在的合理性,是朦胧的,典范性地和具体地表达世界,通过同一化作出定位。哲学和神学是明确地

　　㉕ 施密特,H.H.主编:《神话和合理性》,居特斯洛1988年,第11页(由施密特,H.H.所写的前言),1987年在维也纳召开的第六届欧洲神学大会的报告论文集。

　　㉖ Huppenbauer,M.也有这样的定论:《神话与主体性——与布尔特曼和皮希特相联系的〈新约〉的去神话学方面》,图宾根1992年,第1.1节。强调神话的意义,在最近的讨论中有如Hübner,K.的:《神话的真实性》,慕尼黑1985年;他的:《神话、逻各斯和特殊的宗教性——基督教信仰的三要素》,载于施密特H.H.主编的《神话与主体性》,版本同上,第27—43页。布卢门伯格,H.:《为神话工作》,法兰克福1984年第3版;Janowski,H.N.:《贯穿历史的历史? 为神话平反》,载于:《福音评论》20(1987)Nr.9,498—501。Bohrer,K.H.主编的:《神话与现代性》,法兰克福1983年;韦德,H.:《逻各斯的神话(约翰福音1)——对去神话学的事实问题的思考》,载于施密特H.H.主编的《神话与主体性》,版本同上,第44—80页(韦德呼吁保留去神话化,不是告别神话,要理解为"试图在世俗化的时代也获得与神话的一种理性关系",因此他建议同神话性东西建立一种隐喻性关系(第63、68页)。

　　㉗ 正如布尔特曼等人的去神话化从政治的角度可被理解为反抗20世纪的种种神话的条件一样,当今的与神话友好关系可被理解为客观科学思想危机的结果,后者不能对一些时代问题作出回应。

　　㉘ Stolz,F.就这么认为:《神话般地对待理性和理性地对待神话》,载于施密特,H.H.:《神话与合理性》,版本同上,第81—105(84ff)页。

　　㉙ 魏茨泽克,C.F.v.:《意识的演变》,慕尼黑1988年,第251页。

　　㉚ 我在这里依据的是Stolz,F.的观点,版本同前,第82—92页。

　　㉛ 同上,第82页。潘能伯格使用了一个狭隘得多的神话概念:《神话和基督教信仰为世界奠基的功能》,载于施密特,H.H.:《神话与合理性》,版本同前,第108—123页。他把基督教信息的特殊性,末世论同神话分隔开来。M.Huppenbauer也看出了"在基督教信仰和神话之间的一种基本的对立",版本同上,第1.1节。

阐述合理性,跟其他的哲学和神学相对外在地划清界限,要求普遍有效性,通过间距化定位。

对于伦理学,包括环境伦理学,正是通过同一化来定位,如同在神话(和童话)中发生的那样,这是有意义的。捷克哲学家米兰·马霍维奇以他对伦理学的一个硬伤的判断指出:"在道德变成科学研究的一种对象之后,失去了它在神话的框架中依然具有的对人实施道德影响和教育的能力。神话的叙事为我们表现出了对宽广的领域产生道德影响的模型,伦理学作为科学绝不能从自己本身出发产生如此广泛的影响力……具体个人在道德上能够变得更好,只有通过自己的情感、通过忧虑、希望、惧怕和悲伤,我们也只能对具体的人,而绝不是对抽象的人感到可怕。"[22]在神话中表现了形象,品格形象,榜样。在某种意义上,创世神话作为起源神话不仅是要——诚然也不是首先要——以过去说明已成的东西,而是要塑造现在和未来。它具有一种伦理的功能。艾里亚德已经写道:"神话的主要使命是要'确立'人的一切有意义的礼节和人的活动之榜样模型。"[23]

有助于保持适度的宗教神话和童话既不意味着自然的再次鬼魅化和神圣化,也不意味着对以科学阐述的环境伦理学的拒绝,后者追求的是明确可理性证明的、能够普遍化的标准和准则,它对当今科学—技术世界的沟通理解是绝对必要的。但是只要这种试图不求把创世神话中内含的合理性的原始智慧,同其感化的和教育的功能内在联系起来的话,它依然是无效的。因为这种智慧明白保持适度的必然性,正如上面的例子所表明的那样。一种叙事的、认真对待宗教神话并使其发挥作用的环境伦理学,才应该继续得到发展。[24] 在这方面,宗教的[25]神话有其建构现实的和设

[S. 288]

---

[22] 马霍维奇,M.:《回归智慧》,斯图加特1988年,第115页。也参阅《神话与合理性》,第59—83页。

[23] 《多个民族的创世神话》,艾里亚特的前言。苏黎世1964年,第33页。1992年出了一个新版本。

[24] 在上文提到的欧洲第六届神学大会论文集中(施密特,H. H.,版本同前)就不是,更清楚地说,不只是接受某种教会史的贡献。使循环—神话在环境伦理学上发挥效用的尝试,可在 Drewermann, E. 这里找到:《致死的进步——论在基督教遗产中对大地和人的破坏》,Regensburg1981,第111—132页。

[25] 我在这里有意说宗教的神话。凡是缺乏宗教神话的地方,世俗的东西轻易地取代了它们的位置,例如民族的或科学的"神话"作为替代品(例如实证主义的科学客观性"神话",在价值问题上就是禁忌的)。在这种公民宗教的语境中,尺度伦理一再地堕落成平庸的小市民的德性。

立禁忌的力量,这些力量不简单地是被"组成"的。它是长期集体过程的结果,从神学上看,是上帝启示的结果。

5.3.11 生态的价格形态

客人守则纲要 I/11

欢迎你来到世上作客!你的自然环境比一种可购买的财富更珍贵。金钱几乎是可以无限增多的,自然的财富相反都是有限度的。你所支付的,是你从大地的租礼中取来的,以至于其中包含所有的生态成本。

换一种说法

由于在当今的经济形式中金钱起支配作用,价格形态是达到尺度操守的最有效而且是最快捷的手段之一。价格是可以如此形态化的,乃至于它们表达出完全的生态学真理,那么也就完全包含了生态的成本。

我们在上一节所说的创世和起源神话,在依然是农业和打下商业烙印的农业社会中都是特别有效的。与之相对,当今的大多数社会完完全全打下了货币经济的烙印。与自然的交往最大部分地也受此规定。所以今天,金钱与自然、经济学和生态学的关系,以及其中特别是对于自然财富的价格形态的关系,对保持适度的伦理达到了关键性的作用。

"当今盛行的是市场的尺度,而不是人的尺度"[226]或者自然的尺度。金钱在实践中是可以被无限增值的,而不会遇到自然的限度。但这个"金钱—世界"如今陷入同有限度的"自然—世界"的尖锐冲突中。所以,要求经济学必须服从生态学的声音越来越大。在德语范围内,这种要求的先锋之一是圣·加伦的经济学家克里斯多夫·宾斯万格:"人所偏爱的金钱世界,必须服从于非人的自然世界。"[227]神学的经济伦理学[228]和教会的态度[229]也一再地强调这一点。

在讨论了 25 年之后的今天,环境伦理学的重要见解也越来越多地在环境、经济政策中得到贯彻:价格必须完全反映外部国际化的生态成本。

---

[226] Rock,M. 这样说:《自然的神学及其人类学——伦理学的结论》,载于比恩巴赫,D. 主编的:《生态学和伦理学》,斯图加特 1980 年,第 72—102(82)页。

[227] 宾斯万格,Ch. :《金钱和自然——在经济学和生态学之张力域中的经济财富》,斯图加特 1991 年,第 23 页。

[228] 例如里希,A. :《经济伦理学》,卷 2,居特斯洛 1990 年,第 308—318 页。

[229] 例如《公益和私利——经济行为对于未来的责任》,德国福音教会的思考论文,居特斯洛 1991 年,第 32 页。

5. 基督教环境伦理学的适度伦理纲要

"价格必须完全表达经济和生态的情况。"⑩,现在也在政治家和企业家那里——至少在理论上——得到承认。所以联合国环境与发展大会的企业家咨议会接受了这一要求,因为它也设定:"环境也必须具有某种价格。"⑩在这方面,不仅目前造成的损害,而且引起未来的紧缺性,也都属于环境成本。而市场价格,例如原材料的,只在目前反映紧缺性,"也必须将未来的紧缺性一同纳入到价格形态中。这将操控自然财富的状况成本(Beschaffungskosten),迫使我们将它们限于家务使用,同时也有利于许多出口原材料的发展中国家",经济伦理学家阿图尔·里希合理地认为。⑩ 这一思想的表达和发展诚然不能对这一现实视而不见:经济学和生态学还是长期得不到协调。

自 20 世纪 70 年代中期和 80 年代之后,环境法被制定出来,所以试图通过戒律和禁令来促成保持适度,自 80 年代末以来,经济杠杆置于讨论的前台。在环境政策的三个基本棋子——预防原则(例如风险控制),引发原则(避免成本增加,更准确地说避免损害成本增加),共同负担原则(普遍承担防范成本,即损害成本的增加)——中,引发原则是最直接地指向市场经济的。

市场经济杠杆的整个调节工具,现今正在讨论的是⑩:债票发行税(控制税,例如飞机噪音税),使用者费用(例如垃圾税),产品税(例如电池税),管理费用(例如为新产品登记造册的费用),可买卖的排放证书(例如为二氧化碳排放支付费用),环境责任的扩大⑩,押金税/保管费(在购买一件产品时,例如酒瓶押金),为环境友好型产品和为环境投资机构提供免减税优惠,等等。 [S.290]

引发环境损害所支付的费用,现在公开的,即普遍地每年占了社会生

---

⑩ 魏茨泽克,E. von.:《土地政策》,达姆斯达特 1990 年第 2 版,第 134 页。"价格必须表达真实性"这个题目在第 134—158 页。

⑩ Schmidheiny, St. Mit dem Business Council for Sustainable Development:《行情交流》,慕尼黑 1992 年,第 43—66(43)页。

⑩ 里希,A.:《市场经济——可能性及其局限》,时文/信息 41(1992),Nr. 4, 260—272。这篇论文是在他 82 岁(1992 年 7 月底)逝世后不久出版的。

⑩ 对此请参阅魏茨泽克,E. von.:《土地政策》,版本同上,第 152 之后几页;作为对瑞士的概览:瑞士环境保护学会(主编):《环境与市场》,苏黎世 1992 年;劳动资本和经济:《更多的市场在能源与环境政策中》,苏黎世 1992 年,第 13—24 页。

⑩ 环境责任的加大——只是引发原则的一种应用——是特别有效的,因为因此引起环境危害或者巨大风险的技术迅速遇到资金的局限,从而可增加安全性。

产总值的 5%—10%。[305] 环境保护开销在德国每年占社会生产总值的 1%—1.5%。通过应用上述所列举的杠杆，按照恩斯特·U.魏茨泽克的统计，大概只有五分之一到十分之一的额外环境负担被消化[306]。但应税系统的数量至少在工业化国家中迅速增加，在 OECD 国家 1987—1991 年增长了 3 倍。[307]

通过自然的经济化而使经济生态化的思想，在我们当前的世界经济条件下是不可避免的，而且是一个重大进步。[308] 所以从环境伦理学的角度看，市场经济的杠杆是非常有助于促进适度品行的。在一切都有价格的地方，自然也必定获得一种适当的价格。没有这种价格上的生态真理，保持适度就不会成功。在这里，伦理学的条件是，环境成本应该得到社会的合理分配，在某些杠杆那里，要求公平地保持适度，特别是在遏制满足基本需求的产品上。

当然，好些伦理问题也同自然的经济化和货币化相联系：对自然的责任从个人身上推移到价格系统上（"我可如我所意愿地消耗自然，我确实为此付了钱"），此外，自然的货币化适应于一种功利主义的原则，它对作为客人的存在原则是有张力的。自然因此也很人类中心论地从对人的功利这里得到评价。如果人们相反地承认作为共同世界的自然具有主体性格——是以人类中心论还是以生物中心论以及生态中心论为基础，在这里不是决定性的——并把这种关系性格取代客体性格推向前台，就像符合于我们的原则那样[309]，那么人们就必须超出自然的货币化，走向承认自然有不可支配性的尊严。这样一来，康德的说法："一切都有一种价格或者一种尊严[310]，从环境伦理学的角度易于改变成：共同世界有一种价格和

[S.291]

---

[305] 对于德国大概在 5%。

[306] 魏茨泽克，E. von.:《土地政策》，版本同前，第 147 页。

[307] OECD: Recent Development in the Use of Economic Instruments, Environment Monographs Nr. 41, Paris 1991.

[308] 参阅第 4.9.2 节。

[309] 参阅第 5.3.5 节。

[310] 康德, I.:《伦理的形而上学基础》, BA 77, 载于:《康德六卷本文集》, 由 W. Weischedel 主编, 第Ⅳ卷, 达姆斯达特 1966 年第 3 版, 第 68 页: "在目的王国中, 一切要么有一种价格, 要么有一种尊严。有一种价格的东西, 也能被某种其他的东西, 作为等价物所替代, 相反, 高于一切价格的东西, 因此没有等价物能替代者, 有一种尊严。"

一种尊严[311]！第二个伦理问题在于追问这个说法背后的人的形象：缺少生态的价格真实性，就无法做到保持适度。他要认同这种理解：环境伦理学的正当性和有效性最终要以人，至少是一般的人为衡量尺度——不大由于他与自然的关系，他出于创世神话的智慧或者他对造物主神的信仰，而有尺度，相反，是由于可通过价格操纵的短期的经济自利，而有尺度。柏拉图就已经看出了，对金钱的追求是人的欲求能力这个 epithymia（欲望）的总体。一种不以其应该是、而以其所是的人为尺度的伦理学，所以不得不在对金钱的追求以及与之相应地对节省成本的追求这里建立起来。这在伦理学上不是卑鄙的，而是服从于伦理规范甚至是可欲东西的可实践性这个伦理学上的重要前提——只要这种方法不被绝对化，相反只把与自利的联系看做是伦理动机的第一步。在民主形态的国家中，居民诚然会赞同一种表达出生态真实性的价格形态，只要它是一种对自然的内在关系，并已经表达出某种对其尊严的洞见。

5.3.12　相关性和互补性

客人守则纲要 I/12

欢迎你来到世上作客！你要尝试经受住世界的复杂性和矛盾性。如果你不是把一种原则或者价值绝对化，而是在其网络化中重视它，那你就找得到尺度。同时你要确立优先规则。

换一种说法

关于尺度伦理的每一种伦理学原则，如果把它们绝对化的话，就会导致无度。只有不同的主导价值相互关联起来和网络化才能导致尺度。因为不是所有的价值都能同时被实现，所以要重视优先规则。

伦理上的适度是一种关系值，保持适度也特别是在关系中发生。本人环境伦理学的这一基本主旨特别明晰地表达在纲要 I/1—5，它也以某种特殊的方式适用于诸价值的相互关联。相关性（Relationalität）——这种在关系中的存在（Das In-Beziehung-Sein），相互关联之存在（Aufeinander-bezogen-Sein）——意味着：价值将不被绝对化，而要在同其相反价值的关联中得到重视。这种相关性标准，我要特别感谢阿图尔·里希的　[S. 292]

---

[311]　在环境经济学中占主导的人类中心论的原则和在环境伦理学中通常的生物中心论的原则之间的张力，还要在对话中进一步说明。

伦理学⑫。

到这里为止以及在下文第 5.4 节,(我们)列举了大量对于环境伦理学重要的价值,如果我们试图同时实现它们的话,它们相互之间就处在张力之中:自由和约束,纵欲与苦行,爱与畏,神的超验性和内在性,彼岸的希望和此岸的责任,自利和公益,对当代人的责任和对未来后代的责任,人的保护和自然的保护,等等。还有,正义,和平和受造物的保存,虽然相互从属,但实行起来则相互冲突,例如,如果涉及为一个或另一个使命要分担资金的话。另一个例子是四种自由,它们构成欧洲内市场的基础:如果人员和货物往来最大化地实现自由,而不把它们相对地看做是持续保存受造物的价值的话,这种自由往来就导致无度。如果我们把一种价值最大化,而不是追求它的最大化,这也会导致无度,尽管这种价值本身有助于保持适度。只有当价值相互相关起来,因此相对地相互限制,防止单方面的绝对化,这才能做到保持适度。作为世上客人的生命,不让自身定位于某一种基本价值。它需要目的的相关性⑬和基本价值的相关性⑭。

但通过目的相互关联而保持适度,在这里也不可与中道尺度相混淆。"这绝不涉及单纯迷信中道,或者纯粹的合适(Ausgewogenheit)。相关性根本就不是指相互对立的立场之间机会主义地避免困难,只是尽可能不相互损伤地达到目的。"⑮因时间所限而偏重这一价值或另一价值,常常是必要的。但这种不规则性总是作为一种与处境相关的、时效主义的偏重,它能意识到自身的片面性,因此不被解释成原则。里希合理地指出,设想一劳永逸地克服有张力的价值之间的和好,这是为末世、为上帝之国所保留的。⑯

我们也可能不说相关性而说价值—控制论(Wert-Kybernetik)。就像把这种控制论描述为对网络流程的控制,把生物控制论描述为通过网络化对有机体和生态系统进行控制一样⑰,价值控制论也意味着把价值和

---

⑫ 相关性标准是他的伦理学的基本标准。参阅里希,A.:《经济伦理学》,卷 1,居特斯洛 1984 年,第 184—192 页;卷 2,居特斯洛 1990 年,第 36—40 页、第 168—175 页。也参阅上文第 4.3.1 节。

⑬ 同上,卷 2,第 36 页之后。

⑭ 同上,卷 2,第 168 页之后。

⑮ 同上,第 169 页。

⑯ 同上,第 40 页。

⑰ 参阅上文第 2.3.1 节。

5. 基督教环境伦理学的适度伦理纲要

规范看做如同一个网络系统,适合于在一种动态平衡中对其实施控制。这种控制,在这里区别于生物控制论之处在于,它不是自动的,而是通过人的道德决断。对于基督教伦理学而言,这种通过价值的网络化而使保持适度成为可能的控制力、操纵力是圣灵。即使不屈就于某种自然主义的谬误,我们也能赞美地审核,生物控制论对于一种价值控制论能够意味着什么,因为我们的出发点恰恰在于,宇宙圣灵和在人的内心起作用的圣灵是同一的。

[S.293]

同相关性相近、同时又与之相区别的是互补性。它也能像相关性一样被看作是保持适度的标准,因为它也想克服绝对主义。我们再回想一下从量子论出发对互补性的一种自然科学的定义[318]:互补性就是不同的可能性之间的相互从属性,把同样的对象经验为不同的对象。互补性的认识,当它们都是同一对象的认识时,就是从属的。只不过,当它们不能同时地和对于同一个时间点出现时,是相互排斥的。

现今,互补性将作为认识方法被应用在不同的科学中。[319] 在神学中[320]——在还没有现代量子论的知识时——特别在库莎·尼古拉(1401—1464)这位中世纪后期的神学家和红衣主教这里,它起着核心的作用。他的上帝论和宇宙论打下了 coincidentia oppositorum(对立面的巧合)的烙印[321]。这种认识方法[322]的出发点是,世界是由不可调和的对立构成的。但这只是由于受造物的有限性才是不可统一的。在上帝的无限性中,这些对立面巧合在一起,并达到统一。但在有限东西中,对立面的巧合意味着,无物能在中心,因为这一点只有绝对能达到(所以库莎·尼古拉早在哥白尼之前就认识到了,地球不可能是宇宙的中心!)。他的整个宇宙论都是由此展开的。在当代的生态灵性和神话中,正是库莎·尼古

---

[318] 参阅第 2.1.4 节。

[319] 参阅菲舍尔,E./Herzla,H./Reich,K. 主编的文集:《矛盾的现实性——科学和日常生活中的新思想》,慕尼黑 1992 年(一次关于互补性学术会议的论文集)。

[320] 新的贡献,例如 Heine,S.:《神人关系作为 coincidentia oppositorum(对立面的巧合)》,草稿为上面注释中提到的学术会议而写(不在文集中);Reich,K.:《宗教的和自然科学的世界图景——互补性观察方式在青春期的发展》,教学法 15(1987)332—343;Kaiser,C.:Christology and Complementarity,Religious Studies 12(1976),37—48。

[321] 库莎·尼古拉文集,德语翻译,慕尼黑 1977 年及随后几年。

[322] Flasch,K.:《库莎·尼古拉——巧合的思想》,载于 Speck,J. 主编的:《大哲学家的基本问题》,哥廷根 1978 年第 2 版,第 229 页指出:它很少是作为一种认识方法的学说。

拉被再次发现出来,这当然不是偶然的![323]

同互补性接近的是对话逻辑。赫尔曼·莱温·哥尔德施米特[324]把两个只有相合才构成整体的对立知觉的共契描绘为对话逻辑的。只要在辩证法中试图以综合来克服矛盾,矛盾就将被搁置。辩证法追求统治,而对话逻辑则要摆脱统治[325],免于矛盾地生活。尽管如此还是存在一种不可接受的矛盾:恶[326]。在我看来,在许多重要的对话逻辑中都却存在的问题是:对话中的标准从何而来,究竟哪些是善的矛盾,哪些是恶的?哥尔德施米特明确地将对话逻辑(Dialogik)和对话主义(Dialogismus)区别开来,后者以泛对话主义(Pandialogismus)为形式,"到处要同所有的人和事进行一场'对话'"[327],因此是没有约束性的。他是这样规定对话逻辑和互补性的关系的:"宇宙的互补性在于,它是否被认识到了,而在这个宇宙中的对话逻辑,则伴随着它被成功地保存的过程。"[328]

对于我们的尺度伦理学而言,相关性、互补性和对话逻辑意味着什么呢?(1)适度并非从一开始就是并一直是存在于两个极端之间的中间点。尺度被相关性、互补性和对话逻辑动态化。同世界的适度交往,并非一劳永逸地确定的。寻找尺度是一个动态过程,在此过程中不同的、常常是对立的价值相互联系,相对于不同的处境受到重视。(2)如同在自然科学的互补性中总是只有一种认识方法是有现实意义的,而其他认识方法的意义是潜在的一样,那么在有现实意义的价值和只有潜在意义的价值之间就要作出区别。潜在价值的重要性本来并不是小一些,只是当前并没有现实的意义。所以,在一个充满欲望的社会中,禁欲对于保持适度具有重要的现实价值(例如禁饮烈性酒目前就是蓝色十字架*的基础)。而纵欲只具有一种潜在的纠偏价值。在一个非常僵化的社会中,纵欲才有可能变成有利于保持适度的必要的现实价值,以便再次唤醒生命本来

---

[323] 福克斯,M.:《宇宙基督的幻景》,斯图加特 1991 年,第 186—189 页;Thiele, J.:《对大地的神秘的爱——与自然同感同思》,斯图加特 1991 年,第 130—143 页;Schupp. F.:《世界与原罪》,杜塞尔多夫 1990 年,第 389—399 页。

[324] 哥尔德施米特,H. L.: Freiheit für den Widerspruch, Schaffhausen1976。

[325] 同上书,第 196,15 页。

[326] 同上书,第 196 页。

[327] 同上书,第 199 页。

[328] 同上书,第 208 页。

* 以蓝色十字架为会徽的一个基督教戒酒协会——译者。

具有的激情力量。这种情况下禁欲就只能保持为一种可能纠偏的潜在的价值。这也同样适用于对自然的敬重:在当今这个无耻地破坏自然的时代,敬重自然和可持续性的价值又现实而明确地推向了前台。因为它与塑造和改造自然相关并有利于人类的福祉。但在处境条件下,这种价值目前必定要打入冷宫,保持为潜在的价值。这也适用于自由和团结等。
(3)相关性、互补性和对话逻辑都拒绝一切绝对主义*。凡是一种价值被绝对化之后,它就转变为自己的反面。这绝不意味着一种价值相对主义,而是意味着从一种生命关系出发持续而动态地审核和纠正(当下的价值)。

5.4　存在哪些尺度?

后12条客人守则纲要

在前12条客人守则纲要中,最重要的问题,是同环境交往"如何"可能保持适度,环境与发展如何能够统一。在下面的12条纲要中,涉及的是"什么"。什么叫作适度地生活,这要通过环境伦理学12个意义重大的基本价值来阐明。这些基本价值在本书到此为止的探究中已经在与不同原则的争论中一再地浮现出来:在几个实例中,在自然科学的和历史的部分,乃至尤其是在对当代环境伦理学中的适度品行的概观中。现在我们将把它们放在伦理学本身的原则中系统阐述。由于在环境伦理学中,如已经提起过的,价值的相关性是基本的,我就不能例证式地处理一两个基本价值,而要深入地处理一个比较大的数目,即12个基本价值。因此在某些点上不可能比提示一个问题多出许多篇幅。对于这些基本价值,环境伦理学应该在整体上从它们的网络性出发,将它们放在保持适度这一视角下加以考察。这在我看来比写作一本具体的基本价值的专著更加急迫。

[S. 295]

5.4.1　持续发展

客人守则纲要 II/1

欢迎你来到世上作客!要这样行动,使你后来的客人至少能够像你

---

* 在西文中,"绝对主义"和"极权主义"是同一个词:Absolutismus(Absolutism)——译者。

一样获得等价的生活条件。要这样行动,使得人的生活和非人的生命之多样性都具有尊严并持久地获得保障。

换一种说法

适度地行动,就是当他本人能为他人和自然的保存作出贡献时,不再强求于他人和自然。在这方面,消除不可再生资源和不能循环利用之财富的人为紧缺性,比对它们的任意使用更加重要,否则就做不到持续发展。

我们对持续发展[329]的规定是:一种持续的发展使当代人有尊严的生活成为可能,却又不威胁到未来后代和自然之生命的尊严。[330] 可持续性在当今国际上所追求的 sustainablity[331] 的意义上,对于生态的和发展政策的适度而言,是最重要的标准之一。这种持久能力不意味着停滞。增长和发展既非盯着零增长的要求,也非盯着对持久增长的呼吁,而是无论数量增长还是质量增长都要以是否能长期可承受的为尺度。例如,当出现负增长时,就不应该再伐木了。可持续性以为,我们是靠自然的"利息"而不是靠它的"资本"为生。诚然,世界银行在 1992 年里约环境与发展大会上也表达了这种看法:人类不仅靠(自然的)"利息"[332],而且也靠(它的)"资本"为生,这种看法在环境组织这里遇到了强烈的拒斥。事实上,人类靠自然的"资本"为生,例如靠化石能源。在消耗不可再生的资源时,我们总是靠"资本"为生。这简直就是不可再生性的定义。在保存当今人口数量的条件下,完全不动用自然的"资本",根本是行不通的。但

---

[329] 在布伦特兰—报道中,"sustainable development"以"持续的发展"(Dauerhafte Entwicklung)翻译为德语。在 1992 年的里约,多数人都承认了"持久的发展"(Nachhaltige Entwicklung)这个翻译。自从 1992 年里约世界"环境与发展"大会以来,出版了大量关于持久发展的文献。从上文的注释中可以完全看出这一点。

[330] 我们的定义依赖于那个布伦特兰—报道(《我们共同的未来——世界环境与发展大会的布伦特兰—报道》,Greven1987,第 46 页。也参阅第 4.9 节,注释 288 之后):"持续发展是满足当代人需要,而又没有造成风险,使未来后代不能满足他们自身的需要的那种发展。"我的定义围绕两个本质要素扩大:在"需要"这个概念背后加入了很重要的布伦特兰—报道的基本需要战略。"有尊严地生活"超越了满足(物质的)基本需要。第二点是,除了未来后代之外,自然也不仅内在地,而且也明确地包括了进来。进一步说,这是一个简单而又可用的定义:"如果一种活动是持久的(sustainable),那它就能不受限制地为所有人的实践目的而继续得到延续。"

[331] 关于可持续性的国际性的和经济学的讨论,可参阅第 4.9 节。

[332] 根据瑞士代表团成员和能源专家 Michael Kohn 对这次会议的一个口头报道。

5. 基督教环境伦理学的适度伦理纲要

伦理学所确定的目标,就是尽可能少地使用自然的"资本",通过人的智力,创造等价的替代者(Substitut),推动自然新的"资本形成"。(从现实的角度看,形成的新资本当然通常是不可能等价的,因为长时间生成的东西与短期创造的东西相比,无论在生态上还是在伦理学上,都具有更高的价值)

在上文提到的ÖRK(普世基督教教会理事会)的目标形式,几乎可以被描述为持续发展的定义:"保障有意义的发展——正如保胎学策略一样——就是要让正当的事情,以正当的尺度,在正当的时间和以正当的关系,一起达到一个正当的地方。"[333]

持续性作为价值是不能直接从自然中推导出来的。[334] 生态系统虽然是一个自然的动态平衡,但在进化的进程中也有许多物种毁灭了。自然从总体看对生命的毁灭是无所谓的。

相反,从神学—伦理学角度看,持续性尺度基于如下的价值:

(1) 持续性的义务起源于对上帝的爱,因此也是起源于对他所创造的世界的爱。人投入到一种持续发展中,就是对上帝与他的受造物立约[335]中的信义的回应。就像一个永恒的上帝之约的预兆,首先不是一种时间性的说法,而是强调保持在关系中的质一样,一种持续的发展也没有确立一种时间视野,而是指世界之质的保存,以回应上帝的行为,上帝在行为中创造和保存的是同一个东西[336]。上帝对人的双重邀请,"耕种和保存"这个园地(《摩西一经》2,15),首先要阐释为持续发展所意味的东西。

[S.297]

(2) 一种持续、持久的发展之前提是,生存是一种价值,甚至是一种最高的价值[337]。从神学上看,绝对的(不是假言的)"命令是,要有人类存

---

[333] 《圣灵在显现——1991年堪培拉普世基督教教会委员会第7届全会的官方报道》,法兰克福1991年,第68页,Nr.33。"持续的经济"(Economics of Suatainability)之目标,普世基督教教会委员会早在1979的一次关于信仰和科学的世界大会上就已经提出来了。Ökumenischer Rat der Kirchen:Faith and Science in an Unjust Wold. Report of the World Council of Churches Conference on Faith and the Future, Vol. 2 Reports and Recommendation, 125—135.

[334] 参阅第2.5节。

[335] 参阅第5.3.1节。

[336] 马丁·路德对此明确地说:"在上帝这里创造和保存的是一个相同的东西。(WA43,233,24f.)"在人这里相反,他的所有行为经常使一种活动的两个方面陷入矛盾。

[337] 鲁,H.也这样认为:《论证伦理学》,苏黎世1991年,第25页。

在(eine Menschheit sei),这就是汉斯·约纳斯对它的阐释[338],其中蕴涵的理由在于,一切生命都是一种恩典,是前定给人的。人只能进一步给予和塑造生命,但不能支配生命。[339] 这就是人是世上的客人[340]这一说法的核心。

(3)持续性基于对等的金规则,根据这种规则,我们期待别人和共同世界给予自己什么保障,我们就应该给予他们什么保障(《马太福音》7,12:你们要别人怎样待你们,你们就得怎样待别人,这是摩西律法和先知教训的真义)。因为我们自身全赖于出生在一个供给富足的生活基础的世界中,那么这样的世界也应该给其他人保存。

(4)持续性的目标建立在当代人和未来后代具有同样的权利这一价值基础上[341]。

(5)持续性不是世界在上帝之国中完成[342],却是这一完成的前提。

(6)从亚里士多德直到宗教改革家都是把保持适度置入一个稳定的秩序中。保持适度就是说在不同的处境中也要保持他的常态。[343] 如果说,稳定秩序的消退(我们却不能说崩溃)从人权这个平等权利而言是正确的话,那么今天人类呼唤的是作为整体要"保持在他的常态"。持续发展意味着,人类要保持"在他的尺度内",即人之为人的存在限度内。持续性是对生存之必要性的洞见,它是谦恭的正面表达[344]。

从经济上看,保持适度的核心是以一种知足(Genug)的经济学(对于

---

[338] 约纳斯,H.:《责任原理》,法兰克福1984年,第90页。

[339] 这也是在《旧约·创世记》中所阐述的理由,O. H. Steck 在下述原则中加以总结:"在同人的自然世界和环境的交往中,一切向人开显,成为其生命的延缓(Fristung)和喜悦的东西,首先也是他人和未来的人,包括未获生命的自然界,不破坏其生活世界前定的创世之质,其次也是为一切其他有生命的东西,把现在和未来所存在的,从耶和华所创造的生命和生命的可能性,保存在他们独立的实存权利中,最后,宰杀人以外的生命,要以基本的生命需要为限,以保卫人的肉体和生命免于危险为限。"《世界的保存——参透〈旧约〉对于一种自然的神学之意义》,载于韦德,H.主编的:《正义、和平和世界的保存》,苏黎世1990年,第39—62页。

[340] 更多的阐释请参阅第5.2节。

[341] 参阅第5.3.4节。

[342] 参阅第5.3.6节。

[343] 参阅第3.3.2,1节。

[344] 关于保持适度和谦恭的关系,皮帕,J.指出了:《规训与尺度》,慕尼黑1964年第9版,第89—96页。

5. 基督教环境伦理学的适度伦理纲要

所有人)取代一种不断增多(Immer-mehr)的经济学(为少数人)！知足者的目标不是每个人财富的最大化。㊅ 持续性必须在需求的稳定化、人口的稳定化和环境的稳定化上表现出来㊆。需求的稳定化在工业化国家中是适度的环境伦理学的一项重要任务,这些国家准备推动、兑现必要的限制。㊇ 人口的稳定化尤其是南半球国家环境伦理学的一项任务。

在有疑惑的情况下,就是说,在生态利益和经济利益之间存在冲突之处,环境的稳定化比经济发展要有优先地位。凡是一种文明化的措施对环境的影响存有疑惑之处,为了有利于可持续性要以那些对环境作出了更严重后果的预告为出发点。法律原则"为被告存疑"(in dubio pro reo)在生态学上转化为"为自然界存疑"(in dubio pro nature)㊈。

这尤其适用于可能有的不可逆的损害情况㊉。在审查这类损害时要特别重视审查可能有的生态上毁灭性的后果,它有可能超越某些生态的极限突然出现,威胁到持续发展。诚然,不可逆的损害并非是绝对禁止的。我们的尺度伦理学,强调所有价值的相关性,拒绝某种单一价值的绝对化㊊,避免不可逆的损害必定具有高的价值。这种价值有利于可持续 [S.299]

㊅ 世界银行经济学家戴利,H. 也这样认为。《持续发展:从宗教观到伦理原则再到经济政策》,联合国1992年里约热内卢普世基督教教会委员会世界大会的报告(草稿 Pkt3):"We should strive for sufficient per capita wealth (efficiently maintained and allocated, and equitably distributed) for the maximum number of people that can be sustained over time under these conditions. the goal is sufficient, not maximum, per capita wealth." Coudzwaard,B,/de Lange,H. 的看法也很类似,《既非短缺也非过剩——呼吁一种新的经济学》,慕尼黑1990年。像戴利一样,风格独特的生态学家和美国前副总统戈尔(Al Gore)也追求一种均衡经济。他像戴利一样强调宗教态度对于完成生态使命的作用(Gore,Al:《通向均衡的道路——对地球的马歇尔计划》,法兰克福1992,239ff."精神的生态学"这一章)。

㊆ 里希,A. 也是这样认为。《经济伦理学》,卷2,居特斯洛1990年,第162—168页。

㊇ Furger,F.:《基督教的社会伦理学》,斯图加特1991年,第193页。

㊈ 这是瑞士生态学内部联合会"职业行为原则"之一(Verbandsstatute Art. 24)。汉斯·约纳斯类似地谈到"in dubio pro malo":"在有疑惑的情况下,我们要假定最坏的情况"。

㊉ 米歇尔·施利特(《环境伦理学》,Paderborn1992,207)区分了"弱的不可逆"("预见在一个可望的时间之后再次可逆的")和"强的不可逆"。但我们只应该在过程中谈论不可逆性,它是不可从人这里逆反的(在由人所影响的时间视野内,最多在两三代之内)。也参阅上文第2.2.4节。

㊊ 参阅5.3.12节。

性,要纳入到成本—功效—平衡[351]中并同其他价值相关联起来。

一种长期可承受的发展,以相关的资源消耗为例,意味着:可再生的资源消耗率不可超过其再生的速度,不可再生的资源消耗率不可高到使新的发展进退维谷的地步,有害化的程度不可高过吞噬其可能性的地步。基于过去20年环境政策的经验,特别是基于上文对市场经济杠杆的评价[352],这种可持续性,只有当不可再生资源和不可循环利用的财富的人为短缺性优先地得到克服时,才是可达到的。消除这种短缺性比任意地消耗这些财富具有优先地位,否则按照当今的知识状况,一种持续的发展就不再能够被达到[353],并且因为持续性比满足非基本的需求具有优先地位。生态真理所说出的价格形态,也是保持持续性的一个重要步伐。

5.4.2 生态公正

客人守则纲要 II/2

欢迎你来到世上作客!要这样行动,使自然的资源,人的劳动和由人生产的财富这三种主人的礼物,也如同生态负担一样,能够普世地和在当代人与后代人之间公正地分配。在此公正就是,使最弱者得益最多。

换一种说法

在分配冲突中,当代人或未来的后人或非人的共同世界的基本需求,优先于当代人或未来的后人或非人的共同世界的非基本需求。对生活必需品的权利要高于发展的权利。

公正是基督教伦理学最重要的价值之一。所以它在环境伦理学中也必须起核心作用。由共同世界和人生产的财富,如同社会和经济的负担一样进行合理分配,对于与共同世界的适度交往而言是一个有意义的尺规,对于持续发展而言也是一个条件。[354] 在《圣经》经文中,特别是在先知流传物中,中庸绝不是自身的目的,作为虔敬的训练它也是无价值的。它

---

[351] 比恩巴赫,D.:《对未来后代的责任》,斯图加特1988年,第80页。

[352] 参阅第5.3.11节。

[353] 这种说法支持了 Jakob Nüesch,苏黎世瑞士联邦技术高等专科学校校长在1992年4月23日在罗马俱乐部成立20周年大会上的一个判断。

[354] 在1992年6月联合国世界环境与发展大会的"里约环境与发展宣言"中,原则5这样说:"所有国家和所有民族都应该在消除贫困这重要使命中合作,这对于持续发展是不可或缺的。"

必定是为学习公道,伸张正义服务的[355]!当公正的标准在经济伦理学[356]和发展政策伦理学[357]中占有中心位置时,它在环境伦理学中迄今却起着一种毋宁说是从属性的作用(在未来后代具有平等权利问题上除外)。但是,"为了正义、和平和世界的保存"这个普世教会纲领以及1992年里约的联合国环境与发展世界大会,都特别阐明了,与共同世界的一种适度往来,如果没有对财富和生活机会的公正分配,就根本不可能!所以,发展政策和环境政策不再能够被分开,公正的事实表现就是,今天的救助机构接近于环境协会。生态危机也是南北问题的一大部分。"所有的环境问题不仅仅涉及同整个人口关系中的自然资源的有限性,而且也涉及对它们的公平分配。"[358]

我们以资源公平分配问题为例来讨论能源消耗。整个世界大约每年需要30亿吨石油。瑞士每年大约消耗1200万吨(每人每年1吨动力油和1吨取暖油,在600多万人口的国家)[359]。如果全球所有的53亿人都像瑞士人的需求一样多的话,世界每年大约要消耗110亿吨,即几乎达到今天的4倍。我们即使忽略取暖能源,因为气候原因,南半球国家几乎很少使用,人类仅仅为了交通也要承担比现在整个石油消耗的两倍多的石油,假如要与瑞士现有的交通水平相适应的话(这还没有考虑,在瑞士有一大部分交通是电气化的公共交通,以这种灰色能源来制造交通工具在国外占了绝大部分,而且瑞士人在国外乘坐飞机和小轿车旅行的动力物质消耗还没有计算在内)。北方人以24%的世界人口,消耗了73%的世界能源,南方人以76%的世界人口,能源消耗只占了世界的27%。

这种不平等的资源消耗还在进一步扩大,只要我们不考虑瑞士国内的差别,例如有些人只使用公共交通工具,而另外一些人只使用小轿车。 [S.301]

---

[355] 《以赛亚书》1,10—17;24,1—6;32,16.《阿摩司书》,5,1ff。

[356] 例如在《反对经济中的不人道——美国天主教神甫的放牧信》,"对于所有人公正",F. Hengsbach 作的评论,弗莱堡1987年;里希,A.:《经济伦理学》,卷1,第210—221页。

[357] 特别同公正的贸易相关。参阅例如:《公正的价格?——对一种发展政策和经济伦理之问题的奠基和斟酌》,由瑞士福音教会联盟的社会伦理学研究所主编,伯尔尼1990年。

[358] 生态危机作为南北问题,亚马逊河就是实例。德国福音教会同业协会为教会发展服务而从事的一项研究。居特斯洛1991年,第63页。

[359] 瑞士统计年鉴1990年。整个欧洲的能源消耗,参阅欧洲能源报道。状况数据,欧洲能源转变战略,由弗莱堡生态研究所编,法兰克福1991,17ff。

当代人和未来后代人⁽³⁶⁰⁾同等权利的伦理标准要求,未来后代人有使用古生石化资源这种数百万年形成的能源的权利。但全世界按常规开采的石油的确切储量,按照当今的知识状况,大约在1亿2千万吨,所以按现在的消耗量也就大概只够用40年。⁽³⁶¹⁾ 如果所有人像瑞士人消耗一样多的话,那么还只有10年!所以,就石油而言,在当代人当中,一种公正的分配还远远谈不上,更别说未来的后代人了。其他的不可再生能源,像天然气、煤和铀,对于未来后代的收支平衡就要乐观一些,但分配公正在这里也还很有限。天然气按1990年的消耗量大概还够用60年,煤大概还够用270年,所以只够11代人。⁽³⁶²⁾可持续性的标准必定要求继续够用。无论如何,石化资源的可用性,从人类历史来看,只是如同火柴擦出的短暂火花,还完全忽略对气候有重大影响的二氧化碳的排放,按照现在的知识,根本不能允许在这短暂的时间内这样消耗石化能源。

看来,能源消耗的这些数据清楚地表明了,分配公正意味着同自然往来的一种尺度,就是要承认每个人都有要求同样多的(使用)不可再生的资源的权利。但这种公正概念现在在伦理上和在神学上必须得到准确的阐明。

除了资源和财富的公正分配外,劳动在全世界的公正分配,也变成了生态公正的一个先天性的问题。根据国际劳动组织ILO的一项研究表明,1994年全世界整个劳动者的30%,这就是8亿2千万人,没有充分就业!这样的一种世界经济离能够称之为人道的程度还差得很远。"给所有人以工作"⁽³⁶³⁾是公正的一个目标,诚然这一目标同时提出了这个问题:

---

⑩　参阅第5.3.4节。

⑪　Runge, H.:《石油供应和石油功用的长期视野》,能源观研究组,巴登/CH, Dok, Nr. 41/1989,8ff。1992年9月在马德里召开的第15届世界能源大会也预言石油消耗只有40年。

⑫　天然气:基本能源消耗,全世界1990年2.4百万吨SKE,世界储量143,10亿吨SKE;煤:基本能源消耗,全世界1990年3.1百万吨SKE,世界储量844,70亿吨SKE(Wold Energy Council, Moderate Secenario1989,根据Ott, G:《世界能源供应的视野,尤其是煤供应的展望》,能源观研究组,巴登/CH, Dok, Nr. 49/1991,32。与1992年马德里世界能源大会的分析类似。

⑬　这是瑞士福音教会联盟社会伦理学研究所的一项研究的题目,副标题是"持续克服失业的一种模型",由Justitia et Pax主编,伯尔尼1994年。一种新的劳动分配的总方针,鲁, H. 作了概述。《对于人的活动的一种新的时间划分的模型——克服失业的战略》,载于Würgler, H. 主编的:《劳动时间和失业》,苏黎世1994年,第135—153页。

5. 基督教环境伦理学的适度伦理纲要

劳动在全世界如何能够这样被分配,使得参与世界贸易成为可能,并同时能够减轻这种劳动分配的世界经济在生态上的负面后果。

在资源、劳动和财富的分配中,生态公正包含了三个维度:在当今生活的人们之间的公正分配;在当代人和未来的后代人们之间的公正分配;在人和非人的共同世界之间的生存机会的公正分配。如果自然界的尊严、自身价值和权利得到承认的话,就像我们在上文中所阐述的论证那样[364],那么人对共同世界的行为举止也要服从公正的要求[365]。

[S. 302]

公正意味着为所有的生物制造物种特殊、价值同样的生命关系网。在这里,演变成不平等的这样的形态:它们使最弱者获益最多,这就是说,"使受惠最少者得到最大可能的利益"[366]。以这个定义,我接受了有许多争议的、在神学伦理学中进一步得到承认的约翰·罗尔斯的公正理论[367]。罗尔斯"只"把它与人相关,其中也同未来的后代相关[368]。他从契约论的角度论证了对于未来后代"公正的储存原则"。例如,应该为后来的后代储存多少资源,对罗尔斯而言只能"从在每一代人当中受惠最少者的立场出发"来确定[369]。他合理地作了个定论:"规定出正确的储存率,是不可能的"[370],但是,只要在所有与之相应的决断上提出这个问题,究竟什么对于今人和后人是公道的,那么就已经是在导向同资源的比较适度的关系了。

罗尔斯的两个公正原则[371]也被应用到对共同世界的生态公正上来了。

---

[364] 参阅第5.3.5节。

[365] Sitter, B. 也这样认为。《该如何思考生态公正?》ZEE 31(1987),272—295,特别是272。他把基于同自然交往的古典的公正标准:禁止任意性,合理的倾听,胜任能力,允许证明,周到看管,正当防卫和金规则(283ff)改写为生态公正的标准。

[366] 罗尔斯:《正义论》(准确翻译的话应该是:《一种公正理论》——译者),法兰克福1979年,第336页。

[367] 关于争论,参阅赫费,O. 主编的:《论约翰·罗尔斯的公正理论》,法兰克福1977;鲁,H.:《公正理论》,载于 Wildermuth, A./Jäger, A.:《公正:社会伦理学的主题》,图宾根1981年,第55—69页;里希, A.:《经济伦理学》,卷1,居特斯洛1984,202f。

[368] 罗尔斯, J. 版本同前, 第319—327页。

[369] 同上书,第326页。

[370] 同上书,第320页。

[371] "第一原则:每个人对于对所有人都是同样可能的基本自由之最广泛的整体体系都有平等的权利。第二原则:社会的和经济的不平等必须具有如下属性:a. 在公正的储存原则的限制下,它必须给受惠最少的人带来最大可能的利益;b. 它必须是同职务和地位相联系的,而职务和地位是根据公平的机会平等向所有人开放的。"(此段文字直接根据德文版第336页所译,比现有中文版更准确)

在这里,不只是事情的结果而且也包括过程,都以公正原则为目标来塑造。除了公正的分配问题外,财富的公正取得也属于生态公正理论。公正的取得不仅在于"正义的传播"(特别是商业契约)和"公正的占有"(对无主的对象的获取),正如在需求理论中所表现的那样,而且,敬重共同世界的不可支配性以及对占有者持续性功利赋有义务,也是其应有之义。

现在,生态公正的关键问题是,是否应该承认非人的共同世界像人一样有同等的权利。这里,在人类中心论和生物以及生态中心论的原则之间的张力要被修复。对于汉斯·鲁而言,"一切生物从伦理上看原则上都有同等的生命权。"[372] 克劳斯·米歇尔·迈尔—阿比希从自然中心论的角度阐明了这种公正原则:"在更多情况下,平等普及之处,平等地对待,差异性尚存之处,不同地对待。"[373]因此,把所有的生物作为权利主体来对待,但按照它们的差异性区别地对待,这就是说,把猫作为猫对待,狗作为狗对待。所以,尊重物种公正的生命关系也属于作为公平的正义。[374]同迈尔—阿比希相联系,君特·阿尔特纳又深入了一步,为了保障在干预自然时尽可能地保持克制,他说:"平等比差异性更重要。"[375]再次深入一步的是保罗·泰勒,他要求给自然以补偿(Kompensationsleistungen),例如以扩大自然保护区的范围为形式。[376] 当他从生态中心论的原则出发论证这一点时,他追求的是负担和利益对所有生物的公平分配,作为从"再建的公正原则"出发对附加的损害进行补偿。[377] 伯恩哈特·伊尔刚从他的"精致的人类中心论"出发,对这种平等原则及其结论进行了猛烈的驳斥。他"否定被主张的平等……自然没有权利,也没有主体地位"。[378]

根据我的作为世上客人的假定,一切生物的平等是天赋的(Geborenwerden),因此在于由创世主所恩典的一切生命所具有的恩典特征。由此

---

[372] 鲁,H.:《论证伦理学》,苏黎世 1991 年,版本同前,第 20 页。

[373] 迈尔—阿比希,K. M.:《为自然起义——从环境到共同世界》,慕尼黑 1990 年,第 48—49 页。

[374] 《关注异化物种的基因技术干预也是强调这种物种公正》,载于:《与世界一致——关注基因技术对伦理判断形成的贡献》。

[375] 阿尔特纳,G.:《自然被遗忘》,达姆斯达特 1991 年,第 223 页。

[376] 泰勒,P.:《敬重自然——环境伦理学理论》,普林斯顿 1989 年第 2 版,第 291 之后几页,第 304 页。

[377] 同上书,第 304 页之后,也参阅 4.8.3 节。

[378] 伊尔刚,B.:《基督教的环境伦理学》,慕尼黑 1992 年,第 86 页。

5. 基督教环境伦理学的适度伦理纲要

产生不可支配性的结果。从人的形态委托中(《摩西一经》2,15)产生的可支配性,与之相应都是有限的,并且总是处在原则上不可支配性的预兆之下。因为人是客人,自然的财富只是租借给他的,他是受邀来合理使用的并要同人、未来的人和所有生物分享的。在这里这个原则是适用的,同样的东西要同等对待,不同的东西要不同地对待。

公正(希伯来语的 zedaka)按照《旧约》的解释意味着尊重律法,它是由上帝通过他与世界的立约承诺给人(作为人权),给共同世界的(作为自然的权利)。公正是世界秩序的总体。[79] 它是使生活成为可能的世界秩序的表达[80],可见于神谕(Tora)的神律[81]。它接近于《旧约》对和平(希伯来文的 schalom)的理解,正如我们随后将要看到的那样,和平也就是这种广泛的秩序的表达。所以,《诗篇》的作者说,"正义与和平相互拥抱"(《诗篇》85,11*)。先知们对正义与和平[82]附加了激情的表达,上帝本身要以激情实现正义与和平。

[S.304]

基督教的正义观超出了《旧约》的视野,比之深入了一步。这种"更好的公正",特别是在耶稣登山宝训[83]和保罗信徒的恩典神学[84]中得到表达的,是上帝完满丰盈和爱的表达。你们要别人怎样待你们,你们就该怎样待别人(《马太福音》7,12)这个金规则,虽然还是进一步有效的,但已经有了更高的价值。不过,新的正义行善没有限制,超出了所描述的正义之外,也对所有不"值得"公正对待的人行公正。爱敌人(《马太福音》5,43ff.)是对此最清楚的表达。行动的尺度不是值得做,而是有必要做,是急迫和需要,就像在葡萄园工人的比喻(《马太福音》20,1—16)中所表达

---

[79] 林克也这样认为,《创世》,卷 2,居特斯洛 1991 年,第 365、370—371 页。

[80] 施密特,H. H.:《公正作为世界秩序》,图宾根 1968 年。

[81] 参阅上文第 3.21. 节。

* 正确的出处应该是《诗篇》85,10——译者。

[82] Spieckermann,H.:《在先知的预告中的正义和和平》,载于:韦德,H. 主编的《正义、和平和世界的保存》,苏黎世 1990 年,第 13—17 页。

[83] 韦德,H.:《"更好的公正"作为人为人处事的原则》,载于他自己主编的《正义、和平和世界的保存》,版本同上,第 63—79 页;Lutz, U.:《根据马太的福音》(《马太福音》1—7)EKK,卷 I/1,苏黎世/Neukirchen-Uluyu,1985 年,第 244—353 页;Stuhlmacher,P.:《耶稣宣教中的新的正义》,在他本人主编的:《和好、律法和正义》,哥廷根 1981 年,第 43—65 页;司徒博,Ch.:《调解和旗帜鲜明》,苏黎世 1988 年,第 380—383 页。

[84] Stuhlmacher,P.:《保罗使徒的正义观》,载于他本人主编的《和好、律法和正义》,版本同前,第 87—116 页。

的那样,初看一眼觉得不公正,但却奠定了一种《新约》的"经济伦理学"的基础。弱者是正义的尺度。对于最弱者得益最多的,就是公正的。罗尔斯的第二个公正原则就是接受了这个视野。《新约》的正义思想是从他者,特别是从牺牲者这里入思的。这种更好的正义是创造性的,因为它突破固定的处境。例如,它使第三世界债台高筑的怪圈,西方环境破坏的一个本质要素,通过一种"创造性的减免债务"得以可能被打破。[85] 如果按照这样一种新的正义,节食者有幸被赞美,就像在登山宝训的第四个称福那样(《马太福音》5,6),那么在这里,人间正义如同生态正义,所表达的就是人与自然的和好。没有这个"更好的公正"非同寻常的进步,与共同世界的适度往来在当今就不能被达到。

在大量的分配冲突中,对于社会和生态的公正而言,生存的必需利益和非必需利益的区分是必要的,例如保罗·泰勒在他的环境伦理学中所阐述的那样[86],汉斯·鲁和阿尔特纳等人也都接受了这种区分。与之相应,在本节的开头已经提到的公正原则可以这样来阐述:在分配冲突中,今人和未来后人或者非人的共同世界的基本需求,相比于今人和未来后人或者非人的共同世界的非基本需求,具有优先地位。对生命必需品的权利高于生命发展的权利。

这个原则现在要同上述原则:相同的东西应该同等对待,不同的东西应该不同地对待,联系起来。这导致——也在所有生物都有原则上平等的生命权这里——同与生物有机体的等级相适应的保护措施的等级秩序相冲突[87]。所以,生态公正原则可以这样来进一步阐述:在今人或者未来后人或者非人的共同世界之间的分配冲突中,在所涉及的所有相关者必需的生存需求中,当代人比未来后代有优先地位,人比非人的共同世界有优先地位。物种的幸存比个体的幸存有优先地位。[88] 这些原则对实践的影响在这里不能展开。它们的应用,例如在实例中所提到的资金分配的冲突中[89],可以找得到,只要它涉及的问题是,究竟资金更应该投入到保护快要饿死的人还是更应该投入到保护一种动物物种。

---

⑧⑤ 参阅彼得,H.-B./Roulin, A./Schmid, D./Villet, M.:《创造性的减免债务——瑞士福音教会联盟的社会伦理学研究所30篇讨论报告》,伯尔尼1990年。

⑧⑥ 参阅上文第4.8.3节。

⑧⑦ 阿尔特纳也这样认为。《自然被遗忘》,达姆斯达特1991年,第223页之后。

⑧⑧ 对后一句下文第5.4.11节有更多的论述。

⑧⑨ 上文第1.3节。

5.4.3 通过自制而自由

客人守则纲要 II/3

欢迎你来到世上作客！上帝送给你和整个世界以自由。如果你尊重生活秩序的限度，你将免于被迫毁灭，免于贪欲并自由地以爱同世界往来。

换一种说法

自制是负责任地自由交往的标志。它从作为一种无度之源的贪欲中解放出来。它从求知欲中解放出来并导致负责任的研究自由。所有自由的尺度就是爱和共同生活。

伦理学的一个基本主题是行动出于自由。环境伦理学的基本问题就是：人的自由的何种尺度有助于人的福祉同时有助于共同世界的福祉？自由何时导致破坏性的无度，保持适度何时导致不自由？自由从神学看是非常核心的价值，从环境伦理学看是一个充满矛盾的价值。例如限制人口迁移作为对自由的限制，就否定了这一种价值，而对于另一些人而言，由于限制人口迁移而减少了噪音或者空气的污染而获得了自由。对于谁和为了什么需要多少自由以及何种自由？这是一个问题，⑩在这里只能对保持适度和自由的关系作一点神学上的提示，以贪欲和自由为例来解说。

自由是造物主⑪给人这个他的肖似者的礼物，是主人给他的客人们的礼物。上帝送给受造者的礼物是在秩序中的自由⑫。对不必要东西的渴望，对过剩和对越界的渴望似乎是自由的总体和人的存在的标志。不过，根据基督教的看法，人对上帝自由礼物的恰当的回应是保持适度和自制（作为完全负责任地与自由往来的表达）。上帝本身证明了他的自由在于他的自制：他的任意受着他的自然规律的约束，更清楚地说，受着开放系统的进化动力学的约束⑬。他出于宇宙的内在丰富而把生命限制（按照当今的知识状况）在行星地球上，他甚至将自身束缚于一个具体的

[S. 306]

---

⑩ 对于不同的自由观，更多地参阅司徒博，Ch.：《启动一种合乎人道的增长》，苏黎世 1982 年第 3 版，第 30—40 页；返回到自由。

⑪ 详细的论述在 Bieler, M.：《自由作为礼物——一种生态神学的规划》，弗莱堡 1991 年。在 Bieler 看来，自由是所创造的存在的基础，不只是神人之间关系的基础。

⑫ 参阅第 5.3.7 节关于游戏。

⑬ 也参阅第 2.2.1 节论进化和自由。

人,通过拿撒勒的耶稣而肉身化!这种出于自由的神的自制在耶稣对于仇敌之引诱的反应中永恒而有效地得到表达(《马太福音》4,1—11)。[394]这对于社会伦理学家沃尔夫冈·胡伯尔是可以同意的,因为他写道:"自制不是人的自由的对立面,而是它的表达。自由恰恰表现在,人将他对自身生命的兴趣同对陌生生命的兴趣联系在一起,使得他自身生命利益的贯彻要局限于对陌生生命的尊重。"[395]自由绝非无所限制,相反,它的限制在于对整个世界的责任以及共同体所确立的框架条件,这不仅在绿色阵营,而且在生态自由主义中当今都获得了清楚的认识。自由的局限在于,它破坏其自身的前提。在一个被破坏了的自然中,自由是不可能的。

但这种通过适度的自由,现在一再地受到了无度的威胁。当增长变成强迫性增长时,自由就被放弃了。凡是适度的享乐变成无度的贪欲,自由就遭受了威胁。所以,基督教的自由首先就叫做是从这种强迫中挣脱出来而自由的:从许多外在压迫(特别是在《旧约》的出埃及记传统中)的强制中解放出来,也如同从罪(特别是在《新约》中,例如《罗马书》6,12之后)和从嗜欲中解放出来。这种无所欲求、泰然自若的自制形象地在(《诗篇》31,1)表达出来:"我并不回避在我看来崇高而神奇的事物,我已让我的心灵寂静和安宁……如同一个已经断奶了的人(Entwöhnter)!"*

不过,如何能够让心灵寂静呢?尼加拉瓜的神秘主义者和政治家埃纳斯托·卡德纳尔给出了一个答案:"对于所有不相信永恒生命的人而言,喜悦和满足都悲伤,因为他们的生命只有一次,有尽头。只有那些把希望建立在永恒性上的人,才能由衷地享受尘世的欢乐,因为他在他们中看到了一种他所期待的喜悦的宣示。他喜悦,尘世的欢乐都是转瞬即逝,即刻终止的,因为他所追求的正在到来。"[396]卡德纳尔以这篇文章不是呼吁遁世并想把彼岸信仰作为在此苦海中承担生命重负的鸦片。非也,对永恒生命中完满[397]的希望恰恰导致热烈的生命,并使在此岸中泰然自若

---

[394] 参阅第 3.2.2 节论耶稣的保持适度。

[395] 胡伯尔,W.:《自制出于自由——论技术时代的伦理学基本问题》,《福音神学》52(1992),第 2 册,第 128—146(137)页。也参阅上文第 4.2.3 节。

* 在《诗篇》31 没有发现这段引文——译者。

[396] 卡德纳尔,E.:《爱之书》,汉堡 1972 年,第 86 页。

[397] 这个概念在这里可以从神学上理解为完全分享到在第 5.1 节所描写的上帝的丰盈。

和充满敬重地保持适度和放松成为可能。贪欲是无度之源[398]，也是与自然交往无度的根源。克服贪欲是一切宗教的目标[399]。这也是环境伦理学的核心任务，正如卡德纳尔所述："只有不贪心，了无牵挂，我们才能拥有万物……拥有上帝就叫做把自身从万物中解脱出来。把自身从万物中解脱出来，叫做拥抱上帝。"[400]因此埃纳斯托·卡德纳尔接受了保罗"实有并不比似有更好"（haben als hätte man nicht）所指的意思。同世界及其财富的适度交往，要以末世论的态度取得。放弃能够获得从贪欲中的解脱和自制的自由。生活的享受因此绝不能以一种禁欲伦理来禁止或者败兴，但它将在真正生命和整个世界的意义和目的这一宽阔视野中得到探究。这样一来，环境伦理学就不只是强调必须急剧地减少能源消耗这一使命。它也必须干脆地提出意义问题：我们这样做究竟是为了什么，究竟是为了达到哪些价值？这同样是重要的。只要我们能够从对自身的灵魂救赎和自身的身体舒适的持续不断的操心中解脱出来，放弃这样的视域而关注到意义的创立，因此关注到上帝之国及其自由，保持适度就将是可能的了。只有这样我们才最终解决了价值冲突，正如我们在交通业的实例中所提到了那样[401]，保罗诚然也指出了这一点，因为他给罗马人这样写道："上帝之国不在吃喝中，而在正义、和平和圣灵的喜悦中（《罗马书》14，17）。"

当然，克服贪欲不可能只是通过个体的信仰做到！它也需要"结构的转变"，因为在当今的世界经济中，对增长带有其内在的强迫，使得（要短期兑现的[402]）贪欲在结构上制度化了。它已经是当代经济秩序的一个

---

[398] 万恶之源是贪财（《提摩太前书》6,10）。Philargyria 也可用贪欲（Habgier）、贪婪（Geiz）和贪钱（Geldgier）来翻译。

[399] 8大宗教和贪欲的关系在国际 WWF 的 The New Road, Nr. 22/1992 上的一篇标题为 "Focus on Greed" 中作了阐释。

[400] 卡德纳尔，E.：《爱之书》，版本同前，第65—66页。

[401] 第1.3.1节。

[402] 对消费行为的研究表明，消费者，特别是所谓的低层次的消费，都是顾及当下非常短视而作出的决定。参阅 Wiswede, G.：《消费行为的社会学》，斯图加特 1972，147ff；Bovay, C. et al.：《日常的能源——消费行为的社会学和伦理学的方面》，苏黎世1989年，第102—103页，从家政方面给出了能源消费的一种社会学的分析："被询问的多数人都是基于短期的或者非常短期的考虑。日常生活的未来视野划分为三种时间：天、周、月。"多数消费行为都以月来制定家政开销。大多数企业的业务政策在竞争的压力下，也越来越短期化，因此同长期可持续性的标准相矛盾。

动力。

要达到"免于什么的自由"(feiwerden von)结果,就要"为了什么而自由"(freiwerden zu)去做,这就是为了爱。自由的尺度是爱和共同生活!欧洲福音教会的共同认识是:"自由不只是同爱'可统一',它就是爱。自由生长在共同体中,首先生长在让我们回想到我们的责任的具有奉献精神的共同体中。自由在致力于与世界的和谐中生长。"[403]特别是在保罗那里,自由只有在爱中才是可思议的(《加拉太书》5,13)。只要自由不是从共同体中产生并通向共同体,它就是无度的(《哥林多前书》8 和 12,23ff)。[404] 所以,如同保持适度是由保持在同三位一体的上帝,人和同共同世界的关系中一样[405],自由的尺度也要每次从这种关系中来寻找。这样一来,意志自由不再以人们所实行的自律的度来衡量,而是以人们所经历的共同体和参与度来衡量!

这种"免于什么的自由"(frei von)和"为了什么的自由"(frei zu)如何可能,在纲要5.3节已经做了扼要概述。在这里只需要再次回忆起末世论的和普纽玛学的维度。自制的自由可以理解为造物主上帝之灵的作品,理解为一个新的世界之启动的标志。不是每种自由,但这种自由不再属于旧的世界,而是解放整个世界的新的创世之开始。[406]

根据基督教的观念,自由和保持适度的不可化解的联系,在科研自由[407]这个实例中可以具体化:环境伦理问题在今天特别是在科学研究迅速地推进到受造物的整个生活领域而提出来的。基督教本质上有助于给

---

[403] 欧洲福音会议"基督教对于欧洲的责任",1992年3月24—30日。教会的总结报告 V(负责任的生活方式),Pkt. IId,载于:epd-Dokumentation17/1992,29。

[404] 参阅上文3.2.4:保罗。

[405] 参阅上文第5.3.1—5节。

[406] 基督教自由的末世论维度,同 NT(《新约》?)的环境相冲突,Vollenweider,S.细致地作了指明:《自由作为新的创世——对在保罗那里及其环境中的 Eleutheria 之研究》,哥廷根1989年,特别是第375页之后:自由作为世界的希望(借助于《罗马书》8)。

[407] 由于文献太多,特别是同基因过程和环境问题相关的文献太多,三本文集是大有帮助的:Holzhey, H./Jauch U./Würgler, H. 主编的:《科研自由——现代科学的伦理和政治问题》,苏黎世1991年;Müller, H.-P.(主编):《知识作为责任》,斯图加特1991年;Shea, W./Sitter, B.(eds.):Scientists and their Responsibility, Nantucket/Ma, USA,1989;进一步可参阅:Peter, H.-B.:《科学中的自由和责任》,对四家瑞士科学院的一次专题讨论会的报道和评论,1991年;Steigleder, K./Mieth, D. 主编的:《科学中的伦理学》,图宾根1990年。

5. 基督教环境伦理学的适度伦理纲要

予人们对世界的研究自由,这是科学研究的前提条件[408]。不过,从扼要概述的《圣经》对自制的自由的理解出发,今天应该如何评价科研自由呢?

[S.309]

科研单凭定义看包含了一种可能性,就是发现新的东西,从这个新的发现出发并不能确定,在其应用中是否在伦理上是善的还是邪恶的。所以,许多科研在伦理上是充满矛盾的[409]。它们的成果既可被用于促进生命,也可被用于摧毁生命。科研可以带来知识的增长,它需要一个大的自由游戏空间。但由于迄今所述的每种自由都必须受到限制,科研的自由也不可能是绝对的。那么尺度在哪里?

为了作为人能够在世上适度地行动,行动的结果能够得到评价,需要大量生态学上合规律性的知识和生态学限度的知识。所以,为了普遍地促进有人格尊严的生活,对于科学创造因此也对于科研存在一种道德义务[410]。

但是,知识追求能够变成自身目的或者转变为求知欲。这种求知欲与保持适度是矛盾的,就像占有欲或者其他的欲望形式与保持适度相矛盾一样。保持适应的知识追求,例如在奥古斯丁和托马斯·封·阿奎那那里,就已经属于古典的节制德性了[411]!也包括欲望的节制,克制研究者的冲动(人们甚至不是偶然地谈到冲动),意味着出于责任地自我限制研究的自由。求知欲需要设定界限的智慧——而且显然不只是在应用的研究中,而且也在基础研究中都需要这样,因为"近代的知识形态同它的现

---

[408] 物理学家 Thürkauf, M. 也持这种看法。《对技术可能性的无度应用的思考》,载于 Bremi, W.:《纵欲、尺度、禁欲》,巴塞尔 1967 年,第 23—38 页。自然科学的研究在宗教改革家们那里作出了非常正面的评价(参阅第 3.3.2 节)。在整个欧洲具有重要影响的瑞士宗教改革家海恩里希·布林格这样写道:"最贤明的天主喜欢不断创造的人,并把天国丰富的礼物配备于人,好让他们在研究中去发现造化和自然的奥秘。"(布林格, H.: Dekaden, 4. Dekade, 4. Predigt, Zürich 1550. 转引自 Büsser, F.:《自然之书》, Stäfa 1990, 70)。自然研究在近代与基督教完全能够和平相处。

[409] Wolters, G. 也这样认为。《出于伦理的原因限制科研自由?》,载于 Holzhey, H./Jauch U./Würgler, H. 主编的:《科研自由——现代科学的伦理和政治问题》,苏黎世 1991 年,第 199—214 页。

[410] 约纳斯, H.:《责任原理》,法兰克福 1984 年,第 61 页之后。施利特, M. 也持这种看法。《环境伦理学》,Paderborn 1992 年,第 185—187 页。

[411] 奥古斯丁谈到过认识和经验的欲望(《忏悔录》10,35),托马斯·封·阿奎那谈到 curiositas(无度的知识追求,过剩的好奇心)应该通过适度的知识追求(studiositas)来约束(《神学大全》,例如 II/II, 166, 2ad3)。参阅 Pieper, J. 对托马斯的阐释:《规训与尺度——论四主德》,慕尼黑 1939 年,第 104—111 页。

实应用是不可分离的"⑫。事实上,在原则上非常正面的研究自由背后,不仅存在着高贵的动机,为了人类和自然的福祉而从事研究,而且同样也存在着,研究者个人的虚荣心,为了例行公事或者为投入的资金和时间而从事研究,无指望的科研欠账也表现了出来。⑬

[S.310] 现今已经有了从道德上证成的对科研自由的限制。有些人体实验毋庸置疑地被禁止,科学上的动物实验也原则上有了限制。对于服务于爱和共同体的适度的科研自由,可以在以下三个层面上加以调节并加强调节:

——具体的科学家要反思其研究的伦理内涵,在职业誓言的框架内(不同科学中的"希波克拉底誓言")形成自己的义务,研究要以服务于生活为动力,放弃对人和环境可能造成损害的研究。"具体的科学家不能忽视这种知识,他的研究原则是有局限的。"⑭ 这种个体伦理的萌芽是必要的,但从动力学,特别是私人的科学研究出发,很快就遇到了局限。

——科学的共同体或者说科学领域通过伦理委员会、伦理条规等确立框架条件,就像许多地方已经存在的那样,但常常还很少被把握到。

——国家的科研政策和科研法律⑮要以民主形式大力降低科研规划的目标值,例如,科研要服务于与共同世界的无强暴的往来⑯,确立优先规则,对于特定的领域,甚至一些科研欠账,要规定一个时间上的研究期限,到时就终止。把科研的目标定向(Finalisierung)到为促进生命之目的

---

⑫ 皮希特,G.:《自然的概念及其历史》,斯图加特1989年,第9—10页。

⑬ 苏黎世的社会心理学家 Gutscher,H. 也对此进行了责备:《求知欲? 投资! 职业! 例行公事! 虚荣心!》,载于:Holzhey,H./Jauch U./Würgler, H. 主编的:《科研自由——现代科学的伦理和政治问题》,苏黎世1991年,第79—84页。

⑭ 鲁,H. 这样认为:《为了把握生命的自由和限制》,载于《干预人的生命和环境的限度》,由瑞士科学咨询委员会主编,副刊33/1986,20—33(30)。

⑮ 瑞士联邦科学和研究小组主任谈到了"对科研自由的某些忧虑":Ursprung, H.:《瑞士的科研政策和科研自由》,载于 Holzhey, H./Jauch U./Würgler, H. 主编的:《科研自由——现代科学的伦理和政治问题》,苏黎世1991年,第145—155(155)页。与之相反,伯尔尼的宪法学家沙拉丁,P. 则呼吁自然的权利以及对有特别风险的科研成果要有交流信息的义务:Should Society Make Laws Governing Scientific Research? in: Shea, W./Sitter, B(eds.):Scientists and theirs Responsibility, Nantucket/Ma, USA1989.

⑯ 迈尔—阿比希,K. M.:《通向与自然和平之路》,慕尼黑1984年,第220—244页:论学术自由的合理使用。

上来,(在基础研究中)自然是很有争议的。尽管它很难实现,但从保持适度的伦理来看,还是很有必要的,科研因此不是统治性的知识,而是产生服务性的知识。科研欠账是否还能影响到发展过程,诚然是有疑问的。欠账延期(就是同意从最早在资金上设卡过渡到实际上可以延期完成)实际上的不可能性,不是根本上质疑了自制的自由伦理吗?

5.4.4 为了人与环境的和平

客人守则纲要 II/4

欢迎你来到世上作客!对人的行动如同对环境的行动一样要尽可能地免于强暴。

换一种说法

[S. 311]

没有人类中的和平,就没有与自然的和平。没有与自然的和平,就没有人类中的和平[417]。

西欧每年的石油消耗占世界的 20%,但只占世界储量的 1.5%;美国消耗世界石油的 25%,占世界储量的 3% 少一点。原材料在今天就是社会的生活水平。所以通常作为和平使者的著名前美国总统吉米·卡特1980 年甚至宣布:"每个试图取得一个陌生的市场、控制波斯湾的人,都将被视为对美国生存利益的侵略。对于这样一种试图应该以一切可用的手段予以打击,包括军事手段。"[418] 1990 年伊拉克独裁者萨达姆·侯赛因占领科威特,就是一个这样(不合法的)取得"陌生市场的尝试",美国伙同海湾其他国家于 1991 年从自身利益出发,采用了同样不合法的手段,对之予以强大打击。

未来的和平还将更多地受到因极不公平分配并因此变得十分短缺的原材料——石油、铀、水、铜都只是例子——的分配斗争的威胁。由于环境逃离者产生的紧张也越来越威胁到某些地区的和平。[419]

所以生态伦理学也必须永远是和平伦理学。和平像持续性、自由和公正一样,是一种同世界适度交往的标准。一种以暴力取得和保障的生

---

[417] 转引自魏茨泽克,C. F. von. 的《时间紧迫》,慕尼黑 1986 年,第 116 页。

[418] 吉米·卡特 1980 年元月 23 日的国情咨文。

[419] 国际研究项目 ENCOP(发展和冲突项目)在瑞士和平基金会的领导下提供了非常广泛的实证研究。生态上的国际冲突和解决建议的实例可参阅 Bächler, G. 等人的《环境破坏:战争还是议和? 国际系统中的生态冲突和和平解决的可能性》,明斯特 1993 年。

活方式不是适度的。对自然的剥削虽然也能提高一部分人的福利,但这种福利对于分享它的人而言,在短期和中期都是非常紧张的,因此影响到和平开采! 而对自然的破坏长期地、极大地威胁着与自然的和平以及人类中的和平。普世基督教教会为了正义、和平和世界的保存自 20 世纪 80 年代中期以来⑳就着重指出这三个基本价值的内在的、不可分解的关系,使得它在这里不必再重复说一遍。㉑ 上述纲要卡尔·弗里德里希·魏茨泽克也是出于这一语境:没有人类中的和平,就没有与自然的和平。没有与自然的和平,也就没有人类中的和平。在《旧约》的和平概念中,schalom 就是包含正义、福利、自由的统一乃至同上帝、人和自然的和好。㉒

与共同世界尽可能免于强暴地交往是一种生态的尺度,是保持适度的表达! 在几乎所有宗教的圣典中,免于强暴都是一种很高的价值。它既适用于人,也适用于其他生物。㉓(实践与我们所知的一点都不矛盾)。在印度教、佛教当中,免于强暴就是不杀生(ahimsa),在道教中就是无欲无为,在基督教中就是登山宝训的谦卑(praytes)(《马太福音》5.5)㉔。

对人或者共同世界的暴力,如果是作为正当防卫或者为了给自身的生存提供安全保障(动物和植物作为给人提供营养),可能是有必要的。但保持适度之伦理的目标是免于暴力。它适合于客人存在,因为一个客人对供他使用的东西没有支配权(以暴力/强权来支配/占有的情况,我们已经说过了)。

---

⑳ 这个纲领是在 1983 年温哥华的普世基督教教会委员会第 7 届全会上决定的。

㉑ 例如杜赫罗,U./利德克,G.:《和平,世界的解放,对人公正,对人民和平》,斯图加特 1987 年;《以公正促和平——1989 年巴塞尔欧洲基督教大会的官方文献》,巴塞尔 1989 年;《正义,和平和世界的整合》,The Ecumenical Review 38(1986),Nr. 3.

㉒ 参阅施密特,H. H.:《schalom。古老的东方和〈旧约〉中的"和平"》,斯图加特 1971 年;施密特,H. -P.:《Schalom:希伯来—基督教的挑衅》,载于:Bahr,H. -E. 主编的:《世界和平与革命》,法兰克福 1970 年,第 131—167 页。

㉓ 也请参阅第 4.7 节。

㉔ Spiegel,E.:《放弃暴力——〈圣经〉和平神学的基础》,Kassel 1987 年;Lienemann,W.:《暴力和放弃暴力——当代暴力感的西方前史研究》,慕尼黑 1982 年,第 29—98 页。在这两个根源性的研究中都缺乏对自然免于强暴这个维度,普世宗教的代表人物对于宗教对世界和平的评价,载于:昆,H./Kuschel,K.:《通过宗教和平达到世界和平》,慕尼黑 1993 年。

对自然强暴的一个具体尺度是我们的能源预算。克劳斯·米歇尔·迈尔—阿比希和乌尔里希·杜赫罗/格哈德·利德克已经指出了这一点。[425] 能源因人引起的代谢越多，那么能源在太阳能流域内释放得也就越多，对外于人的世界的强暴也就发生得越多。因此，强暴是可度量的。这种说法同时表明，我们的生活不能完全免于对自然的强暴，但我们能通过合理的能源使用减少对自然的强暴。因此在我们的研究中，第一个实例[426]所列举的对交通的可负责任的尺度问题在这个能源尺度上是可以衡量的。这就清楚了，我们通过交通，对自然的强暴究竟有多强烈。不辞劳苦地通过急剧减少能源代谢达到与自然的和平，现在同时也要与费力达到人类当中的和平联系起来。[427] 所以，用辅助能源的飞机在饥荒领域比节省能源具有优先地位，因为人的生存（根据上一节的公正的优先规则）比自然的基本需求有优先地位。相反，节省能源优先于大多数休闲飞行，因为在这里自然物种的生存受到了能源消耗和代谢的威胁，后者是由人的非基本需求引起的。经济上的强求，可以称作是不断增加的休闲飞行的必然原因，由于生态优先与经济，很少有伦理上的依据。

但现在，一种尽可能免于强暴的与自然交往的尺度，也像其他的尺度一样，不是一劳永逸地能确定的。具体的准则都要出于处境分析和出于与上帝、同人和共同世界的有生联系，与处境相关地加以规定。《圣经》上人与自然末世和好的希望图景[428]也能提供这种定向，和平在此和好中达致完成。

[S.313]

5.4.5 造物主和受造物的美

客人守则纲要 II/5

欢迎你来到世上作客！请你喜爱受造物的美。它是上帝之美的表征。要这样对待受造物，使得这种美永久保存，并且保存在它受到损害并

---

[425] 迈尔—阿比希，K.M.：《自然和历史》，载于《现代社会中的基督教信仰》，卷3，弗莱堡1981年，第159—202(192)页；杜赫罗，U/利德克，G.《和平》，版本同前，第72—80页。

[426] 参阅第1.3.1节。

[427] 根据5.3.12节的相关性标准。

[428] 《以赛亚书》11,6—9；65,25；《何西阿书》2,21f；《哥林多后书》5,19；《歌罗西书》1,20。

重新获得的地方。

换一种说法

受造物的美是人类生活的必要部分。它调节喜爱和感官,增强对环境的敬畏。保护和促进环境的美,属于对环境的适度塑造。

尺度既是一个伦理的概念,也是一个美学的概念[429]。我们已经在比例学上遇到了美的维度[430]。保持适度的德性(temperantia)被特别赋予给了美[431]。美对于当今的一种适度伦理究竟具有何种意义?自然之保存的一种尺度在于其美吗?

美的标准在生态神学和伦理学中越来越经常地浮现出来。[432] 根据环境哲学家霍尔姆斯·罗尔斯顿的标准,保持适度应该这样而定吗:"自然的一个部分越美,就越不应该被改变?"[433]在这里诚然出现了许多问题:对美的感知是很不相同的。什么是美?从生态神学的角度美是如何得到评价的?也有这种可能性,人通过他的作为共同造物主的行动使世界得到美化吗?

[S.314] 世界的美从神学上看,是奠基于上帝之美并且以上帝之美为旨归的[434]!上帝的美——在这里必须满足于作两点提示——从《圣经》上看是同上帝的"荣耀"连在一起的。在《旧约》中 kabod Jahwe[435] 是对上帝宏伟而权威的作用力的表达[434],是对他的威严、壮丽、荣耀、辉煌的表达。从他的魅

---

[429] 参阅 Rücker, H.:《尺度作为美学的概念, 词条》,《哲学的历史词典》,卷5,巴塞尔1980年,Sp.814—822;Ottmann,H.:《尺度作为伦理的概念》,同上,第807—814页。

[430] 第2.3.5节:人的身体的比例作为尺度。

[431] 托马斯·封·阿奎那:《神学大全》,II/II,q141.2:"尽管每个德性都是美的,但美尤其是赋予给保持适度之德性的。"

[432] 例如在克里斯蒂安·林克、马修·福克斯、马蒂亚斯·蔡恩德勒、米歇尔·施利特、君特·阿尔特纳、霍尔姆斯·罗尔斯顿那里。

[433] 罗尔斯顿,H.:《环境伦理学》,Philadelphia1988年,第305页。

[434] 蔡恩德勒,M.对上帝和美作出了一个新的、好的概述。《上帝和美——对美的神学之研究》,哥廷根1993年,附有丰富的文献资料;Moltmann-Wendel, E.:《上帝的喜乐在我们》,Schritte ins Offene Nr.6/1992(这一册的题目是"美的尺度"!)13—17;Bohren,R.:《上帝变美了——作为神学美学的实践神学》,慕尼黑1975年。

[435] 参阅蔡恩德勒,M.:《上帝和美》,版本同前,第 II 部分,B.2.1;Westermann,C.:kabod词条,THAT I,794—812;同一作者的:《旧约中的美》,载于他的:《旧约研究成果集》,慕尼黑1984年。

[436] "kabod(荣耀的)上帝发出雷响。"(《诗篇》29,3)

力中放射出的"令人倾倒的"美在上主显圣中,作为云彩、光芒、闪电、火光表现出来。它们都是上主美的表现方式(例如《诗篇》97)。"华丽和尊贵是你的衣裳"让耶和华(Jahwe)诗篇作者赞赏不已。在 kabod Jahwe 这里听出了《旧约》主神的标志。上帝的美经常具有一种末世论的维度,例如作为光显现:"起来吧,太阳将要发光!因为你的光到来,上主的荣光照耀到你的身上(《以赛亚书》60,1;58,8)。" Kabid Jahwe 不是简单地指对上帝美丽面目的审美欣赏——在《旧约》意义上,上帝的美丽面目因其不可接近性,是根本不可能被"看见"的——而是唤起对上帝的惊异地敬畏、崇拜和赞美。Kabod Jahwe 指的是上帝的美,但还有很多。语言在赞美中能够临近其限度!

在《新约》中,doxa theou,即上帝的荣耀,起源于 kabod Jahwe。[437] 通过它基督死而复生(《罗马书》6,4),荣耀从而转到作为"荣耀之主"(《哥林多前书》2,8)的基督身上。荣耀再次具有末世论维度并在保罗那里被描绘为复活者的未来生存(《罗马书》5,2;8,17)。这种生存现在就已经是可感的了:"我们看见了他的荣耀。"(《约翰福音》1,14;另一处在保罗那里《哥林多后书》3,7 之后)在说到上帝之美的地方,在《新约》中无不是崇拜和赞美,即 Doxologie(赞美诗)。

在正教传统中,上帝之美过去和现在都有特别的意义,与此相关对于环境伦理学也还是能够产生丰富价值的。在上帝的美和恩赐之间存在一种关联,它在受造物受恩赐的福中反映出来:"上帝的美是喜悦的美,赐福的美,造福的美。"[438]东正教在这种神的形象中赞美整个宇宙向着上帝的荣耀和美变化。

对于信仰者而言,受造物的美是对上帝之美的一种反映。特别是对于生态神秘主义者,如希德嘉·封·宾根—但也受到了加尔文的影响[439]—,卡尔·巴特和当今的生态灵性学说的代表人物如马修·福克斯, [S. 315]

---

[437] 参阅 Kittel, G.:《doxa 词条》ThWNT, 卷 2, 235—258; 蔡恩德勒, M.:《上帝和美》, 版本同前, 第 II 部分, 2.2。

[438] Gregorios, P.: The Human Presence. An Orthodox View of Nature, 日内瓦 1978 年, 第 71 页; 多米尼加的马修·福克斯也在他强调上帝的宇宙洪福和美时, 强烈地接受了正教神学。福克斯, M.:《洪福:拥抱世界》, 慕尼黑 1991 年, 第 80—96、361 页。也请参阅上一章第 4.5 节。

[439] 特别是在 Institutio I, 5; 详细的论述在蔡恩德勒, M.:《上帝和美》, 版本同前, 第 II 部分, C, 3。

都强调受造物的美。这种美从《圣经》上看主要是从三种关系上规定的：(1)上帝说所创造的都很好(《摩西一书》1,13)，指示出受造物的美。受造物的美因此是把它的如此存在作为由上帝所创造的来考量。(2)特别是创世诗篇和智慧书⑭乃至著名的登山宝训⑭的系列文本都思索了受造物的美和伟大。(3)在上帝的作品中认识上帝自身(《罗马书》1,20)上帝的美和荣耀所以反映在受造物的美中。人作为 imago Dei(上帝的肖像)的美也就属于上帝。我们可以用加尔文的话来补充："世界的美，如同我们现在所见，是借着灵力才有其存在的。"⑭这样，"自然对于世界之秘密的透明性"⑭恰恰也在其美中。但受造物的美也只是通过神灵帮人开耳目，美使人学会赞美，由此吐露出希望。

可以用林克的话把美描绘为"世界的尺度"⑭。不过因此伦理问题就始于美：究竟什么可以在自然中看做是美，并因此而得到保护？一个荒野中的茂盛花园比一个人工的更美？一朵精心栽培的玫瑰比一株野玫瑰更美？一只以基因技术改良的老鼠的情况又如何？其外表几乎与另一只无法区别开来。自然的美学理论是非常多样化的⑭，而且审美的自然经验也服从于历史的变化。⑭ 所提到的大多数审美神学也没有为美是什么⑭

---

⑭ 《诗篇》8 和 104，《智慧书》1,14;7,17—20;11,21;13,5,7。

⑭ 《马太福音》6,28,30,32。

⑭ 加尔文，J. :Institutio I,13,14。

⑭ 林克，Ch.《自然对于世界之秘密的透明性》，载于：阿尔特纳，G. 主编的：《生态神学》，斯图加特1989 年，第 166—195 页。也参阅同一人的：《世界作为比喻》，慕尼黑1982 年第 2 版。第 388 页之后；还有他的《创世……》居特斯洛1991 年，卷 2,第 468—472 页。

⑭ 林克，Ch. :《创世》，版本同前，第 371—372 页。

⑭ 我在这里撇开了艺术和与之相应的美学理论中的复杂的美的概念，尽管它们与自然中的美的概念自然是有多方面的联系。例如参阅 Grossi，E. :《古代的美的理论》，科隆 1980 年；Anunto，R. :《中世纪的美的理论》，科隆 1982 年；Seel，M. :《一种自然的美学》，法兰克福1991 年。

⑭ 例如 Groh，R. /Groh，D. 所指出的：《从令人惊讶的山到崇高的山——自然审美经验的形成》，载于他们主编的《世界图景和自然同化》，法兰克福 1991 年。

⑭ 蔡恩德勒，M. 也有这种提法：《上帝和美》，版本同前，第 I 部分，C. 6. 托马斯·封·阿奎那列举的标准是和谐，合比例，看不出破绽(Unversehrheit)、明晰、色彩、光辉(转引自 Poeltner，G. :《美——托马斯·封·阿奎那美学思想起源研究》，维也纳1978 年)。

5. 基督教环境伦理学的适度伦理纲要

提供标准。但最近,例如,蔡恩德勒[448]和施利特[449]却阐发了一些标准。

通过同这些标准的争论并进一步阐发,我列举了如下美的标准。美 [S.316] 不是一个客体的属性,而是一个主体同被感知对象的一种关系的表达。下列标准都是在此意义上理解的。

(1)众里寻她千百度后蓦然发现的东西(Vorgefundene)就是美的!作为客人的人的形象意味着:上帝作为东道主所筹备的东西,即为生活所给予的东西,就是美,不是把客人的什么东西让客人作出他的审美判断。进一步说,自然的美不是可创造的东西。从神学上说,美的,就是同上帝的美及其意志内在一致的东西,而不是人解释为美的东西。因此,不美观的东西,只要服从于上帝的恩赐,也是美的:耶稣治好的麻风病人,贫民窟里的穷人,那些其貌不扬、但在生态学上意义重大的等足类怪物(Asseln),等等!

(2)摆脱了自身利益的东西是美的。由于美不必被美化,而是创造快适并在自身之内有意义,变着法子的侵犯是多余的。因此与美的关系可描绘为,主体不愿操纵美[450],由于美就已经满足了。当然也不仅仅是美和恨,而且整个尺度也是这样。由此产生了许多伦理问题,例如假如某人的身体完全可以说是美的,但其某一部分还是想通过美容手术来完善。

(3)差异性中的统一性,自由中的秩序之平衡(Balance)是美的。[451] 形式,风格,合适的比例,恒定性和变化性都是与此相连的。其尺度多在秩序中,而秩序的尺度多在有生命力的变化中。因此,对于生

---

[448] 蔡恩德勒,M.:《上帝和美》,哥廷根 1933 年,第 II 部分,A.2。令人信服地、有根有据地详细列举了:1. 无利害的快适;2. 审美主体的内在和谐;3. 审美对象和审美主体的外在和谐;4. 美的形式;5. 满足;6. 有吸引力;7. 美作为现象(Schein);8. 客体对主体的适宜性;9. 同审美之外的评价相关。同第一个标准相关,他也谈到"对美的非操纵关系"(第 II 部分,C.6.3);也参阅他的《生态的美和生态伦理学》,ZeitSchrift40(1991),Nr.6,425—429。

[449] 施利特,M.:《环境伦理学》,Paderbon1992,248—252 列举了:1. 差异性中的统一性;2. 丰富的联想性;3. 典型的美;4. 对注意力的吸引和锁定。

[450] Seel,M.:《一种自然的美学》,法兰克福 1991 年,与此相应地列举了美的行为方式,非工具化地同自然打交道,沉思。他把此理解为对自然美的"后形而上学"的申辩。

[451] 在蔡恩德勒所使用的和谐概念中,听得出什么东西在同美的邂逅中被情感化地接受了。尽管如此,在我看来,和谐这个概念太模糊了。

物多样性的保存而言,可以说出一个重要的审美原因。我们马上要回到这一点。

(4)美具有吸引力。美有吸引力,产生魅力,是一种强力(Macht),满足于喜悦,尽可能地抓住你,刺激模仿,或者说重复你所触及到的美(例如对一片美丽的风景)。从神学上理解,美是上帝同人和整个世界立约的表达和工具!但因此也是充满矛盾的:美能够大力增强人与上帝的关系(如果我们想到《诗篇》104 的话,甚至会说到令人心醉神迷的爱),但是,假如美的造物把人引向堕落,引起人的贪欲和占有欲的话,它也能诱使人脱离上帝。

(5)放射出完满和生命之光芒的东西,就是美。如果世界的美是上帝之美的表达,如果上帝是生命之爱的拥有者(《智慧书》11,26),那么,反映出生命之完满的东西,就是美的。

从环境伦理学的角度看,所有这一切意味着:由于美在所提到的意义上是世界的尺度,环境保护就属于对世界的一种适度的干预和对自然之美的再造。人作为上帝的同工,在这里完全可以增强自然的美。但他不能僭越权限地创造美。根据罗尔斯顿的优先规则,更美一些的环境要得到优先保护,在我看来是成问题的。它甚至可能会被解释成想要彻底根除不美观东西的优生学(Eugenik),它肯定指的不是这个意思。在生态学上如果从人的需要出发,那就只能是少量的美的自然部分才是重要的。(但)从保罗信徒的角度看,身体的那些不美观的部分(基督教团契的一个形象)是尤其值得重视和爱护的(《哥林多前书》12,23)。由于对自然之美的体验是对其保护的一种前提⑫,那么优先规则在服务于人与自然的关系上就必定意味着:某个受造物在人的直接体验领域中越是显得不太美观,就越是要优先地受到保护。

5.4.6 多样化的生物多样性

客人守则纲要 II/6

欢迎你来到世上作客!要保护和促进植物和动物的物种多样性,并且也要保护和促进作为你的共同客人的人当中的多样性。

换一种说法

生物多样性是因其自身之故并由于它们对人的功用而受到保护的。

---

⑫ 参阅第 5.3.5a 节。

5. 基督教环境伦理学的适度伦理纲要

在利益冲突时要重视不同的优先规则。

《联合国保护生物多样性公约》,1992年世界上绝大多数国家都签署了[453],这个公约的目的在于:"本公约的目的……是保护生物多样性、持久使用其组成部分以及公平合理分享由利用遗传资源而产生的惠益;实现手段包括遗传资源的适当取得及有关重要技术的适当转让,但需顾及对这些资源和技术的一切权利,以及提供适当资金。"[454]设定这种目标已经表明,当今保护生物多样性与基因工程有关,是与巨大的经济利益联系在一起的。所以,保护生物多样性既是环境伦理学的课题,同样也是经济伦理学的课题。在这里并不是探究经济伦理学方面的地方。我们已经在第1.3.2节对此问题进行了简要描述,在第2.3.4节已经把生物多样性在生态上的必要性作了主题化处理。但是,如何为生物多样性的保护奠定伦理学基础[455]? 我列举七个伦理理由:

(1) 生物多样性对于人的利益是可观的:它大大有助于生态平衡(物种因相互依赖而存在),有助于生态的正当关系(有机体的指示器),有助于健康(医药的基础,抵抗疾病)有助于营养生产(包括驯养),有助于工业生产,有助于疗养[456]。

(2) 我们长期不了解一个物种当下具有的或者也许只是未来才拥有的所有有益功能。这种无知要求我们有最高的敬重。所以,迪特·比恩巴赫定的标准——一个物种的灭绝,只要其总体之经济的、生态的和审美的功能由其他物种所承担了,那就不是真正的损失[457]——真正说来也并

[S.318]

---

[453] 直到1992年6月,签署的国家有150个。美国首先不签署,因为据说它威胁到美国工业对生物工程的专利权保护。现在签署该公约的国家达到188个以上——译者。

[454] 《生物多样性公约》,在联合国环境与发展大会 UNCED 上缔结,里约热内卢1992年6月5日,第一条。

[455] 也请参阅阿尔特纳,G.:《自然被遗忘》,版本同上,第219—226页;施利特,M.:《环境伦理学》,版本同前,第208—218页;鲁,H.:《在生态伦理学框架内物种多样性保护之意义的12个论题》,《该亚》1(1992),246;罗尔斯顿,H.:《环境伦理学》,Philadelphia 1988,第126—159页;Johnston, L.: A Morally Deep World, Cambridge/New York 1991年,第158—175页;比恩巴赫,D.:《对未来后代的责任》,斯图加特 1988年,第222—226页;Gunn, A.: Preserving Rare Species, in: Regan, T. (ed.) Earthbound, 1984, 289—335。

[456] 参阅第1.3.2节和第2.3.4节。

[457] 比恩巴赫,D.:《对未来后代的责任》,斯图加特 1988年,第75页。

非多么重要,因为尽管我们有大量的生态知识,我们甚至几乎不能肯定,是否所有的功能由其他物种承担了。此外,他只是从功利而不是从自身价值出发来证明。

(3)多样是美的一个重要特征。由于自然的美在伦理上也是一种价值,自然的多样性也有这种伦理价值[458]。

(4)物种不依赖于对人的功利或者对一个生态系统的功利而有一种自身价值[459]。它们都是上帝同其造物界立约的一部分,是整个受造物因此也是所有物种所期望的这个造物世界之末世论完成的一部分。

(5)环境伦理学的一个重要基础是对经历漫长时间才形成的东西之尊严的敬重[460]。我们不伤害不能重新创造的东西,我们也不可彻底消灭它们。存在着多样性,它们是不能被人创造的,这一事实表明,它们是符合造物主的意志的。

(6)在地点上不可迁移的物种也属于人的定居及其文化的同一性。

(7)生物多样性的意义恰恰在于多余,在于所谓的"无用",在于游戏上的"无度"。所以,生物多样性的尺度恰恰在于其丰盈!生命正是通过丰盈变得具有生命价值。

保护自然中的过渡,才使自身生命的不可支配性的丰满成为可能并体验其中的意义。无目的的东西的"目的"在于,创造无目的的意义。但这种经验总还是人类中心论的。在基督教的环境伦理学中,物种的丰富是可以从神中心论的角度来证成的,就像苏黎世的教会史学家弗里茨·布兰克早在1959年就已经做的那样:"自然界有一种实存目的(Daseinzweck),除了保存人类之外别无其他。但这种目的究竟会是什么?《圣经》对此做出了颂荣诗般地回答:自然界应该表达上帝的伟大、力量和荣耀(《诗篇》8,19,29,104,148)。"[461]如果人们在今天受到召唤成为

---

[458] 参阅上文第5.4.5节。

[459] 对自然的自身价值的证成,参阅第5.3.5节。深层生态学也强调,"生命形式的财富和多样性是一种内在于自身的价值"(Deval, B./Sessions, G.: Deep ecology, Salt Lake City 1985, 70)。

[460] 鲁,H.也是这样认为。《论自然保护的基础问题》,《福音伦理学杂志》31(1987), 125—133(133)。

[461] 布兰克,F.:《我们对世界的责任》,载于《教会在现代世界中的使命》。Festschrift Emil Brunner, 苏黎世1959年,第194—197(197)页。

"多样性的牧者"[462]，那么他们就让上帝的仆人来做这个牧者，目的是赞美上帝，对上帝的多样性作出热情的响应。[463]

在1992年6月5日联合国环境与发展大会上签署的"保护生物多样性公约"表明，生物多样性的价值将普世地和从完全不同的伦理基础上得到承认。[464]

在我们简要地从我们的伦理学立场证成了保护生物多样性之所以是正确的和必要的之后，提出了是否存在一种多样性的尺度问题。我们在第2个实例中已经说过，有140万个已有研究的和1000—3000万个未知的动物和植物物种。[465]尽管从生物学上确定了，不存在多余的物种[466]，多样性对于抗平衡机制和对环境变化的适应能力是必要的[467]，但它也"不可能在目前为人们确立多样性的必要而值得愿望的尺度，而且它也要面对这个问题，是否它真的应该被期望"。[468] 所以，即使不存在受保护物种的量的尺度，但依然有此规则：要有尽可能多的物种受到保护。如果出现了利益冲突，下列七个优先规则是适用的：

（1）"人是否事实上对地球上所有的动物和植物负有保护义务，这个问题"[469]今天在伦理上并不重要，因为人类哪怕想灭绝目前的物种也是做不到的，用一切可能的措施进行整体上的保护也并非现实可行的。人应该尽可能多地进行保护。

（2）如果动物或植物使人类的生命不断地并大量地受到损害，而且

---

[462] Michel Serres 用一个漂亮的说法"bergers des multiplicités"表示人的这种使命。

[463] Schaefer-Guignier, O. : et damain la terre⋯christianisme et écologie, Genf1990, 第50页之后谈道"la divine passion de la diversité"。关于多样性的神学奠基也参阅科布, J. : A Christian View of Biodiversity. 载于 Wilson, E. /Peter, F. :《生物多样性》, 华盛顿1988年, 第481—486页。

[464] 这个协定在保护生物多样性之原因这个前言中列举了生物多样性的自身价值（intrinsic value—英文为"内在价值"）和生态的、基因的、社会的、经济的、科学的、教育的、文化的、审美的和疗养的价值乃至它对营养、健康和不断增长的世界人口的其他需要的意义。

[465] 第1.3.2节。

[466] 阿尔特纳, G. . :《自然被遗忘》, 达姆斯达特1991年, 第108页。

[467] 参阅第2.3.4节。

[468] 《同世界一致。审视基因技术对伦理判断形成的贡献》, 由德国福音教会的一个工作组编辑, 居特斯洛1991年, 第80页（生物多样性这一章）。

[469] 施利特, M. :《环境伦理学》, Paderborn1992年, 第210页。

以适当的手段不可能构成对人类生命的充分保护,那么就要大力抑制,在极端情况下灭绝这些动植物。

(3)一个生物或者一个有机体发展得越高级(从微生物经过植物到动物),就有越多的方面受到保护,而且受保护种类的优先性也就越增加。在此要考虑的是,一个物种对于一个生态系统的意义,在多大程度上是有生机的。例如,细胞,尽管有机化的程度"很小",但对一个生态系统的意义却是非常有生命力的。

[S.320]

(4)要给予自然形成的东西(Gewachsenen)比人工做成的东西(Gemachten)更有优先权[470]。因此,在漫长的进化时间中发展出来的物种,比由人,例如基因工程,创造出来的物种更有优先权。

(5)保护一个物种的完整性和尊重物种的缺陷也属于保护生物多样性。保护一个物种的完整和重视物种的缺陷比人的功用利益更有优先权。所有的措施都要精确可考并且是基本的义务(回到举证责任:例如有谁突破了一个物种缺陷,就必须从伦理上证明,为什么它的利益要高于物种完整性的利益)[471]。在自然界中,从一个物种到另一个物种的转基因是非常有限地出现的,不足以为人为造成的物种之间的转基因提供合理辩护。

(6)那些对人类共同体或者对一个国家具有生机意义的物种之保护,比对那些对人类的另一共同体或者另一个国家较少有生机意义的物种之保护,有优先权。达到这种物种保护和物种利益相应地可以公正地分配人类的基本需要。[472]

(7)保护人的生存方式的多样性(对少数民族文化多样性保护),如同保护植物和动物之多样性一样重要。在可支配的财经分配冲突中,多样性的保护[473]要考虑到这一点。

---

　　[470]　Kluxen, W.:《能源和环境问题的道德方面》,载于《基督教伦理学手册》,由 Herz, A. 等人编辑,卷 3,弗莱堡 1982 年,第 379—424(406)页。

　　[471]　类似的有 EKD—研究:"物种缺陷表达了一个明显有意义的给定性,它不应该在非紧急情况下被超越。"《同世界一致》,版本同上(注释 133),第 79—80 页。

　　[472]　参阅分配负担冲突第 1.3.2 节和公正的标准第 5.4.2 节。

　　[473]　参阅资金分配冲突第 1.3.2 节。这种冲突具体出现在为保护土著居民和保护生物多样性的国际财经冲突中。

5.4.7 苦难和死亡

客人守则纲要 II/7

欢迎你来到世上作客！你的行动要意识到,所有的生命因死亡而有限。你因此要同时确立:减少苦难,阻止非自然的死亡。

换一种说法

移情作为对他人和其他有生命东西的移情与同情的能力,使我们有能力感知到,在多大程度上干预环境是必要的,在何种情况下可以不负责任。

受造性最确实的标志就是有死性,因此是暂时性。这种有限性永远都是人的计划和行动的一种尺度。"上主啊,求你给我指明,我的终局几时到,我的日子有多长？我要知道,我的寿命究竟有多短促。"(《诗篇》39,5)用所有延长寿命的措施,自然的、生物学上界定的寿命也就是保持在"70岁,高寿的能到80岁"(《诗篇》90,10)。人类这种相对短促的寿命使人的万能愿望,能够创造永恒的愿望相对化。人所做的一切,都转瞬即逝,甚至所谓的自然科学的客观知识[474],带有部分永恒的真理要求,也都服从于暂时性。所有由此产生的人的技术都从属于暂时性和人的寿命的短暂性这个前提。所有受造物的这种局限性例如都可包含在风险对话和技术后果评估中。暂时性当今常常表现为必须被克服的缺陷。在环境利益中保持适度则相反,恰恰是高估这种暂时性,因为它是生命体的征兆和表达。

[S.321]

在这种视野中,死变成"死亡之兄弟",如同弗朗西斯库太阳颂中所唱[475]。在世上作客一再地也包含了这种与自然死亡结友,因为这种死不是终局,而是一个新生命复活的开始和一个新的家乡之开端——客人存在的末世论维度。这种通过自然死亡所体验到的局限性释放为适度,因为它是从贪欲,从所有在这短暂生命中肯定体验得到的东西中的解放。它造就了从必须创造永恒这一重负中解脱的自由。

即便是按照对死亡的这种积极评价,我们现在也还是要向死亡和苦难宣战。我在下面大多数情况下是同时说苦难和死亡,因为它们是孪生

---

[474] Üexküll, Th. v.:《有机体和环境:一种新的生态科学透视》,载于阿尔特纳,G. 主编的:《生态神学——为了定位的透视》,斯图加特1989年,第392—408(405ff)页。

[475] "赞颂你呀,我的上主,通过我们的兄弟,肉体死亡;无人能逃脱它而生。"

姐妹。苦难永远都是长远死亡的一部分,两者通常都被体验为对生命的限制和摧毁。

可以区分出苦难和死亡的三种类型[476]:

(1)人们有意或无意地使他人或生物遭受苦难和死亡。只要它们是可避免的,这种行为就是邪恶的表达,人们要为此承担责任。伦理学的课题就是减少这种苦难,帮助防止这类死亡。对于动物适用的最低伦理原则是,人们给动物增加的苦难,不应该比它们因自然环境而遭受的苦难更多。

(2)人和其他生物作为命运所遭遇的苦难和死亡。或者不是人为引起的(例如在自然灾难或者生病的情况下,可以审核在多大程度上它们是由人类起源学上的共同原因引起的),或者这些苦难在结构上属于人生的(例如出生的痛苦,老年的疾苦或者自然的死亡)。这些苦难和死亡经常是不可避免的,作为苦难最大程度地加以缓解,但首先是接受它对于人的意义,并将其整合到生命之中。想要克服或者排除它们,就是沉迷于一种无苦无难的生活可能性幻想之中。这种幻想就是无度的一个方面。但这种苦难也不能被理解为对个体原罪的报应,像《旧约》中还在解释的那样(《摩西一经》3,16)。耶稣信徒的伦理学在这里改变了目光,离开了原罪问题,回到救赎的戒律和对皈依的召唤(《路加福音》13,1 之后;《约翰福音》9,3)。

(3)自愿承受的苦难和在侍奉他人生活中自愿的死亡。这种苦难和死亡可以具有很高的伦理意义。在某种处境中它可能是必然的"爱的代价"[477]。上帝本身就选择了这条共患难的爱之路,直到耶稣基督的十字架之路,这条同不必要的苦难和死亡作斗争的团结之路。[478]

首先提到的苦难这个词条,在环境伦理学的框架内,对于保持适度特别有意义,需要从伦理学上加以阐明。"减少苦难"在(环境—)伦理学中

---

[476] 类似的观点还有 Eibach,U.:苦难词条,《福音社会词典》,由 Schober,Th. 等人主编,斯图加特1980年第7版,第816—818页。

[477] Brantschen,J. 等:苦难,载于《现代社会中的基督教信仰》,卷10,弗莱堡1980年,第5—50(40ff)页。

[478] 在这里不得不满足于这种暗示。更详细地讨论基督牺牲和代人受难,请参阅我的《调解和立场鲜明——教会在社会冲突中的调解使命》,苏黎世1988年,第410—431页。

是已经有基础的主导价值之一。[479] 尤其是从同情中心论奠基的环境伦理学[480]使之成为其核心的诉求:要防止和减少人和动物的痛苦和苦难。

但现在必须准确予以说明的,是减少苦难和死亡这个目标。能够抗争的不是自然的死亡,而是死于非命。不是可欲的自愿地真正同情对他者,而是对其他生物残暴施加的、不可忍受的苦难,才是要减轻的。在环境伦理学看来,我们所追求的目标,不是无苦难、无死亡的社会和自然,而是说,苦难应该被归结到一个可承受的度上,公道地分配给生物。一个人或者一个动物[481]能够承受多大的苦难,而不会持续受到损害,就是说,不会强行割裂发展的可能性,至少在人这里从个体到个体是完全不同的。与此相关的是,苦难是由刺激性痛苦、情绪性反应和反思性处理(在苦难中何种意义被看到了)这些复杂的共同作用构成的。所以对苦难的公道分配,就是说按照可承受性来分配——这是基督教伦理学的特殊信息——共同承受他者的苦难是爱的结果。

[S.323]

---

[479] 例如在舒尔茨,W. 这里这样认为:《在变化了的世界中的哲学》,Pfullingen1972,738ff;鲁,H.:《论证伦理学》,苏黎世1991年,例如第19页;阿尔特纳,G.:《自然被遗忘》,达姆斯达特1991年,第70页;林格凌,H.:《对话中的基督教伦理学》,弗莱堡1991年,第225、232之后诸页。

[480] 参阅托伊施,G.:《环境伦理学词典》,哥廷根/杜塞尔多夫1985年,第85页之后;这个原则在 M. 施利特那里作了详细评论:《环境伦理学》,Paderborn1992年,第65—98页;痛苦中心论的环境伦理学以动物具有感知苦难的能力论证了动物的权利,依据的是杰里米·边沁已经提出的问题:"the question is not, can they reason? nor, can they talk? but, can they suffer?"(Bentham, J.: An Introduction to the Principles of Morals and Legislation,由 L. Lafleur 编,纽约1984年,第311页)

[481] 在这里不能更切近地深入到动物伦理学中的核心问题:动物是否承受苦难,承受何种类型的苦难。但我们至少可以从其中的某些共识出发,感受高级动物所能感受到的痛苦(参阅 Staudinger, H.:《自然中的苦难》,载于 Oelmüller, W. 主编的:《苦难》,Paderborn1986年,第111—118页;辛格,P.:《动物解放》,慕尼黑1982年)。动物的苦难是否达到像人的苦难一样高的程度(例如斯特赖,G.:《环境伦理学和进化》,哥廷根1989年,第135页),还是达不到同样的程度(例如 Patzig, G.:《道德视野下的科学的动物实验》,载于 Hardegg, W./Preiser, G. 主编的:《动物实验和医学伦理学》,Hildesheim1986年,第80—81页),这是很有争议的。人的苦难通过完全不同的对过去和未来的意识并因此同人的意义问题相联系而同动物的苦难区别开来。所以可推想得到,人的苦难一方面更大,另一方面更能承受,因为人更少地能推卸它。著名的保罗主义的说法是,"一切被造的都在呻吟,好像害怕生产的阵痛"(《罗马书》8,22),这自然不是对动物感知痛苦能力的一种生物学的说法,而是对人和自然在救赎事件中的统一性的一种神学的说法。

这样，我们就达到了我们原则的特色：要这样行动，使不必要和不可承受的苦难得以减轻，要按照具体生物的承受能力公道地分配不可避免的苦难并阻止非自然的死亡。还有一件必要的事情就是对自愿的同情要做出一种准确的表述：十字架和受难神话，在基督教故事中常常导致苦难的无限荣耀。尽管"受难神话……过去和现在都是穷人、病人、受压抑者和被压迫者虔敬心的证明"[482]，尼采对同情伦理的反叛起到了净化的作用。但今天，同情[483]作为对人的同情能力重新被发现，并在环境伦理学中推广到了一切生物。对人和共同世界不可分割的相互联系和相互依赖的经验，常常只能通过同情才能获得。同情是设身处地从他者角度来思想和感觉的能力，因此也是接受基督之爱的基本要求之能力。尽管爱不应被归结为同情，就像在阿尔伯特·史怀泽那里听到的那样[484]，但它还是爱的一个不可放弃的部分。同情也绝不可以被误用为公正的替代物。就像"公正是爱的前提"[485]，爱是公正的动力一样，对共同世界的同情和共同世界的权利也是互为条件的。只有在同情的爱中才能找到自然的尺度。

5.4.8 新的时间—尺度

客人守则纲要 II/8

欢迎你来到世上作客！要这样行动，使技术和经济的迅猛发展速度与生物系统，与人的心理和伦理以及社会结构之相对缓慢的发展可能性相适应。

换一种说法

人的时间尺度不能仅仅以技术—工业过程，而且也必须以自然的时间尺度来规定。此外，凡是在以给环境增加负担为结果来节省时间之处，无论是个人化的还是制度性的措施都同样应该因此而放弃。

在我的工作台上放着一块化石树干，它变成石头的年轮还清晰可见，年纪：一亿七千万年。在它旁边放着我写作此书的计算机。计算机的寿命到下一代最多是 5 年。在 10 年内这种（计算机）模型就只能在图片上

---

[482] 莫尔特曼，J.：《被钉上十字架的上帝》，慕尼黑 1972 年，第 48 页。

[483] 也请参阅第 5.3.2 节和第 5.3.5a 节。

[484] "伦理就是同情。一切生命都是受难。被变成知识的生命意志那么就可从对一切受造物的深切同情来把握……在通常的伦理学中被描述为'爱'的东西，就其真实的本质而言，就是同情"（史怀泽，A.：《文化和伦理学》，慕尼黑 1960 年，第 257 页）。

[485] Brunner, E.：《公正》，苏黎世 1943 年，第 153 页。

5. 基督教环境伦理学的适度伦理纲要

看到了。这是两个时间—世界！环境问题简而言之是我们与时间打交道的一个结果,这种认识越来越有基础。当今,几乎整个生活领域都打下了近代自然科学的线性时间观的烙印[486]。尤其是近代的生活以时间的金钱化为标志,"时间就是金钱",结果所有的生活过程都在加速,直到形成"毫微米秒—文化"(Nanosekunden-Kultur)[487]。未来学家威利·比尔特提出:"节省时间越是强烈地离不开金钱,时间本身就越变得宝贵。"[488]速度和加速在这里显得越来越由手段变成目的,变成规定一切的尺度。尽管在法律上不断增加对速度的限制,但"速度和动力"最频繁地被提升为轿车工业的企业基础。[489](有了速度),能在第一时间传播新闻的媒体就获胜了。能在更短时间内制造出一件产品的企业,节省了成本,在企业竞争中就有了决定性的优势。于是,新植物品种的基因技术生产相对于传统种植业的主要优势在于,新品种在几个月之内而不需6到10年就能发育出来。[490]基因工程变成自然之工业化的工具—全部优点是财富迅速增长的工业化,全部的缺点也是自然的工业化。

自然产品屈服于工业生产的时间尺度。工业的时间原则也越来越影响到生活领域,如医学(病人想要尽可能快地得到治疗),饮食文化(快餐),交往(越快越好),交通,教育,也影响到心理问题的解决方法。我们同字面意义上宝贵的时间打交道在生态上最有意义的过程,就是以能源替代时间。坐轿车的人,不再骑自行车(Velo),有时是真实地有时则只是看起来节省了时间。所以,节省能源的一个本质的组成部分,就是重新考虑与时间的关系。

[S.325]

---

[486] 关于自然科学时间观的演变,参阅例如米勒,A. M. K.:《标本化的时间》(die praeparierte Zeit),慕尼黑1971年;关于"时间作为神学和自然科学的共同视野",参阅林克,Ch.:《创世》,卷2,居特斯洛1991年,第446—454页。

[487] Rifkin,J. 使用这个概念:《宇宙时钟(Uhrwerk Universum)—时间作为人的基本冲突》,慕尼黑1988年,第21—42页:新的毫微米秒—文化。

[488] 比尔特,W.:Zeit. Problematiken und wichtige Fragestellungen. Syntropie, Stiftung fuer Zukunftsgestaltung. Liestal 1990,5(Manuskript)。

[489] Stricker,B.:轿车广告1:瑞士交通俱乐部的一项研究成果,VCS(瑞士交通俱乐部)报4/1992,18—20。

[490] 我是基于同植物养殖家的谈话和他对我的问题—新的基因工程方法的优势究竟在哪里—的回答得出这个结论的。类似的说法也在 Leisinger, K. M.:《发达国家中的基因工程—机会与风险》,载于:Chimia43(1989),78:"相对于古典的种植业,基因技术方法的优势在于更快更有效地产生成果。"

这种与时间打交道的方式越来越受到反对。"发现缓慢的意义"[491]，"时间减速协会"[492]的建立，追求"时间的生态学"[493]，强调以自身的时间节奏来工作，对社会运动的反抗，和对时间忙乱的消除或者遏制都是这方面的信号。在此背后有着当今每个人都了解的经验：越是充满紧张地赢得时间（从经济学上考虑时间），拥有的时间越少。我们想要赢得更多的时间，不再拥有时间的危险越大。[494]

从生态神学和环境伦理学的角度看，当今关于人对自然的行为所追求的时间尺度，何者是有可操作性的？在与时间打交道时什么叫做保持适度的伦理？（对于这些问题）可以列举9个方面的答案。

（1）对环境有意义的时间关系，在生态神学上着重地以守安息日/礼拜天为题来解释。[495] 礼拜天不仅是不工作、休息的表征，而且是"一种特别嘉许的时间，在此时间内整个世界都应该是有信号地并因此每个人无法介入地出现在其造物主的纯然现时状态中：世界的安息日不是限定的！"[496]礼拜大导致时间的节奏化[497]，是"时间福利增多的一种机会"[498]，同时给予了所有时间一种特定的质：上帝在整个世界在场的质和与所有受

---

[491] Nadolny, S.：《发现缓慢的意义》，慕尼黑1983年。这部翻译成所有世界语言的小说，在以德语出版时，一版就超过了25万册。

[492] Klagenfurt/奥地利的Peter Heintel教授做轮值主席。按照一个自述，该协会的目标是，"加速变成了一切活动的尺度，真正的时间被强暴扭曲……我们则认为时间的减速是必要的。"（Heintel, P.：《一个时间减速协会为了什么？》1990年9月7日的集体书信）

[493] 同福音教会的时间研究院相关。Tutzing研究院以"时间的生态学"为题1993年出版Held, M./Geissler, K.主编的：《时间的生态学——论合理的时间尺度的发现》，universitas版。

[494] 从环境教育学角度对此的阐述，参阅Waldvogel, M./Nagel, U./司徒博, Ch.：《我们的世界变了样》，文章，设计，同环境新的关系的计划，同瑞士WWF合作的教师参考书，Zug1984，9—20：赢得时间——失去时间。

[495] 莫尔特曼, J.：《创世中的上帝》，版本同前，第179页之后；林克, Ch.：《创世》，版本同前，第384页之后；Schaefer-Guignier, O.：《控制大地——基督教的生态学》，日内瓦1990年，第45页之后。

[496] 林克, Ch.：《创世》，版本同前，第386页。

[497] 参阅上文第5.3.8节，关于节庆和赞美，活动和沉思。

[498] 瑞士民族委员会Justitia et Pax主编：《时间，时间形态和时间政策——以工作时间和休息时间为主题的一个系列论题》，伯尔尼1990年，第47—50页。Justitia et Pax想"在保证所有人基本需求的前提下，赋予时间福利对于财富福利及其数量增长的优先权。"（同上，第24页）

5. 基督教环境伦理学的适度伦理纲要

造物开始和好的质。人的时间是充满的时间,只要它在日常生活中反映这种"礼拜天的质"。只要扩大造物主和受造物之间的鸿沟,人的时间就是损失的时间。

(2)时间如同生命是上帝的一种礼物。有限的寿命[499]是受造性的总体。生命的不可支配性像时间的不可支配性一样,属于世上的客人存在。"我的时间在你的手上"(《诗篇》31,16)* 是《圣经》对此的经典表述。所以我们不应该把世界当做占有物,当做统治工具,而应该当做时间主人施予的礼物。[500]

[S.326]

(3)负责地与作为礼物的时间打交道,完全包含了合理地利用时间,就像基督教的劳动伦理学一再强调的那样。不过,也如贪欲妨碍与世上财物打交道时保持适度一样,时间欲,即对良时的贪欲,也妨碍同时间礼物的适度交往。当今几乎整个生活过程和行动的加速,就是这种时间欲的集体表达。贪欲在《圣经》上被说成是罪恶,所以这也适用于时间欲。

(4)从神学上看,关键的不是 Chronos(线性时间),而是 kairos(美)这个正确的眼光,是充满的、神圣的时间。[501] 以美为定向也导致了泰然自若的德性,作为耐心等待行动的合理时机和评价行为的合理尺度的能力[502]。生物学编年史的时间[503]——自然的和宇宙的时间进程包含了人的生物节奏——作为创世的礼物可被看做是美的因此是生态伦理学的一部分。

---

[499] 参阅上一节第5.4.7节。

* 此注有误。

[500] 一个真正的研究主题或许是,在同上帝的耐烦(和不耐烦?)关系中解释人的不耐烦。

[501] "教会必须再次发现'神圣的时间'这个概念,不仅是为了神,而且也是为了人的安康(我们必须补充说,以及为了整个世界的安康)。上帝的时间,美的时间,出现在世俗世界的线性时间中,开启了新的愿景并送来了新的可能性。"(《圣灵在显现——普世基督教教会委员会1991年堪培拉第7次全会的官方报道》,法兰克福1991年,第119页)

[502] 赫费,O.:德性词条,载于他主编的《伦理学词典》,慕尼黑1986年第3版,第258页。

[503] 纽约生物编年史研究所(Insitute of Chronobiology)探究了这种"生物钟"的联系。例如,女神秘主义者希德嘉·封·宾根也指出了一种月、年时间与人的时间节奏之关系的总体透视(例如在《见神》,慕尼黑1990年,第77—93页。不过在这方面也明显地显示出这种封闭的世界图景的僵化性,试图把一切现象无矛盾地规整到一个总体系统中)。

(5)每个物种,至少是在人这里每个个体都有自己的生命节奏,这属于受造性[504]。时间节奏的多样性如同生物多样性一样,都是作为神的财富的积极表达,甚至对于生态系统的生命是必要的,所以要保护它。人对非人的共同世界只能也只可这样来限制:服从自身的节奏和自身的速度。如果人只想到动物的功利,强行干预动物的时间节奏,这是根本不可为的,是不能之事。但今天自然和人自身都首先服从技术规定的加速过程。对共同世界的敬重意味着,敬重物种和有机体的发展时间和时间家政(Zeithaushalt)。

[S. 327]

(6)对何种时间尺度是正当的这个问题,不存在普遍有效的答案。如果保持适度是一个与上帝,与人和与共同世界的关系问题,那么,一个过程的快慢问题也就是顾及到他者的发展速度问题[505]。凡是不重视它的地方,就会损害和平,因为它导致不同时性!正是这些不同时性是对南北政治紧张及生态紧张负责的一个最大部分。自然不能在短时期内产生人所要求于它的适应过程,例如地球大气层迅速变暖就表明(自然适应不了人类的大量热气排放)。

(7)与时间的适度交往就是对发展速度的协调!这种协调既要平行地(在世界宗教之间)也要垂直地(在生物的不同等级之间)进行。缓慢在这里如同快速一样不大有一种自在的价值,尽管作为快速的相反运动,在处境条件上可以支持缓慢伦理。某些(尤其是技术—工业的)过程必须缓慢,另一些(例如政治的和教育的)过程必须加速。第三(大多数生物的)过程不能加速。对这个"最薄弱的环节",从生态和伦理上看,必须考虑到人的发展速度和变化潜能。当今,要是技术和经济的决策过程被审核和批准的程序不负责任地延缓,(从而引起)不断增长的抱怨,这都是可以理解的和合理的,在这些地方都存在着不必要的官僚作风的护栏。但当今大多数这些护栏都是不必要的,不只是由于(有)技术后果评估和合理的民主参与,而且特别是要服务于某些过程在生态上绝对必要的缓慢化。我们已经说过[506],延期偿付对于生态上必要的缓慢化是一个虽然

---

[504] 关于人的领域,参阅瑞士民族委员会 Justitia et Pax:《时间,时间形态和时间政策》,版本同前,第16—17页,论题5:生命节奏的多样性。

[505] Jeremy Rifkin(《宇宙时钟》,版本同上,第270页)谈到了对自然的时间节奏的移情:"我们的自然实在性对应于一个移情的时间世界。"

[506] 参阅第5.4.3节,对科研欠账的注释80。

重要⁵⁰⁷、但可惜几乎是无用的工具。

（8）按照彻底的诸善权衡，假如放弃节省时间真会导致巨大损失的话，节省时间的环境代价，无论从个人还是从结构上看，就只有在例外情况下才会是合理的。⁵⁰⁸ 在经济上生产方式的改革和加速方面，像在具体消费者的消费行为上一样，节省时间的标准从属于生态上持久性的标准，因为在有冲突的情况下，从伦理上看（无论如何在工业化国家中）生态优先于经济，也优先于时间经济。生产和消费都是可延缓的，或者说可改变的，只要时间是留给自然来修补被消耗的能源的。

（9）追求一种时间尺度，在环境伦理上的重要意义就是（形成）适宜的时间性问题⁵⁰⁹。例如等待减少二氧化碳排放量的措施越长，损失就越大。唐奈拉和丹尼斯·梅多斯在他们的书《增长的极限》中提出了 20 年未来模型，20 年能做成什么：如果他们建议的那些措施不是在 1995 年而是只在 2015 年被掌握，"必定已有 10 亿多人所愿望的生活标准被禁止了"⁵¹⁰。因此伦理学不能满足于阐述公设，相反也必须深入分析这些公设的适时转变！不是独立于时间的善，而是对当前适宜的善才是环境伦理学的课题。在这里就是要在"时间紧迫"的骚动和"你们要从容"（Nehmt euch Zeit）的反思之间找到正当的尺度⁵¹¹。

[S. 328]

5.4.9　本地的和全球的生活空间

客人守则纲要 II/9

欢迎你来到世上作客！要这样行动，使得你在本地以生态为目标的生活和整个世界的相关性与一体化之间找到一种平衡。

---

⁵⁰⁷ 在某种限度内，君特·阿尔特纳原则上赞同，人类历史的动力和比较缓慢的自然历史之间的张力可以通过民主合法的延期偿付而消除（《自然被遗忘》，版本同前，第 108 页）。

⁵⁰⁸ 类似的看法在瑞士民族委员会 Justitia et Pax:《时间形态和时间政策》，版本同前，第 18—20 页，在第 33 页之后和第 45 页之后也有。

⁵⁰⁹ 参阅，例如赫费, O.:《道德理性只在黄昏时才开始起飞吗？——对一种适宜的时间性文化的呼吁》，载于 Holzherr, H. 等主编的:《科研自由—现代科学的一个伦理和政治的问题》，苏黎世 1991 年，第 7—24 页。

⁵¹⁰ 梅多斯, D. 和 D./Randers, J.:《增长的新极限》，斯图加特 1992 年，第 246 页。

⁵¹¹ 参阅魏茨泽克, C. F. von:《时间紧迫》，慕尼黑 1986 年；Rendtorf, T.:《你们要从容》，载于《不耐烦的终结——与 C. F. von 魏茨泽克〈时间紧迫〉的辩论》，慕尼黑 1987 年，第 25—34 页。

换一种说法

要按照互补性原理把最大可能的全球开放与团结和最大可能的区域生态自治联系起来。

时间和空间是现实的两个基本维度。一如与时间的适度关系在生态上是必要的一样,也要为与大地空间的适度关系找到一种尺度,以便符合生态持久性的标准,有助于共同体之和平和公正分配的标准。

我们的前人没有哪一代的生活像我们今天这样深受全球一体化的影响。在实践上所有的国家与世界市场相联系,这种联系自 20 世纪 90 年代初以来随着世界两极化的被克服就存在了,加上进一步扩大的世界交往成为当今的两个流行词。人类整合为一个世界共同体,对于世界和平就像对于基督徒的统一一样是有意义的。此外,它可能会有助于福利普世化的增多以及财富的公正分配。当然后者不会通过当今的世界市场条件而发生。从生态上看,把地球看做人类的一个共同的生活空间,也没有什么不妥,只要人们能想到,在气候问题上地球生态系统[512](这个系统在某些有机体中是同样的)特别明显地存在着相互依赖性。全球一体化的另一方面的影响是生态破坏,今天还依然如故,例如通过无度的迁徙,这同可持续性的标准是不可统一的。捍卫进一步扩大世界自由贸易秩序的人也承认,世界贸易和可持续发展之间的张力是不可解决的[513]。

[S.329] 那么,取代一体化,可以把相互隔绝或者自治作为生态的主导目标来追求吗? 除了朝更多的一体化方向发展之外,朝着更强大的区域化方向发展是不可忽视的:与欧洲一体化同时,响起了"区域欧洲"(Europa der Regionen)的呼吁,新的民族主义和种族主义在世界范围内出现了。"小网络"[514]的社会系统将获得更多的意义,而社会国家则遇到更多的局限。20 世纪 70 年代的发展政治学对发展中国家要(与宗主国)脱钩(Abkoppelung)[515]和自立(Selfreliance)[516]的呼吁,虽然已经不再响亮了,著名的口

---

[512] 参阅第 2.3 节。

[513] Schmidheiny, St.:《行情交流——全球企业家对发展与环境的视野》,慕尼黑 1992 年,第 120 页之后。

[514] 阐述在宾斯万格,H./盖斯伯格,W./金斯堡,Th.:《福利状况的出路——NAWU—报告,反失业和环境破坏战略》,法兰克福 1979 年,第 222—260 页。

[515] Senghaas, D.:《世界经济和发展政治学——对分离的呼吁》,法兰克福 1977 年。

[516] 著名的代表是较早的坦桑尼亚国家主席 Julius Nyerere。

5. 基督教环境伦理学的适度伦理纲要

号"小的就是美的"（small is beautiful），包含了"回归人的尺度"[517]的整个纲领，但并不能阻止世界康采恩通过企业合并使世界经济进一步集结。不过同时，企业空间和组织上的分散化站稳了脚跟，某些地理单位的自治要求在生态观点下重新具有现实意义：生物区域主义，例如，就像它在深层生态学[518]中和许多特别是美国的环境运动所代表的那样，追求的是"以对一个区域之生态、文化和经济的自身特点的意识扎根本地生活（living in place）"[519]。因此也许古老的本笃会规则 stabilitas loci，坚持不懈地立足本地，又具有了现实意义。[520] 生活在一个区域，限制了流动性和全球化的财富交换并促进了对附近环境及其产物的责任。可持续性的环境伦理学原则，当人自身不能为保护自然作贡献时，不应该再向自然提出要求[521]，不仅是普世地平均适用，而且按照生物区域主义的观念也必须切合于本地的和区域性的单位。

世界市场和生物区域主义是两个自相矛盾的观念。如何能够为两者找到一个在生态上和经济上可负责任的尺度？

全球一体化在伦理学上是矛盾的。从和平伦理，教会学说的角度（ekklesiologisch），从分配公正这里看，它是可欲的，而在迄今的实践工作中，从正义的角度看，它是非常可疑的。生物区域主义在伦理学上也是矛盾的。它在环境伦理上是可欲的，但它包含了一种普遍地分裂化和新的种族主义的危险。所以，关键在于"追求世界市场和区域的一种新的平衡"[522]。完全退回到区域既不可能也不可欲。世界市场的进一步扩大，而

[S. 330]

---

[517] 舒马赫，E. F.：《回归人的尺度——对经济和技术的二难抉择，"小的就是美的"》，汉堡 1977 年。

[518] 参阅第 2.3 节。

[519] Spretnak, Ch.: Postmodern Direktions, 载于 Griffin, D. 主编：Spirituality and Society, New York 1988, 33—40 (37)。也参阅 Sale, K.: Dwells in the Land: The Bioregional Vision, San Franzisco 1985。

[520] 参阅 Abt Holzherr, G.：《坚持不懈地立足本地——一种世俗的德性？》，载于：《静止与运动——论增加迁徙的拓荒功用》，瑞士伦理学研究界的劳动报 2/92，苏黎世 1992 年，第 32—34 页。本笃会把坚持不懈地立足本地作为进修道院修行的标准（本笃会规则 58），它不追求固定不变，但作为修士有时很喜爱的出家修行的一种相反运动。

[521] 我们的纲要 II/1。

[522] Jans Primin 未来电影脚本的题目，载于 Arras, H./Bierter, W. 主编：我们想要何种未来？三个场景对话。巴塞尔区论坛讲演。Liestal/巴塞尔 1989 年，第 211—217 页。

不附加强大的社会和生态的措施,将导致生态灾难。

尺度在于在伦理学上得到承认的互补性原理,因此要尽可能多地和尽可能深广地挑选应该生产和应该人为地固定的东西。当然达到这个尺度的最重要的手段还是价格形态。假如产品真的完全表达出生态真实性[523],那么运输成本与此相应地就会成倍增加,这样,尽可能多的产品就要尽可能就近地在消费地生产了。

5.4.10 世界人口尺度

客人守则纲要 II/10

欢迎你来到世上作客!你要投身于世界人口和资源消耗的稳定化中来,否则你个人的适度操守将永久失效。

换一种说法

要把个人操持的尺度和投身于世界人口的稳定化以及因批量生产和消费(导致的)资源消耗的稳定化同时结合起来。

瑞士人平均每人每年作为动力材料(汽油)消耗的石油大约在1000公升。[524] 我们假设,他在一年内例外地唯一一次比平常加油要多些,多消耗了50公升,那么肯定他还是属于瑞士人的平均水平。平均地生活就是按照普通的感觉平常而适度地生活。没有人会有这种想法,要把他看做是无度的人。但是,要是地球上所有的54亿人每人每年多消耗50公升汽油,那么石油消耗总共要提高2.7亿吨(全球每年达到30亿吨)是一年的9%(如果只算成年人,人类的一半,那么还要增加4.5%)。这个例子应该说明:表面上的适度行为能够导致无度,如果它是大批人做出来的话!此外,个体的保持适度由于世界人口的增加在作用上将迅速失效。

生态负担和破坏不只是财富和行为的质的问题,而且在很大程度上也是一个量的问题。在近代,一对有钱人频繁地穿梭于欧洲旅行,不会产生生态问题。不是百分之五的富人,也不是百分之十五的穷人,而是百分之八十表面上适度的工业化国家中的中产阶层,造成了生态负担。无度首先是因(当今的物质财富得以可能的)批量生产形成的,因此是因市场经济的强迫,因要尽最大可能生产最大量的产品和因批量消费而形成的,所以也是因财富的广为分配形成的,在这里公正当然还是可欲的。

---

[523] 这是第5.4.11节的标准。

[524] 更多的参阅第5.4.3节。

5. 基督教环境伦理学的适度伦理纲要

那么我们提出两个问题：第一，在一种生态上可持续的经济中，福利情况将增加吗？因为例如当今的群众旅游在生态上是不可承受的，并产生大量更高的运输成本，而在从前，旅行还只是富人才能为之的事。第二，从环境伦理学角度看，该如何对待人口增长呢？

第一个问题暗示出实际的危险。从环境伦理学角度对它只能回答一个明确的不。基于相关性的标准[525]，持久发展，生态公正和民主参与这些主导价值都可以看出它们的相互关联。它们同时也是可以改变的。南北之间福利情况的进一步增加，也如在工业化国家内部一样，如果所有额外的生态成本国际化了，它们就是令人可怕的。所以有必要同时制定出社会政治的措施来改善生态负担的分配。对于这种分配而言，要阐明公正的标准，按照这个标准，吃亏最多的人将受益最多，就是公正的。[526] 世界人口增长除了生活风格之外，在超发达的国家，是一个有意义的生态问题。人口发展同福利情况相关，是一个陈腐的道理，在这里不必加以解释。在环境伦理学上必然要做的事情，是要通过缓解福利下滑，资助妇女，并通过直接的计划生育[527]来稳定人口增长。而为稳定世界人口（尤其是在南半球）而加大投入，从环境伦理学角度看是可信的，如果它同时同稳定或者说降低资源消耗（尤其是在北半球）联系起来的话[528]。所有这一切也都是教会弥撒、发展合作和环境活动的课题。为了纪念1994年开罗世界人口大会，在这里只能提醒注意到教会对这些问题的讨论。[529] 在这些方面，对梵帝冈的地位提出某些反抗性的批评是必要的，因为不论是在1974年的布加勒斯特，1984年的墨西哥，1994年的开罗这些世界人口大

[S. 332]

---

[525] 参阅第5.3.12节。

[526] 参阅第5.4.2节。

[527] 这是1994年9月开罗世界人口大会得出的结论之一。

[528] 这是17篇女性论文作出的推论。载于：给所有人以面包/伯尔尼宣言（主编）：《少生小孩，多消费？——南北妇女们对人口问题的情绪》，伯尔尼1994年；特别是在 Shiva, V.:《南半球环境破坏的真正原因》，版本同前，第42—47页；Mies, M.:《并不过多的人口——北半球的消费主义是问题》，版本同前，第48—55页。

[529] 参阅《世界人口增长作为教会的挑战——为服务了教会发展EKD同业协会的一项研究》，居特斯洛1994年；《地球能够承受多少人？——为了服务于教会发展EKD同业协会的一项研究》，1994年；Skriver, A.:《达到多少人？——人口灾难不可避免》，慕尼黑1986年；Power Bratton, S.: Six Billion and More: Human Population Regulation and Christian Ethics, John Knox/Westminster Press 1992；Peter, H.-B.:《人口增长对抗持续发展？——从新教视野出发的社会伦理学权衡》，ISE-Texe12/94，伯尔尼1994年。

会上,还是在 1992 年里约的联合国环境与发展大会上——梵蒂冈都批评人为的避孕措施和堕胎问题,因此有些批评,也是反抗性的,说他们试图阻止稳定人口的纲领。[530]

5.4.11 整体中的个体

客人守则纲要 II/11

欢迎你来到世上作客!要爱上帝,爱人类和爱所有物种,如同爱你自己一样。要投身到所有生物以生命为天职的和好共戏中来。

换一种说法

物种的生命权和个体的生命权都应受到保护。在有冲突的情况下,保存生态系统的功能优先于保存个体的存活。

在当代环境伦理学中,特别是在生物中心论的初衷中,存在一种广泛的趋向,给予物种的存活相对于个体存活以优先地位。我们已经在整体主义特别是克劳斯·米歇尔·迈尔—阿比希那里[531],在保罗·泰勒,霍尔姆斯·罗尔斯顿和深层生态学的哲学初衷那里[532],在汉斯·鲁的神学环境伦理学那里[533]指出了这一趋向。阿尔多·利奥波德,这位美国环境伦理学的先锋,在其大地伦理学中的出发点就已经是,整体的共同福利具有优先于部分福利的地位。这种态度一直被追溯到亚里士多德那里,他已经阐明了这一伦理标准,公益比私利更加神圣。还有,在生态中心论和整体主义的环境伦理学中,生态系统作为"整体"的体现比作为个别物种的生态系统具有更高的价值。通常被引用为这种价值等级的主要证据是,生态系统的功能和一个物种已有的存在是个体生命的前提,例如,霍尔姆斯·罗尔斯顿说:"系统的过程[534]具有超常的价值,不是因为它对于个体是同样有效的,而是因为这个过程早于个体性,它才产生出个体性。"[535]

---

[530] 参阅 Skriver, A.:《达到多少人?》,版本同上,第 129—138 页;给所有人以面包/瑞士福音教会联盟社会伦理学研究所:《人口与发展的世界大会——对梵帝冈的一种反抗性对质》,伯尔尼 1994 年 8 月 15 日。

[531] 第 2.1(特别是 2.1.3)节。

[532] 第 4.8.3 节,第 4.8.4 节和第 4.5 节。

[533] 第 4.2.1 和 4.2.2 节。阿尔特纳同时强调了"物种的生命权……和个体的生命权"(《自然被遗忘》,达姆斯达特 1991 年,第 108 页)。

[534] 通常所指的都是生态系统。

[535] Rolston, H.: "Is there an Ecological Ethic?", Ethics 85 (Jan. 1975), 101.

5. 基督教环境伦理学的适度伦理纲要

但是对于这种整体对个别东西的优先地位也出现了反对意见。我们可以提及四个动机引线作为例子。(1) 没有牺牲者：个体不可为了一个集体的存活而被牺牲掉，特劳歌特·科赫在他的生态神学中大致就是强调这一点[536]。(2) 反对统治：在个别对整体的价值金字塔背后存在着一种等级化的世界图景，一种"封建教会的普遍金字塔"（恩斯特·布洛赫），哲学家马尔库斯·瓦尔德伏格尔大致这样认为[537]。(3) 没有平均值：平均功利的功利主义以对个人发展的平均功利为核心，而功利总量功利主义则追求对所有个人的功利总量的提高。笛特·比恩巴赫肯定后者，认为"平均值对于个别东西无关紧要"[538]。这不是说所有的类对于个体只有一种抽象的平均值，如果是涉及生存的话，就没有多少帮助吗？(4) 对环境教育基本无用："对于有意识地采取行动的人类个体而言，类的存活不是被认真考虑的行动动机。"[539] 人们与其致力于保护一般的类不如说致力于保护具体的动物或者植物。

在这种对整体的类优先于个别东西的反对意见背后，也可感觉到对一种集体主义的害怕，它虽然可作为生态学上的动机，但在政治上可能会再次被用在极权主义的意义上。[540] 这些异议由于这种合理的害怕而得到认真对待。尽管如此，片面地强调个体并不能解决类和个体生存之间的伦理冲突。

这个问题还将更加复杂，因为在实践中不仅存在类和个体之生命权之间的冲突，而且经常在物种（植物和动物的），个体（植物、动物和人类的）和种族（人类的）之间也存在冲突。人类作为物种从生物学来看也是由大量的种族组成的（种族是某一物种的下属）。就此而言，生命权现实地是指对国民和民族部落的威胁！这些民族部落不仅有作为个体的生命

[S.333]

---

[536] Koch, T.:《自然的神圣律法》，苏黎世1991年，第83页；也参阅上一章第4.1.3节。

[537] 瓦尔德伏格尔, M.:《独一无二与语言——随笔》，维也纳1990年，第89页之后。

[538] 比恩巴赫, D.:《对未来后代的责任》，斯图加特1988年，第60页之后；也参阅上一章第4.8.1节。

[539] 柏林科学院：《环境标准研究报告2》，柏林1992年，第23页（同对"个体尊严的思想"考虑相关，注释18）。

[540] Chistofer Frey:"在造物主的言语中谈论整体，要求在政治上清醒地翻译到当下的处境。"(ZEE32[1988],53)

权,而且有尊重他们作为民族的文化认同的权利。亚马逊河流域的亚纳玛尼族(Yanomani)的印第安人在巴西北方受到灭种的威胁[541]。波斯尼亚的穆斯林首领,出身于萨格勒布的伊马姆·穆斯塔法·策里奇(Imam Mustafa Ceric aus Zagreb),对在波斯尼亚发生的对穆斯林的民族清洗说:"我们宁愿是受到灭种威胁的狗或者鸟类,如果真是这样的话,那么欧洲就将最终实际地关心我们的命运了。"[542]这种苦楚的情绪是第三世界对工业化国家环保努力的普遍情绪的部分反映。

在个体、种类和物种的关系中,在个别与整体的关系中,为了能够找到尺度,我想从神学—环境伦理学角度提出 5 个方面的看法:

[S.334]

(1)植根于世界中的可愿望的生命多样性和丰富性要得到切实可靠的保存。它是上帝及其造物之意图的表达。[543] 与此相联系的伦理义务是,尽可能使多样化的生命成为可能。

(2)在物种、人的[544]类族和个体之间的冲突中首先适用的是公正规则,按照此规则,基本需求优先于非基本需求[545]。在基本需求陷入相互冲突的地方,那么这就是涉及物种、类族和个体之存活的地方,整体的延续,即保障生态系统的功能能力,优先于个别部分的存活,因为上帝作为造物主和在整个宇宙中实存的基督与圣灵[546],想要保存和完成整个世界。但这不意味着自动地和在任何情况下一个物种优先于它的个别部分,因为在个别东西中整体甚至也完全神秘地实存着。

(3)在所有对世界整体的强调中,犹太—基督教的启示赋予了个别的存在者一种巨大的尊严。上帝对每个具体的人都以他的名召呼他(《以赛亚书》43,1),甚至对每个具体的动物和每个植物都这样。10 亿飞鸟或者星星都不是匿名的物种,相反,上帝召呼它们"一切都是有名

---

[541] 参阅 Fallstudie:《生态危机作为南北问题——以亚马逊河流域为例》,为了服务于教会发展的 EDK 同业协会一项研究,居特斯洛 1991 年,第 37 页之后。

[542] 《第二世界中的信仰》,Nr. 9/1992,8。

[543] 参阅第 5.1 节和 5.4.6 节。

[544] 动物和植物的类在这里有意不提,因为在我看来,在动物和植物那里,只要种的存活能得到保障就够了,而不需要无条件地使每个个别的类的存活得到保障。相反在人类这里,民族的多样性是重要的。但最终这只是一个定义问题,我们把什么概括在种和类之下。

[545] 详细的讨论在第 5.4.2 节。

[546] 参阅第 5.3.2 和 5.3.3 节。

的"(《以赛亚书》40,26)。人对上帝的责任和脱离有罪之路及其解放,都是基于个人的这种被召呼的存在。

4. 个体和物种的相互从属性表现在微观宇宙和宏观宇宙相适应的观念中,按照这种观念,在个别的东西中是可以包含整体的。[547] 整个人类也可以实存在具体的人心中。反过来说:每个人必将是人类。在具体东西和其类族之间(适用于人、动物和植物)的这种关系原型就是上帝本身在其三位一体中[548]。在三位一体的每个位格中上帝都是作为整体之神。三位一体的具体位格之间的交流发生在一个永恒的生命过程中。[549]

5. 开始提到的生物中心论的原理:物种的存活比个体的存活有优先权,虽然在生态上是正确的,但在伦理上是不仁慈的。它在明文中就有这种意思,一个印度妇女,如果不去砍伐最后一点用来烧饭的木柴储备,免得促成这个树木进一步灭绝,那她就该活活饿死。但它不允许,受他人要求,对他的生活有利的东西就该具有更高的价值。人们只能自身作为自愿的牺牲者,为了有利于共同体、类族或者生态系统的生活而牺牲他的生活! 个体为了整体的这种自愿的牺牲,是在基督教中特别嘉许的道路。

[S.335]

所以,集体主义的片面性如同个人主义的片面性一样要得到克服。相关性[550]意味着,种族的生命权和个体的生命权都要得到保护,或者如尼古拉斯·乔治斯库-雷根(Nicolas Georgescu-Roegen)那样幽默地把博爱的戒律推广到生物:"Love the species as thyself!"——"爱人如爱己。"[551]

5.4.12 权力和责任

客人守则纲要 II/12

欢迎你来到世上作客! 你不要瘫痪无力。你要尽力使你获得足够的

---

[547] (从亚里士多德经过库莎·尼古拉和希德嘉·封·宾根直到当代的)这一学说的哲学—神学路向,参阅 Lanczkowsi, G. 等:宏观宇宙/微观宇宙词条,TRE,卷 21,第 745—754 页。

[548] 这种思想我要感谢同希腊正教神学家 Georgios Mantzarids(Thessaloniki 人)的谈话,他把这种思想作为其伦理学的基础。参阅 Mantzarids, G.:《基督教伦理学》,Thessaloniki1991 年第 3 版,第 262 页;也参阅 Sophrony, A.: Voir Dieu tel qu'il est, Genf1984,140f.

[549] 这就是相互贯通/circumincessio 的古老的三位一体学说所说的意思。参阅莫尔特曼,J.:《三位一体和上帝之国》,慕尼黑 1980 年,第 191—192 页。

[550] 参阅 5.3.12 节。

[551] 跋,载于 Rifkin, J.: Entropy into the Greenhouse World, New York1989(2),307。

权力，以便能够负责任地为一种持续的发展作出你的贡献。同时你要这样行动，使你的权力能够受他人权力的限制和检查，并且你要把权力投入到为他人服务中来。

换一种说法

只要你一般地具有一种行动和决断的空间，你就要负责地保持适度。为此限制权力的正当尺度是必要的。这种权力必须合法地分配以及通过民主的途径得到限制和检查，以便使之不被滥用。责任的尺度应该与一个人或一个机构所拥有的权力尺度相适应。

"权力(Macht)体现了人参与上帝创世的能力。"[552]普世基督教教会委员会对权力的这种神学定义表明，权力是必要的，以便能够感知到对创世的责任。权力是这样的能力，在作决策时，它能对自身、对他人或者对制度有效地代表他的要求，并能够逐步地予以落实。权力并非本来就好或坏，而要看它是被用到促成福祉还是用作破坏。对权力的社会伦理学讨论一再地指出了对权力的这种矛盾心情。权力太小的人，感觉不到他的责任。权力太大的人，就有滥用权力的危险。所以，给权力一个正当的尺度是负责任地与他人和共同世界交往的一个重要部分。在这里要讨论四个问题。

(1)为了保持适度，什么是权力的正当尺度？从神学上对权力思考的所有出发点都是上帝的权力[553]。他的权力是创世的基础，也是(解放—)历史的基础[554]。他的权力为所有人的权力限定了边界。同时为了有利于受造物的自由，他自愿放弃了他的一部分权力。这种对权力的放弃，"上帝的自我限制"[555]已经根植于创世的事实中并在他以耶稣基督的成人事件中可以见到，是他对所有被造物的爱的表达，也是与他的造物立约特征的表达。上帝特别同按照人的尺度的弱者们分享他的权力，弱者因此而强有力地做事(《路加福音》1,52;《哥林多前书》1,25)。所有违

---

[552] 来自温哥华的报道。《普世基督教教会委员会第7次全体会议的官方报道》，法兰克福1983年，第112页。

[553] 对此参阅例如施赖，H. H. 的"权力"词条，TRE，卷21，第652—657页。

[554] 两者在《诗篇》136中是有联系地强调的，V.4—9涉及的是创世，V.10—24涉及的是上帝与其人民的历史。

[555] 莫尔特曼，J. 这样认为：《三位一体与上帝之国》，慕尼黑1980年，第123页之后。

[556] 更详细的论述在第5.3.1节。

5. 基督教环境伦理学的适度伦理纲要

背上帝的权力在时间的终点都服从于上帝的权力(《哥林多前书》15，24—28)。

这些不多的提示指出了，从基督教的视野看，人是全权的，作为上帝的客人，受他的灵的指导在世上行动。他们应该感知到被赋予他的权力。当权力被他人扣留或者拒绝给予他们时，他们也应该索取权力！[57] 但他们也应该像上帝本身同他的受造物分享权力那样来分配它们[58]（上帝的三位一体也以神秘的方式是对其权力的一种分配）。权力的限制是通过分权和督权实现的。两者对于与共同世界交往中的保持适度是必须的。

（2）什么是责任的正当尺度？责任的尺度应当与一个人、一个组织或者一个国家的权力之尺度相对应。[59] 所以也应该在太少和太多之间寻找责任的正当尺度。行使权力，而不履行相应的责任，就会损害和破坏他人和共同世界。所以，人的活动，例如技术工程，如果人对它们不能承担完全的责任，就该限制。但过度的责任意识，也没有哪个权力以可能的行动形式与之符合，无论如何是敌视生命的，即是自我毁灭。伦理学的课题是，为拥有权力的人指明其责任，同时要为许多当今因对全球问题的了解和敏感而在心理上压力过大并最终丧失行动能力的人们卸去负担。克服普遍存在的对全球风险的心灵上的麻木[60]，也属于伦理学的课题。不是每个人对世上的任何事情都要负责任。寻找责任的正当尺度，属于适度！

对于基督教伦理学而言，人的责任"只"对上帝的行动作出应答[61]。所以基督教的责任伦理学包含了对上帝救赎行为的信赖，这种行为先于

[S.337]

---

[57] 因此，例如，妇女的要求在普世基督教妇女10人组的框架内，在神学上得到支持，妇女在教会中能够感受到对权力的合法分享。

[58] 对此参阅南北关系的例子。Hieber, A.:《分权——共同生活》，给所有人以面包，瑞士援助活动1993年活动的基础文献，普世基督教1993年活动交流书，伯尔尼/Luzern，第6—16页。

[59] 关于权力和责任的关系，参阅约纳斯, H.:《责任原理》，法兰克福1984年，第172页之后。特别有意义的是，他把责任推广到对未来的人（199页之后）。

[60] 米勒—法轮霍尔茨, G. 对此给了重要的普纽玛学的回答。《唤醒世界——在此危险的时代我们对圣灵的信仰》，居特斯洛1993年，第78—87页、第119页之后。

[61] 责任这个概念源于一个本来是基督教—末世论概念的世俗化，皮希特指出了这一点。皮希特, G.:《真理，理性，责任》，斯图加特1969年，第318—342页。

一切人的行为拯救世界[62]。在此行为中确立了责任的基础。

(3)通过什么使用好负责任的权力？权力不是人们拿它想干什么就能干什么的占有物，而是一种租借物(Leihgabe)，如果误用它就将被上帝收回。有权势者也不能再从那里拿出来，而是要同样服从上帝的律法（例如《摩西五经》17,14—20）。神学将实定法确定的诸如人权这样的基本权力建立在此之上。对权力可负责任的使用之标准，在这里只能作点提示[63]：

犹太—基督教权力观的主要特征是把权力用作服务。《新约》的说法，以服务代替统治，非常清楚，例如(《马可福音》10,43)："你们当中谁要做大人物，谁就得做你们的仆人；谁要居首，谁就得做大众的奴仆。"[64]这种说法在我们提到的上帝放弃权力中有基础，如果让耶稣来说的话，他不是来受人侍候，而是来侍候人的(《马可福音》10,45)。所以，世界的完整形象，上帝和人共同操持(condominium)可被理解为共同服务(conservitium)。这种服务特征也在负责任的管家身上突出了，就像普世基督教的环境伦理学在"托管"概念下表达它一样。[65]

(4)一种自制的生态政治如何获得权力和执行力？这个问题是当今环境伦理学的真正关键。它是相关的政治伦理学的一部分[66]。在环境的世纪中能使用生态专制的权力，来满足生态伦理措施的适时[67]贯彻吗？由于民主需要缓慢的决策程序，要依赖于政治家们反复的权力较量，就不足以采取有力的措施使环境危机及时化解吗？恩斯特·乌尔利希·封·魏茨泽克在他探索一种有效的生态实际政策时也提出过这个问题。他以

---

[62] 菲舍尔,J.合理地指出了责任伦理学的界限:《基督教伦理学作为责任伦理学?》,EvTheol 52/1992 年,第 114—128 页。

[63] 对权力手段和无权的伦理评价,我在另一个地方做了详细的阐述。《调解与旗帜鲜明》,苏黎世 1988 年,第 529—549 页。

[64] 也参阅第 5.2 节把客人理解为执事。

[65] 参阅例如 Hall, D. C.: Imaging God: Mominion as stewardship, Eerdmans, Michigan 1986。

[66] 关于伦理学与环境政策的国际大会讨论了这些问题。第一次大会的论文在: Poli, C./Timmermann, P. 主编为: L'Etica nelle politiche ambientali, Padua 1992;第二次大会 1992 年在美国的 Georgia 举行。

[67] 参阅第 5.4.8 节。

"明确地向生态专制说不"[568]回答了这个问题。

尽管公正,持续性,对共同体有利的和平和民主参与都是应该同时追求的,但在有冲突的情况下,保护生活基础在诸善权衡中还是优先于保护民主,因为生存是民主的前提。在伦理上生存的价值优先于民主的价值。不过这远不是为生态专制辩护,因为通往民主的法治国家有多种多样的议会式的和非议会式的道路,就像加速某些决策过程的例子一样,都还没有走到尽头,都是可行的。还有物种选择的、时间上规定期限的和在民主法治国家中作为工具预定的紧急状态法,在生态的适时性利益中都可作为一种重要的伦理价值来支持。不同的反抗形式像民主过程一样都会加速。它们不是从一开始就作为非民主的东西遭到否定,由于在民主的法治国家内也存在着反抗权力,只要反抗不是试图废除法治国家(系统反抗),而只是保存生命力,服务于生命保护也想为了未来后代的继续发展(反抗的呼吁、监督和变革功能[569]),因此,这种有限的反抗将能受到国家强制力的容忍[570]。

国际环境政策伦理随着这个问题的讨论也必将增强,就像民法的工具能够进一步发展一样,因此,每个都以特别的方式为环境增加负担的国家,能够按照起因原则受到国际共同体的责任追究。其前提是,像联合国及其专业机构这样的国际组织要进一步发展,以至于在上述标准意义上对权力的分配能够让所有国家得到合法的参与。适度的环境伦理学要求在所有层面上的措施都适度,从个别人的行为,经过加强非政府组织(这些组织在权力分配和监督的意义上正是在环境领域有着重要的功能[571]),直到国际立法。

---

[568] 魏茨泽克,E.U.v.:《地球政治——环境世纪浪潮中的生态实际政策》,达姆斯达特1990年第2版,第269页。

[569] Rhinow,R.:《法治国家中的反抗?》,伯尔尼1984年,第35页之后。

[570] 在此意义上,一种有限的反抗在法治国家中得到下列论文的大多数作者的肯定:萨拉丁,P./Sitter,B.主编:《法治国家中的反抗》,弗莱堡1988年。其中与生态相关的,例如Mayer-Tasch,P.C.:《在社会生态危机信号中的反抗权和反抗义务》,第29—43页;Gruner,E.:《在反对破坏自然的斗争中反抗作为变革的潜力》,第57—70页;鲁,H.:《法治国家中的反抗——伦理学视野中的有实效的策略》,第277—284页;瑞士福音教会联盟:《反抗?基督徒,教会和避难》,伯尔尼1988年。

[571] 对此的分析和建议可在联合国发展纲要UNDP中找到:1993年人的发展报告。它特别以居民的参与为题(第5章非政府组织)。

[S.339]

6

展望：禁止的乐趣与伦理学的限度

禁止的乐趣不是比保持适度的意志要强烈得多吗？善的知识也能促进善行吗？伦理学对于世界的保存能作出什么现实的贡献呢？规范的目标规定的界限在哪里？就像上一章所描写的那样，是在一种适度伦理的实际操作性上吗？这些对伦理学自我批评的问题，同时也进一步表现为环境伦理学的研究主题，至少应该在我们的研究中得出结论来。它们是伦理学"正当性审查"的部分①。这种审查通常是回溯性地追问，伦理学的回应是否使一个恰当的解决方案成为可能。这里同环境心理学的对话是重要的。最后对伦理的恰当性审查作出几点评论。

环境伦理学必须对环境社会科学有巨大兴趣。对于环境伦理规范的实际可操作性、可行性问题，环境社会学，环境教育学和环境心理学都能作出实质性的贡献。必须具备哪些社会学的前提，每个人的能源消耗才能遵循生态的尺度②？一种自制的伦理学如何转化为一种"自制的教育学"③？我们的这些主题也是等待处理的急迫问题吗？所以，尽管我们早已看出适度行为的价值和必要性，但真正说来，我们尚未适度地行动？在此，我们只能从环境心理学指出几点与此相关的问题范围和研究原则。

---

① 参阅第1.4.6节我们的方法论的第6步。
② 参阅例如对多数家庭房屋租用人的能源态度及其道德内涵的社会学研究，在Bovay, C. 等：《日常生活中的能源——能源消耗的社会学和伦理学方面》，苏黎世1989年。
③ 参阅Dietz, H.：《自制的教育学》，弗莱堡1978年。目前对环境教育提供了最广泛讨论的是Calliess, J./Job, R. 主编的：《环境与和平教育实践手册》，卷2：《环境教育》（共有63篇详细的论文）；卷3：《和平教育》，杜塞尔多夫1987/1988年。

6. 展望：禁止的乐趣与伦理学的限度

心理学阐明了道德行为之可能的个体和集体的心理条件。生态心理学④——也被称之为环境心理学或者心理学的生态学——开拓了一个宽广的问题域，尤其是环境意识和环境行为的关系，使环境学习成为可能的诸因素，对自然的感知，从媒体心理学到城市规划，从交通心理学直到环境伦理学的许多具体方面。

对于环境伦理学特别重要的是价值定向和实际环境行为的关系，经验性的研究对此作出了一些重要贡献。在1987年的一项伯尔尼城市研究中公布：知识的增多并不无条件地导致对环境公道的行为。"不是知识，而是对问题的敏感性导致对环境公道的行为……一个人对环境的反应越是情绪化(affektiver)，其对环境的行为越公道。"⑤另外还公布了调查表：一个人越是对环境公道，遭受环境破坏之苦越多，越多地体验到自己日常行为与理想行为之间的矛盾⑥，就越强烈地代表后唯物主义(post-materialistische)的价值，越是有决心，为解决问题的新的可能性就越是自为地能够引起注意，并越少地以物质价值为目标⑦。对伯尔尼和慕尼黑的环境行为的另一项经验研究虽然证明是友好的，"在环境意识和行为之间毕竟存在着一种适度的积极关联"，"对推动环境问题的解决比依赖有环境意识的消费者的自制更为有效"；至少它合理地指出了，人们"除了推动环境问题的解决之外，不可忽视环境道德"，因为环境道德对于在民主中接受并在政治上推行环境措施，对于推动环境问题的解

[S.340]

---

④ 对此学说提供了最好概述的诚然是 Kruse, L./Graumann, C./Lantermann, E. 主编的：《生态心理学——关键概念手册》，慕尼黑1990年；社会心理学的方面：Fietkau, H.-J.：《生态行为的条件——环境心理学的社会使命》，Weinheim1984年；生态心理学的发展方面：Kaminski, G.：《环境心理学——挑战和建议》，载于 Callies, J./Lob, R.：《环境与和平教育实践手册》，版本同前，卷1，第127—139页。

⑤ Grob, A.：《环境领域中的态度和行为》，心理报道(Psychoscope)，瑞士心理学家盟友杂志，9/1991，第13—17(15)页。环境知识及其向整个生活关联中的关系，也参阅瑞士人对森林垂亡之态度发展的研究：Reichert, D./Zierhofer, W.：《把环境挂在嘴上》(*Umwelt zur Sprache bringen*)，苏黎世1992年。

⑥ 伦理学的一项课题正是，通过规范目标的命名制造这种矛盾并使之被意识到。这种矛盾是行为改变的前提。当然，如果矛盾变得太大了，它不但不能引导行动，还要让行动瘫痪。Schmidbauer, W. 指出了这一点：《一切或虚无——理想东西的解构性》，Reinbek1980年。

⑦ 同上书，第15—16页。

决,都是必要的。⑧另一项研究借助于一项环境活动探索了环境行为。它提出,"试图改变个人的环境意识来推动更多的对环境公道的行为,是不必要的。毋宁说,必须为个人创造出在对环境公道的行为中能够相互信赖的可能性",这就是说,通过信赖"共同活动者"或者说通过一种"公开监督的义务"而促成对环境公道的行为。⑨是否能够成功地将被视为正当的环境价值转变为对环境公道的行为,依赖于许多因素,我列举10点⑩。

[S.341]

(1)上述那些研究,也就像是每个人自身经历的日常经验一样,表明了尽管有关于生物中心论、人类中心论和神中心论的所有伦理学争论,但实际的行为举止还总是优先地深受人类中心论的自身利益的操纵!环境伦理学也好,基督教的环境伦理学也好,都不能回避、相反还是强调这种自身利益的。

(2)如果迄今为止我们不再抓得住不言而喻的东西,如果出现了破坏,而我们不再知道行为在身后会引出何种结果,那就要在制订行动计划时提前准备做好价值权衡。刚才说到的日常行为和伦理理想之间的张力在这里能变成创造性的动机,但它也能够起消极作用使行动瘫痪,导致情绪低沉,环境压力过大⑪。环境压力过重的最重要特征,就是为了克服现实的适应性危机对自身有机体投入大量资源。现今,人对负担过重的环境必然作出适应性反应,导致环境压力,相应地,人又需要许多生理和心理的力量来应对它。反过来说,自然本身也处在环境压力下,它也需要通过人产生一种适应这种压力的能力。适当的压力能够积极地促进行动(Eustress——兴奋),过重的负担导致过高的要求,被消极地描绘为消沉(Distress)。人的环境行为至关重要的是,如同克服消极情绪——内疚只

---

⑧ Dieckmann, A.:《环境意识和环境行为——在伯尔尼和慕尼黑的一项经验研究》,伯尔尼,大学出版社,Nr.71/1991,第22—25(25)页。

⑨ Mosler, H.-J.:《对环境公道行为的自组织:在一种环境活动中形成信赖关系对资源使用的影响》,苏黎世1990年,第91页;也参阅此人的:《对环境公道行为的自组织》,苏黎世大学2/1990年,第12—14页;Gutscher, H./Mosler, H.-J.:《人的发展反对自然的多样化? 社会心理学对一门广义的环境学的贡献》,苏黎世大学3/1992年,第25—27页。

⑩ 我在这里的依据是兰特曼,E./德林—斯佩尔,E.:《环境与价值》,载于Kruse, L.等:《生态学的心理学》,版本同上,第632—639页,特别是第635—637页。

⑪ Schönpflug, W.:《环境》,载于Kruse, L.等:《生态学的心理学》,版本同前,第176—180页。

6. 展望:禁止的乐趣与伦理学的限度

是一个流行的说法——那样克服它。自责和宽恕可能是一个重要的方法,但在这个关系中还不太能够处理成生态心理学和神学环境伦理学的共同主题。因强大的问题意识和缺乏行动能力之间的矛盾而导致的环境压力也只能通过具体的行动措施来缓解。⑫

（3）环境行为不仅反映了有意识的价值选择,而且至少同样也反映了无意识的价值选择。所以,保持适度的德性被许多人有意识地肯定,但无意识地拒绝。

（4）"与环境相关的价值具有情感特征"很有意思,那就是说度,例如保持适度,要"与自我价值相关的情绪"保持一致。自我价值感,自我尊重和认同必须通过这些价值来增强,它们才能推动相应的行动。动机研究⑬可以对此作出许多贡献。权能动机("我有能力塑造我的环境")在这里从伦理上看比另外一些不只是消极评价的动机,如退隐动机("我想摆脱这种不堪忍受的处境"),认知动机("我看见了一种我想解决的矛盾"),或者成就动机("我想比别人更强")更有承受力。在生态灵性中特别强调了人性的和社会的动机("我为自己和他人追求自我实现")。广而言之,环境价值,如果在一种具体处境中象征性地存在的话,都只有动机性和情绪性的特征。正是对于这种象征,生态灵性和教会也能为此作出贡献。 [S.342]

（5）在特别有威胁和戏剧化的处境中(像环境灾难,但也可以是已经爆发的强烈烟尘污染),有意识的价值决断和实际的环境行为之间的矛盾尖锐化。兰特曼/德林有根有据地推测:"在这种情况下,行为的调节受情绪操纵过程的支配,其功能首先是处在一种迅速的、即刻的、只是顾及到'此时此刻'的个人行动能力及其效果的重建中——也即为了受到损

---

⑫ 一个个人的经验:在我同家人居住的移民屋(城市出租房)内,我们倡议安装太阳能热水器和电热水器。我们建议作为出租人的苏黎世市,让租房人承担一部分因租金利息任意提高而增加的成本。一项民意调查让我们自己感到吃惊,老的租房人,我们意想中最容易反抗的那些人,却最大部分地表示愿意,尽管等价物纯然是观念上的(以太阳能代替石油资源),理由是:"现在我们至少还能够具体地做点什么。人们从人们应该做什么中确实能读出这么多意思来。"

⑬ 作为简要的概述和对涉及环境行为的动机的社会伦理学的评价,参阅司徒博,Ch.:《启动一种符合人道的增长——对于一种新的生活风格的社会伦理学评估》,苏黎世1982年第3版,第65—71页。

失的代价以及主观上有意义的与环境相关的价值的重建。"⑭一种集体的应急伦理或者宵禁伦理还是值得探究和发展的,伦理价值在应急和宵禁的情况下至少也能部分地得到保持。

(6)正如生态系统都是很复杂的网络化系统一样,环境行为也必定被看做是很复杂的系统。"对复杂、动态的系统……的有效操纵以对多数参数的模拟观察为出发点,其相互从属性及其动力学只有部分地是可理解的……能够取代一种片面的价值最大化战略的,恐怕就是价值——平衡战略。"⑮我们的相关性和互补性标准涵盖了这一战略。⑯

(7)每种伦理学,尤其是作为一种适度伦理的环境伦理学,都设立了界限并对之做出了积极评价。因此包含了所有的禁令、戒律及其越界的可能性。禁令从来都含有引起超越它的诱惑。从心理学上,这可以说是一种真正对禁止的乐趣。⑰ 发生越界,不仅是因有一个特定目的之故,而且越界本身有满足感,甚至所有愿望的信以为真的目的常常都会令人失望,因为它取消了接下来实现跨越的诱惑。⑱ 尺度的伦理,不仅从少数,而且从多数"自我—强壮"(Ich-starker)的、有道德教养的人格中获得生命⑲,如果没有这种要求,环境伦理学就将缺乏其使命!所以它必须认真对待人的本能结构。因此问题在于,保持适度如何也能在越界的乐趣这里留有空间。这涉及越界是促进生命而不是摧毁生命的。⑳ 对技术革新或者机构改革的诱惑——例如,发展新的节省能源技术或者改善资源循环的技术并因此超越迄今为止的资源损耗行为——就完全可能获得这样一种

[S.343]

---

⑭ 兰特曼,E./德林—赛佩尔,E.《环境与价值》,版本同前,第637页。关于这个问题也请参阅 Bettelheim, B.:《生存教育—危急处境的心理学》,斯图加特1980年。

⑮ 兰特曼,E./德林—赛佩尔,E.《环境与价值》,版本同前,第637页。

⑯ 参阅上一章第5.3.12节。

⑰ 参阅 Widmer, P.:《乐于禁止和必然越界》,斯图加特1991年。

⑱ 同上书,第166页。

⑲ 在O.赫费(《伦理学词典》,慕尼黑1986年第3版,德性词条,第257页)看来,德性是这样的性格,它"从一个有道德教养的人格能力和(自我—)壮大中"产生出善来。因此这种德性论不可避免地证明自身是第二级伦理,因为按照这种理解,只有少数榜样性才能是有德的。但第二级伦理必须被超越,就像新教伦理一再试图做的那样。

⑳ 促进生命和妨碍生命的越界与环境伦理学相关,从儿童心理治疗学的视野来看,请参阅 Schärli, B.:《有威胁的明天——儿童、环境与文化》,苏黎世1992年,第109—175页。

乐趣。"只有"在环境行为中明显地有强大作用的死亡本能（Todestrieb）能够抵御这种乐趣。

（8）我们的工业化和信息化社会，甚至现在的整个世界，基础都是建立在增长和工具理性的越界之上（至少在经济领域有不断开辟新的市场和新的技术的强大要求）。在此环境中，保持适度和重视界限也将出现在可持续的经济形式中，（但）首先被体验为业绩、自身价值和发展空间的损失。现在，环境伦理学和环境心理学的一个共同使命就是，把保持适度阐明为价值，有声有色并充满情感地使其能够有吸引力，使其被体验为不是损失，而是惠益，不是自我—虚弱，而是自我—强壮，不是对持续越界的强大期望的拒绝，而是对未来绝对必要性东西的先见之明！

（9）作为对制度化越界的修正，借助于环境政策确立制度性的界限是必要的。大量的研究一再地确认了在高度的环境意识和与此意识不相适应的环境行为之间的矛盾。所以，国家的环境政策，对于那些有高度环境意识的人，作为拐杖也是必要的。[21]

（10）工业化国家中的无度性具有集体化欲求行为的特征。但欲求不单纯要以道德要求来克服。所以保持适度的伦理可以挑战试图按照治疗原则来解决集体消费欲的做法，这在经济衰退时期也是有的。

回顾性的正当性审查使我们看到，伦理学对于世界的保存、驾驭全球化发展和世界经济的作用是有限的。就像我们在第3章已经看到的那样，保持适度的伦理在教会史的历程中实际上一直都存在着。不过，基督教的伦理学非常不同地看待人与非人的共同世界的关系。这就是说，有一些基督教伦理学明显地反对破坏自然，而另一些却相反，恰恰做了剥削自然和无节制的进步乐观主义的帮凶。在新近的环境伦理学中，正如我们在第4章所看到的那样，诚然是充满关护地努力把世界的持久性功利义无反顾地推向前台。

[S. 344]

在"环境与发展"的冲突这里，伦理学必然能够做出有益的定向。尽管对于这个重要的课题，伦理学总的说来为解决环境威胁和全球发展做出的贡献是非常有限的。在跨学科的努力中它是一块整体的马赛克石。在技术—经济发展的自身动力学中，它有时不再起着一种"飞机着陆制

---

[21] Kirsch, G. 指出了这一点：《环境道德——国家环境政策的一种替代？》Universitas Friburgensis, Okt. 1993—1994, 25—29。

动器"的作用。㉒ 与此相应,许多伦理学家也表现出谦虚和自我批评。㉓

但基督教的社会伦理学(就是环境伦理学,经济伦理学或者发展伦理学),并没有放弃明晰的分析,因为它不是从单个人的强大意志中,或者说通常不太从单个人的强大意志中把它的力量引向善的存在,而是从对共同生活的勉励中和从作为"伦理的真正承担者"的信仰中,因此从造物主这个上帝的解放力量中引出善的存在。路德已经认识到,在没有"基督为我们引路"的地方,伦理学毫无用处。相应地,这对于基督教的"环境与发展"的伦理学是适用的,正是宇宙基督本身,把我们"引向"与共同世界和同人的一种适度的、充满敬重的交往。

㉒ Beck, U. 这样说:《禁毒—组织性的不负责任》,法兰克福1988年,第194页。
㉓ 例如,胡伯尔,W.:《处于自由的自制》,《福音神学》52(1992),第128—146页(第135页:"对于一个社会而言,伦理学的作用是很有限的,只要它不变成权力");鲁,H.:《论证伦理学》,苏黎世1991年,第15页("流动性比伦理学更强大");马霍维奇,M.:《回归人的尺度——面对深渊的哲学》,斯图加特1988年,第115页("唯一能使人成为道德的东西,具体说来只是道德体验");由于先验设定的伦理规范可以观察得到的作用有限,Kenneth Sayre 认为,用环境伦理学指出当下起统治作用的规范起到的是破坏性的作用,比先验地设定可愿望的规范,可能有效得多(Sayre, K.《环境伦理学的两难考察》,载于《环境伦理学》1991年第13期,第195—213页;对于伦理学在技术时代的局限也请参阅 Wils, J.—P./米特, D. 主编的:《"无机会的伦理学"?——技术时代的调查》,图宾根1989年;Johnson, L.: A morally deep world. An essay on moral significance and environmental ethics, Cambridge/New York 1991, 184—202;对感性问题和神义论问题中的伦理学的神学局限,荷纳克, M. 以原罪和受难指出来了:《神学伦理学导论》,柏林1990年,第357—375页。

人名索引

（数字后面的 f 表示"随后一页", ff. 表示随后几页；本索引比原书的更全面, 译者补充了作者遗漏的一些人名）

阿拉芬尼施 Alafenisch, S. 231
阿尔特纳 Altner, G. 12, 34, 67, 71, 83, 92, 169ff., 173, 255, 271, 303f, 327
安布罗斯 Ambrosius 130
安那克萨哥拉 Anaxagoras 74
阿佩尔 Apel, K. -O. 40
阿佩尔 Apel, K. O. 190
阿奎那 Aquin, T. v. 20, 61, 120, 130ff., 136, 180, 309, 313, 315
阿伦斯 Arens, E. 190
亚里士多德 Aristoteles 74, 109, 120, 126, 128, 131f, 135, 145f, 150
圣方济各（阿西西）Assisi, F. v. 19, 191f, 238, 251
阿斯曼 Assmarm, J. 117
奥尔 Auer, A. 41, 178f
奥古斯丁 Augustin 61, 130, 132, 309

培根 Bacon, F. 18, 143, 186
巴特 Barth, K. 37, 49, 51, 113, 152, 156, 241, 244, 245, 259, 268, 271,

279,315

巴耶尔 Bayer, O. 136, 252

本笃会 Benedikt 233, 329

边沁 Bentham, J. 208, 322

贝尔卡罗夫 Berkaloff, A. 94

比勒尔 Bieler, M. 306

比里 Bieri, E. 90

比尔特 Bierter, W. 324

比尔弗特 Biervert, B. 148

宾根 Bingen, H. v. 96, 193, 251, 314

宾斯万格 Binswanger, H. Ch. 185, 215, 218f, 224, 289

宾斯万格 Binswanger, M. 215

比尔希 Birch, Ch. 168, 190

比恩巴赫 Bimbacher, D. 41, 60, 62, 78, 102, 208ff., 261, 333

比尔克纳 Birkner, H. -J. 37

布兰克 Blanke, F. 65, 318

伯克勒 Böckle, F. 37f

波夫 Boff, L. 89, 257

波姆 Bohm, D. 74ff.

波尔 Bohr, N. 79

朋霍费尔 Bonhoeffer, D. 49, 166

布柯钦 Bookchin, M. 186

布拉顿 Bratton, S. 189

布朗 Braun, H. J. 155

布赖特迈尔 Breitmaier, I. 196

布雷施 Bresch, C. 55, 81, 83f, 113

布伦纳 Brunner, E. 37

布伯 Buber, M. 242

布伯曼 Bubmann, F. 37f

比希里 Büchli, H. 88

比勒 Bühler, P. 248

布林格 Bullinger, H. 308

布尔特曼 Bultmann, R. 286

7. 文献目录

加尔文 Calvin, J. 135, 139f, 143, 158, 166, 219, 248, 251, 256f, 276, 279, 315

卡马拉 Camara, H. 228

加缪 Camus, A. 117, 119, 244

坎农 Cannon, W. B. 96

卡德纳尔 Cardenal, E. 251, 280, 307f

卡里吉特 Carigiet, A. 27

卡特 Carter, J. 311

塞力克 Ceric, M. 333

沙利耶 Chalier, C. 124, 246

德日进 Chardin, T. de 83f, 193, 200, 252, 278

西塞罗 Cicero 145

克拉克 Clark 78

亚里山大里亚的克列门斯 Clemens von Alexandrien 35, 71, 130

科布 Cobb, J. B. 190, 193, 221f

科布 Cobb, J. B. jr. 168

康策尔曼 Conzelmann, H. I 27

迪奥博纳 d'Eaubonne, F. I85

德克 Daecke, S. M. 34, 57, 179, 246

戴利 Daly, H. I85, 215, 218, 221f, 224, 298

德默尔, 克劳斯. Demmer, Klaus. 37f

达尔文 Darwin 80f

德默尔 Demmer, K. 38

德谟克利特 Demokrit 119, 121

笛卡儿 Descartes, R. ! 8, 109f

迪特福特 Ditfurth, H. v. 283

多伊勒 Doyle, E. 192

德雷魏尔曼 Drewermann, E. 288

杜赫罗 Duchrow, U. 312

杜雷尔 Durer, A. 97

杜塞尔 Dussel, E. 190

艾伯林 Ebeling, G. 36, 241
艾兴伯格 Eichenberger, H. 71
艾兴伯格 Eichenberger, S. 71

范伯格 Feinberg, J. 271
费鲁齐 Ferrucci, F. 14
费里 Ferry, L. 272
费耶阿本德 Feyerabend, P. 59
菲舍尔 Fischer, J. 12, 52, 227, 337
弗拉施 Flasch, K. 293
福克斯 Fox, M. 194, 233, 251f, 314
弗兰克纳 Frankena, W. 207
弗赖 Frey, Ch. 137
弗里德 Fried, P. 71
弗里奇 Fritsch, B. 215
富尔詹姆斯 Fulljames, P. 196
富尔格 Furger, F. 169

伽巴图勒尔 Gabathuler, H. J. 251
甘地 Gandhi, M. 229
乔治斯库—雷根 Georgescu-Roegen, N. 107, 335
格斯纳 Gesner, C. 139
歌德 Goethe 74
歌奇尔 Goetschel, A. 268, 271
戈尔丁 Golding, W. 76
戈尔德施密特 Goldschmidt, H. L. 293
戈尔 Gore, A. 298
格斯林 Gosling, D. 196
古德茨瓦尔德 Goudzwaard, B. 215
格里高利奥 Gregorios, P. 200
格里芬 Griffin, D. R. 168, 193
格罗 Groh, R/Groh, D. 18
格罗纳 Groner, J. F. 131ff

古奇尔 Gutscher, H. 309

哈贝马斯 Habermas, J. 40
黑克尔 Haeckel, E. 65
哈尔克斯 Halkes, C. 124, 186, 189
哈尔特 Halter, H. 16f
哈马舍尔德 Hammarskjöld, D. 192, 266
哈葛罗夫 Hargrove, E. C. 271
哈特曼 Hartmann, N. 123
哈斯勒 Hasler, U. 153
豪尔瓦斯 Hauerwas, S. 49
黑格尔 Hegel 110, 119, 142, 167
海恩特尔 Heintel, P. 325
黑尔德 Held, M. 148
黑默莱因 Hemmerlein, F. 272
赫拉克利特 Heraklit 74, 79f, 118f, 120, 214
赫费 Höffe, O. 207
霍伦韦格 Hollenweger, W. J. 256
霍尔茨黑尼 Holzhey, H. 270
荷纳克 Honecker, M. 36f, 38, 40, 43, 125, 268
霍纳菲尔德 Honnefeld, L. 56
霍克海默 Horkheimer, M. 40
赫斯勒 Hösle, V. 40
胡伯尔 Huber, W. 60, 67f, 71, 174ff, 306
许伯纳 Hübner, J. 71
休谟 Hume, D. 55
洪德特瓦塞 Hundertwasser, F. 237
胡诺尔德 Hunold, G. 16f
胡本豪尔 Huppenbauer, M. 113, 286f
侯赛因 Hussein, S. 311
哈奇森 Hutcheson, F. 146
许特尔 Hütter, R. 49
赫顿 Hutton, J. 77

伊利希 Illich, I. 20
伊尔纲 Irrgang, B. 131, 179f, 209, 266, 271, 303

耶格尔 Jäger, H. U. 138
杨奇 Jantsch, E. 57, 113, 255f
杰弗斯 Jeffers, R. 227
耶稣基督 Jesus Christus 36f, 71, 125ff., 194f, 234, 249ff., 306, 344
约纳斯 Jonas, H. 43, 62, 69, 208, 210f, 247f, 261, 278, 282, 297, 298

卡夫卡 Kafka, P. 255
凯塞尔 Kaiser, H. 41, 181, 215
凯塞尔 Kaiser, O. 284
加里宁格勒 Kaliningrad 200
康德 Kant, I. 14, 39f, 42, 119, 142, 146, 148ff., 154, 260, 291
卡普 Kapp, W. 185
卡佩斯 Kappes, C. 16f
考勒 Kaule, G. 89, 95
肯皮斯 Kempis, T. a 20
凯塞灵 Kesselring, P. 71
金 King, A. 80
柯赫 Koch, T. 166f, 238
柯勒 Kohler, D. 71
柯勒 Kohler, G. 270
柯勒 Kohler, H. P. 71
柯勒 Kohler, M. E. 235
柯恩 Kohn, M. 296
柯勒尔 Koller, E. 96
哥白尼库斯 Kopernikus 293
科尔夫 Korff, W. 42
克特纳 Körtner, U. 283
克里克 Kreck, W. 37
科洛齐克 Krolzik, U, 17f, 143

库莎尼古拉 Kues, N. v. 251, 293
汉斯·昆 Küng, H. 60, 69, 203f
郑景妍 Kyung, Ch. H. 195

朗格 Lange, H. de 215
兰特曼和德林—赛佩尔, Lantermann, E. /Döring-Seipel, E. 340, 342
拉兹洛 Laszlo, E. 80f, 84f
莱曼 Lehmann, P. 50
莱布尼茨 Leibniz 74
莱姆巴赫 Leimbacher, J. 269
莱辛格 Leisinger, K. M. 324
勒热安 Lejeune, Ch. 250
列奥十世 Leo X. 134
利奥波德 Leopold, A, 332
洛伊恩贝尔格尔 Leuenberger, Th. 203
利德克 Liedke, G. 126, 187f, 312
林克 Link, Ch. 125, 165f, 246, 251, 270
利岑堡 Litzenburger, R. 254
勒格斯图普 Lógstrup, K. 253
洛夫洛克 Lovelock, J. E. 76, 113
吕伯 Lübbe, H. 18f
路德 Luther, M. 44, 61, 135ff., 137, 140f, 183, 243, 285, 297, 344
卢森堡 Lutsenburg Maas, A. van 235

马霍维奇 Machovec, M. 48, 122, 124, 287
麦金泰尔 MacIntyre, A. 49
曼德维尔 Mandeville, B. de 145f
曼查里迪斯 Mantzaridis, G. 202, 334
马尔海奈克 Marheineke, Ph. 167
马丁 Martin, K. 227
毛鲁斯 Maurus, H. 51
迈尔—法伊 Meyer-Faye, A. 144
迈尔—踏实 Mayer-Tasch, P. C. 103

梅多斯,丹尼斯 Meadows,Dennis 328
梅多斯,多内拉 Meadows,Donella 328
麦斯特·埃克哈特 Meister Eckhart 251
迈尔—阿比希 Meyer-Abich,A. 74
迈尔—阿比希 Meyer-Abich,K. M. 64,77f,104,207f,219,252,264,266f,303,312,332
米特 Mieth,D. 47f,69,169,176ff.
密尔 Mill,J. S. 208
莫尔 Mohr,H. 85f,95,108,115
莫尔特曼 Moltmann,J. 37,83,163f,174,187,246,258,262
摩西 Mose 71
莫斯特尔特 Mostert,W. 273f
米勒 Müller,H. -P. 109
米勒 Müller,R. 192
米勒—法伦霍尔茨 Müller-Fahrenholz,G. 259
明克 Münk,H. J. 18
米岑伯格 Mützenberg,G. 196

奈斯 Naess,A. 168,193
纳什 Nash,R. F. 163
牛顿 Newton,I. 71
尼布尔 Niebuhr,R. 35
尼采 Nietzsche,F. 43,119,154,229,323
尼施 Nüesch,J. 299
尼莎 Nyssa,G. v. 200,256

厄克斯勒 Oechsle,M. 64
奥特 Ott,H. 126
奥特曼 Ottmann,H. 20

帕拉马斯 Palamas,G. 190
潘能伯格 Pannenberg,W. 255,287
帕帕德罗 Papaderos,A. 202

7. 文献目录

帕拉策尔苏斯 Paracelsus 109

保罗 Paulus 52,128ff. ,183,227,228,258,260,273,274f,307,308,314

潘 Penn,W. 308

彼特 Peter,F. 24

亚里山大里亚的菲洛 Philo von Alexandrien 34

皮希特 Picht,G. 15,34,45,66,71,l18f,208,214

皮帕 Pieper,J. 69,116,132

皮帕 Piper,J. 298

皮尔敏 Pirmin,J. 330

柏拉图 Plato 74,109,120,122,128,132,214,291

蒲柏 Pope,A. 71

普雷托里乌斯 Praetorius,I. 203

普里高津 Prigogine,I. 113

普里马斯 Primas,H. 43,54,71,73,75

普里马维兹 Primavesi,A. 77

普罗泰哥拉 Protagoras 15,119

拉伽茨 Ragaz,L. 24,37,159ff. ,190,245

拉纳 Rahner,K. 179

赖泽尔 Raiser,F. 239

劳 Rau,G. 18,136

罗尔斯 Rawls,J. 302,304

雷根 Regan,T. 208,271

雷默特 Remmert,H. 89

雷蒙 Rèmond-Gouilloud,M. 270

伦托夫 Rendtorff,T. 13,37,169f,244

里希 Rich,A. 37,42,47,56,61,65,68,181ff,218f,224,289,292

里希特 Richter,H. E. 17

里特金 Ritkin,J. 28,108,327

林格铃 Ringeling,H. 61

罗尔斯 Rohls,J. 123,131,137

罗尔斯顿 Rolston,H. 207,213,313,317,332

罗策特 Rotzetter,A. 193

吕特尔 Ruether,R. 186

鲁 Ruh, H. 11, 23, 41, 71, 133, 169, 171ff. , 203, 271, 303, 304, 332

萨拉丁 Saladin, P. 272, 310
塞尔 Sayre, K. 344
席勒 Schiller, O. 266
舍费尔—桂希尼尔 Schäfer-Guignier, O. 319
沙勒 Schaller, J. 167
舍福尔德 Schefold, K. 117
谢林 Schelling, F. W. J. 74, 153
绍伊希策 Scheuchzer, J. J. 144
施莱尔马赫 Schleiermacher, F. 152f
施利特 Schlitt, M. 180, 242, 271, 298, 316
施马尔斯蒂格 Schmalstieg, D. O. 241
施密德黑尼 Schmidheiny, S. 216ff.
叔本华 Schopenhauer 154
施拉格 Schrage, W. 258, 264
斯托尔茨 Stolz, F. 64
舒伯尔特 Schubert, H. 16f
舒马赫 Schumacher, E. F. 20
舒普 Schupp, F. 253, 282
史怀泽 Schweitzer, A. 44, 170, 208, 323
塞雷斯 Serres, M. 319
席格里斯特 Sigrist, Ch. 235
西莫尼斯 Simonis, U. E. 218
辛格 Singer, P. 208, 271
西特尔 Sitter, B. 270, 302
斯密 Smith, A. 113, 142, 144ff. , 154, 181, 260
斯莫伦斯克 Smolensk, K. v. 200
斯莫兹 Smuts, J. C. 74
泽勒 Sölle, D. 127, 187f 1, 229, 248
施佩曼 Spaemann, R. 208
斯皮格尔 Spiegel, Y. 184f, 224
斯宾诺莎 Spinoza 74

斯特克 Steck, O. H. 188, 263, 297
施特克勒 Stoeckle, B. 64
斯特赖 Strey, G. 16, 86, 252
斯特罗姆 Strohm, Th. 18, 181
斯特朗 Strong, M. 192
聚斯曼 Süßmann, G. 57
斯兹克泽斯尼 Szczesny, G. 19

陶贝 Taube, M. 71
达维尼 Tavernier, J. de 179
泰勒 Taylor, P. 173, 208, 212f, 303f, 332
托伊奇 Teutsch, G. 207, 244, 267
吴丹 Thant, U. 192
蒂尔考夫 Thürkauf, M. 308
蒂里希 Tillich, P. 36
托特 Tödt, H. E. 37, 60f

于克斯屈尔 Uexküll, J. v. 63
乌尔利希 Ulrich, H. G. 37, 247, 258
乌尔利希 Ulrich, P. 144, 148
乌尔斯普龙 Ursprung, H. 310

韦拉拉吉 Veeraraj, A. 195
韦斯特 Vester, F. 82, 88, 96, 113, 215
达·芬奇 Vinci, L. da 97
维特鲁威 Vitruv 97

瓦尔德福格尔 Waldvogel, M. 113, 333
万纳 Wanner, H. U. 71, 99
瓦伦 Warren, K. 186, 189
韦伯 Weber, M. 40, 134
韦德 Weder, H. 126, 286
崴恩里希 Weinrich, H. 48

魏茨泽克 Weizsöcker, C. F. v. 34, 43, 57, 66, 88, 113, 119, 120, 251, 287, 311
魏茨泽克 Weizsöcker, E. U. v. 218, 290, 337
维尔克 Welker, M. 203
韦斯特曼 Westermann, C. 187
怀特海 Whitehead, A. N. 168
维克特 Wickert, U. 68
维尔德贝格尔 Wildberger, H. 284
魏德默 Widmer, P. 17
威尔逊 Wilson, E. O. 24
沃尔夫 Wolf, E. 175

杨 Young, J. 59

蔡恩德勒 Zeindler, M. 315
岑格 Zenger, Ch. 262
茨温利 Zwingli, H. 43, 61, 135, 137ff., 141, 146

主题索引

警戒学 Achtsamkeitslehre 205

正当性审查 Adäquanzkontrolle 339,343

可接受性 Akzeptabilität 103

接受 Akzeptanz 103

人类中心论 Anthropozentrik 178ff,200,207,224,266,302

灾难降临、大难临头 Apokalyptik 230

劳动 Arbeit 187,299,301

劳动伦理(学) Arbeitsethik 134,162,188

劳动伦理 Arbeitsethos 138,281

失业 Arbeitslose 261

穷人 Arme 219,262

贫穷 Armut 189,191,260

物种,类族 Art 172,305,332

物种消亡(灭绝) Artensterben 25

生物多样性 Artenvielfalt 24ff,111,171,316,317

生物多样性的原因 Artenvielfalt, Gründe für 93f

禁欲 Askese 117,129,161,211,228

审美的,美的 ästhetisch 313

剥削 Ausbeutung 190

自治(自律) Autonomie 328

需求,需要 Bedürfnisse 19,299

解放神学 Befreiungstheologie 189

生态学的解放神学-ökologische 185

相关者的冲突 Betroffenheitskonfiikt 27

人口增长 Bevölkerungswachstum 108

关系 Beziehung 190,223,240,242,253,254,259,263,271,291,316,326

圣经和伦理学 Bibel und Ethik 35

变异 Bifurkation 82

生物伦理学 Bioethik 170

生物控制论 Biokybemetik 88, 256
生物区域主义 Bioregionalismus 329
生物中心论 Biozentrik 208, 224, 302
土地,大地,基础 Boden 172, 190, 219, 243, 281
立约,盟约 Bund 248, 256, 262, 297
　上帝的——Gottes 246

灵力神赐学说 Charismenlehre 130
共同造物主 Co-Creator 236, 247
共同创造 Co-operation 247
对立面的统一、巧合 coincidentia oppositorum 118, 293
同工 cooperator 317
从虚无中创造世界 creatio ex nihilo 243

民主 Demokratie 191, 337
民主的 demokratisch 335
谦恭 Demut 125, 131, 133f, 158, 298
侍奉、服侍、服务、执事 Diakonie 202
　对受造界的—— an der Schöpfung 235, 267
对话学 Dialogik 293
商谈伦理学 Diskursethik 40, 189
教义和伦理学 Dogmatik und Ethik 37
颂荣诗、赞美诗 Doxologie 279
第三世界 Dritte Welt 184, 195
平均值 Durchschnittswerte 209, 333

相像者、肖似者 Ebenbilder 262
自私 Egoismus 146
敬畏 Ehrfurcht 318
自身兴趣、自身利益 Eigeninteresse 259, 316, 341
自身价值 Eigenwert 266, 318
自然本身的(固有)价值 Eigenwert der Natur 179, 213, 219
纵欲(出神) Ekstase 117, 129, 154, 188, 228

移情 Empathie 264,320,323
移情中心论 Empathozentrik 242
能源 Energie 105,257,300,312,325
能源消耗 Energieverbrauch 27,172
熵 Entropie 84,105f
减免债务 Entschuldung 281,304
发展 Entwicklung 198,203,223
持久的发展——dauerhafte 221
持续的发展——nachhaltige 11,195,197,215ff.,225,295ff.
发展政策 Entwicklungspolitik 300,329
发展速度 Entwicklungstempo 323,327
原罪 Erbschuld 253
经验 Erfahrung 45,52,54
认识源泉 Erkenntnisquellen 34
历史之书的——Buch der Geschichte 34
圣经之书的——Buch der Heiligen Schrift 34
自然之书的——Buch der Natur 34
经验的——Erfahrung 34,45ff
共同体的——Gemeinschaft 34,49ff
圣灵的——Heiliger Geist 50ff
启示的——Offenbarung 34ff,51
理性的——Vernunft 34,37,39ff
末世论 Eschatologie 166,174,182,228,230,266,273,307
伦理学 Ethik
保持适度的—— des Maßhaltens 166,169
方法学——Methodik 60
口述的——narrative 47f
政治的——politische 169
伦理学和经济学——undökonomie 144
伦理 Ethos 68,116,163
尺度伦理,适度伦理 des Maßes 222
圣餐的共契 eucharistische Gemeinschaft 234
福音派的社会伦理学 Evangelikale Sozialethik 36

进化 Evolution 80, 83, 252
进化(论)的伦理学 Evolutionäe Ethik 85
永恒的生命 Ewiges Leben 140

斋戒 Fasten 133f, 137, 201
失误、谬误 FehlschluB
自然主义的——naturalistischer 55f, 111
规范主义的——normativistischer 111
节庆 Feiern 278
女性主义的生态伦理学 Feministische Schöpfungsethik 185
航空交通 Flugverkehr 21
科研自由 Forschungsfreiheit 132, 142, 305, 308
女性和自然 Frau und Natur 186
自由 Freiheit 80, 111, 134, 139, 149, 158, 175, 183, 223, 259, 278, 305, 316
自由的冲突 Freiheitskonflikt 23f
和平 Friede 165, 196, 274, 310, 303
和平伦理学 Friedensethik 311
俭朴 Frugalität 197, 211
丰盈、满溢 Fülle 316
基础主义的伦理学 Fundamentalistische Ethik 36
忧虑、惧怕 Furcht 211, 226, 282

该亚假说 Gaia - Hypothese 76
整体 Ganzheit 57, 73, 227, 267
整体性 Ganzheitlichkeit 189
客人 Gast 226, 230, 235, 240, 280, 312
客人经济学 Gäste-Ökonomie 235
客人守则 Gästeordnung 239
好客 Gastfreundschatät 233, 234
客餐 Gastmahl 231
精神 Geist 262
圣灵 Geist Gottes 308
金钱—世界 Geld-Schöpfung 289

货币经济 Geldwirtschaft 288

共同负担原则 Gemeinlastprinzip 289

共同体、共同生活,共契 Gemeinschaft 49,52,123,138,140,146,164,183, 229,260,308,344

公共利益、公益 Gemeinwohl 146,149

代际,未来的后代 Generationen,zukünftige 180,208

代际冲突 Generationenkonflikt 24

地球生理学 Geophysiologie 74,76

公正的代价 gerechter Preis 128,136

正义、公正 Gerechtigkeit 121f,137,153,165,177,181,189,196,209, 213,299

正义的冲突 Gerechtigkeitskonflikt 24

历史的冲突 Geschichtskonflikt 24

受造物,受造界 Geschöpf 125,243

受造性、受宠 Geschöpflichkeit 244

规律、律法、法则 Gesetz 126,139

新的律法——neues 126

上帝的律法 Gesetz Gottes 124

自然规律 Gesetze der Natur 71,166

免于暴力 Gewaltfreiheit 206,312

贪欲 Gier 119,129,140,160,197,202,223,227,285,305,306,326

平衡 Gleichgewicht 91,111,119,177,183,223,276,328

平衡经济 Gleichgewichtswirtschaft 215

平等 Gleichheit 212,217

上帝、神 Gott 113

与神肖似性 Gottebenbildlichkeit 245

上帝受难 Gottespassion 249

限度、极限、界限 Grenzen 99,117

诸善权衡 Güterabwögung 111

禧年 Halljahr 281

上帝的行动 Handeln Gottes 13,230,344

管家 Haushalterschaft 197

家规 Hausordnung 239
圣灵 Heiliger Geist 50,197,254
救赎史 Heilsgeschichte 52
整体主义 Holismus 73,332
人文主义、人道主义 Humanismus 201

内在的秩序 implizite Ordnung 74
个体 Individuum 173,305,332
学科交叉性 Interdisziplinarität 57f
不可接受性 Irreversibilität 84,173,298

资本主义 Kapitalismus 160
主德 Kardinaltugend 115,131
决疑论 Kasuistik,口述的——narrative 49f
运动机能学 Kinesiologie 96
气候变暖 Klimaerwärmung 27
　　——和教会- und Kirchen 32
渐进 Klimax 89
集体主义 Kollektivismus 333
互补性 Komplementarität 291,293
学科互通性 Kondisziplinarität 58,78
冲突 Konflikt 184
冲突处境 Konfliktsituationen 103
共识原则 Konsistenzprinzip 104
身体、物体 Körper 264,313
宇宙基督 kosmischer Chrisms 141,193f,249
宇宙节日 kosmisches Fest 278,280
宇宙学 Kosmologie 200
成本,代价 Kosten 288,327
十字架 Kreuz 252,323
危机伦理(学) Krisenethik 37
标准 Kriterien 60,242
受造物的王冠 Krone der Schöpfung 237

适度的文化 Kultur des Maßes 117
文化冲突 Kulturkonflikt 24
控制论 Kybernetik 88

负担分配的冲突 Lastenverteilungskonflikt 27
苦难 Leiden 320
受难者 Leidende 260
激情、热情 Leidenschaften 132
热情 Leidenschaftlichkeit 126
奉献、献身 Leihgabe 232,236,337
爱 Liebe 57,60,117,126,129f,131,136,146,152,158,175,187,191,202,
 226,228,250,297,307,322
赞美 Lob 13,139,281
赞美 Loben 278
区域主义 Lokalismus 203,328
快乐 Lust 132,339

玛特 Maat 19,116
权力 Macht 141,335
童话 Märchen 285
市场 Markt 146,148,151,288,343
市场经济 Martkwirtschaft 144,160,183,185,211,218,289
万物的尺度 Maß aller Dinge 119
尺度 Maß 17,67,l15f.,136,145,155,163,184,191,198,214,258,275,
 296,315,319,335,339
　　动力学的、动态的尺度——dynamisch 80
　　遵守尺度，尺度的遵守——einhalten 15,18
　　尺度的标准，纲要，原则——Kriterien,Leitlinien 19,31,239ff,294ff
大批 Masse 330
自然的尺度 Maße der Natur 54,56,71,110
受造(物)界的尺度 Maße der Schöpfung 165
保持适度 Maßhalten 19,68,115f,120,129,134,153,157
无度、无度性 Maßlosigkeit 136,141,160,230,276,285

无度的原因——Ursachen 17,339

准则 Maximen 61,242

人/自然——冲突 Mensch/Natur-Konflikt 23

人作为共同造物主 Mensch als Co-Creator 188

人权、人道 Menschengerecht 112

人权 Menschenrechte 59

人的身体、躯体 Menschlicher Körper 95

度量 Messen, das 101

度量方法 Meßmethoden 99

方法多元主义 Methodenpluralismus

—中的约束力——Verbindlichkeit im 59

方法学 Methodik 34

微观宇宙和宏观宇宙 Mikrokosmos und Makrokosmos 95

上帝子民的同胞 Mitbürgerin Gottes 239

共同受造性 Mitgeschöpflichkeit 65,249

人,众人,他人 Mitmenschen 259

中道 Mitte（mesotes）68,74,120f,123,131,134,140,145,150,180,193, 223,254,260,292

合乎中道 Mittelmößig 154

资金分配的冲突 Mittelverteilungskonflikt 27

共同世界 Mitwelt 62,136,138,141,158,263

交通流量、流动性 Mobilität 21,329

时间的金钱化 Monetarisierung der Zeit 324

追随,后继者 Nachfolge 39,51,249

（可）持续发展 Nachhaltige Entwicklung 295ff.

（可）持续的经济 Nachhaltige Wirtschaft 181fi,214ff.,331

自然 Natur 62,150,153,161,167

自然和历史 Natur und Geschichte 54

自然主义 Naturalismus 56,112

自然哲学 Naturphilosophie 74,78,120

自然法 Nantrrecht 156

自然法学 Naturrechtslehre 38,131

自然科学 Naturwissenschaft 53,141,153,156,165,277,324
负熵 Negentropie 107
实际的规范性 Normativität des Faktischen 45f
规范 Normen 61
规范审查 Normenprüfung 61
必然性、必要(性) Notwendigkeit 80
功利最大化 Nutzenoptimierung 208
开放的系统 Offene Systeme 81,112
无力 Ohnmacht 335
生态女性主义 Öko-Feminismus 185
生态社会生产总值决算 Öko-Sozialprodukt-Rechnung 220
生态学 Ökologie 58,65
精神的——des Geistes 200
生态经济学 Okologische ökonomie 214
知足的经济学 Ökonomie des Genug 298
自然的 Ökonomisierung der Natur 219,290
生态灵性 Ökospirimalität 192
生态系统 Ökosysteme 87,334
普世基督教教会委员会 Ökumenischer Rat der Kirchen 32,192,196
正教的环境伦理学 Orthodoxe Umweltethik 200
臭氧 Ozon 27

万有在神论 Panentheismus 191,200,245,256
泛神论 Pantheismus 55,245
参与 Partizipation 217,260
自然的女伙伴 Partnerin der Natur 238
持久能力 Permanenzfähigkeit 296
义务 Pflicht 152
义务伦理 Pflichtethik 148
生态神学 Physikotheologie 143,151
生理学 Physiologie 96
生态中心论 Physiozentrik 208
多元的学科交叉性 Pluridisziplinarität 58

政治学、政治、政策 Politik 193,206

代价 Preis 136,184,219f,269,288,300

比例学 Proportionenlehre 97

过程神学 Prozeßtheologie 168

清教主义 Puritanismus 143

质、质性、质地 Qualität 98,106,110,330

量的增长 qualitatives Wachstum 215

量子论 Quantentheorie 74

量 Quantität 98,106,110,330

理性主义 Rationalismus 142,148

合理性 Rationalität 285,287

空间 Raum 328

自然的权利 Rechte der Natur 168,199,263,269,270,303

未来后代的权利 Rechte zukünftiger Generationen 198,261

权利冲突 Rechtskonflikt 27

适时性 Rechtzeitigkeit 327,337

区域化 Regionalisierung 329

上帝之国 Reich Gottes 137,160,166,231,273,297

相关性 Relationalität 182,189,223,291,335

宗教冲突 Religionskonflikt 24

抗力平衡 Resistenzbalancen 91,171

敬重、尊重 Respekt 212,223

资源紧缺 Ressourcenknappheit 105

资源消耗 Ressourcenverbrauch 21,27,330

资源分配 Ressourcenverteilung 300,330

节律、节奏 Rhythmen 164,230,278,280,326

风险 Risiko 102f,181,209

潜在的风险 Risikopotential 102

反馈 Rückkopplung 88

安息日 Sabbat 281,325

应急或宵禁伦理学 Schock-Ethik 242,342

美 Schönheit 165,180,277,313,318

造物主 Schöpfer 125

造物主之灵 Schöpfergeist 51,254
造物主上帝 Schöpfergott 242
受造界伦理学 Schöpfungsethik 169ff.
解放神学的——befreiungstheologische 189
女性主义的——feministische 185
普世基督教的——Ökumenische 195
创世神话 Schöpfungsmythen 285
宇宙灵性、生态灵性,生态有灵论 Schöpfungsspirimalität 192
创世神学(生态神学) Schöpfungstheologie 158,159,163,165,168
基督教的——Ökumenische 196
罪、原罪 Schuld 192,253
祈福,祝福 Segen 192,314
自我、自 Selbst,das 98,113,254
自制 Selbstbegrenzung 174,177,207,244,249,305,306,337
自制 Selbstbeherrschung 130
自制 Selbstbeschränkung 116,164,211
自组织 Selbstorganisation 89,114,254,255f
自身超越 Selbsttranszendenz 89
对极乐幸福的宣告,称福 Seligpreisungen 250,304
安全冲突 Sicherheitskonflikt 24
意义冲突 Sinnkonflikt 24
处境分析 Situationsanalyse 61
团结 Solidarität 189
适度(保持适度)、节制 sophrosyne 116
游戏 Spiel 143,276,318
灵性 Spiritualität 187,193
国家 Staat 141,147,169,175,320,338,343
国家的 staatlich 310
惊异 Staunen 13,226,264
托管 Stewardship 237
不可支配性战略 Strategie der Unvorhersehbarkeit 92
互补性 Subsidiarität 328
欲求 Sucht 343

渐进 Sukzessionen 89,90f
原罪 Sünde 194,252,326
同情 Sympathie 145

禁忌 Tabu 261,282,277,278
技术 Technik 143,153f,159,178,184,193
技术冲突 Technikkonflikt 27
适度 temperantia 116
神控制论 Theokybemetik 256
神学 Theologie
    解放神学—der Befreiung 161
    关系神学—der Beziehung 189
    客人神学—des Gastseins 230
    游戏的神学—des Spiels 277
    自然神学—natürliche 156
神中心论 Theozentrik 178,200
动物 Tier 136,138,145,154,172,209,212,268,271,272,319,322
同桌进餐 Tischgemeinschaft 233
死亡 Tod 320
地球的可承受(容纳)能力 Tragekapazität der Erde 108
跨学科性 Transdisziplinarität 58
三位一体 Trinität 254,257
德性、德行 Tugend 68,116,128,139,176,211,309
适度的德性 Tugend des Maßes 115,144
保持适度的德行 Tugend des Maßhaltens 122,142,148,154
德性论 Tugendlehre 120,131,133,144,152,157
幸存、生存、存活、Überleben 213,255,297,332,338
过度 Übermaß 122,226,318
突然恶化 Umkippeffekte 83
环境教育 Umwelterziehung 265
环境伦理学 Umweltethik 53,65,163
环境教育学 Umweltpädagogik 339
环境政策 Umweltpolitik 343

环境心理学 Umweltpsychologie 339

环境社会学 Umweltsoziologie 339

环境标准 Umweltstandards 101

环境压力 Umweltstress 341

环境行为 Umweltverhalten 340

环境破坏 Umweltzerstörungen 282

普遍主义 Universalismus 203

联合国环境与发展大会 Uno-Konferenz Umwelt und Entwicklung UNCED 30

企业伦理学 Unternehmensethik 181f, 213, 216

功利主义 Utilitarismus 208, 210

责任 Verantwortung 174, 208, 210, 335, 336

禁止、禁令 Verbot 342

举止抉择 Verhaltensalternative 61

网络性 Vernetztheit 295, 291

网络化 Vernetzung 87

理性 Vemunft 52, 139, 145, 152

 理性的限度——Grenzen der 42

 理性之光——illuminative 39

 工具理性——instrumentelle 40

 批判的理性——kritische 40

 实践理性——praktische 40

 理论理性——theoretische 40

理性和启示 Vernunft und Offenbarung 45

理性概念 Vernunftbegriff 39

理性伦理学 Vernunftethik 39ff

理性法则 Vernunftgesetz 148

和好、和解 Versöhnung 174, 273, 275

引诱 Versuchung 125

分配公正 Verteilungsgerechtigkeit 301

分配冲突 Verteilungskonflikte 304

引发原则 Verursacherprinzip 289

神的预兆 Vorsehung Gottes 248

预防原则 Vorsorgeprinzip 217, 289

优先规则 Vorzugsregeln 173,177,180,211,212,223,291,317,319,332

增长 Wachstmn
  增长的极限——Grenzen des 20
  符合人道的增长——menschengerechtes 20
真实性的冲突 Wahrheitskonflikt 23
对共同世界的感知 Wahrnehmung der Mitwelt 263
智慧 Weisheit 127,152,250,277,285,315
世界人口 Weltbevölkerung 98,108,330
全球伦理(普世伦理) Weltethos 68,203,225
世界法庭 Weltgericht 283
世界贸易 Welthandel 328
世界市场 Weltmarkt 203,328,330
世界毁灭 Weltuntergang 283
世界经济 Weltwirtschaft 197,204,288,301,307
世界经济秩序 Weltwirtschaftsordnung 169
价值控制 Wert-Kybemetik 292
价值冲突 Wertkonflikte 23,26,98,111,173,187,213,292
  ——负担分配冲突——Lastenverteilungskonflikt 33
  ——权力冲突——Machtkonflikt 33
  ——利益分配冲突——Nutzenverteilungskonflikt 33
  ——空间冲突——Raumkonflikt 33
  ——经济—政治—冲突——Wissenschaft-Politik-Konflikt 33
  ——时间冲突——Zeitkonflikt 33
价值合理性 Wertrationalität 40
企业竞争 Wettbewerb 147
反抗权 Widerstandsrecht 103,137,171,338
经济,可持续的 Wirtschaft, nachhaltige 169,181,193,214,219,288
经济伦理 Wirtschaftsethik 181,184,197,210,222,224,300,317
经济秩序 Wirtschaftsordnung 201
经济政策 Wirtschaftspolitik 215,218f
知识冲突 Wissenskonflikt 26
福利指示器 Wohlfahrtsindikatoren 219

尊严 Würde 165,244,263,266,291,295,334
受造物的尊严 Würde der Kreatur 267
自然的尊严 Würde der Natur 176

时间 Zeit 165,323
未来的后代 Zukünftige Generation 247,259,295,297,299
目的合理性 Zweckrationalität 40
二个国度学说 Zwei-Reiche-Lehre 36

译 后 记

国内关于环境伦理学的著作已经翻译得很多了,当我拿到这本沉甸甸的书时,首先当然是犹豫它是否值得翻译,但初读之后就为它的专题性所吸引(它把环境伦理学的核心问题界定为寻找环境与发展之间的尺度问题),之后又发现这是一本具有综合创新之力的著作(围绕适度的尺度这一核心课题从自然科学、伦理学史和哲学、神学诸维度对迄今为止的人类中心论、自然中心论和神中心论进行的创造性的综合,发展出一种作为世上客人寻求与自然和好,与上帝和解的尺度伦理学,通过价值权衡为人类的可持续的生存和发展制定出了具有普世伦理价值的"客人守则")。在翻译过程中,我越来越清楚地看出这本书的与众不同之处和独特的魅力,它不仅体现了与单纯的哲学伦理学不同的神学伦理向度,而且表现了与美国环境伦理学不同的风格,同时在书中又能全方位地了解到环境伦理学自始以来讨论的方方面面。

尽管我们伦理学界的人对本书作者克里斯托弗·司徒博(Christoph Stückelberger)还不熟悉,但他在国际基督教神学界是相当知名的人物。他有一个中文名字叫作"司徒博",我们在署名时就用了他的中文名。他不仅对中国十分友好,而且对于中国的事情相当熟悉,从他的"中文版前言"中,我们就可以看出他对胡锦涛主席的十七大报告的内容都非常了解。刚开始翻译时,本以为这是他在中国出版的第一本著作,后来才知道,在好几年前他就有一本著作在中国出版了。

司徒博教授与我们的同事张庆熊教授有很久的合作关系,本书的翻译就是他们的国际合作课题"全球伦理学"的一个子项目。所以,在这部著作即将出版时,我首先要感谢张庆熊教授为本书的翻译出版所做的大量工作;其次,我要感谢"上海市浦江人才计划"及其评委们对翻译此书的支持和资助。另外,我要特别感谢武汉大学科学哲学专家桂起权教授,

译 后 记

由于本书第 2 章涉及许多自然科学的理论知识和术语，我请桂老师在百忙之中帮我校对了整个第 2 章，修正了几个科学概念的表达。书中涉及许多基督教会议的名称和一些专门术语，我请教了我们哲学学院宗教系的同事刘平副教授，这也是我要特别提及和感谢的。在译稿初稿完成后，我们伦理学专业毕业的研究环境伦理学的杨英姿博士帮我完整地看了一遍，指出了其中一些读起来不太顺畅的地方，乐小军博士帮我翻译了"中文版前言"，这都是我要感谢的。

最后我要感谢人民出版社总编助理陈亚明，她不仅痛快地接受了这本译著，而且答应我们克服一切困难尽快出版。本书的责任编辑洪琼博士为本书的出版更是付出了实实在在的辛劳，我非常感谢他认真地阅读本书的每一句话，仔细推敲每一个表达，如果书中还有一些拗口的句子，那么责任全在译者了。

本书的语言总的说来不难翻译，难的是本书涉及面太广，涉及的人物实在太多，而且书中论及的许多神学家都是译者不太熟悉的，作者又有近 2000 个注释，许多都是直接引用，这就使得翻译该书的感觉就像翻译词典一样，一个不熟悉的人物稍微熟悉了，下一段又有一个陌生人物来了，因此译者的精神一直处在高度紧张之中。尽管译者在初稿完成之后，完整地校对了两遍，但说实话，由于该书篇幅太大，时间又太紧，很难说译文没有出错，离雅与达的要求可能也有不少差距，所以，我衷心地恳请读者不吝赐教和指正。

邓安庆
2007 年 8 月初写于长沙
2008 年 8 月修改于复旦